普通高等教育“十一五”国家级规划教材
全国高等学校优秀测绘教材
广东省高等学校精品课程配套教材

测量技术基础

主　编　张坤宜　张保民　岳崇伦
副主编　汪善根　张志敏　邹秀芳　陈燕欢
主　审　陶本藻　李玉甫

科学出版社
北京

内 容 简 介

本书坚持“测量学”课程内涵式建设在教学思想、体系、结构、内容、方法和实践训练等方面的全方位、系统的改革，创立以测量“定位”为核心的教学全新体系，系统介绍现代测量学基本理论和技术。全书共17个单元，包括绪论、角度测量、距离测量、高程测量、观测成果初级处理、全站测量、全球定位技术原理、测量误差与平差、工程控制测量、地形测量原理、地形图应用原理、大比例尺数字地形图、施工测量定位、路线中线测量、路线断面测量、常规工程测量、变形监测与仪器检验，结合路线、路面、桥梁、建筑、隧道等土木工程，介绍工程岗位适应性强、技术先进的各类工程测量原理和方法。

本书配套有多媒体课件、微课视频、习题参考答案、实训指导书、模拟生产指导书等立体化的教学资源，书中穿插有二维码资源链接，读者通过手机等终端扫描后可观看微课视频。

本书可作为高等职业院校、本科院校测量及相关工程建设专业的教学用书，也可供从事测量教学、科研、生产和工程建设领域技术人员参考。

图书在版编目（CIP）数据

测量技术基础/张坤宜，张保民，岳崇伦主编. —北京：科学出版社，2022
普通高等教育“十一五”国家级规划教材　全国高等学校优秀测绘教材　广东省高等学校精品课程配套教材
ISBN 978-7-03-072745-9

Ⅰ. ①测… Ⅱ. ①张… ②张… ③岳… Ⅲ. ①测量技术-高等学校-教材 Ⅳ. ①P2

中国版本图书馆CIP数据核字（2022）第123351号

责任编辑：张振华　刘建山 / 责任校对：赵丽杰
责任印制：吕春珉 / 封面设计：东方人华平面设计部

科学出版社出版
北京东黄城根北街16号
邮政编码：100717
http://www.sciencep.com

天津翔远印刷有限公司印刷
科学出版社发行　各地新华书店经销
*
2022年12月第 一 版　开本：787×1092 1/16
2022年12月第一次印刷　印张：26 1/2
字数：610 000

定价：78.00元
（如有印装质量问题，我社负责调换〈翔远〉）
销售部电话 010-62136230　编辑部电话 010-62135120-2005

序　一

工程测量学是研究工程建设和自然资源开发中，在规划设计、施工兴建和营运管理各阶段进行控制测量、地形测量、施工放样、变形测量的理论和技术的学科。它是测绘科学技术在国民经济和国防建设中的直接应用，因此，不同的工程专业就有相应的工程测量学，如水利、建筑、桥梁、矿山、交通、海洋、工业、军事等，不同的工程专业对工程测量的要求也有所不同。随着现代测绘新技术的发展，现在的工程测量学的服务范围和服务对象正在不断扩大，从而变得更加广泛。在这种情况下，要编写一本适应于各种工程专业的工程测量学教材几乎是不可能的，所以也就有了针对各种工程专业的工程测量学教材。

本书是 20 世纪 90 年代在广东省教育厅立项的“面向新世纪，建设土木测量新课程”教学改革研究项目的研究成果之一。通过教学实践，显示出较好的教学效果，因此于 1999 年获得全国优秀测绘教材二等奖。这些年来，由于国家经济建设日新月异，高等教育改革持续推进，测绘科学技术不断进步，本书也应与时俱进，重新修订。

本书出版后，先后被全国高等学校测绘学科教学指导委员会和教育部评为“九五”规划教材、“十五”国家级规划教材。这在一定程度上反映了本书的质量和水平。总的来说，本书具有以下特色。第一，本书采用“工学结合”的编写理念，紧紧围绕相关工程测量岗位需要和当前教学改革趋势，注重以真实工程项目、典型工作任务、案例组织教学单元，行业特色鲜明。第二，本书采用“理实一体化”的结构体系设计，有一定的新意。在阐明基本测量定位技术和数据处理方法的基础上，进一步阐述测量控制到地形测图的全过程，最后定位到工程测量上。采取这种结构体系，本书内容脉络清晰，便于学生理解和掌握。第三，本书遵循教育教学规律和技术技能人才培养规律，将全站测量、GPS 定位技术及数字化测图等测绘新技术、新理论、新规范融入教材，符合当前企业对人才综合素质的要求。

由于本书从审定到评奖，我都参与过，现在本书主编张坤宜教授又将修订版的书稿让我先睹为快，受益匪浅，因此写下此序，作为我的读书心得，并将本书介绍给读者。衷心希望本书能在相关课程的教学中发挥积极作用，并得到读者青睐。序中若有谬误，敬请编者和读者批评指正。

中国工程院院士，武汉大学教授

教育部高等学校测绘类专业教学指导委员会主任

，

宁津生

2003.4.28.

于武汉大学

序　二

21 世纪以来，随着全球卫星定位导航系统、遥感卫星、激光雷达、计算机和通信等高新技术的发展，测绘科学技术已从传统阶段迈入数字化、智能化测绘新阶段，测绘科学技术的应用也已扩展至定位导航位置服务、高精度高难度重大基建工程和测绘地理信息产业领域，并逐步进入泛测绘和非测绘产业领域。教育部高等学校测绘类专业教学指导委员会已经倡导和进行测绘专业的教学改革。张坤宜教授等能够根据科学技术发展，对教学内容进行持续的修订和改版，以满足测绘专业和各类建设工程类专业的专业基础课“测量学”的教学新要求，与时俱进，值得赞扬。

《测量技术基础》是在“十五”“十一五”国家级规划教材《交通土木工程测量》基础上的最新改版。总体看来，本书在保留原书编写风格和主体内容的基础上，丰富和完善了现代工程测量理论和技术实践内容。与同类书相比，有很多的亮点。本书编写紧紧围绕“培养什么人、怎样培养人、为谁培养人”这一教育的根本问题，以落实立德树人为根本任务，以测量技术的“定位”为核心，以培养卓越工程师、大国工匠、高技能人才为目标，注重引入测量新技术、新理论，如无人机航测、水下数字地形测量、地理信息、路线曲线定位等内容，符合教育教学对人才培养的新要求。同时，注重信息化资源配套，适应信息化教学。

总体而言，通过修订和改版，本书的体例更加合理和统一，概念阐述更加严谨和科学，内容重点更加突出，文字表达更加简明易懂，工程案例和思政元素更加丰富，配套资源更加完善，具有很好的现代适应性。我很欣赏本书 “教、练、用紧密结合”的编写思路，书中给出上百个练习题和配套的丰富的立体化教学资源，必将增强学生的学习兴趣，提高学生的自学能力，有利于提高教学质量。

我希望本书在“测量学”课程改革中发挥更大作用，也希望得到读者的青睐。序言中不当之处，敬请读者批评指正。

2021年8月10日

前言

20 世纪 90 年代，在广东省教育厅及编者所在学校的领导下，在教育部高等学校测绘类专业教学指导委员会、中国测绘学会教育工作委员会（简称“两委会”）的指导下，编者团队经广东省教育厅立项开展“面向新世纪，建设土木测量新课程”的内涵式建设研究，经过近 8 年的调研试验，推出了本书第一版。在“测量学”教学史上首次指出测量科技不是“老三件”（水准仪、钢尺、经纬仪），不是“测测量量”，率先提出测量科技教学核心是“定位”，摒弃了“老三件”旧教学体系，创立测量“定位”教学新体系，形成一种全新测量科技教育新理念，被誉为“率先成果”“国内先进”。

在“两委会”原主任宁津生院士和陶本藻教授、曾卓乔教授、王侬教授、夏青青处长的长期指导下，本书经过多轮次的修订，并先后荣获全国测绘“九五”规划教材、“十五”“十一五”国家级规划教材、全国高等学校优秀测绘教材等多项殊荣。20 多年来，本书受到了广大读者的普遍欢迎，被众多院校指定为相关专业的专用教材。许多热心读者在使用本书后提出了宝贵的修订建议。

党的二十大报告指出：“加快建设国家战略人才力量，努力培养造就更多大师、战略科学家、一流科技领军人才和创新团队、青年科技人才、卓越工程师、大国工匠、高技能人才。”为了深入贯彻落实二十大报告精神，编者根据二十大报告和《高等学校课程思政建设指导纲要》等相关文件精神，结合现代测量科技的发展和院校教学及企业用人新需求，在编者团队“测量技术基础”课程研究成果的基础上，对本书内容做了更新、完善等修订和改版工作。在修订和改版过程中，编者紧紧围绕“培养什么人、怎样培养人、为谁培养人”这一教育的根本问题，以落实立德树人为根本任务，以学生综合职业能力培养为中心，以培养卓越工程师、大国工匠、高技能人才为目标。

通过本次修订和改版，本书的体例更加合理和统一，概念阐述更加严谨和科学，内容重点更加突出，文字表达更加简明易懂，工程案例和思政元素更加丰富，配套资源更加完善。具体而言，主要有以下几个方面的突出特点。

（1）校企“双元”联合开发，突出“工学结合”

本书编者均来自教学或企业一线，具有多年的教学或实践经验，编写经验丰富，理念新颖。在编写过程中，编者基于“工学结合”的编写理念，以“全面、适当、简明”为原则，紧扣相关专业的培养目标，遵循教育教学规律和技术技能人才培养规律，以真实工程项目、典型工作任务、案例等为载体组织教学内容，符合当前企业对人才综合素质的要求。

（2）以测量科学“定位”为核心

本书根据测量学“测定地面点位置”的本质概念表述，基于以测量技术“定位”为核心的教学体系，遵循测量科技所独有的“一个体系核心、两种属性本能、三大学科支柱、四项基本原则、五类重要保障”的科学“定位”主线。

本书按照“角度测量→距离测量→高程测量→观测成果初级处理→全站测量”顺序展开，展现以“全站”新义［包括 GNSS（global navigation satellite system，全球卫星导航系统）等］现代测量定位的科技最新成果，脉络清晰，梯度递进，便于学习理解和掌握。

（3）紧跟测量领域发展需要，融入测量新技术、新理论

本书利用高斯投影理论解决“设计在平面、施工在球面”的问题，阐明测量定位元素

改化条件；构建“工程控制测量、地形测量、数字化测量”与“工程用图、测设方法、变形测量、常规仪器检验”技术分支；丰富“路线定位、路面放样、桥址测量、轴线定位、隧道测量”的类型并加强其技术互补，注重定位特殊性与通用性的协调；完善精密测量、误差理论和条件平差等原理方法，扩展其在社会工程领域的应用。

本书完善了“地形测量”“地理信息”“测绘仿真”术语的表述，新增无人机航测技术，深化了全站仪安置四步法、对光方向法、中间法光电三角高程测量、水准测量法仪器高、全站测量、GNSS 网络 RTK（real time kinematic，实时差分定位）、地形图数字测量等内容；拓展了大地测量“密切”理论路线曲线密切定位研究，解决了历史难题，创立推出了缓和曲线、缓和复曲线弧长方程及缓圆曲线定位技术，并推进了平差等一站式计算技术。

（4）“教、练、用”紧密结合，有效性强

有效性体现在“会测量”，即会进行基本定位技术的应用。本书采用“理、虚、实”一体化设计，“教、练、用”紧密结合。强调掌握基本技术，不求面面俱到；加大训练力度，共设计 300 多道习题；对接《工程测量标准》（GB 50026—2020）等最新国家标准规范，体现“岗课赛证”融通；提供实训指导书、模拟生产指导书，并引入虚拟仿真训练软件等多种教学资源，便于学生进行模拟生产实习。宁津生院士指出，模拟生产方式的实习更是可取的，有利于学生对课程内容的理解和增强实际动手能力，学生能更快地进入具体工作状态。

中南大学张学庄教授曾在相关“测量”更名讨论中语重心长地提出“测量科学是什么”的课题，它是 20 世纪 80 年代中期以来我国经济发展面临的重大现实课题。本书高扬测量科学的“定位”核心价值，以测量技术教学的全新面貌为测量科学课题添砖加瓦，以推动测量科学适应社会发展，满足工程建设定位需求，为国造福，为民保安。

（5）融入思政元素，充分落实课程思政

为落实立德树人根本任务，充分发挥教材承载的思政教育功能，本书凝练思政要素，融入精益化生产管理理念，将安全意识、质量意识、职业素养、工匠精神的培养与教学内容相结合，使学生在学习专业知识的同时，潜移默化地提升思想政治素养。

（6）配套立体化的教学资源，适宜实施信息化教学

本书配套有多媒体课件、微课视频、习题参考答案、实训指导书、模拟生产指导书等立体化的教学资源，书中穿插有二维码资源链接，读者通过手机等终端扫描后可观看微课视频。

本书由张坤宜、张保民、岳崇伦任主编，由汪善根、张志敏、邹秀芳、陈燕欢任副主编，由张坤宜提出修编方案。张坤宜负责编修单元 1、单元 3，汪善根负责编修单元 2、单元 17，岳崇伦负责编修单元 4，常德娥负责编修单元 5、单元 8，张志敏负责编修单元 6、单元 16，金向农负责编修单元 7 的 7.1～7.3 节和单元 11，侯林锋负责编修单元 7 的 7.4～7.5 节和单元 12，陈燕欢负责编修单元 9、单元 15，邹秀芳负责编修单元 10、单元 13，张保民负责编修单元 14，张洋负责编修附录及绘制全书插图。黄葵担任本书的测量装备技术顾问，由张坤宜对全书统一定稿。广州南方测绘科技股份有限公司广州分公司、广东省工程勘察院、广东省岩土勘测设计研究有限公司等单位为本书提供了很多宝贵技术素材，李益强、张齐周、常德娥、邱春建等为本书教学资源包做了大量工作。

本书的修订得到“两委会”领导及李建成院士、翟翊教授的指导。陶本藻教授、李玉甫教授对本书内容进行审定并提出了很多宝贵的指导意见，有效提高了本书的质量。在此表示由衷的感谢。

由于编写人员水平有限，书中难免存在不足，希望广大读者和专家提出宝贵修改意见。

目　录

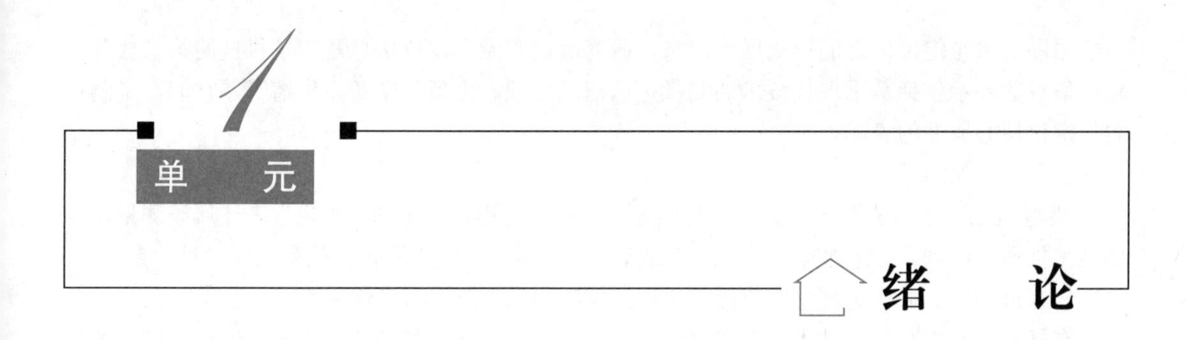

学习目标

掌握测量学与测绘学等概念，了解测量学三大科学支柱和学科属性本能，理解测量科技在工程建设的定位保障意义，掌握坐标系统、高程系统的概念和应用。

1.1 测量定位与工程建设

1.1.1 测量定位

1. 测量学概念

测量学是一门研究测定地面点位置，研究确定并展示地球表面形态与大小的科学。

人类在从事生产活动的过程中必然会涉及测量科学。人类在地球上生活离不开生存、发展的场所，如土地及地面上的房屋就是基本的场所。这些场所的建造和使用都离不开点位置的确定，离不开边界点和边界线的确定，以及这些场所的面积与工程的位置测定。测量学是在适应人类生活与发展的需要和工程建设的定位技术需求的基础上发展起来的，涵盖社会经济建设的广阔领域。人类文明史与测量科学技术息息相关。

2. 测量学三大科学支柱

根据测量学概念，测量学具有三大科学支柱：定位技术、定位信息和定位保障。

（1）定位技术

测量学的科技体系核心在于测定地面点位置，即测量定位。由此确立本书测量定位的教学体系，该体系核心是测量学的本源。由于地面点位置具有空间属性，故“测定地面点位置”又称“空间点定位”。空间点定位是测量科技的第一要务。

（2）定位信息

测定地面点位置，确定地球表面形态与大小，主要以由点云根据点位置及其参数形成的地球表面图、像等定位信息的形式展示出来。研究确定并展示定位信息是测量科技的第二要务。定位信息的展示包括基于现代技术的测量定位信息处理、更新、储备、传播等，它们都是测量科技定位核心属性的表现。

（3）定位保障

测量包括从“研究测定”到“研究确定”的推进过程，其中的“确定”表述属于测量本身的技术性质和法规、法律保障范畴。定位保障来自测量定位技术和定位信息的实时性、真实性、严密性、准确性。通行的测量定位保障包括定位准确性保障、可靠性保障。

在社会生产力和科学技术高度发展的今天，社会各行业迫切的定位需求是测量学的定位技术、定位信息和定位保障。20 世纪中期以后，出现了激光、微电子、航天、计算机与信息通信等先进技术，极大地推动了测量学的发展，使其实现了飞跃和革新。测量学的主要贡献包括激光红外光电测距、大地测量与卫星全天候定位、摄影与遥感、数字测量、无人机艇测量和现代测量平差理论等，为测量定位与定位信息采集提供了重要科技条件。测量学现代科学基础理论和定位技术快速发展，定位技术、定位信息和定位保障三大科学支柱作为测量科技的根基日益完善，“定位”科学正在迅速向社会各相关领域扩展，并受到社会诸多行业的关注。

3. 测绘学概念

由于测量学具有以测绘地球表面图像的技术形式实现定位信息展示的特征，故测量学又有测绘学之称。现代科技条件下的测绘学是对地球整体及其表面和外层空间的物体与地理分布有关信息的采集，同时包括处理、管理、更新等过程的科学技术。在现代社会对信息，尤其对地球信息的需求潮流中，测绘学扮演着重要的角色。测绘学获得的数据或图像成为可以储备、传播、应用的地球空间信息，即地球空间信息是测绘学的成果。在现代测绘学与计算机信息学整合的条件下，地球空间信息学由此发展起来。由于测量学第二要务的意义与测绘学概念具有一致性，故测量学又有地球空间信息工程学之称。

在我国，测量定位科学的学科名称是国家法定的一级学科——测绘科学与技术学科。测量学、测绘学、测量定位及测量学科学支柱等都属于测绘科学与技术学科中的科技概念。

1.1.2 测绘科学与技术的分支学科

测绘科学与技术涉及的研究对象、方式、手段十分丰富，随着科技进步而发展起来的测量定位科学与技术日益增多，形成了特色各异的重要分支学科，这些分支学科包括大地测量学、摄影测量与遥感学、地图制图学、海洋测绘学和工程测量学。

1. 大地测量学

大地测量学是研究和确定地球形状、大小、整体与局部运动和地表面点的几何位置以及它们的变化的理论和技术的学科。

2. 摄影测量与遥感学

摄影测量与遥感学是研究利用电磁波传感器获取目标物的影像数据，从中提取语义和非语义信息，并用图形、图像和数字形式表达的学科。

3. 地图制图学

地图制图学是研究模拟和数字地图的基础理论、测绘、管理、复制的技术方法与应用的学科。

4. 海洋测绘学

海洋测绘学是以海洋水体和海底为研究对象的测量理论与技术的学科。

5. 工程测量学

工程测量学是研究工程建设、自然资源开发中规划、勘测设计、施工、管理各阶段的测量定位理论与技术的学科。

1.1.3 测量科技在工程领域的重要定位保障

应该指出的是，测量科技体系核心——定位与社会生活、工程建设方位、点位确定及安全需求在定位技术范畴上的一致性没有改变，测量定位技术作为社会生活、工程建设主要导向技术的性质也没有改变。这种没有改变的“一致性”“主要导向性”是测量科技发展与应用不断扩大和工程建设对定位保障需求日益增长的根本原因。因此，测量科技在国民经济建设和社会可持续发展及国防建设中的重要保障地位不断提高。“定位保障”不仅在防危防灾中发挥极大作用，而且包括 GNSS 技术及相关定位信息相结合的交通导航在内的具体保障已深入人们生活的方方面面。测量科技在工程领域的重要定位保障主要如下。

1. 测量科技是工程建设规划的重要依据保障

一座座已建成的现代建筑并非空中楼阁，一条条现代交通路线并非盘绕彩云的飘带，包括现代建筑与交通路线的各种构筑物，它们正是在科学规划之后，以地球表面为基础而逐步形成的产物。描述并展示地球表面的地形图件与相关定位信息则是现代工程建设科学规划的重要依据保障。

在现代城市建设及其交通网络的规划过程中，任何一条交通线走向的确定，都必须利用地形图和有关的地理信息参数才能实现。地形图和有关的地理信息是优化城乡建设规划、有效利用土地、提高规划建设效益、改善城乡建设环境的重要一环。如果失去测量科学技术提供的重要依据保障，那么人们无法开阔眼界和认识地球资源，现代工程规划建设必将成为空话。

2. 测量科技是工程勘察设计现代化的重要技术保障

对于一个区域或特定交通线地面的高低平斜、河川的宽窄深浅及地面附属物，只有在经过详细测量并获得大量地面基础信息的基础上，才能进行工程设计。工程领域关注测量科技发展，尽快应用测绘新技术，提高工程勘测技术水平，实现工程勘察设计的高效益。现代测量技术已经成为工程勘察设计现代化的重要技术。

3. 测量科技是工程顺利施工的重要可靠保障

一条交通中心路线的标定，一座建筑物及其部件实际位置的确定，现代工业构件的精确安装，地下隧道的准确开挖，等等，都离不开测量技术，该技术发挥着重要的保障作用。

4. 测量科技是城镇房产、地产的重要管理保障

近几十年来，在城市管理、房地产开发与管理、土地资源普查管理、建设工程管理与监理等部门，测量学作为管理手段发挥了重要保障作用。

5. 测量科技是检验工程综合质量和监测工程设施营运的重要安全保障

测量科技的安全保障指的是城镇建设工程设施与营运防危防灾的特殊安全措施保障，如建设工程变形测量、建设工程测量控制及其综合质量监测、地表边坡移动监测、工程设施与人居环境形变危险源监测等。

1.1.4 课程属性

“测量定位”教学与训练属于具有重要入门标的、重要工程技术标志、重要入职标识和较强思政理念的基础性课程。“测量定位”教学涵盖社会与工程专业的广阔领域，具有明显的课程功效。

1. 属于测量科技的入门课程

测量科技的基础课程早已有之，多以“测量学”命名，或以“某某测量学”“某某工程测量”等命名。测量科技的基础课程属于测量科技的入门课程，本书以“测量定位”为核心更加名副其实。

2. 工程专业领域必修的专业技术基础课程

工程专业领域既包括市政、工业建筑、路桥交通，也包括测绘工程及农林水利电力、土地房产、园林地理、矿山地质岩土、工程监理管理等相关领域。必修在于，本书介绍的测量技术是工程行业导向与定位的重要技术，是现代工程技术的重要组成部分。

3. 注重实践性，更具实用性

工程建设领域应用现代测量科技的速度明显加快。实用在于，工程技术人员掌握本书测量基本理论和技术及其在工程领域的实用原理和方法，是工程技术工作的基本条件。

[注解]

1. 信息采集。“信息”最初开始是通信领域的术语，如信件、消息、新闻等。现代通信领域扩大了信息的含义，即使一个物体的位置、大小、形状也可以理解为信息。对这些信息进行记录就是信息采集。对地球表面上某一物体进行测量所得到的有关数据是地表信息，测量就是这种地表信息采集的技术手段。

2. 遥感：不与被测物体直接接触，由传感器感知并揭示被测物体的形状、性质等信息的技术。

3. 传感器：基于电磁感应原理用于测定物体相关信息的仪器设备或器件。

4. 数字地图：以数字形式存储的 1∶1 的地图。

5. 模拟地图：与数字地图相对应的语词。原指一切可感知的地图，包括传统地图和盲人地图。

 地球体及其参考椭球体参数

1.2.1 地球体的有关概念

测量定位在地球表面进行，测量技术工作与地球体有着密切的关系，涉及地球体的有关概念如下。

1. 垂线

重力的作用线称为铅垂线，简称垂线（图 1-1）。一条细绳系一重物，细绳在重物作用下形成下垂的重力方向线就是垂线。图 1-1 中的重物称为垂球。垂线是测量技术工作的一条基准线。

图 1-1 垂线

2. 水准面

某一时刻处于没有风浪的海洋表面称为水准面。水准面是一个理想化的静止曲面，具有如下性质。

1）水准面处处与其相应的垂线互相垂直。

2）因为海水存在潮汐现象，静止曲面所处的高度随时刻不同而异，所以不同时刻的水准面具有不同的高度。

3）同一水准面上各点重力位能相等，故水准面又称为重力等位曲面。

3. 大地水准面

若在高度不同的水准面中选择一个高度适中的水准面作为平均海水面，则这个没有风浪和潮汐的平均海水面就称为大地水准面。大地水准面经验潮站对海水面长期观测得到，我国验潮站设在山东青岛。

4. 大地体

大地水准面包围的曲面形体称为大地体。大地测量学的研究表明，大地体是一个上下略扁的椭球体，如图 1-2 所示。从整个地球表面现状来看：①海洋表面面积（约占整个地球表面的 71%）大于陆地表面面积（约占整个地球表面的 29%）；②地球表面的高低不平程度与地球半径相比可忽略不计（如珠穆朗玛峰高 8848.86m 与地球半径 6371000m 的比值不足千分之二）。因此，大地水准面所依据的海洋表面在很大程度上可代表地球表面，大地体可以代表地球的表面形体。

5. 参考椭球体

大地水准面具有水准面的第一性质，即大地水准面处处与其相应的垂线互相垂直。由于地球内部物质具有不均匀性，大地水准面各处重力线方向（垂线）不规则，如图 1-3 所示，因此大地水准面是一个起伏变化的不规则曲面。由此可见，大地体表面也是不规则的曲面。

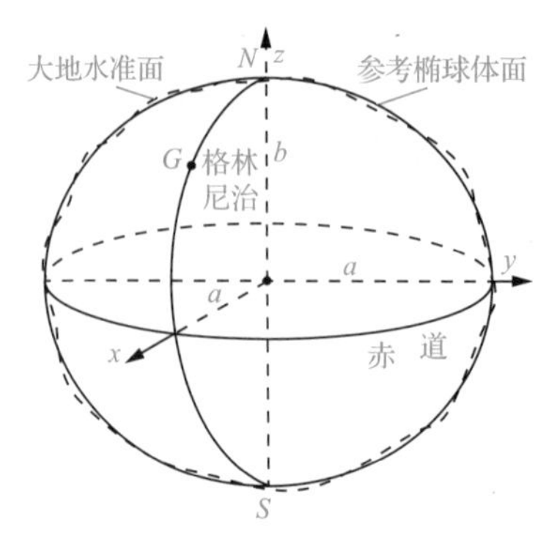

图 1-2 大地体与参考椭球体

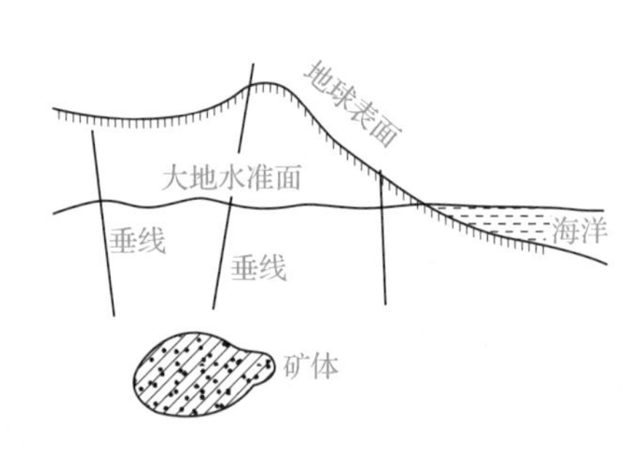

图 1-3 大地水准面

为了正确计算测量成果，准确表示地面点的位置，必须用一个近似于大地体的规则曲面体表示大地体，这个规则曲面体就是参考椭球体。根据图 1-2 设立一个三维（x, y, z）空间坐标系，参考椭球体可用一个简单的数学公式表示，即

$$\frac{x^2}{a^2}+\frac{y^2}{a^2}+\frac{z^2}{b^2}=1 \tag{1-1}$$

式中，a、b 分别是参考椭球体的长半径、短半径。参考椭球体扁率 α 满足

$$\alpha=\frac{a-b}{a} \tag{1-2}$$

1.2.2 参考椭球体的参数

参考椭球体，即近似大地体的规则椭球曲面体，必须与大地体较好地吻合，这种吻合取决于世界各国实际采用的参考椭球体。各国参考椭球体的采用涉及椭球体定位等一系列科技问题，其中涉及 xyz 椭球体空间直角坐标系。如图 1-2 所示，确定经过英国格林尼治 G 的起始子午线 zGS 和 x 轴的位置，确定地球自转轴 SN（z 轴）和 y 轴的位置，由此确定椭球体 xyz 空间直角坐标系。

从图 1-2 可以看出，为使采用的椭球曲面体与大地体较好地吻合，必须研究确定参考椭球体长半径 a、参考椭球体扁率 α、短半径 b 等参数，这些常用参数统称为参考椭球体参数。对参考椭球体参数的研究获得是大地测量学科的任务，而且随着科技的发展不断得到精化。近几十年来，我国采用的参考椭球体参数如下。

1）1954 年，北京坐标系曾经采用克拉索夫斯基参数：a=6378245m，$\alpha=1/298.3$，推算值 b=6356863.019m。

2）1980 年以后，我国采用国际大地测量协会（International Association of Geodesy，IAG）IAG-75 参数：a=6378140m，α=1/298.2570，推算值 b=6356755.2882m。

1980 年以后，我国采用 IAG-75 参数建立国家坐标系。若实际应用中采用 1954 年的北京坐标系，则克拉索夫斯基参数仍有效。在工程应用上，当要求不高时，可以把地球当作圆球体，这时地球参数中的平均曲率半径 R 为 6371000m。

3）GNSS坐标系参数。GNSS坐标系是建立国际控制框架的世界空间直角坐标系，称为WGS-84坐标系（world geodetic system-1984 coordinate system）。WGS-84坐标系参数：参考椭球体长半径 a=6378137m，参考椭球体扁率 α=1/298.257223563，参考椭球体短半径 b=6356752.3142m。

4）2000国家大地坐标系参数。2000国家大地坐标系（China Geodetic Coordinate System 2000，CGCS2000）以地球质量中心为大地坐标系原点，其参数值接近WGS-84坐标系：a=6378137m，$\alpha=1/298.257222101$，推算值 b=6356752.314140m。

[注解]

1．验潮站：记录海水潮位升降变化的观测站。

2．克拉索夫斯基——苏联科学家。

3．大地体不规则的原因：大地水准面不规则。根据水准面的性质，大地水准面也处处与其相应的垂线互相垂直，因为地球内部物质具有不均匀性，垂线不可能都指向地心，所以大地水准面不规则，从而大地体也不规则了。

4．重力等位曲面的重力位能 $w=gh$。式中，g 为所在地点的重力加速度；h 为地点高度。

1.3 坐标系统

坐标是表示地面点位置并从属于某种坐标系统的技术参数。表示地面点位置的坐标系统因为其用途不同而不同。工程建设中经常应用的有三种坐标系统：大地坐标系、高斯平面直角坐标系和独立平面直角坐标系。

1.3.1 大地坐标系

大地坐标系是以参考椭球体面为基准面的球面坐标系，通常用大地经度和大地纬度表示各点坐标，简称经度（用 L 表示）、纬度（用 B 表示）。图1-4所示为以 O 为中心的大地坐标系，NS 为地球转轴，N 表示地球北极点，S 表示地球南极点，$WDCE$ 是地球赤道面，P 是地球上的地面点，经 NpS 的平面称为子午面，p 是地面点 P 在参考椭球体面的投影，$NpCS$ 是过 p 点的子午线。在图1-4中，设 $NGDS$ 为经过英国格林尼治天文台 G 的起始子午线（本初子午线，1884年国际经度会议决议确定），其子午面 NDS 与子午面 NpS 的夹角 L_p 是 P 点的大地经度，Pp 线（法线）与赤道平面的夹角 B_p 是 P 点的大地纬度。L_p、B_p 称为 P 点大地坐标。

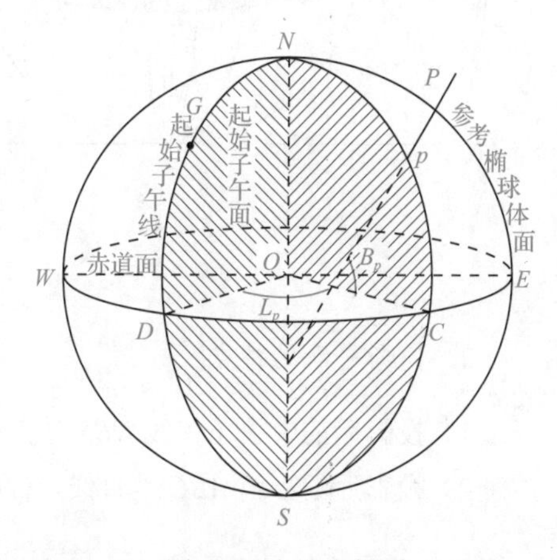

图1-4 大地坐标系

我国地理版图处在起始子午线以东的经度约74°～135°、赤道以北的纬度约3°～54°位置，因此表示点位大地坐标时通常冠以“东经”“北纬”的前缀。例如，*P* 点大地坐标 L_p=98°31′，B_p=35°27′，称 *P* 点的大地坐标为东经 98°31′、北纬 35°27′。

1.3.2 高斯平面直角坐标系

大地坐标表示的是地面点位的球面坐标，工程设计上需要的是点位平面位置，工程建设在地球曲面上完成，工程设计计算均在平面上进行，“平面”与“曲面”必然存在矛盾。高斯平面直角坐标系是一种应用比较广泛的坐标系统，可以解决“平面”与“曲面”存在矛盾的问题。

1. 高斯投影的几何意义

高斯投影（图 1-5）理论是论证地球球面坐标与平面直角坐标关系的理论，是建立高斯平面直角坐标系的基础，其几何意义可作以下理解。

1）沿南、北两极以起始子午线为基准，向东标出分带子午线（经线）。如图 1-5（a）所示，*NAS*、*NBS*、*NCS* 是其中标出的三条子午线，*A*、*B*、*C* 是三条子午线与赤道的交点，*AB* 弧、*BC* 弧的长度相等。子午线 *NAS*、*NCS* 构成的带状区域①称为投影带。

2）假想一个横椭圆柱套在参考椭球体上，柱中心轴 *OO* 穿过地球中心 *I*，且与地球旋转轴 *NIS* 互相垂直，柱面与参考椭球体面密切于子午线 *NBS*。*NBS* 称为中央子午线。

3）假想地球是透明体，其中心 *I* 是一个点光源，光的照射使子午线 *NAS*、*NBS*、*NCS* 及其相应的地球表面投影到横椭圆柱面上。

4）沿 *NS* 轴及 *OO* 方向在箭头所指横椭圆柱边线切开柱面并展开成如图 1-5（b）所示的投影带平面，该平面称为高斯投影带平面，简称高斯平面。

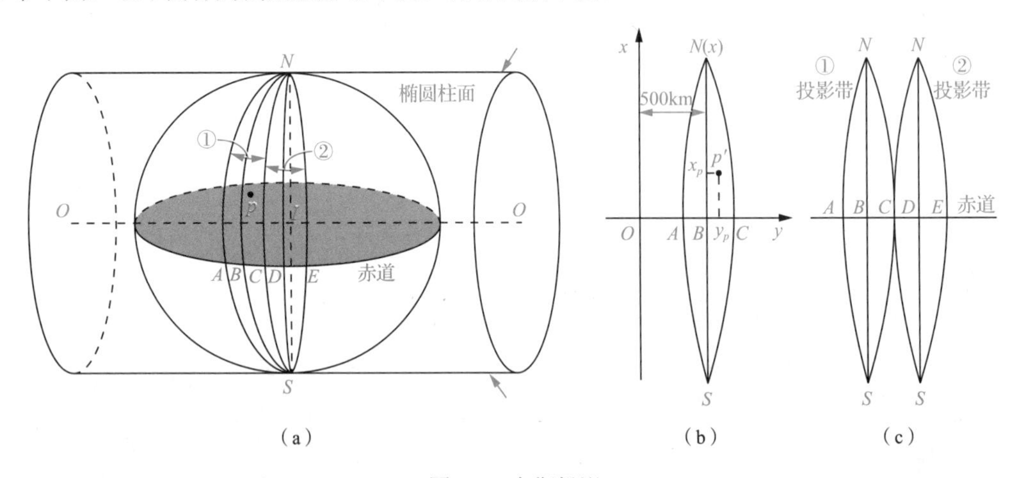

图 1-5 高斯投影

2. 高斯平面的特点

1）投影后的中央子午线 *NBS* 是直线，长度不变。

2）投影后的赤道 *ABC* 是直线，保持 *ABC*⊥*NBS*。

3）离开中央子午线的子午线投影是以地球两极点为终点的弧线，距中央子午线越远，弧线的曲率越大，说明距中央子午线越远，投影变形越大。

3. 高斯平面直角坐标系的建立

根据高斯平面投影带的特点，高斯平面直角坐标系按下述规则建立。

1）x 轴是中央子午线 NBS 的投影，北方（N）为正方向。

2）y 轴是赤道 ABC 的投影，东方（E）为正方向。

3）原点，即中央子午线与赤道交点，用 O 表示。

4）4 个象限按顺时针顺序排列，并依次编号为Ⅰ、Ⅱ、Ⅲ、Ⅳ，如图 1-6 所示。

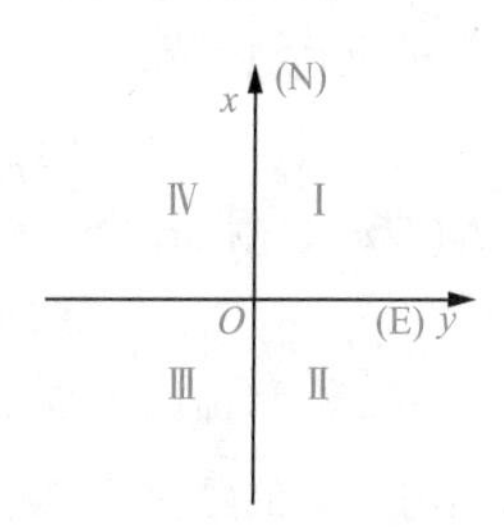

图 1-6　高斯平面直角坐标系

4. 投影带的中央子午线与编号

投影带宽度用投影带边缘子午线之间的经度差 Δl 表示。为限制高斯投影带的变形，投影带宽度 Δl 一般取 6° 或 3°。高斯投影根据 Δl 逐带连续进行。例如，图 1-5（a）中的①投影带投影完毕，转动参考椭球体使②投影带的中央子午线 NDS 与椭圆柱面相密切，并进行投影。①、②投影带的投影结果如图 1-5（c）所示。以此类推，按上述高斯投影的几何意义对地球进行连续逐带高斯投影，即地球表面展开成如图 1-7 所示的高斯平面。

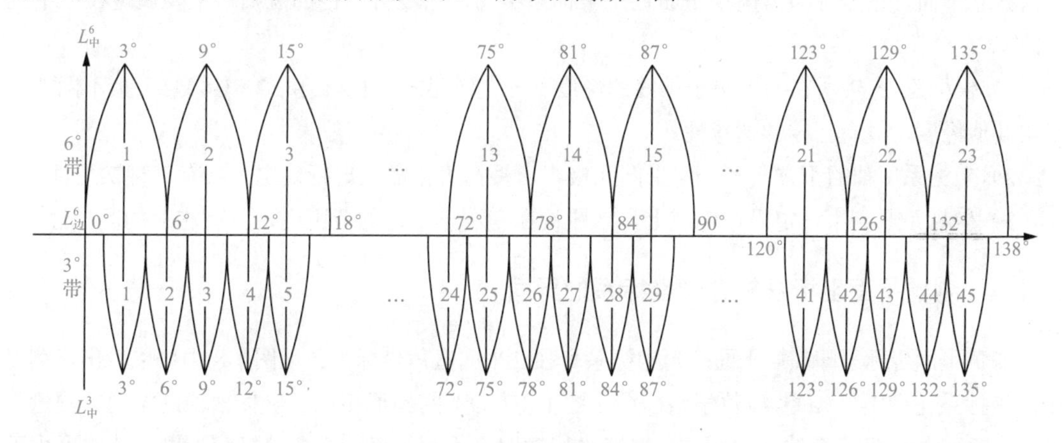

图 1-7　地球表面展开的高斯平面

图 1-7 中的横轴的上半部分表示以 6° 作为宽度的 6° 带高斯平面，地球可分为 60 个 6° 带。各带的中央子午线的大地经度 L_O 与投影带的带号 N 的关系为

$$L_O = 6N - 3 \tag{1-3}$$

图 1-7 中的横轴的下半部分表示以 3° 作为宽度的 3° 带高斯平面，地球可分为 120 个 3° 带。各带的中央子午线的大地经度 L_O 与投影带的带号 n 的关系为

$$L_O = 3n \tag{1-4}$$

根据我国在大地坐标系统中的经度位置（74°～135°），由式（1-3）和式（1-4）可知，我国采用的 6° 带的带号 N 为 13～23，采用的 3° 带的带号 n 为 25～45。

5. 高斯平面直角坐标表示地面点位置

我国测量的大地控制点均按高斯投影计算其高斯平面直角坐标。例如，在图 1-5（a）中，球面点 p 的大地坐标为（L_p, B_p），图 1-5（b）中的点 p' 是点 p 的高斯投影点，其高斯平面直角坐标为（x_p, y_p）。x_p 和 y_p 的意义：x_p 表示点 p 在高斯平面上与赤道的距离；y_p 包括投影带的带号 N(或n)、附加值 500km 和实际坐标 y'_p 三个参数，即

$$y_p = N(或n) + 500\text{km} + y'_p \tag{1-5}$$

例如，某地面点坐标中的 x=2433586.693m，y=38514366.157m，其中 x 表示该点在高斯平面上与赤道的距离为 2433586.693m。根据式（1-5），该地面点所在的投影带带号 n=38，是 3°带，地面点坐标 y_p 实际值 y'_p =14366.157m（即减去原坐标中带号 38 及附加值 500km），表示该地面点在中央子午线东侧 14366.157m；若坐标 y 实际值 y' 带负号，则该地面点在中央子午线西侧。

根据坐标 y_p 的投影带带号，可以按式（1-4）推算投影带中央子午线的经度为 L_O=114°。如果投影带带号属于 6°带，则按式（1-3）推算。

1.3.3 独立平面直角坐标系

独立平面直角坐标系与高斯平面直角坐标系不同，它没有严格的规则，主要表现在以下几方面。

1）坐标系 x 轴所在的中央子午线的经度不一定满足式（1-3）和式（1-4），可按不同要求采用其他经度，具有一定的随意性。

2）坐标系 x 轴的正方向不一定指向北极，可根据工作需要自行确定，具有某种实用性。

3）坐标系原点不一定设在赤道上，一般设在有利于工作的范围内，具有相应的区域性。

1.3.4 测量平面坐标系与数学坐标系的异同

测量平面坐标系即高斯平面直角坐标系和独立平面直角坐标系。从图 1-8 中可以看出，测量平面坐标系［图 1-8（a）］与数学坐标系［图 1-8（b）］的构形相同，坐标轴轴向相同。测量平面坐标系与数学坐标系的区别在于：二者坐标轴取名不同，坐标系象限排序不同。这些区别不影响数学上各种三角函数公式的应用。例如，对于如图 1-8（b）所示的数学坐标系，角 α 以 x 轴为起始方向按象限排列在第一象限，Op 长度为 s，则点 p 坐标为

$$x = s\times\cos\alpha\,,\quad y = s\times\sin\alpha \tag{1-6}$$

图 1-8（a）是测量平面坐标系，角 α 以 x 轴为起始方向，按象限排列在第一象限，Op 长度为 s，则点 p 坐标计算式也是式（1-6）。因此，数学上的三角函数公式适用于测量平面坐标系。

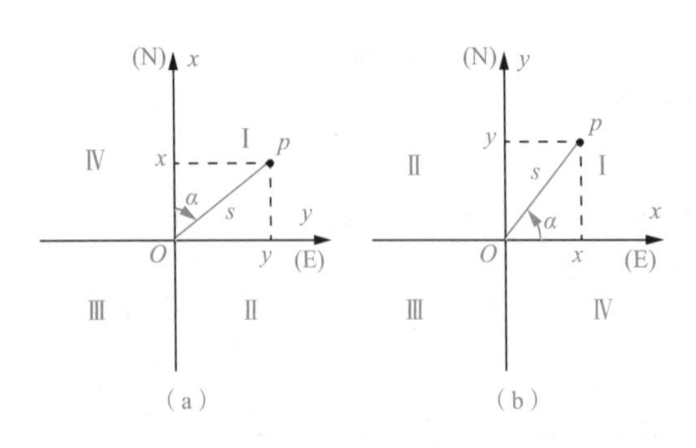

图 1-8　数学坐标系与测量平面坐标系

[注解]

1. 起始子午面：或称本初子午线，国际规定的经过格林尼治天文台的子午面，经过此处的经度为0°，由1884年的国际经度会议决议确定。

2. 高斯——德国数学家、物理学家、天文学家。高斯平面直角坐标系相关的发明人还有德国大地测量学家克吕格等。单元8介绍的最小二乘原理就是高斯于1794年首先提出的，此时的他年仅17岁。

3. 中央子午线：与投影带边界子午线的经度差为$\Delta l/2$的子午线。球面按经度差分带，每投影带有三条特征经线，即两条带边界子午线和一条中央子午线。两条带边界子午线的经度差为Δl，中央子午线与带边界子午线的经度差为$\Delta l/2$。

4. 密切：大地测量空间几何概念，是曲面上拉紧的曲线的法线与曲面相应法线重合的表现形式。由图1-5（a）可见，参考椭球体面的中央子午线*NBS*与横椭圆柱面密切，*NBS*在其柱面投影线的曲率半径与中央子午线*NBS*的曲率半径相同（数值相等，径向一致）。

1.4 高程系统

1.4.1 高程系统的概念

地面点高程指的是地面点到某一高程基准面的垂直距离，它是表示地面点位置的重要参数。地面点的高程基准面一经认定，其高程系统就确定了。一般地，高程系统有大地高系统、正高系统、正常高系统等。

1）大地高系统：以参考椭球体面为地面点高程基准面的高程系统。大地高表示地面点到参考椭球体面的垂直距离，用H表示。

2）正高系统：以大地水准面为地面点高程基准面的高程系统。正高表示地面点到大地水准面的垂直距离，用$H_{正}$表示。

3）正常高系统：以似大地水准面为地面点高程基准面的高程系统。正常高表示地面点到似大地水准面的垂直距离，用$H_{正常}$表示。

图1-9表示上述三种高程基准面的关系，其中，大地水准面是在测定平均海水面中得到的高程基准面。我国在山东青岛设验潮站长期测定海水面高度得出我国大地水准面的位置，如图1-9中的Q处。通常可设参考椭球体面、大地水准面、似大地水准面在Q处重合。但是，由于地球内部的物质具有不均匀性，参考椭球体面、大地水准面、似大地水准面在其他位置不重合，如图1-9中P处，h_m是大地水准面与参考椭球体面的差距，h'_m是似大地水准面与参考椭球体面的差距。

大地高H、正高$H_{正}$、正常高$H_{正常}$三者的关系可表示为

$$H = H_{正} + h_m,\quad H = H_{正常} + h'_m \tag{1-7}$$

一般情况下，当大地水准面与参考椭球体面的差距h_m未知时，无法根据测得的地面点正高计算出大地高。在实际测量技术工作中，选用的是似大地水准面，即与参考椭球体面的差距h'_m可以求得的水准面，故可以根据测得的地面点正常高计算出大地高。我国的国家高程测量采用正常高系统，国家高程点的高程是正常高。

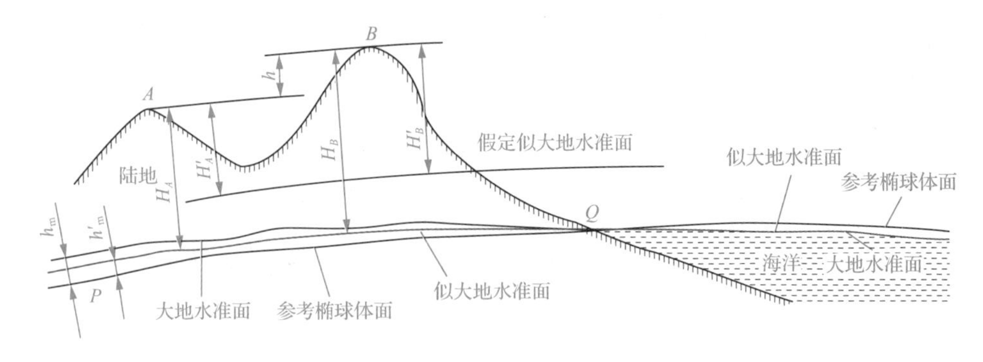

图 1-9　三种高程基准面的关系

大地高、正高、正常高三者的关系由差距 h_m、h'_m 联系起来。另外，大地高是一个几何量，也可以利用现代 GNSS 技术较精确地求定，现代测绘技术可以精确求得 h_m、h'_m 参数值。理论上，大地高、正高、正常高均可用于工程测量，但通常由于技术原因，在一般实际应用中采用正常高或正高，不采用大地高。在精度要求不高的情况下，往往忽略参数 h_m、h'_m，不再区分大地高、正高、正常高。

1.4.2　实际应用的地面点高程的概念

实际中应用的地面点高程有绝对高程和相对高程。

1）绝对高程：地面点沿其垂线到似大地水准面的垂直距离。如图 1-9 所示，H_A、H_B 分别表示点 A、点 B 到似大地水准面的绝对高程。绝对高程是正常高系统所确定的地面点高程，按国家高程点推算，此高程是正常高。

2）相对高程：地面点沿其垂线到假定似大地水准面的垂直距离。如图 1-9 所示，H'_A、H'_B 分别表示点 A、点 B 到假定似大地水准面的相对高程。这里所说的相对高程是假定似大地水准面所确定的地面点高程，可以说是假定高程系统的地面点高程。

3）高差：两个地面点的高程之差，用 h 表示，如点 A、点 B 高差 h_{AB} 为

$$h_{AB} = H_B - H_A = H'_B - H'_A \tag{1-8}$$

1.5　地面点定位

1.5.1　学科属性本能

地面点定位是指以测量科学独有的学科属性本能确定地面点的位置。在工程建设中，地面点定位的学科属性本能有以下两种。

1. 测绘本能

根据测量定位技术原理并用基于这种原理工作的装备测定地面点位置，用图像、图形和数据等形式表示出来，这种学科属性本能称为测绘本能。测绘本能通常可把球体地面点位表示为平面形式，如图1-10（a）中的M、N、P为地面上的三个点，经测绘本能的技术过程可以表示为高斯平面上的点位置，如图1-10（b）中的m、n、p。

2. 测设本能

根据测量定位技术原理并用基于这种原理工作的装备把设计上拟定的地面点测定在实地上表示出来，这种学科属性本能称为测设本能。在图1-11（a）中，a、b、c、d为图纸上设计的一座建筑物的四个角点，测设本能的技术过程可以将它们标定在实地上，即A、B、C、D，如图1-11（b）所示。

不论是地面点表示为平面形式的测绘本能，还是建筑物的地面点测设本能，它们都属于测量定位的根本技能。从上述属性本能技术过程可以看出，测绘、测设技术过程互逆、本能交错，且测绘、测设相互联系利于定位信息完美结合，可使内涵更加丰富。

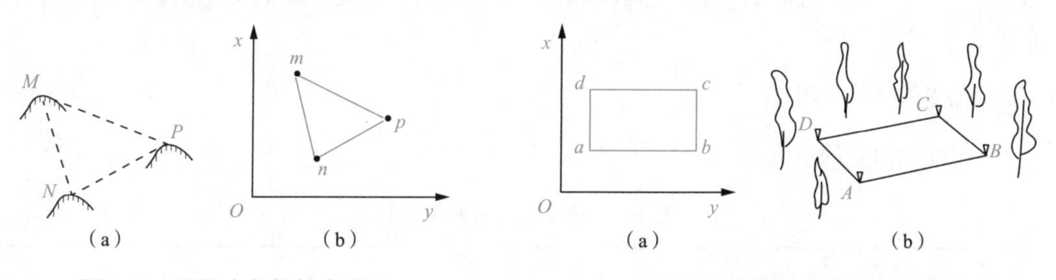

图1-10 测绘本能的技术过程

图1-11 测设本能的技术过程

1.5.2 地面点定位元素

1. 定位元素的概念

用坐标（x, y）和高程（H）表示的地面点定位参数又称为三维定位参数，其中把坐标（x, y）称为二维定位参数。

由图1-12可知，在坐标系中，m、n、p三个地面点之间具有的参数包括边长（D_1、D_2、D_3）和角度（β_1、β_2、β_3），根据初等数学原理，只要测量出这些地面点之间的边长和角度，便可确定m、n、p三个地面点之间的相互关系。测量科学的理论和实践表明，只要测量出这些地面点之间的边长和角度，就可以为地面点坐标参数x、y的求解提供重要的数据基础。

由图1-13可知，地面点高程H是通过测量点位之间的高差h推算得到的。点A为已知点，高程为H_A，点B为未知点，只要测量出点A与点B的高差h，便可确定点B的高程，即

$$H_B = H_A + h \tag{1-9}$$

由此可见，角度测量、距离测量、高差测量是地面点定位的测量基本技术工作。测量得到的角度（β）、距离（D）、高差（h）是地面点定位的基本元素，称为定位元素。由于这些定位元素具有独立性（某一元素与其他同类元素之间不存在函数关系）和直接可量性（可利用测量仪器直接测量获得数据），故称为直接观测量，或称为直接定位元素。

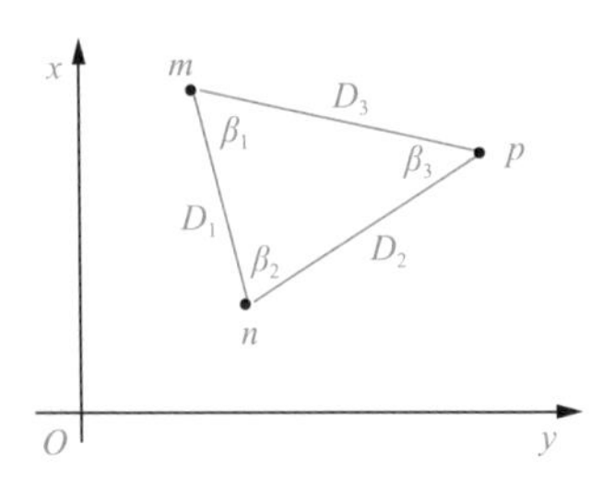

图 1-12 角度测量、距离测量

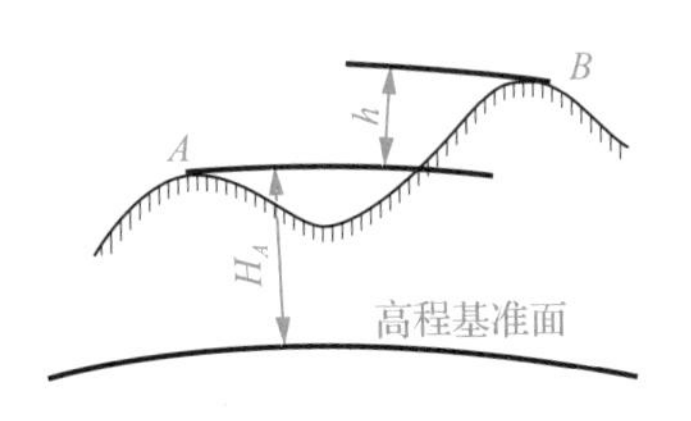

图 1-13 高差测量

一般情况下，地面点的定位参数 x、y、H 不能直接通过测量得到，但可以利用地面点的直接定位元素根据某规定的法则推算得到，或者以图像相关系统的模式获取，故又称地面点的定位参数 x、y、H 为间接观测量，或称间接定位元素。

设计点位与拟定的地面点位关系密切，因此可以根据测量技术原理从设计点位中获取拟定的地面点定位元素。

总体而言，地面点定位元素是利用测量学技术获取的基本定位信息，该元素以点云形成可用于展示的各类地球表面图、像及其构成的各种地理信息，且这些信息均是测量定位信息的组成部分。

2. 观测量的单位制

1）角度观测量的单位制（表 1-1）。

表 1-1 角度观测量的单位制

六十进制	弧度制	一百进制
一圆周=360° 1°=60′ 1′=60″	一圆周=2π 弧度 $\rho^\circ=57.29577951^\circ$（180/π） $\rho'=3437.746771'$（180×60/π） $\rho''=206264.8''$（180×3600/π）	一圆周=400g 1g=100c 1c=100cc

注：本书后续内容 ρ 均是一个常数，即 $\rho=206265$。

2）长度单位制：距离、高差、坐标等涉及的长度单位制列于表 1-2 中。

表 1-2 长度单位制

国际制	市制	英制
1km（千米）=1000m（米） 1m=10dm（分米） =100cm（厘米） =1000mm（毫米）	1 市里 1 市尺 1km=2 市里 1m=3 市尺	1 英里（mile） 1 英尺（foot）=12 英寸 1km=0.621388181 mile 1m=3.2808 foot

1.5.3 地面点定位的技术原则

由上述内容可知，地面点的定位涉及技术过程和相应的测量技术手段，在后文中会逐步明确与定位技术过程和技术手段相适应的基本技术工作内容。为了保证基本工作内容可以实现，定位必须遵循的技术原则有等级原则、整体原则、控制原则、检核原则。

1. 等级原则

等级类别：测量技术工作的等级有以下几种类型。

1）国家测量的技术等级，即一、二、三、四等。

2）工程测量的基本等级和扩展级。基本等级是二、三、四、五等，以此为基础的扩展级是一、二、三级。

3）工程应用等外级。

工程应用等级的规定有高低之分，相应技术要求的严密程度必然有差别。等级的规定是工程建设中测量技术工作成果质量的标准，也是严谨科学态度与实际测量技术水平的象征。离开甚至违背技术等级要求的不合格测量工作是不被容许的。

2. 整体原则

整体含义有二：其一，指的是测量对象是许多个互相联系的个体（或称为工程建设中的某一局部、细部；或是地表面上的碎部）所构成的完整测量基地；其二，指的是测定地面点位置有关参数（如定位元素）不是孤立的，而是从属于工程建设整体对象的。例如，图1-12中的β_1、β_2、β_3各角虽是独立观测的角度，但β_1、β_2、β_3的角度值之和应是180°，180°就是该三角形区域内角和的整体参数。

地面点定位的整体原则：①从工程建设的全局出发实施定位的技术过程；②定位技术过程得到的点位置必须在数学或物理的关系上按等级原则符合工程建设的整体要求。

3. 控制原则

控制实际上是等级原则下为工程建设自身提供定位的基准。以控制测量技术建立的基准设施是工程建设的基础，是工程建设地面点定位的测量保证。一般情况下，只有工程建设自身整个基准设施的控制测量完成之后，才有可能进行工程建设的其他地面点定位技术工作，这就是“先控制”原则。

4. 检核原则

地面点的定位元素测定工作是以“正确”为前提的。实现正确的地面点定位必须通过比较，即进行检核的环节才可以证明地面点定位正确与否。检核原则贯穿整个定位过程。一个合格的测量工作者必须以高度的责任感完成测量的技术过程，必须准确地观测和记载原始数据，必须严格检核测量成果，消除不符合要求的测量成果，消灭错误，消灭虚假，保证测量的成果绝对可靠、绝对准确，满足法规要求。同时，投入应用的仪器设备必须进行严格检验。实践证明，仪器设备符合要求、测量成果准确可靠是测量工作及所涉及的工程优质的基础，没有经过检核证明正确的测量成果是不可取的。

[注解]

1．工程的定位基准：点位坐标、高程以及点位之间的长度、高差等定位的统一参数标准。

2．弧度与度分秒的关系：数学上多以弧度为单位，测量多以度分秒为单位。测量计算应用数学公式时必须注意这些关系。例如，数学上$\mathrm{d}(D\cos\alpha)=\cos\alpha\mathrm{d}D-D\sin\alpha\mathrm{d}\alpha$，测量应用时，该式应为

$$\mathrm{d}(D\cos\alpha)=\cos\alpha\mathrm{d}D-D\sin\alpha\frac{\mathrm{d}\alpha}{\rho}$$

这是因为测量应用时，$d\alpha$ 不是弧度，而是秒，此时采用 $\frac{d\alpha}{\rho}=\frac{d\alpha}{206265''}$（弧度）才符合数学逻辑。

习题 1

1．测量学是一门研究测定__（1）__，研究确定并展示__（2）__的科学。

（1）A．地面形状　　（2）A．地物表面形状与大小

B．地点大小　　B．地球表面形态与大小

C．地面点位置　　C．地球体积大小

2．测量学的科学体系核心是________。

A．定位　　B．测量　　C．信息

3．测量科学体系核心的三大科学支柱是________。

A．定位技术、定位信息和定位保障

B．定位信息采集与展示、地球空间信息工程和定位法律保障

C．测量定位，确定地球表面形态的展示和测量质量保障

4．工程测量学是研究________。

A．工程基础理论、设计、测绘、复制的技术方法以及应用的学科

B．工程建设与自然资源开发中各个阶段进行的测量理论与技术的学科

C．工程勘察设计现代化的重要技术

5．从哪些方面理解测绘科学在工程建设中的地位？

6．试述垂线、水准面、大地体、大地水准面、参考椭球体的概念。

7．我国采用的参考椭球体的常用参数有哪些？

8．已知投影带带号 N=18，n=28，试求该投影带所在中央子午线 L_O 分别是多少？

9．国内某地点高斯平面直角坐标 $x=2053410.714\text{m}$，$y=36431366.157\text{m}$。该高斯平面直角坐标的意义是什么？

10．已知点 A、点 B 的绝对高程分别是 $H_A=56.564\text{m}$、$H_B=76.327\text{m}$，那么点 A、点 B 相对高程的高差是多少？

11．试述似大地水准面的概念。

12．测量需要遵循哪些技术原则？

13．为什么测量需要检核？

14．1.25 弧度等于多少度分秒？58 秒等于多少弧度？

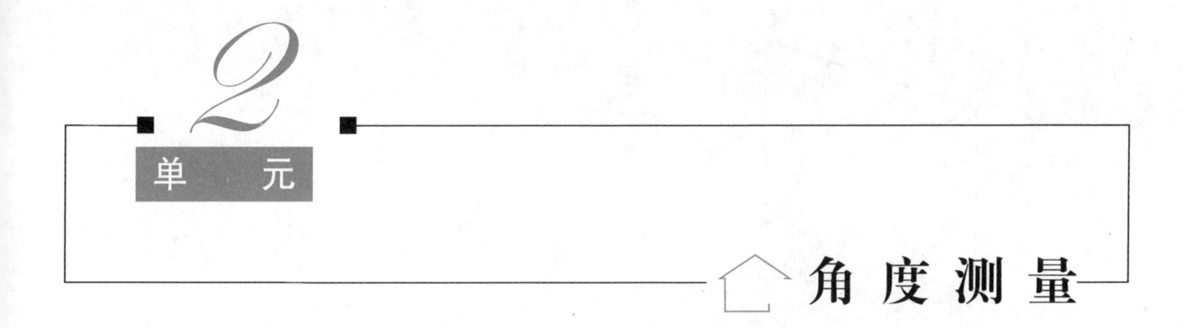

2 单元 角度测量

学习目标

在学习角度测量基本概念的基础上，明确角度测量仪器的结构原理，掌握角度测量仪器应用的基本方法，掌握水平角、竖直角测量的基本技术。

2.1 角度测量的对象

角度测量是基本的测量技术工作，地面点之间的水平角和竖直角是角度测量的对象。

2.1.1 水平角

水平角：水平面上两条相交直线的夹角，或者说，两个相交竖直面的二面角。

如图 2-1 所示，M、N、P 是三个高度不同的地面点，在点 N 的水平面上设一个水平度盘（图 2-2）。水平度盘的刻度按顺时针刻划。在点 N 分别观测点 M、点 P 得到视线 NM、NP，并投影在点 N 水平度盘的水平面上得到两条水平线 Nm、Np。这两条水平线在水平度盘上获得相应的度盘刻度值 m'、p'，这两个刻度值分别是视线 NM、NP 在水平度盘上的水平方向观测值，简称水平方向值。

根据水平角的概念，图 2-1 中的 Nm、Np 的夹角 $\angle mNp$ 是水平角，其角度值为

$$\beta = p' - m' \tag{2-1}$$

由式（2-1）可见，Nm、Np 方向之间的水平角是相应两个水平方向值的差。

在图 2-1 中，视线 NM、NP 分别在 E_1、E_2 竖直面上，投影的两条水平线 Nm、Np 都垂直于竖直面相交线 NT，故 $\angle mNp$ 是二面角。

2.1.2 竖直角

竖直角及其相关的仰角、俯角、天顶距也是角度测量的对象。

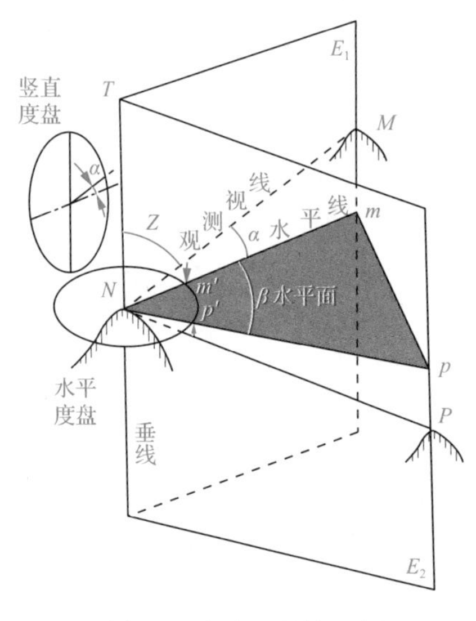

图 2-1　角度测量的对象

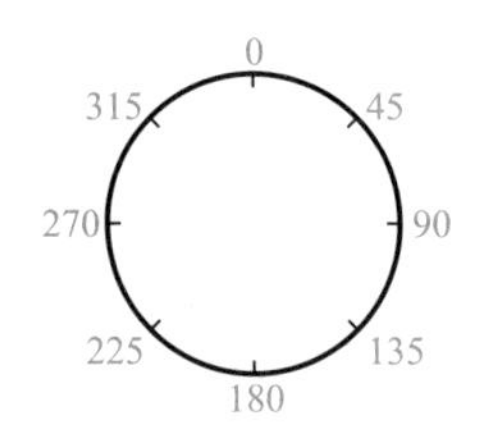

图 2-2　水平度盘

1）竖直角：在同一竖直面内观测视线与水平线的夹角。竖直角还有垂直角、高度角之称。如图 2-1 所示，竖直面 E_1 内 $\angle MNm$ 是在点 N 观测点 M 的竖直角 α ，竖直面 E_2 内 $\angle PNp$ 是在点 N 观测点 P 的竖直角。竖直角的角度值可通过竖直度盘获得。

2）仰角：竖直面内观测视线在水平线之上的竖直角，如图 2-1 中的 $\angle MNm$ 。

3）俯角：竖直面内观测视线在水平线之下的竖直角，如图 2-1 中的 $\angle PNp$ 。

4）天顶距：地面点的垂线上方向至观测视线的夹角。例如，在图 2-1 中， NT 与 NM 的夹角 $\angle TNM$ 和 NT 与 NP 的夹角 $\angle TNP$ 分别是在点 N 观测点 M 和点 P 的天顶距。

设在点 N 观测点 M 的天顶距为 Z ，竖直角为 α ，因为 $\angle TNm$ =90°，所以天顶距 Z 与竖直角 α 的关系为

$$\alpha = 90^\circ - Z \tag{2-2}$$

α 有正负之分。在式（2-2）中， $Z < 90^\circ$ 时， α 为正，是仰角； $Z > 90^\circ$ 时， α 为负，是俯角。

2.2 角度测量仪器

2.2.1　角度测量仪器的种类

角度测量仪器主要有光学经纬仪、光电经纬仪和全站仪，仪器等级有 0.5″ 级、1″ 级、2″ 级、6″ 级。

1. 光学经纬仪

光学经纬仪是一种精密光学测角仪器（图 2-3）。光学经纬仪装配有光学度盘，应用光学读

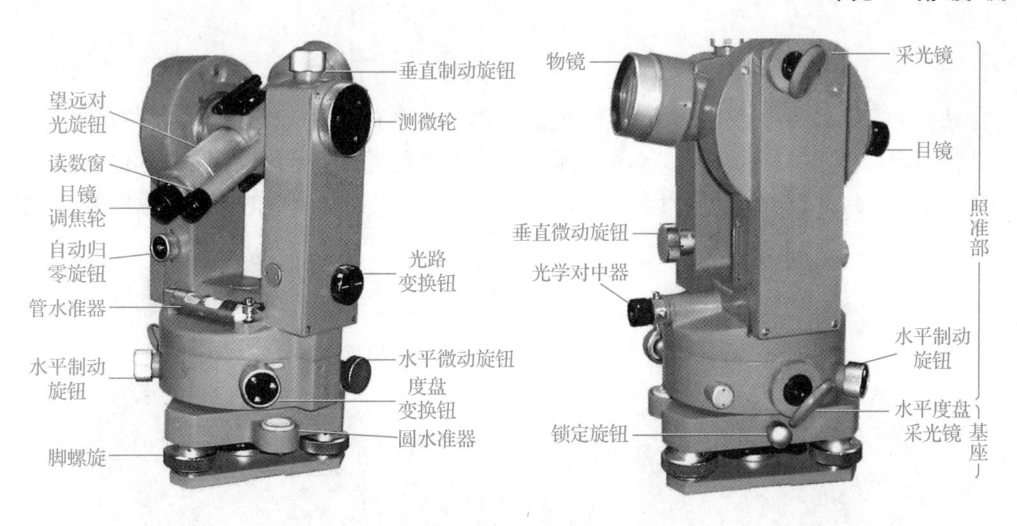

图 2-3　2″级光学经纬仪

数系统获取角度测量结果。我国光学经纬仪按等级有 DJ07、DJ1、DJ2、DJ6 等型号。D 是汉语拼音 dadi（大地）的第一个字母，J 是汉语拼音 jingwei（经纬）的第一个字母。

2. 光电经纬仪

光电测角，即以光电技术进行角度测量，以光电信号形式表达角度测量结果的现代角度测量技术。光电经纬仪（图 2-4）是以光电测角为核心技术的经纬仪，或称为电子经纬仪。光电经纬仪装配有光电度盘和光电读数系统，具有光电测角以及存储、传送、处理和显示角度信息的功能，精密度高，测量方便快捷，是一种半自动化的角度测量仪器。

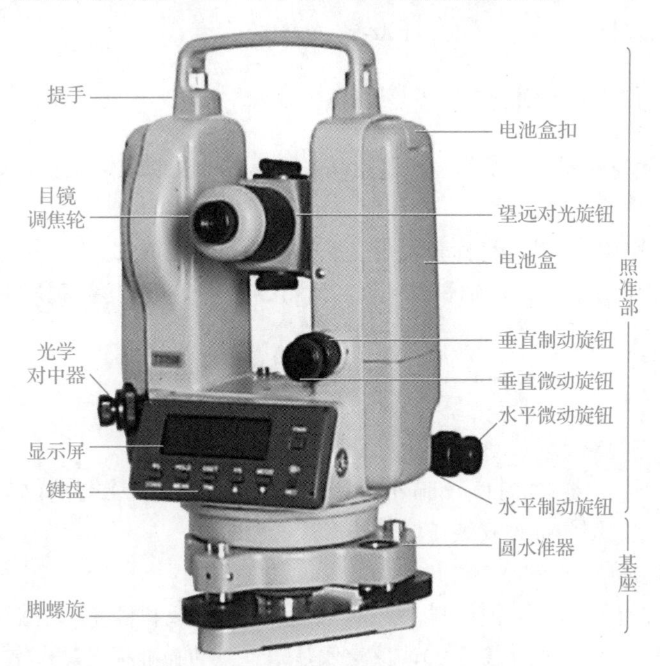

图 2-4　光电经纬仪

3. 全站仪

全站仪（图 2-5）是一种集成了精密光电测角与光电测距的现代化测量仪器。有关光电测距的技术内容将在单元 3 详细介绍。全站仪的精密光电测角属于光电经纬仪的技术内容。全站仪基本集成了光学经纬仪、光电经纬仪的全部功能和优点，是当代重要的角度测量仪器。

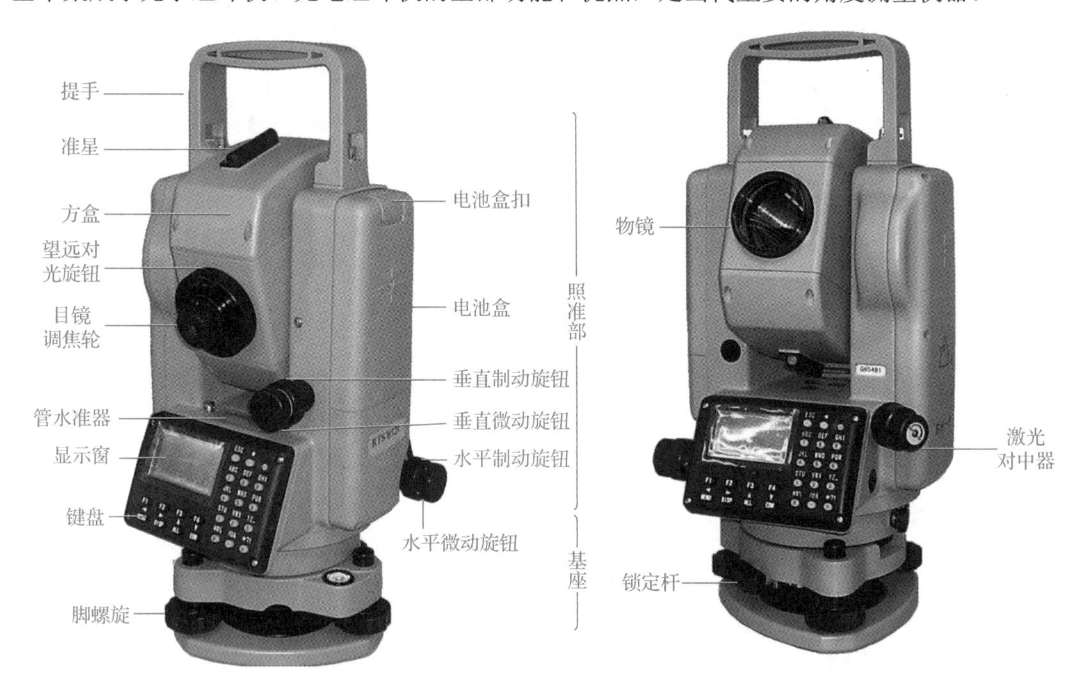

图 2-5　全站仪

2.2.2　角度测量仪器的照准部

纵观上述角度测量仪器，角度测量仪器的基本组成部分是照准部、度盘（安装在仪器内部）和基座。

照准部是角度测量仪器瞄准目标获得角度观测值的重要组成部分。照准部主要组成部分包括望远镜、操作机构、水准器、横轴和竖轴等，如图 2-6 所示。光电经纬仪和全站仪的照准部均设有键盘。

1. 望远镜

（1）望远镜的安装形式

望远镜是角度测量仪器看清目标和瞄准目标的重要器件，结构上与横轴安装在一起。图 2-7 所示即光电经纬仪望远镜与横轴安装在一起的形式。

（2）望远镜的结构

如图 2-8 所示，望远镜基本构件有物镜、调焦镜、十字丝板和目镜，这些构件组合在镜筒内。

十字丝板上刻有十字丝像（图 2-9），该丝像是望远镜的瞄准标志。十字丝板上有双丝、单丝以及上、下短横丝构成的十字丝刻划，纵丝与横丝互相垂直且与垂线互相平行。物镜、目镜是凸透镜组。目镜上带有目镜调焦轮。物镜的光心 O 与十字丝板的中心 O' 连成的直线称为望远

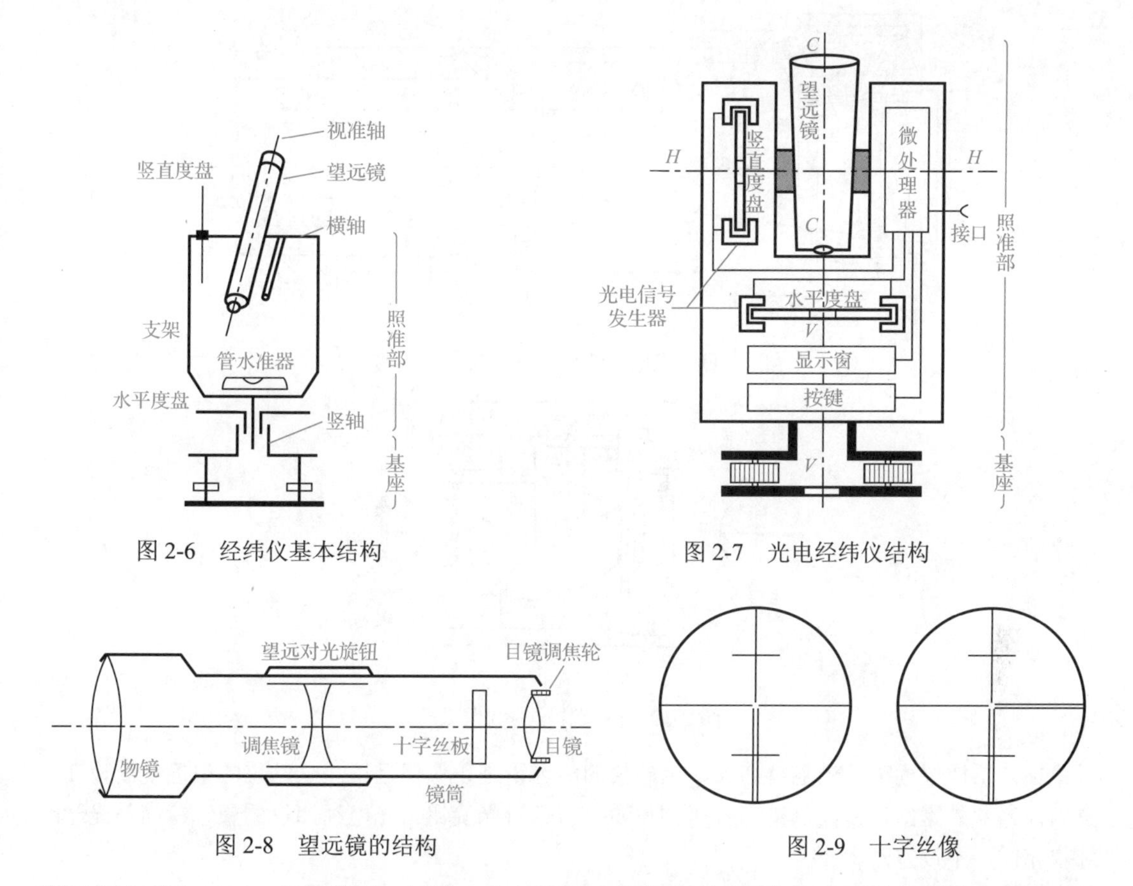

图 2-6 经纬仪基本结构

图 2-7 光电经纬仪结构

图 2-8 望远镜的结构

图 2-9 十字丝像

镜视准轴（图 2-10）。调焦镜是凹透镜，它与镜筒上的望远对光旋钮（套在镜筒外壁上）相连并受该旋钮的控制，可实现轴向移动，以便调整物像的成像质量。

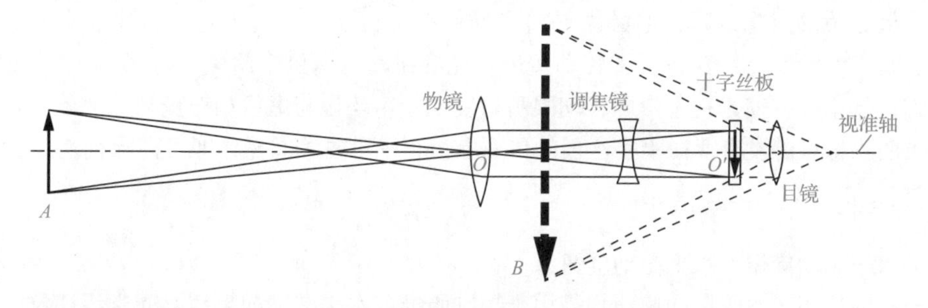

图 2-10 望远镜的成像过程

（3）望远镜的成像过程

望远镜的成像过程如图 2-10 所示：①物镜前的物像 A 经物镜成为缩小的倒立实像，并经调焦镜的调焦作用落在十字丝板的焦面上；②目镜将倒立实像和十字丝像一起放大成虚像 B，此时在目镜处可以看到放大的倒立虚像。只能看到倒立虚像的望远镜称为倒像望远镜。

（4）倒像棱镜

光电经纬仪、全站仪的望远镜内装有倒像棱镜，如图 2-11 所示。光经过倒像棱镜，使经过调焦镜的目标像发生颠倒，在目镜看到的是正立虚像，如图 2-12 所示。可以看到正立虚像的望

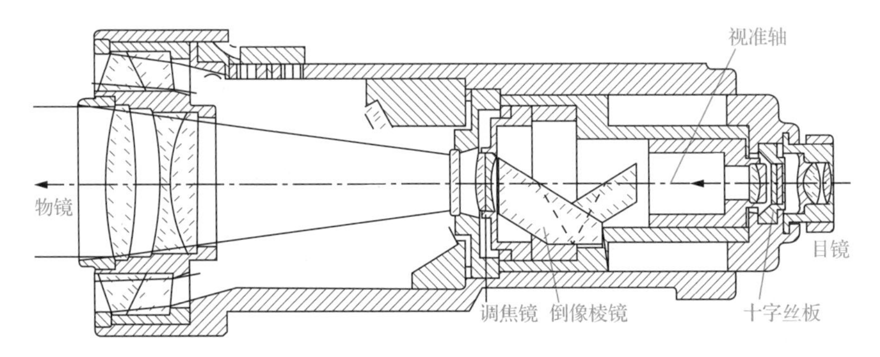

图 2-11　光电经纬仪、全站仪的望远镜

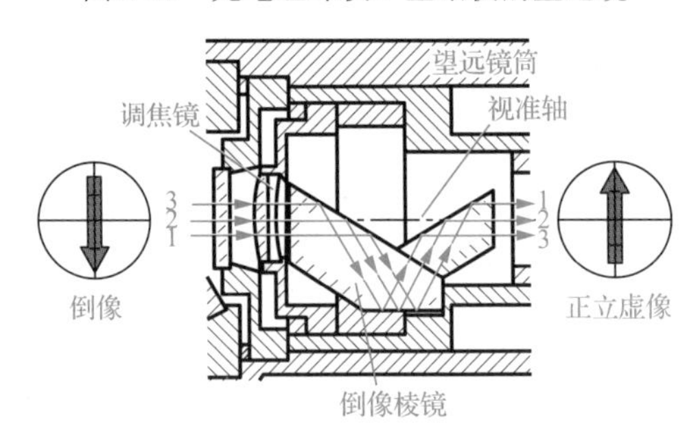

图 2-12　倒像装置的倒像原理

远镜称为正像望远镜。光电经纬仪、全站仪的望远镜是正像望远镜。全站仪的望远镜筒设在方盒内，方盒外露出物镜、目镜、目镜调焦轮、望远对光旋钮。光电经纬仪的望远镜筒与光学经纬仪相同，不设方盒。

望远镜放大倍率随仪器不同而不同，角度测量仪器的望远镜放大倍率通常为 28 倍左右。

（5）望远镜对光操作

根据望远镜的成像过程，必须做好对光操作：①转动目镜调焦轮，调整目镜焦距，即调焦，使眼睛能看清楚十字丝像；②转动望远对光旋钮，对调焦镜调焦（内调焦），使眼睛能看清楚物像；③消除视差。视差，即移动眼睛可发现十字丝像与虚像相对变动的现象。若存在视差，则表明物像可能没有落在十字丝板的焦面上，正确重复①②操作即可消除视差。

2. 操作机构

（1）水平制动旋钮、水平微动旋钮

水平制动旋钮、水平微动旋钮均是用于控制照准部水平转动的旋钮。光学经纬仪的水平制动旋钮、水平微动旋钮按分离方式设置，如图 2-3 所示。旋松水平制动旋钮，照准部可自由水平转动，旋紧水平制动旋钮，照准部不能自由水平转动。旋紧水平制动旋钮之后，可通过水平微动旋钮进行精细水平转动照准部。

光电经纬仪、全站仪的水平制动旋钮、水平微动旋钮以集成同轴方式设置，如图 2-4 和图 2-5 所示。水平制动旋钮设置在内侧，水平微动旋钮设置在外侧，操作方便。

（2）垂直制动旋钮、垂直微动旋钮

垂直制动旋钮、垂直微动旋钮均是用于控制望远镜纵向转动的旋钮。垂直制动旋钮、垂直微动旋钮设置方式和功能与水平制动旋钮、水平微动旋钮相同。

（3）光学对中器、激光对中器

光学对中器、激光对中器是用于指示测量仪器对中状态的机构。光学对中器主要由目镜、分划板、直角转向棱镜、物镜等部件构成，如图2-13所示。直角转向棱镜可使水平光路转成垂直光路，故在调整目镜时可从目镜中观察到地面点与对中标志的影像。激光对中器是对中视准轴装配有激光器的光学对中器，能够提供可见红色光斑（相当于图2-13中的对中标志）。

（4）操作面板

光电经纬仪、全站仪外观与光学经纬仪的重要区别在于前面两种仪器的照准部设有操作面板。图2-14所示为全站仪的操作面板。操作面板设有若干个按键，用于测量指令操作，显示窗显示测量指令和测量结果等信息。操作面板的应用在后文相关单元逐步介绍。

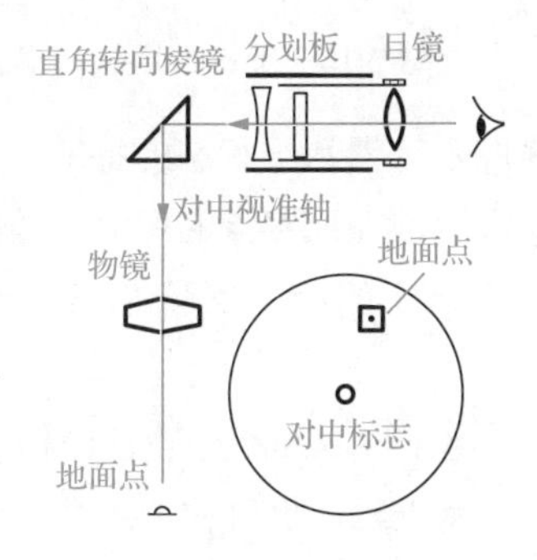

图2-13　光学对中器

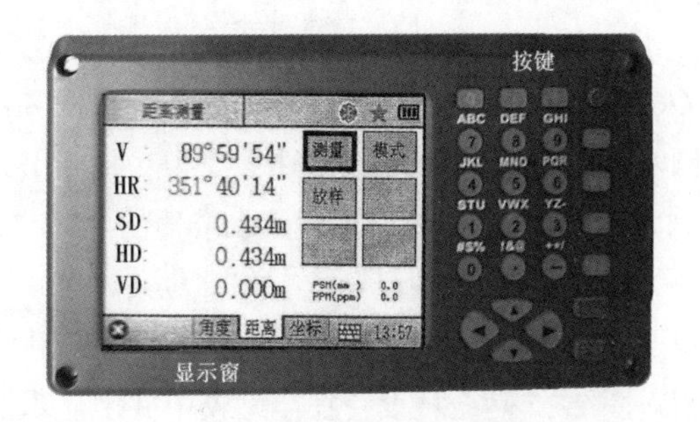

图2-14　全站仪的操作面板

3. 水准器

水准器是测量仪器整平的指示装置，通常为玻璃制品。该玻璃制品内装酒精或乙醚，内液面有一气泡，玻璃制品表面有指示整平的刻划线。角度测量仪器一般配置管水准器、圆水准器或电子水准器。

（1）管水准器（图2-15）

管水准器呈管状，水准气泡呈长形，内壁顶端是一个半径为20～40m的圆弧（$L'L'$），表面刻划线间隔为2mm，零点中心隐设在刻划线的中间。当水准气泡心移到零点中心时，称水准气泡居中，如图2-15（b）所示。

水准气泡居中时，过圆弧零点的法线必与垂线平行，这时过零点作直线LL与圆弧相切，则LL必然垂直于垂线，直线LL称为管水准轴。管水准轴是管水准器水平状态的特征轴。

管水准器格值：水准器表面刻划线间隔所对应的圆心角τ，又称管水准器格值或称分划值。在图2-15（c）中，间隔2mm的圆弧所对应的圆心角为

$$\tau = \frac{2}{R}\rho \tag{2-3}$$

式中，$\rho = 206265''$。

由式（2-3）可知，水准器表面刻划线半径R越大，τ越小，水准器整平灵敏度越高。一般角度测量仪器的τ为$20''$～$30''$。

（2）圆水准器（图2-16）

圆水准器呈圆状，内液面有圆形气泡，内壁顶端是一个半径约为0.8m的圆球面，表面有一个小圆圈标志，零点标志隐设在小圆圈中心［图2-16（a）］。水准气泡居中时，过零点作圆球面

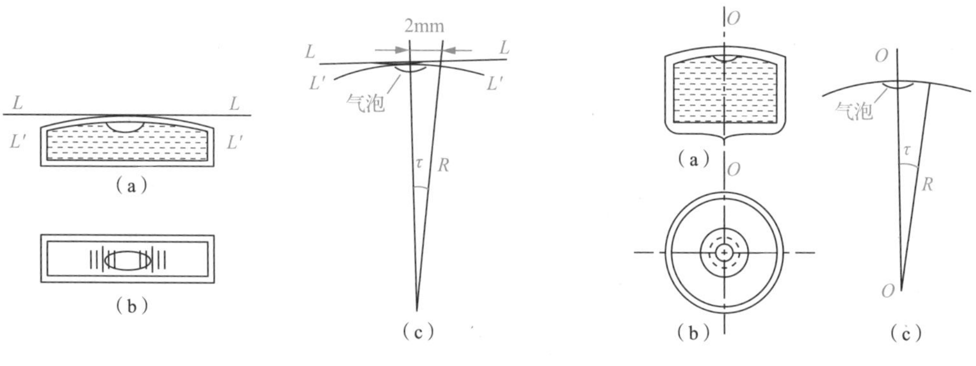

图 2-15　管水准器

图 2-16　圆水准器

法线 OO，OO 必与垂线平行，称 OO 为圆水准轴。圆水准轴是圆水准器水平状态的特征轴。

圆水准器格值：圆心角 τ 仍按式（2-3）计算，式中 2 表示水准气泡偏离零点的间隔为 2mm，当 R 约为 0.8m 时，τ 约为 $8'$。圆水准器的整平灵敏度较低，指示水平的精密度不高。

（3）电子水准器

电子水准器是一种以真水准面为基准，应用光电数字电路、电子屏幕和程序设计而构成的水准器。图 2-17 是一种设置在全站仪中并由显示窗展现的管电子水准器，仍可称管水准器。有的光电经纬仪、全站仪装配有电子水准器。图 2-17 显示窗（屏幕）中有两个管水准轴互相垂直的管水准器像，其中小黑圆是管水准气泡。若管水准气泡像处于管水准器中央，则表示仪器处于水平状态，此时圆水准气泡大黑圆也处于圆水准器中央。

4. 基本轴系

照准部望远镜视准轴、横轴、竖轴和管（圆）水准轴是角度测量仪器的基本轴。例如，在图 2-18 中，CC 为望远镜视准轴，HH 为横轴，VV 为竖轴，LL 为管水准轴，它们共同构成了角度测量仪器的基本轴系。基本轴系结构关系：$CC \perp HH$；$HH \perp VV$；$LL \perp VV$。此外，十字丝板纵丝平行于竖轴 VV。有的仪器装有圆水准器，此种情况下的基本轴系结构关系还包括圆水准轴 $L'L' \perp LL$。

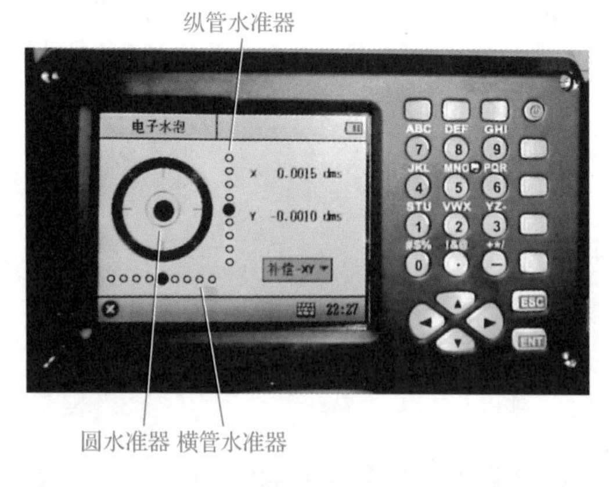

图 2-17　全站仪显示窗的管电子水准器

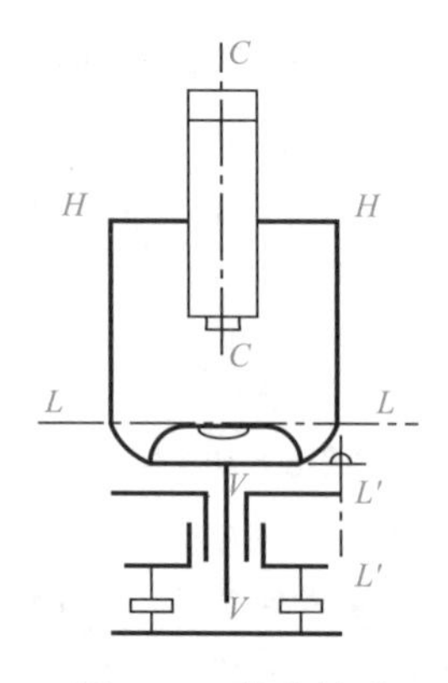

图 2-18　基本轴系

2.2.3 角度测量仪器的度盘

角度测量仪器设有水平度盘和竖直度盘，它们都是由光学玻璃制成的平面圆盘，直径约为90mm。

1. 度盘安装形式

水平度盘安装形式：水平度盘套在竖轴中，可以自由转动（图2-6）。

竖直度盘安装形式：竖直度盘固定在横轴的一端，可与望远镜一起转动（图2-6、图2-19）。

光学经纬仪的度盘是光学水平度盘，度盘全周按顺时针方向注记0°～360°，如图2-2所示。一般情况下，竖直度盘也按顺时针方向注记，如图2-19所示。

2. 竖直度盘指标线的归零方式

竖直度盘的0°、180°刻划线分别标注在视准轴方向的目镜方、物镜方。图2-19表示指标线指示在正常状态，也就是说，内部指标线与外部竖直度盘水准器结合挂在横轴上，微调微倾螺旋使水准器气泡居中，此时指标线在正确方向，即垂线方向上，当视准轴水平时，指标线所指为90°。如果水准器气泡不居中，指标线所指不会是90°，此时必须通过微调微倾螺旋操作实现正常状态，这种操作称为指标线人工归零操作。

现代角度测量仪器多以自动归零方式，即指标线自动实现正常状态。自动归零方式以自动归零装置代替微倾螺旋、竖直度盘水准器等装置。图2-20是自动归零装置原理图。悬挂式（摆式）光学透镜是自动归零装置的核心部件。光学透镜与指标线“⊕”构成自动归零的整体装置。图2-20（a）中的竖直度盘处于正常状态，即自动归零装置处于正确位置；指标线“⊕”设在垂线A位置，光学透镜两端吊丝的挂位等高。这时光投射使指标线“⊕”沿垂线方向经过光学透镜指在90°的位置。

图2-20（b）表示自动归零装置因整平不足处于不正确位置：指标线“⊕”在偏离垂线（$\varepsilon < 3'$）的A'处，悬挂式光学透镜两端吊丝的挂位不等高，自身重力作用使光学透镜的主焦面倾斜。这时光投射使指标线“⊕”沿平行垂线方向到达光学透镜。到达光线因不垂直于光学透镜的主焦面而发生折射，从而使指标线“⊕”指在90°的位置，实现指标线“⊕”的自动归零，或称为自动补偿。

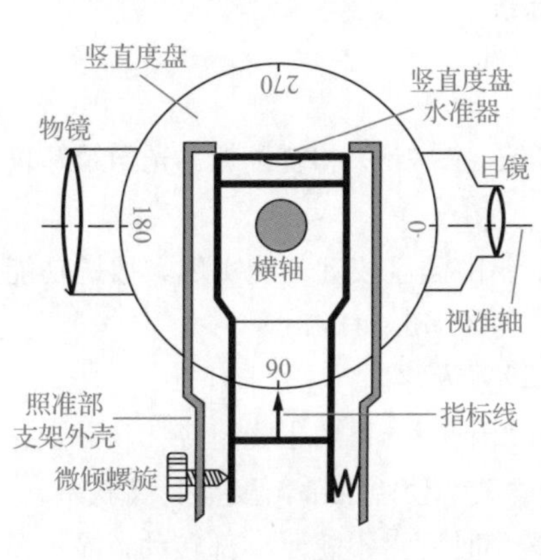

图2-19 竖直度盘

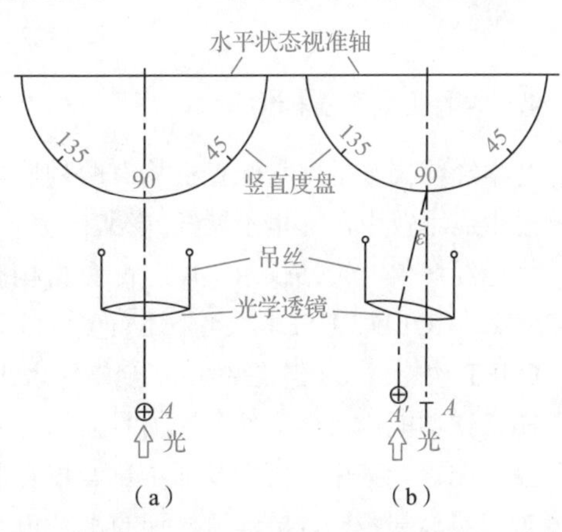

图2-20 自动归零装置原理图

3. 度盘读数系统

（1）光学读数系统

光学经纬仪利用光学读数系统获取水平度盘和竖直度盘的读数。图 2-21 所示为6″级光学经纬仪的光学读数系统。在图 2-21 中，*A* 光路用于获取水平角度读数，*B* 光路用于获取竖直角度读数。根据仪器照准部及望远镜位置，*A*、*B* 两个光路最后带着各自的角度信息组合在同一个目镜读数窗中。

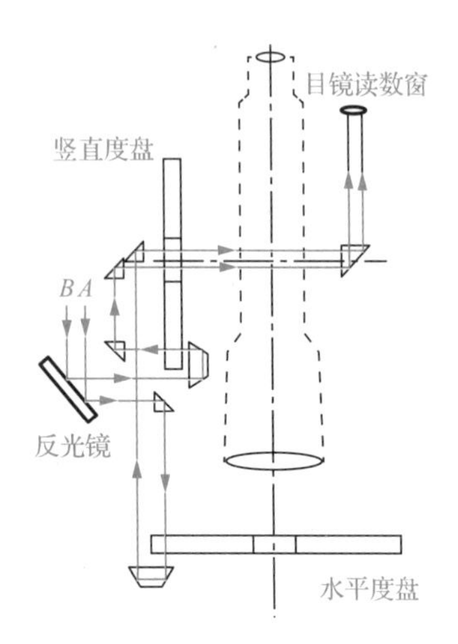

图 2-21　光学读数系统

（2）光电读数系统

光电经纬仪、全站仪的度盘是光电度盘，度盘全周注记黑白相间的条纹。光电度盘的黑白条纹是便于角度信息与光电技术、通信技术相匹配的特色标记，是光电测角获得角度信息的依据。如图 2-22 所示，角度 φ 的大小与光电感应光阑（光电信号发生器）L_S、L_R 按黑白条纹所引发的电脉冲多少紧密相关。

光电读数系统如图 2-22 所示，光电感应光阑获取由黑白条纹所引发的电脉冲，光电度盘测角系统的微处理器对电脉冲进行处理，最终在显示面板的显示窗中显示角度测量的结果。图 2-14 所示显示窗中的第一行“V”表示竖直度盘观测值，第二行“HR”表示水平度盘观测值。

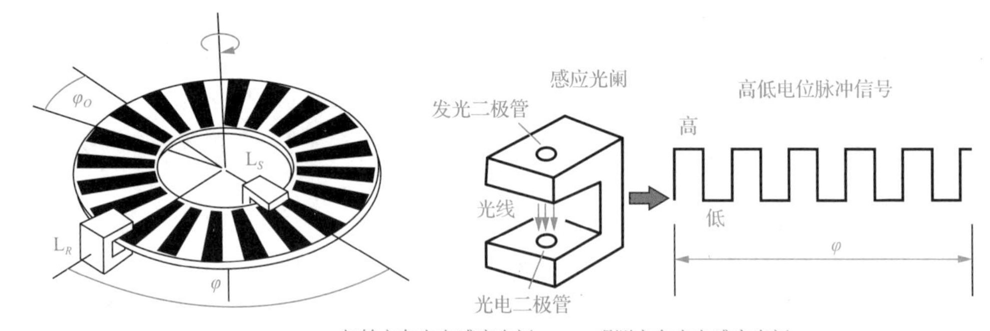

L_S—起始方向光电感应光阑；L_R—观测方向光电感应光阑。

图 2-22　光电读数系统

4. 水平度盘配置机构

光学经纬仪水平度盘配置机构有两种，即度盘变换钮（图 2-3）和复测钮。光学经纬仪在现代测量中应用较少，这里不展开介绍。

光电经纬仪、全站仪水平度盘配置机构有多种，主要由键盘按键功能实现。按键功能主要有 OSET、HOLD、HSET，此外还有度盘注记顺序按键功能 HR、HL。

OSET 功能：将光电经纬仪、全站仪水平度盘显示设置为零。

HOLD 功能：相当于一个控制照准部与度盘关系的“开关”，可用于光电经纬仪、全站仪水平度盘的配置。其中“开”使照准部与度盘联系起来，“关”使照准部与度盘脱离联系。“开”时度盘随照准部转动，显示窗显示的水平角度不变；“关”时度盘不随照准部转动，显示窗显示的水平角度随照准部的转动发生变化。

HSET 功能：启用该功能后，可根据需要输入角度值实现水平度盘的配置。

HR 功能：将水平度盘的记度设置为顺时针注记顺序。

HL 功能：将水平度盘的记度设置为逆时针注记顺序。

2.2.4 角度测量仪器的基座

基座主要由轴套、脚螺旋、连接板、锁定旋钮等构成，是照准部的支承装置。角度测量仪器照准部装入基座轴套后，必须旋紧锁定旋钮（或锁定杆），一般应用时不得松开锁定旋钮。有的基座装配有光学对中器、圆水准器，如图 2-23 所示。

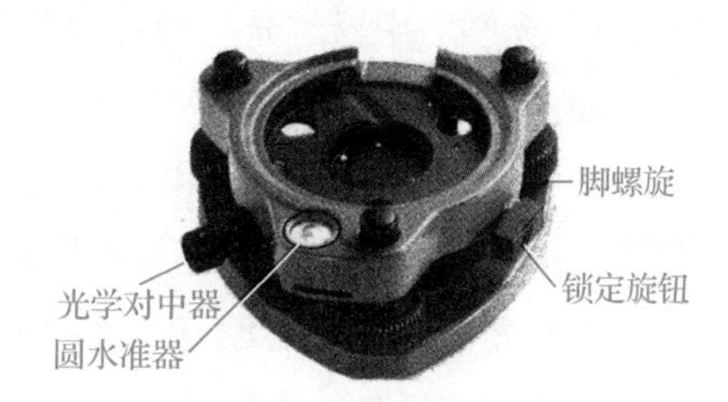

图 2-23 基座

2.3 角度测量基本操作

角度测量基本操作有：安置角度测量仪器；应用测量仪器瞄准目标，即瞄准；从测量仪器获取角度观测值，即读数；配置水平度盘等。

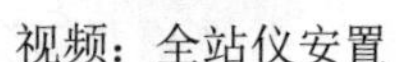

视频：全站仪安置

视频：全站仪对中整平

2.3.1 安置角度测量仪器

角度测量仪器的安置标准：仪器中心在地面点中心的垂线上；仪器水平度盘处于水平状态。仪器安置又称对中整平。对于角度测量仪器设有光学对中器（或激光对中器）的，经论证检验，推出“四步骤”快速操作法，具体如下。

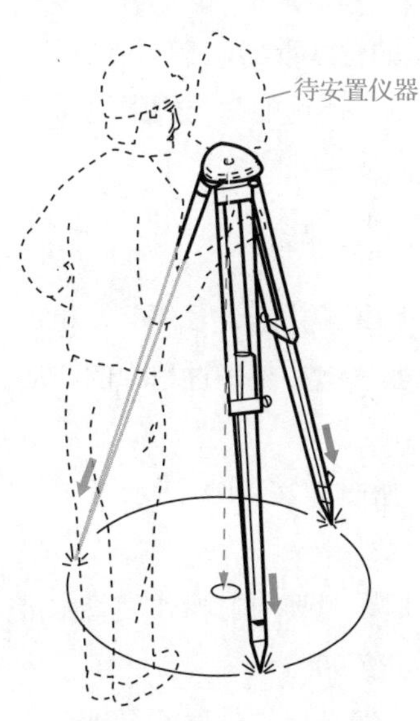

图 2-24 三脚架对中

1. 三脚架对中

三脚架是安放角度测量仪器的支架，将三脚架安置在地面点上，要求高度适中、架头基本水平、大致对中、稳固可靠。调整三脚架高度，稳固三脚架后，在架头中心处自由落下一重物，观察其落下点位与地面点的偏差，应在 3cm 之内，实现大致对中。三脚架架腿尖头尽可能插稳在地面，不再变动。三脚架对中如图 2-24 所示。

2. 角度测量仪器对中

（1）安置角度测量仪器

从仪器箱中取出角度测量仪器，将其放在三脚架架头上（手不放松）的中间位置，把中心螺旋（在三脚架头内）旋进角度测量仪器基座中心孔，使仪器牢固地与三脚架连接在一起。需要注意的是，基座脚螺旋应等高。

（2）脚螺旋对中

脚螺旋对中是指利用角度测量仪器基座脚螺旋精密对中。

1）光学对中器对光（通过调节目镜调焦轮实现），以从目镜中看清光学对中器的对中标志和地面点，同时根据地面情况辨明地面点的大致方位。

2）转动脚螺旋，同时用眼睛在光学对中器目镜中观察对中标志与地面点的相对位置不断发生变化的情况，若对中标志与地面点重合，则脚螺旋光学对中完毕。

如果角度测量仪器设有激光对中器，那么可采用其他方法对中：①打开激光对中器，观察地面激光点（有的角度测量仪器设有对光旋钮，可通过调节该旋钮进行激光聚焦）；②转动脚螺旋，同时观察地面激光点移动情况，直到激光点与地面点重合为止。

3. 三脚架整平

三脚架整平是一种升降三脚架脚腿以达到概略整平目的的操作，具体做法如下。

1）任选三脚架的两个脚腿，转动照准部使管水准器的管水准轴与所选的两个脚腿地面支点连线平行，升降其中一个脚腿使管水准器气泡居中。

2）转动照准部使管水准轴转动 90°，升降第三个脚腿使管水准器气泡居中。

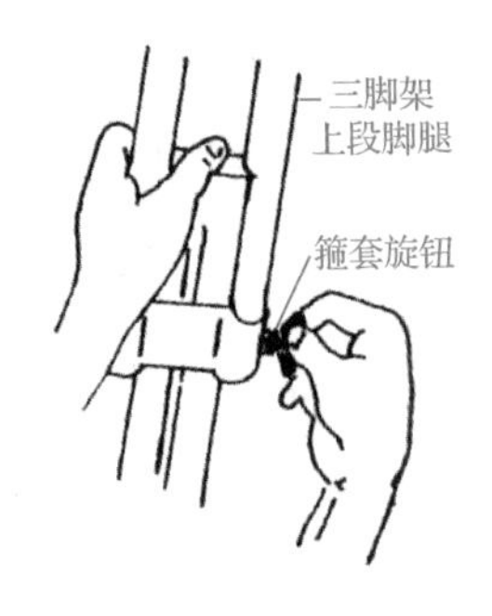

图 2-25　升降三脚架脚腿

三脚架整平对操作者的要求较高，需要操作者技能熟练。需要注意的是，升降脚腿时不得移动脚腿地面支点。升降脚腿时，左手指抓紧脚腿上半段，左手大拇指按住脚腿下半段顶面（图 2-25），并在松开箍套旋钮时用大拇指控制脚腿上、下半段的相对位置以实现渐进的升降，同时用眼睛观察管水准气泡，当该气泡居中时扭紧箍套旋钮。整平时，管水准器气泡可偏离零点 2～3 格。整平工作应重复 1～2 次。

有的角度测量仪器设有两个互相垂直的管水准器，在对其进行三脚架整平操作时，只要 1）操作使管水准轴与所选的两个脚腿地面支点连线平行，在 2）操作时可不必转动照准部 90°。

4. 精确整平

1）任选基座的两个脚螺旋，转动照准部使管水准轴与所选两个脚螺旋中心连线平行，相对转动两个脚螺旋使管水准器气泡居中，如图 2-26（a）所示。管水准器气泡在整平过程中的移动方向与转动脚螺旋的左手大拇指运动方向一致。

2）转动照准部 90°，转动第三个脚螺旋使管水准器气泡居中，如图 2-26（b）所示。

3）重复 1）、2）操作使水准器气泡精确居中。

有的仪器设有两个互相垂直的管水准器，在对其进行精确整平时，只要 1）操作使管水准轴与所选的两个脚螺旋中心连线平行，在 2）操作时可不必转动照准部 90°。

仪器安置必须保证安全第一。明确操作部件功能与方法，安置仪器之后，仪器不得离人。

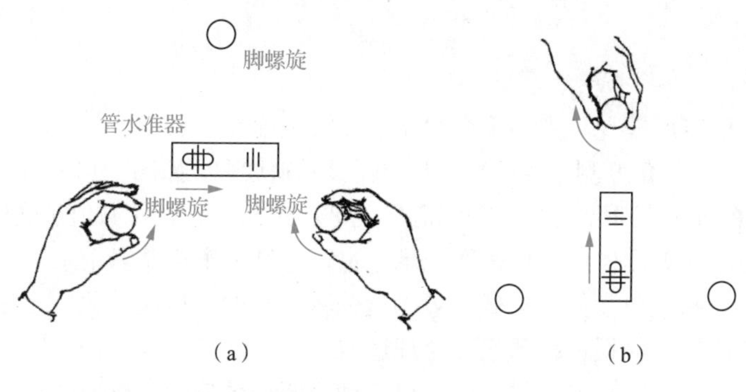

图 2-26 精确整平

2.3.2 瞄准

瞄准的实质是使安置在地面点上角度测量仪器的望远镜视准轴对准另一地面点的中心位置。一般地，角度测量仪器正像望远镜瞄准的地面点上所设观测目标（图 2-27）的中心在地面点的垂线上，目标是瞄准的对象。

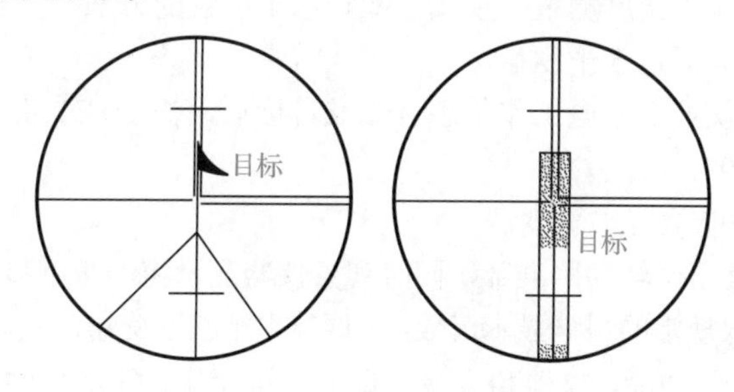

图 2-27 精确瞄准

1. 一般人工瞄准方法

1）大致瞄准（或称粗略瞄准），即旋松水平、垂直制动旋钮（或制动卡），按水平角观测要求转动照准部，使望远镜的准星对准目标，然后旋紧制动旋钮（或制动卡）。

2）正确做好对光工作，先使十字丝像清楚，后使目标像比较清楚。

3）精确瞄准，即扭转水平、垂直微动旋钮，使望远镜的十字丝像中心部位与目标有关部位相符合。精确瞄准时应注意微动旋钮的操作，一旦扭转不动，不得继续扭转，重新调整微动旋钮后再操作。

2. 水平角测量的精确瞄准

水平角测量的精确瞄准方法为：转动水平微动旋钮，使目标像与十字丝像靠近中心部分的纵丝相符合。如果目标像比较粗，则用十字丝的单纵丝平分目标；如果目标像比十字丝的双纵丝的宽度小，则使目标像平分双纵丝。图 2-27 是目标正像与纵丝相符合的情况。

测量仪器、观测方法或观测要求不同，瞄准的具体方法也不同，因此瞄准工作应与具体观测情况相结合。

2.3.3 读数

由于光学经纬仪应用较少，本书不介绍光学经纬仪读数方法。

光电经纬仪、全站仪角度测量值可直接从仪器显示窗读取。如图 2-14 所示，显示水平方向观测值 HR 为 351° 40′14″，显示竖直度盘观测值 V 为 89° 59′54″，这两个数值是确认仪器瞄准目标后的观测值。仪器显示窗观测值可直接读取记录，也可通过电子存储器记录。

光电经纬仪、全站仪角度显示格式一般为度分秒。有的光电经纬仪、全站仪角度显示格式有多种设置，角度测量时应根据仪器设计合理选取角度显示格式，以保证结果正确。

显示窗的显示不明显或亮度不足时，可以启动照明按键功能，以使读数方便。

光电经纬仪、全站仪用于角度测量读数时，应先选定角度测量方式：开机后，按照“项目”→“常规”→“角度”顺序获取角度测量方式。

2.3.4 配置水平度盘

配置水平度盘的目的是将水平度盘起始读数位置配置在起始方向上。限于篇幅，这里只介绍光电经纬仪、全站仪在“角度测量”模式下配置水平度盘的方法。

（1）利用 OSET 功能配置水平度盘

光电经纬仪、全站仪处于通电工作状态且瞄准目标后，按 OSET 键，光电经纬仪、全站仪水平度盘显示为 0° 00′00″。

（2）利用 HOLD 功能配置水平度盘

1）旋松水平制动旋钮，转动照准部，同时观察仪器显示窗的角度显示数值变化使之满足要求。可在水平制动后获取规定的粗略显示读数，再调节水平微动旋钮以获取满足要求的显示读数。

2）启用 HOLD“开”功能，仪器角度显示数值不再变化，使水平度盘与照准部处于联系状态。转动照准部使其照准起始方向，并调节水平微动旋钮精确瞄准起始方向。

3）按照仪器显示窗提示启用“是”功能，使仪器显示窗的角度显示数值可变化，水平度盘与照准部处于“关”状态，即完成水平度盘的配置。

（3）利用 HSET 功能配置水平度盘

1）转动照准部使其照准起始方向，并调节水平微动旋钮使其精确瞄准起始方向。

2）启用 HSET 功能，按照仪器显示窗提示和实际需要输入角度值，即完成水平度盘的配置。

2.4 水平角观测方法

水平角观测方法主要有简单方向法、全圆方向法、对光方向法。

2.4.1 简单方向法

简单方向法用于测量两个或三个方向构成的角度。如图 2-28 所示，O 点是安置经纬仪的地面固定点，A、B 是设有目标的地面点。

1. 准备工作

1）选定起始方向（或称零方向）。如图 2-28 所示，可选∠AOB 或∠BOA：若选定测量的角是∠AOB，即角 α，则 OA 是起始方向；若选定测量的角是∠BOA，即角 β，则 OB 是起始方向。在用简单方向法测角时，又称起始方向为后视方向。这里选定测量的角是∠AOB（α）。

2）按要求在地面点 O 安置经纬仪和在地面点 A、点 B 竖立目标。

3）根据观测方向的相应距离做好望远镜对光。在图 2-28 中，如果 $OA<OB$，那么对光时选择 OA、OB 平均距离上的假定目标作为对光的对象。如果 OA、OB 均大于 500m，那么可认为 OA 与 OB 等距离。

4）配置水平度盘。如图 2-28 所示，将起始方向 OA 水平度盘配置为 0°01′。瞄准起始方向时的度盘读数应比配置值稍大，如 0°01′18″（图 2-29）。

注意：在配置水平度盘之前，有的光电经纬仪和全站仪必须处于初始化状态，并在此状态下选择全站仪的角度测量状态，选择度盘注记顺序。此时应根据仪器的电池供电及开机激活提示进入初始化状态。

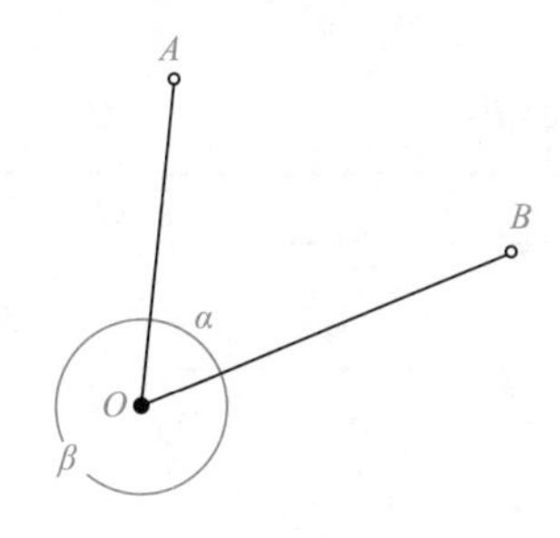

图 2-28 简单方向法

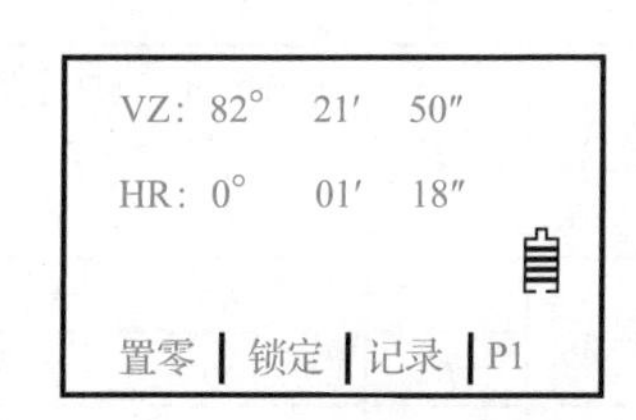

图 2-29 角度显示状态

2. 观测步骤

观测步骤分为盘左观测和盘右观测，具体介绍如下。

（1）盘左观测

角度测量仪器的竖直度盘在望远镜瞄准视线左侧的位置状态称为盘左，如图 2-30 所示。在盘左位置观测的基本方法如下。

1）按顺时针方向转动照准部，瞄准目标。

2）在分别瞄准目标后立即读数并记录。

根据图 2-28，按顺时针转动照准部，先瞄准目标 A 后立即读数，接着顺时针转动照准部瞄准目标 B 后立即读数并记录，记录见表 2-1。角度测量仪器的读数如图 2-29 所示，显示窗 HR 后注记的是 A 方向的观测值。

（2）盘右观测

角度测量仪器的竖直度盘在望远镜瞄准视线右侧的位置状态称为盘右，如图 2-31 所示。在盘右位置观测的基本方法如下。

1）沿横轴纵向转动望远镜 180°，转动照准部使仪器处于盘右位置。

2）按逆时针方向转动照准部依次瞄准目标 B、A。

3）在分别瞄准目标 B、A 后立即读数并记录，记录见表 2-1。

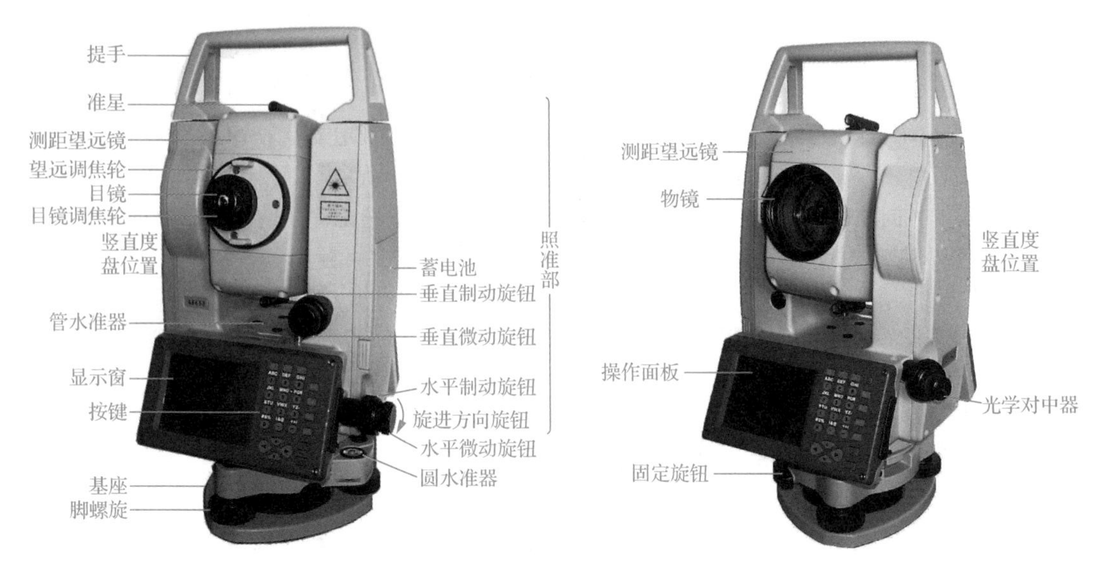

图 2-30　盘左　　　图 2-31　盘右

表 2-1　简单方向法观测水平角的记录

测站	盘位	目标	水平度盘　水平方向值读数/(°　′　″)	水平角 半测回值/(°　′　″)	水平角 一测回值/(°　′　″)	备注
O	盘左	A	0　01　18	49　48　54	49　48　42	$\Delta\alpha=\alpha_{左}-\alpha_{右}=24''$；$\Delta\alpha_{容}=\pm30''$
		B	49　50　12			
	盘右	B	229　50　18	49　48　30		
		A	180　01　48			

3. 观测注意事项

1）准备工作已完成对光，瞄准目标按大致瞄准和精确瞄准即可。在进行盘左观测、盘右观测时，精确瞄准均以旋进方向转动微动旋钮，使照准部逐渐趋近精确瞄准目标。

2）同方向盘左观测值与盘右观测值应相差 180°。

4. 计算与检核

盘左观测又称上半测回，盘右观测又称下半测回，两半测回构成一个测回，称为一测回观测。计算与检核工作步骤如下。

（1）计算半测回角度观测值

盘左观测值：$\alpha_{左}=49°50'12''-0°01'18''=49°48'54''$。

盘右观测值：$\alpha_{右}=229°50'18''-180°01'48''=49°48'30''$。

（2）检核

首先粗略检核同方向盘左观测值与盘右观测值是否相差 180°。

其次计算 $\Delta\alpha=\alpha_{左}-\alpha_{右}$，检核 $\Delta\alpha$ 是否大于容许误差 $\Delta\alpha_{容}$。若 $\Delta\alpha>\Delta\alpha_{容}$，则说明这个测回观测值不符合要求，应重新观测。

检核结果$\Delta\alpha < \Delta\alpha_{容}$，计算一测回$\alpha_{平}$。

$$\alpha_{平} = \frac{\alpha_{左} + \alpha_{右}}{2} \tag{2-4}$$

2.4.2 全圆方向法

当测站上观测方向数超过四个（含四个）时，水平角测量采用全圆方向法。如图 2-32 所示，*O* 是测站，*A*、*B*、*C*、*D* 是 4 个与测站 *O* 距离不等的地面点。

1. 准备工作

1）按要求安置经纬仪和竖立目标。

2）选定起始方向（或称零方向），做好对光工作。在 *A*、*B*、*C*、*D* 四个点中选一个与测站 *O* 距离适中、目标比较清楚的点位作为起始方向，如 *A* 方向。接着做好对光工作，同时检查其他方向目标的清晰程度。

3）配置水平度盘。

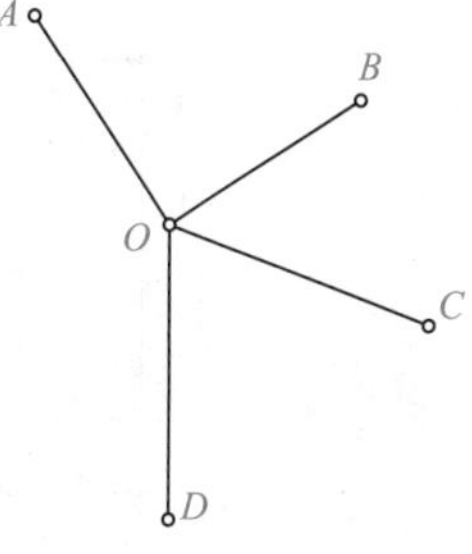

图 2-32 全圆方向法

2. 观测步骤

（1）盘左观测

1）按顺时针方向转动照准部，依次瞄准目标 *A*、*B*、*C*、*D*、*A*。

2）在分别瞄准每一目标后立即读数并记录，见表 2-2。

（2）盘右观测

1）沿横轴纵向转动望远镜 180°，转动照准部使仪器处于盘右位置。

2）按逆时针方向转动照准部依次瞄准目标 *A*、*D*、*C*、*B*、*A*。

3）在分别瞄准每一目标后立即读数并记录，见表 2-2。

3. 技术说明

1）每测回观测前应做好对光和水平度盘配置工作。盘左观测、盘右观测构成完整的一测回，表 2-2 中所列内容是两个测回观测结果。

2）根据表 2-2，一测回盘左观测数据按从上到下的顺序记录，盘右观测数据按从下到上的顺序记录。

3）各测回的起始读数δ计算公式为

$$\delta = \frac{180}{n} + \varDelta \tag{2-5}$$

式中，*n* 是测回数；$\varDelta$ 是微小的角度值（正值）。

若 n=2，则一测回的δ为 0°01′30″，二测回的δ为 90°01′35″。

4）盘左、盘右按转动照准部方向观测，最后观测原起始方向，这一步骤称为归零观测。例如，表 2-2 中第 4 列，半测回的第二次观测 *A* 方向就是归零观测，观测值 L_0（归零）=0°01′24″。角度测量方向观测的技术要求如表 2-3 所示。

表 2-2　全圆方向法观测水平角的记录

测站	测回数	目标	水平度盘读数		2C	盘左、盘右平均值/(° ′ ″)	归零后 水平方向值/(° ′ ″)	各测回平均水平方向值/(° ′ ″)
			盘左观测/(° ′ ″)	盘右观测/(° ′ ″)				
O	1	A	Δ_0 (24) 0 01 00	Δ_0 (6) 180 01 12	−12	(0 01 14) 0 01 06	0 00 00	0 00 00
		B	91 54 06	271 54 00	+06	91 54 03	91 52 49	91 52 47
		C	153 32 48	333 32 48	0	153 32 48	153 31 34	153 31 34
		D	214 06 12	34 06 06	+06	214 06 09	214 04 55	214 04 56
		A	0 01 24	180 01 18	+06	0 01 21		
	2	A	Δ_0 (24) 90 01 12	Δ_0 (12) 270 01 24	−12	(90 01 27) 90 01 18	0 00 00	
		B	181 54 06	1 54 18	−12	181 54 12	91 52 45	
		C	243 32 54	63 33 06	−12	243 33 00	153 31 33	
		D	304 06 26	124 06 20	+06	304 06 23	214 04 56	
		A	90 01 36	270 01 36	0	90 01 36		

表 2-3　角度测量方向观测的技术要求

等级	仪器精度等级	半测回归零差 /(″)	一测回 2C 互差 Δ2C 的限值/(″)	同一方向值各测回互差/(″)
四等及以上	0.5″级	≤3	≤5	≤3
	1″级	≤6	≤9	≤6
	2″级	≤8	≤13	≤9
一等及以下	2″级	≤12	≤18	≤12
	6″级	≤18	—	≤24

4. 计算与检核

全圆方向法需要计算与检核项目有以下几个。

(1) 归零差

归零差 Δ_0 是半测回中起始方向观测值与归零观测值的差值。2″ 级角度测量仪器的 $\Delta_0 \leqslant \pm 8''$，6″ 级角度测量仪器的 $\Delta_0 \leqslant \pm 18''$。

(2) 二倍照准差 2C 及 2C 互差 Δ2C

$$2C = L_{盘左} - L_{盘右} \pm 180° \tag{2-6}$$

$$\Delta 2C = 2C_i - 2C_j \tag{2-7}$$

式中，$L_{盘左}$、$L_{盘右}$ 是同一方向的盘左观测值和盘右观测值；C_i、C_j 是不同方向的照准差。

一般来说，经纬仪的 2C 不能太大，如 2″ 级角度测量仪器的 $2C \leqslant \pm 30''$。2C 互差 Δ2C 有严格要求，如表 2-3 所示，2″ 级角度测量仪器的 $\Delta 2C \leqslant \pm 13''$。

(3) 方向平均值 L_i'

$$L_i' = \frac{L_{盘左} + L_{盘右} \pm 180°}{2} \tag{2-8}$$

（4）零方向平均值

$$L_0' = \frac{L_0 + L_0(\text{归零})}{2} \tag{2-9}$$

表2-2第7列第一测回的起始方向观测值 L_0=0°01′06″，归零观测值 L_0（归零）=0°01′21″，则 L_0'=0°01′14″。

（5）归零方向值

$$L_i = L_i' - L_0' \tag{2-10}$$

式中，i 表示不同方向。

（6）测回差

不同测回的同方向归零方向值的差值称为测回较差，简称测回差，用 $\Delta\beta$ 表示。例如，2″级角度测量仪器的 $\Delta\beta \leqslant \pm 9''$，6″级角度测量仪器的 $\Delta\beta \leqslant \pm 24''$。

若在上述计算与检核中发现有超限的项目（表2-3），则说明该项目不合格，应根据有关规定重新观测。例如，若归零差超限则该半测回重测，若 $\Delta 2C$ 超限则该方向重测。

5. 三个方向的简单方向法

当测站上观测方向只有三个时，每个盘位不必进行归零观测。如图2-33所示，测站 O 有三个观测方向 A、B、C，此时采用的观测方法是简单方向法，观测记录如表2-4所示。

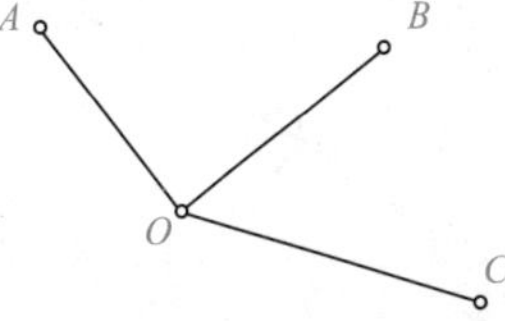

图2-33 简单方向法

表2-4 简单方向法观测记录

测站	测回数	目标	水平度盘读数		2C	盘左、盘右平均值/（° ′ ″）	归零后 水平方向值/（° ′ ″）	各测回平均 水平方向值/（° ′ ″）
			盘左观测/（° ′ ″）	盘右观测/（° ′ ″）				
O	1	A	0 01 00	180 01 12	−12	0 01 06	0 00 00	0 00 00
		B	91 54 06	271 54 00	+06	91 54 03	91 52 57	91 52 56
		C	153 32 48	333 32 48	0	153 32 48	153 31 42	153 31 42
	2	A	90 01 12	270 01 24	−12	90 01 18	0 00 00	
		B	181 54 06	1 54 18	−12	181 54 12	91 52 54	
		C	243 32 54	63 33 06	−12	243 33 00	153 31 42	

2.4.3 对光方向法

一般的角度测量在一测回中只能光学对光（调焦）一次，在测量过程中不允许中途对光，否则观测无效。对于特殊的工程，测站与各被观测目标之间距离可能相差悬殊，工程上多有类似图2-34等情况，用仪器望远镜按光学对光一次的要求很难看清和瞄准这类距离相差悬殊的目标，由此引起测量瞄准误差很大，可能影响测量的质量，甚至无法得到测量结果。经论证，对光方向法不仅可以解决工程测量上的此类问题，而且是实现高精度方向测量的好方法。

对光方向法准备工作与全圆方向法基本相同，不同的是前者测量准备不必进行对光工作。

对光方向法在确定起始方向以后，各方向（含零方向）均独立一次完成盘左、盘右一测回的对光方向测量，各取其平均值为各方向的一测回观测值。

首先进行盘左观测，竖直度盘在视准轴的左侧，观测者顺时针转动照准部粗略瞄准、对光、精确瞄准该方向目标和完成观测。然后进行盘右观测，竖直度盘在视准轴的右侧，观测者逆时针转动照准部粗略瞄准、精确瞄准原方向目标和完成观测。盘左、盘右完成同一方向一测回观测。

如图 2-35 所示，在对目标 A 进行观测时，盘左观测对光瞄准方向 A，获得表 2-5 观测值为 0° 01′00.8″，盘右观测不对光瞄准方向 A，观测值为 180° 00′55.4″。一测回方向平均值是 0° 00′58.1″。

对光方向法测量数据的检核与全圆方向法基本相同，不同的是前者没有半测回归零差计算与检核，而有一测回归零差的计算与检核，在表 2-5 “方向平均值” 列完成，即

$$\Delta_0=0°\,00'58.1''-0°\,00'57.0''=1.1''$$

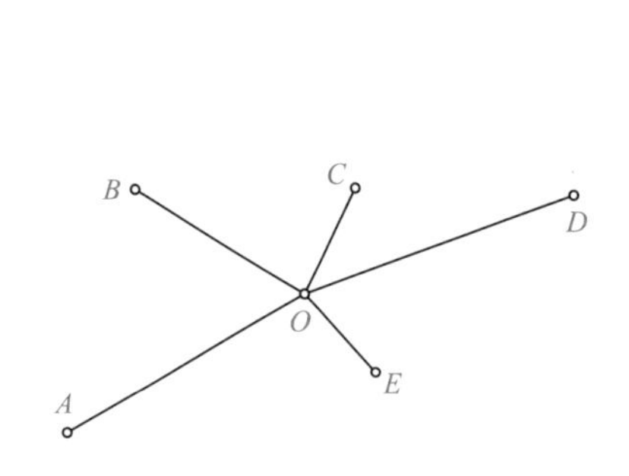

图 2-34　对光方向法

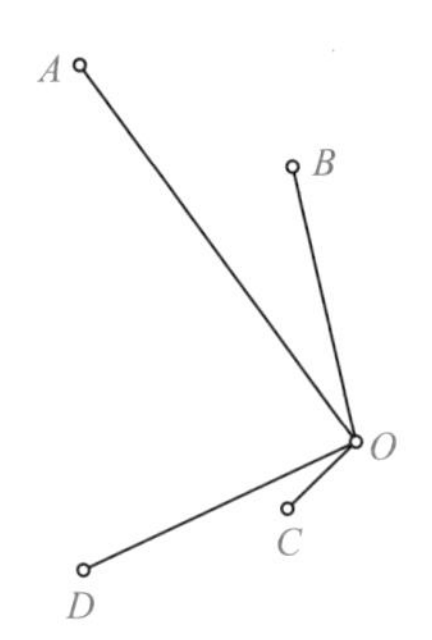

图 2-35　用对光方向法观测目标 A

表 2-5　对光方向测量测回

目标	对光方向值		2C	方向平均值/（° ′ ″）	归零方向值/（° ′ ″）
	盘左/（° ′ ″）	盘右/（° ′ ″）	（Δ2C=3.7″）	Δ_0=1.1″（0 00 57.0）	
A	0 01 00.8	180 00 55.4	+5.4	0 00 58.1	0 00 00.0
B	8 09 00.5	188 08 57.6	+2.9	8 08 59.1	8 08 01.5
C	271 42 39.4	91 42 36.1	+3.3	271 42 37.8	271 41 40.2
D	272 08 18.8	92 08 12.2	+6.6	272 08 15.5	272 07 17.9
A	0 01 00.0	180 00 54.1	+5.9	0 00 57.0	

2.5 竖直角的测量

2.5.1 竖直角的观测

竖直角观测方法有中丝法和三丝法。中丝法即以十字丝中横丝瞄准目标的观测方法。

1. 准备工作

做好经纬仪与目标安置工作。

2. 观测步骤

首先进行盘左观测，观测者纵转照准部依次粗略瞄准、对光、精确瞄准目标和完成观测读数。然后进行盘右观测，观测者纵转照准部依次粗略瞄准、精确瞄准原目标和完成观测读数。盘左、盘右完成同一方向一测回观测。

3. 观测注意事项

1）精确瞄准的部位与水平角测量的情况不同。竖直角测量要求望远镜视场目标像的顶面与十字丝像靠近中间的中横丝相切，如图 2-36（a）所示；或者目标像的顶面平分十字丝像靠近中间部分的双横丝，如图 2-36（b）所示。

2）盘左、盘右观测读数与水平角测量的读数方法相同。

3）人工归零操作。有的光学角度测量仪器没有设置自动归零装置，这时盘左、盘右瞄准目标后必须精平，即转动微倾螺旋使竖直度盘水准器气泡居中后再读数。

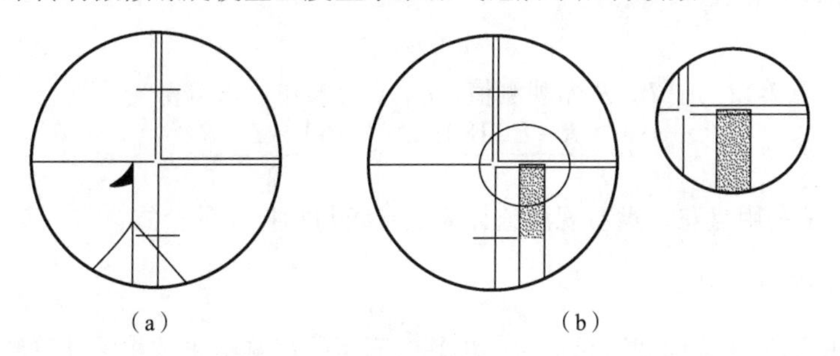

图 2-36 瞄准目标

2.5.2 竖直角的计算

1. 盘左观测的竖直角的计算

角度测量仪器的望远镜、竖直度盘和横轴三者结合在一起，望远镜绕横轴转动，刻划线按顺时针方向刻划的竖直度盘随之一起转动。指标线和竖直度盘水准器连在一起，水准气泡居中后指标线在垂线方向上指示望远镜瞄准目标时的度盘读数 L。由于某些原因，指标线不严格处于垂线方向上，指标线在度盘指示中少了一个角度差 x，则望远镜瞄准目标时的准确读数应加上角度差 x，即 $L+x$，如图 2-37（a）所示。这里的 x 称为指标差。

根据竖直角的定义，由图 2-37（a）可知，盘左观测的竖直角的值为

$$\alpha_{左} = 90^\circ - (L + x) \tag{2-11}$$

2. 盘右观测的竖直角的计算

由盘左观测竖直角的分析可知，指标线在度盘指示中少了角度差 x，盘右观测时望远镜瞄准目标的准确度盘读数应为 $R+x$，如图 2-37（b）所示。因此，盘右观测的竖直角的值为

$$\alpha_{右} = R + x - 270^\circ \tag{2-12}$$

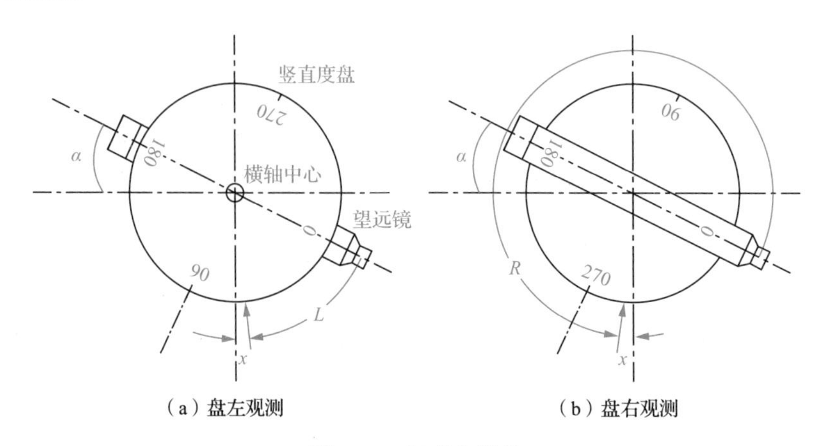

图 2-37　竖直角测量

3. 竖直角与指标差的计算公式

根据式（2-11）和式（2-12），令

$$\alpha_{左}=\alpha_{右}=\alpha \tag{2-13}$$

则式（2-11）、式（2-12）中 L、R 为观测值，α、x 为未知数，可得

$$\alpha=\frac{R-L-180^{\circ}}{2},\quad x=\frac{360^{\circ}-L-R}{2} \tag{2-14}$$

式（2-14）是利用盘左、盘右观测值计算竖直角与指标差的公式。

4. 计算中的限差

表 2-6 是在测站 O 分别观测目标 A、B 各二测回的观测结果及相关计算结果，表中按竖直角测量结果计算各测回指标差 x 和竖直角 α。此外还需要计算和检查二项限差。

表 2-6　竖直角测量结果的记录与计算

测站及仪器高	目标及其高度	测回	盘左观测值/(° ′ ″)	盘右观测值/(° ′ ″)	指标差 x/(″)	竖直角 α/(° ′ ″)	竖直角平均值/(° ′ ″)
O 1.543m	A 2.675m	1	90 30 17	269 29 49	−03	−0 30 14	−0 30 13
		2	90 30 15	269 29 51	−03	−0 30 12	
	B 2.435m	1	73 44 08	286 16 10	−09	16 16 01	16 16 00
		2	73 44 12	286 16 09	−10	16 15 58	

（1）x 及 Δx 的限差

一般来说，角度测量仪器的指标差 x 不能太大，通常 $x\leqslant 1'$。Δx 是不同测回指标差的差值，称为指标差之差，或称指标差较差，即 $\Delta x=x_1-x_2$。竖直角的观测对 Δx 有严格要求，如 2″级角度测量仪器的 $\Delta x\leqslant 15''$。

（2）竖直角较差 $\Delta\alpha$ 的限差

竖直角较差 $\Delta\alpha$ 是指同一方向各测回竖直角的差值。一般竖直角较差 $\Delta\alpha$ 的限差与 Δx 的限差相同。

2.5.3　竖直角简易测量与计算

若要求不高，指标差 $x<\pm 1'$，视 x 为 0，竖直角观测只需进行盘左观测，此时竖直角的观

测值为

$$\alpha = 90^\circ - L \tag{2-15}$$

根据式（2-2），式（2-15）中的 L 即天顶距 Z。

2.6 角度测量误差与预防

2.6.1 仪器误差

仪器误差主要包括三轴误差（视准轴误差、横轴误差、竖轴误差）、仪器构件偏心差和度盘误差（度盘分划误差、竖直度盘指标差）等。

1. 视准轴误差

如图 2-38 所示，视准轴 OC' 与横轴 HH 不垂直，存在 c 角误差，称为视准轴误差。据推证，视准轴误差对水平方向的影响为

$$\Delta c = \frac{c}{\cos\alpha} \tag{2-16}$$

式中，α 为观测方向竖直角，α 越大，Δc 越大。一般 α 为 $1^\circ \sim 10^\circ$，$\cos\alpha \approx 1$，故可认为

$$\Delta c = c \tag{2-17}$$

据研究，若盘左观测 c 为正值，则盘右观测 c 为负值，因此，盘左、盘右观测值取平均可抵消视准轴误差的影响。

2. 横轴误差

在图 2-39 中，横轴 HH 不垂直于竖轴 OZ，竖轴在垂线上，横轴在 $H'H'$ 位置，$H'H'$ 与 HH 的夹角 i 就是横轴误差。据推证，i 角对观测方向水平角的影响为

$$\Delta i = i \times \tan\alpha \tag{2-18}$$

设盘左观测时 i 为正，则盘右观测时因横轴处于相反位置，故 i 为负。Δi 与 Δc 具有相同性质，盘左、盘右观测值取平均可抵消横轴误差的影响。

3. 竖轴误差

竖轴与垂线不平行而形成的误差即竖轴误差。如图 2-40 所示，OV 是垂线，OV' 是出现偏差的竖轴，OV 与 OV' 的夹角 δ 就是竖轴误差。据推证，竖轴误差 δ 引起的测角误差为

$$\Delta\delta = \delta\cos\beta\tan\alpha \tag{2-19}$$

式中，α 是观测方向的竖直角；β 是观测方向的水平角。

根据式（2-19），当竖直角 α 为 0 时，$\Delta\delta = 0$；α 不为 0 时，存在竖轴误差 δ，竖轴位置不变，与竖轴保持垂直关系的横轴位置在盘左、盘右观测中不可能发生变化，因此在同一方向上观测时的 $\Delta\delta$ 是不变量，在盘左、盘右观测中符号不变。由此可见，无法通过盘左、盘右观

测值取平均抵消$\Delta\delta$的影响。

削弱竖轴误差的办法是：实际工作中严格整平仪器，测回之间发现水准气泡偏离一定的限差时必须重新整平，以削弱竖轴误差的影响。在精密测量角度过程中，可以通过计算得到的$\Delta\delta$对水平方向值进行改正，削弱竖轴误差的影响。

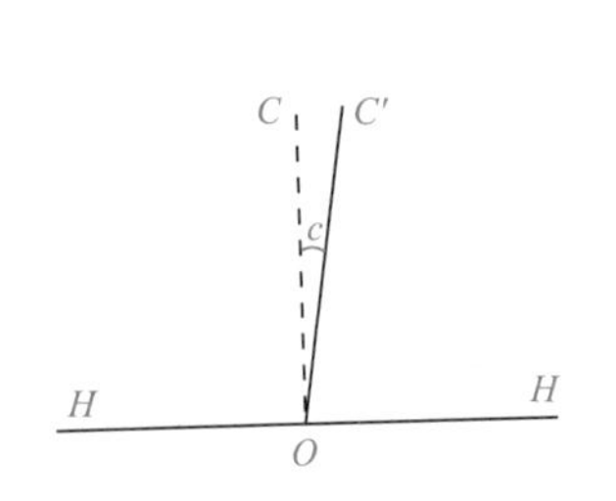

图 2-38　视准轴误差

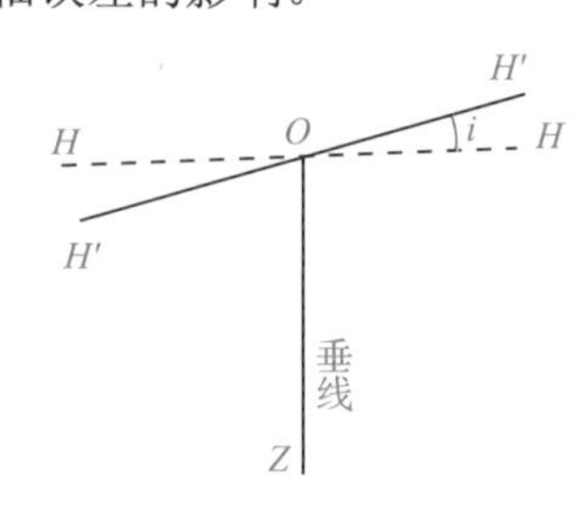

图 2-39　横轴误差

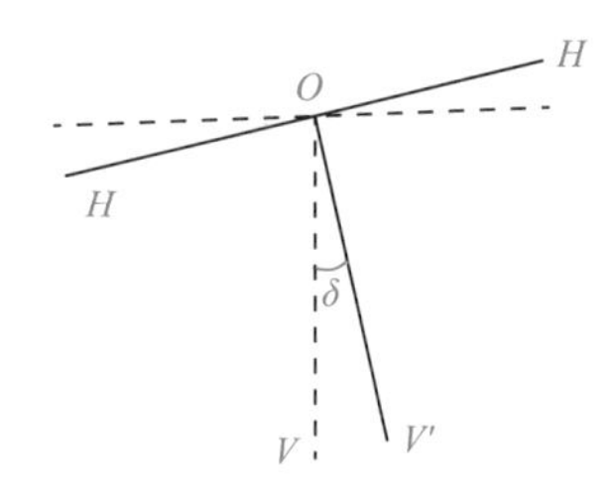

图 2-40　竖轴误差

4. 仪器构件偏心差

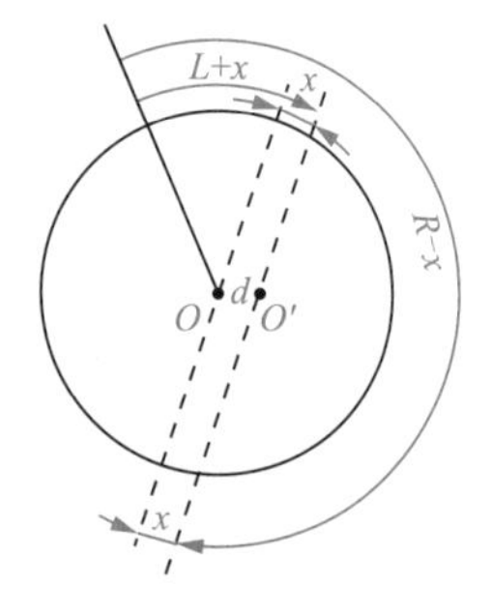

图 2-41　仪器构件偏心差

仪器构件偏心差主要包括照准部偏心差和度盘偏心差。如图 2-41 所示，照准部偏心差 d 引起偏差 x。实际上，通过盘左、盘右观测值取平均便可消除照准部偏心差的影响。

图 2-41 中的 d 可理解为度盘的旋转中心 O' 和度盘的刻划中心 O 不重合。设偏心时第一读数为 $L+x$，在相差 180° 位置的第二读数为 $L+180^\circ-x=R-x$。第一读数与第二读数之和取平均的方法称为对径符合读数法，可抵消偏心差的影响，是获取高精度角度测量结果的好方法。

5. 度盘分划误差

度盘分划误差包括长周期误差和短周期误差，现代精密度盘分划误差为$1''\sim2''$。在实际工作中可配置不同度盘位置多测回观测，观测结果取平均可削弱度盘分划误差的影响。

6. 竖直度盘指标差

理论和实践证明，可通过盘左、盘右观测值取平均的方式消除竖直度盘指标差的影响。

2.6.2　观测误差

1. 对中误差

对中误差的原因：测站对中不准。如图 2-42 所示，角度测量仪器中心 O' 偏离测站地面固定点的中心 O，两个中心存在偏心距 e，e 会对各方向观测值产生影响。图 2-42 中两地面点 A、B，仪器在其本身中心 O' 所测的角度为 $\angle AO'B$，而实际的角度应为 $\angle AOB$，两个角度的关系为

$$\angle AOB=\angle AO'B+\varepsilon_1+\varepsilon_2 \tag{2-20}$$

式中，ε_1、ε_2 是偏心距 e 对观测值的对中误差影响。

据推证，若设 d=（OA 距离）$d_1=d_2$（OB 距离），则与 d 相比，偏心距 e 很小，对观测值的影响为

$$\varepsilon=\varepsilon_1+\varepsilon_2=\frac{2e}{d}\rho \tag{2-21}$$

由式（2-21）可见，ε 与 e 成正比，与 d 成反比。对中误差在短边的情况下随偏心距 e 的增大而迅速增大。

消除对中误差的办法是：在角度测量中必须做好仪器对中，使对中精确。必要时，应测定偏心距 e 和 θ（图 2-42），以便对观测值进行改正，消除对中误差的影响。

2. 目标偏心差

如图 2-43（a）所示，标杆是目标，其底端虽然与地面点重合，但标杆不竖直，这时标杆顶端的瞄准位置偏离地面点中心，即存在偏心距 e。e 对在 O 点观测水平角的误差影响和对中误差有相同的性质，即

$$\varepsilon=\frac{e}{d}\rho \tag{2-22}$$

目标偏心问题往往不能通过精确对中来解决，有的目标（寻常标）一旦固定在地面后，目标偏心就可能客观存在，如图 2-43（b）所示。

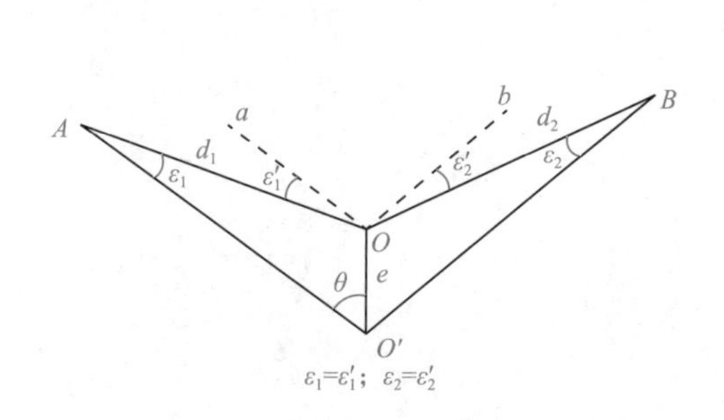

图 2-42 对中误差

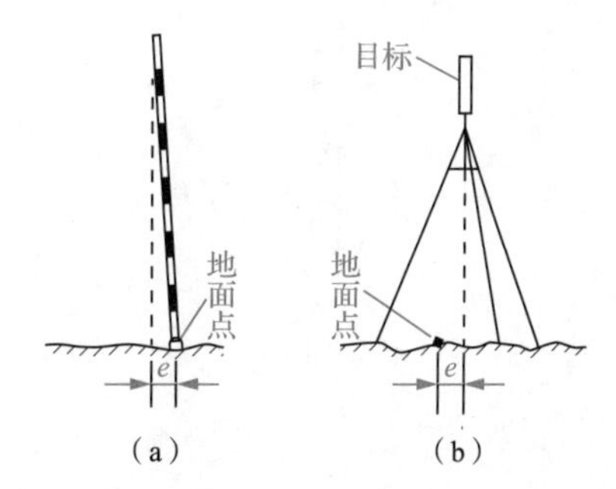

图 2-43 目标偏心差

消除目标偏心差的办法是：适当测定偏心距 e 等参数，计算偏心改正数，消除对中误差影响；将标杆垂直竖立，或者尽量瞄准标杆底部。

3. 瞄准误差

瞄准误差与人眼的分辨率 P 及望远镜的放大倍率 V 有关。瞄准误差一般为

$$m=\frac{P}{V} \tag{2-23}$$

当 $P=10''\sim60''$，$V=25\sim30$ 时，瞄准误差 $m=0.5''\sim2.4''$。对光时可能存在视差未消除，或目标构形和清晰度不佳，或瞄准部位不合理，或不注意微动旋钮弹性特点的操作，因此实际瞄准误差可能偏大。表 2-3 中的 $\Delta 2C$ 或竖直角测量中的相关参数 $\Delta\alpha$（竖直角较差）、Δx（指标差较差）的大小可以反映测量中瞄准的质量。由此可见，在观测中，选择较好的目标构形，正确做好对光和瞄准工作，是减小瞄准误差的基本方法。

4. 读数误差

经纬仪读数误差的产生因素包括装置质量、照明度或读数判断准确性等。$6''$ 级光学经纬仪估读误差较大，可达 $12''$，$2''$ 级光学经纬仪的估读误差可达 $3''$。光电经纬仪和全站仪的电子电

路稳定，读数误差可以忽略不计。

2.6.3 外界环境的影响

外界环境的影响包括大气密度、大气透明度、目标相位差、旁折光、温度和湿度的影响等。

1）大气密度随气温改变将造成目标成像不稳定。

2）大气中尘埃对大气透明度的影响会造成目标成像不清楚，甚至看不清目标。观测中应当避免这些不利的大气状况。

3）太阳光使圆形目标形成明暗各半的影像，瞄准时往往以暗区为标志，这样便产生目标相位差$\varDelta$，如图 2-44 所示。

4）在地表面、水面及地面构造物表面附近，大气密度非均匀性问题比较突出，观测视线通过这些表面时不可能是一条直线，会存在旁折光，如图 2-45 所示，图中的$\varDelta$称为旁折光的影响。

解决办法：观测视线应与地表面及地面构造物表面保持一定距离，不要紧贴地表面、水面及地面构造物表面。

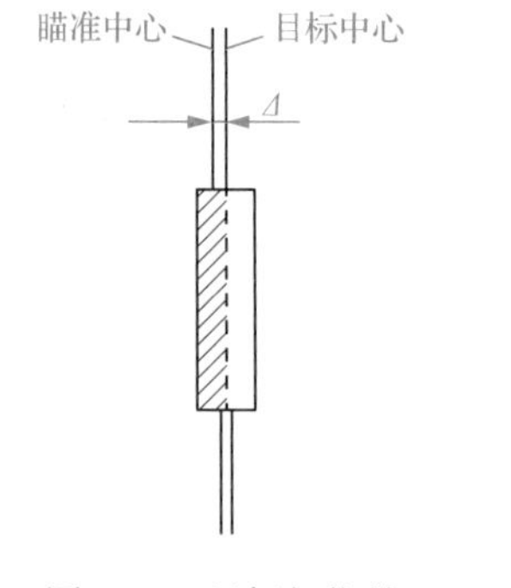

图 2-44 目标相位差

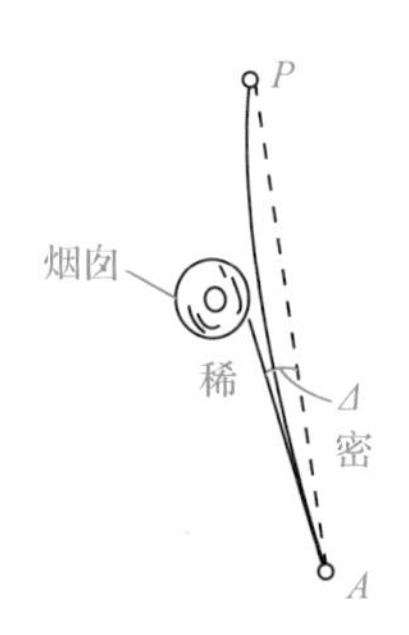

图 2-45 旁折光

5）在温度和湿度剧烈变化的环境中，仪器原始稳定状态将会发生变化，使角度观测受到影响。在角度测量仪器的使用过程中，应当注意仪器的防日晒、防雨淋、防潮湿，使仪器处于可靠状态。

习题 2

1．在图 2-1 中，水平角是________。

A．$\angle mNp$ B．$\angle MNp$ C．$\angle MNP$

2．在图 2-1 中，如果观测视线 NM 得到的水平方向值 $m'=59°$，观测视线 NP 得到的水平方向值 $p'=103°$，那么水平角为多少？

3．在图 2-1 中，NT 至 NP 的天顶距 Z=96°，观测视线 NP 的竖直角 α_{NP} 为多少？α_{NP} 是仰角还是俯角？NT 至 NM 的天顶距 Z=83°，观测视线 NM 的竖直角 α_{NM} 为多少？α_{NM} 是仰角还是俯角？

4．什么是光电测角？

5．什么是光电经纬仪？

6．与光学经纬仪相比，光电经纬仪具有哪些优点？

7．光电经纬仪瞄准目标后，________。

A．记录显示结果

B．光电读数系统获取瞄准目标的角度信息，由微处理器处理后直接显示

C．启动自动记录按键进行数据记录

8．角度测量仪器基本由__（1）__，角度测量仪器的等级分为__（2）__。

（1）A．照准部、度盘、辅助部件三大部分构成

B．度盘、辅助部件、基座三大部分构成

C．照准部、度盘、基座三大部分构成

（2）A．一等级、二等级、三等级、四等级

B．1″级、2″级、6″级

C．1″级、2″级、3″级、4″级

9．水准器的作用是什么？管水准器、圆水准器各有什么作用？

10．光学经纬仪的正确轴系应满足________。

A．视准轴⊥横轴、横轴∥竖轴、竖轴∥圆水准轴

B．视准轴⊥横轴、横轴⊥竖轴、竖轴∥圆水准轴

C．视准轴∥横轴、横轴∥竖轴、竖轴⊥圆水准轴

11．望远镜的目镜调焦轮和望远对光螺旋有什么作用?

12．角度测量仪器度盘安装按“水平度盘与竖轴固定安装，随竖轴转动。竖直度盘套在横轴上可自由转动”，这种表述是否正确？

13．望远镜的一般对光操作为：________。

A．转动望远对光螺旋看清目标；转动目镜看清十字丝；注意消除视差

B．转动目镜看清十字丝；注意消除视差；转动望远对光螺旋看清目标

C．转动目镜看清十字丝；转动望远对光螺旋看清目标；注意消除视差

14．在图2-14中，全站仪显示窗的意义是________。

A．第一行显示水平方向值，第二行显示竖直度盘观测值

B．第一行显示竖直度盘观测值，第二行显示水平方向值

C．第一行显示天顶距观测值，第二行显示水平方向值

15．测站上全站仪对中是使全站仪中心与__（1）__，整平目的是使全站仪__（2）__。

（1）A．地面点重合　　B．三脚架中孔一致　　C．地面点垂线重合

（2）A．圆水准器气泡居中　　B．基座水平　　C．水平度盘水平

16．角度测量仪器安置的步骤应是________。

A．仪器对中→三脚架对中→三脚架整平→精确整平

B．三脚架对中→仪器对中→三脚架整平→精确整平

C．三脚架整平→仪器对中→三脚架对中→精确整平

17．一般瞄准步骤应是________。

A．正确对光→粗略瞄准→精确瞄准

B．粗略瞄准→精确瞄准→正确对光

C．粗略瞄准→正确对光→精确瞄准

18．水平角测量的精确瞄准的要求是什么？

19．如果角度测量仪器照准部有两个管水准轴互相垂直的管水准器，那么在整平三脚架的第二环节是否要转动照准部90°？为什么？

20．光学经纬仪水平制动旋钮、微动旋钮的主要作用是什么？

21．什么是盘左？什么是盘左观测？

22．在用简单方向法观测水平角时，如何进行第二测回度盘配置？

23．在用简单方向法、全圆方向法进行角度测量一测回时，各有哪些检验项目？

24．试计算表2-7的角度观测值。在$\Delta\alpha_{容}=\pm30''$时查明哪个测回观测值无效。

表2-7 角度观测值

测回	竖盘位置	目标	水平度盘读数/(° ′ ″)	半测回角度/(° ′ ″)	一测回角度/(° ′ ″)	备注
1	左	1	0 12 00			$\Delta\alpha=\alpha_{左}-\alpha_{右}$ $\Delta\alpha_{容}=\pm30''$
		3	181 45 00			
	右	3	1 45 06			
		1	180 11 42			
2	左	1	90 11 24			各测回角度平均值/(° ′ ″)
		3	271 44 30			
	右	3	91 45 26			
		1	270 11 42			

25．试说明一般竖直角观测方法与自动归零的竖直角观测方法的差别。

26．式（2-14）与式（2-15）在计算竖直角时有什么不同？

27．试述用中丝法测量竖直角的具体操作，并计算表2-8中的竖直角、指标差。

表2-8 竖直角测量的记录

测站	目标	测回	盘左观测值/(° ′ ″)	盘右观测值/(° ′ ″)	指标差/(″)	竖直角/(° ′ ″)	竖直角平均值/(° ′ ″)
A	M	1	93 30 24	266 29 30			
		2	93 30 20	266 29 26			

28．说明表2-9中经纬仪各操作部件的作用。

表2-9 经纬仪各操作部件及其作用

操作部件	作用	操作部件	作用
目镜调焦轮		水平制动旋钮	
望远对光螺旋		水平微动旋钮	
脚螺旋		锁定旋钮	
垂直制动旋钮		水平度盘变换钮	
垂直微动旋钮		光学对中器	

29．角度测量仪器在盘左、盘右观测中可以消除哪些误差的影响？

30．如果对中时偏心距e=5mm，d=100m，那么对中误差ε为多少？

31．角度测量仪器在盘左、盘右观测中可以消除________。

A．视准轴误差Δc、横轴误差Δi、度盘偏心差、照准部偏心差

B．视准轴误差Δc、横轴误差α、对中误差ε、竖轴误差$\Delta\delta$

C．视准轴误差Δc、旁折光的影响、对中误差α、竖轴误差$\Delta\delta$

32．在水平角测量中，如何避免竖轴误差的影响？

3 单元 距离测量

学习目标

掌握现代光电测距技术原理、应用与结果处理方法，掌握光学测距基本方法。

3.1 光电测距原理

3.1.1 基本原理

1. 概念

光电测距，即以光和电子技术测量距离。光电测距是20世纪科学技术发展的重大成就之一，这一技术早期（20世纪40年代）极大地吸引了世界各地测量学家的注意和研究。由于光在真空中的传播速度与电磁波在真空中的传播速度相等，故光电测距又称电磁波测距。光电测距技术是现代测距的主要技术。

2. 原理

如图3-1所示，A、B为地面上两个点，待测距离为D。在A点安置一台测距仪，称为测站。在B点安置一个反射器（或称反光镜），称为镜站。测距开始，测距仪向B处反射器发射光束，光以近30万km/s的速度c射向反射器后反射回测距仪，并被测距仪接收。在这一过程中光束经过了两倍待测距离，即 $2D$；同时，测距仪测出光束从发射到反射回测距仪的时间t_{2D}。由此可得$2D=c\times t_{2D}$，故A、B两地面点之间的距离为

$$D=\frac{1}{2}ct_{2D} \tag{3-1}$$

式（3-1）是光电测距基本原理公式。

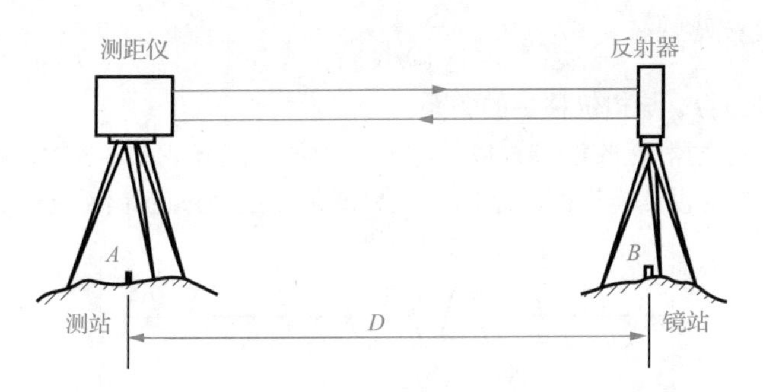

图 3-1 光电测距原理图

3. 实现式（3-1）的基本条件

（1）c 的测定

真空光速 $c_{真}=299792458\text{m/s}$，根据折射定理，式（3-1）中的光速 c 为

$$c=\frac{c_{真}}{n} \tag{3-2}$$

式中，n 是光在大气中的折射率，可实地测定。

（2）t_{2D} 的测定

由式（3-1）可知，光电测距技术把距离测量转化为对时间 t 的直接测量，时间的准确测定是正确测量距离的关键。根据式（3-1），测距仪测定光往返 1km 路程的时间约为 15 万分之一秒；工程上应保证距离误差小于 1cm，测定时间的误差必须小于 150 亿分之一秒。

利用光电测距技术准确测定瞬时时间的方法有相位法、脉冲法等。

3.1.2 相位法测距原理

相位法测距的实质是用测定光波的相位移 φ 代替测定 t_{2D}，实现距离测量。

1. 光的调制

光的调制，即对光的发射或反射的光进行改造，使光的传输特征按照某种特定信号产生有规律的变化，如图 3-2 所示。如图 3-2（a）所示，一种称为 GaAs（砷化镓）发光二极管的光源通入了按正弦变化的激发电流 I，由于该光源所发光的强度 J 与电流 I 满足如图 3-2（b）所示关系，因此该光源可发出强度按交变电流特征变化的光波，如图 3-2（c）所示。由此可见，光的发射具有了电流信号的传输特征，即发射的光成为一种光强按一定规律明暗变化的调制光波。

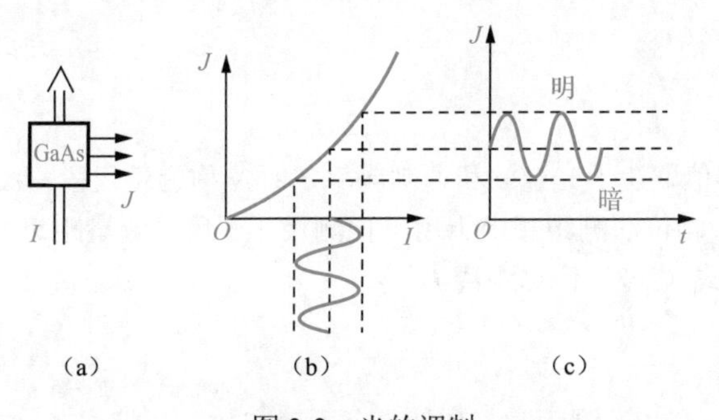

图 3-2 光的调制

2. 距离 D 与相位移 φ 的关系

（1）光波传播时间 t_{2D} 与相位移 φ 的关系

现将图 3-1 光束发射和接收的过程以调制光波的形式展开成图 3-3 的情形，A 是测距仪的发射点，A' 是测距仪的接收点，这两点之间的距离就是光束经过的距离 $2D$，B 是反射器的位置。

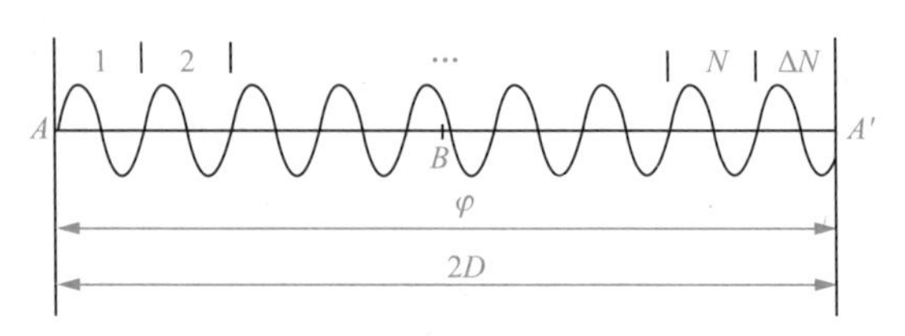

图 3-3　光波传播时间与相位移的关系

在图 3-3 中，调制光波经过 $2D$ 路程的相位移为 φ，根据电磁波理论，φ 与光波传播时间 t_{2D} 的关系为

$$\varphi = 2\pi f t_{2D} \tag{3-3}$$

式中，f 是调制光波明暗变化的频率，在数值上等于正弦波电流的频率，故已知的正弦波电流的频率就是调制光波的频率，称为调制频率。根据式（3-3），得

$$t_{2D} = \frac{\varphi}{2\pi f} \tag{3-4}$$

式（3-4）即光波传播时间 t_{2D} 与相位移 φ 的关系式。

（2）距离 D 与相位移 φ 的关系

将式（3-4）代入式（3-1），得

$$D = \frac{1}{2} \times c \times \frac{\varphi}{2\pi f} \tag{3-5}$$

式（3-5）给出了距离 D 与相位移 φ 的关系，是相位法测距原理公式。该式表明，在调制频率 f 已知的情况下，只要完成相位移 φ 的测定，便可实现距离 D 的测定。

3. 测尺和尺段

由图 3-3 可知，整个波形的 φ 包含 N 个整波（整尺段）和一个尾波（尾尺段）ΔN（$\Delta N<1$），故

$$\varphi = 2\pi(N + \Delta N) \tag{3-6}$$

将式（3-6）代入式（3-5），整理得

$$D = u \times (N + \Delta N) \tag{3-7}$$

其中，

$$u = \frac{c}{2f} \tag{3-8}$$

式中，u 称为测尺，其值取决于光速 c 和调制频率 f；N 称为整尺段；ΔN 称为尾尺段。

由式（3-7）可知，相位法测距相当于用一把测尺 u 逐尺段测量距离，获得 N 个整尺段和一个尾尺段 ΔN，然后按式（3-7）计算距离 D。

4. 组合测距过程

当采用相位法按式（3-7）测距时，N 是一个不确定数，故把式（3-7）变为

$$D = u \times \Delta N \tag{3-9}$$

当采用相位法按式（3-9）测距时，采用多测尺组合测距技术，如采用u_1、u_2两把测尺，由式（3-8）可知

$$u_1 = \frac{c}{2f_1}, \quad u_2 = \frac{c}{2f_2} \tag{3-10}$$

在测距仪的设计上，u_1用于保证测距精确度，称为精测尺；u_2用于保证测距的长度，称为粗测尺。一般设$f_1 \approx 15\text{MHz}$，$f_2 \approx 150\text{kHz}$，按式（3-10）计算精测尺$u_1$=10m，粗测尺$u_2$=1000m。利用两把测尺组合测距的基本过程如下。

1）以u_1测量得ΔN_1。例如，ΔN_1=0.8654，将ΔN_1、u_1代入式（3-9），得D_1=8.654m。

2）以u_2测量得ΔN_2。例如，ΔN_2=0.9875，将ΔN_2、u_2代入式（3-9），得D_2=987.5m。

3）组合完整的距离值。将u_1、u_2测量距离值组合为完整的距离值，如图3-4所示，其中的7.5不显示，则组合的距离值是988.654m。

光电测距的上述过程以电子电路为条件进行全自动交替测量，同时在数字电路中完成数据处理，并直接在显示屏上显示测距的结果。

5. 相位法测距仪的基本结构

图3-5所示为相位法测距仪的基本结构。

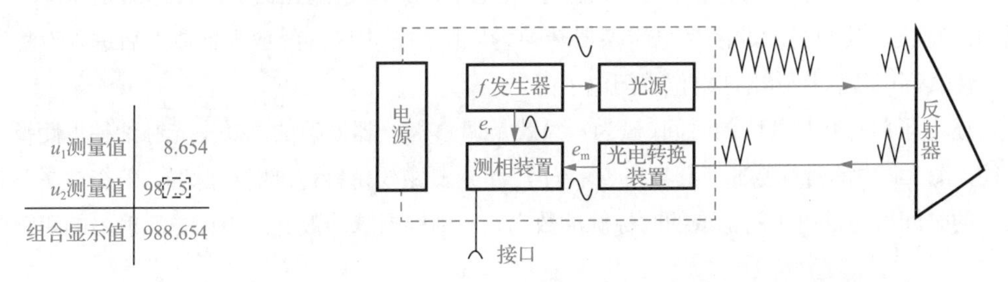

图3-4 组合测量值

图3-5 相位法测距仪的基本结构

1）光源：一般采用砷化镓（GaAs）发光二极管，发射红外光束［若采用氦-氖（He-Ne）气体激光器，则发射红色激光］。光源直接受调制信号（频率为f）的控制发射调制光波。

2）光电转换装置：接收反射回测距仪的调制光波，并利用光敏物质的内光电效应，将接收的光信号转换为电信号e_m，该信号提供给测相装置进行处理，称测相电信号。

3）f发生器：发出调制信号（电流I）对光源进行调制；同时发出参考信号e_r给测相装置。测相电信号e_m、参考信号e_r的频率与电流I的频率f相同。

4）测相装置：通过对测相电信号e_m、参考信号e_r进行相位比较测定N和ΔN，在处理方法上以自动数字测相电子电路技术把相位移φ转换成距离D直接显示出来。

5）电源：提供测距仪正常工作所需电流，一般由蓄电池和稳压电源组成。

6）反射器：精密测距合作目标，能够把测距仪发射来的光反射给测距仪。

3.1.3 脉冲法测距原理及其应用

脉冲法测距是一种以光脉冲激发与接收记取测距时间获得距离的光电测距技术。图3-6所示为脉冲法测距仪的原理结构。

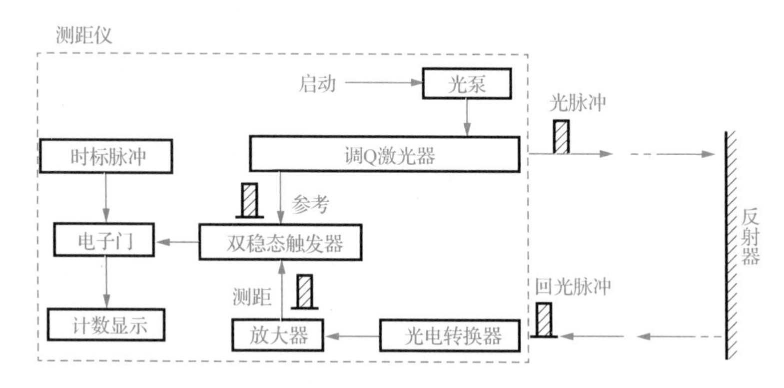

图 3-6　脉冲法测距仪的原理结构

在图 3-6 中, 调 Q（quality，品质）激光器是脉冲法测距仪的发光器件，利用调 Q 技术发射光脉冲；光泵的作用在于增强激光脉冲的发射强度。

当启动脉冲法测距仪后，光泵使调 Q 激光器的激励物质源源不断地在激发态大量集结。一定时间后，调 Q 技术装置发生作用，调 Q 激光器中大量激发态原子在极短时间内产生辐射，发射高功率的光脉冲，通过光学系统射向目标（反射器）。与此同时，调 Q 激光器输出一个起始计数脉冲，使双稳态触发器转换输出高电位打开电子门。调 Q 激光器射向目标的光脉冲从反射器返回测距仪，其回光脉冲经光电转换器转换为电脉冲，电脉冲经放大器放大后进入双稳态触发器，使其高电位转换输出低电位关闭电子门。

上述电子门打开与关闭的时间（设为 t_{2D}）就是调 Q 激光器发射的高功率光脉冲往返距离 $2D$ 的时间。图 3-6 中的时标脉冲（其频率表示为 f_{cp}）是测距仪每秒标准时标脉冲，若在电子门打开与关闭的时间内通过电子门记取的时标脉冲数为 n，则根据脉冲数，测距仪与反射器的距离为

$$D = \frac{1}{2}ct_{2D} = \frac{1}{2}c\frac{n}{f_{cp}} \tag{3-11}$$

设光速 c=300000km/s，$f_{cp} = 150\text{MHz}$。将 c、f_{cp} 代入式（3-11），得 $D = n$（m），说明测距原理合理，测距仪记取的时标脉冲数 n 与测距结果一一对应（图 3-7），显示脉冲数就是显示距离 D。

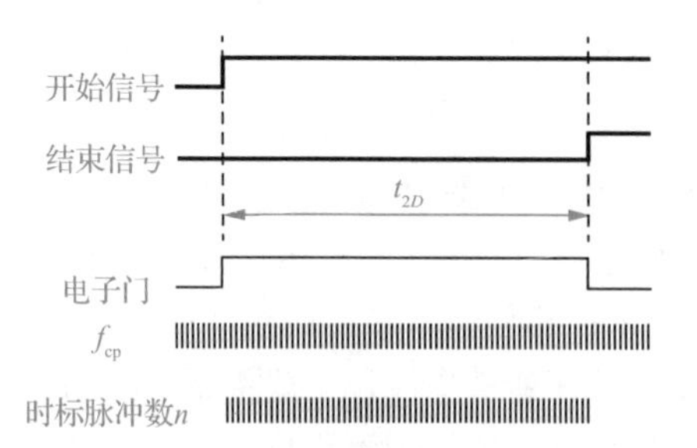

图 3-7　脉冲计数与距离

脉冲法测距仪的光脉冲峰值功率大，测程远。例如，早期的 DI3000 测距仪采用计时脉冲技术，测量精度达到毫米量级，测程超过 10km，可用于工程高精度长距离测量。DI3000 测距仪原理图如图 3-8 所示。

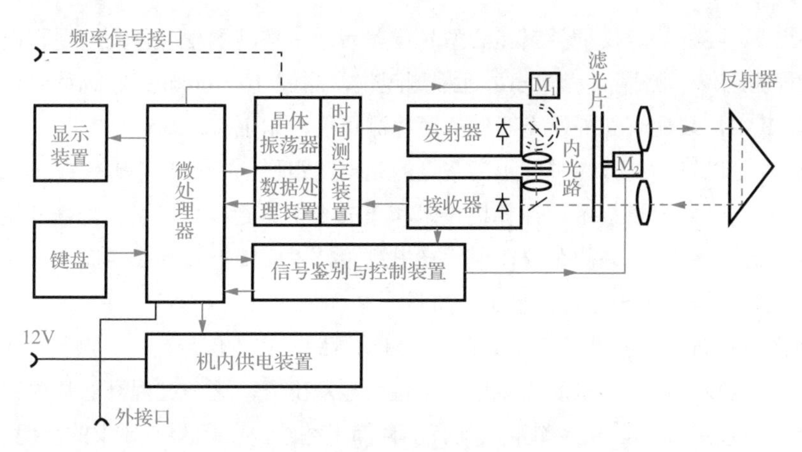

图 3-8 DI3000 测距仪原理图

由于脉冲法测距仪的光脉冲峰值功率大，因此可在较短的距离免反射器实现距离测量。如图 3-9 所示，脉冲法测距仪的光脉冲射向目标后以漫反射的形式返回测距仪，实现距离测量。免反射器距离测量是简捷、安全、精确获取点定位信息的重要技术，三维激光扫描测量、激光雷达测量技术就是免反射器高精度距离测量技术的应用。免反射器测量设备也有多种手提式的，可用于要求不高的短距离测量。

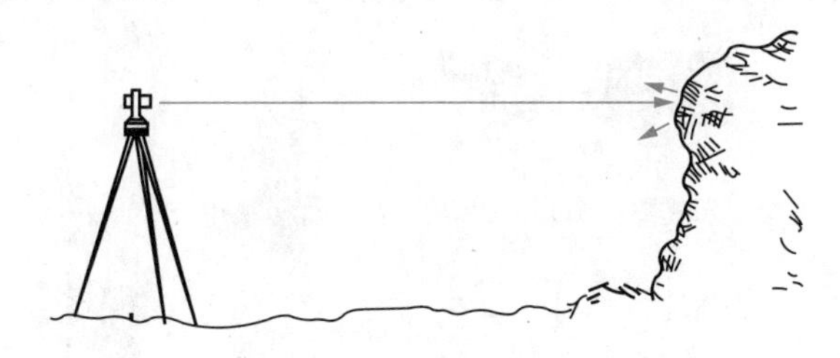

图 3-9 脉冲法测距仪漫反射距离测量

[注解]

1. 数字电路：源于脉冲电路、逻辑门电路及其器件，是现代计算机、电子通信和自动化等的基本电路技术。数字电路多用于光电测量仪器、设备，是实现测量自动化的重要技术。

2. f发生器：电子技术领域的一种电路器件，启动后便会按设计要求产生具有一定频率和功率的电信号，在光电测距仪中可作为调制信号发生器。

3.2 红外测距仪及其使用

3.2.1 红外测距仪的优点

20 世纪 60 年代以来，红外测距仪得到迅猛发展，世界各知名厂商竞相大力研发和大量生产，并不断进行更新。红外测距仪种类繁多，型号千差万别，按其测程可分为：短程测距仪，测程1～3km；中程测距仪，测程 3～10km；远程测距仪，测程 10～60km；超远程测距仪，测程可达数千千米。其中，装配有红外发光器件的短程测距仪占据主流市场。

红外测距仪是以发射红外光进行距离测量的光电测距仪。1962 年，砷化镓（GaAs）发光二极管研制成功，同时微电子技术、计算机技术和集成光学得到极大发展，为红外测距仪的发展提供了极为有利的条件。红外测距仪在现代光电测距技术应用上具有很多优点，具体如下。

1）集当代高新技术于一体，体形小，质量小。

2）自动化程度高，测量速度快。仪器一旦启动测距，完成信号判别、调制频率转换、自动数字测相等一系列技术过程，最后将测量数据直接显示出来，这一过程只需几秒钟。

3）功能多，使用方便。红外测距仪具有多种满足测绘、工程测量要求的测距功能。

4）功耗低，能源消耗少。

图 3-10 所示为测距仪发展成全站仪的过程。光电测距发展初期，红外短程测距仪主要是专用型的，如图 3-10（a）和图 3-10（b）所示。后来，红外短程测距仪与光学经纬仪相结合，按一定形式组合安装在一起，形成半站仪，如图 3-10（c）所示。随着测量科技的发展，半站仪逐步发展为全站仪。光电测距仪与光电经纬仪可以组装成组合式的仪器，结合成一体化的仪器，它们统称全站仪。本单元重点介绍红外测距仪光电测距（或称全站仪红外测距）的内容。

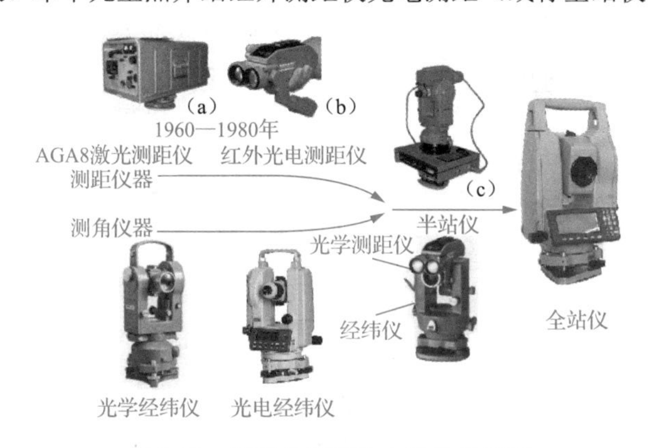

图 3-10　测距仪发展为全站仪的过程

3.2.2　红外测距仪光电测距的技术指标

1. 测距精度

光电测距通用的精度表达式为

$$m = \pm(a + bD) \tag{3-12}$$

式中，m 为所要测量的距离；a 为非比例误差；b 为比例误差；D 为测距长度，km。通过检验测定，一台全站仪光电测距有具体的测距精度表达式，如

$$m = \pm(5\text{mm} + 5\times10^{-6}D) \tag{3-13}$$

2. 测程

测程指的是在满足测距精度的条件下，全站仪测距可以测得的最大距离。全站仪测距的实际测程与大气状况及反射器棱镜数有关，一般测程为1.2～3.2km。

3. 测尺频率

一般红外测距仪设有2～3个测尺频率，其中一个是精测频率，其余是粗测频率。有的仪器说明书标明了这些频率的数值，便于用户使用。

3.2.3 红外测距仪基本设备

1. 测距仪主机

测距仪主机指的是具有光电测距基本原理结构和能够完成测距任务的主要设备。

随着红外测距技术的不断发展，测距仪主机样式不断改进。图3-11所示为早期测距仪主机样式。

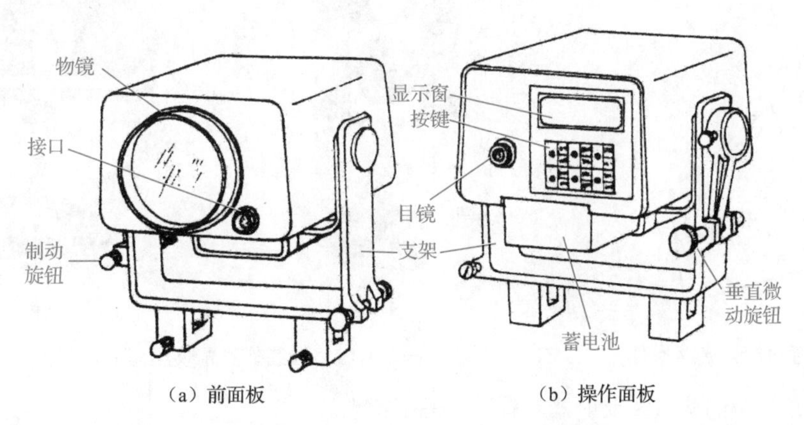

图3-11 早期测距仪主机样式

前面板上有物镜和接口，如图3-11（a）所示，接口用于输出测距的结果。

通常情况下，红外测距仪测距发射、接收采用异轴或同轴设计。异轴设计，即红外光的发射光轴及返回光信号的接收光轴分开设置，二轴相向平行。同轴设计，即光信号的发射光轴和接收光轴为同一轴，光信号从同一个物镜进出。

操作面板上有目镜、按键和显示窗，如图3-11（b）所示。目镜用于精确瞄准目标，瞄准的视准轴按设计的要求从前面板的物镜通过。按键和显示窗用于测距操作和显示测量结果等信息。

全站仪是基于红外测距仪发展而成的测距主机。全站仪有一对设在照准部的操作面板，如图2-30所示。操作面板设有按键和显示窗。全站仪测距望远镜的物镜为同轴设计，光信号的发射光轴和接收光轴及其视准轴同轴。

显示窗的显示内容与方式随仪器不同而有所区别。图3-12所示为苏一光全站仪显示窗的显示信息，其中图3-12（a）所示为全站仪显示窗开机提示内容。启动苏一光全站仪后，显示窗将显示蓄电池电量、回光强度状态。回光强度状态可指示往返所测距离的光的强度。图3-12（b）所示为全站仪角度测量状态。图3-12（c）所示为全站仪距离（SD表示斜距）测量状态。

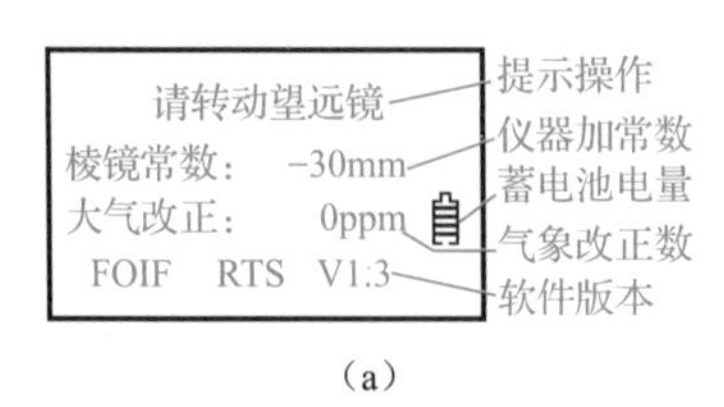

（a）

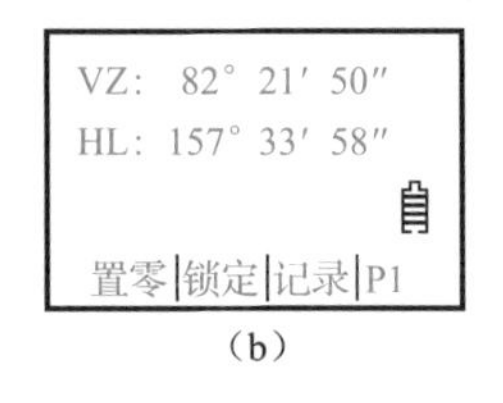

（b）

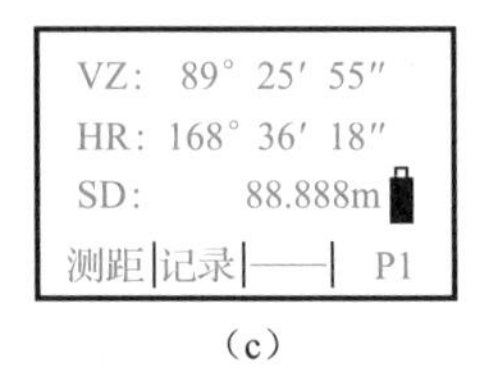

（c）

图 3-12 苏一光全站仪显示窗的显示信息

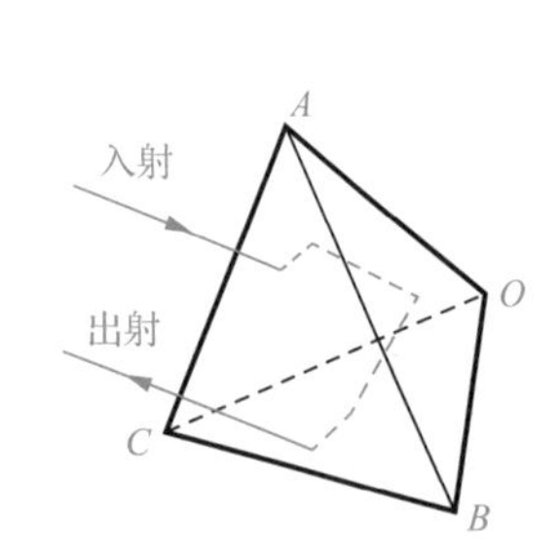

图 3-13 苏一光全站仪操作面板

图 3-13 所示为苏一光全站仪操作面板，其中 F1、F2 是对应的测距、记录功能键。

2. 反射器

反射器由直角棱形光学玻璃器件（简称直角棱镜）构成。如图 3-14 所示，一块直角棱镜有四个面，△*ABC* 为等边三角形，是受光面。△*OAC*、△*OAB*、△*OBC* 是直角三角形，三直角以 *O* 为顶点。直角棱镜装配在反射器框架内，通过连接杆与基座安装在一起。图 3-15 是与红外测距仪（或全站仪）配套的反射器。

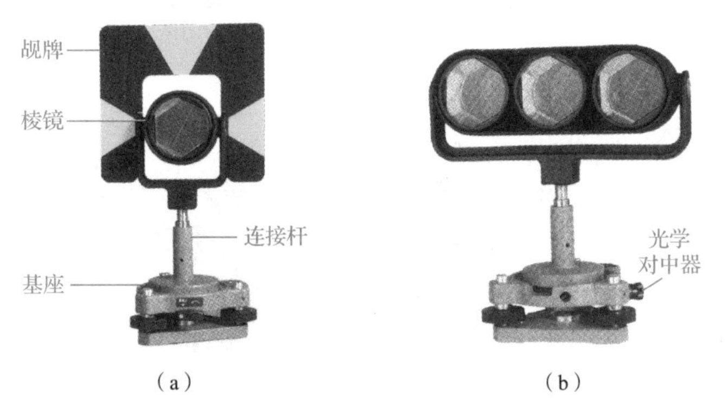

图 3-14 直角棱镜光路原理

（a） （b）

图 3-15 与红外测距仪配套的反射器

根据直角棱镜的构造，反射器具有以下三个特点。

1）反射器的入射光路与反射光路的方向相反，且路径互相平行。反射器的这种特点使其在使用上便于瞄准目标，只要反射器直角棱镜的受光面大致垂直于测线方向，反射器就可以把光反射给测距仪。

2）测距仪的测程与棱镜的个数有关，可以根据测程长短增减棱镜个数。如图 3-15（a）所示，该反射器只有一个棱镜，称为单棱镜反射器，可用于短距离测量。如图 3-15（b）所示，该反射器有三个棱镜，称为三棱镜反射器，可用于较长距离测量。图 3-16 所示为觇牌反射器，觇牌用于距离测量和角度测量的瞄准。

3）反射器的结构与规格参数因棱镜结构不同而不同。反射器有多种棱镜结构，如图 3-17 所示。反射器棱镜结构不同，其规格参数也不同，因此反射器与测距仪配合使用时，必须确认反射器的规格参数，一经确定使用，不得随意更换。

图 3-18 所示为安装在三脚架、对中杆上的反射器。

3. 蓄电池和充电器

1）蓄电池是适用于测距仪的一种小型化学电源，它本身具有电能与化学能相互转化的性能，能够实现反复充放电。充电，是指将电能转化为化学能储存起来；供电，是指将化学能转

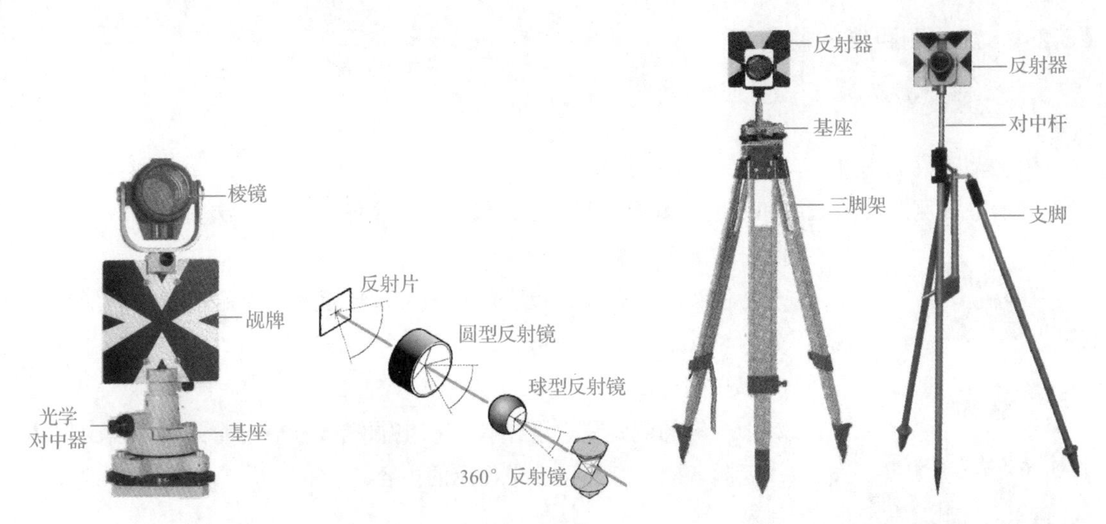

图 3-16 觇牌反射器　　图 3-17 反射棱镜结构　　图 3-18 安装在三脚架、对中杆上的反射器

化为电能释放出来。红外测距仪通常配套有小型蓄电池，测距工作时间长时，应备有多个盒装小型蓄电池或采用大容量蓄电池。

2）充电器是为蓄电池充电的设备，红外测距仪（全站仪）配套的充电器可接入 AC 220V 市电，经降压和整流电路输出低压充电电流对蓄电池充电，一次充电 14～15h 可使蓄电池充满电量。若使用快速充电器，则充电 2h 即可使蓄电池充满电量。具体充电方法可参看充电器的使用说明书。

4. 气象仪器

测距仪主要的气象仪器是空盒气压计和通风温度计（图 3-19），用以测量测边两端的大气压力和温度。在进行精密光电测距时，必须配备精密度较高的通风干湿温度计，用以测量空气干温和湿温。在测边较短、气象变化不大的环境下，采用可测量测站大气压力和温度的气象仪器即可。

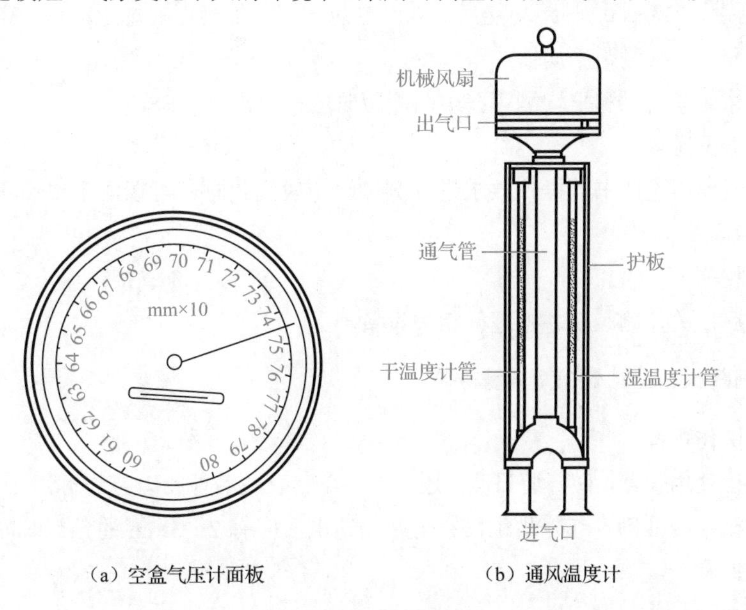

（a）空盒气压计面板　　（b）通风温度计

图 3-19 气象仪器

3.2.4 红外测距仪的使用

1. 基本操作

（1）测距仪的安置

随着红外测距仪的应用和发展，测距多利用全站仪完成。全站仪安置一次完成。

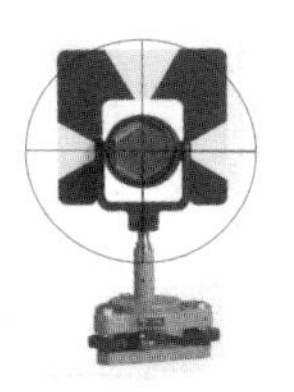

图 3-20 瞄准反射器

（2）瞄准反射器

全站仪瞄准反射器，以全站仪照准部望远镜直接瞄准反射器形象中心，如图 3-20 所示。

（3）开机检查

对于一般的测距仪、全站仪，按电源键数秒后可看到显示窗全屏幕显示，观测者应注意显示窗中显示的内容。

（4）测距

根据全站仪的设置选择测距方式。如果采用 NTS-340 全站仪，则按该全站仪开机后显示的“项目”→“常规”→“角度”顺序获取测距方式。如果采用苏一光全站仪，则通过该全站仪开机后显示窗下沿“DISP”键选择测距方式。

测距仪一般有正常测距、跟踪测距、连续测距、平均测距功能。

1）正常测距：按标准规定时间的一次精密测距。启动正常测距功能，在规定数秒内完成单次精密测距。一次瞄准后进行 2～4 次正常测距便是一测回观测。

2）跟踪测距：以短促时间为间隔的连续粗略间断测距。启动跟踪测距功能后，以短促时间间隔（如 2s）连续测距和显示测距的结果，显示距离最小值以厘米为单位。

3）连续测距：连续正常测距。启动连续测距功能后，以正常测距的规定动作，按标准规定时间的连续一次次完成精密测距。每次显示单次测距结果。

4）平均测距。启动平均测距功能后，以设定的 n 次正常测距的规定动作，完成 n 次精密测距，最后显示 n 次精密测距平均值。

跟踪测距、连续测距和平均测距在中断测距时应按退出键（ESC）。

（5）测量气象元素

按气象仪器使用说明书的操作要求进行测量。一般测距时，可在测距现场测量气象元素的温度和压强。

（6）关机收测

测距完成后，关掉测距仪并整理好相关设备。

2. 红外测距仪、全站仪使用注意事项

（1）遵守操作规程

按操作规程使用仪器，做好避日晒、遮雨淋措施；有关器件的组装与拆卸必须按步骤进行；接线时电源的极性应准确，红外测距仪、全站仪通电后应有 2～3min 的预热时间；测距结果应满足表 3-1 的要求。

表 3-1 光电测距的主要技术要求

控制网等级	仪器精度等级	每边测回数		一测回读数较差/mm	单程各测回较差/mm	往返较差/mm
		往	返			
二等	5mm 级仪器	3	3	≤5	≤7	≤2(a+bD)
三等	5mm 级仪器	3	3	≤5	≤7	
	10mm 级仪器	4	4	≤10	≤15	
四等	5mm 级仪器	2	2	≤5	≤7	
	10mm 级仪器	3	3	≤10	≤15	
一级	10mm 级仪器	2		≤10	≤15	
二级、三级	10mm 级仪器	1		≤10	≤15	

注：a 为非比例误差，b 为比例误差，D 为测距长度。

（2）应做好测线状态的监察

测线即光电测距光波往返的路线。测线环境的要求：大气透明度比较好，测线上没有影响测距的障碍物；测线上只允许架设一个反射器，不得存在多个反射器或向测距仪反射光的物体；测线上不允许存在强烈光源，更不允许强烈太阳光对射测距仪器。测距时，应加强环境监察，保证测距顺利进行。

（3）应加强仪器保存期供电检查

除应做好一般光学仪器的防潮、防尘、防霉措施外，还要做好对蓄电池充放电的检查，以保证供电稳定性和供电安全。

3.3 光电测距结果处理

根据光电测距技术的特殊性，结果处理的主要内容有仪器改正、气象改正和平距化算。

3.3.1 仪器改正

仪器改正的主要内容是加常数改正。假设在一条已知边的两端分别安置测距仪和反射器，测距的结果总与已知边相差某个固定值，这个固定值就是测距仪器（包括反射器）的加常数，用 k 表示。引起加常数的原因有：测距仪发射与接收的等效中心偏心；反射器接收与反射的等效中心偏心；测距仪器内部光路、电路时间延迟；等等。

一般情况下，k 值可通过对测距仪器（包括反射器）的检定得到。在光电测距的观测值中加入 k 值，可消除加常数的影响。

此外，仪器改正还包括频率改正、周期误差改正、光轴不合改正等内容。

频率改正指的是调制频率发生变化时对光电测距结果的改正，频率改正公式为

$$\Delta D_f = D \times \frac{f_1 - f_1'}{f_1} \tag{3-14}$$

式中，ΔD_f 是频率改正数；f_1 是测尺 u_1 的调制频率设计值；f_1' 是测尺 u_1 的调制频率实际值；D 是光电测距的观测值。

一般来说，测距仪的性能稳定时，频率改正等改正数很小，可以忽略不计。

3.3.2 气象改正

1. 气象改正的原理公式

将式（3-2）代入式（3-5），得

$$D = \frac{c_{真}}{2nf} \times \frac{\varphi}{2\pi} \tag{3-15}$$

研究表明，折射率 n 与测距时气象元素的大气压强、温度关系密切，因此光电测距的观测值 D 必然是随大气压强、温度的改变而改变的测量值。但是测距仪在设计上采用参考大气状态的折射率 n_0，故测距仪按设计的测距公式为

$$D_0 = \frac{c_{真}}{2n_0 f} \times \frac{\varphi}{2\pi} \tag{3-16}$$

显然，测距仪若按设计公式完成测距任务，则不可能按式（3-15）的要求获得所测距离的实际值。由此可见，式（3-15）与式（3-16）存在差值 ΔD_{tp}，即 $\Delta D_{tp} = D - D_0$，称为气象改正。据推证

$$\Delta D_{tp} = D - D_0 = \frac{c_{真}\varphi}{2f2\pi}\left(\frac{1}{n} - \frac{1}{n_0}\right) = \frac{c_{真}\varphi}{2f2\pi}\frac{1}{n_0}\left(\frac{n_0 - n}{n}\right) = D_0\left(\frac{n_0 - n}{n}\right) \tag{3-17}$$

式中，D_0 是按设计要求测得的距离；n_0 是参考大气状态的折射率；n 是测距时的实际大气状态的折射率。n 是接近 1 的参数，作为分母时通常取值为 1，那么气象改正的原理公式 ΔD_{tp} 为

$$\Delta D_{tp} = D_0(n_0 - n) \tag{3-18}$$

2. 气象改正的实用公式

测距仪气象改正公式推证较复杂，这里列举两个实用公式。

1）D3000 红外测距仪的气象改正的实用公式为

$$\Delta D_{tp} = D_{0km}\left(278.96 - \frac{793.12p}{273.16 + t}\right) \tag{3-19}$$

式中，p 和 t 分别为气象元素的大气压强和温度。

2）wild DI1600 红外测距仪的气象改正的实用公式为

$$\Delta D_{tp} = D_{0km}\left(281.80 - \frac{793.94p}{273.16 + t}\right) \tag{3-20}$$

式中，p 和 t 分别为气象元素的大气压强和温度。

3. 气象改正的注意事项

1）气象改正实用公式中的 p 的单位为 kPa，t 的单位为℃，ΔD_{tp} 的单位为 mm，D_{0km} 的单位为 km。有些测距仪和气象仪器没有采用国际单位制，在实际应用中应注意单位换算。

2）气象改正以公式计算的精密度为最高，其他方法，如查表法、内插诺谟图法和刻度盘法等，虽然都是以气象改正公式为基础的方法，但其精密度不高。

3）气象改正和频率改正可结合在一起，表示为以 mm/km 为单位的比例改正（或称乘常数 q），即

$$q=\frac{\Delta D_f+\Delta D_{\mathrm{tp}}}{D_{\mathrm{km}}} \tag{3-21}$$

式中，D_{km} 是以 km 为单位的测距值。

若频率改正 $\Delta D_f=0$，则 $q=\frac{\Delta D_{\mathrm{tp}}}{D_{\mathrm{km}}}$，根据式（3-19），$q$ 为

$$q=278.96-\frac{793.12p}{273.16+t} \tag{3-22}$$

4）上述公式均未考虑大气湿度的影响。在短距离测距中或在精度要求不高的情况下，大气湿度的影响可以忽略不计。在重要精密测距中，须考虑大气湿度改正，相关改正公式较复杂，必要时可参考光电测距相关书籍。

3.3.3 平距化算

1. 概念

一般情况下，光电测距边是一条倾斜边，其两端点不是同高程的。把倾斜的测距边化算为端点同高程的直线距离的工作称为平距化算。

2. 平距化算的辅助参数

如图 3-21 所示，A、B 是地面上两个点，点 A 上设测距仪（高是 i），点 B 上设反射器（高是 l），O 表示地球中心，R 表示地球半径，H_A、H_B 分别表示 A、B 两地面点高出似大地水准面的高程，AB 是光电测距边（其长度用 D_{km} 表示）。

（1）地球曲率影响参数

在图 3-21 中，B' 是点 B 在 OB 垂线上且与点 A 同高程的投影点。连接 AB' 弧和 AB' 弦，过 A 作垂线 AO 的垂直线 AI，则弦切角 $\angle IAB'$ 是在点 A 处的水平线 AI 与 AB' 弦的夹角，称为地球曲率影响参数，用 C 表示，即

$$C=\frac{AB'}{2R}\rho\approx\frac{AB}{2R}\rho=\frac{\rho}{2R}D_{\mathrm{km}} \tag{3-23}$$

式中，$\rho=206265''$，R =6371km。由此可得，$C=16.19''D_{\mathrm{km}}$。

（2）折光角

大气密度随空中高度的增加由密向稀变化，因此，根据折射原理，在点 A 观测点 B 的视线行程是一条向上弯曲的弧线。过点 A 作该弧线的切线 AJ，则 AJ 与 AB 的夹角称为折光角，用 γ 表示，根据弦切角原理，折光角满足

$$\gamma=\frac{AB}{2R}\rho k=\frac{D_{\mathrm{km}}}{2R}\rho k=\frac{k\rho}{2R}D_{\mathrm{km}} \tag{3-24}$$

式中，k 称为大气折光系数，一般取 k =0.13（特殊情况下按实际取值）。由地球曲率影响参数推证可知，$\gamma=2.10''D_{\mathrm{km}}$。

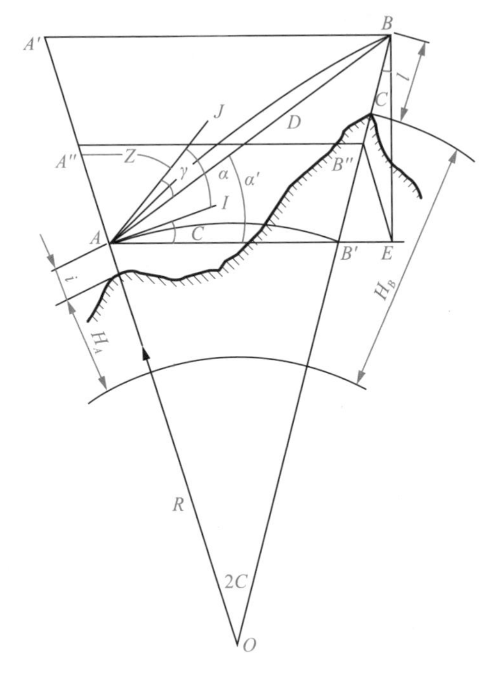

图 3-21 平距化算的参数

（3）竖直角

根据竖直角概念和图 3-21，在点 A 处观测的竖直角实际上是过点 A 的 AB 弧的切线 AJ 与水平线 AI 的夹角，用 α 表示。由此可知，天顶距 $Z=90°-\alpha$ 。α 可在测距时由测角仪器测得。

3. 平距化算的公式

在图 3-21 中，过点 B 作 AB' 的平行线交 OA 延长线于点 A'，过点 B 作 AB' 延长线的垂线 BE 交 AB' 的延长线于点 E，过点 E 作 OA 的平行线交 BB' 于 B''，过点 B'' 作 AB' 的平行线交 AA' 于 A''。根据图形几何关系，除 A、B' 两点同高程外，还有 A''、B'' 两点同高程和 A'、B 两点同高程；$\triangle AB'O$ 是等腰三角形，$\triangle ABE$ 是直角三角形，$\angle B'BE=C$。由平距化算的概念可知，图 3-21 中有三条平距 $A''B''$、AB'、$A'B$，平距化算公式如下。

（1）平均型平距化算公式

在图 3-21 中，$A''B''$ 是 A、B 两点平均高程上的平距，平均高程为 $H_m\left(=\dfrac{H_A+H_B}{2}\right)$。在$\triangle ABE$ 中，设 $\angle BAE=\alpha'$，$\alpha'=\alpha+C-\gamma$，则 $A''B''=AE=AB\times\cos\alpha'$，即

$$D_{A''B''}=AB\cos(\alpha+C-\gamma) \tag{3-25}$$

根据式（3-23）和式（3-24），$C-\gamma=14.09''D_{\text{km}}$，故式（3-25）的平均型平距化算公式为

$$D_{A''B''}=D_{\text{km}}\cos(\alpha+14.09''D_{\text{km}}) \tag{3-26}$$

式中，D_{km} 是以 km 为单位的光电测距边长（下同）。

（2）测站型平距化算公式

由图 3-21 可知，点 A 处的测距仪高程 H_A 的平距为 AB'。在$\triangle ABB'$中，根据正弦定律，$AB'/\sin\angle ABB'=AB/\sin\angle AB'B$。其中，$\angle ABB'=Z-2C+\gamma$，$\angle AB'B=90°+C\approx 90°$（$C$ 很小），

$\sin\angle AB'B \approx 1$，从而可得 $AB' = AE = AB \times \sin\angle ABB'$，即

$$D_{AB'} = AB \times \sin(Z - 2C + \gamma) \tag{3-27}$$

根据式（3-23）和式（3-24）及 $2C - \gamma = 30.3'' D_{\text{km}}$，测站型平距化算公式为

$$D_{AB'} = D_{\text{km}} \sin(Z - 30.30'' D_{\text{km}}) \tag{3-28}$$

（3）镜站型平距化算公式

由图 3-21 可知，点 B 处的反射器高程 H_B 的平距是 $A'B$。在$\triangle ABA'$中，根据正弦定律，$A'B/\sin\angle A'AB = AB/\sin\angle BA'A$。其中，$\angle A'AB = Z + \gamma$，$\angle BA'A = 90° - C \approx 90°$，$\sin\angle BA'A \approx 1$，从而可得 $A'B = AB \times \sin\angle A'AB$，即

$$D_{A'B} = AB \times \sin(Z + \gamma) \tag{3-29}$$

经推证，镜站型平距化算公式为

$$D_{A'B} = D_{\text{km}} \sin(Z + 2.10'' D_{\text{km}}) \tag{3-30}$$

4. 平距化算中的注意事项

1）平距化算的结果与平距所在的高程相对应。由于上述三种平距化算公式的计算结果与平距所在的高程相对应，因此平距化算不能不考虑高程的区别。

2）平距化算涉及的端点高程是与仪器高、目标高相关联的参数，故在完成光电测距和竖直角测量的同时，应测量仪器高 i 和目标高 l。

3.3.4 结果处理自动化

1. 结果处理步骤

（1）加常数和气象改正

设光电测距的测量结果为 D'，仪器加常数为 k，根据测距时获得的气象元素的温度 t、大气压强 p，计算得到气象改正 ΔD_{tp}，进而可得距离 D，即

$$D = D' + k + \Delta D_{\text{tp}} \quad 或 \quad D = D' + k + qD_{\text{km}} \tag{3-31}$$

（2）平距化算

根据所测竖直角和加常数及气象改正后距离 D，按平距化算公式计算平距。

2. 结果处理自动化的基本方法

全站仪设有结果处理自动化必备的温度、气压感应器和数据、程序存储器，结果处理的必需数据和计算公式已存入全站仪。成果处理自动化的基本方法如下。

1）测距前可把必需的参数（如加常数、温度、气压）存入全站仪；仪器显示加常数改正、气象改正值。气象改正用比例改正 q 表示，如式（3-22）。设全站仪装配有温度、气压感应器，可感应短边周围温度、气压，短边测量不用手动输入温度、气压。

2）测距完成后，测距仪或全站仪获得加常数改正、气象改正后的距离 D。平距化算按高程相对应的平距测量方式实现。

3.4 视 距 法

3.4.1 光学测距

光学测距是根据几何光学原理，应用三角定律进行测距的技术。如图 3-22 所示，A、B 为两个地面点，点 A 处设有经纬仪，点 B 处设有一把尺子。利用视线构成等腰三角形△AMN，其中 $MN \perp AB$，$MB=BN$，$\angle MAN=\gamma$，$MN=l$。根据余切定理，A、B 两点的距离为

$$D = \frac{l}{2}\cot\frac{\gamma}{2} \tag{3-32}$$

由式（3-32）可知，光学测距的基本原理为：光学测量测得角度 γ，读取尺子长度 l，利用式（3-32）计算 A、B 两点的距离 D。

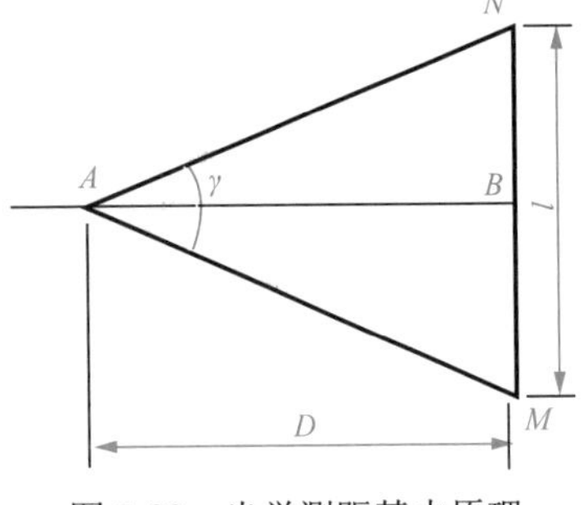

图 3-22 光学测距基本原理

3.4.2 视距法测距

1．视距法测距原理

视距法测距是利用测量仪器望远镜十字丝的上丝、下丝获得尺子刻划读数 M、N，实现距离测量的光学测距技术。图 3-23 所示为经纬仪望远镜的几何光路原理，其中 L_1 是目镜前的十字丝板，a、b 是上丝、下丝的位置（二者相距为 p），L_2 是望远镜的调焦镜，L_3 是望远镜的物镜，F 是物镜焦点。

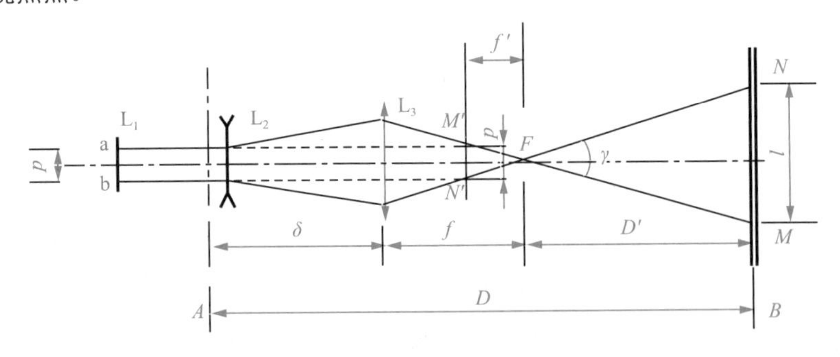

图 3-23 经纬仪望远镜的几何光路原理

在图 3-23 中，A 是测量仪的安置中心，B 是竖立尺子的点位。M、N 是上丝、下丝 a、b（间隔为 p）在尺面对应的刻划值，且 $N>M$。M、N 的间隔 l 称为视距差，即

$$l = N - M \tag{3-33}$$

由图 3-23 可知，由于十字丝板上丝、下丝 a、b 的间隔 p 一定，故由光线的几何路径所构成的角 γ 也一定（一般 γ 约为34′）。

根据图 3-23，结合△MFN，可得

$$D' = \frac{l}{2}\cot\frac{\gamma}{2} \tag{3-34}$$

结合△$M'FN'$可得

$$f' = \frac{M'N'}{2}\cot\frac{\gamma}{2} \tag{3-35}$$

由图 3-23 可知，$M'N' = p$，将其代入式（3-35），根据式（3-34），可得

$$D' = \frac{f'}{p}l \tag{3-36}$$

比较式（3-34）和式（3-36），可得

$$f' = \frac{p}{2}\cot\frac{\gamma}{2} \tag{3-37}$$

式中，f'是物镜与调焦镜的等效焦距。

由式（3-36）可知，D'的长度取决于视距差l的大小。

由图 3-23 可知，点A与立尺点B的距离为

$$D = D' + f + \delta \tag{3-38}$$

将式（3-36）代入式（3-38），得

$$D = \frac{f'}{p}l + f + \delta \tag{3-39}$$

式中，f是物镜的焦距；δ是点A到物镜主平面的距离。

2. 视距法测距实用公式

若要利用测距仪望远镜瞄准且看清目标，则必须预先调焦对光，根据调焦后得到的视距差l和相关推证，调焦后式（3-39）的形式也相应发生变化，即

$$D = \frac{f_0'}{p}l + \left(\frac{\Delta f'}{f'}D' + f + \delta\right) \tag{3-40}$$

式中，f_0'是假定瞄准无穷远目标的望远镜的等效焦距，

$$\Delta f' = f' - f_0' \tag{3-41}$$

令

$$K = \frac{f_0'}{p}，\quad C = \frac{\Delta f'}{f'}D' + f + \delta \tag{3-42}$$

则式（3-40）为

$$D=kl+C \tag{3-43}$$

式中，K为乘常数；C为加常数。在望远镜设计上可以令加常数C=0，乘常数K=100，故式（3-43）便为视距法测距实用公式，即

$$D=100l \tag{3-44}$$

3. 平视距测距

平视距测距步骤如下。

1）测量仪器望远镜视准轴水平状态瞄准直立尺子（如木制标尺），如图 3-24 所示。

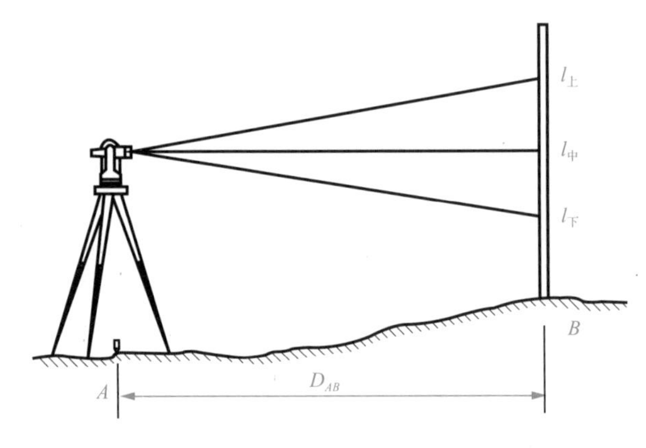

图 3-24　平视距测距

2）利用望远镜读取上丝、下丝所截的尺面上的刻划值 *M*、*N*（图 3-24 中的 $l_下$、$l_上$）。

3）根据式（3-33）计算 *l*，根据式（3-44）计算距离 *D*。

4. 斜视距测量平距计算公式

如图 3-25 所示，在点 *A* 安置测量仪器，望远镜视准轴 *SO*（*S* 是望远镜旋转中心）处于倾斜状态；竖直角为 α，望远镜十字丝的上丝、下丝在点 *B* 标尺上的刻划值分别为 *M*、*N*，对应读数为 $l_下$、$l_上$，中丝在标尺上的刻划值为 *O*，读数为 $l_中$。在图 3-25 中，*A*、*B* 两点的平距为

$$D_{AB} = SO\cos\alpha \tag{3-45}$$

过点 *O* 作 *M'N'* 垂直于 *SO*，则根据望远镜的视距法测距实用公式（3-44），得

$$SO = 100M'N' \tag{3-46}$$

由△*MOM'*和△*NON'*可知，$M'N' = MN\cos\alpha$，故

$$SO = 100MN\cos\alpha \tag{3-47}$$

将式（3-47）代入式（3-45），整理得平距计算公式为

$$D_{AB} = 100(l_上 - l_下)\cos^2\alpha \tag{3-48}$$

或者根据式（2-2），$\alpha = 90° - Z$，平距计算公式为

$$D_{AB} = 100(l_上 - l_下)\sin^2 Z \tag{3-49}$$

式中，*Z* 为天顶距。

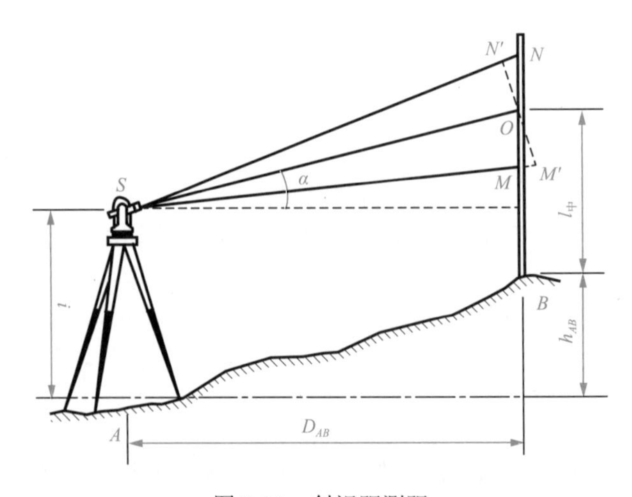

图 3-25　斜视距测距

习题 3

1．设光速 c 已知，测得距离 D=1km，则光经历的时间 t_{2D} 是多少？

2．光电测距指的是___（1）___瞄准___（2）___以后可以进行距离测量。

（1）A．经纬仪　　B．测距仪　　C．望远镜

（2）A．目标　　B．地面点　　C．反射器

3．测距仪的基本组成部分有哪些？

4．在图 3-5 中，测距仪的光源发射___（1）___，经反射器返回后经光电转换装置___（2）___与 e_r 进行比较___（3）___。

（1）A．调制光波　　B．光束　　C．调制频率

（2）A．直接进入测相装置

B．转换为电信号 e_m 进入测相装置

C．测得时间 t_{2D}

（3）A．计算距离 D　　B．计算　　C．并由数字电路把距离 D 显示出来

5．试说明某红外测距仪的测距精度表达式 $m=\pm(3mm+2\times10^{-6}D)$ 的意义。

6．红外测距仪应用中的基本步骤是________。

A．安置仪器→启动测距仪电源开关→瞄准反射器→测距→测量气象元素→关机

B．安置仪器→瞄准反射器→启动测距仪电源开关→测距→测量气象元素→关机

C．安置仪器→启动测距仪电源开关→瞄准反射器→测量气象元素→测距→关机

7．红外光测距测线上应该________。

A．没有障碍物；测线上只架设一个反射器，不存在强烈光源，严禁强烈光对射测距仪，测距时应加强监察

B．有障碍物；测线上可架设多个反射器，不存在强烈光源，不能有强光对射，测距有自动化功能不必监察

C．有障碍物；测线上架设一个反射器，也可有多个反射器，有强烈光对射测距仪，测距时应监察

8．下述应用反射器的说法正确的是________。

A．应用反射器时，只要反射器的直角棱镜受光面大致垂直测线方向，反射器就会把光反射给测距仪

B．可以根据测程长短增减棱镜的个数

C．反射器与测距仪配合使用时，不得随意更换

9．已知测距精度表达式（3-13），问：D=1.5km 时，m 是多少？

10．测距仪的加常数 k 主要是由________引起的。

A．测距仪对中点偏心，反射器对中点偏心，仪器内部光路、电路的安装偏心

B．通过对测距仪和反射器进行鉴定

C．测距仪等效中心偏心，反射器等效中心偏心，仪器内部光路、电信号延迟

11．已知 t=29.3℃，p=99.6kPa，试计算 DI1600 测距仪的比例改正 q。

12．接题 11，求 DI1600 测距仪在 D=1.656km 时的气象改正。

13．光电测距得到的倾斜距离 D=1265.543m，竖直角 $\alpha = 3°\ 36'41''$，气压 p=98.6kPa，空气温度 t=31.3℃，仪器的加常数 k=−29mm，已知气象改正公式为

$$\Delta D_{\mathrm{tp}} = D_{\mathrm{km}}\left(281.8 - \frac{793.94p}{273.16+t}\right)$$

根据以上数据及公式补充完整表 3-2。

表 3-2　测距结果

项目	数据	处理参数	处理后的距离/m	说明
距离观测值	D_{m}			未处理的倾斜距离
	D_{km}			以千米为单位的倾斜距离
仪器加常数		k		加常数改正后的倾斜距离
气象元素	t p	ΔD_{tp}		气象改正后的倾斜距离
平均型平距	α	$+14.1''D$		平均高程面的平距
测站型平距	Z	$-30.3''D$		测站高程面的平距

14. 平视距测量的步骤是，经纬仪望远镜水平瞄准远处__（1）__，读取__（2）__，计算__（3）__。

（1）A．反射器　　B．目标　　C．尺子

（2）A．读数为 $l_{中}$　　B．上丝、下丝所截尺面上的读数　　C．竖直角 α

（3）A．平距 D=100 l　　B．斜距 D　　C．视距差

15．已知 $l = l_{下} - l'_{上}$ =1.254m，试按式（3-44）计算平距 D。

16．斜视距测量平距计算公式可以是 $D_{AB} = 100(l_{下} - l_{上})\times\sin^2 L$ 吗？

17．已知 $l = l_{下} - l_{上}$ =1.254m，竖直度盘读数 L=88° 45′36″。按题 16 答案求 D_{AB}。

18．接题 17，若已知 α=90° −L=1° 14′24″，那么 D_{AB} 是多少？如果 L=90°，那么 D_{AB} 是多少？

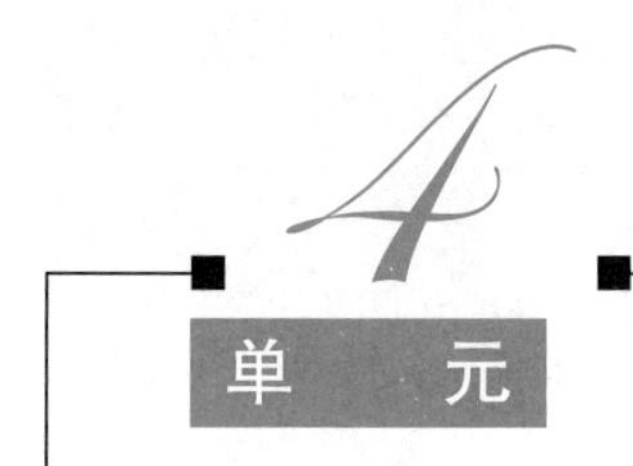

4 单元 高程测量

学习目标

明确高程测量是确定地面点位置的基本工作，掌握地面点高程测量的两种技术，即水准测量和三角高程测量的原理与方法。

4.1 水准测量原理、仪器和术语

4.1.1 基本原理

水准测量是一种利用水平视线测量两个地面点高差的方法。如图 4-1 所示，A、B 是两个竖立标尺的地面点，两个地面点之间安置一台水准仪，a、b 是水平视线在标尺面上得到的观测数据。过 A、B 两点各作水平视线的平行线，则两条平行线的距离就是 A、B 两个地面点的高差 h_{AB}。由图 4-1 可知，h_{AB} 是标尺面上观测数据 a、b 的差值，即

$$h_{AB} = a - b \tag{4-1}$$

式（4-1）是水准测量的基本原理公式。该式表明，水准测量的实质是：以水准仪的水平视线获取立在地面点的尺面的数据，求其数据之差，实现地面点之间高差的测定。

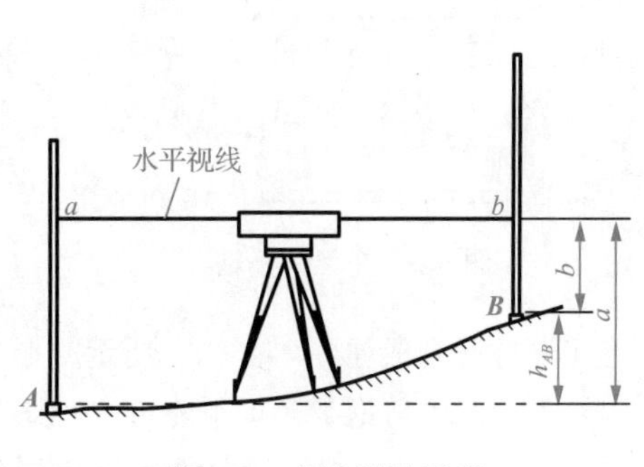

图 4-1　水准测量原理

地面点高程可以利用已知高程和测定的高差推算得到。如图 4-1 所示，设点 A 已知高程为 H_A，则点 B 的高程为

$$H_B = H_A + h_{AB} = h_A + a - b \tag{4-2}$$

4.1.2 水准测量仪器

1. 水准仪

水准仪是水准测量的主要仪器。用于高程测量的水准仪有微倾式水准仪、自动安平水准仪、电子水准仪等。下面主要介绍微倾式水准仪和自动安平水准仪。

（1）微倾式水准仪

微倾式水准仪如图 4-2 所示，系列型号主要有 DS05、DS1、DS3、DS10 四种。DS05、DS1 属于精密水准仪；DS3、DS10 属于工程水准仪，以 DS3 较为常见。

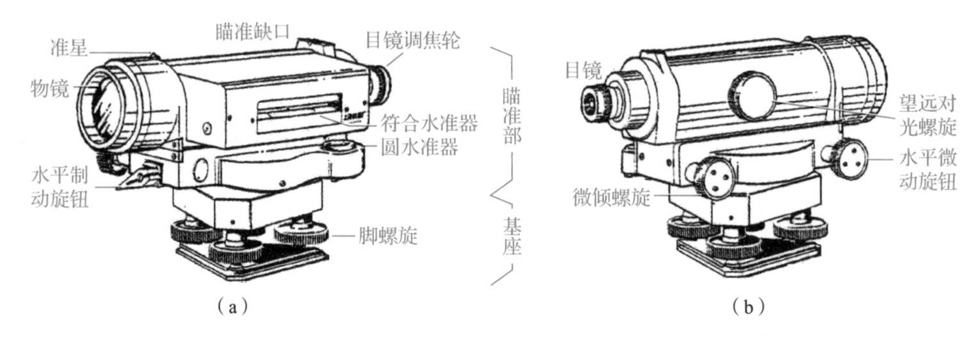

图 4-2 微倾式水准仪

微倾式水准仪型号不同，仪器精密度也不相同，但是它们的基本结构大致相同，主要包括瞄准部和基座两大部分。微倾式水准仪的基座与角度测量仪器的基座相同。微倾式水准仪瞄准部是其重要组成部分，瞄准部主要由望远镜、符合水准器、托架及竖轴组成。

1）望远镜。水准仪望远镜内部构件包括物镜、调焦镜、十字丝板、目镜及倒像棱镜。水准仪望远镜内部构件在望远镜筒中的位置与角度测量仪器的望远镜相同。不同的是，水准仪望远镜水平设置在托架（图 4-3）上方，且其望远对光螺旋设在望远镜的右侧（图 4-2），望远镜和托架一起水平转动。水准仪望远镜有倒像望远镜和正像望远镜两种形式。

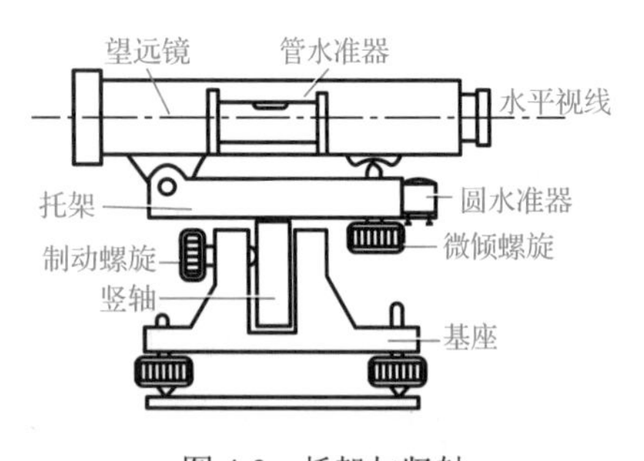

图 4-3 托架与竖轴

2）水准器：在水准仪瞄准部上设有符合水准器和圆水准器。

符合水准器（图 4-4）是调整水准仪观测视线处于精密水平状态的装置。符合水准器由一个管水准器和一个棱镜组构成，紧贴望远镜左侧安置在托架上。符合水准器利用棱镜组的几何光学反射原理，使水准气泡 *A* 端半影像按图 4-4 中 1、2、3、4 的方向反映在显示面上，*B* 端半影像从另一个棱镜以与 *A* 端同样的方式反映在显示面上。如果管水准器处于水平状态，则显示面上两个气泡半影像符合成如图 4-4（b）所示的形式，称为气泡符合。如果管水准器未实现水平状态，则显示面上两个气泡半影像不能符合，如图 4-4（c）所示。通过转动微倾螺旋可以精确整平管水准器，实现 *A*、*B* 端气泡影像符合成如图 4-4（b）所示形式。

3）托架与竖轴。如图 4-3 所示，托架支承着望远镜、水准器及各种旋钮，和竖轴结合在一起装在基座轴套中，使瞄准部与基座结合起来。

4）基本轴系。瞄准部的基本轴包括视准轴（*CC*）、管水准轴（*LL*）、圆水准轴（*L'L'*）和竖轴（*VV*），如图4-5所示。瞄准部基本轴系在结构上必须满足：①*LL*∥*CC*；②*L'L'*∥*VV*；③*LL*⊥*VV*；④十字丝的中横丝与竖轴*VV*互相垂直。

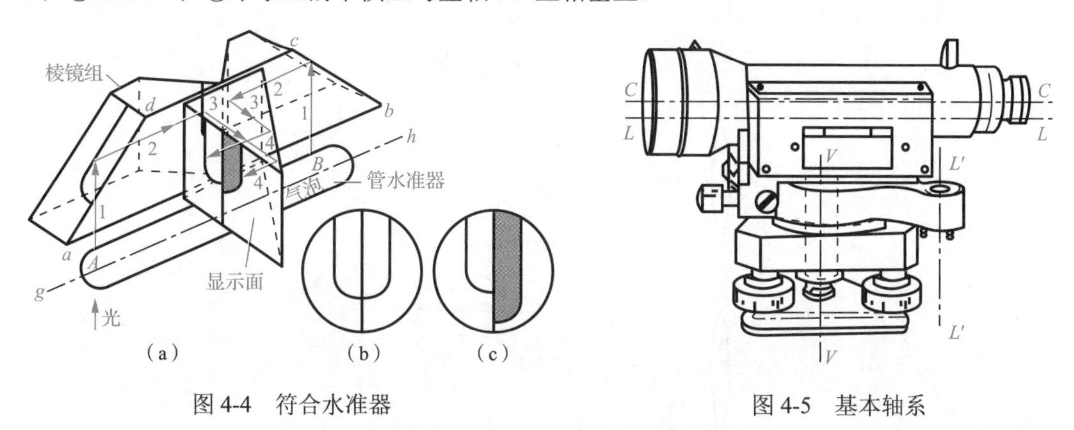

图4-4 符合水准器　　　　图4-5 基本轴系

此外，微倾式水准仪还包括水平制动旋钮、水平微动旋钮等操作部件。

（2）自动安平水准仪

自动安平水准仪（图4-6）是在微倾式水准仪的基础上发展起来的。自动安平水准仪与微倾式水准仪的区别在于：前者瞄准部设有自动安平补偿器（图4-7），不设符合水准器、微倾螺旋。图4-6所示的自动安平水准仪（型号为DSZ3）采用摩擦制动原理，不设水平制动旋钮，只有水平微动旋钮。

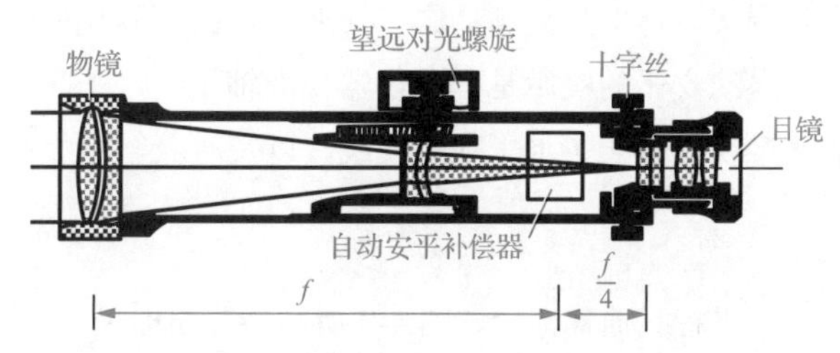

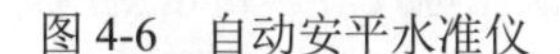

图4-6 自动安平水准仪　　　　图4-7 自动安平补偿器的位置

自动安平补偿器是一种用于为水准仪提供一条实际的水平观测视线的装置。该补偿器安装在水准仪望远镜的调焦镜与十字丝板之间。图4-8所示为是悬吊式自动安平补偿器示意图，屋脊棱镜与物镜、调焦镜、十字丝板、目镜的相对位置不变，直角棱镜由金属丝悬挂，可以在限定范围内摆动。自动安平水准仪自动安平原理如下。

1）如图4-8（a）所示，望远镜视准轴处于水平状态，补偿器的直角棱镜处于原始悬垂状态。如果没有补偿器，那么视准轴的水平状态可获得正确标尺读数L_O。如果补偿器存在，那么水平观测视线在补偿器内反射后，仍然落在原来十字丝中心位置*A*，读数仍然是L_O。

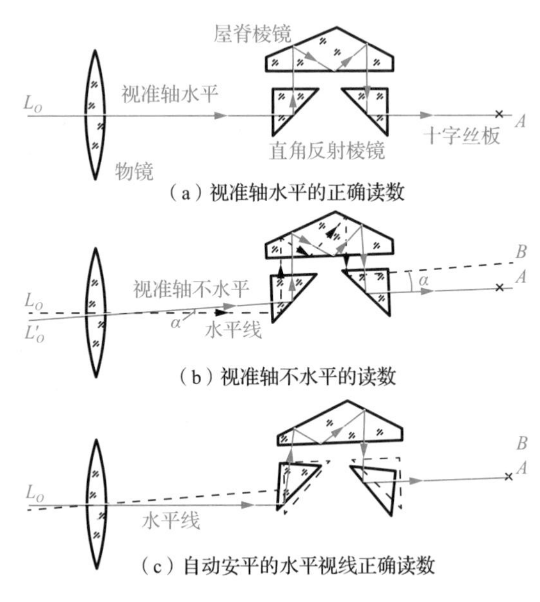

图 4-8 悬吊式自动安平补偿器示意图

2）如图 4-8（b）所示，因仪器未严格整平，视准轴处于倾斜状态（即与水平线存在夹角 α ，$\alpha < 10'$ ），视准轴非水平得到的标尺读数是 L'_O 。由图 4-8（b）可知，客观上存在一条水平视线，在直角棱镜与屋脊棱镜的位置关系不变时，水平视线正确读数 L_O 在补偿器内反射后落在 B 处，不为人眼所观察。

3）如图 4-8（c）所示，补偿器直角棱镜在其自身重力作用下摆向悬垂位置，这时直角棱镜与屋脊棱镜的相对位置发生变化，使水平视线在补偿器内的反射方向得到调整而射向十字丝中心位置（设计上必须满足这一要求），人眼可观察到水平视线的标尺读数 L_O。

自动安平的实质是：在仪器视准轴粗略水平时，自动安平补偿器在自身重力的作用下自动为水准仪提供一条水平观测视线，以及时获得标尺读数 L_O。

2. 标尺

水准标尺简称标尺，图 4-9 所示为普通标尺。常用的标尺有木质标尺和金属标尺两种，造型上有整形直尺和分节组合的塔尺之分。整形直尺有普通标尺和铟瓦标尺等。日常应用比较多的标尺是普通双面标尺和塔尺。

1）普通双面标尺：长 3m，最小刻划单位为 cm，注记 dm、m。图 4-9 中的 27 表示 2.7m。刻划注记为倒像形式的标尺称为倒像标尺；刻划注记为正像形式的标尺称为正像标尺。双面标尺即两把尺双面分别按黑色、红色刻划标记的标尺；双面的黑色、红色刻划零点相差一个常数，一把标尺的黑、红面相差的常数是 4.687，另一把标尺相差的常数是 4.787，如图 4-10 所示。双面标尺又称双标双常数标尺。

2）塔尺：总长 5m，单面刻划，尺身可根据需要伸长或缩短。塔尺是精密度比较低的无常数标尺。

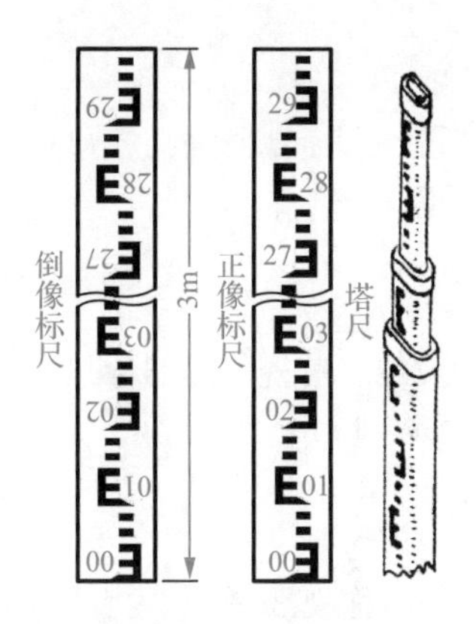

图 4-9　普通标尺

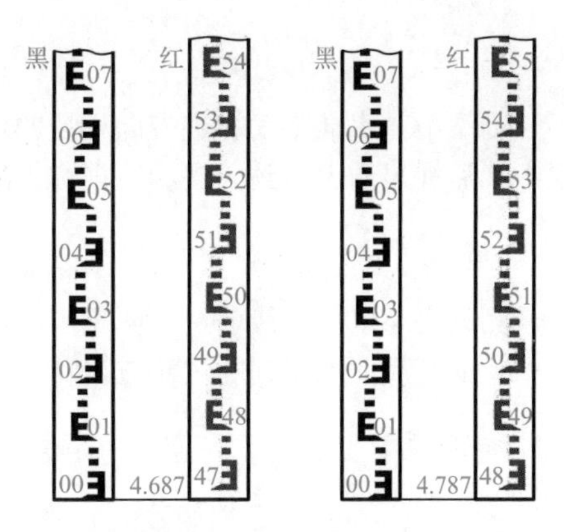

图 4-10　正像双面标尺

3. 尺垫

尺垫是铁质的垫件，其下部有三个短钝脚尖，上部有一个突出半球状体，如图 4-11 所示。

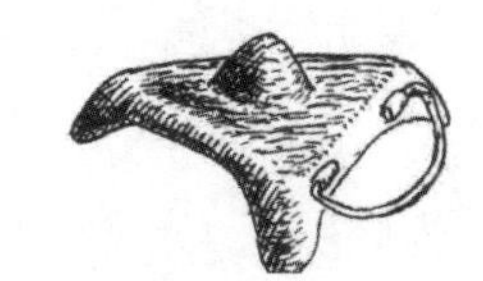
图 4-11　尺垫

4.1.3　基本术语

1. 测站

如图 4-1 所示，水准仪及标尺所摆设的位置称为测站，利用这种测站所进行的水准测量工作称为测站观测。式（4-1）中的 h_{AB} 是一次测站观测的高差观测值。

2. 水准路线

连续若干测站水准测量构成的高差观测路线称为水准路线。如图 4-12 所示，点 *A* 是起点，点 *B* 是终点，其间设有五个连续测站，观测的前进方向自点 *A* 至点 *B*（图中箭头所指方向），各个测站依次由立尺点 ZD_1、ZD_2、ZD_3、ZD_4 联系起来，构成自点 *A* 至点 *B* 的水准路线。

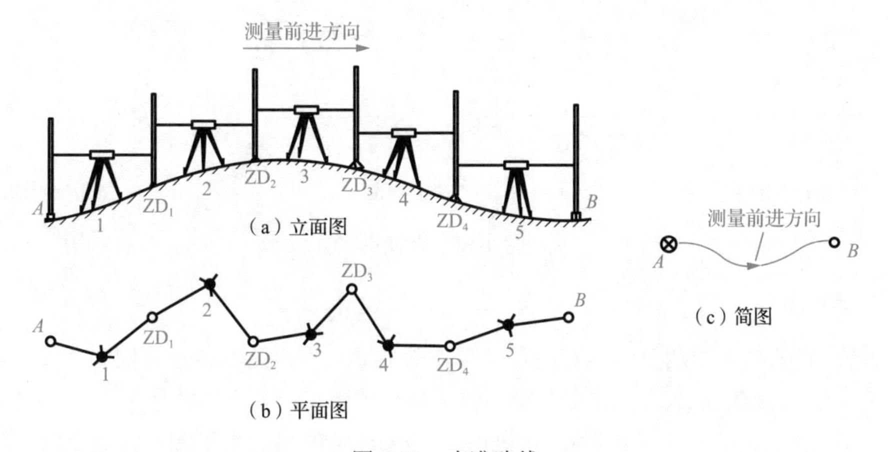

图 4-12　水准路线

3. 后视

一测站中与水准路线前进方向相反的水平观测视线称为后视。后视所瞄的标尺称为后视尺，后视中从后视尺面上得到的观测数据称为后视读数，用 a 表示。

4. 前视

一测站中与水准路线前进方向相同的水平观测视线称为前视。前视所瞄的标尺称为前视尺，前视中从前视尺面上得到的观测数据称为前视读数，用 b 表示。

5. 视线高程

后视立尺点高程与后视读数之和称为水准仪视线高程，简称视线高程。将式（4-1）代入式（4-2），得

$$H_B = H_A + a - b \tag{4-2}$$

式中，$H_A + a$ 是图 4-1 测站的视线高程；H_A 是后视立尺点 A 的高程。

6. 视距

水准仪到立尺点的水平距离称为视距。视距按视距法测量得到。水准仪到后视尺的视距称为后视距，水准仪到前视尺的视距称为前视距。一测站视距长度指的是前、后视距之和。

7. 水准点

水准点指的是用于水准测量而设有固定标志的高程基准点，如图 4-13 所示。

在水准测量中，常见的水准点分为两种：已知水准点，即具有确切可靠高程值的水准点；未知水准点，即没有高程值的待测水准点。水准点固定标志通常固埋在混凝土桩顶面中心，这种混凝土桩称为水准标石。水准点设置在地面下，或露设地面，或设于建筑物基础柱墙边[图 4-13（c）]。

水准点的高程指的是固定标志顶面的高程。

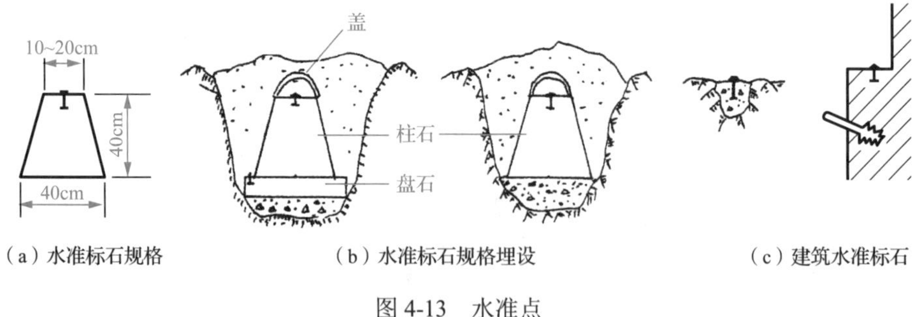

（a）水准标石规格　（b）水准标石规格埋设　（c）建筑水准标石

图 4-13　水准点

8. 高程转点

高程转点指的是水准测量中具有高程传递作用的立尺点，简称转点。例如，图 4-12 中的 ZD_1、ZD_2、ZD_3、ZD_4 是水准路线中各测站传递高程的转点。在水准测量中，尺垫安置于所设转点处，标尺被扶立在尺垫的半球状体顶面上。需要注意的是，由于转点位置土质往往并不坚实可用，故应把尺垫压紧于转点位置，保证转点坚实稳固。在实际应用中，若转点是露出地面的坚固点位，同时测出了高程值，则转点可当作临时水准点。

4.2 水准测量高差观测

4.2.1 一测站的基本操作

根据水准测量的基本原理公式（4-1），一测站基本操作的目的是获得后视读数 a 和前视读数 b，以便按式（4-1）计算高差 h。普通水准测量常采用自动安平水准仪，主要包括以下基本操作。

1. 安置水准仪和竖立标尺

（1）安置水准仪

与角度测量一样，水准仪必须安置在三脚架上。具体要求为：三脚架高度适中，架头面大致水平，仪器连接稳固可靠。从仪器箱中取出水准仪，将其安放在三脚架上（手不放松），把中心螺旋（在三脚架头内）旋进水准仪基座中心孔，使水准仪与三脚架头连接起来。

（2）竖立标尺

竖立标尺的要求为：竖直，稳当。一般来说，竖立的标尺处于悬垂位置时，说明其比较竖直，而且易于扶稳。需要注意的是，标尺应竖立于水准点上，或竖立于待测的高程点上，或竖立于转点位置的尺垫上。

2. 粗略整平

转动水准仪基座的三个脚螺旋，使圆水准气泡居中实现粗略整平。粗略整平基本步骤如下。

1）相对转动两个脚螺旋，使水准气泡移向两脚螺旋的中间位置。中间位置即两脚螺旋中心连线的垂直平分线的位置。如图 4-14（a）所示，Ⅰ、Ⅱ是任选的两个脚螺旋，图中的圆水准气泡位于中间位置的左侧，由脚螺旋Ⅰ的转动方向（箭头方向）可知，气泡按脚螺旋Ⅰ的转动方向移动到中间位置。

2）转动第三个脚螺旋，使水准气泡移动到圆水准器的中心。如图 4-14（b）所示，按箭头方向转动脚螺旋Ⅲ使水准气泡移向圆水准器的中心。

在熟练掌握调节方法后，可在相对转动两个脚螺旋的同时转动第三个脚螺旋，使水准气泡居中。

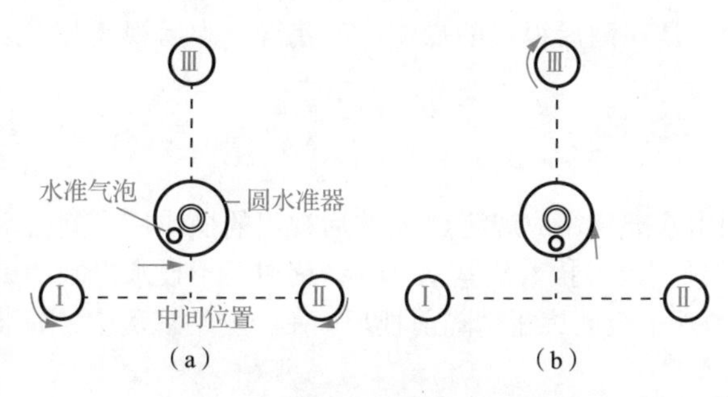

图 4-14 粗略整平调整圆水准气泡

3. 瞄准后视尺

瞄准后视尺工作要经历粗瞄、对光、精瞄三个环节。

（1）粗瞄

松开水平制动旋钮，转动瞄准部，利用水准仪的准星对准标尺，旋紧水平制动旋钮。未设水平制动旋钮的仪器直接转动瞄准部对准标尺。

（2）对光

如同经纬仪望远镜的对光，先转动目镜调焦旋钮使十字丝像清楚，然后转动望远对光螺旋使标尺像清楚。在对光过程中注意消除视差。

（3）精瞄

转动水平微动旋钮，使望远镜十字丝纵丝对准标尺的中央。

4. 精确整平

若采用自动安平水准仪进行高差测量，则不需要精确整平操作。

若采用微倾式水准仪进行高差测量，则必须进行精确整平的操作。由于圆水准器的整平精确度不高，为了保证微倾式水准仪视准轴处于水平状态，需要进行精确整平，具体方法为：转动微倾螺旋，使气泡半影像符合成如图 4-4（b）所示形式，实现望远镜视准轴精确整平。

5. 读数和记录

根据望远镜视场十字丝横丝所截取的标尺刻划，读取该刻划对应的数值，以 m 为单位。读数方法为：先估读 mm，后读 m、dm、cm。与倒像望远镜相配合，观测倒像标尺时，视场标尺影像数值自上而下依次增大。如图 4-15 所示，先估读不足 1cm 的 4mm，后读 1.88m，整个读数为 1.884m。按读数先后顺序回报，回报无异议后记录。与正像望远镜相配合，正像标尺读数如图 4-16 所示，标尺影像数值自下而上依次增大。

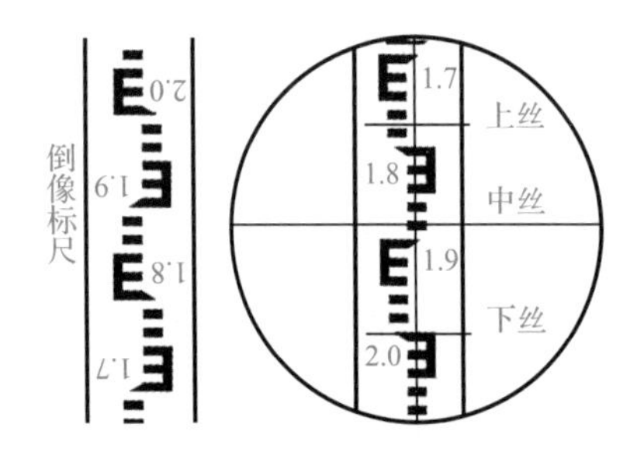

图 4-15　倒像标尺读数

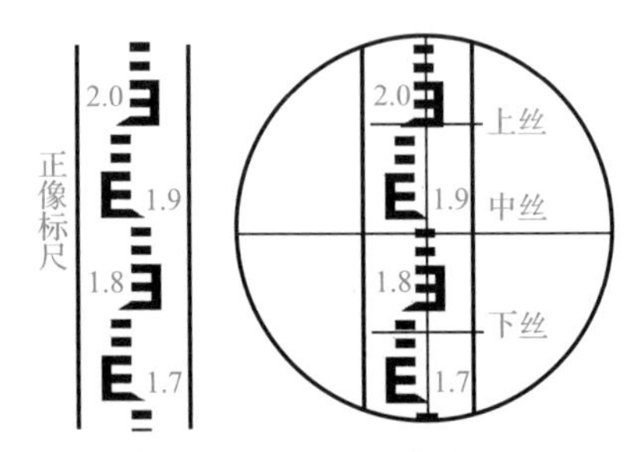

图 4-16　正像标尺读数

以上步骤 3～步骤 5 是观测后视尺的操作，可获得一次后视读数 a。下面是观测前视尺的操作。

6. 瞄准前视尺

如图 4-1 所示，利用水准仪完成观测点 A 的后视尺的操作后，旋松水平制动旋钮，转动水准仪瞄准部粗瞄点 B 的前视尺，接着旋紧水平制动旋钮（不设水平制动旋钮的水准仪直接转动瞄准部对准标尺），转动水平微动旋钮精瞄前视尺。在一测站观测中，瞄准前视尺时不需要重新对光。

7. 精确整平

方法同步骤4。采用自动安平水准仪时，不需要精确整平操作。

8. 读数和记录

方法同步骤5。

4.2.2 测站高差观测方法

1. 改变仪器高法

采用该方法在测站观测中获得一次高差观测值h'之后，改变水准仪的高度进行二次高差观测，获得新的高差观测值h''。具体观测步骤如下。

（1）一次观测

观测顺序为后视距$s_{后}$→后视读数a'→前视距$s_{前}$→前视读数b'。

（2）重置水准仪

改变三脚架高度（10cm左右），重新安置水准仪。

（3）二次观测

观测顺序为前视读数b''→后视读数a''。

（4）计算与检核

表4-1所示为一测站观测记录。按表4-1中（1），（2），…，（11）的顺序进行，其中视距差d、视距差累计$\sum d$、高差变化值δ_2是主要限差。检核合格后，计算h，即

$$h=\frac{h'+h''}{2}$$

否则重测。

表4-1 改变仪器高法测站的观测记录

	视距 s		测次	后视读数 a	前视读数 b	$h=a-b$	计算说明
测站	$s_{后}$	（1）	1	（2）	（5）	（7）	d：（1）-（3）→（4）； h'：（2）-（5）→（7），$\delta_2=h'-h''$； h''：（9）-（8）→（10）； $h=\frac{h'+h''}{2}$→（11）； →：记入
	$s_{前}$	（3）	2	（9）	（8）	（10）	
	d	（4）	$\sum d$	（6）	平均h	（11）	
1	$s_{后}$	56.31	1	1.731	1.215	0.516	一般技术要求： $s_{后}$、$s_{前}<100$m，$d<5$m。 多测站连续观测时： $\sum d<10$mm，$\delta_{容}=\pm6$mm
	$s_{前}$	53.20	2	1.693	1.173	0.520	
	d	3.1	$\sum d$	3.1	平均h	0.518	

注：$\delta_{容}$为容许较差限值。

2. 双面尺法

双面尺法是一种标准型的水准高差测量方法。该方法根据标尺黑面、红面的刻划特点，按一定程序完成黑、红双面标尺的观测、计算、检核过程，具有步骤严密、结果可靠的特点。

（1）观测程序

程序一：“$\text{后}_{\text{黑}}$→$\text{前}_{\text{黑}}$→$\text{前}_{\text{红}}$→$\text{后}_{\text{红}}$”，即“后视尺黑面→前视尺黑面→前视尺红面→后视尺红面”。

程序二：“$\text{后}_{\text{黑}}$→$\text{后}_{\text{红}}$→$\text{前}_{\text{黑}}$→$\text{前}_{\text{红}}$”，即“后视尺黑面→后视尺红面→前视尺黑面→前视尺红面”。程序二多用于四等水准测量，可参考程序一的观测步骤自行掌握。

（2）程序一的观测步骤

1）观测黑面：利用十字丝上、下、中丝获得后视尺黑面刻划数字$\text{上}_{\text{黑}}$、$\text{下}_{\text{黑}}$和$a_{\text{黑}}$；利用十字丝的上、下、中丝获得前视尺黑面刻划数字$\text{上}_{\text{黑}}$、$\text{下}_{\text{黑}}$和$b_{\text{黑}}$。

2）观测红面：利用十字丝中丝获得前视尺、后视尺的红面刻划数字$b_{\text{红}}$和$a_{\text{红}}$。

（3）记录、计算与检核

根据程序一，表 4-2 所示为双面尺法（倒像标尺）观测记录实例，其中（1），（2），…，（18）表示记录、检核、计算的顺序。表 4-3 所示为双面尺法记录、检核、计算的顺序说明。

表 4-2　双面尺法观测记录实例

测站编号	后视尺 下丝/上丝 后视距 视距差 d	前视尺 下丝/上丝 前视距 $\sum d$	方向及尺号	标尺读数 黑面	标尺读数 红面	黑+k−红	高差中数	备注
	（1）	（4）	后	（3）	（8）	（14）		记录、计算、检核说明
	（2）	（5）	前	（6）	（7）	（13）		
	（9）	（10）	后-前	（15）	（16）	（17）	（18）	
	（11）	（12）						
1	1.574	0.735	后 NO.5	1.384	6.171	0		“后 NO.5”的 k=4.787；“前 NO.6”的 k=4.687
	1.193	0.367	前 NO.6	0.551	5.239	−1		
	38.1	36.8	后-前	0.833	0.932	1	0.8325	
	1.3	1.3						
2	2.225	2.302	后 NO.6	1.934	6.621	0		
	1.642	1.715	前 NO.5	2.008	6.796	−1		
	58.3	58.7	后-前	−0.074	−0.175	1	−0.0745	
	−0.4	0.9						

注：k 是双面标尺黑面、红面刻划零点常数。

表 4-3　双面尺法记录、检核、计算的顺序说明

步骤	目标	观测丝	记录	计算与记入	检核	备注
1	后视黑面	下丝 上丝 中丝	（1） （2） （3）	[(1)−(2)]×100 →（9）	（9）≤ D	→：记入。 此处将（1）、（2）对应的数据之差乘以 100 记入（9）中，下同。 D：视距长度限值。 d_1：前后视距差限值。 d_2：视距差累计限值。 δ_1、δ_2：较差限值。 以上参数具体可参考表 4-4。 检核是否相等，取平均以（15）为准
2	前视黑面	下丝 上丝 中丝	（4） （5） （6）	[(4)−(5)]×100 →（10） （9）−（10）→（11） （11）+前站（12）→（12） （3）−（6）→（15）	（10）≤ D （11）≤ d_1 （12）≤ d_2	
3	前视红面	中丝	（7）	k+(6)−(7) →（13）	（13）≤ δ_1	

续表

步骤	目标	观测丝	记录	计算与记入	检核	备注
4	后视红面	中丝	（8）	k+(3)-(8)→（14） （8）-（7）→（16） （14）-（13）→（17） (15)-(16)±0.1=(17′) [(15)+(16)±0.1]/2 →(18)	（14）≤ δ_1 （17）≤ δ_2 （17）=（17′）	

4.2.3 测站观测的限差控制

1. 限差控制特点

表 4-4 所示为水准测量测站观测的主要技术要求。水准测量测站观测限差控制的特点是“伴随观测，逐一检核，随时控制，逐步放行”。根据表 4-4 的有关限差随时检核。“伴随观测，逐一检核”指的是观测一开始就要接受检核，不能等到测站观测完毕再检核；“随时控制，逐步放行”指的是检核合格之后才容许进行下一步的观测工作。在整个观测过程中，记录与观测互相配合、互相监督，二者较高的熟练程度将有利于水准测量工作的顺利进行。

表 4-4 水准测量测站观测的主要技术要求

等级	水准仪型号	视距长度 D/m	前、后视距差 d_1/m	前、后视距差累计值 d_2/m	视线距地面最低高度/m	基、辅分划或黑面、红面读数较差 δ_1/mm	基、辅分划或黑面、红面所测高差较差 δ_2/mm
二等	DS1、DSZ1	50	1.0	3.0	0.5	0.5	0.7
三等	DS1、DSZ1	100	3.0	6.0	0.3	1.0	1.5
	DS3、DSZ3	75				2.0	3.0
四等	DS3、DSZ3	100	5.0	10.0	0.2	3.0	5.0
五等	DS3、DSZ3	100	近似相等				

2. 双面尺法检验计算

在整个限差控制过程中“黑＋k－红”是比较重要的检验计算。k 是双面标尺黑、红面刻划零点常数。下面以表 4-2 中测站编号 1 为例进行说明。

标尺“后 NO.5”的 $k=4.787$，黑面中丝读数为 1.384，红面中丝读数为 6.171。根据“黑＋k－红”，黑 1.384+4.787-红 6.171=0（mm）。

标尺“前 NO.6”的 $k=4.687$，黑面中丝读数 0.551，红面中丝读数 5.239。根据“黑＋k－红”，黑 0.551+4.687-红 5.239=-1（mm）。

“后-前”的 0.833-0.932，还要加上 k 的差值 0.100，即根据“黑＋k－红”，黑 0.833+0.100-红 0.932=1（mm）。

以上一测站检验计算 0（mm）-（-1）（mm）=1（mm），根据 4-4 中所列内容，结果正确，符合规范要求。

4.2.4 测段高差的观测

1. 测段的概念

两个水准点之间构成的水准路线称为测段。如图 4-12 所示，地面上 A、B 两点位埋设了水准点，从点 A 到点 B 经过连续五个测站连成一个测段。

2. 测站的搬设

测段多测站连续观测时，水准仪、标尺必须按前进方向逐一搬设测站，具体方法如下。

1）一测站观测、记录、检核无误后，由记录员发出“搬站”口令。

2）观测员、扶尺员按口令搬站：①前视尺扶尺员不离开原立尺点，确保尺垫不变动（标尺暂可脱离尺垫），准备作为下一测站的后视尺；②观测员将水准仪搬到下一测站适当位置准备新测站观测，搬动的距离应小于表 4-4 中的 D 值，同时应顾及路线坡度变化对视线高程的影响，使新测站仪器视准轴瞄在符合要求的标尺面上；③后视尺在下一测站成为前视尺，扶尺员根据水准仪新设站的后视距确定前视尺的位置。

3. 测段的高差计算

如图 4-12 所示，前进方向从点 A 到点 B 的连续逐站水准测量称为往测，前进方向从点 B 到点 A 的连续逐站水准测量称为返测。一般情况下，一个测段的高差必须往、返测。

测段高差计算方法如下。

（1）往、返测高差计算

根据表 4-2 的测量成果，将一测段高差观测值整理后填入表 4-5 中，往测高差为 $h_{往}$，即 $h_{往}=\sum h_{i往}$。检核计算为 $\sum h_{i往}=\sum a_{i往}-\sum b_{i往}$。同样，返测高差为 $h_{返}$，即 $h_{返}=\sum h_{i返}$，检核计算为 $\sum h_{i返}=\sum a_{i返}-\sum b_{i返}$。

表 4-5 测段往、返测高差计算

测站	往测			返测		
	后视	前视	高差	后视	前视	高差
1	a_1	b_1	h_1	a_1	b_1	h_1
2	a_2	b_2	h_2	a_2	b_2	h_2
⋮	⋮	⋮	⋮	⋮	⋮	⋮
n	a_n	b_n	h_n	a_n	b_n	h_n
$\sum$	$\sum a_{i往}$	$\sum b_{i往}$	$\sum h_{i往}$	$\sum a_{i返}$	$\sum b_{i返}$	$\sum h_{i返}$

（2）测段高差计算

若 $h_{往}$ 符号为正，则 $h_{返}$ 符号必为负，故高差检核公式为

$$\Delta h = h_{往} + h_{返} \tag{4-3}$$

测段高差即高差平均值，其计算公式为

$$h = \frac{h_{往} - h_{返}}{2} \tag{4-4}$$

4.3 水准测量误差及其预防

与角度测量一样，水准测量的误差也来自仪器、操作和外界环境三个方面。

4.3.1　仪器误差

1. 视准轴与管水准轴不平行误差

视准轴与管水准轴不平行误差简称不平行误差。根据水准仪基本轴系，视准轴与管水准轴必须严格平行。实际上，仪器的装配和校正不可能严格实现这种平行，因此两轴将构成一个角度，称为角 i，如图 4-17 所示。由于存在角 i，因此在精确整平时，水准仪视准轴不处于严格水平状态。设这种状态下对测站观测造成的误差影响为 Δa 、Δb ，即

$$\Delta a = s_{后} \tan i \tag{4-5}$$

$$\Delta b = s_{前} \tan i \tag{4-6}$$

则测站的后视读数和前视读数为 a' 、b' ，即

$$a' = a + \Delta a \tag{4-7}$$

$$b' = b + \Delta b \tag{4-8}$$

式中，a、b 为水平视线严格水平时的标尺读数； $s_{后}$ 、 $s_{前}$ 分别为测站的后视距、前视距。

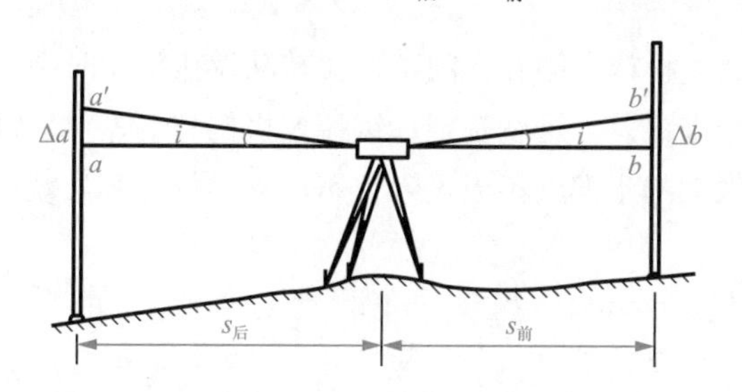

图 4-17　视准轴与管水准轴

根据式（4-1），这时的测站观测高差为

$$h' = a' - b' \tag{4-9}$$

将式（4-7）和式（4-8）代入式（4-9），整理得

$$h' = h + s_{后} \tan i - s_{前} \tan i = h + \Delta h \tag{4-10}$$

式中，

$$\Delta h = s_{后} \tan i - s_{前} \tan i \tag{4-11}$$

式(4-11)表明，角 i 会引起不平行误差，从而对观测高差产生不良影响。若 $i = 0$ ，或 $s_{后} = s_{前}$ ，则 $\Delta h = 0$ 。

自动安平水准仪也存在不平行误差，主要是由设置的补偿器水平视线与实际水平视线存在的角 i 引起的。为了减小不平行误差影响，应该按以下要求操作。

1）在测站观测中，测站前、后视距应尽可能相等，前、后视距差不要超出表 4-4 中的规定值。

2）对水准仪角 i 进行检验校正，使角 i 小于规定值（DS1，小于 15″；DS3，小于 20″）。

2. 标尺误差

标尺误差包括 1m 真长误差、标尺零点不等差误差、标尺弯曲误差等。为了减小标尺误差影响，应当对标尺进行检验，找出和判断有关误差的影响程度，按照有关规定，如按表 4-6 的限定参数进行相应的处理。其中，标尺零点不等差误差可在水准路线的连续成对设站的观测方法中调整消除。

表 4-6　标尺的限差

项目	木质标尺限差/mm	超限处理方法
1m 真长误差	0.5	禁止使用
标尺零点不等差误差	1.0	调整
标尺弯曲误差	8.0	施加改正

施加改正公式为

$$l = l' - \frac{8f^2}{3l'} \tag{4-12}$$

式中，f 为标尺两端连线至尺面的距离；l' 为标尺名义长度；l 为标尺实际长度。

3. 望远镜调焦机构隙动差

望远镜的装配器件调焦机构之间存在间隙，在转动调焦旋钮时会引起调焦镜中心和视准轴的变化，并为测站观测带来误差，这就是望远镜调焦机构隙动差对水准测量的误差影响。一般来说，调焦机构隙动差太大的水准仪不应投入使用。水准仪在测站观测中只能采用一次对光的观测方法。

4.3.2 操作误差

1. 管水准器气泡居中误差

据推证，管水准器气泡居中误差可表示为

$$m_{中} = \frac{\tau}{25U}\frac{s}{\rho} \tag{4-13}$$

式中，U 为观察符合气泡的放大倍数，通常取 $U=3$；$\rho = 206265''$；s 为视距；τ 为分划值。当 $\tau = 20''$，$s = 100\text{m}$ 时，理论上，$m_{中} = \pm 0.1\text{mm}$。

因为管水准器的格值很小，气泡居中误差 $m_{中}$ 小，灵敏度很高，所以管水准器整平难度较大。因此，认真做好精确整平工作，提高整平稳定性，是减小管水准器气泡居中误差的重要措施。自动安平水准仪没有装配符合水准器，可避免管水准器气泡居中误差的影响。

2. 标尺瞄准误差

水准测量的瞄准以获得标尺面刻划读数为目的。十字丝横丝和标尺刻划的不正确吻合是导致标尺瞄准误差的主要原因。

十字丝横丝和标尺刻划的不正确吻合导致的瞄准误差主要是视差，解决的办法是正确对光。

十字丝横丝获取标尺刻划数据正确程度可用误差 $m_{瞄}$ 表示，即

$$m_{瞄} = \frac{60''}{U} \frac{s}{\rho} \tag{4-14}$$

式中，U 为望远镜的放大倍数；$\rho = 206265''$；s 为视距。

当望远镜的放大倍数 $U = 30$，$s = 100\text{m}$ 时，$m_{瞄} = \pm 1\text{mm}$。但是，视距 s 越大，$m_{瞄}$ 越大，因此，在水准测量中必须对视距长度进行限制，使之满足表 4-4 中的规定；同时认真读取标尺面的数据，提高估读精确度，防止读错，减小标尺瞄准误差的影响。

3. 标尺的倾斜误差

如图 4-18 所示，立尺不直，标尺倾斜，观测视线在标尺面的读数必然偏大。减小标尺倾斜误差的有效方法是，立尺人员认真可靠地竖立标尺。

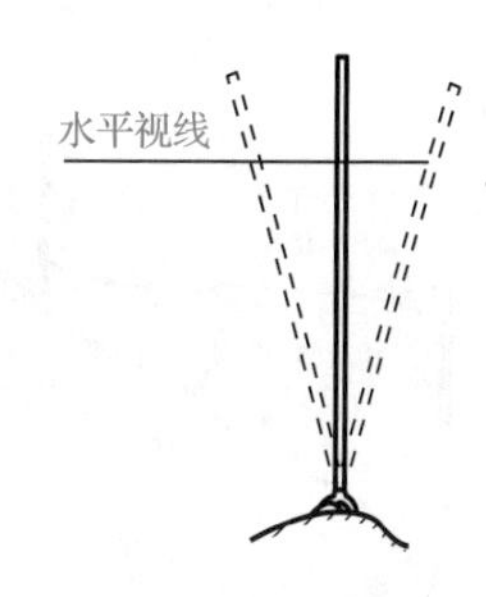

图 4-18 标尺倾斜

4.3.3 外界环境的影响

1. 地球曲率的影响

如图 4-19 所示，设 A、B 分别是后视尺、前视尺的立尺点，E 是水准仪视准轴中心点，三者各有相应的水准面。严格来说，地面点之间的高差是两地面点的水准面之间的高差。a、b 是中心点 E 的水准面在标尺上获得的读数。实际上，水准测量结果是经点 E 的水平观测视线从标尺获得的读数，即 a'、b'，故获得的高差是

$$h'_{AB} = a' - b' \tag{4-15}$$

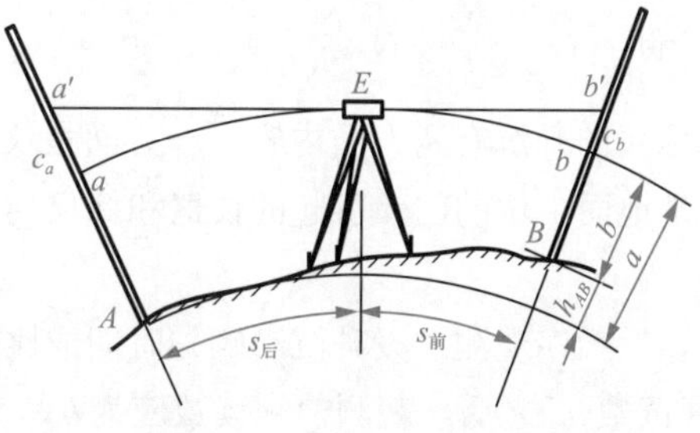

图 4-19 地球曲率的影响

式（4-15）与式（4-1）不同，这是因为存在 c_a、c_b，即存在地球曲率的影响。显然，式（4-15）应为

$$h'_{AB} = a' - b' = (a + c_a) - (b + c_b)$$

即

$$h'_{AB} = h_{AB} + c_a - c_b \tag{4-16}$$

根据式（3-23），$c_a=\dfrac{s_{后}^2}{2R}$，$c_b=\dfrac{s_{前}^2}{2R}$，将其代入式（4-16），得

$$h'_{AB}=h_{AB}+\frac{s_{后}^2-s_{前}^2}{2R} \tag{4-17}$$

式中，$s_{后}$、$s_{前}$ 分别是测站观测的前、后视距；R 是地面半径。

由式（4-17）可知，减小地球曲率影响的办法是前、后视距尽可能相等。

2. 大气折射的影响

光线在空中的视线行程因大气折射而成一条向上弯曲的弧线，而光线在贴近地表的视线行程可能是向下弯曲的弧线。产生这种现象的原因是，日晒地表温度较高，受地表热辐射影响，近地表层空气分布是下面密度小、上面密度大。水准测量的观测视线比较接近地面，由于所在地段存在一定的坡度，观测视线的一端高离地面，另一端贴近地面，因此观测视线一端可能向下弯曲，另一端向上弯曲，如图 4-20 所示。大气折射会导致水准仪观测视线不再是一条水平直线，高差观测结果将受大气折射的不良影响。研究显示，折射改正可减弱大气折射的影响，但实施难度较大。实践中，避免大气折射影响的有效措施有以下几种。

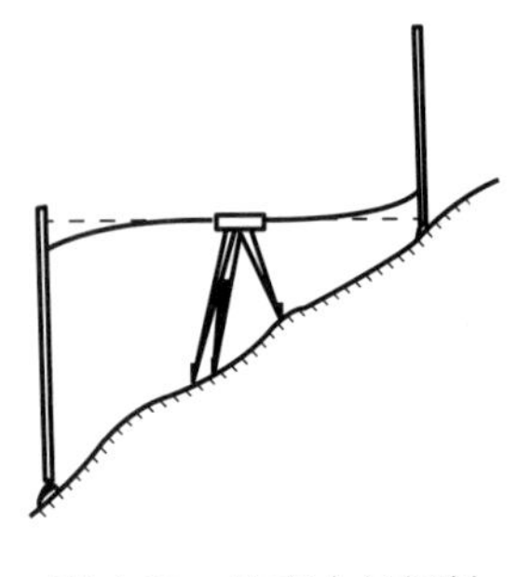

图 4-20　地表大气折射

1）水准测量的观测视线不紧贴地面，观测视线离开地面的高度符合表 4-4 中的规定。

2）尽量在大气状况比较稳定的阴天观测，晴天气温较高的中午不进行观测。

3）观测视线经过水面时，应尽量提高观测视线高度，选择有利的天气和时间观测。

3. 温度的影响

温度的影响主要反映在仪器本身受到热辐射引起水准仪视准轴发生变化，从而影响观测高差的正确性。为了削弱温度的影响，晴天水准测量必须用测伞遮住阳光。精密的测量还要注意保证刚取出箱的仪器与外界温度的一致性。

4. 仪器和标尺升沉的影响

在水准测量中，仪器和标尺的升沉有两方面内容：一方面是仪器和标尺自身重力引起的仪器和标尺的下降；另一方面是地面土壤的回弹引起的仪器和标尺的上升。

（1）水准仪升沉的影响

以“后$_{黑}$→前$_{黑}$→前$_{红}$→后$_{红}$”顺序观测，设升沉影响与时间成比例。

1）黑面读数。观测后视读数 $a_{黑}$ 之后，观测前视读数应为 $b_{黑}$，但水准仪下沉 Δ，则前视读数为 $b_{黑}+\Delta$，故黑面高差 $h_{黑}$ 为

$$h_{黑}=a_{黑}-(b_{黑}+\Delta) \tag{4-18}$$

2）红面读数。观测前视读数 $b_{红}$ 之后，观测后视读数应为 $a_{红}$，但水准仪下沉 Δ，则前视读数为 $a_{红}+\Delta$，故红面高差 $h_{红}$ 为

$$h_{红}=a_{红}+\Delta-b_{红} \tag{4-19}$$

3）测站高差计算。式（4-18）与式（4-19）相加除以2，即 $h=(h_{黑}+h_{红})/2$，整理，得

$$h=\frac{a_{黑}-(b_{黑}+\Delta)+a_{红}+\Delta-b_{红}}{2}=\frac{a_{黑}-b_{黑}+a_{红}-b_{红}}{2} \tag{4-20}$$

式（4-20）表明，按"后$_{黑}$→前$_{黑}$→前$_{红}$→后$_{红}$"顺序观测可减小水准仪升沉的影响。

（2）标尺升沉的影响

假设在测站搬设时发生标尺升沉。

1）往测。若第一测站观测得 h_1 后搬设第二测站，原第一测站前视尺下沉 Δ，则在第二测站观测的高差将增加 Δ，即 $h_2+\Delta$。由此可知，整个测段往测的高差比实际高差增大。

2）返测。由往测分析可知，整个测段返测高差比实际高差增大；但是与往测相比，返测实际高差的增大是反向的增大。因此，往、返测高差取平均可减小标尺升沉的影响。

4.4 精密水准仪

4.4.1 精密光学水准仪

我国精密光学水准仪包括DS1、DS05等。图4-21所示为DS1精密光学水准仪。

1. 精密光学水准仪的优点

（1）设有精密可靠测微设施

精密光学水准仪通常设有精密可靠测微设施。例如，DS1的标尺精确读数可达0.01mm，这是因为DS1具有以下特点。

1）水准仪设有平板测微器。

2）望远镜十字丝板采用楔形十字丝分划，如图4-22所示。在望远镜视场中，楔形十字丝分划能更加精确平分标尺分划线，有利于提高瞄准精确度。

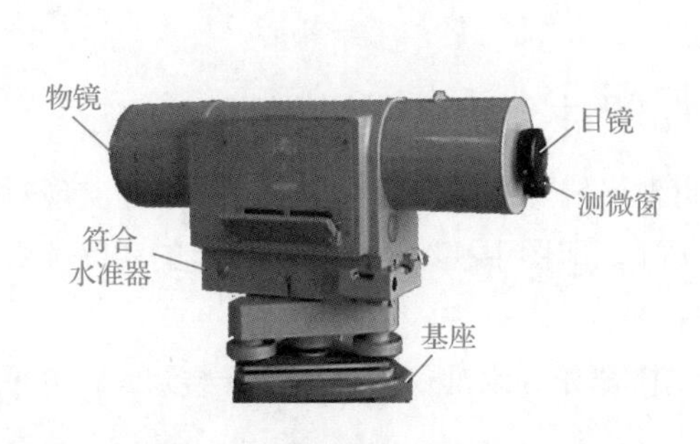

图4-21 DS1精密光学水准仪

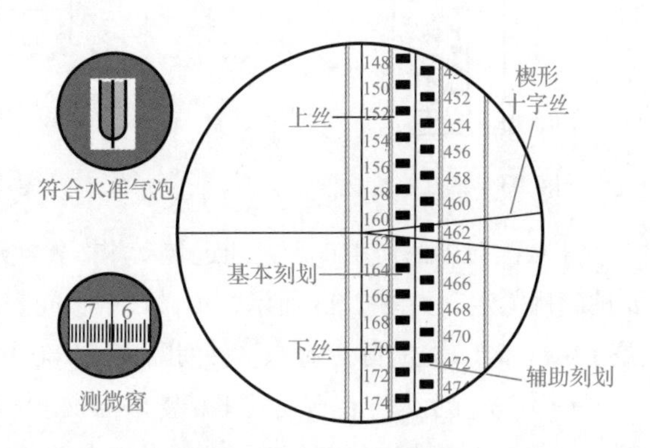

图4-22 楔形十字丝瞄准标尺

3）采用铟瓦水准标尺，抗温变稳定性好。图 4-23 所示为一种精密铟瓦水准标尺（同时是倒像标尺），标尺中间木槽装有一条铟瓦合金带，该合金带两边木槽面各标注线条形的基本刻划、辅助刻划，每把标尺的两个刻划常数差为 3015.50。相对于双面标尺，铟瓦水准标尺还可称为双标单常数标尺。

（2）精确整平的灵敏度高

精密光学水准仪采用符合水准器的格值 10″，因此精确整平的灵敏度高。

（3）抗干扰能力强

水准仪望远镜、符合水准器及平板测微器均安装在防热筒内，可以避免阳光热辐射的影响，因此其抗干扰的能力较强。

2. 平板测微器的作用

在精密光学水准仪的平板测微器中，设置在望远镜内物镜前方的是一个两面平行的光学平板玻璃，该玻璃连接杆与测微轮、测微尺相连。测微尺有 100 个分格，各分格间隔 0.01cm。

图 4-24 是楔形十字丝与标尺刻线未切合的情形。若设测微尺的指标读数为 0，则楔形十字丝在标尺上的倒像读数为1.62m+u，u 是不足 1cm 的读数。

图 4-23 铟瓦水准标尺

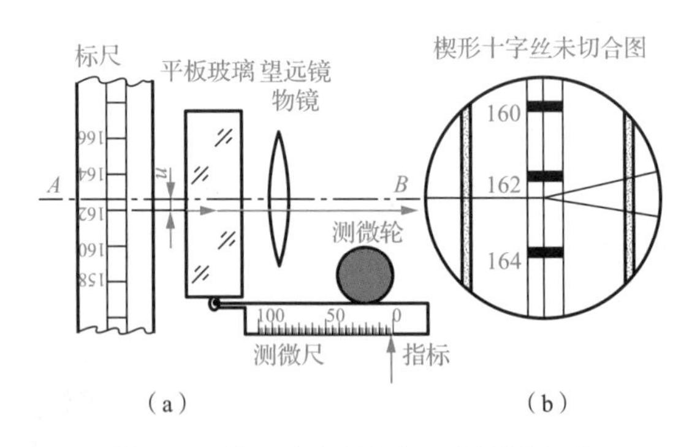

图 4-24 楔形十字丝与标尺刻划未切合

平板测微器的作用在于：通过转动测微轮实现折射光线与测微尺的同步移动，进而实现对 u 的精确测定。如图 4-25 所示，测微尺平移间隔就是 u，即图中视线平移得到标尺的实际读数是 1.62m+u（u 是实际可得的平移间隔值，如 0.26cm）。

图 4-26 所示为一台自动安平精密水准仪，平板测微器作为水准仪附件可进行装卸。卸下平板测微器后，该水准仪就是普通水准仪。

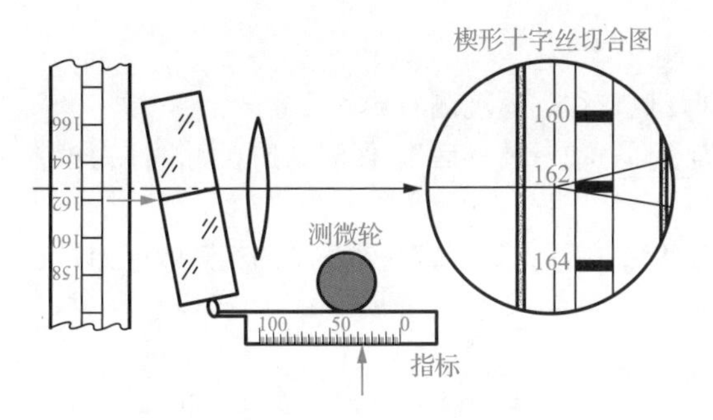

图 4-25　楔形十字丝与标尺刻划切合

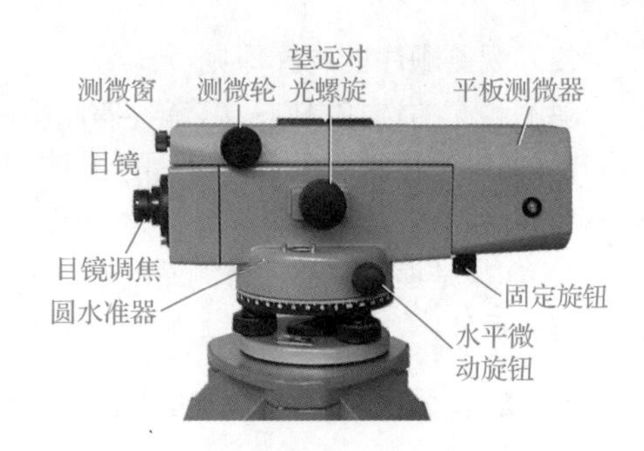

图 4-26　自动安平精密水准仪

4.4.2 精密水准测量技术

1. 精密水准测量的观测顺序

精密水准测量一测站基本操作与双面尺法水准测量基本一致，二者的不同之处在于测站观测顺序安排不同。精密水准测量的观测顺序有两种：第一种是“后视→前视→前视→后视”，简称“后→前→前→后”；第二种是“前视→后视→后视→前视”，简称“前→后→后→前”。

（1）以“后→前→前→后”顺序在一测站观测

1）测后视。基本分划下丝、上丝读数和楔形十字丝读数，如表 4-7 中（1）、（2）、（3）对应的记录。

2）测前视。基本分划下丝、上丝读数和楔形十字丝读数，如表 4-7 中（4）、（5）、（6）对应的记录。

3）接着测前视，即辅助分划的楔形十字丝读数，如表 4-7 中（7）对应的记录。

4）再测后视，即辅助分划的楔形十字丝读数，如表 4-7 中（8）对应的记录。

“前→后→后→前”的一测站观测过程为测前视→测后视→测后视→测前视，其观测数与“后→前→前→后”的相仿。

表 4-7　精密水准观测记录实例

测站编号	后视尺 下丝 / 上丝 后视距 视距差 d	前视尺 下丝 / 上丝 前视距 $\sum d$	方向及尺号	标尺读数 基本分划（一）	标尺读数 辅助分划（二）	基+k-辅（一）-（二）	备注
奇	（1）	（4）	后	（3）	（8）	（14）	记录计算检核说明
	（2）	（5）	前	（6）	（7）	（13）	
	（9）	（10）	后-前	（15）	（16）	（17）	
	（11）	（12）	h	（18）			
1	2406	1809	后 31	219.83	521.38	0	k=301.55
	1986	1391	前 32	160.06	461.63	−2	
	420	418	后-前	+059.77	+059.75	+2	
	+2	+2	h	+059.760			
2	1800	1639	后 32	157.40	458.95	0	
	1351	1189	前 31	141.40	442.92	+3	
	449	450	后-前	+016.00	+016.03	−3	
	−1	+1	h	+016.015			

（2）观测顺序的选择原则

观测顺序的选择原则：随奇、偶测站有别，也依往、返观测有异。

1）如果是往测，那么奇测站的观测顺序为“后→前→前→后”，偶测站的观测顺序为“前→后→后→前”。

2）如果是返测，那么奇测站的观测顺序为“前→后→后→前”，偶测站的观测顺序为“后→前→前→后”。

2. 精密水准测量计算与检验

精密水准测量一测站观测限差控制同样遵循“伴随观测，逐一检核，随时控制，逐步放行”原则。

下面以表4-7中记录数据为例进行说明，表4-7记录、计算、检核的步骤与表4-2相似，因此仍按（1），（2），…，（18）的顺序进行。与表4-4相比，表4-8中的技术要求更为严格。

表4-8 精密水准测量观测的视距长度、视距差、视线高等技术要求

等级	仪器型号	视距长度 D/m	前后视距差 d_1/m	前后视距差累计值 d_2/m	视线高		基、辅分划读数差/mm	基、辅分划高差之差/mm
					视线长度为20m以上	视线长度为20m以下		
一等	DSZ05 DS05	≤30	≤0.5	≤1.5	≥0.5		0.3	0.4
二等	DS05 DS1	≤50	≤1.0	≤3.0	≥0.3		0.4	0.6
轻轨	DS1	≤60	≤1.0	≤3.0	≥0.5	≥0.3	0.5	0.7

1）精密水准测量要求的视距缩短，视距差、视距差累计值小。

2）测站水准测量的观测视线加高。

3）表4-7中“基+k-辅”是两个标尺的k（双面标尺黑、红面刻划零点常数）相同的检核计算。

4）每站观测顺序的选择遵循“随奇、偶测站有别，也依往、返观测有异”的原则，记录、计算、检核按序随之。

4.4.3 电子水准仪及其特点

电子水准仪又称数字水准仪，是一种自动化程度较高的水准测量仪器。自Leica（徕卡）公司于1990年推出DNA电子水准仪（图4-27）以来，国内外厂商先后推出多种型号的电子水准仪，如广州南方投资集团有限公司推出的DL-2003A电子水准仪（图4-28）。

图4-27 DNA电子水准仪

图4-28 DL-2003A电子水准仪

与电子水准仪相比，前文所介绍的水准仪均可称为光学水准仪。电子水准仪的测量原理与光学水准仪的测量原理基本相同，但前者的观测系统融入了新技术。

1）采用 CCD（charge-coupled device，电荷耦合器件）摄像技术，可对标尺进行摄像观测。

2）摒弃常规等分划区格式标尺的长度注记方式，采用条纹编码的标尺长度注记方式，如图 4-29 所示的条纹编码标尺（简称条码标尺）就是一种单面单系列分划无常数的标尺。

3）自动实现图像的数字化处理及观测数据的测站显示、检核、运算等。

图 4-30 所示为电子水准仪图像处理原理。电子水准仪的核心技术是对所获得波信号的处理和识别。电子水准仪摄像机将十字丝横丝上、下一定范围内的条码排列在竖直线阵的敏感元（又称光敏元）阵列上，敏感元根据影像不同亮度将影像转化为高、低不同的电平信号。这样，整个敏感元阵列将获得对应于该条码范围的明暗变化的波信号，微处理器对波信号滤波、增强、比较等一系列处理后，显示窗显示“视距和仪器视线标尺读数”。图 4-31 所示为 DL-2003A 电子水准仪测站观测界面，其中水准仪视线标尺读数为 0.85334m，水准仪至标尺距离（视距）为 5.45m。

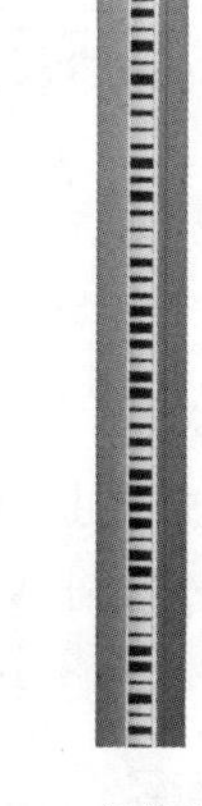

图 4-29　条纹编码标尺

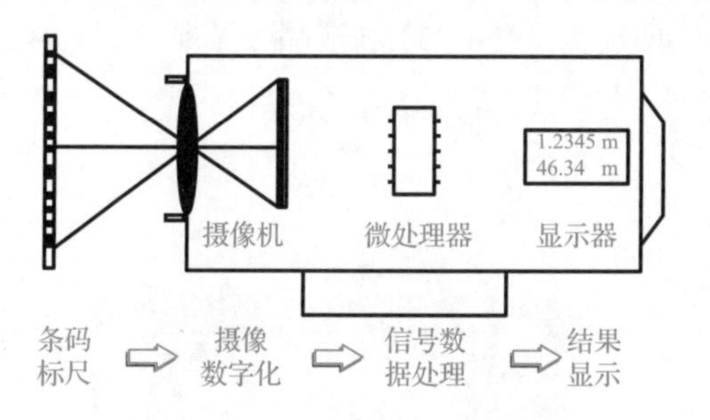

图 4-30　电子水准仪图像处理原理

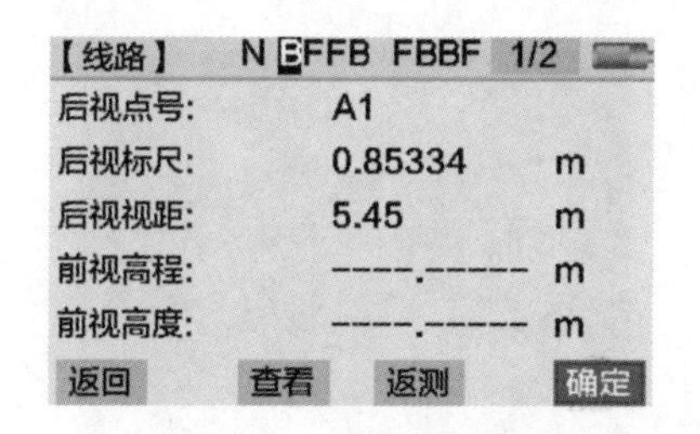

图 4-31　DL-2003A 电子水准仪测站观测界面

4.4.4　DL-2003A 电子水准仪

DL-2003A 电子水准仪是技术较为先进的国产电子水准仪之一，它比传统水准仪具有更多技术优势，具体如下。

1）采用数字摄像、触显屏等新技术，提高了水准测量光、机、电、测一体化水平。

2）实现了读取、记录、计算、检核、存储、通信等技术环节的有机结合，避免了人工野外记录、计算、检核的繁杂劳动，提高了水准测量的效率。

3）测量精度高。与铟瓦水准尺配合，直测显示可达 0.01mm，往、返高差测量中误差为 ±0.3mm/km，满足精密高程测量要求。该类型电子水准仪测量精度涵盖一、二、三、四等水准测量，小巧轻便。

4）拥有可视化操作界面，具有重复测量、转点测量、高程放样功能，工程适用性较强。

5）标尺采用条形编码分划，可配套铟瓦水准尺或玻璃钢条码尺。光学自动安平、水准器等传统功能并存。在仪器掉电等特殊情况下，使用标尺也可进行水准测量。

1. 机械操作部件

图 4-32 所示为 DL-2003A 电子水准仪的结构，仍然属于传统水准仪“瞄准部与基座”的结

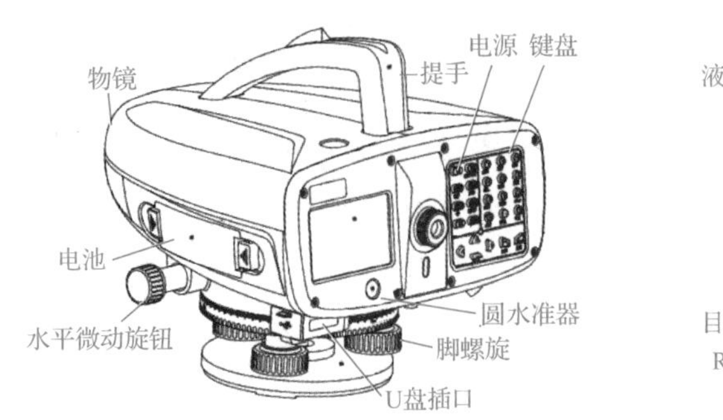

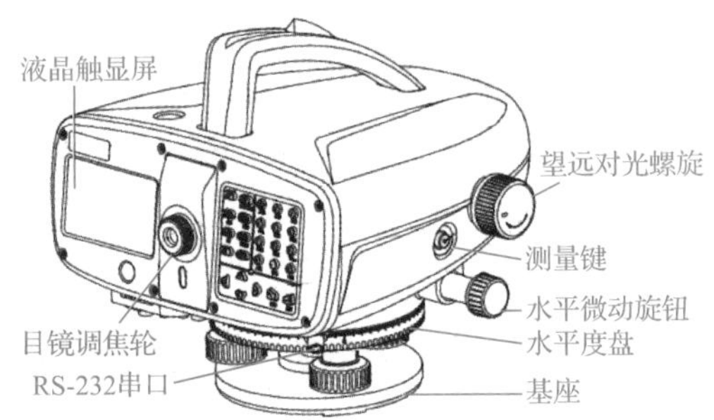

图 4-32 DL-2003A 电子水准仪的结构

构形式。DL-2003A 电子水准仪基座设有金属环形水平度盘，便于瞄准部视准轴寻找方向；采用摩擦制动技术，轻转瞄准部后立即调节水平微动旋钮（左右各一）便可瞄准标尺；瞄准部下方的两个插口是与机外设备互传数据的接口；瞄准部右侧的测量键是测站观测就绪的测量启动键。在图 4-32 中，其他旋钮的功能与图 4-26 中的对应旋钮类似，这里不再赘述。

2. 操作面板应用

DL-2003A 电子水准仪的操作面板分为两部分，即键盘（图 4-33）和液晶触显屏（图 4-34）。

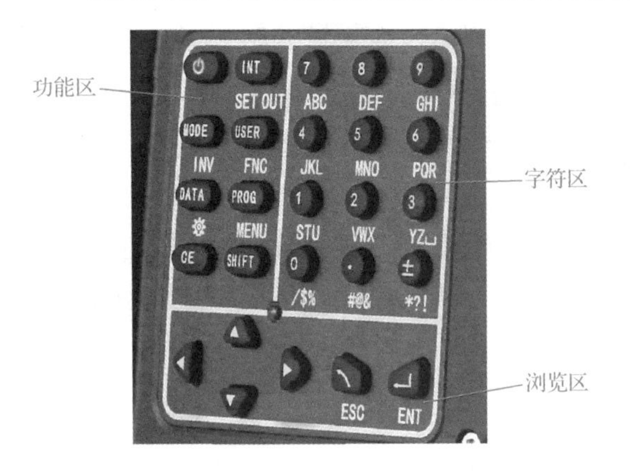

图 4-33 键盘

图 4-34 液晶触显屏

（1）键盘的应用

键盘的设计可称为硬件设计，即按键名称一经注明，其功能不再变化的设计。键盘按键分布在字符区、功能区、浏览区三个键区。

1）字符区。数字键，即键面注明数字、点符、运算符的按键。直接按压数字键则数字被键入，如按压数字键 0、1、2、3 等可实现对应数字的键入。英文符号键，即数字键旁注有英文符号的按键，如“ABC”“DEF”等。英文符号的键入通过按压“SHIFT 键+数字键”实现，如“S”的键入应通过按压“SHIFT 键+数字键 1”实现，若再按压数字键 1 便键入“T”，若再按压数字键 1 便键入“U”。

2）功能区，按键有单功能和二功能之分。单功能，如“INT”“MODE”等，直接按压单功能键即可启用对应单功能。二功能启用需要通过按压“SHIFT 键+功能键”实现，如按压“SHIFT 键+INT 键”调用的是键旁注明的“SET OUT”（启用放样）功能。

3）浏览区。通过按压浏览区内▲、▼、◀、▶浏览键和 ESC、ENT 键，可以在液晶触显屏上浏览、启动、取消或确认相关的信息与功能。

字符区、功能区、浏览区按键的应用必须密切关注液晶触显屏的直接显示信息，以保证相关操作的正确性。

（2）触显屏的应用

触显屏也称触摸屏。触显屏设计功能：①接收电子笔或手指项目名的触动信号；②显示触动后的项目新内容代替原有注明内容，并执行新内容的指示功能。

图 4-34 是 DL-2003A 电子水准仪开机后触显屏上注明的六个项目内容，相当于六个键盘按键，触动任一项目内容都会触显新内容指示；也可利用浏览键选取屏上的项目内容，按“ENT”键启动新内容。

3. 主菜单的内容

DL-2003A 电子水准仪主菜单一级项目包括“测量”“数据”“校准”“计算”“设置”“帮助”，此外主菜单还有从一级项目逐级传递的二级项目、三级项目，具体内容见表 4-9。

表 4-9　DL-2003A 电子水准仪一级、二级、三级项目

一级项目	二级项目	三级项目
测量	高程测量	高程测量
	放样测量	放样测量
	等级线路水准测量	一等、二等、三等、四等水准测量，可自定义水准测量
	通信测量	R-232 串口测量，蓝牙测量
数据	编辑数据	测量点、已知点、作业、编码表、线路限差。 说明：查看路线中测量点信息，查看、增加、删除已知点、作业、编码表、线路、线路限差，查找编码
	内存管理	内存信息、内存格式化。 说明：查看内存中作业的线路、已知点数，对内存格式化
	数据导出	导出作业、导出线路。 说明：导出内存的作业、线路到指定位置（U 盘或蓝牙设备）
校准	检验调整	对水准仪检校
	双轴检校	对双轴检校
计算	路线平差	路线平差
设置	快速设置	大气改正开关，地球曲率开关，USER 键设置，小数位数设置
	完全设置	测量参数、系统参数、仪器信息、恢复出厂设置。 测量参数包括小数位数、数据单位、数据格式、地球曲率改正、标尺倒置、大气改正开关、大气改正系数。 系统参数包括声音、背景、其他。 其他设置包括 USER 键、数据输出（可选 U 盘）等
	电子气泡	电子气泡
帮助	操作指南	按键说明、标准示意图。 说明：基本操作键、功能键、组合键说明；四种检校方法的标准示意图
	测量规范	沉降观测，一等、二等水准测量，三等、四等水准测量，观测注意事项

4. 基本准备工作

电子水准仪水准测量的基本准备工作包括“数据”“校准”“计算”“设置”等。下面主要介

绍“测量参数”“编辑数据”。

（1）测量参数设置

DL-2003A 电子水准仪测量参数设置实际上是测量格式的设置，如“数据单位”“小数位数”等的设置。测量参数设置需要在“设置”（图 4-35）分项“完全设置”（图 4-36）中完成。例如，触动“设置”项目内容（或按压图 4-33 所示功能区的“MENU”键）并在触显屏项目新内容显示“完全设置”分项，触显一行则展示测量参数设置图框，如图 4-37 所示。

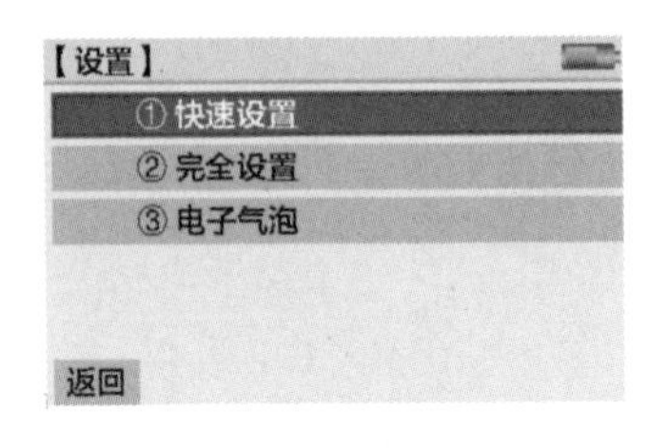

图 4-35 “设置”分项

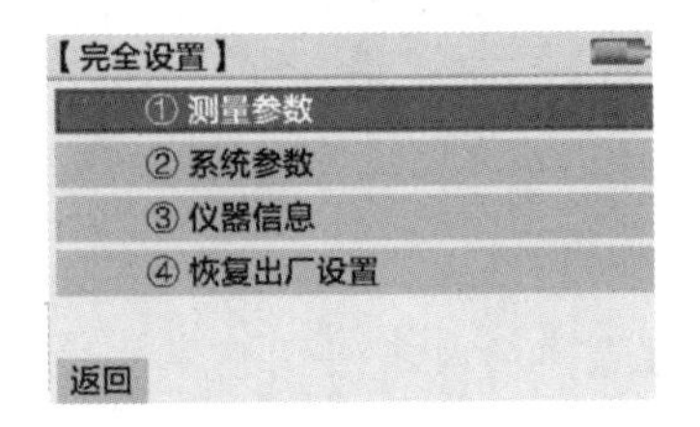

图 4-36 “完全设置”分项

图 4-37 是一般测量格式，其中“小数位数”“数据单位”“数据格式”由仪器所定，“标尺倒置”用于特殊场合，一般三项改正参数设置为 0。若测量任务没有特殊要求，则检查后确认。

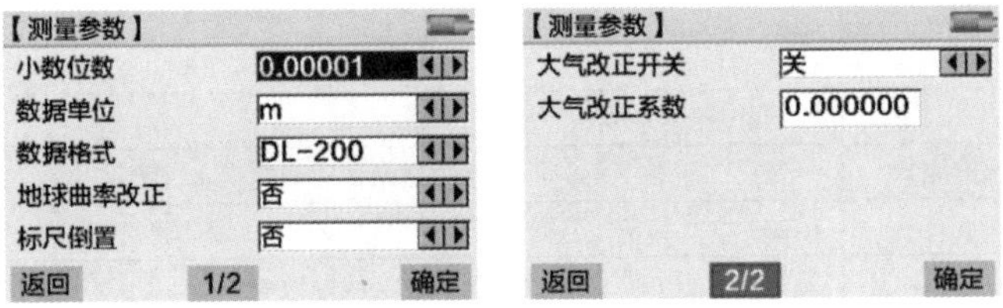

【测量参数】
小数位数 0.00001
数据单位 m
数据格式 DL-200
地球曲率改正 否
标尺倒置 否
返回 1/2 确定

【测量参数】
大气改正开关 关
大气改正系数 0.000000
返回 2/2 确定

图 4-37 测量参数设置

（2）编辑数据

表 4-9 的一级项目“数据”包含的测量准备内容非常丰富。“编辑数据”是为测量提供基础参数的重要准备。沿用上述测量参数设置逐级触显方法，并触显如图 4-38 所示的“编辑数据”（或按压图 4-33 所示功能区的“DATA”键）显示六项“编辑数据”内容（图 4-39）。

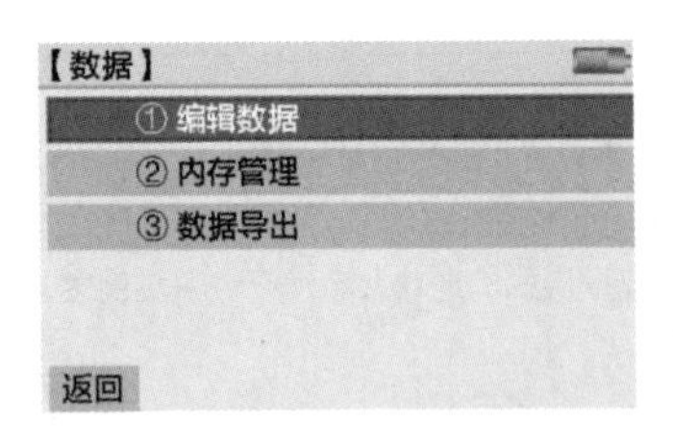

图 4-38 触显“编辑数据”

图 4-39 “编辑数据”内容

1）六项“编辑数据”内容的意义。测量点，即水准测量的立尺点。已知点，即已知水准点。作业，即水准测量的工程项目名称。编码表，属于测量点名的排序，即由数字排序和字母符号排序形成的表。线路，即水准路线名称。线路限差，即所选定等级水准测量的极限误差规定。

2）六项“编辑数据”内容的编辑。“编辑数据”具有互相联系的系统特点，如“测量点”的编辑涉及点名的查找和确定。如图 4-40 所示，通过键入作业名、线路名查找测量点，会显示测量点的五个属性：数据类型，即水准路线测量（线路）；线路，属于 LINE004；测量方式为

aBFFB；双转点，设为否；标尺1，本仪器标定为后视尺。aBFFB的含义：a表示按字母符号编码；BFFB［B为behind（后面）的首字母大写，F为front（前面）的首字母大写］（图4-31）表示测站水准测量的顺序，即“后→前→前→后”。如果测量方式是NFBBF，则N表示按数字编码，FBBF表示测站水准测量的顺序是“前→后→后→前”。

“已知点”与“测量点”的查看方法相同，但点高程的键入或点的删除或增加的方式是不同的，如图4-41所示。

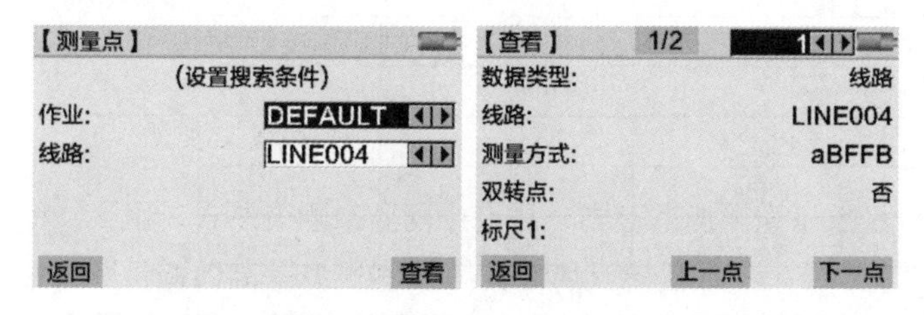

图4-40 “测量点”与“查看”

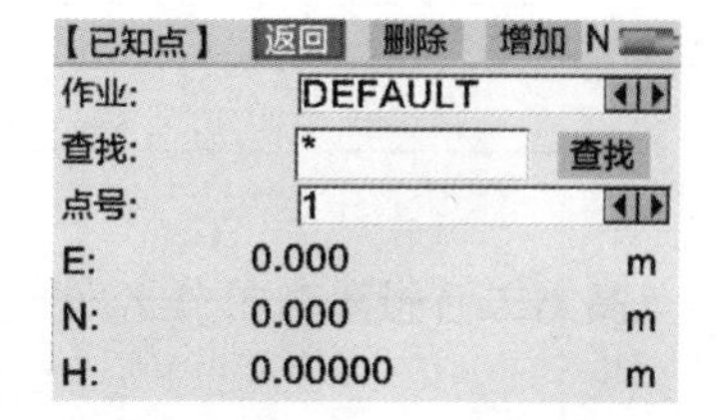

图4-41 “已知点”的查看与编辑

3）水准线路测量限差。一、二、三、四等级水准线路测量限差已存储在仪器相应等级的文件中，用户自定义的水准线路测量限差可自行编辑设定，如图4-42所示。观测中发现自设定的限差有误时，可及时更改。

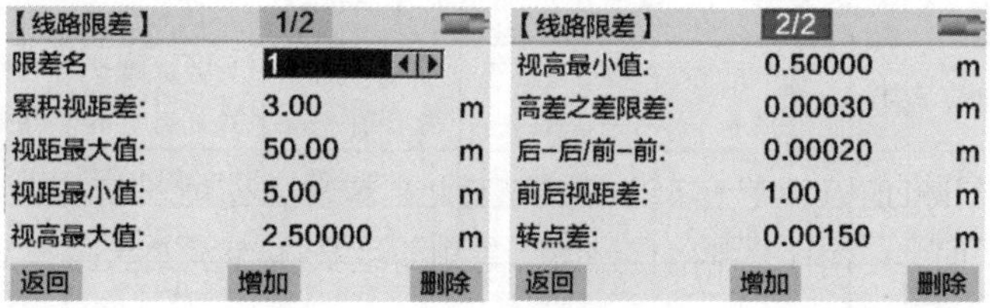

图4-42 水准线路测量限差

5. 测站观测

电子水准仪可按自动安平水准仪的测站观测步骤进行观测，但仪器安置后应短暂按压电源开关（位于水准仪键盘功能区左上方，如再按压1s则关机），触显屏显示如图4-34所示，在相关测量准备的基础上，瞄准后视尺，接着轻按测量键即可获得测量结果。

6. 注意事项

表4-10所示的精密电子水准观测记录实例是电子水准仪两个测站观测记录。表4-11所示为数字水准测量测站观测技术要求。观测中应注意按键与触显屏的应用，在“测量参数”“编辑数据”等准备完成之后应注意以下事项。

1）遵循水准测量基本操作顺序，正确使用电子水准仪操作部件，尤其做好对光工作。影像清晰是CCD相机在标尺上读取数据的基本前提。

2）保证望远镜视场上丝、下丝获取标尺影像完整清晰，启动仪器右侧测量按钮的摄像过程不得受外界影响。

3）铟瓦水准标尺属于单一条纹系统，无常数设计，故电子水准仪一测站观测应采用重复观测等方法，以提高测量的可靠性。

表 4-10　精密电子水准观测记录实例

测站编号	后视距	前视距	方向及尺号	标尺读数		(一) - (二)	备注
				第 1 次观测(一)	第 2 次观测(二)		
	视距差 d	$\sum d$					
	(1)	(3)	后	(2)	(8)	(12)	记录计算检核说明
			前	(6)	(7)	(11)	
	(4)	(5)	后-前	(9)	(10)	(13)	
			h	(14)			
1	31.3	32.4	后 1	126734	126738	-4	
			前 2	063005	063005	0	
	-1.1	-1.1	后-前	+63729	+63733	-4	
			h	+0.637310			
2	25.1	23.8	后 2	213839	213836	3	
			前 1	249272	249277	-5	
	+1.3	+0.1	后-前	-35433	-35441	+8	
			h	-0.354370			

表 4-11　数字水准测量测站观测技术要求

等级	水准仪型号	水准尺类别	视距长度 D/m	前后视距差 d_1/m	前后视距差累计值 d_2/m	视线离地面最低高度/m	测站二次观测高差较差 δ_1/mm	重复测量次数
二等	DSZ1	条码铟瓦	50	1.5	3.0	0.55	0.5	2
三等	DSZ1	条码铟瓦	100	2.0	5.0	0.45	1.0	2
四等	DSZ1	条码铟瓦	100	3.0	10.0	0.35	2.0	2
	DSZ1	条码玻璃钢	100	3.0	10.0	0.35	3.0	2
五等	DSZ3	条码玻璃钢	100	近似相等				

4.5 水准路线的图形与计算

4.5.1 水准路线的图形

在工程建设中用水准测量方法确定地面点高程时，必须根据工程建设需要设立更多的水准点，设立的水准点之间形成的水准路线构成多种图形。

1. 闭合水准路线

如图 4-43 所示，从已知水准点 BM（bench mark）开始的水准路线沿各测段经过若干未知水准点 A、B、C、D，最后回到已知水准点 BM，形成一个闭合环，这种水准路线称为闭合水准路线。

2. 附合水准路线

如图 4-44 所示，从已知水准点 BM_1 开始的水准路线沿各测段经过若干未知水准点 A、B、C，最后在另一已知水准点 BM_2 结束，这种水准路线称为附合水准路线。

3. 水准支线

从一个已知水准点开始，沿相关测段经过一些未知水准点，但不再回到原水准点，也不附合到其他水准点，这种水准路线称为水准支线，如图 4-45 所示。水准支线的布设不宜延伸太长，沿线水准点宜为 1～2 个。

4. 水准网

多个闭合水准路线及附合水准路线构成的网状水准路线称为水准网，如图 4-46 所示。

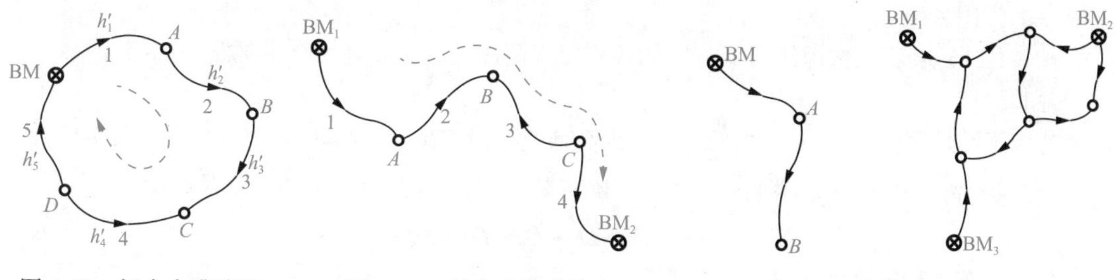

图 4-43 闭合水准路线　图 4-44 附合水准路线　图 4-45 水准支线　图 4-46 水准网

4.5.2 水准路线的计算

1. 闭合水准路线的计算

表 4-12 是图 4-43 所示闭合水准路线的观测数据，计算按表中（1），（2），…，（10）顺序进行。

表 4-12 闭合水准路线的观测数据

序号	点名	方向	高差观测值 h_i' /m （1）	测段长 D_i/km （3）	测站数 N_i （4）	高差改正数/mm $v_i=-WD_i/[D]$ （7）	高差最或然值/m （8）	高程/m （9）
	BM							67.648
1		+	15.583	1.534	16	−9	15.574	
	A							83.222
2		+	3.741	0.380	5	−2	3.739	
	B							86.961
3		+	−16.869	1.751	20	−11	−16.880	
	C							70.081
4		−	8.372	0.842	10	5	8.377	
	D							61.704
5		+	5.950	0.833	11	−6	5.944	
	BM							67.648
（2） $W=\sum h_i'=33\text{mm}$ $W_{容}\approx\pm70\text{mm}$				（5） $[D]$=5.34km	（6） N=62	（10）−33	$\sum h=0$	

注：W 为闭合差，$W_{容}$ 为容许闭合差，D 为各测段水准路线总长。

（1）计算闭合差 W

由图 4-43 可见，从已知水准点 BM 开始，沿虚线箭头方向推算各个未知水准点的高程，最后回到点 BM 的高程应为

$$H_{BM}+h_1'+h_2'+h_3'-h_4'+h_5'=H_{BM}$$

式中，h_i'（i=1～5）是测段高差的观测值，正、负号应根据图 4-43 中测段的方向箭头与虚线箭头的异同来决定，相同者为正，相反者为负。整理上式，得

$$\sum h_i'=h_1'+h_2'+h_3'-h_4'+h_5'=0$$

上式表明，如果 h_i' 没有误差，那么闭合水准路线各段观测高差之和应为零。实际上总会有误差存在，也就是说，$\sum h_i'$ 不可能为零，即

$$W=\sum h_i'=h_1'+h_2'+h_3'-h_4'+h_5' \tag{4-21}$$

式中，W 为闭合差。

式（4-21）表明，按虚线箭头方向的各测段观测高差之和就是闭合水准路线的闭合差。

（2）检核

若为平缓地区，则 $W_{容}=\pm 30\sqrt{[D]}$；若为高低起伏较大地区，则 $W_{容}=\pm 9\sqrt{N}$。在表 4-12 中，$W_{容}=\pm 30\sqrt{5.34}\approx \pm 70\text{mm}$，说明 $W\leqslant W_{容}$，W 有效。$[D]$为各测段水准路线总长，即

$$[D]=D_1+D_2+D_3+D_4+D_5$$

（3）计算观测高差改正数

1）若闭合水准路线应用于高差起伏较大的地区，则观测高差改正数按测站数成比例分配的公式计算，即

$$v_i=-W\frac{N_i}{N} \tag{4-22}$$

式中，N_i 是 i 测段的测站数；N 是各测段测站数总和。

2）若闭合水准路线应用于平缓地区，则观测高差改正数按距离成比例分配的公式计算，即

$$v_i=-W\frac{D_i}{[D]} \tag{4-23}$$

式中，D_i 是 i 测段的水准路线长。图 4-43 所示闭合水准路线按式（4-23）计算。

注意：第 i 段方向箭头与虚线箭头相反时，改正数 v_i 符号应与式（4-22）或式（4-23）相反。

（4）计算测段高差

测段高差=测段高差观测值+观测高差改正数，即

$$h_i=h_i'+v_i \tag{4-24}$$

（5）计算水准点高程

从点 BM 开始，以点 BM 的高程加上逐段改正后的高差即得各水准点高程。

2. 附合水准路线的计算

表 4-13 是图 4-44 所示附合水准路线的观测数据，计算按（1），（2），…，（9）的顺序进行。

（1）计算闭合差

图 4-44 按虚线箭头方向推算闭合差。参照闭合水准路线的计算方法，从已知水准点 BM_1 开始沿虚线箭头方向推算各个未知水准点高程，最后推算到点 BM_2 的高程应为

$$H_{BM_1}+h_1'+h_2'-h_3'+h_4'=H_{BM_2} \tag{4-25}$$

表 4-13　附合水准路线的观测数据

序号	点名	方向	高差观测值 h_i'/m (1)	测段长 D_i/km (3)	测站数 N_i (4)	高差改正数/mm $v_i=-WN_i/N$ (7)	高差最或然值/m (8)	高程/m (9)
	BM₁							175.639
1		+	45.078	1.560	20	−13	45.065	
	A							220.704
2		+	134.663	1.054	31	−21	134.642	
	B							355.346
3		−	127.341	1.370	25	17	127.358	
	C							227.988
4		+	−30.621	0.780	11	−7	−30.628	
	BM₂							197.360
(2) W=58mm $W_{容}\approx\pm$84mm				(5) $[D]$=4.76km	(6) N=87	(10) −58	21.721	

式（4-25）表明，如果 h_1' 没有误差，那么式（4-25）等号左侧计算值必须等于已知水准点 BM_2 的高程 H_{BM_2}。实际上总会有误差存在，也就是说，必有闭合差存在，即

$$W=\sum h_1'-(H_{BM_2}-H_{BM_1})=h_1'+h_2'-h_3'+h_4'-(H_{BM_2}-H_{BM_1}) \tag{4-26}$$

（2）检核

$W_{容}$ 的计算方法与闭合水准路线相同。由表 4-13 可知，$W\leqslant W_{容}$，说明 W 计算有效。

（3）计算观测高差改正数

附合水准路线观测高差改正数也按式（4-22）或式（4-23）及相应要求计算。

3. 水准支线、水准网的计算

水准支线未知水准点高程按测段往测、返测计算求解。水准网未知水准点高程的计算将在后面详细介绍，这里不再展开介绍。

4.6 三角高程测量与高程导线

在地面点所设的测站上测量目标的竖直角及边长，并测量仪器高和目标高，应用三角几何原理公式推算测站点与目标点的高差，这种测量地面点之间高差的方法称为三角高程测量。

4.6.1 光电三角高程测量

光电三角高程测量是利用光电测距边的长度原理进行三角高程测量的技术。在图 4-47 中，i 是仪器（经纬仪或全站仪）高，l 是目标高，其他符号含义与图 3-21 中的对应符号相同。

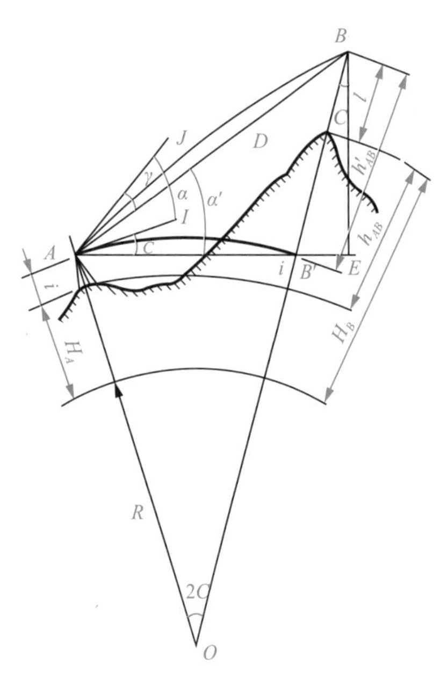

图 4-47　三角高程测量

1．精密公式

（1）单方向测量公式

由图 4-47 可见，在地面点 A 观测地面点 B 的高差 $h_{AB}=h'_{AB}+i-l$，h'_{AB} 可通过 BB' 推算得到。在△ABB'中，根据正弦定律，有

$$\frac{BB'}{\sin\angle BAB'}=\frac{AB}{\sin\angle BB'A} \tag{4-27}$$

根据光电测距平距原理，$\alpha'=\angle BAB'=\alpha_A+C-\gamma$，$\angle BB'A=90^\circ+C\approx 90^\circ$，$\alpha_A$ 是测站 A 的竖直角。设 $D_{AB}=AB$，则经推证，式（4-27）为

$$h'_{AB}=BB'=D_{AB}\sin(\alpha_A+C-\gamma) \tag{4-28}$$

根据式（3-26），$\sin(\alpha_A+C-\gamma)=\sin(\alpha_A+14.09''D_{\text{km}})$，同时考虑仪器高 i 和反射器高 l，则从地面点 A 观测地面点 B 的高差 h_{AB} 为

$$h_{AB}=D_{AB}\sin(\alpha_A+14.09''D_{\text{km}})+i_A-l_B \tag{4-29}$$

式（4-29）就是光电三角高程测量单方向测量的高差公式。

（2）对向测量公式

表 4-14 所示为光电三角高程测量的数据（对向观测）。

根据上述讨论，从地面点 B 观测地面点 A 的高差 h_{BA} 为

$$h_{BA}=D_{BA}\sin(\alpha_B+14.09''D_{\text{km}})+i_B-l_A \tag{4-30}$$

根据式（4-29）和式（4-30），光电三角高程测量对向测量的高差公式为

$$h_{AB}=0.5D_{AB}\sin(\alpha_A+14.09''D_{\text{km}})-0.5D_{BA}\sin(\alpha_B+14.09''D_{\text{km}})+0.5(i_A-i_B+l_A-l_B) \tag{4-31}$$

表 4-14　光电三角高程测量的数据（对向观测）

测站	镜站	斜距/m	竖直角/（° ′ ″）	仪器高/m	目标高/m	高差/m	Δh/mm	高差均值/m
1	2	1253.876	1　26　33.7	1.543	1.359	31.8723	13	31.8658
2	1	1254.386	1　27　37.2	1.534	1.750	31.8593		
3	4	581.392	0　56　32.6	1.543	1.685	9.4433	10.3	9.4382
4	3	580.932	0　57　03.6	1.513	1.745	9.4330		

2．近似公式

令 $C-\gamma=0$，则光电三角高程测量的高差计算的近似公式为

$$h_{AB}=D_{AB}\sin\alpha+i-l \tag{4-32}$$

4.6.2　平距三角高程测量

1．精密公式

如图 4-47 所示，在△ABB'中，平距 $\bar{D}$（AB'）已知，根据正弦定律，有

$$\frac{BB'}{\sin\angle BAB'}=\frac{AB'}{\sin\angle ABB'}$$

因 A、B 两点高差 $h_{AB}=BB'+i-l$，结合上式，得

$$BB'=AB'\frac{\sin\angle BAB'}{\sin\angle ABB'}$$

仿式（4-27）的推证，得

$$h_{AB}=\bar{D}\frac{\sin(\alpha+14.09''D_{\text{km}})}{\cos(\alpha+30.30''D_{\text{km}})}+i-l \tag{4-33}$$

2. 近似公式

令式（4-33）竖直角 α 的修正值为0，则

$$h_{AB}=\bar{D}\tan\alpha+i-l \tag{4-34}$$

3. 悬高测量近似式

如图4-48所示，悬高测量可用于测定高压电线高度。在高压电线下安置反射器，利用全站仪或经纬仪观测高压线上点 A 以及反射器竖直角 α 、α'，光电测距 D，这时高压电线与地面的高度 h_{AB} 为

$$h_{AB}=D\cos\alpha'\tan\alpha-D\sin\alpha'+l \tag{4-35}$$

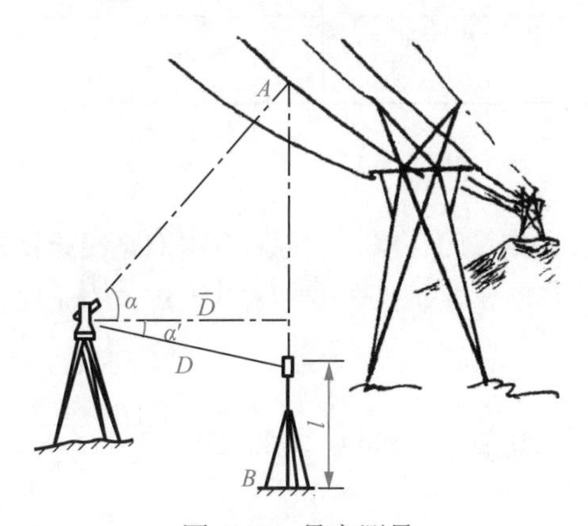

图4-48 悬高测量

4.6.3 高程导线及其计算

沿地面点进行光电三角高程测量，地面点之间便构成如图4-49所示的折线，称为高程导线。该高程路线开始于一个已知水准点 BM_1，沿各折线测段经过若干未知高程点 A、B、C、D，最后在另一已知水准点 BM_2 结束，该高程导线称为附合高程导线。

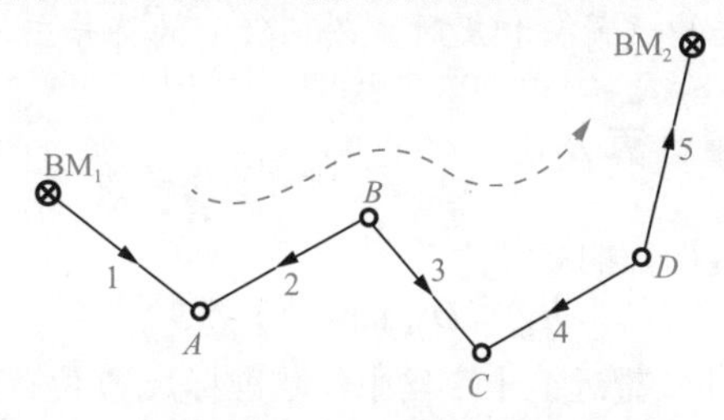

图4-49 附合高程导线

表 4-15 是图 4-49 所示附合高程导线的观测数据。表中（1），（2），…，（8）是计算顺序。

表 4-15　附合高程导线的观测数据

序号	点名	方向	高差观测值 h_i'/m（1）	测段长 D_i/km（2）	高差改正数/mm $v_i=-WD_2/[DD]$（5）	高差最或然值/m $h_i=h_i'+v_i$（7）	高程 H/m（8）
	BM_1						231.566
1		+	30.561	1.560	−11	30.550	
	A						262.116
2		−	51.303	0.879	3	51.306	
	B						210.810
3		+	120.441	2.036	−18	120.423	
	C						331.233
4		−	78.562	1.136	6	78.568	
	D						252.665
5		+	−36.760	0.764	−3	−36.763	
	BM_2						215.902
（3）$W=41\text{mm}$；$W_{容}\approx\pm50\text{mm}$				（4）$[D]$=6.375 $[DD]$=9.226	（6）−41mm		

1. 闭合差计算

按图 4-49 中虚线箭头方向推算闭合差。参考附合水准路线计算方法，闭合差为

$$W=h_1'-h_2'+h_3'-h_4'+h_5'-(H_{BM_2}-H_{BM_1}) \tag{4-36}$$

2. 检核

由上述内容可知，$W_{容}=\pm20\sqrt{[D]}$（mm），本例 $[D]=D_1+D_2+D_3+D_4+D_5$，$W_{容}\approx\pm50\text{mm}$，$W\leqslant W_{容}$，说明 W 计算有效。

3. 观测高差改正数计算

观测高差改正数按距离平方成比例分配的公式计算，即

$$v_i=-W\frac{D_i^2}{[DD]} \tag{4-37}$$

式中，D_i 是第 i 测段的距离；$[DD]=D_1^2+D_2^2+D_3^2+D_4^2+D_5^2$。

注意： 第 i 段方向箭头与虚线箭头相反时，改正数 v_i 的符号应与式（4-37）相反。

4.6.4　视距三角高程测量计算公式

在图 3-25 中，A、B 两地面点的高差为

$$h_{AB}=D_{AB}\tan\alpha+i-l_{中} \tag{4-38}$$

式中，D_{AB} 是平距；$l_{中}$ 是经纬仪望远镜十字丝中丝瞄准标尺 O 位置的读数。

设点 A 的高程已知，为 H_A，则点 B 的高程为

$$H_B = H_A + D_{AB}\tan\alpha + i - l_{中} \tag{4-39}$$

将式（3-48）代入式（4-39）中，整理可得视距三角高程测量计算公式为

$$H_B = H_A + 50(l_{下} - l_{上})\sin 2\alpha + i - l_{中} \tag{4-40}$$

4.6.5 水准测量法仪器高测量

根据式（4-32），仪器高 i 与目标高 l 相等时，一般用小钢尺测量至 mm，难度较大。精密测量仪器高可采用水准测量法测量。该方法利用经纬仪或全站仪作为水准仪，可以快速精密测量仪器高度。如图 4-50 所示，仪器（经纬仪或全站仪）望远镜视准轴处于水平状态（由图 2-19 可知，此时视准轴水平，竖直度盘读数是 90°），小标尺读数为 a，仪器搬站后测得 a'、a''，由此可得，仪器高为

$$i = a - (a' - a'') \tag{4-41}$$

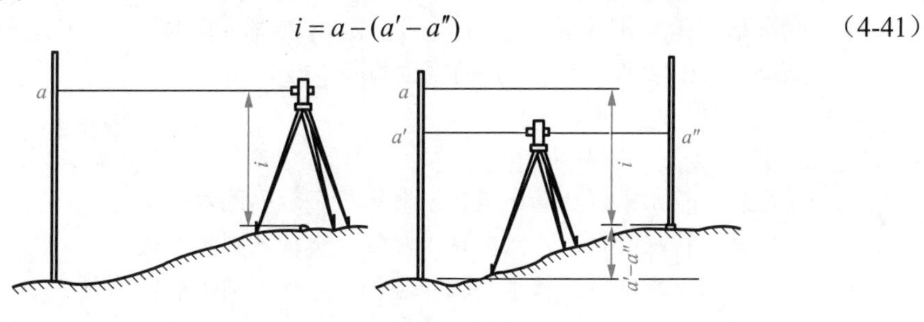

图 4-50 测量仪器高

4.6.6 中间法光电三角高程测量

中间法光电三角高程测量与水准测量前视、后视的测量大致相同，所不同的是，图 4-51 中的光电测距 D_1、D_2 是经仪器加常数和气象改正的倾斜边，α_1、α_2 是测量的竖直角，前视、后视是设立的反射器。其中点 A、点 B 至点 O 的高差按式（4-29）求取，即

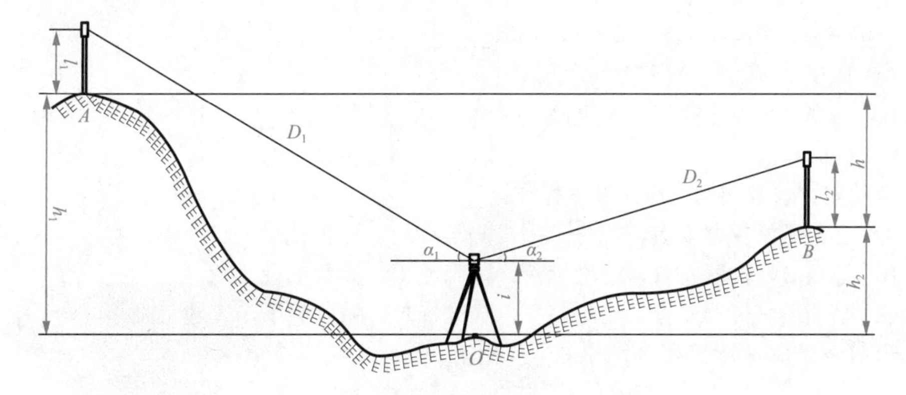

图 4-51 中间法三角光电高程测量

$$h_1 = D_1\sin(\alpha_1 + 14.1'' D_{\mathrm{km}1}) + i - l_1 \tag{4-42}$$

$$h_2 = D_2\sin(\alpha_2 + 14.1'' D_{\mathrm{km}2}) + i - l_2 \tag{4-43}$$

点 A、点 B 的高差为

$$h_{AB}=h_2-h_1=D_2\sin(\alpha_2+14.1''D_{\text{km2}})-D_1\sin(\alpha_1+14.1''D_{\text{km1}})-l_2+l_1 \tag{4-44}$$

在式（4-44）中，没有仪器高 i，若 $l_1=l_2$，不需要测量反射器高，则式（4-44）变为

$$h_{AB}=h_2-h_1=D_2\sin(\alpha_2+14.1''D_{\text{km2}})-D_1\sin(\alpha_1+14.1''D_{\text{km1}}) \tag{4-45}$$

用式（4-45）计算 A、B 两点的高差可大大减小折光等的影响，提高高差测量的精度。

习题 4

1．水准仪基本由________构成。

A．瞄准部、托架和基座　　B．望远镜、水准器和基座　　C．瞄准部、基座

2．一测站的后视读数是__（1）__，前视读数是__（2）__。

（1）A．b　B．a　C．$a-b$　　（2）A．b　B．a　C．$b-a$

3．水准仪的正确轴系应满足________。

A．视准轴⊥管水准轴、管水准轴∥竖轴、竖轴∥圆水准轴

B．视准轴∥管水准轴、管水准轴⊥竖轴、竖轴∥圆水准轴

C．视准轴∥管水准轴、管水准轴∥竖轴、竖轴⊥圆水准轴

4．说明一测站视距长度的计算方法。

5．尺垫“顶面”是获取标尺读数的参照面，因此在水准点立尺时，应在水准点标志上放上尺垫。这种表述对吗？为什么？

6．在一测站水准测量基本操作中，读数之前的操作：________。

A．必须做好仪器安置，粗略整平，瞄准标尺

B．必须做好仪器安置，瞄准标尺，精确整平

C．必须做好精确整平

7．一测站水准测量 $a<b$，$h<0$，那么________。

A．后视立尺点比前视立尺点低

B．后视立尺点比前视立尺点高

C．$b-a$

8．自动安平水准测量一测站基本操作：________。

A．必须做好仪器安置，粗略整平，瞄准标尺，读数记录

B．必须做好仪器安置，瞄准标尺，精确整平，读数记录

C．必须做好仪器安置，粗略整平，瞄准标尺，精确整平，读数记录

9．说明表 4-16 中水准仪各操作部件的作用。

表 4-16　水准仪各操作部件及其作用

操作部件	作用	操作部件	作用
目镜调焦轮		水平制动旋钮	
望远对光螺旋		水平微动旋钮	
脚螺旋		微倾螺旋	

10．水准仪与全站仪应用脚螺旋的不同之处在于：________。

A．全站仪脚螺旋应用于对中、精确整平，水准仪脚螺旋应用于粗略整平

B．全站仪脚螺旋应用于粗略整平、精确整平，水准仪脚螺旋应用于精确整平

C．全站仪脚螺旋应用于对中，水准仪脚螺旋应用于粗略整平

11．表4-17是改变仪器高观测法一测站的观测记录数据，试判断表中哪些数据超限。

表4-17　改变仪器高观测法一测站的观测记录数据

测站	视距 s		测次	后视读数 a	前视读数 b	$h=a-b$	备注
1	$s_{后}$	56.3	1	1.737	1.215	0.522	
	$s_{前}$	51.0	2	1.623	1.113	0.510	
	d	5.3	$\sum d$	5.3	平均 h	0.516	

12．改变仪器高观测法一次观测的观测值是________。

A．后视距读数$l_{上}$和$l_{下}$，B_a，前视距读数$l_{上}$和$l_{下}$，b

B．$s_{后}$，a，$s_{前}$，b

C．d，a，$\sum d$，b

13．在测站搬设中，为什么前视尺立尺点尺垫不得变动？

14．表4-18是一测段改变仪器高法往测各测站观测记录，计算各测站观测结果及测段往测高差。计算的检核标准见表4-4。

表4-18　一测段改变仪器高法往测各测站观测记录

测站	视距 s		测次	后视读数 a	前视读数 b	$h=a-b$	备注
1	$s_{后}$	56.3	1	1.731	1.215		$\delta=$ mm
	$s_{前}$	53.2	2	1.693	1.173		
	d		$\sum d$		平均 h		
2	$s_{后}$	34.7	1	2.784	2.226		$\delta=$ mm
	$s_{前}$	36.2	2	2.635	2.082		
	d		$\sum d$		平均 h		
3	$s_{后}$	54.9	1	2.436	1.346		$\delta=$ mm
	$s_{前}$	51.5	2	2.568	1.473		
	d		$\sum d$		平均 h		

15．题14的测段起点为已知水准点A，其高程$H_A=58.226\text{m}$，终点为未知水准点B。利用题14的测段往测高差计算未知水准点B的高程H_B。

16．测站前、后视距尽量相等可削弱或消除________误差的影响。

A．视准轴与管水准轴不平行和标尺升沉

B．水准标尺和视准轴与管水准轴不平行

C．视准轴与管水准轴不平行和地球曲率

17．自动安平水准仪是否有管水准器气泡居中误差？

18．阴天观测可减少大气折射影响，为什么？

19．光电三角高程测量原理公式 $h_{AB}=D_{AB}\sin(\alpha_A+14.1''D_{km})+i_A-l_B$ 各符号的意义：________。

A．h_{AB} 表示点 B 高程；D_{AB} 表示 A、B 两点之间平距；α_A 表示从点 A 观测点 B 的垂直角；i_A 表示角 i；l_B 表示目标高

B．h_{AB} 表示 A、B 两点之间高差；D_{AB} 表示 A、B 两点之间平距；α_A 表示从点 A 观测点 B 的垂直角；i_A 表示仪器高；l_B 表示目标高

C．h_{AB} 表示 A、B 两点之间高差；D_{AB} 表示 A、B 两点之间所测斜距；α_A 表示从点 A 观测点 B 的垂直角；i_A 表示仪器高；l_B 表示目标高

20．利用光电三角高程测量精密公式计算表 4-19 各镜站点位的高程。

表 4-19　光电三角高程测量的观测记录

测站	镜站	光电斜距/m	竖直角/(° ′ ″)	仪器高/m	目标高/m	高差/m	高程/m
A H_A=76.452m	1	1253.876	1 26 23.7	1.543	1.345		
	2	654.738	1 04 43.2	1.543	1.548		
	3	581.392	0 56 32.6	1.543	1.665		
	4	485.142	0 47 56.8	1.543	1.765		
	5	347.861	0 38 46.3	1.543	1.950		

21．三角高程测量的方法有________。

A．光电三角高程测量，平距三角高程测量，视距三角高程测量

B．光电三角高程测量，平视距三角高程测量，视距三角高程测量

C．光电三角高程测量，平距三角高程测量，斜视距三角高程测量

22．写出用天顶距代替竖直角的视距三角高程测量计算公式。

23．说明双面尺法测量高差的工作步骤和计算检核项目。

24．水准路线有哪些形式？

25．计算如图 4-52 所示闭合水准路线各水准点的高程，并将表 4-20 补充完整。

26．计算如图 4-53 所示附合高程导线各高程点的高程，并将表 4-21 补充完整。

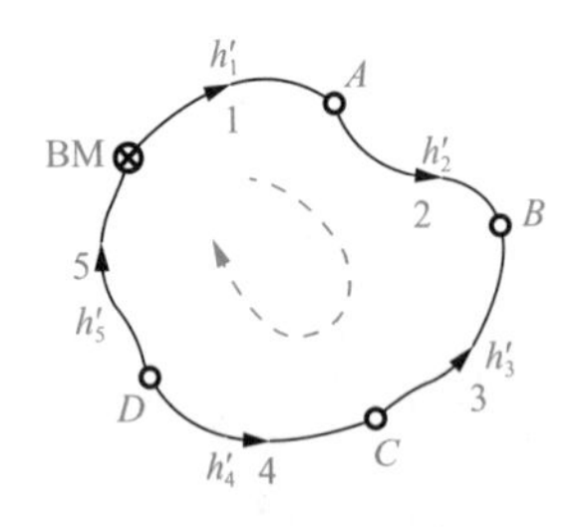

图 4-52　题 25 图

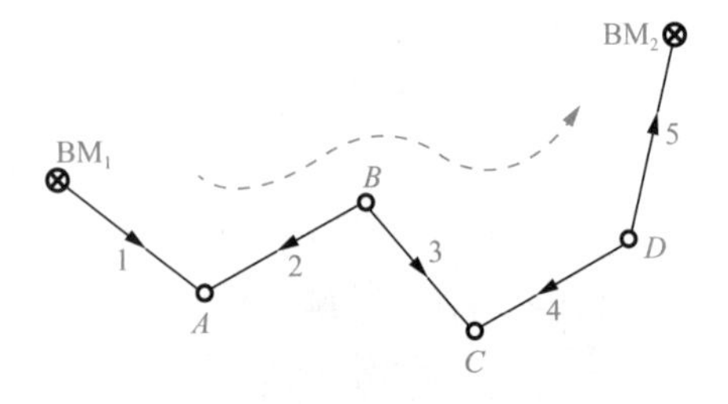

图 4-53　题 26 图

表 4-20 闭合水准路线的观测记录

序号	点名	方向	高差观测值 h'_i /m (1)	测段长 D_i/km (3)	测站数 N_i (4)	高差改正数/mm $v_i=-WN_i/N$ (7)	高差最或然值/m (8)	高程/m (9)
	BM							67.648
1			1.224	0.535	10			
	A							
2			−2.424	0.980	15			
	B							
3			−1.781	0.551	8			
	C							
4			1.714	0.842	11			
	D							
5			1.108	0.833	12			
	BM							67.648
(2) $W=\sum h'_i=$ mm $W_{容}\approx\pm58$mm				(5) $[D]=$ km	(6) $N=$	(10) mm	$\sum h=$	

表 4-21 附合高程导线的计算

序号	点名	方向	高差观测值 h'_i /m (1)	测段长 D_i/km (2)	高差改正数/mm $v_i=-WD_2/[DD]$ (5)	高差最或然值 $h_i=h'_i+v_i$ (7)	高程 H/m (8)
	BM_1						231.566
1			30.461	1.560			
	A						
2			51.253	0.879			
	B						
3			120.315	2.036			
	C						
4			78.566	1.136			
	D						
5			−36.560	1.764			
	BM_2						215.921
(3) $W=$ mm $W_{容}\approx\pm54$mm				(4) $[D]=$ $[DD]=$	(6) mm		

27．根据单元3“习题3”中的题13，设点 A 高程 H_A=142.436m，仪器高 i=1.562m，反射器高 l=1.800m，根据光电三角高程测量原理求点 B 的高程 H_B 及测线 AB 的平均高程。

28．电子水准仪具有哪些优点？

29．简述电子水准仪的测量原理。

30．试述电子水准仪应用的注意事项。

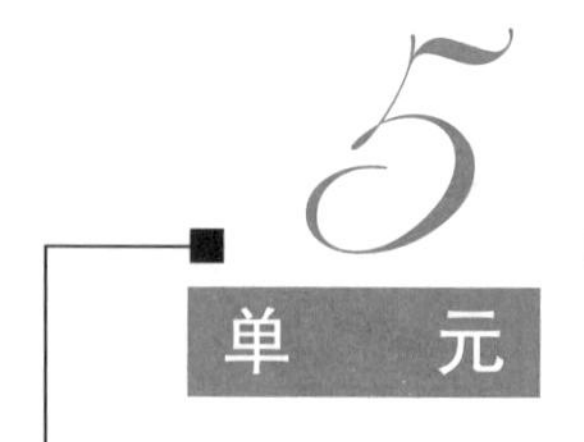

观测成果初级处理

学习目标

掌握测量成果改化原理、方法和不改化条件，掌握方位角的测量原理、计算方法，理解高斯坐标换带的意义和作用，掌握数据处理凑整规则。

5.1 观测值的改化

由前文内容可知，边长和角度的测量均是在地球表面进行的，或者说，测量的边长和角度均是球面特征的观测值。一般情况下，这类球面观测值应满足设计平面需要，必须对其进行适当的改化，使之成为平面的定位元素。另外，高程测量的观测值也存在必要的换算。

5.1.1 距离的改化

距离改化的目的是把某一高程面上的平距化算为高斯平面上的长度，主要内容包括参考椭球体投影改化和高斯距离改化。

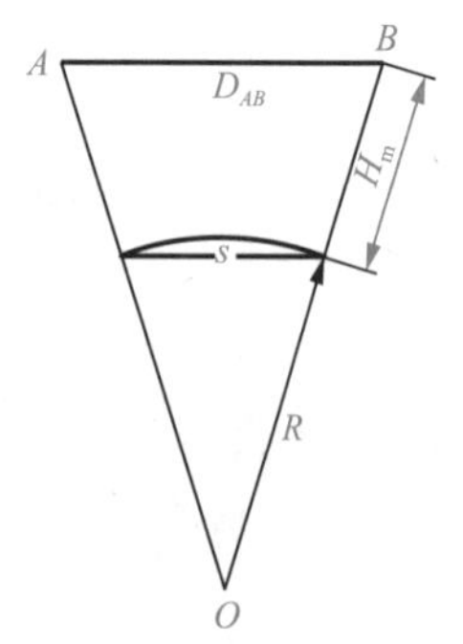

图 5-1　参考椭球体面投影改化

1. 参考椭球体投影改化

（1）投影在参考椭球体面的改化公式

参考椭球体投影改化的目的是把地球表面某一高程面上的平距化算为参考椭球体面（或假定似大地水准面）上的平距。在图 5-1 中，A、B 两点的平距长度为 D_{AB}，H_{m} 是平距 D_{AB} 两端点的绝对高程平均值。设 s 是 D_{AB} 投影在参考椭球体面上（忽略图 1-9 中的 h'_{m}）的平距长度，地球曲率半径为 R，根据几何原理，有

$$\frac{s}{D_{AB}}=\frac{R}{R+H_{\mathrm{m}}}=1-\frac{H_{\mathrm{m}}}{R+H_{\mathrm{m}}} \tag{5-1}$$

改化后，参考椭球体面上的平距长度为

$$s=D_{AB}\left(1-\frac{H_{\mathrm{m}}}{R+H_{\mathrm{m}}}\right)=D_{AB}-D_{AB}\frac{H_{\mathrm{m}}}{R+H_{\mathrm{m}}}=D_{AB}+\Delta D \tag{5-2}$$

式（5-2）是参考椭球体面平距投影改化公式，简称投影改化公式，其中

$$\Delta D=-D_{AB}\frac{H_{\mathrm{m}}}{R+H_{\mathrm{m}}} \tag{5-3}$$

式中，ΔD 称为投影改正数。

（2）投影在假定似大地水准面的改化公式

在图 5-2 中，设假定似大地水准面到似大地水准面的高程为 H ，s' 是 D_{AB} 投影在假定似大地水准面的平距长度，H'_{m} 是 D_{AB} 的相对高程，则 $H_{\mathrm{m}}=H'_{\mathrm{m}}+H$ ，$H'_{\mathrm{m}}=H_{\mathrm{m}}-H$ ，根据式（5-2），有

$$s'=D_{AB}\left(1-\frac{H_{\mathrm{m}}-H}{R+H_{\mathrm{m}}}\right)=D_{AB}-D_{AB}\frac{H_{\mathrm{m}}-H}{R+H_{\mathrm{m}}} \tag{5-4}$$

$$\Delta D'=-D_{AB}\frac{H_{\mathrm{m}}-H}{R+H_{\mathrm{m}}} \tag{5-5}$$

由式（5-3）和式（5-5）可知，投影改正数 ΔD 、$\Delta D'$ 的计算是工程日常距离测量中较多的改化工作。

式（5-5）中的 H 可人为设定，使（ $H_{\mathrm{m}}-H$ ）减小，因而改正数 $\Delta D'$ 也变小，甚至为 0。因此，当工程建设位于绝对高程平均值 H_{m} 较大的高地区时，可采用假定大地水准面的高程系统减小 H'_{m} ，避免投影改化工作。

2. 高斯距离改化

据推证，参考椭球体面投影改化后的平距 s 与相应高程面的弧长 S 相差非常小（图 5-3），因此，一般工程距离不长（ s<10km）时，把改化后的平距 s 当作参考椭球体面上的弧长 S 。

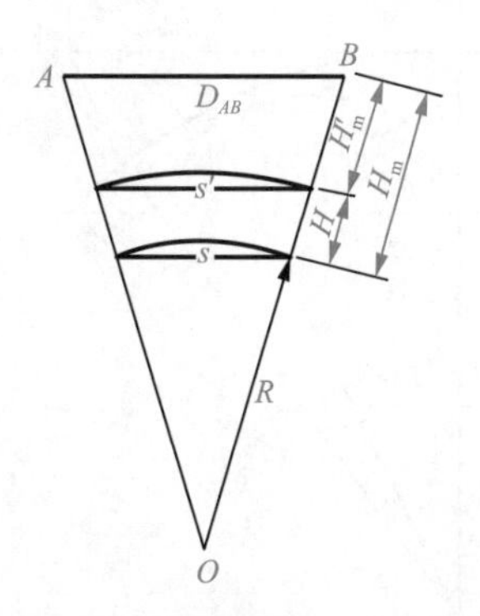

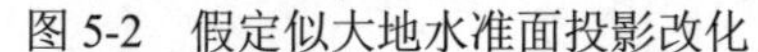

图 5-2　假定似大地水准面投影改化

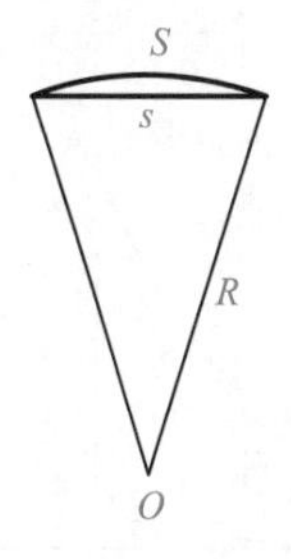

图 5-3　弦弧差异

根据高斯投影的几何意义和高斯平面的特点，参考椭球体面上的边（弧长）投影成高斯平面上的边长时会变形。如图 5-4 所示，x 轴、y 轴分别由中央子午线和赤道投影而成，虚线 ab 表示参考椭球体面上的弧线（长度为 S ），实线 $a'b'$ 表示 ab 在高斯平面的投影（长度 l_S ），S 在高斯投影后伸长为 l_S （取直线）的数据处理工作就是高斯距离改化。设伸长变形为 Δs ，则

$$\Delta s = l_S - S \tag{5-6}$$

式中，Δs 称为高斯距离改正数。根据高斯投影理论，Δs 计算公式为

$$\Delta s = S\left(\frac{y_{\mathrm{m}}^2}{2R^2} + \frac{\Delta y^2}{24R^2}\right) \tag{5-7}$$

其中，

$$y_{\mathrm{m}} = \frac{y_a + y_b}{2} \tag{5-8}$$

$$\Delta y = y_a - y_b \tag{5-9}$$

式中，R 是地球曲率半径（取 6371km）；S 是两个地面点在参考椭球体面上的距离；y_{m} 是地面点 a、b 在高斯投影带内平面直角坐标系横坐标 y 的平均值；y_a、y_b 为地面点 a、b 的横坐标近似值，一般计算到 m 位即可；Δy 称为地面点 a、b 的横坐标增量。

在一般的工程建设中，将得到的球面距离 S 投影到坐标平面上，平面距离改化采用高斯距离改化公式。由于地面点之间的 Δy 很小，故式（5-7）括号内第二项可忽略，实际中应用的高斯距离改化公式为

$$\Delta s = S\left(\frac{y_{\mathrm{m}}^2}{2R^2}\right) \tag{5-10}$$

式（5-10）在几何上的意义如图 5-5 所示，从坐标沿 x 轴看，坐标平面呈一条直线，即 y 轴，O' 点是平面坐标的原点。设 S 是球体面上的弧长，那么投影到高斯平面的直线伸长为 l_S（图 5-4 中的 $a'b'$），伸长变形 Δs，这就是平面距离改化。图 5-5 中的伸长变形 Δs 可表示为

$$\Delta s = l_S - S = \varphi \times \psi \times y_{\mathrm{m}} = \frac{S}{R} \times \frac{y_{\mathrm{m}}}{2R} \times y_{\mathrm{m}} = S\frac{y_{\mathrm{m}}^2}{2R^2}$$

上式与高斯距离改化公式（5-7）括号内第一项相同。由图 5-5 可见，改化后高斯平面上的 l_S 为

$$l_S = S + \Delta s = S + S\left(\frac{y_{\mathrm{m}}^2}{2R^2}\right) \tag{5-11}$$

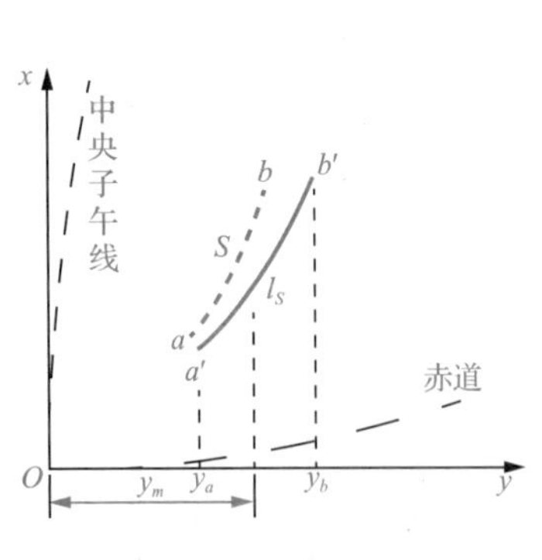

图 5-4　高斯投影变形

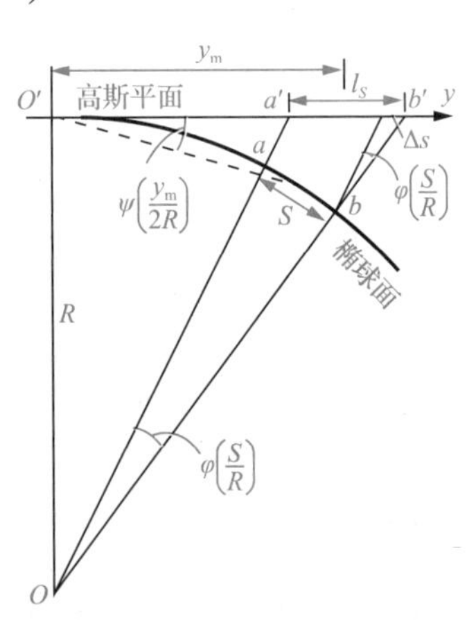

图 5-5　伸长变形计算

需要注意的是，当 S=1000m 时，y_{m}<20km 的高斯距离改化 Δs<5mm，在一般工程建设中可以忽略不计。也就是说，应用上可以把 y_{m}<20km 的曲面当作平面，不再进行高斯距离改化。同样，在独立平面直角坐标系统中，可以把 y_{m}<20km 的曲面当作平面，不再进行高斯距离改化。

3. 抵偿投影面的选择

由上述改化工作可知，参考椭球体的投影改正 ΔD 符号为负，如式（5-5）。高斯距离改化 Δs 符号为正，如式（5-11）。由于式（5-5）中的 $H_{\mathrm{m}} \ll R$，因此其分母中的 H_{m} 可为 0，此时如果令 $\Delta D+\Delta s=0$，则称参考椭球体的投影改正 ΔD 与高斯距离改化 Δs 互相抵偿，即

$$-D_{AB}\frac{H_{\mathrm{m}}-H}{R}+S\frac{y_{\mathrm{m}}^2}{2R^2}=0 \tag{5-12}$$

在式（5-12）中取 $D_{AB}=S$，并设 $H=H_{\mathrm{d}}$，经整理得

$$H_{\mathrm{d}}=H_{\mathrm{m}}-\frac{y_{\mathrm{m}}^2}{2R} \tag{5-13}$$

把 R=6371km 代入式（5-13），得

$$H_{\mathrm{d}}\approx H_{\mathrm{m}}-7.8\times10^{-8}y_{\mathrm{m}}^2 \tag{5-14}$$

式（5-14）是 $\Delta D+\Delta s=0$ 的前提条件。也就是说，选择高程为 H_{d} 的高程面作为投影面，可认为 y_{m} 在适当范围内取值时，高程面地表的距离与高斯平面的相应长度一致。通常将半径为 $R-H_{\mathrm{d}}$ 的椭球面称为抵偿椭球面，或称为抵偿投影面。按式（5-14）得到的 H_{d} 称为抵偿投影面高程。抵偿投影面的选择可以简化参考椭球体投影改化与高斯距离改化的工作。

5.1.2　角度的改化

根据球面特征，球面上地面点之间的水平角是观测视线在球面上投影线的夹角，这种球面上的投影线实际是一条球面弧线，如图 5-6（a）中的弧 ab，水平角实际上是球面角。根据高斯投影的特点，弧 ab 投影在高斯平面是弧 $a'b'$，如图 5-6（b）所示。

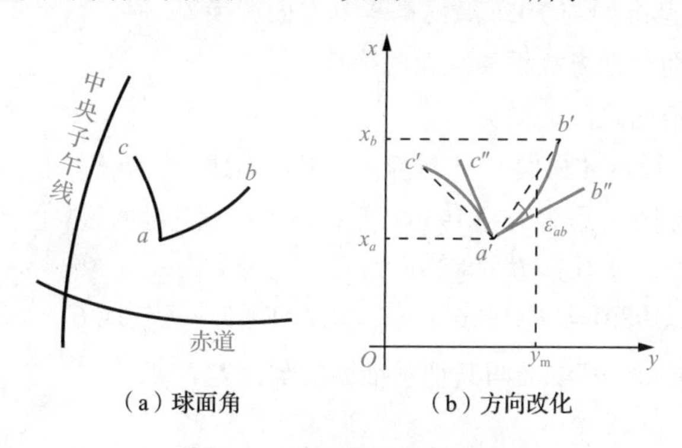

（a）球面角　　（b）方向改化

图 5-6　球面投影线的计算

根据式（2-1），水平角大小由水平方向观测值所决定，因此，高斯平面角度的改化主要是观测视线水平方向的改化。把弧 $a'b'$ 的切线方向改化为弦线（虚线）方向就是在水平方向观测值加上方向改正数 ε_{ab}，根据高斯投影理论的推证，有

$$\varepsilon_{ab}=\rho(x_a-x_b)\frac{y_{\mathrm{m}}}{2R^2} \tag{5-15}$$

式中，x_a、x_b 分别是点 a、点 b 的 x 坐标近似值；y_{m} 与式（5-8）中的 y_{m} 指代相同；R 是地球曲率半径（6371km）。

在式（5-15）中，当 y_{m}=20km 时，$x_a-x_b=2\mathrm{km}$，方向改正数 $\varepsilon_{ab}=0.1''$。对于要求不高的一般工程建设，当 y_{m}<20km 时，$x_a-x_b=2\mathrm{km}$，也即把曲面当作平面，不进行方向改化工作。

5.1.3 零点差及其高程换算

1. 零点差

由图 1-9 可见，绝对高程和相对高程的区别是高程基准面不同。绝对高程基准面与相对高程基准面之间存在差距，用 Δh_0 表示，称为基准面零点差，简称零点差。表 5-1 列出了我国现有的几种零点差。如图 1-9 所示，零点差可表示为同一地面点（如点 A）根据不同高程基准面取得的高程的差，即

$$\Delta h_0 = H'_A - H_A \tag{5-16}$$

式中，H_A 为地面点的绝对高程；H'_A 为地面点的相对高程。

表 5-1　1985 国家高程起算基准面与其他基准面的零点差

高程起算基准面	1985国家高程基准面	1956黄海高程基准面	珠江高程基准面	广州高程基准面	吴淞高程基准面	大沽高程基准面	旧黄河高程基准面
Δh_0/m	0	0.029	−0.557	4.443	−1.856	−1.952	−0.092

2. 地面点高程的换算

我国已经确定新正常高系统的高程起算基准面，即 1985 国家高程起算基准面。基于各种原因，我国仍有多种高程基准面：1956 黄海高程基准面和各地方高程基准面。如果在同一地区存在多种基准的已知高程点，那么会存在地面点高程换算问题，这些换算问题主要包括以下几种。

1）1985 国家高程基准面与 1956 黄海高程基准面的换算。

2）国家高程基准面与地方高程基准面的换算。

3）各地方高程基准面之间的换算。

由式（5-16）可见，设点 A 根据 1985 国家高程基准面建立的绝对高程为 $H_A(1985)$，根据 1956 黄海高程基准面建立的相对高程为 H'_A（1956），根据地方高程基准面建立的相对高程为 H'_A（地方），则 $H_A(1985)$ 与 $H'_A(1956)$ 、H'_A(地方)的关系为

$$H_A(1985) = H'_A(1956) - \Delta h_0,\quad H_A(1985) = H'_A(\text{地方}) - \Delta h_0 \tag{5-17}$$

式中，Δh_0 是 1985 国家高程基准面与其他基准面的零点差。

3. 算例

1）若某地面点 A 根据 1956 黄海高程基准面建立的高程 $H'_A(1956)$ =45.021m，则该点以 1985 国家高程基面建立的高程 $H_A(1985) = H'_A$（1956）$-\Delta h_0$ =45.021–0.029=44.992（m）。

2）某地面点 A 根据 1956 黄海高程基准面建立的高程 $H'_A(1956)$ =47.372m，换算成以珠江高程基准的高程的方法如下。

用式（5-17）换算成以 1985 国家高程基准建立的高程，即

$$H_A(1985) = H'_A(1956) - \Delta h_0 = 47.372 - 0.029 = 47.343\ (\text{m})$$

用式（5-17）换算成以珠江高程基准建立的高程，即

$$H'_A(\text{珠江}) = H_A(1985) + \Delta h_0 = 47.343 - 0.557 = 46.786\ (\text{m})$$

[注解]

1．不改化的条件：边长化为平面长度时涉及的要求。一是 y_m<20km，即所在区域不大；二是工程要求不高。

2．1985 国家高程基准面：我国现阶段的法定高程基准面。表 5-1 的其他基准是假定的高程基准面。

3．零点差的正与负。表 5-1 的零点差有正有负：假定的高程基准面低于 1985 国家高程基准面时为正；假定的高程基准面高于 1985 国家高程基准面时为负。零点差数据的实际应用应以当时当地实际数据为准。

5.2 方位角的确定

5.2.1 方位角及其类型

1．方位角的概念

方位角是地面点定向、定位的重要参数。通常，方位角以指北方向线为基准方向线，并按顺时针旋转方向转至直线段所得的水平角。如图 5-7 所示，地面上 *A*、*B* 两点构成直线段 *AB*，过点 *A* 有一指北方向线 *AN*，*AN* 按顺时针旋转方向转至直线段 *AB* 的∠*NAB* 就表示为 *AB* 的方位角 α_{AB}。方位角 α_{AB} 又称为地面直线段 *AB* 的定向角。

2．三北方向线

指北方向线包括真北方向线、磁北方向线、轴北方向线，即三北方向线。

1）真北方向线，即真北子午线。过某地面点的真子午线指向地球北极 N 的方向线称为真北方向线，简称真北线。

2）磁北方向线，即磁北子午线。其地面点上磁针指向地球磁场北极 N′ 的方向线称为该地面点磁北方向线，简称磁北线。由于地球南极、北极与地球磁场南极、北极不一致，因此地面点真北线与磁北线不重合，两线夹角 δ 称为磁偏角，如图 5-8 所示。若磁北线在真北线以东，则 δ 为正；若磁北线在真北线以西，则 δ 为负。

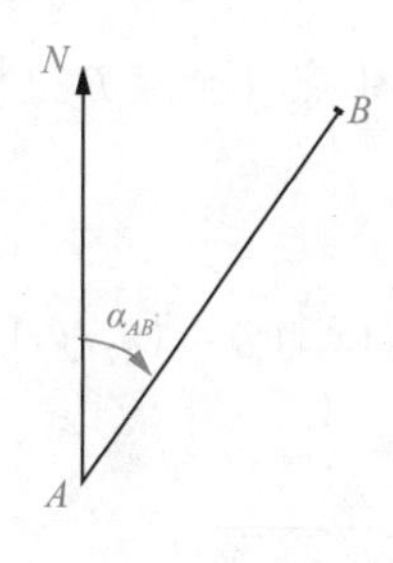

图 5-7　方位角

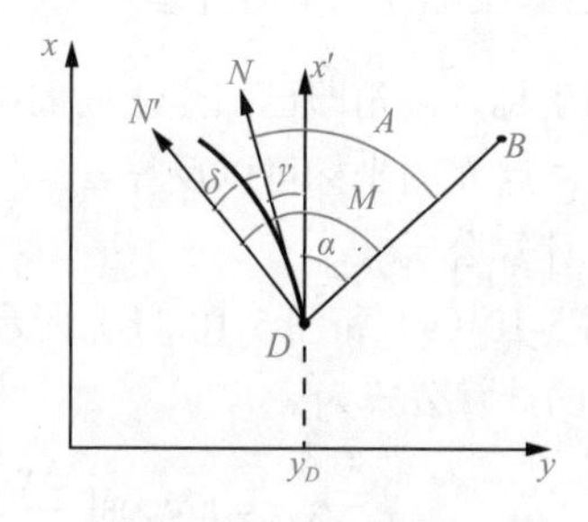

图 5-8　三北方向线

3）轴北方向线，即平面直角坐标系的 *x* 轴方向线，简称轴北线。若过坐标系中某地面点作平行于 *x* 轴的方向线 *x*′，则 *x*′ 方向线和 *x* 轴方向线都是该地面点的轴北方向线。

3．子午线收敛角

根据高斯投影几何意义，投影带中央子午线投影是高斯坐标系的 x 轴，离开中央子午线的地面点真子午线是以南极、北极为终点的弧线，弧线上的地面点的轴北方向线与经过该点的真北子午线不重合，两线存在一个夹角，称为子午线收敛角，用 γ 表示，如图 5-8 所示。

在图 5-8 中，地面点 D 的轴北方向线为 Dx'，过 D 点存在一条真子午线，过 D 点作该子午线的切线 DN，则 DN 与 Dx' 的夹角就是地面点 D 的子午线收敛角 γ。根据高斯投影理论，γ 与地面点的 y 坐标实际值同符号，大小与 y 坐标实际值成正比，可以利用地面点近似坐标 (x,y) 求得。用计算机法求取 γ 比较方便，具体方法见附录 B。

把真北、磁北、轴北三方向综合在一起，便构成三北方向图，如图 5-9 所示。

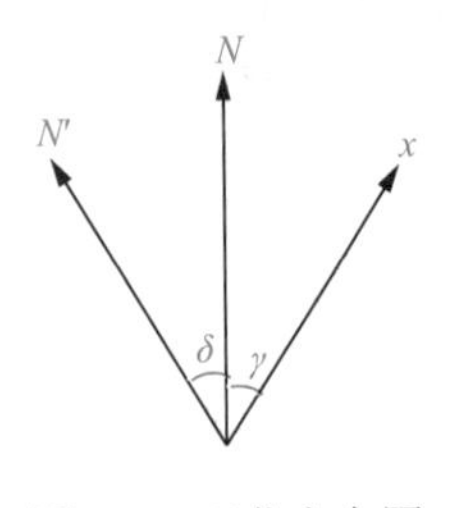

图 5-9　三北方向图

4．方位角的类型

根据基准方向线，方位角可分为以下几种类型。

1）真方位角：以真北方向线为基准方向线的方位角，用 A 表示。

2）磁方位角：以磁北方向线为基准方向线的方位角，用 M 表示。

3）坐标方位角：以轴北方向线为基准方向线的方位角，用 α 表示。

由于存在磁偏角 δ 和子午线收敛角 γ，真方位角 A 与磁方位角 M 以及真方位角 A 与坐标方位角 α 之间存在一定的关系，即

$$A = M \pm \delta \tag{5-18}$$

$$A = \alpha + \gamma \tag{5-19}$$

$$\alpha = A - \gamma = M \pm \delta - \gamma \tag{5-20}$$

例如，已知真方位角 A=46°，子午线收敛角 $\gamma = 2'34''$，磁偏角 $\delta = -1'23''$，那么根据式(5-18)、式(5-19)和式(5-20)，磁方位角 $M = A - \delta = 46° + 1'23'' = 46°01'23''$，坐标方位角 $\alpha = A - \gamma = 46° - 2'34'' = 45°57'26''$。

5.2.2　坐标方位角的确定

1．已知坐标方位角的计算

已知坐标方位角即已知点之间的坐标方位角，如图 5-10（a）中点 A 至点 B 坐标方位角 α_{AB}，利用点 A、点 B 的坐标可以反算 α_{AB}。

（1）计算公式

如图 5-10（a）和图 5-10（b）所示，点 A、点 B 坐标分别为 (x_1,y_1)、(x_2,y_2)，坐标反算方位角 α_{AB} 的计算公式为

$$\alpha_{AB} = \arccos\left(\frac{\Delta x}{s}\right) \quad 或 \quad \alpha_{AB} = \arccos\left[\frac{\Delta x}{\sqrt{(\Delta x^2 + \Delta y^2)}}\right] \tag{5-21}$$

式中，$\Delta x = x_2 - x_1$；$\Delta y = y_2 - y_1$；s 为 A、B 两点之间的距离，即

$$s = \sqrt{\Delta x^2 + \Delta y^2} \tag{5-22}$$

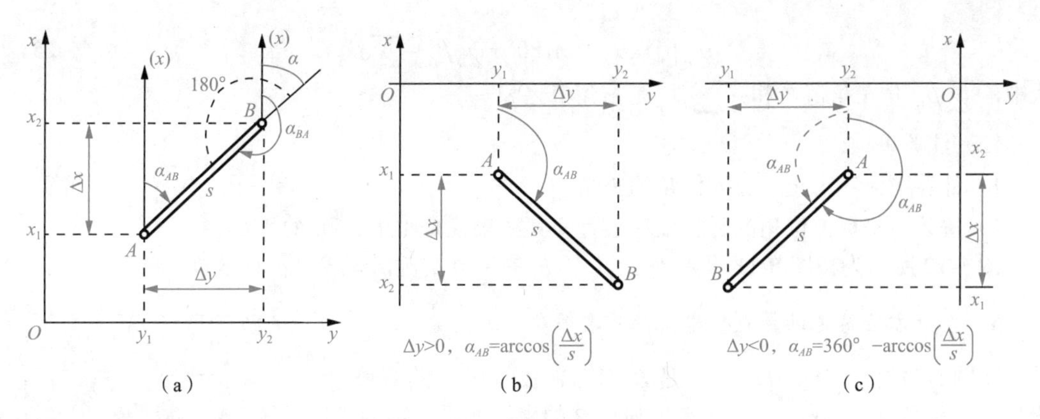

图 5-10　已知点坐标方位角的计算

（2）注意事项

1）当$\Delta y<0$时，α_{AB}的实际值如图 5-10（c）所示，应为

$$\alpha_{AB}=360^\circ-\arccos\left(\frac{\Delta x}{s}\right) \tag{5-23}$$

2）坐标方位角α_{BA}与α_{AB}的关系为

$$\alpha_{BA}=\alpha_{AB}+180^\circ \tag{5-24}$$

通常称式（5-24）中的α_{BA}是α_{AB}的反方位角。

2. 以已知方位角和水平角计算观测边的坐标方位角

（1）计算方法与公式

如图 5-11 所示，地面点有 A、B、1、2、3，已知坐标方位角α_{AB}，测得的水平角有β_1、β_2、β_3，推算D_1、D_2、D_3各边坐标方位角是α_{B1}、α_{12}、α_{23}。

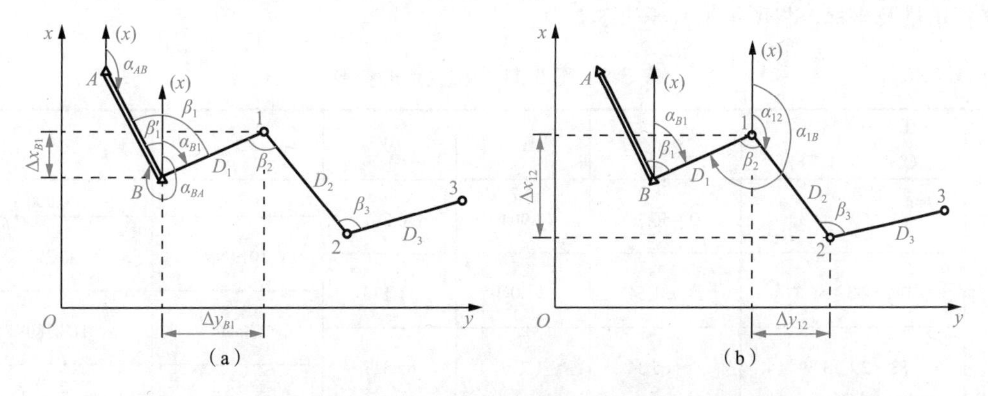

图 5-11　已知方位角和水平角计算观测边的坐标方位角

设推算方向线依次沿点 B、1、2、3，水平角β_1、β_3在推算方向线左侧，称为左角。水平角β_2在推算方向线右侧，称为右角。坐标方位角α_{B1}、α_{12}、α_{23}按下式计算。

$$\alpha_{B1}=\alpha_{BA}+\beta_1=\alpha_{AB}+180^\circ+\beta_1$$

$$\alpha_{12}=\alpha_{1B}-\beta_2=\alpha_{B1}+180^\circ-\beta_2=\alpha_{AB}+2\times180^\circ+\beta_1-\beta_2$$

$$\alpha_{23}=\alpha_{AB}+3\times180^\circ+\beta_1-\beta_2+\beta_3$$

同理，推算方向线继续延长到 n 点，则$\alpha_{n-1,n}$为

$$\alpha_{n-1,n}=\alpha_{AB}+n180^\circ+\sum\beta_{左}-\sum\beta_{右} \tag{5-25}$$

式中，$\sum\beta_{左}$ 是左角值之和；$\sum\beta_{右}$ 是右角值之和。

（2）注意事项

1）计算中应考虑正、反方位角的关系。

2）每条边坐标方位角的计算依次进行，其结果应是小于360°的正数。

图5-12所示为按图5-11引入 β_1、β_2、β_3 的手算实例，读者可自行试算。

3. 坐标方位角是计算点位坐标的重要参数

在图5-11中，D_1、D_2、D_3 是 B—1、1—2、2—3的边长，坐标方位角是 α_{B1}、α_{12}、α_{23}。点1与点 B 的坐标增量分别为

$$\Delta x_{B1}=D_1\cos\alpha_{B1},\quad \Delta y_{B1}=D_1\sin\alpha_{B1} \tag{5-26}$$

点1的坐标为 (x_1,y_1)，即

$$x_1=x_B+\Delta x_{B1}=x_B+D_1\cos\alpha_{B1}$$

$$y_1=y_B+\Delta y_{B1}=y_B+D_1\sin\alpha_{B1} \tag{5-27}$$

点2的坐标为 (x_2,y_2)，即

$$x_2=x_1+D_2\cos\alpha_{12}=x_B+D_1\cos\alpha_{B1}+D_2\cos\alpha_{12}=x_B+\sum_1^2 D_i\cos\alpha_i$$

$$y_2=y_1+D_2\sin\alpha_{12}=y_B+D_1\sin\alpha_{B1}+D_2\sin\alpha_{12}=y_B+\sum_1^2 D_i\sin\alpha_i$$

同理，i 点的坐标可表示为

$$x_i=x_B+\sum_1^i D_i\cos\alpha_i,\quad y_i=y_B+\sum_1^i D_i\sin\alpha_i \tag{5-28}$$

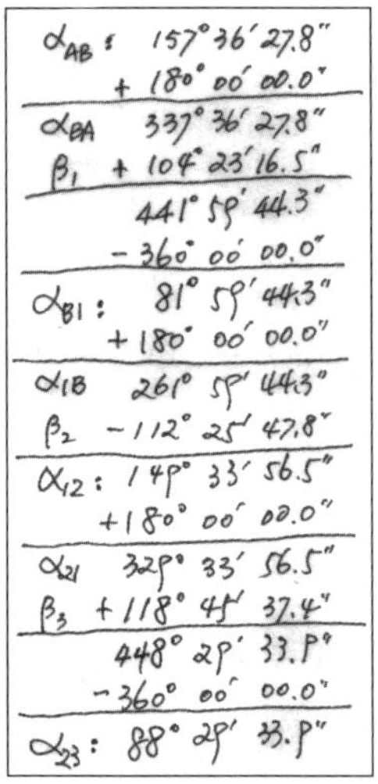

α_{AB}: 157°36′27.8″
+180°00′00.0″
α_{BA} 337°36′27.8″
β_1 +104°23′16.5″
441°59′44.3″
−360°00′00.0″
α_{B1}: 81°59′44.3″
+180°00′00.0″
α_{1B} 261°59′44.3″
β_2 −112°25′47.8″
α_{12}: 149°33′56.5″
+180°00′00.0″
α_{21} 329°33′56.5″
β_3 +118°45′37.4″
448°29′33.9″
−360°00′00.0″
α_{23}: 88°29′33.9″

图5-12 坐标方位角手算实例

例如，图5-11中点1、2、3边长、方位角列在表5-2中，根据式（5-26）和式（5-27）计算坐标增量及坐标，将所得值列于表5-2中。

表5-2 图5-11中相关点的参数

点	坐标方位角 α /（°　′　″）	边长	Δx	Δy	x	y
B	81　59　44.3	D_1=56.76	7.904	56.207	100.000	100.000
1					107.904	156.207
	149　33　56.3	D_2=61.54	−53.060	31.173		
2					54.844	187.380
	88　29　33.9	D_3=65.34	1.719	65.317		
3					56.563	252.697

5.2.3 罗盘仪测定磁方位角

1. 罗盘仪基本构造

罗盘仪的型号式样有很多，但其构造基本相同，图5-13（a）所示为轻便罗盘仪，其基本组成部分包括望远镜、度盘、磁针和基座。

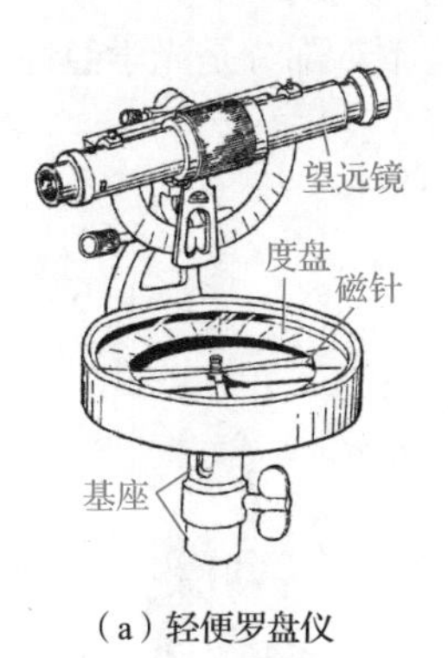

（a）轻便罗盘仪

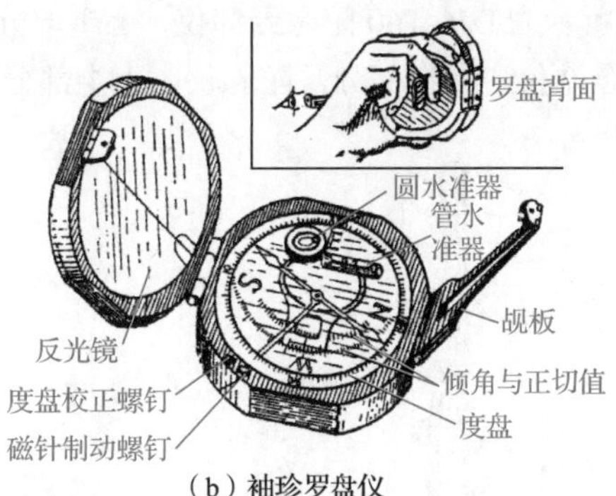

（b）袖珍罗盘仪

图 5-13　罗盘仪的基本构造

度盘刻度随罗盘仪型号不同而不同，如图 5-14 所示度盘是按逆时针顺序排列的 0°～360° 刻度。磁针就是通常所说的指南针，用于指示磁方位角。为了减少磁针的磨损，不使用时可利用磁针制动螺钉将磁针固定。

罗盘仪望远镜样式小巧，构造与经纬仪望远镜基本相同。罗盘仪望远镜通过支柱与罗盘盒连接在一起，视准轴与度盘 0°～180° 的连线平行，并且该连线随望远镜转动。

基座是一种球臼结构，可以安装在小三脚架上，利用球臼结构中的接头螺旋可以摆动罗盘盒，使水准器气泡居中，整平罗盘仪。

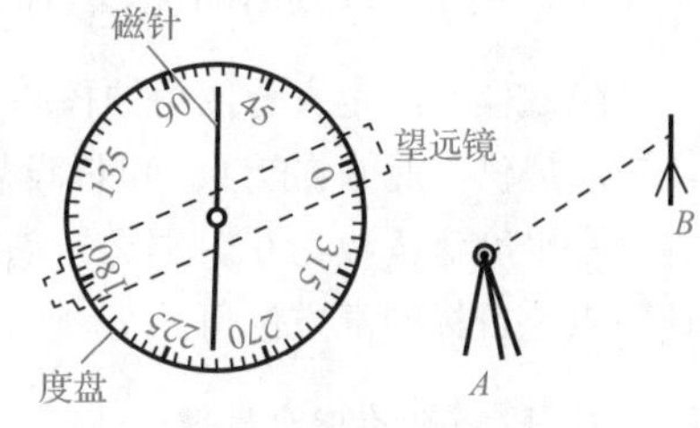

图 5-14　测量磁方位角

罗盘仪的磁针指向磁北，提供磁北方向线。由于望远镜视准轴与度盘 0°～180° 的连线平行，并且在水平转动时带动度盘一起转动，故磁针指在度盘 0° 时，望远镜视准轴与磁针同指磁北。在测定磁方位角时，磁针的磁北指向线是磁方位角的指标线。

2. 测定步骤

1）安置罗盘仪和目标。如图 5-14 所示，罗盘仪在地面点 A 对中整平，目标立在另一地面点 B 上。

2）瞄准目标。利用罗盘盒下方制动微动机构，转动罗盘仪望远镜瞄准目标。

3）读数。拧松磁针制动螺钉，磁针自由正常摆动，读取磁针静止所指的度数，用 M 表示。

4）返测磁方位角。按上述步骤在另一地面点返测磁方位角 M'，用以检核磁方位角测量准确性（M 与 M' 相差 180°）。

罗盘仪结构简单，应用方便，但在用于磁方位角测量时应避开铁质物和高压电场，以避免受到它们的影响，罗盘仪使用完毕应紧固磁针制动螺钉。

5.2.4　陀螺经纬仪测定真方位角

1. 陀螺经纬仪测定真方位角的基本思路

陀螺经纬仪是一种将陀螺仪与经纬仪（全站仪）结合成一体的用于测定真方位角的测量仪

器。图 5-15 所示为 DJ6-T60 陀螺经纬仪，上半部分是陀螺仪，下半部分是光学经纬仪。图 5-16 所示为陀螺全站仪，上半部分是陀螺仪，下半部分是全站仪。

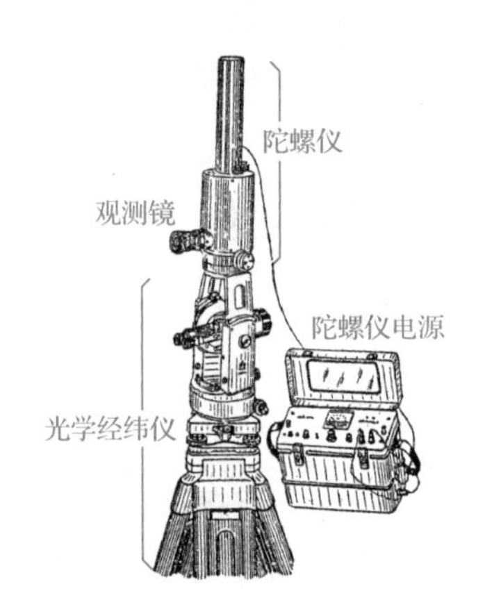

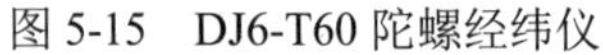
图 5-15　DJ6-T60 陀螺经纬仪

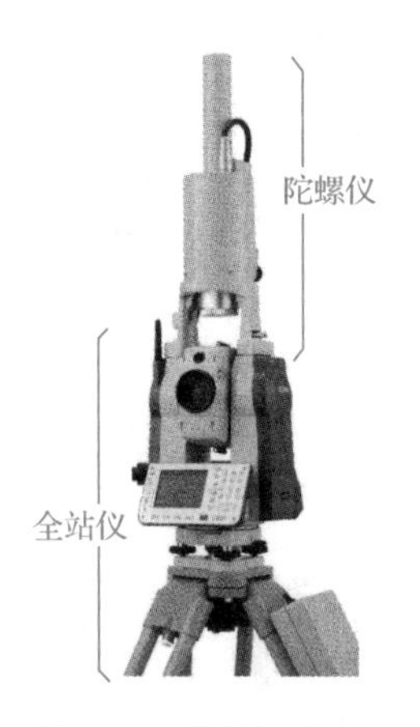

图 5-16　陀螺全站仪

陀螺仪是测定真方位角的核心设备，根据指北原理为真方位角提供真北方向。陀螺仪的观测镜能提供真北 N 的方向。可以设想，如果经纬仪望远镜的视准轴处在真北 N 方向的竖直面内，并且水平度盘读数为 0°，那么转动经纬仪瞄准其他目标方向时得到的水平方向值便是仪器所在地面点至目标的真方位角。

2. 陀螺仪的指北原理

图 5-17 所示为陀螺仪灵敏部原理结构，此时灵敏部陀螺房处于未锁定的悬挂状态，陀螺房中的陀螺沿 x 轴高速旋转。陀螺房可沿悬挂带转动和自由摆动。

陀螺仪具有定轴性和进动性，可实现自动指真北的功能，具体如下。

1）高速旋转的陀螺在没有外力矩作用时，陀螺转轴（x 轴）的空间方位保持不变，这就是定轴性。

2）高速旋转的陀螺，在外力矩作用下，x 轴的空间方位将发生变动，这种方位变动是陀螺的特种运动性质，称为进动性。

如图 5-18 所示，陀螺处于 1 时刻时，陀螺仪处于重力平衡状态，x 轴处于水平状态，没有外力矩的存在，故高速旋转的 x 轴保持定轴性，并与垂线互相垂直。

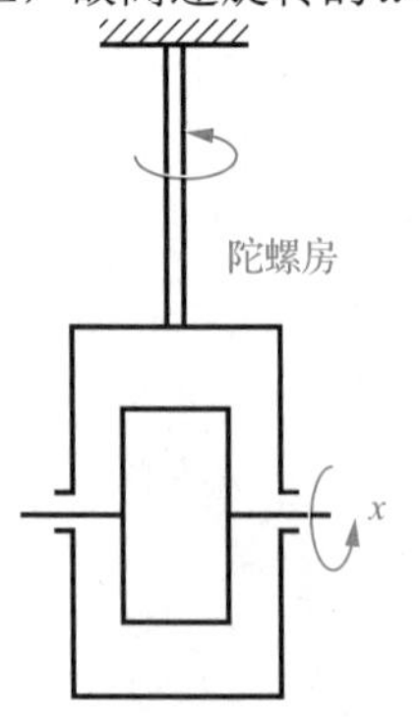

图 5-17　陀螺仪灵敏部原理结构

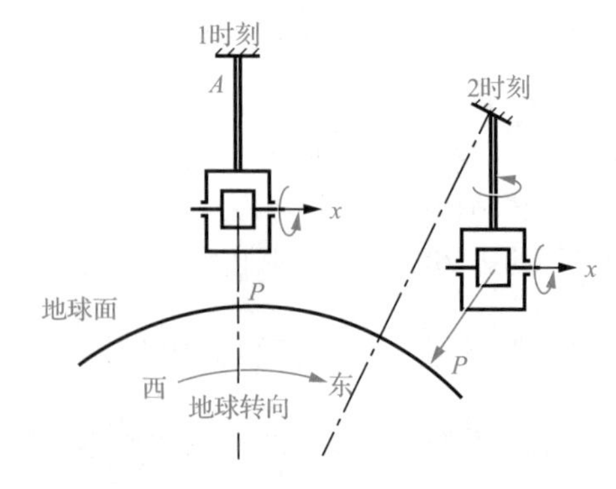

图 5-18　不同时刻的陀螺仪状态

因为地球自西向东自转，地面点上摆设的悬挂状态的陀螺所处的情况就随着时刻的变化而发生变化。例如，图 5-18 中陀螺从 1 时刻到 2 时刻的情形：

其一，由于定轴性的原因，x 轴企图保持原有的定轴方位。

其二，定轴性的延续引起 x 轴与垂线不垂直，即 2 时刻的陀螺离开重力平衡的位置。

其三，地球引力的作用力图把陀螺拉回到重力平衡的位置，这时便产生了外力矩对陀螺的作用。

其四，在外力矩的作用下，x 轴向北偏转，直至 x 轴与外力矩都在陀螺所在地点的子午平面内。

陀螺 x 轴的这种运动形式就是进动，其结果是使陀螺 x 轴指向真北方向。

5.2.5　象限角

1. 象限角的概念

指北方向线与地面点之间的直线所构成的锐角称为象限角，用 R 表示。如图 5-19 所示，在该平面直角坐标系中，指北方向线是轴北方向线，锐角 R_{O1} 是 $O1$ 方向在第 1 象限的象限角。

象限角 R 可按 A、B 两点坐标 (x_1, y_1)、(x_2, y_2) 反算，即

$$R_{AB} = \arctan\left(\frac{\Delta y}{\Delta x}\right) \tag{5-29}$$

式中，$\Delta x = x_2 - x_1$，$\Delta y = y_2 - y_1$。

象限角 R 所在象限按 Δx、Δy 的正、负确定。

2. 象限角与坐标方位角的关系

根据图 5-19，象限角与坐标方位角的关系可表示为：第 1 象限 $R_{O1} = \alpha_{O1}$，称北东 R_{O1}；第 2 象限 $R_{O2} = 180° - \alpha_{O2}$，称南东 R_{O2}；第 3 象限 $R_{O3} = \alpha_{O3} - 180°$，称南西 R_{O3}；第 4 象限 $R_{O4} = 360° - \alpha_{O4}$，称北西 R_{O4}。

R_{O1}、R_{O2}、R_{O3}、R_{O4} 作为各线段象限角的角值运算，在应用上冠以相应的技术名称，如图 5-20 和表 5-3 所示。在实践中，象限角可用于导航指向。

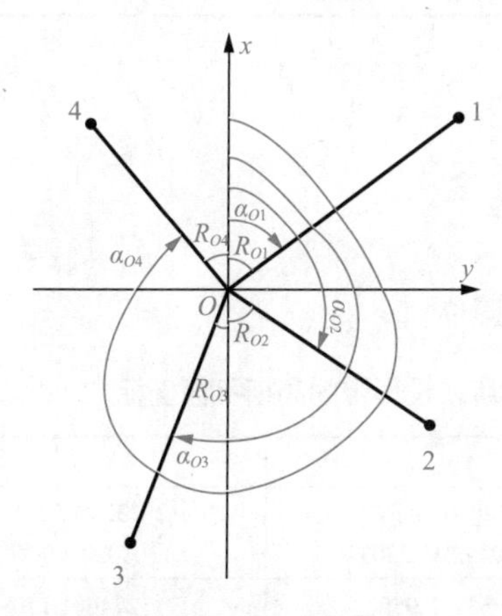

图 5-19　象限角图示

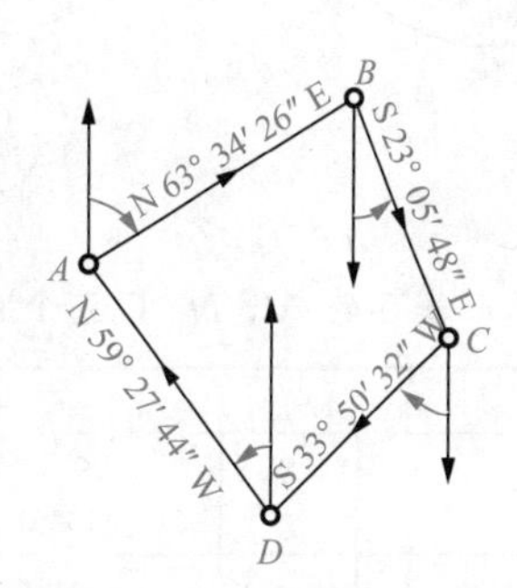

图 5-20　各线段象限角的技术名称

表 5-3　象限角的计算

线段名称	坐标方位角 α	象限角 R	技术名称 1	技术名称 2	象限
AB	63°34′26″	63°34′26″	北东 63°34′26″	N 63°34′26″E	1
BC	156°54′12″	23°05′48″	南东 23°05′48″	S 23°05′48″E	2
CD	213°50′32″	33°50′32″	南西 33°50′32″	S 33°50′32″W	3
DA	300°32′16″	59°27′44″	北西 59°27′44″	N 59°27′44″W	4

5.3 地面点坐标换带

5.3.1 换带的目的

1. 解决投影带的统一性

投影带的统一性，即工程建设需要的地面点坐标必须统一于同一个投影带，或者说，必须统一于同一个高斯投影面。工程建设中经常用到国家基础测绘已建立的地面固定点，但这些点位坐标属于各自的高斯平面投影带。如图 5-21（a）和图 5-21（b）所示，地球面上 M 、N 、O 三个地面点，按经线分带可在不同的高斯投影带中。地面点 M 、O 分别在带号为 20 号、21 号的 6° 带中，如图 5-21（c）所示；地面点 N 在带号为 40 号的 3° 带中，如图 5-21（d）所示。M 、N 、O 三个地面点的坐标见表 5-4。这种不同投影带的地面点平面直角坐标不便为工程建设所应用，因此必须进行换带计算，使所需的地面点的坐标符合投影带的统一性原则。

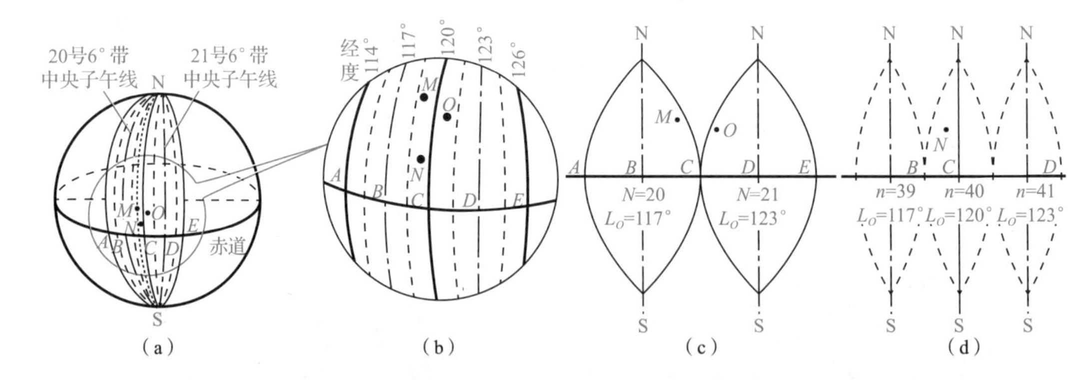

图 5-21　地面点及其投影带

表 5-4　M、N、O 三个地面点的大地坐标及其所在投影带的高斯平面坐标

点名		M	N	O
大地坐标系统	B	29°33′45.8036″	29°29′26.8597″	29°33′21.7576″
	L	119°51′28.7441″	119°52′45.2203″	120°02′48.0114″
高斯平面直角坐标	x	3275110.535	3263732.959	3274601.170
	y	20777021.233	40488287.915	21213713.998
投影带带号		20 号 6°带	40 号 3°带	21 号 6°带

2. 解决投影变形大的问题

现将图 5-21（c）、图 5-21（d）重叠为图 5-22（a）。其中 M 、N 两点可以投影在 20 号 6° 带，如图 5-22（b）所示。根据式（1-5），这时 M 、N 两点的 y' 坐标平均值为 y'_{20}。在图 5-22（c）中，M 、N 两点可以投影在 40 号 3° 带，y' 坐标平均值为 y'_{40}。由图 5-22 可见，根据不同的高斯投影带，投影结果为 $|y'_{20}|>|y'_{40}|$。以 y' 坐标平均值按式（5-10）计算各点的投影变形，则 $\Delta s_{20} > \Delta s_{40}$。

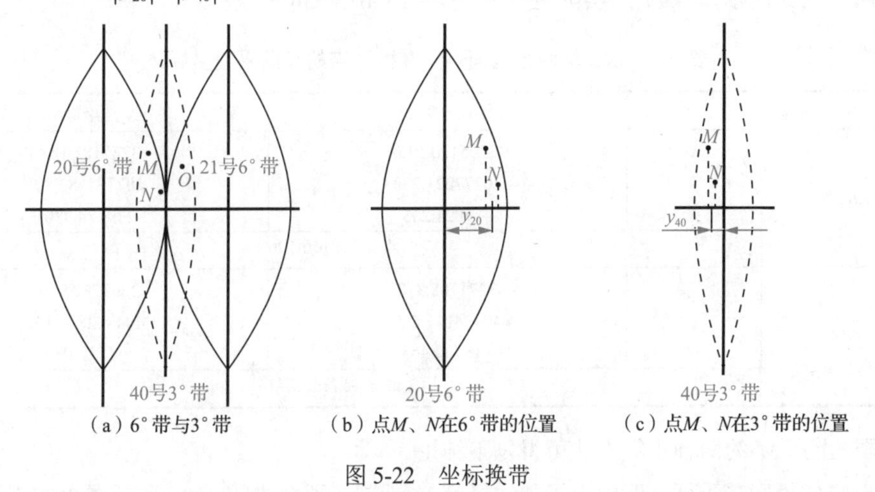

（a）6° 带与3° 带　（b）点M、N在6° 带的位置　（c）点M、N在3° 带的位置

图 5-22　坐标换带

由上述情况可知，若通过投影带的变换实现地面点坐标换带，使换带后的点位新坐标比较靠近新的投影带中央子午线，其平均 y 坐标引起的变形 Δs 很小，甚至可以忽略不计。由此可见，坐标换带可解决投影变形大的问题。

5.3.2　换带的基本思路

换带计算有直接法和间接法，由于篇幅的限制，这里不对换带计算理论、计算公式及具体方法详细论述，仅以间接法为例介绍换带的基本思路。

1. 正算

以椭球体面地面点大地坐标(B, L)，按高斯投影理论公式计算该地面点的高斯平面直角坐标(x, y)，称为正算。此时将高斯投影理论公式称为正算公式。正算的基本思路如下。

1）根据点位大地经度 L 选取投影带中央子午线 L_O 。

2）求经差 l ，即

$$l=L-L_O \tag{5-30}$$

式中，L 是地面点所在子午线的经度；L_O 是所选定的投影带中央子午线经度。

3）正算地面点的坐标 (x,y) 。以地面点的大地纬度 B 及经度差 l ，根据正算公式求出地面点的坐标 (x,y) 。

例如，根据表 5-4 中点 M 的大地坐标进行正算，具体方法如下。

1）选点 M 所在6°带，N=20，根据式(1-3)，$L_O=117°$；根据式(5-30)，经差 l=2°51′28.7441″。将点 M 纬度 B 及经差 l 代入正算公式，得点 M 在20号6°带的坐标（列在表5-5中）。点 M 位置如图5-22（b）所示，点 M 的实际坐标 $y'(6)$=277021.233m。

2）选点 M 所在3°带，n=40，根据式(1-4)，$L_O=120°$；根据式(5-30)，经差 $l=-0°08'31.2599''$。将点 M 纬度 B 及经差 l 代入正算公式，得点 M 在40号3°带的坐标（列在表5-5中）。点 M 位置如图5-22（c）所示，点 M 的实际坐标 $y'(3)=-13762.463\text{m}$。

表5-5　M、N 两个地面点所在投影带的高斯平面坐标

方位		M 点坐标/m	N 点坐标/m
20号6°带	x	3275110.535	3267183.168
	y	20777021.233	20779278.980
	y'	277021.233	279278.980
	$y'_{20}=278150.106$		
40号3°带	x	3271708.378	3263732.959
	y	40486237.537	40488287.915
	y'	−13762.463	−11712.085
	$y'_{40}=-12737.274$		

根据以上点 M 的两种正算方法可得以下结论。

1）选择的投影带不同，即中央子午线经度 L_O 不同，则由式（5-30）得出的经差 l 不同，故正算变换得到的高斯平面直角坐标 (x,y) 也不同。选择投影带是正算的关键。

2）选择的两种投影带得到的点 M 的 y' 坐标实际值差别很大，如 $|y'(3)|<|y'(6)|$。这说明通过选择不同的投影带，可改变点 M 的位置参数，使之更靠近所选择的投影带的中央子午线。

2. 反算

把高斯平面位置变换成椭球体面大地点位置的计算称为反算。反算的结果是把地面点的高斯平面直角坐标 (x,y) 变换为大地坐标 (B,L)。反算涉及若干高斯投影理论公式，运算比较复杂，一般用计算机进行，计算方法可参考相关书籍。

3. 间接法换带计算的顺序

1）将地面点在原投影带高斯平面直角坐标 (x,y) 反算为椭球体面大地坐标 (B,L)。在几何意义上，反算结果恢复为地面点在椭球体面的球体坐标位置。

2）选择新的投影带，确认新投影带的中央子午线的经度 L_O，根据式（5-30）计算经差 l。

3）利用反算得到的地面点大地纬度 B 及经度差 l 进行正算，最后获得新投影带的高斯平面直角坐标 (x',y')。在几何意义上，新坐标 (x',y') 并非地面点在椭球体面的球体坐标位置发生变化，而是选择新的投影带的结果。

5.4 数的凑整、留位、检查

5.4.1 有效数字

1. 概念

有效数字是描述十进制数有现实意义的数字，即仿该十进制数用首位不为 0 的有限个自然数字构成的正整数。例如，180.05 的有效数字是 18005，6.0356 的有效数字是 60356，0.03040 的有效数字是 3040，12.56×10^{6} 的有效数字是 1256，9.647×10^{-6} 的有效数字是 9647。

2. 有效数字的有效数位

有效数字确定的数字位数称为有效数位。例如，180.05 的有效数字 18005 的有效数位为 5，也因此称 180.05 的有效数字 18005 是五位有效数字。

一个十进制数的有效数位与该数的小数点无关，与该数所表示的 10 的乘方数无关，与该数首部零的个数无关，但是与该数尾部 0 的个数有关。例如，180.05 与 6.0356 的有效数字都是 5 位的，12.56×10^{6} 与 1.256×10^{8} 的有效数字都是 1256，0.0304 与 0.03040 的有效数字分别是 304、3040。

5.4.2 数的凑整规则

一般来说，在观测与计算中得到的数都要根据不同的要求进行数的凑整，即进行数的四舍五入。例如，测量距离得到的观测值 25.746m，若要求观测值表示到厘米位，则按一般四舍五入的要求凑整为 25.75m。

在观测与计算中，数的凑整遵循以下规则。

1. 四舍

若数值被舍去部分小于保留末位数为 1 时的 0.5，则保留位数不变。例如，56.15346 保留两位小数，取 56.15。这个规则简称四舍规则。

2. 五入

若数值被舍去部分大于保留末位数为 1 时的 0.5，则保留位数加 1。例如，3.141592653 保留四位小数，取 3.1416。这个规则简称五入规则。

3. 奇进偶不进

数值被舍去部分等于保留末位数为 1 时的 0.5，末位数为奇数时加 1，末位数为偶数时不变。例如，56.765 保留两位小数凑整为 56.76，56.735 保留两位小数凑整为 56.74。这个规则简称为奇进偶不进规则。

5.4.3 近似数在四则运算中的凑整

由凑整后的结果可见，一个数的末位后仍存在不准确的数字。例如，56.735 凑整为 56.74，凑整数 4 的后面存在−0.5 差值，用“？”表示不准确的数位，则 56.74 可表示为 56.74?。由此可见，经过凑整的数字又称为近似数。严格来说，现实观测得到的数字（不包括常数）属于凑整后的近似数。由于近似数不准确数位的存在，近似数在四则运算中得到的结果必定受到制约，研究这种制约关系就是四则运算的凑整规则。这种规则简称多保留一位规则，其运算过程称为多保留一位运算。

1. 加、减运算结果的凑整规则

一组数相加、相减，以小数位最少的数为标准，其余各数及其运算结果均比该数多保留一位小数位，如表 5-6 所示。

表 5-6 一般运算实例

<table>
<tr><th>序</th><th>一般运算</th><th>多保留一位运算</th><th>序</th><th>一般运算</th><th>多保留一位运算</th></tr>
<tr><td rowspan="2">1
2
3
4</td><td rowspan="2">+184.32?
+358.4?
+ 12.358?
−114.74?</td><td rowspan="2">+184.32?
+358.4?
+ 12.36?
−114.74?</td><td>1
2</td><td>232.12?
×0.34?</td><td>232?
×34?</td></tr>
<tr><td>过程</td><td>?? ????
92848?
69636?</td><td>????
928?
696?</td></tr>
<tr><td>结果</td><td>+467.338?
???
467.338</td><td>+467.34?
??
467.338</td><td>结果</td><td>789208??
???
78.9208</td><td>7888??
??
78.88 凑整为 78.9</td></tr>
</table>

在表 5-6 中，358.4 的小数位是一位，12.358 的小数位是三位，比 358.4 多保留一位，即凑整为 12.36，其余数的小数位均保持原来比 385.4 多一位的状态，运算结果 467.34 也比 358.4 多保留一位。按多保留一位的“一般运算”结果与小数位最少位按“多保留一位运算”的结果相同。根据“多保留一位”的规则，加、减运算中数的最少小数位一经确定，其他数的小数位可以多保留一位，多余的小数位在运算中是没有意义的。

2. 乘、除运算结果的凑整规则

两个数的相乘（或相除）以最少有效数位的有效数字为标准，另一数及其运算结果的有效数位（从首位数起）均比作为标准的有效数字的有效数位多保留一位，如表 5-6 所示。

在表 5-6 中，0.34 的有效数位是两位，232.12 的有效数位是五位，按多保留一位规则凑整为 232，运算结果是 78.9，有效数位均是三位。对“一般运算”结果按多保留一位的规则得到的结果与“多保留一位运算”的结果相同。

根据“多保留一位”的规则，乘、除运算中数的最少有效数位一经确定，其他数的有效数位可以多保留一位，尾部多余有效数位在运算中是没有意义的。

5.4.4 测量数字结果的取值要求

测量数字结果的取值要求见表 5-7。

表 5-7　测量数字结果的取值要求

等级	观测方向值及各项修正数/（″）	边长观测值及各项修正数/m	边长与坐标/m	方位角/（″）
二等	0.01	0.0001	0.001	0.01
三等、四等	0.1	0.001	0.001	0.1
一级及以下	1	0.001	0.001	1

5.4.5　测量数据质量的一般检核判别

测量数据质量必须进行检核，如水平角测量必须检核 $\Delta\alpha$，水准测量必须检核高差互差 δ。这种检核一般在两个测量数据的比较中完成。在比较精密的测量时，测量数据不止两个，而是多个，如表 5-8 是 6 测回角度观测值。

表 5-8　6 测回角度值观测

测回 n	角度观测值/（° ′ ″）	测回差 Δ 比较				
		A	B	C	D	E
1	75　32　23					
2	[75　32　48]	−25				
3	75　32　15	8	[33]			
4	75　32　37	−14	11	−22		
5	75　32　16	7	[32]	−1	21	
6	75　32　34	−11	14	3	3	−18

一般检核判别的方法，以规定的容许误差为标准，求取数据互差，将数据互差与容许误差比较，以数据互差的多数小于容许误差者为合格，由此判别测量数据质量，对超限可能性大的数据采取摈弃的措施。

如表 5-8 所示，取 $\Delta\alpha_{容}=\pm30''$，表中依次列出各测回角度观测值互差（简称测回差）Δ，其中 A 列是第 1 测回角度观测值与后续测回角度观测值的测回差 Δ，B 列是第 2 测回角度观测值与后续测回角度观测值的测回差 Δ，C、D、E 各列测回差 Δ 按 A、B 列同法计算。对各测回角度观测值测回差进行比较可知，大部分测回比较的测回差 Δ 小于 30″，而第 2 测回与第 3 测回、第 5 测回比较的测回差 Δ 均超过 30″，可判断第 2 测回角度观测值（带方框）有误，摈弃不用或重测。

习题 5

1．如图 5-1 所示，A、B 两点平距 $D_{AB}=561.334\text{m}$，所处高程 $H_{\text{m}}=1541.30\text{m}$。设高程基准面的地球曲率半径 R=6371km，求 D_{AB} 投影到高程基准面的改正。若投影到假定的高程基准面的相对高程是 $H'_{\text{m}}=41.30\text{m}$，求这时的投影改正。

2．接题 1。S=561.334m，$y_{\text{m}}=15451.56\text{m}$，$R$=6371km。计算高斯平面距离改化 Δs 是多少？

3．试述地球面上边长和角度不进行高斯改化的条件。

4. 某地面点 A 根据 1956 黄海高程基准面建立的高程 H'_A(1956) =54.021m，试将其换算为 1985 国家高程基准面绝对高程。

5. 某地面点 A 根据 1956 黄海高程基准面建立的相对高程 H'_A(1956) =74.372m，试将其换算成珠江高程基准面相对高程。

6. 已知珠江高程系统、广州高程系统的高程零点差分别为−0.557m、4.443m，点 P 的珠江高程系统相对高程 $H'_{珠江}=56.368\text{m}$，求点 P 的广州高程系统相对高程 $H'_{广州}$。

7. 直线段的坐标方位角是________。

A. 两个地面点构成的直线段与方向线之间的夹角

B. 轴北方向线按顺时针方向旋转至线段所得的水平角

C. 轴北方向线按顺时针方向旋转至直线段所得的水平角

8. 某直线段的磁方位角 $M=30°30'$，磁偏角 $\delta=0°25'$，其真方位角 A 是多少？若子午线收敛角 $\gamma=2'25''$，则该直线段的坐标方位角 α 是多少？

9. 式（5-18）中的 δ 符号本身有正、负之分，说明 $A=M+\delta$ 的大小意义。

10. 如图 5-8 所示，设点 D 的子午线收敛角 γ=11′42″，过点 D 的 DB 边的真方位角 $A_{DB}=91°55'45''$，试计算 DB 的坐标方位角 α_{DB}。

11. 某直线段磁方位角 M=30°30′，磁偏角 $\delta=0°25'$，其真方位角 A 是多少？若子午线收敛角 γ=0°02′25″，则该直线段的坐标方位角 α 是多少？

12. 在图 5-23 中，点 A 坐标 x_A=1345.623m，y_A=569.247m；点 B 坐标 x_B=857.322m，y_B=423.796m。水平角 $\beta_1=15°36'27''$，$\beta_2=84°25'45''$，$\beta_3=96°47'14''$。求方位角 α_{AB}、α_{B1}、α_{12}、α_{23}。

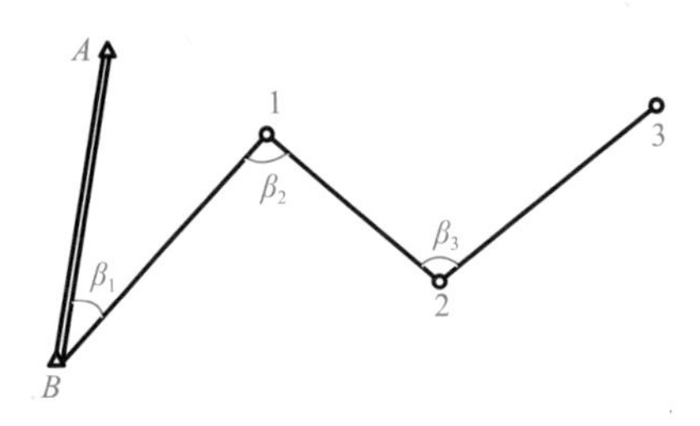

图 5-23　题 12 图

13. 罗盘仪是一种________。

A. 用于测定直线段磁方位角的仪器

B. 测量真方位角的测量仪器

C. 可计算坐标方位角的计算工具

14. 试述磁方位角的测量方法。

15. 使用罗盘仪测定磁方位角时，磁针指示的度盘角度值是________。

A. 磁北方向值

B. 磁偏角 δ

C. 望远镜瞄准目标的直线段磁方位角

16. 一测回角度测量，上半测回 $A_{左}=63°34'43''$，下半测回 $A_{右}=63°34'48''$。求一测回角度测量结果，结果取值到 s（秒）。

17．水准测量改变仪器法高差测量得一测站 h_1=0.564m，h_2=0.569m。求该测站测量结果，结果取值到 mm。

18．s=234.764m，坐标方位角 $\alpha=63^\circ 34'43''$，求 Δx 和 Δy，结果取值到 mm。

19．试述陀螺经纬仪的指北特点和原理。

20．试述坐标换带计算的意义，以及间接法换带计算的基本思路和计算步骤。

21．说明近似数的凑整原则与测量计算“多保留一位运算”的原理。

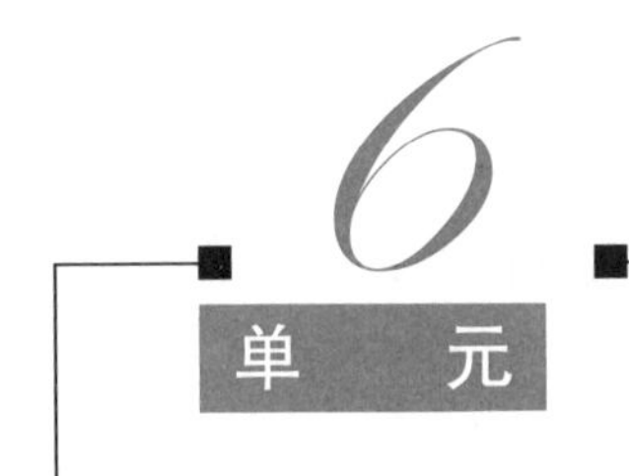

全站测量

学习目标

明确全站测量技术原理与方法，明确全站仪基本结构、功能和现代全站测量技术的作用和意义，掌握全站仪基本应用和地面点定位的速测技术。

6.1 全站测量技术原理

在测站上对地面点的坐标、高程等参数同时快速测定的技术称为全站测量技术。全站测量技术包括光学速测法、半站光电速测法和全站光电速测法。

6.1.1 光学速测法

光学速测法是根据光学经纬仪及视距法原理迅速测定地面点位置的方法，具体过程如下。

1. 安置仪器设备

在地面点 A 安置经纬仪，经纬仪高 i。接着定向，即经纬仪瞄准起始方向 B（或称后视点），水平度盘置零，同时在点 P 立标尺，如图 6-1（a）所示。

2. 观测水平角

经纬仪以盘左方式转动照准部瞄准待测点 P 标尺（或称前视点），如图 6-1（b）所示。测量水平角 β（$\angle BAP$），计算 AP 方位角 α_{AP}，即

$$\alpha_{AP}=\alpha_{AB}+\beta \tag{6-1}$$

式中，α_{AB} 是已知方位角。

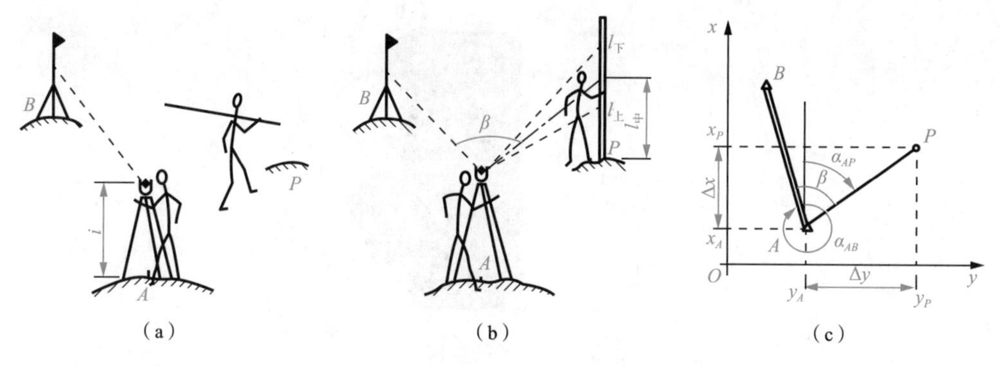

图 6-1　光学速测法测定地面点

3. 测量视距差

经纬仪按视距法（倒像望远镜）测量标尺视距差l，l满足式（3-33），即

$$l=N-M \quad 或 \quad l=l_{下}-l_{上} \tag{6-2}$$

4. 测量竖直角

在点A经纬仪测量竖直角α_A，或取得竖直度盘读数L_A。根据式（2-2），有

$$\alpha_A=90^\circ-L_A \tag{6-3}$$

5. 获取平距

根据式（3-44）、式（3-48）和式（3-49），测量点A至点P的平距D_{AP}，可表示为

$$D_{AP}=100l，\ D_{AP}=100l\cos^2\alpha_A，\ D_{AP}=100l\sin^2 L_A \tag{6-4}$$

6. 计算坐标

根据式（5-27），利用α_{AP}、D_{AP}及点A坐标求点P坐标，如图 6-1（c）所示，即

$$x_P=x_A+\Delta x_{AP}=x_A+D_{AP}\cos\alpha_{AP}，\quad y_P=y_A+\Delta y_{AP}=y_A+D_{AP}\sin\alpha_{AP} \tag{6-5}$$

式中，x_A、y_A是点A的坐标。

7. 计算高程

利用经纬仪测量$l_{中}$，根据式（4-40），利用点A高程及其他测量参数计算点P高程，即

$$H_P=H_A+50\left(l_{下}-l_{上}\right)\sin\left(2L_A\right)+i-l_{中} \tag{6-6}$$

利用经纬仪并根据视距法原理可同时获得地面点坐标、高程，这里的经纬仪作为测速仪，故光学速测法又称经纬仪速测法。

若用光电经纬仪代替光学经纬仪，则光电经纬仪速测法也可有效获得地面点坐标、高程。

6.1.2　半站光电速测法

光电测距仪与光学经纬仪组合为半站型仪器（图 6-2），该仪器可用于半站光电速测法。该方法的水平角、竖直角的测量仍采用光学经纬仪，只是测距光电化。

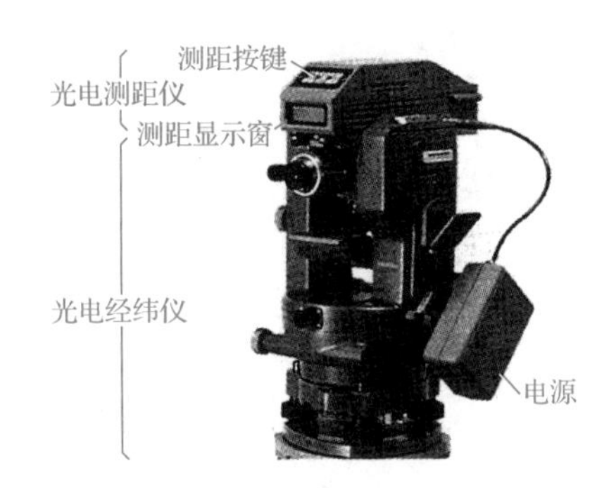

图 6-2　半站型仪器

1. 安置仪器设备

在点 A 安置半站型仪器，测量经纬仪高 i。接着定向，即瞄准起始方向 B，水平度盘置零，如图 6-3 所示。

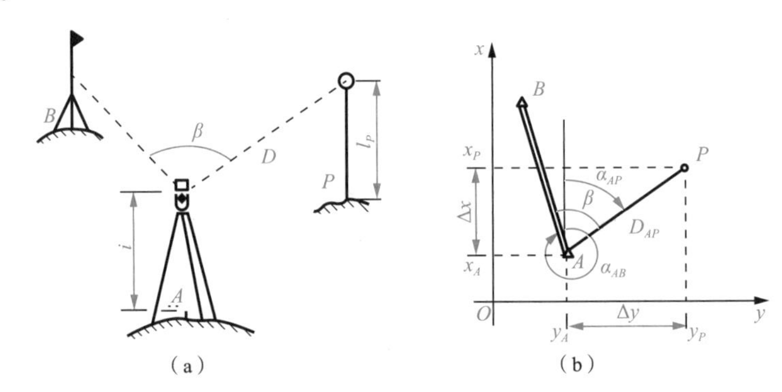

图 6-3　半站光电速测法测定地面点

2. 安置反射器

在点 P 安置反射器，测量反射器高 l_P，如图 6-3（a）所示。

3. 测量水平角

按光学速测法测量水平角 β，计算 AP 方位角 α_{AP}，即

$$\alpha_{AP}=\alpha_{AB}+\beta \tag{6-7}$$

4. 测量竖直角

经纬仪测量点 P 反射器竖直角 α_A 或测量竖盘读数 L_A。根据式（2-2），有

$$\alpha_A=90^\circ-L_A \tag{6-8}$$

5. 光电测距

光电测距仪测量获得 AP 的平距 D_{AP}，需要进行以下结果处理。

1）加常数改正和气象改正后的斜距为

$$D=D'+k+\Delta D_{\mathrm{tp}} \tag{6-9}$$

式中，D' 为光电测距长度；k 为加常数改正；ΔD_{tp} 为气象改正。

2）平距化算。根据式（3-26），平距化算为

$$D_{AP}=D\cos(\alpha_A+14.1''D_{\mathrm{km}}) \tag{6-10}$$

3）必要的测量结果初处理，即平距 D_{AP} 应进行球面投影改化、平面距离改化和角度改化。

6. 计算坐标

根据 α_{AP}、D_{AP} 及点 A 坐标求点 P 坐标。根据式（5-27），点 P 坐标为

$$x_P=x_A+\Delta x_{AP}=x_A+D_{AP}\cos\alpha_{AP}，\quad y_P=y_A+\Delta y_{AP}=y_A+D_{AP}\sin\alpha_{AP} \tag{6-11}$$

7. 计算高程

利用点 A 高程及其他测量参数计算点 P 高程。根据式（4-29），点 P 高程为

$$H_P=H_A+h_{AP}=H_A+D\sin(\alpha_A+14.1''D_{\mathrm{km}})+i-l_P \tag{6-12}$$

半站光电速测法克服了光学速测法测距短、精度低的缺点，可利用计算机快速计算地面点的平面坐标和高程。

6.1.3 全站光电速测法

全站仪是指光电经纬仪及光电测距仪组合构成的仪器（组合式全站仪），可迅速测定地面点的位置，如图 6-4 所示。此外，还有由光电经纬仪及光电测距仪集成一体的全站测量仪器，如图 2-30 所示。全站光电速测法获得地面点坐标和高程的基本原理及模式虽与半站光电速测法的相同，但却有半站光电速测法无法比拟的优势，具体如下。

1. 测量光电化

全站仪摆脱了传统角度测量的弊病，实现了测角光电化，尤其如图 6-5 所示的全站基本测量原理技术，已经超越了图 2-1 所示的原理技术。光学速测法与半站、全站光电速测法的基本公式比较如表 6-1 所示。全站仪瞄准目标（反射器）以后，启动基本测量，测角、测距以及数据记录、处理几乎同步自动进行，并根据需要快速给出地面点的位置参数，这就是现代全站测量。

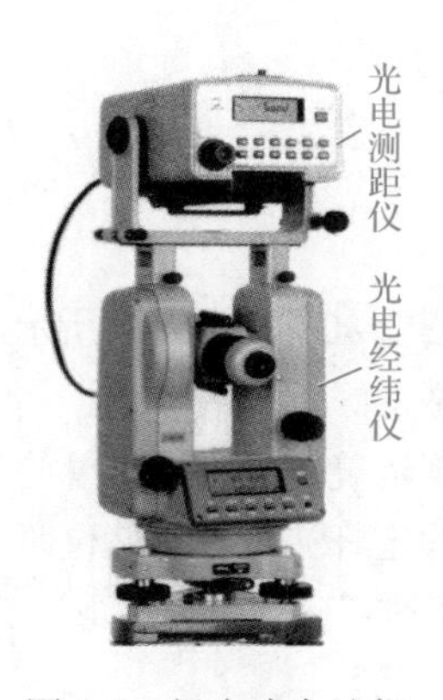

图 6-4 组合式全站仪

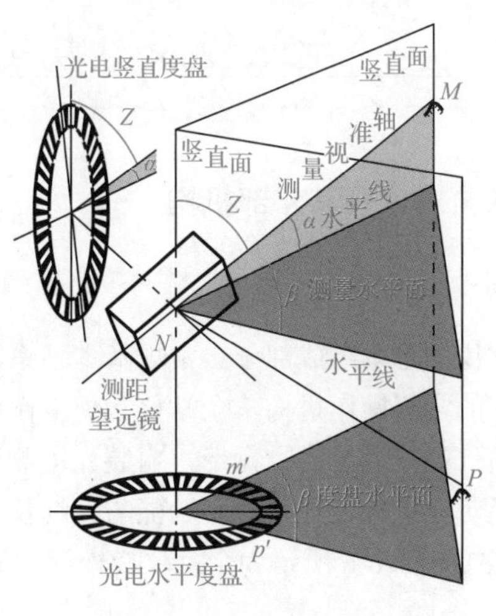

图 6-5 全站基本测量

表 6-1 光学速测法与半站、全站光电速测法的基本公式比较

项目	光学速测法	半站、全站光电速测法
水平角	β	β
方位角 α_{AP}	$\alpha_{AP}=\alpha_{AB}+\beta$	$\alpha_{AP}=\alpha_{AB}+\beta$
竖盘读数 L_A	竖直角 $\alpha_A=90°-L_A$	竖直角 $\alpha_A=90°-L_A$
距离测量	视距测量 $l_下$、$l_上$，视距差 $l=l_下-l_上$	光电测距 D'
成果处理与改化	$D_{AP}=100l$ $D_{AP}=100l\cos 2\alpha_A$ $D_{AP}=100l\sin 2L_A$	$D=D'+k$（加常数）$+\Delta D_{tp}$（气象改正） $D_{AP}=D\cos(\alpha_A+14.1''D_{km})$（平距） $\Delta D=-D_{AP}(H_m-H)/(R+H_m)$ $s=D_{AP}+\Delta D$（投影改化） $\Delta s=S\times y_m^2/(2R^2)$ $l_S=S+\Delta s$（距离改化）
坐标计算	$x_P=x_A+\Delta x_{AP}=x_A+D_{AP}\cos\alpha_{AP}$ $y_P=y_A+\Delta y_{AP}=y_A+D_{AP}\sin\alpha_{AP}$	$x_P=x_A+\Delta x_{AP}=x_A+D_{AP}\cos\alpha_{AP}$ $y_P=y_A+\Delta y_{AP}=y_A+D_{AP}\sin\alpha_{AP}$ 如果有投影改化、高斯平面改化，此处 D_{AP} 是改化后高斯平面长度 l_S
高程计算	$H_P=H_A+50l\sin(2L_A)+i-l_中$	$H_P=H_A+D\sin(\alpha_A+14.1''D_{km})+i_A-l_P$

2. 配有程序及数据群的存储设备

存储设备的形式与容量因机型不同而不同。早期的全站仪大多配有外设存储设备，如今全站仪的存储设备大多随机内设。存储设备的数据群存取方便，为全站测量实现快速数据记录和测绘工作的全面自动化提供了有利条件。有的全站仪还装有小型计算机，全站仪正在向智能化、网络化方向发展。

6.2 全站仪及其功能

6.2.1 全站仪及其外部机构

1. 全站仪常规操作机构

全站仪的基本组成部分、常规基本轴系、基本操作机构如图 2-30 和图 2-31 所示，都是全站仪必有的常规操作机构。全站仪常规操作机构制造精良，手感良好，使用方便。

全站仪的望远镜为方盒形，内装光电测距系统，又称测距望远镜。测距望远镜的目镜调焦轮、望远对光螺旋位置紧凑，功能与经纬仪一样。锁定旋钮（固定杆）可将全站仪照准部与基座稳固连接。图 6-6 所示为全站仪旋松锁定旋钮后全站仪照准部与基座的脱离情形。

2. 全站测量的配套设备

全站测量基本配套设备包括全站仪、反射器、蓄电池和气象仪器。

全站测量所用反射器与全站仪都可安置在三脚架上。一般来说，精密全站测量中，反射器与全站仪的基座结构配套，利于通用，如图 6-7 所示。三脚架上安装有通用基座，可以在基座互换安装全站仪、光电经纬仪的照准部，也可以在基座互换安装反射器及其相关部件。

注意：和全站仪（或光电经纬仪）一样，反射器与基座互换连接后必须以锁定旋钮锁紧。

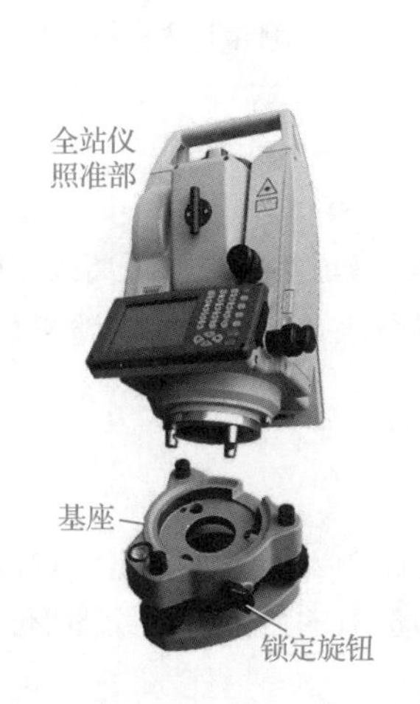

图 6-6 全站仪照准部与基座脱离

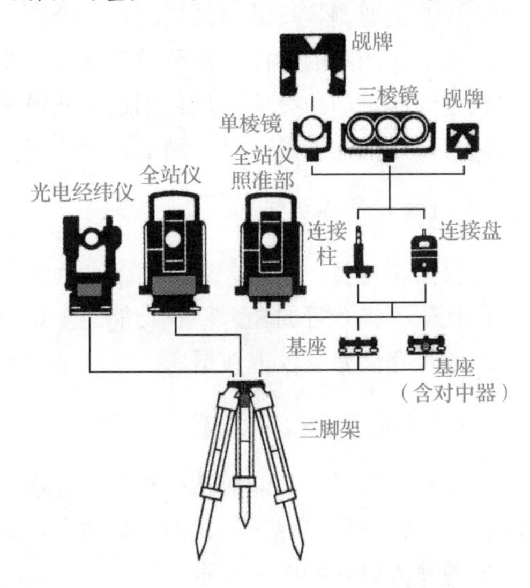

图 6-7 全站仪、反射器与三脚架的配套

6.2.2 全站仪的测量系统

图 6-8 所示为全站仪基本构成，其中上半部分是全站仪的四大光电系统，即光电测距系统、光电测角系统、光电液体补偿系统、光电瞄准与跟踪系统，下半部分是全站仪测量专用计算机。

全站仪的两大光电系统，即光电测距系统、光电测角系统，统称为全站仪测量系统。光电测角系统，即水平角、竖直角的光电测量系统和光电测距系统一起，并通过 I/O（in/out，输入/输出）接口与测量计算机联系起来，受测量指令指挥。全站仪的测量系统是全站仪的技术核心。

全站仪测量光电技术与全站计算机技术的有机结合，以及全站仪的形成、发展与计算机技术密切相关。图 6-8 中下半部分（虚线框）实际是全站仪配有的测量专用计算机，不同的全站仪配备的测量专用计算机不尽相同，基本器件是全站仪的重要组成部分。

微处理器是全站仪的核心构件，主要功能是根据键盘指令启动全站仪进行测量工作，执行测量过程的检验和数据的传输、处理、显示、储存等工作。数据程序存储器是测量结果数据库。

显示器可提供数行测量信息，键盘上的按键可提供测量过程的指令控制。

一般来说，具有光电测距系统、光电测角系统、光电液体补偿系统和测量专用计算机的全站仪称为基本型全站仪，在此基础上装配有光电瞄准与跟踪系统的全站仪称为智能型全站仪。

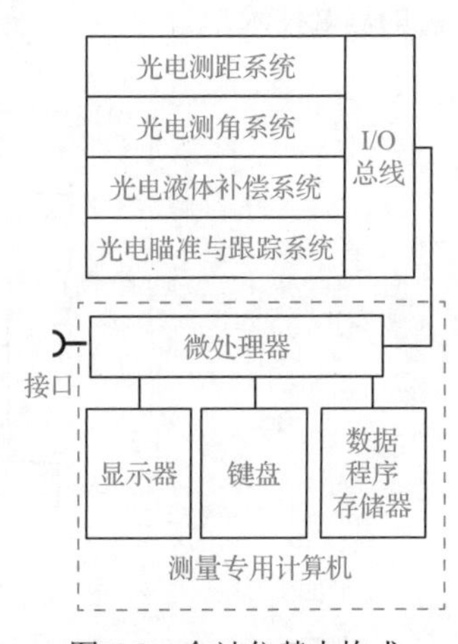

图 6-8 全站仪基本构成

6.2.3 全站仪的基本功能

1. 快速测量功能

全站仪的快速测量功能包括单测量、全测量、跟踪测量、连续测量、程序测量。单测量即单次测角或单次测距的功能。全测量即角度、距离的全部同时测量。跟踪测量即跟踪测距或跟踪测角。连续测量即角度或距离分别连续测量或同时连续测量。程序测量即按设计程序进行快速间接测量，如坐标测量、悬高测量、对边测量等。

2. 参数输入储备功能

全站仪具有角度、距离、高差、点位坐标、方位角、高程、修正参数（如距离改正数）、测量术语、代码、指令等的输入储备功能。全站仪装配的计算机系统及其存储空间随机型不同而不同，一般可存储万组以上数据。

3. 计算与显示功能

全站仪计算与显示功能包括：观测值（水平角、竖直角、斜距）的显示；水平距离、高差的计算与显示；点位坐标、高程的计算与显示；储备的指令与参数的显示；测绘图形的处理与显示；参数输入储备构图与显示。

4. 测量的记录、通信传输功能

全站仪的通信传输功能能够实现以有线形式或无线形式与有关的其他设备进行测量数据的交换。

6.2.4 全站测量与测量基本技术的关系

全站测量与基本测量技术存在密切的关系，如图 6-9 所示。角度测量是全站测量第一基本技术。全站测量是以角度测量和距离测量为基本测量的光电测量技术。可以将全站仪角度测量理解为由仪器提供瞄准目标角度信息的测量技术，光电距离测量是目标和测量仪器交换距离信息的测量技术。

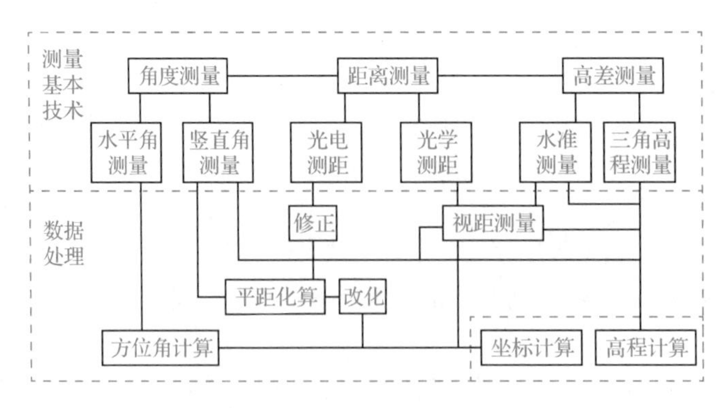

图 6-9 全站测量与测量基本技术

全站测量获取点位坐标和高程的测量过程中的数据处理及其通信是全站测量的重要组成，包括方位角计算、距离测量的参数修正，以及实际需要有关的距离改化、角度改化、高程换算等。此外，仪器高测量、目标高（反射器高）测量是全站测量不可缺少的测量工作。

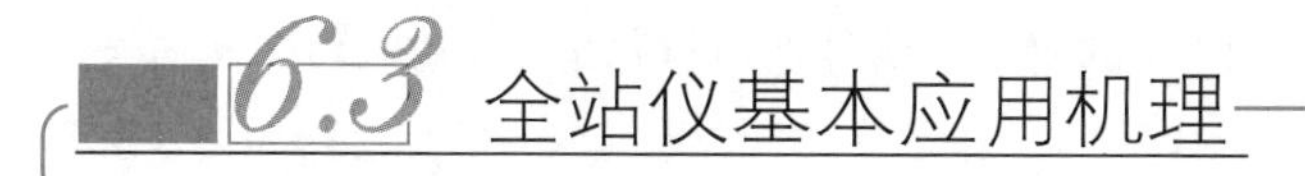

6.3 全站仪基本应用机理

6.3.1 全站仪的测距望远镜

1. 测距望远镜的结构

图 6-10 所示为测距望远镜的结构。物镜、凹透镜、倒像棱镜、十字丝板、目镜中心形成的望远镜视准轴是全站仪光电测角系统看清、瞄准目标的基本光轴。全站仪瞄准目标的同时驱动内部光电测角信号（图 2-22）传递、处理信号并进行方向值的显示。

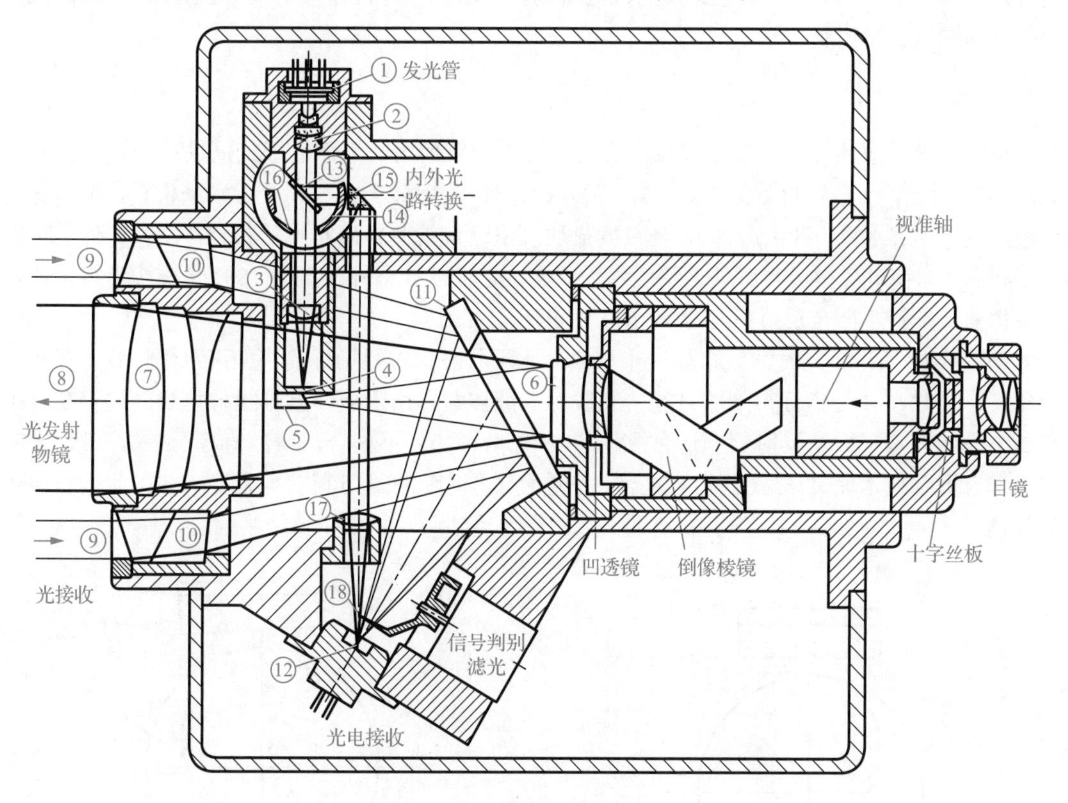

图 6-10 测距望远镜的结构

2. 测距系统机构与测量过程

测距系统（包括光的发射、接收和光电转换）是沿测距望远镜视准轴完成距离测量的。

光机电一体化结构包含测距系统自身的光机电结构。由图 6-10 可见，发光管①的光束经透镜②、③、④到达分光镜⑤，经平面镜⑥反射进入发射物镜⑦、⑧发射。发射光束到达目标后反射回全站仪进入测距望远镜，经光学器件⑨、⑩，在平面镜⑪反射聚焦到光电管⑫实现光电接收与转换。整个光的发射和光电接收与转换，以及后续的光电测距数据处理是实现外光路距离测量的重要内容。

图 6-10 中的内外光路转换机构⑬、⑭、⑮、⑯、⑰用于转换机内测量，是减小仪器内部干扰因素、提高测距精度的重要机构。图 6-10 中的⑱用于信号判别与滤光，并对测距回光信号进行分析处理，使得到的光信号符合测距要求。

全站仪一次全站测量过程：启动电源变换→发射光信号→信号判别→选择滤光→内外光路转换测量→精粗测尺频率转换测量→光电测角→数据处理→显示测量结果。

6.3.2 光电液体补偿技术

1. 机械式补偿

补偿，即对仪器指标不精密水平状态的一种修正。精密光学经纬仪在进行竖直角测量时，可实现自动归零基本功能。光学经纬仪的机械自动归零装置原理图可参考图 2-20，该装置由图 2-3 中的自动归零旋钮控制。

2. 液体式补偿

在原理上，液体补偿装置通过将自身的机械重力转换为液平面的形式提供水平补偿功能。如图 6-11 所示，在竖直角测量中用于指示读数的对径指标箭头 A 、B 处于水平位置，顶端是一个液体盒（内装水银、硅绝缘油），竖直度盘通过望远镜观测精确水平的状态，使仪器处于精确水平状态，即使对径指标箭头处于精确水平状态，此时 A 处指标得到的 180° 光线按光路设计射入液体盒，在液平面全反射后与 B 处指标 0° 重合。

如图 6-12 所示，此时读数指标处于不精确水平状态，对径指标箭头偏离水平位置，存在一个角 δ 。这时，A 处指标得到的 180° 光线射入液体盒，由于液体盒轴线与垂线之间存在一个角 δ ，光线在液平面全反射后到达 A' 处，与 B 处指标 0° 不重合，偏离值等于 2δ 。设计上，对径符合读数技术使 A' 与 B 处指标重合，在重合过程中完成角 δ 的光学测定，并以此进行角 δ 的补偿。

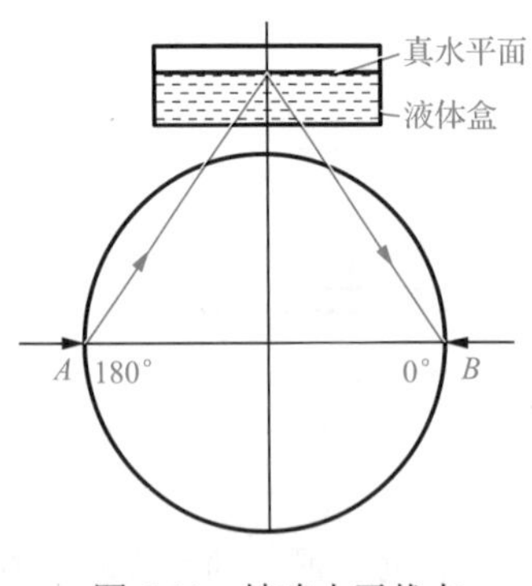

图 6-11 精确水平状态

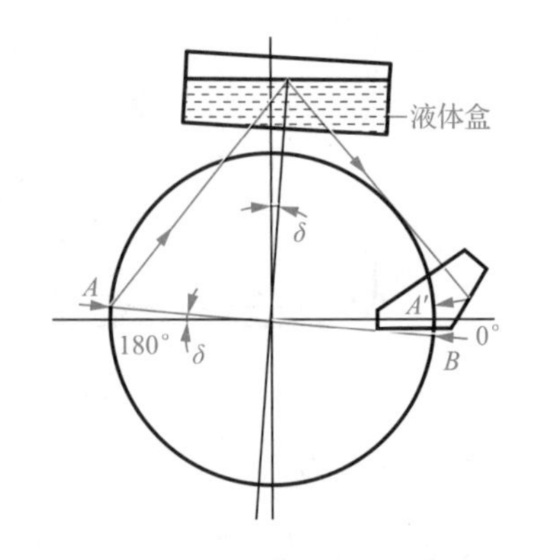

图 6-12 不精确水平状态

3. 光电液体补偿

（1）单轴光电液体补偿

现代光电液体补偿与光学液体补偿的主要区别在于，A'处（图 6-12）设有光电二极管探测A'的指标值，并与B处的指标值比较，在技术上通过电子精密测斜得到δ，进而对不水平状态自动补偿。光电液体补偿有利于补偿自动化、精密化。由于这种补偿技术只对竖直角进行补偿，故称为单轴光电液体补偿。

（2）双轴光电液体补偿

水平角测量存在竖轴误差影响$\Delta\delta$。根据角度测量竖轴误差的相关研究，只要能测定竖轴误差δ，就可以利用水平角β及竖直角α修正竖轴误差对水平角的影响$\Delta\delta$［式（2-19）］。全站仪双轴光电液体补偿就是对竖直角、水平角同时进行误差修正的精密补偿。

6.3.3 自动瞄准与自动跟踪

全站仪朝着自动化方向发展，自动瞄准与自动跟踪是其重要标志。图 6-13 所示南方 NTS-391、徕卡 TCA2003、索佳 NET05 都是具有自动瞄准与自动跟踪功能的智能型全站仪。

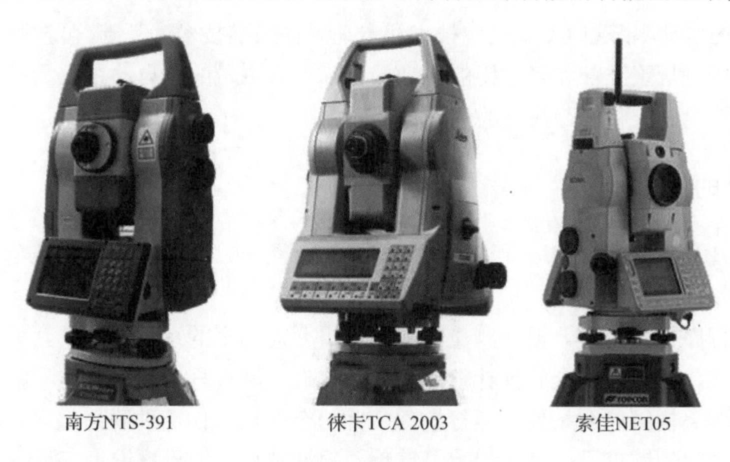

南方NTS-391　　徕卡TCA 2003　　索佳NET05

图 6-13　智能型全站仪

1. 自动瞄准

自动瞄准即全站仪的光电识别目标技术，又称光电瞄准技术。在原理上，自动瞄准有以下三个基本技术环节。

（1）目标标准位置图像的存储

一般来说，全站仪以棱镜反射器作为瞄准目标，棱镜反射器的基本图像以全站仪精确瞄准方式作为标准位置图像存储在全站仪中，同时便于瞄准过程中的随时取用。

（2）初瞄目标的图像获取与识别

初瞄目标，即通过角度、距离、坐标、高程等初值设置方式进行预定位。测量中全站仪按预定位初瞄目标、自动调焦对光，此时启动望远镜内的 CCD 摄像机获取目标的影像，并将其与目标标准图像进行比较。

（3）全站仪自动寻标瞄准

比较获取目标影像中心与内存图像中心的差异$\varDelta$，同时启动全站仪内部伺服电动机带动（调整）全站仪照准部、测距望远镜转动，减少差异 $\varDelta$，实现正确瞄准目标，如图 6-14 所示。

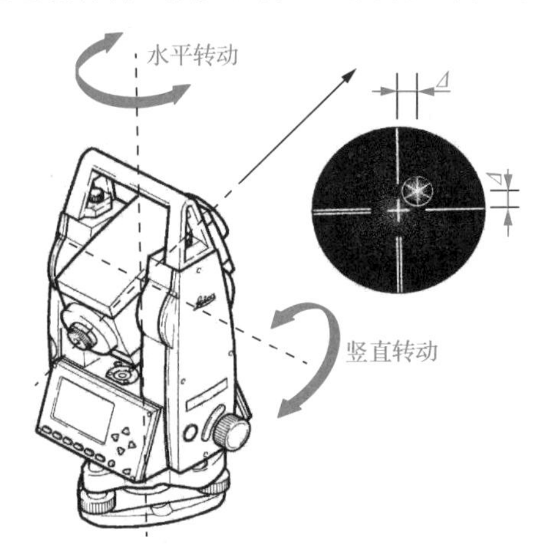

图 6-14　全站仪自动寻标瞄准

2. 自动跟踪

现代全站仪的自动跟踪以 CCD 摄像技术和自动寻标瞄准技术为基础，可按照设计要求实现图像判断以及指挥自身照准部和望远镜的转动寻标瞄准、测量的全自动跟踪测量。全自动跟踪要解决过程异常情况分析和跟踪速度的调整等问题。

6.3.4　全站仪的键盘设计

全站仪测量技术功能丰富，运行可靠，操作者易于操作，这主要依靠的是全站仪的应用程序化。

全站仪应用程序化指的是，根据测量任务技术需要而确定的系列内容及其关系所实施的运行程序方式。程序化键盘依托全站仪计算机系统及构件，通过程序化设计将测量任务需要的系列工作内容及其关系构筑成全站仪的运行软件，并与全站仪操作部件联系起来，以实现快捷的全站仪应用。全站仪的键盘设计可分为简单键盘、软键键盘、触显屏键盘三种。

1. 简单键盘设计

早期全站仪键盘采用简单键盘设计，按键功能有限，显示窗只显示 1～2 行字。如图 6-15 所示，简单键盘设计的按键功能注明在键旁，全站仪瞄准目标后启动简单按键，即可调动全站仪相关功能，完成测量任务。

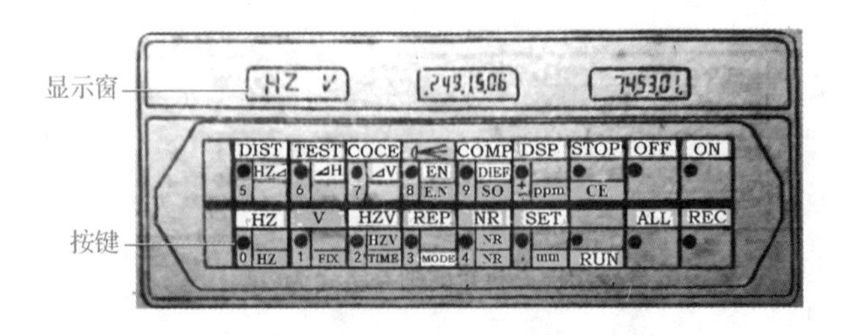

图 6-15　简单键盘设计

2. 软键键盘设计

软键键盘采用树形结构程序设计，如图 6-16 所示。通常第一层是主项目，第二层是第一层的分支项目，若第二层当作主项目，则第三层是第二层的分支项目。以此类推，软键键盘可以设计到第四层、第五层等。这种不同层次的从属关系在全站仪键盘设计上称作功能方向。依托树形结构，软键键盘设计层次分明、顺序清楚，可以提供测量任务的功能方向。

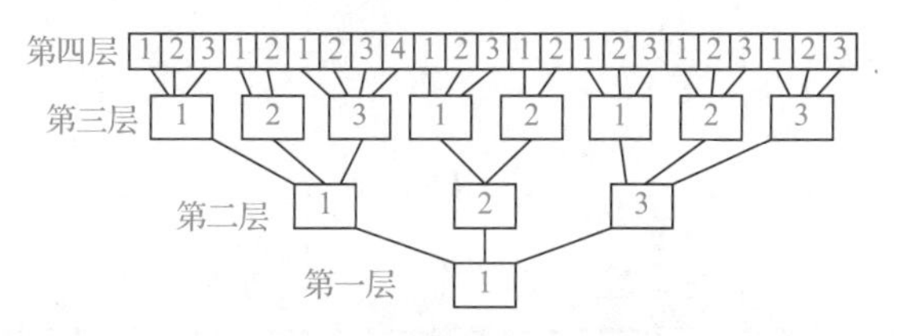

图 6-16　树形结构的键盘设计

软键键盘设计把键盘的按键分为硬键和软键。

硬键，即按键的功能固定，设定后不改变。如图 6-17 所示，NTS-662 型全站仪软键键盘右侧的十五个按键属于硬键，其中数字键、字母键的功能均标明在按键旁，根据显示窗提示选用合适功能的按键。其中，“★”键用于常用功能操作，“ENT”键为确认键，“ESC”键为退出键，“POWER”键为全站仪电源开关键。

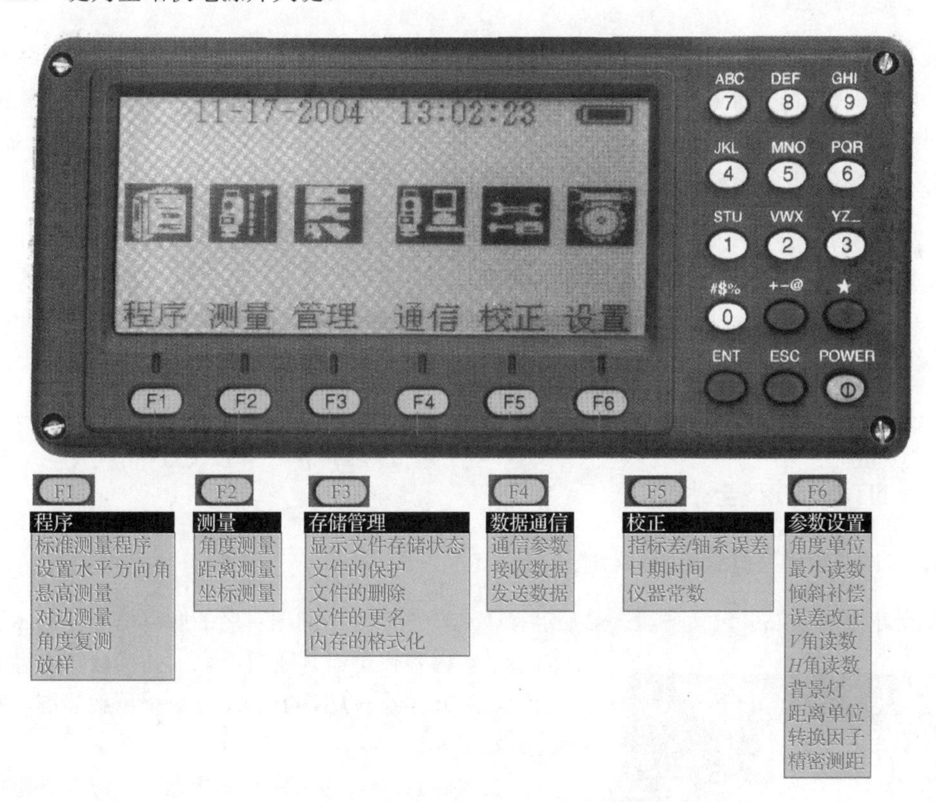

图 6-17　NTS-662 型全站仪软键键盘

软键，即功能可变化的按键。软键变化后的按键功能由显示窗提示说明。树形结构按变化后的软键功能实现测量任务的功能方向，达到全站仪便捷测量的目的。如图 6-17 所示，NTS-662

型全站仪软键键盘设有六个软键，即 F1、F2、F3、F4、F5、F6。六个软键上方显示窗提示的“程序、测量、管理、通信、校正、设置”是全站仪按树形设计的第二层六个项目内容，按选 F1、F2、F3、F4、F5、F6 任何一个按键，将启动对应的项目内容，即树形设计第三层的项目内容。例如，选按 F2 软键“测量”便有如图 6-18 所示的“F1、F2、F3、F4”，显示窗对应提示“角度测量、斜距测量、平距测量、坐标测量”四个项目及页面内容。四个项目各自有第四层项目，应用方法类似。

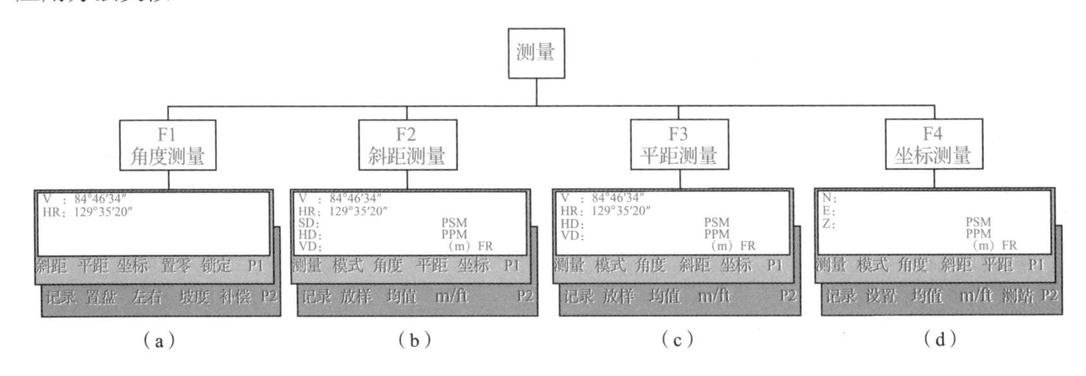

图 6-18 NTS-662 型“测量”功能方向

3. 触显屏键盘设计

触显屏（或称触摸屏）键盘不设软键，硬键设计如同软键键盘设计。例如，NTS-340 型全站仪的触显屏键盘的按键是硬键，列在触显屏右侧。触显屏键盘设计仍然采用树形结构的键盘设计思想，与软键键盘设计所不同的是，虽然“F”软键没有了，但软键提示内容保留在显示窗，触动提示可实现相关功能的确定和应用。

6.4 全站仪的键盘应用

6.4.1 NTS-340 型全站仪

1. NTS-340 型全站仪触显屏键盘设计概述

电子水准仪触显屏设计功能：触显屏接收电子笔或手指的项目名的触动信号；显示触动后的项目新内容代替原有注明内容，并执行新内容的指示功能。南方测绘 NTS-340 型全站仪采用触显屏，触显屏键盘如图 6-19 所示。

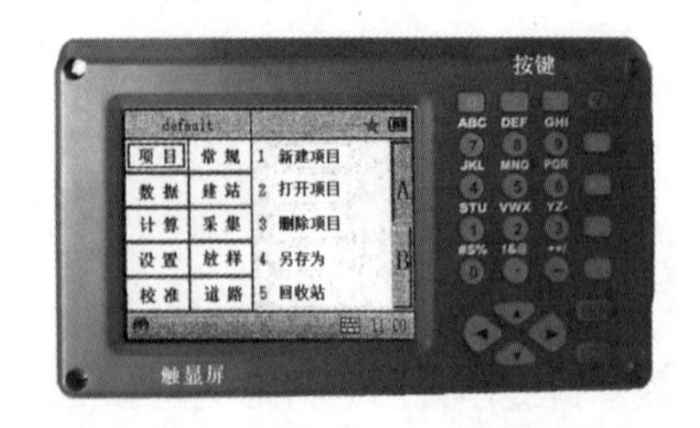

图 6-19 NTS-340 型全站仪触显屏键盘

在图 6-19 中，显示窗左侧提示了“项目、数据、计算、设置、校准、常规、建站、采集、放样、道路”十个子系统，功能方向全称列于表 6-2 中第二行。表 6-2 中列出了 NTS-340 型全站仪十个子系统的六十种功能方向，各功能方向具体的项目内容便于认识和记忆，按提示用电子笔或手指触动内容便可完成全站仪测量的具体工作。

表6-2 NTS-340型全站仪功能方向

1项目	2数据	3计算	4设置	5校准	6常规	7建站	8采集	9放样	10道路
项目管理	数据管理	计算程序	参数设置	仪器校准	常规测量	测量建站	数据采集	工程放样	道路定位

1. 项目管理：新建项目、打开项目、删除项目、另存项目、回收站、项目信息、导入、导出、关于。
2. 数据管理：原始数据、坐标数据、编码数据、数据图形。
3. 计算程序：计算器、坐标正算、坐标反算、面积周长、点线反算、两点计算交点、四点计算交点、体积计算、单位转换。
4. 参数设置：单位设置、角度相关设置、距离相关设置、坐标相关设置、RS232通信设置、蓝牙通信设置、电源管理、其他设置、固件设置、格式化存储器、恢复出厂设置。
5. 仪器校准：补偿器校准、垂直角校正、加常数校正、触显屏校正。
6. 常规测量：角度测量、距离测量、坐标测量。
7. 测量建站：已知点建站、测站高程、后视检查、后方交会测量。
8. 数据采集：点测量、距离偏差、平面角点、圆柱中心点、对边测量、线延长点测量、线角点测量。
9. 工程放样：点放样、角度距离放样、方向线放样、直线参考线放样。
10. 道路定位：道路选择、编辑水平定线、编辑垂直定线、道路放样、计算道路坐标

2. 功能方向的显示与选择

（1）功能方向的显示

显示既有主项目，也有分支项目。例如，电子笔或手指触动触显屏中的“项目”内容，显示“项目管理”，即开启项目管理A内容“1新建项目”“2打开项目”“3删除项目”“4另存为”“5回收站”五个功能方向；触动右侧“B”，开启第二页项目管理B内容中对应功能方向。

（2）功能方向的选择

功能方向的选择即分支项目的选择。例如，触动图6-19所示界面中的“1.新建项目”，显示窗显示“新建项目”界面，如图6-20所示。

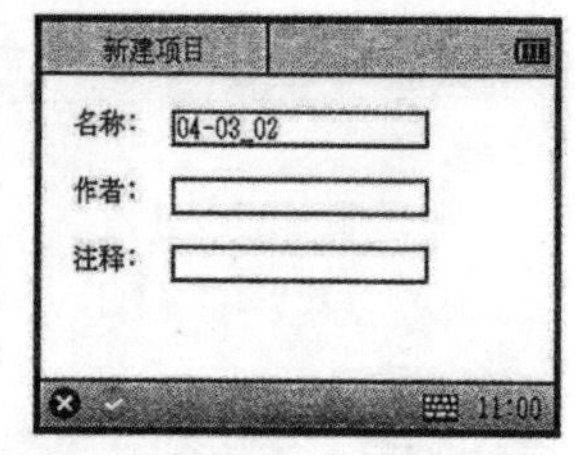

图6-20 “新建项目”界面

3. 程序化准备与程序化测量

“项目管理”子系统用于文件准备和保留测量结果。一般应先进行项目文件准备，然后实施测量等操作。如图6-20所示，在测量前，“新建项目”界面中以测量时间表示文件名称，“作者”文本框中填入测量人员姓名，“注释”文本框中填入文件说明。“新建项目”属于全站仪的程序化准备的工作内容。表6-2所列的“1项目、2数据、3计算、4设置、5校准、7建站”均属于全站仪程序化准备的工作内容。

表6-2所列的“6常规、8采集、9放样、10道路”属于全站仪程序化测量的工作内容。例如，触动显示窗中的“常规”，则显示“角度”“距离”“坐标”的常规测量界面，分别触动“角度”“距离”“坐标”，则分别显示各自的测量界面。

4. 程序化测量中的准备与测量操作

图 6-21（b）、图 6-21（c）所示“测量”是距离测量、坐标测量触动点，“模式”用于距离测量、坐标测量并进行“4 设置”等临时准备操作，“放样”是工程测设功能。

全站仪数据准备是全站测量前的重要工作，主要包括测站坐标（x, y）、高程（H）、仪器高（i）、反射器高（l）和起始方向已知方位角（α_{AB}）的输入。

如图 6-21（a）所示，“置盘”用于已知方位角的输入。

如图 6-21（c）所示，“测站”“仪高”“镜高”用于全站仪坐标测量之前的数据准备，其中“测站”用于测站坐标、高程的输入，“仪高”用于测站仪器高的输入，“镜高”用于反射器高的输入。

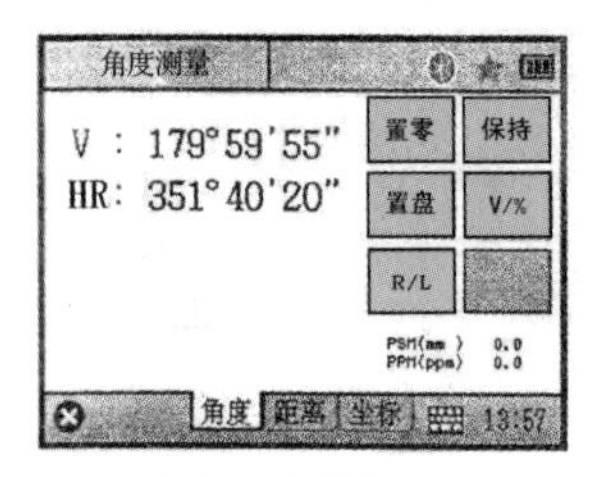

（a）角度测量

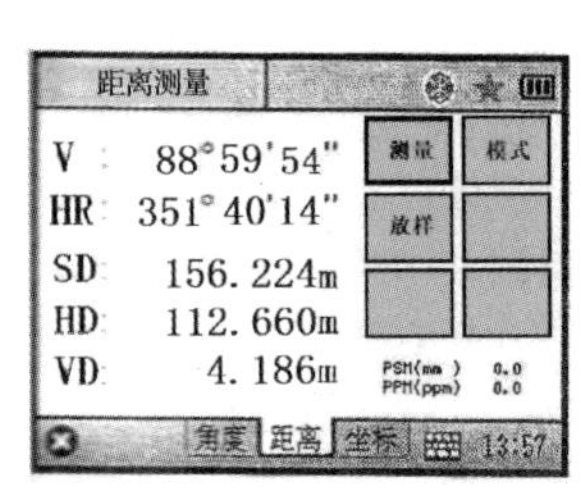

（b）距离测量

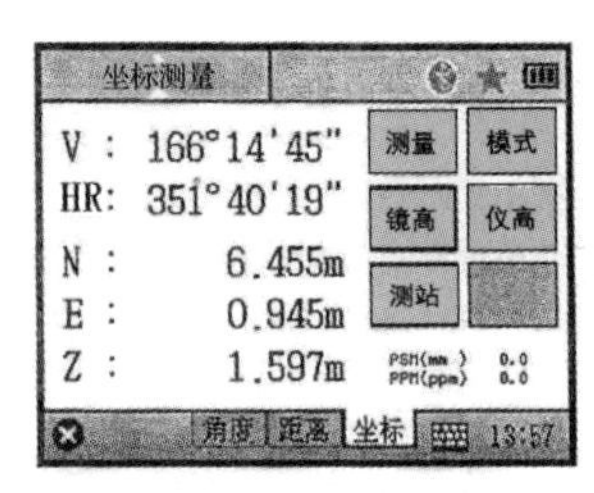

（c）坐标测量

图 6-21 NTS-340 型全站仪触显屏测量界面

下面以已知方位角输入为例说明全站仪数据准备方法。数据准备前，先选择显示窗测量显示方式，这里应选择显示窗的“角度测量”显示方式，如图 6-21（a）所示。接着触动“置盘”，显示窗显示如图 6-22 所示，然后在“HR”文本框中通过按键输入“22.2255”（方位角 22° 22′55″）。确认无误后，触动显示窗中的“√”。

图 6-22 已知方位角的输入

触显屏键盘具有屏幕数字图文并茂、易于掌握、操作快捷等优点。全站仪子系统、功能方向和相应全站测量工作程序应用，练习方便，容易掌握，这里不再详细介绍。

6.4.2 GTS-200 型全站仪

1. 概述

光电测距技术的问世开启了光电测量技术以全站仪风行工程领域的时代，世界范围内相继出现全站仪研制、生产热潮，相关公司有瑞士徕卡、德国蔡司（Zeiss），日本的拓普康（Topcon）、宾得（PENTAX）、索佳（SOKKIA）、尼康（Nikon）等厂家。拓普康 GTS-220 型全站仪如图 6-23 所示。

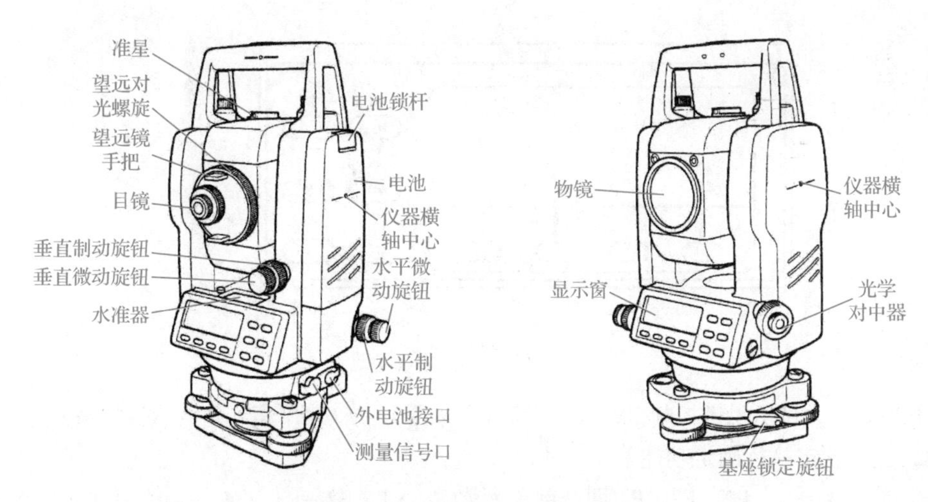

图 6-23 拓普康 GTS-220 型全站仪

GTS-220 型全站仪的技术指标如下。

角度测量：显示 5″～10″，精度±2″～±9″。

距离测量：精度$\pm(2\text{mm}+2\times10^{-6}D)$。

测程：一般为 1.5～3.5km。

2. GTS-220 型全站仪的特点

GTS-220 型全站仪是普通型全站仪，采用软键键盘设计，仪器的安置没有特别要求，显示窗与按键具有应用方便的特点。GTS-220 型全站仪坐标测量状态、角度测量状态如表 6-3 所示。

表 6-3 GTS-220 型全站仪坐标测量状态、角度测量状态

页	键名	坐标测量状态		角度测量状态	
		显示符号	功能	显示符号	功能
1	F1	MEAS	启动测量	OSET	水平角置为 0°00′00″
	F2	MODE	设置测量模式：精测、粗测、跟踪	HOLD	水平角读数锁定
	F3	s/A	设置音响等模式	HSET	输入水平角
	F4	P1↓	显示第 2 页软键功能	P1↓	显示第 2 页软键功能
2	F1	R.HT	输入设置的反射镜高度	TILT	设置倾斜改正开关，ON 显示倾斜改正
	F2	INS.HT	输入设置的仪器高度	REP	角度重复测量
	F3	OCC	输入设置的仪器站坐标	V%	垂直角、百分度（坡度）显示
	F4	P2↓	显示第 3 页软键功能	P2↓	显示第 3 页软键功能
3	F1	OFSET	偏心测量模式	H-BZ	仪器每转动水平角 90°蜂鸣声设置
	F2	m/f/I	米、英尺或英尺、英寸单位变换	R/L	水平角左、右计数方向设置
	F3			CMPS	竖直角显示（高度角、天顶距）的切换
	F4	P3↓	显示第 3 页软键功能	P3↓	显示第 1 页软键功能

（1）键盘硬键控制功能状态

GTS-220 型全站仪的键盘设有硬键和软键，其中显示窗右侧设置的是六个硬键，如图 6-24 所示。其中有三个测量键：坐标测量键、距离测量键、角度测量键。坐标测量键控制全站仪处于 x、y（坐标）、H（高程）三维坐标测量状态，距离测量键控制全站仪处于 H（高程）、D 距离、h（高差）

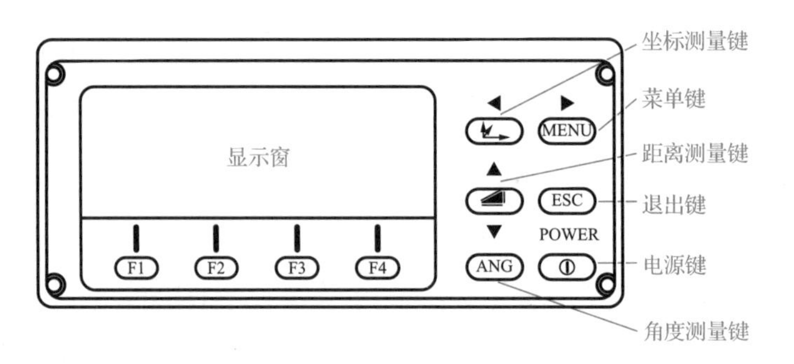

图 6-24　显示窗与按键

距离测量状态，角度测量键控制全站仪处于 V（天顶距）、H（水平角）角度测量状态。

（2）键盘软键执行确定功能

图 6-24 中的 F1、F2、F3、F4 四个键称为软键。F1、F2、F3、F4 的功能由软键状态和相应的页决定。F1、F2、F3、F4 四键功能列于表 6-3、表 6-4 中。其中 F4 是页码键。在 GTS-220 型全站仪处于测量状态下，F1、F2、F3、F4 四个键的功能均由显示窗第 4 行指定。

表 6-4　GTS-200 型全站仪距离测量状态

页	键名	距离测量状态		页	键名	距离测量状态	
		显示符号	功能			显示符号	功能
1	F1	MEAS	启动测量	2	F1	OFSET	偏心测量模式
	F2	MODE	设置测量模式：精测、粗测、跟踪		F2	S.O	放样测量模式
	F3	s/A	设置音响等模式		F3	m/f/I	米、英尺或英尺、英寸单位变换
	F4	P1↓	显示第 2 页软键功能		F4	P2↓	显示第 1 页软键功能

习题 6

1．全站测量是对地面点________的同时测量。

A．地形、地貌　　B．坐标、高程　　C．距离、角度

2．全站测量的地面点至测站点的方位角按图 6-1（c）中________计算。

A．β　　B．$\alpha_{AB}+\beta$　　C．$\alpha_{AB}+\beta+180^\circ$

3．用光电经纬仪以光学速测法进行全站测量时，其中________。

A．水平角、竖直角、距离由光电经纬仪自动测量

B．水平角、竖直角由光电经纬仪自动测量

C．距离由光电经纬仪自动测量

4．光学经纬仪以光学速测法进行全站测量的直接测量参数是________。

A．水平角 β，标尺读数 $l_{上}$、$l_{下}$、$l_{中}$，竖盘读数 L_A

B．距离 D，水平角 β，竖直角 α

C．平距 $\overline{D}$，方位角 α_{AP}，高差 h

5．半站速测法与全站速测法在数据处理中的不同之处是什么？

6．基本型全站仪的主要技术装备包括________。

A．照准部、基座

B．光电测量系统、光电液体补偿系统、测量计算机系统

C．望远镜、水准器、基本轴系

7．双轴液体补偿可以实现________。

A．仪器精平　　B．距离修正　　C．水平角、竖直角的修正

8．程序测量是_______。

A．设定的连续测量

B．按设计的程序控制的快速间接测量

C．设定的跟踪测量

9．全站仪的自动瞄准是如何实现的？

10．NTS 型全站仪是由________生产的。

A．日本索佳　　B．徕卡公司

C．中国南方测绘公司　　D．拓普康公司

11．图 6-25 是 NTS-340 型全站仪距离测量界面，试说明其中的 V、HR、SD、HD、VD 分别表示什么意义。

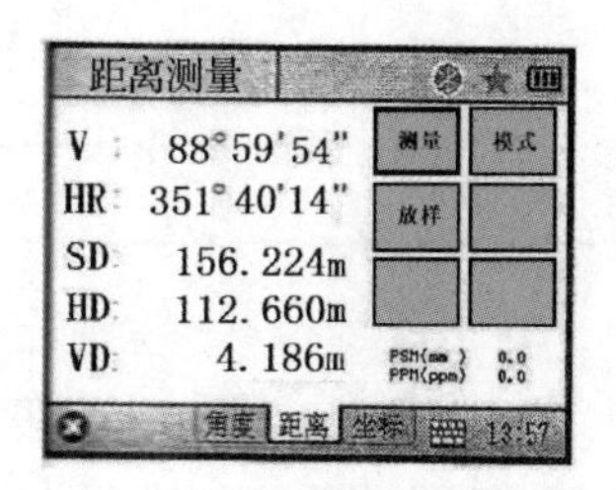

图 6-25　NTS-340 型全站仪距离测量界面

12．NTS 型全站仪的 HR、HL 表示的意义是什么？在测距方式中，如何选取斜距显示？

13．全站仪测距望远镜光机电一体化结构在全站测量中具有________作用。

A．保证测距系统光的发射、接收和光电转换位置的精确组合

B．保证全站仪瞄准目标的光电测距与光电测角程序畅通无阻

C．保证全站仪整个自动数字测量接受时序控制

D．保证启动测量到测量结果的整个过程有条不紊、准确无误

14．双轴光电液体补偿可实现________。

A．对全站仪横轴误差、竖轴误差的补偿

B．对全站仪竖直角、水平角误差修正的同时精密补偿

C．对全站仪内部结构与测量状态可能存在误差的修正和补偿

15．全站仪键盘的软键，其按键的功能可变，即按键的功能随显示窗提示改变。

正确________，错误________。

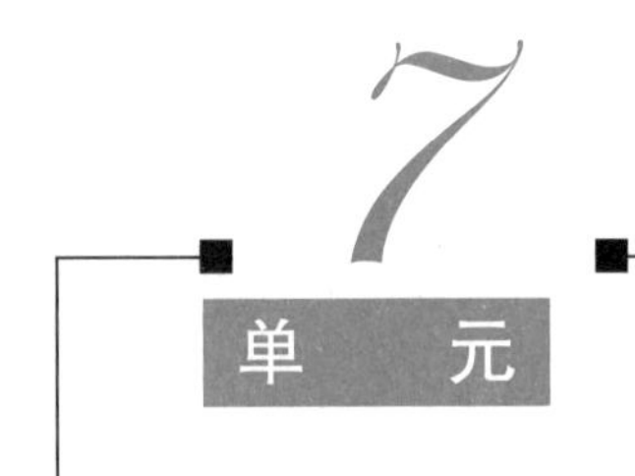

全球定位技术原理

学习目标

明确 GNSS 技术的意义与优点，理解 GNSS 的构成及其基本原理，掌握绝对定位、相对定位、RTK 的原理。

7.1 概　　述

全球定位技术，早期称授时与测距导航系统（navigation system timing and ranging，NAVSTAR），后又称全球定位系统（global positioning system，GPS），现称全球卫星导航系统（global navigation satellite system，GNSS）。

全球定位技术始于 20 世纪 70 年代，由美国研制的 GPS 于 1993 年全面建成，此外还有俄罗斯的格洛纳斯（global navigation satellite system，GLONASS）、欧盟的伽利略卫星导航系统（galileo satellite navigation system，GALILEO）。我国的全球定位系统，即北斗卫星导航系统（Beidou navigation satellite system，BDS）已全面建成并提供全球服务。GNSS 具有全球性、全天候、高精度、连续的三维测速、导航、定位与授时功能，而且具有良好的保密性和抗干扰性。

GNSS 的高度自动化及高精度得到了许多领域，尤其是测量领域的普遍关注。GNSS 极大地推动了大地测量、工程测量、地籍测量、航空摄影测量、变形监测、资源勘察和地球动力学等多学科的技术创新。与常规的测量技术相比，GNSS 具有以下优点。

1）测站间无须通视。根据需要选择点位，选点工作灵活。

2）精度高。单频接收机定位精度可达 $5mm+1\times10^{-6}$，双频接收机优于 $5mm+1\times10^{-6}$。

3）观测时间短，自动化程度高，操作简便。在用 GNSS 进行静态相对定位时，在 20km 以内需 15～20min；快速静态相对定位的移动站观测只需 1～2min；动态相对定位测量时，移动站可随时定位，每站观测仅需几秒钟。

4）可提供三维坐标。在精确测定观测站平面位置的同时，可以精确测定观测站大地高程。

5）全天候作业，可在任何时间、任何地点连续观测，一般不受天气状况的影响。

GNSS 测量要求观测站保持上空开阔，以便接收卫星信号。GNSS 技术在某些环境下并不适用，如地下工程测量，以及紧靠高大建筑物旁场所、边坡隐蔽地段、茂密森林地段测量等。

7.2 GNSS 的组成

GNSS 由空间星座部分、地面监控部分和用户设备部分组成，如图 7-1 所示。

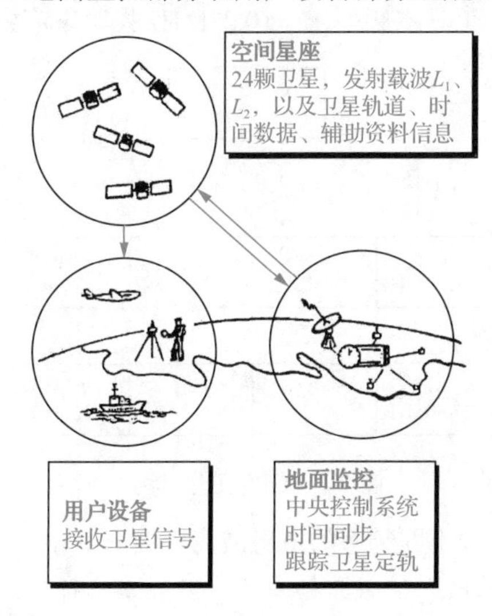

图 7-1　GNSS 的组成

7.2.1　空间星座部分

1. *GNSS 卫星星座*

GNSS 卫星星座一般可由二十一颗工作卫星和三颗在轨备用卫星组成，记作（21+3）GNSS 星座。如图 7-2 所示，二十四颗卫星均匀分布在六个近圆形的轨道面内，每个轨道面上有四颗卫星。卫星轨道面相对地球赤道面的倾角为 55°，各轨道平面升交点的赤经相差 60°。轨道平均高度为 20200km，卫星运行周期为 11h58min。位于地平线以上的卫星数目随着时间和地点的不同而不同，在地球上最少可见到四颗，最多可见到十一颗。卫星在空间上的分布可保证在地球上任何地点、任何时刻至少可观测到四颗卫星。

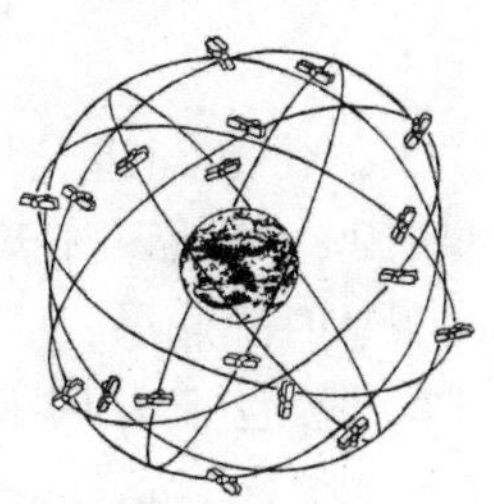

图 7-2　GNSS 卫星星座

2. GNSS 卫星及其作用

GNSS 卫星的主体呈圆柱形，直径约为 1.5m，质量约为 774kg，卫星两侧设有两块双叶太阳能板，自动对日定向保证卫星正常工作用电。每颗卫星装有四台高精度原子钟（两台铷钟，两台铯钟），它发射标准频率信号，为 GNSS 定位提供高精度的时间基准。

GNSS 卫星的主要作用：接收、储存和处理地面监控系统发送来的导航电文和其他有关信息；向用户连续不断地发送导航与定位信息，并提供精密的时间标准（精密度 10^{-12}～10^{-14}s），根据导航电文判断卫星当前的位置和工作情况；接收地面监控系统发送来的控制指令，适时地改正卫星运行偏差或启用备用时钟等。

3. GNSS 卫星信号

GNSS 卫星所发播的信号包含载波、测距码（*P* 码、*C/A* 码）和数据码（*D* 码）三种信号分量，这些信号分量都是在同一个基本频率 $f_0 = 10.23\text{MHz}$ 控制下产生的，如图 7-3 所示。

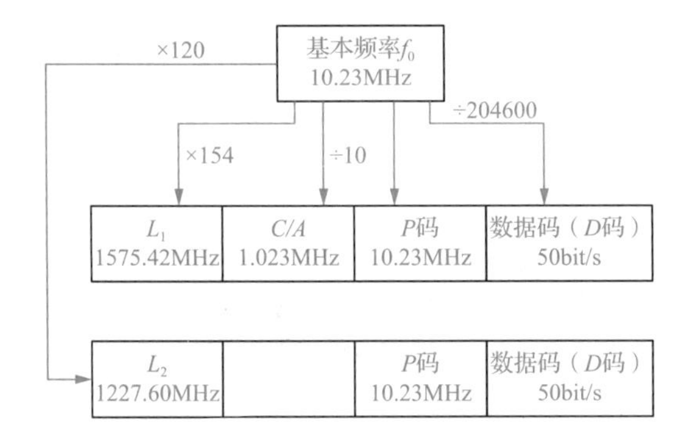

图 7-3　GPS 卫星信号

GNSS 卫星取 *L* 波段的两种不同频率的电磁波为载波，其中，L_1 载波频率 $f_1 = 154 \times f_0 = 1575.42\text{MHz}$，波长 $\lambda_1 = 19.03\text{cm}$；$L_2$ 载波频率 $f_2 = 120 \times f_0 = 1227.60\text{MHz}$，波长 $\lambda_2 = 24.42\text{cm}$。

在无线电通信技术中，为了有效传播信息，一般都将频率较低的信号加载到频率较高的载波上，此过程称为信号调制。然后载波携带着有用信号传送出去，到达用户接收机。

GNSS 卫星的测距码和数据码是采用调相技术调制到载波上的，在载波 L_1 上调制有 *C/A* 码、*P* 码和数据码，而在载波 L_2 上只调制有 *P* 码和数据码。若以 $s_1(t)$ 和 $s_2(t)$ 分别表示载波 L_1 和 L_2 经测距码和数据码调制后的信号，则 GNSS 卫星发射的信号可分别表示为

$$S_1^i(t) = A_P P_i(t) D_i(t) \cos(\omega_1 t + \varphi_1) + A_C C_i(t) D_i(t) \sin(\omega_1 t + \varphi_1) \tag{7-1}$$

$$S_2^i(t) = B_P P_i(t) D_i(t) \cos(\omega_2 t + \varphi_2) \tag{7-2}$$

在 GNSS 卫星信号中，*C/A* 码［调制于 L_1 振幅 A_C，码符 $C_i(t)$］是用于粗测距和快速捕获卫星的码；*P* 码［调制于 L_1 振幅 A_P，码符 $P_i(t)$；调制于 L_2 振幅 B_P］的测距误差仅为 *C/A* 码的 1/10，是卫星的精测码；*D* 码［数据码，码符 $D_i(t)$］是卫星导航电文，它是用户定位和导航的数据基础，主要包括卫星星历、卫星工作状态、时钟改正、电离层时延改正以及由 *C/A* 码转换到捕获 *P* 码的信息。ω_1、ω_2 分别为载波 L_1、L_2 的角频率。

7.2.2 地面监控部分

1. 基本任务

1）随时了解卫星的工作状态并及时纠正卫星轨道偏离。在导航和定位中，GNSS 卫星作为位置已知的高空观测目标，因此要求 GNSS 卫星沿着预定的轨道运行。但受到地球、太阳、月球及其他星体的引力以及太阳光压、大气阻力和地球潮汐力等因素的影响，GNSS 卫星的运行轨道会发生摄动。地面监控可以随时了解卫星的工作摄动状态并及时纠正卫星轨道偏离。

2）推算编制各卫星星历，提供精确的时间基准并更新卫星导航信息。

2. 基本构成

以美国 GPS 为例，其地面监控系统由一个主控站、三个注入站和五个监测站构成。

（1）主控站

主控站设在美国科罗拉多州，其任务是根据所有地面监测站观测资料推算各卫星星历、卫星钟差和大气层修正参数，并将这些信息编制成导航电文传送到注入站；纠正卫星轨道偏离；必要时启用备用卫星，以取代失效的工作卫星。主控站负责协调和管理所有地面监测系统的工作。

（2）注入站

三个注入站分别设在大西洋阿松森群岛、印度洋迪戈加西亚岛和太平洋卡瓦加兰，其任务是通过一台直径为 3.6m 的天线，将主控站发来的导航电文注入相应的卫星。每天注入三次，每次注入十四天的星历。

（3）监测站

监测站共有五个。除在主控站和三个注入站设有监测站外，还在夏威夷设有一个监测站。监测站内设有双频 GNSS 接收机、高精度原子钟、计算机各一台和若干台环境数据传感器。监测站的主要任务是连续观测和接收所有 GNSS 卫星的信号并监测它们的工作状况，同时将采集的数据连同当地气象观测资料初步处理后传送到主控站。

图 7-4 所示为地面监控系统方框图，整个地面监控系统除主控站外均由计算机自动控制，无须人工操作。各地面站间由现代化通信系统联系，实现了高度的自动化和标准化。

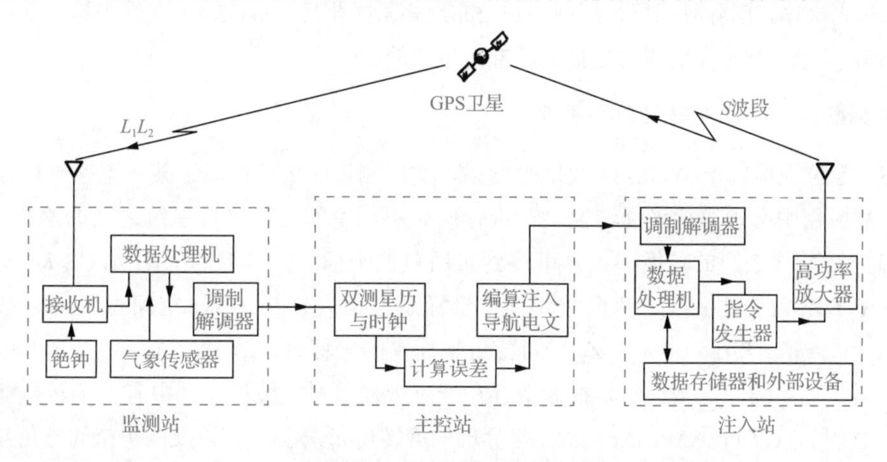

图 7-4　地面监控系统方框图

7.2.3 用户设备部分

用户设备部分包括 GNSS 接收机和数据处理软件等。GNSS 接收机一般由主机、天线和电池三部分组成（图 7-5），其主要任务是：跟踪接收 GNSS 卫星发射的信号并对其进行变换、放大和处理，以便测量出 GNSS 信号从卫星到接收机天线的传播时间；解译导航电文，实时计算出测站的三维位置，有时还需三维速度和时间。

图 7-5 GNSS 接收机

GNSS 接收机类型有很多，按接收的卫星信号频率可分为单频（L_1）和双频（L_1、L_2）接收机等。在精密定位测量工作中，一般采用测地型双频接收机或单频接收机。

目前，各种类型的 GNSS 接收机体积越来越小，便于野外观测。目前，能接收 GPS、GLONASS、BDS 卫星信号的多星接收机已经问世。

7.2.4 GNSS 坐标系统

1. WGS-84 大地坐标系

各国常规大地测量都建有本国的测量基准和坐标系统，如我国 1980 年以后采用 IAG-75 参数建立的国家大地坐标系。由于 GNSS 是全球性导航定位系统，因此其坐标系统也是全球性的。全球性坐标系统通过国际协议确定。GNSS 采用的协议地球坐标系统称为 WGS-84 大地坐标系。

坐标系统由坐标原点位置、坐标轴的指向和长度单位所定义。对于 WGS-84 大地坐标系，其几何定义为：原点位于地球质心，Z 轴指向 BIH（Bureau International de L'Heure，国际时间局）1984.0 定义的协议地球极（conventional terrestrial pole，CTP）方向，X 轴指向 BIH1984.0 的零子午面和 CTP 赤道的交点，Y 轴与 Z 轴、X 轴构成右手坐标系，如图 7-6 所示。

地球自转轴相对地球体的位置并不固定，地极点在地球表面上的位置会随时间变化而变化，这种现象称为极移。国际时间局定期向用户公布地极瞬时坐标。WGS-84 大地坐标系就是以国际时间局 1984 年第一次公布的瞬时地极为基准而建立的。

2. GNSS 定位的坐标转换简要原理

GNSS 定位坐标属于 WGS-84 大地坐标系，实用测量成果往往属于某一国家坐标系或地方坐标系，故应用中必须进行坐标转换。在进行两个不同空间直角坐标系统之间的坐标转换时，需要求出坐标系统之间的转换参数才可得到实用点位坐标。如图 7-7 所示，WGS-84 大地坐标系有 O_T - $X_TY_TZ_T$ 及实用 o - xyz 两个空间直角坐标系。设点 P_i 在 o - xyz 空间直角坐标系的实用坐标为(x_i , y_i , z_i)，P_i 在 O_T - $X_TY_TZ_T$ 空间直角坐标系的坐标是(X_i , Y_i , Z_i)。由图 7-7 可见，两个空间直角坐标系的同点坐标与转换参数存在一定数模关系。数模关系中有七个转换参数：原点 O_T、o 之间的点移向量 $\Delta \boldsymbol{x}$、$\Delta \boldsymbol{y}$、$\Delta \boldsymbol{z}$，坐标轴的旋转角 ε_x、ε_y、ε_z，以及两个空间直角坐标系的比例因子 k。

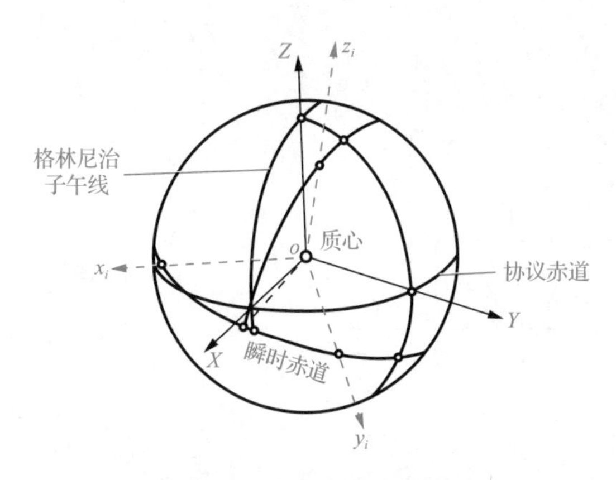

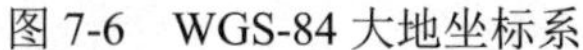
图 7-6　WGS-84 大地坐标系

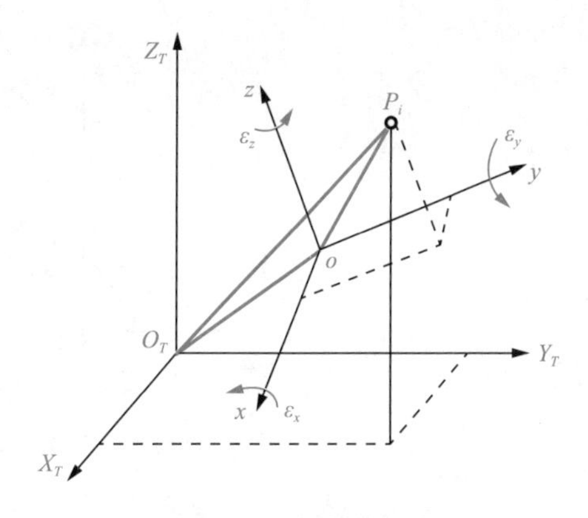

图 7-7　坐标转换概念

利用已知点实用坐标及其 GNSS 重合测量的坐标，通过数模关系可将转换参数作为数模未知数计算得到。在得到转换参数后，就可以将 GNSS 测量其他点位得到的 WGS-84 坐标转换为实用点位坐标，具体转换数模与方法可参阅有关书籍。厂商一般会提供所购 GNSS 接收机有关坐标转换软件。

7.3 GNSS 定位基本原理

GNSS 卫星定位方法按定位时 GNSS 接收机所处的状态可分为静态定位和动态定位；按定位的结果可分为绝对定位和相对定位。

静态定位是指在定位过程中，GNSS 接收机的位置是固定的，处于静止状态。动态定位是指在定位过程中，GNSS 接收机处于移动状态。

绝对定位是指在 WGS-84 大地坐标系中，确定观测站相对地球质心绝对位置的方法，此时只需一台 GNSS 接收机即可进行定位。相对定位是指在 WGS-84 大地坐标系中，确定观测站与某一地面参考点之间的相对位置或确定两观测站之间相对位置的方法。相对定位时，需要两台或两台以上 GNSS 接收机同时进行定位。

实际定位时，各种定位方法可进行不同的组合，如静态绝对定位、静态相对定位、动态绝对定位和动态相对定位等。

7.3.1　绝对定位

绝对定位又称单点定位，它定位的基本原理是：以 GNSS 卫星和用户接收机之间的距离观测量为基础，并根据已知的卫星瞬时坐标来确定用户接收机所处的测站点位置。

如图 7-8 所示，在三维坐标系 O_T - $X_TY_TZ_T$ 中，设在时刻 t_i 测站点 P 至三颗 GNSS 卫星 S_1、S_2、S_3 的距离分别为 D_1、D_2、D_3，而该时刻三颗 GNSS 卫星的瞬时三维坐标$(x_j, y_j, z_j)(j=1, 2, 3)$，测站点 P 的三维坐标为(x, y, z)，则有下式所示关系。

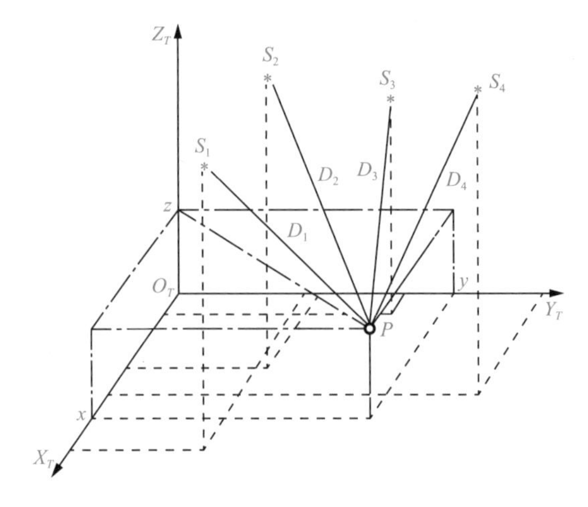

图 7-8　三维坐标系中的绝对定位

$$\begin{cases} D_1 = \sqrt{(x_1 - x)^2 + (y_1 - y)^2 + (z_1 - z)^2} \\ D_2 = \sqrt{(x_2 - x)^2 + (y_2 - y)^2 + (z_2 - z)^2} \\ D_3 = \sqrt{(x_3 - x)^2 + (y_3 - y)^2 + (z_3 - z)^2} \end{cases} \tag{7-3}$$

式（7-3）中卫星的瞬时三维坐标$(x_j, y_j, z_j)(j=1, 2, 3)$可根据接收的卫星导航电文求得，因此，若测定了距离$D_1$、$D_2$、$D_3$，则在式（7-3）中仅有测站点$P$的三维坐标$(x, y, z)$为未知量，联立求解式（7-3）的三个方程即可求得测站点坐标(x, y, z)。

根据式（7-3），距离D_1、D_2、D_3是GNSS卫星绝对定位的关键观测量。GNSS卫星绝对定位的实质就是以距离测量的空间距离交会法。

理论而言，如果GNSS接收机同时对三颗卫星进行距离测量（实际定位至少需四颗卫星，具体说明在后面进行介绍），那么就可确定接收机所在位置的三维坐标。

绝对定位的优点是，定位时只需一台GNSS接收机，并且观测速度快，数据处理较为简单，精度可达m级。

7.3.2　伪距法定位

由绝对定位原理可知，进行GNSS定位的关键是要测定出用户接收机至GNSS卫星的距离。在GNSS卫星所发播的信号中，测距码信号可用于测距。设测距码信号从卫星发射到达接收机所经历的时间为τ，则该时间乘以电磁波在真空中的速度c就是卫星至接收机的距离D，即

$$D = c \times \tau \tag{7-4}$$

在此种情况下，距离测量的特点是单程测距，它不同于光电测距仪中的双程测距，它要求卫星时钟与接收机时钟严格同步，但实际上卫星时钟与接收机时钟难以严格同步，存在不同步误差。此外，测距码在大气中传播时还受到大气电离层折射及大气对流层的影响，存在延迟误差。因此，实际所求得的距离值并非真正的卫星与接收机的几何距离，习惯上将其称为“伪距”，用D'表示。通过测伪距来定点位的方法称为伪距法定位。

为测定测距码信号由GNSS卫星传播至接收机所经历的时间τ，接收机在自身的时钟控制下会产生一组结构与卫星测距码完全相同的测距码，称为复制码，并通过时延器使它延迟时间τ'。

将所接收到的卫星测距码与接收机内产生的复制码送入相关器进行相关处理，若自相关系数 $R(\tau')\neq 1$，则继续调整延迟时间 τ'，直至自相关系数 $R(\tau')=1$。此时，复制码与所接收到的卫星测距码完全对齐，所延迟的时间 τ' 即 GNSS 卫星信号从卫星传播到接收机所用的时间。

卫星时钟与接收机时钟相对于 GNSS 标准时均存在误差，若设卫星时钟的钟差为 δ_{st}，接收机时钟的钟差为 δ_{pt}，则卫星时钟与接收机时钟的钟差所引起的测时误差为 $\delta_{\text{pt}}-\delta_{\text{st}}$，所引起的测距误差为 $c\delta_{\text{pt}}-c\delta_{\text{st}}$。若考虑卫星信号传播经大气电离层和大气对流层的延迟，则卫星与接收机之间真正的几何距离 D 与所测伪距 D' 的关系为

$$D=D'+\delta D_1+\delta D_2+c\delta_{\text{pt}}-c\delta_{\text{st}} \tag{7-5}$$

式中，δD_1、δD_2 分别是电离层和对流层的延迟改正项，δD_1 和 δD_2 可以按照一定的模型计算修正。式（7-5）即伪距测量的基本观测方程。

GNSS 卫星配有高精度的原子钟，卫星钟差较小，并且信号发射瞬间的卫星钟差改正数 δ_{st} 可由导航电文中给出的有关时间信息求得。但用户接收机仅配备一般的石英钟，在接收信号的瞬间，接收机的钟差改正数不能预先精确求得。因此，在伪距法定位中，把接收机钟差改正数 δ_{pt} 也当作未知数，与测站点坐标在数据处理时一并求解。由于几何距离 D 与卫星坐标(X_j,Y_j,Z_j)和接收机坐标(x, y, z)之间的关系可表示为

$$D=\sqrt{(X_j-x)^2+(Y_j-y)^2+(Z_j-z)^2} \tag{7-6}$$

因此，将式（7-5）代入式（7-6），可得

$$\sqrt{(X_j-x)^2+(Y_j-y)^2+(Z_j-z)^2}-c\delta_{\text{pt}}=D'_j+\delta D_{1j}+\delta D_{2j}-c\delta t_{sj} \tag{7-7}$$

式中，j 为卫星数，j=1, 2, 3, …。可以看出，实际定位时，为确定四个未知数 x、y、z、δ_{pt}，接收机必须同时至少测定四颗卫星的距离。

7.3.3　载波相位测量

利用测距码进行伪距测量是全球定位系统的基本测距方法。但由于测距码的码元长度（简称码长，即波长）较大（*C*/*A* 码码长 293m，*P* 码码长 29.3m），因此一般观测精度取测距码码长的百分之一，则伪距测量对 *C*/*A* 码而言量测精度为 3m 左右，对 *P* 码而言量测精度为 30cm。而在 GNSS 卫星所发播的信号中，载波也可用于测距，由于载波的波长短（λ_1=19cm，λ_2=24cm），故载波相位测量精度可达 1～2mm，甚至更高。但由于载波信号是一种周期性的正弦信号，而相位测量只能测定其不足一个周期的小数部分，因此存在整周期数不确定性问题，使载波相位解算过程比较复杂。

载波相位测量是测定 GNSS 载波信号在传播路径上的相位变化值，以确定信号传播的距离。

如图 7-9 所示，设卫星在 t_0 时刻发射的载波信号相位为 $\varphi(S)$，此时若接收机产生一个频率和初相位与卫星载波信号完全一致的基准信号，它在 t_0 时刻的相位为 $\varphi(R)$，则在 t_0 时刻接收机至卫星的距离为

$$D=\frac{\lambda[\varphi(R)-\varphi(S)]}{2\pi}=\lambda\frac{N_0\varphi_0+\Delta\varphi}{2\pi} \tag{7-8}$$

式中，λ 为载波波长；$N_0\varphi_0$ 为整周数相位（$\varphi_0=2\pi$）；$\Delta\varphi$ 为不足一周的相位。

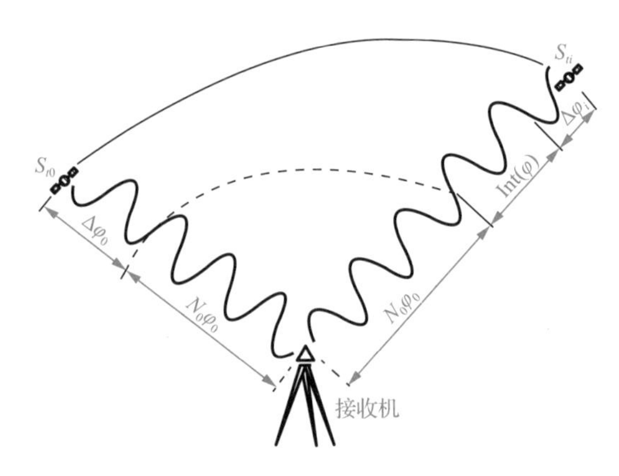

图 7-9 载波相位测量

在载波相位测量中，接收机只能测定不足一周的相位 $\Delta\varphi$，而载波的整周数相位 N_0 无法测定，故 N_0 又称整周相位模糊度。设接收机在 t_0 时刻锁定卫星后，对卫星进行连续的跟踪观测，此时利用接收机内含的整波计数器可记录从 t_0 到 t_i 时间内的整周数相位变化量 $\mathrm{Int}(\varphi)$，其间，只要卫星信号不失锁，则初始时刻整周相位模糊度 N_0 就为一常数。这样，在 t_i 时刻，卫星到接收机的相位差（图 7-9）为

$$\varphi(t_i) = N_0\varphi_0 + \mathrm{Int}(\varphi) + \Delta\varphi(t_i) \tag{7-9}$$

若 $\varphi'(t_i) = \mathrm{Int}(\varphi)+\Delta\varphi(t_i)$，则式（7-9）可写为

$$\varphi(t_i) = N_0\varphi_0 + \varphi'(t_i) \tag{7-10}$$

或

$$\varphi'(t_i) = \varphi(t_i) - N_0\varphi_0 \tag{7-11}$$

式中，$\varphi'(t_i)$ 是载波相位测量的实际观测量，如图 7-9 所示。

与伪距测量相同，在考虑了卫星钟差改正、接收机钟差改正、电离层延迟改正和对流层折射改正后，可得到载波相位测量的观测方程为

$$\varphi'(t_i) = \left[(D - \delta D_1 - \delta D_2)\frac{f}{c} - f\delta_{\mathrm{pt}} + f\delta_{\mathrm{st}} - N_0\right]\varphi_0 \tag{7-12}$$

式（7-12）两边同乘载波波长 $\lambda = c/f$，并移项处理后，有

$$D = D' + \delta D_1 + \delta D_2 + c\delta_{\mathrm{pt}} - c\delta_{\mathrm{st}} + \lambda N_0 \tag{7-13}$$

比较式（7-13）与式（7-5）可以发现，t_i 时刻载波相位测量观测方程中，除增加了一项整周模糊度 N_0 外，在形式上与伪距测量的观测方程完全相同。

整周未知数 N_0 的确定是载波相位测量中特有的问题。对于 GNSS 载波频率，一个整周数的误差将会引起 19～24cm 的距离误差。因此，要利用载波相位观测量进行精密定位，而如何准确地确定整周未知数是一个关键问题。

关于确定整周未知数 N_0 的具体方法，可参阅其他有关书籍。

7.3.4 相对定位

相对定位，是指两台 GNSS 接收机分别安置在基线两端，同步观测相同的 GNSS 卫星，可以确定基线端点的相对位置或基线向量。当一个端点坐标已知时，可用基线向量推算另一待定点的坐标。

由上述内容可知，在绝对定位中，GNSS 测量结果会受到卫星轨道误差、卫星钟差、接收机钟差、电离层延迟误差和对流层折射误差的影响，但这些误差对观测量的影响具有一定的相关性，因此，若利用这些观测量的不同线性组合（求差）进行相对定位，可有效地消除或减弱相关误差的影响，提高定位的精度。相对定位是目前 GNSS 测量中高精度的定位方法，如图 7-10 所示。

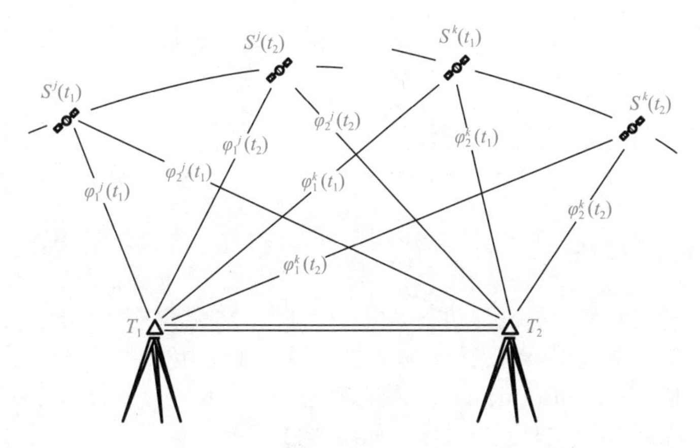

图 7-10　相对定位

在相对定位测量中，可采用的方法有单差法、双差法和三差法三种。

1. *单差法*

如图 7-10 所示，单差是指不同测站 T_1、T_2 同步观测相同卫星（如 S^j ）所得的观测量之差，即在两台接收机之间求一次差，它是观测量的基本线性组合形式，其相位表达形式为

$$\Delta\varphi_{12}^j(t)=\varphi_2^j(t)-\varphi_1^j(t) \tag{7-14}$$

在进行数据处理时，将单差 $\Delta\varphi_{12}^j$ 当作虚拟观测值。由于两台接收机在同一时刻接收同一颗卫星的信号，故卫星钟差 δ_{st} 相同，所以单差法可消除卫星钟差的影响。当 T_1、T_2 两测站距离较近时，两测站电离层和对流层延迟的相关性较强，单差法可以削弱这些误差的影响。

2. *双差法*

双差是指在不同测站同步观测一组卫星得到的单差之差，即在接收机和卫星之间求二次差。

在图 7-10 中，设 t_1 时刻测站 T_1 和 T_2 两台接收机同时观测卫星 S^j 和 S^k，对于卫星 S^k 同样可得形同式（7-14）的单差观测方程式，两式相减便得双差方程，为

$$\Delta\varphi_{12}^{jk}(t)=\Delta\varphi_{12}^k(t)-\Delta\varphi_{12}^j(t) \tag{7-15}$$

双差 $\Delta\varphi_{12}^{jk}(t)$ 仍可当作虚拟观测值。在单差模型中，仍包含接收机钟差，求二次差后，接收机钟差的影响将被消除，这是双差模型的主要优点。此外，经双差处理后，还可大大减小各种系统误差的影响。

3. *三差法*

三差为不同历元（t_1 和 t_2）同步观测同一组卫星所得观测量的双差之差，即在接收机、卫星和历元间求三次差，其表达式为

$$\Delta\varphi_{12}^{jk}(t_1,t_2)=\Delta\varphi_{12}^{jk}(t_2)-\Delta\varphi_{12}^{jk}(t_1) \tag{7-16}$$

三差观测值消除了整周模糊度 N_0，这是三差法的主要优点。但由于三差模型是将观测方程进行三次求差，使未知参数数目减少，独立观测方程数目也明显减少，因此对未知数的解算将产生不良影响。在实际工作中，以双差法结果更为适用。

7.4 GNSS RTK 测量系统

7.4.1 GNSS RTK 概述

GNSS 测量的静态、快速静态、动态等相对定位模式与结果均须观测后处理获得，无法实时对基准站和用户站观测数据质量进行检核，如果后续处理中发现不合格测量结果，则需要返工重测。GNSS RTK（real-time-kinematic，实时动态载波相位差分）技术可以避免这类弊端。

RTK 技术又称载波相位实时差分技术，如图 7-11 所示。

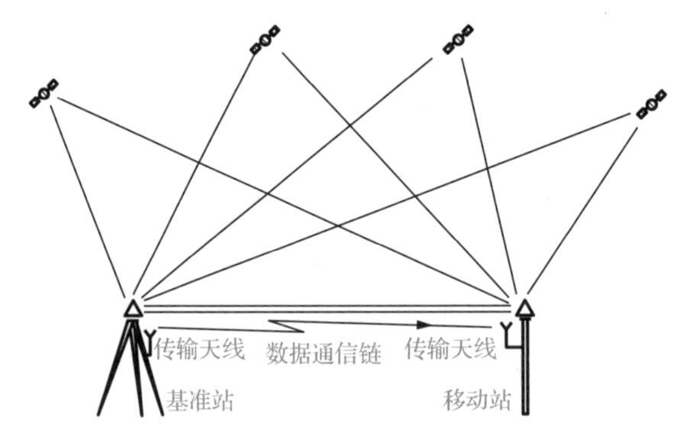

图 7-11　RTK 技术

RTK 技术基本思想：在基准站上设置 GNSS 接收机，对所有可见 GNSS 卫星进行连续观测，将观测数据通过无线电传输设备实时发送给用户站；在用户站，GNSS 接收机接收 GNSS 卫星信号的同时，以无线电接收天线接收基准站传输的观测数据，并根据相对定位原理，实时解算整周模糊度未知数以及计算显示用户站的三维坐标及其精度。

实时计算定位结果可监测基准站与用户站观测结果质量和解算结果的收敛情况。实时判定解算结果可减少冗余观测量，缩短观测时间，提高定位效益。

RTK 技术包括常规 RTK 和网络 RTK 两种类型。

7.4.2 常规 RTK

1. 常规 RTK 的设备

常规 RTK 是通过无线电技术接收单基站广播改正数的 RTK 技术，其系统组成部分包括 GNSS 接收机、数据传输系统和 RTK 测量软件。常规 RTK 测量系统根据仪器架设位置由基准站和移动站两个基本站构成。

（1）基准站

基准站由 GNSS 接收机和特高频（ultra high frequency，UHF）发射天线组成，接收机内置电台。基准站的作用：求出 GNSS 实时相位差分改正值，将改正值及时由数据传输电台传递给移动站以精化其观测值，得到经过差分改正后的移动站实时位置。基准站如图 7-12 所示。

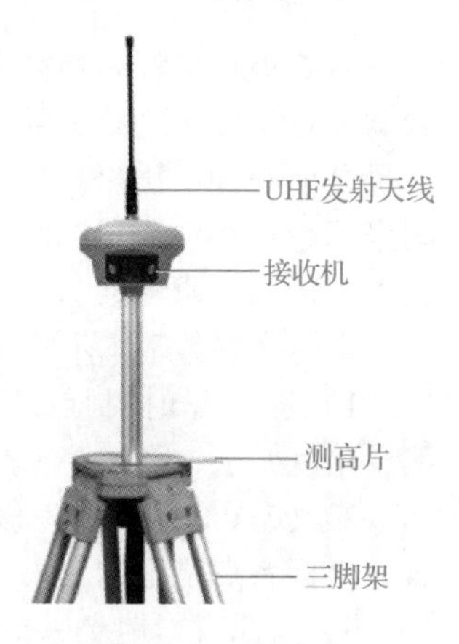

图 7-12　基准站

基准站位置应按下述要求选择。

1）上空开阔。GNSS 天线 5°～15° 高度角以上没有成片障碍物。

2）周围没有电磁波干扰。约 200m 范围内没有强电磁波源、大功率无线电发射设施、高压输电线及其电磁波干扰。

3）防止电磁波反射环境。应远离电磁波反射强烈的地形、地物（如高大建筑、成片水域），以避免多路径效应。

4）测点地势应较高，以利于与移动站的直线远距离数据传输。

5）点位应易于保存，以便长期应用。

（2）移动站

移动站如图 7-13 所示。移动站 GNSS 设置包括项目和坐标系统管理的建立、移动站电台频率的选择、有关坐标的输入、RTK 工作方式的选择、移动站的启动、使用 RTK 进行点位测量等。

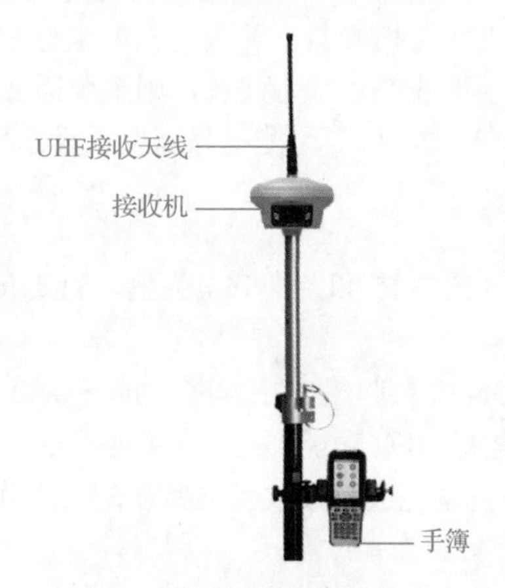

图 7-13　移动站

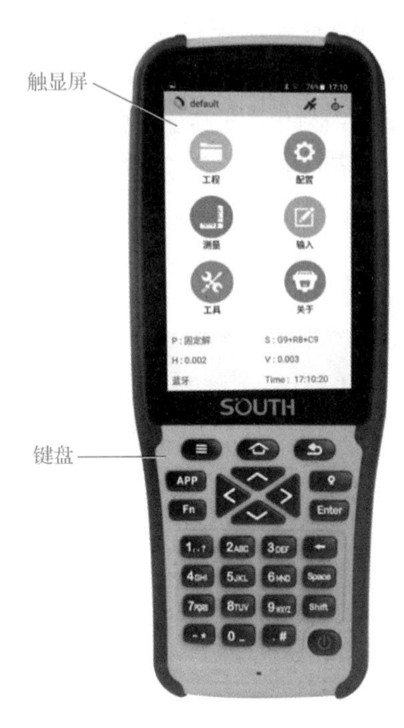

图 7-14 H5 手簿

移动站接收与基准站相同的卫星信号，同时接收基准站电台发射的实时相位差分改正值，用手簿（图 7-14）进行实时解算。

2. 转换参数的求解

由 GNSS 坐标转换简要原理可知，若要将接收机直接得到的 WGS-84 大地坐标系点位坐标变换为本地实用坐标，则测量之前必须求出坐标转换参数。WGS-84 大地坐标系和我国坐标系不存在通用的转换参数，各个地区转换参数不相同且多数未知，求转换参数是 RTK 测量的重要工作。

求转换参数基本步骤如下。

1）选择已知控制点。已知控制点均匀分布在测区，注意测量精度要求、已知控制点个数和等级。

2）安置好基准站、移动站，在各站测量获得 WGS-84 大地坐标系点位坐标。

3）与原有本地坐标相匹配，用软件求出转换参数。

转换参数的求解方法有四参数法和七参数法两种。

1）四参数法。测区附近参与计算的已知控制点原则上至少有两个，可求两个坐标平移、旋转和比例因子参数。比例因子的值应无限接近 1，差值越小越好。定位测量时，两个已知控制点和两点的连线上精度最高。

2）七参数法。测区有三个及三个以上已知控制点，可求三个坐标平移参数、三个旋转参数和一个比例因子参数。定位测量时，已知控制点组成多边形的内部精度最高。

已知控制点的选择遵循以下原则。

1）已知控制点宜分布在整个作业区域边缘，这样能控制整个区域，并避免短边控制长边。

2）避免已知控制点线性分布。三个已知控制点接近等边三角形，四个已知控制点尽量接近正方形。已知控制点接近线性分布时，会影响测量精度，尤其影响高程精度，应避免出现这种情况。

3）测量任务只需要坐标，不需要高程，用户至少要用两个点求转换参数。若检核已知控制点水平残差，则至少要用三个点求转换参数；若同时需要坐标和高程，则至少要用三个点求转换参数；若检核已知控制点的水平残差和垂直残差，则至少需要用四个点求转换参数。

4）一个区域只求一次转换参数，后面的测量只需要重设当地坐标。

3. 常规 RTK 仪器的使用方法

这里以创享 GNSS 接收机（图 7-15 和图 7-16）为例，简要介绍常规 RTK 仪器的使用方法。

（1）连接接收机与 H5 手簿

1）蓝牙触碰连接。创享 GNSS 接收机支持 NFC（near field communication，近场通信）蓝牙配对功能，打开 H5 手簿，选择 NFC 功能，将 H5 手簿背部（NFC 读取模块在手簿背面）贴近创享 GNSS 接收机，手簿将自动完成与接收机的蓝牙配对工作，之后即可打开 H5 手簿中的“工程之星”软件进行测量等相关工作。

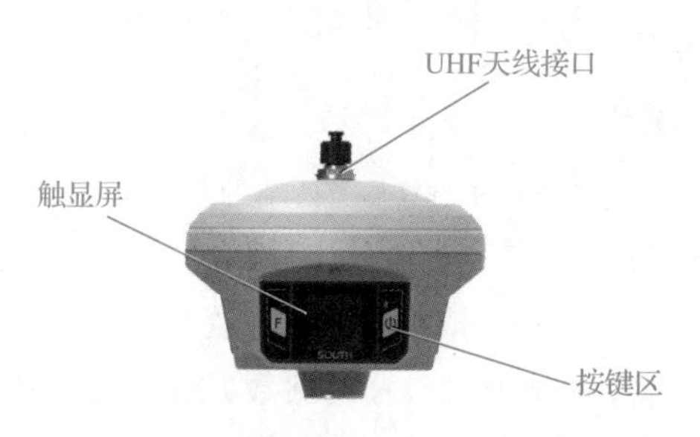

图 7-15　创享 GNSS 接收机正面板

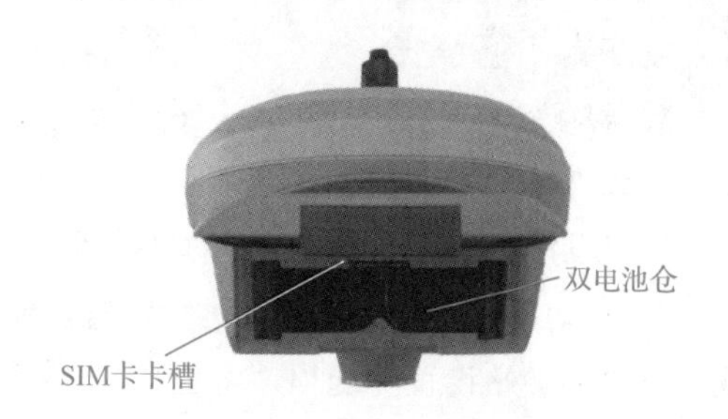

图 7-16　创享 GNSS 接收机背面板

2）蓝牙管理器连接。启动创享 GNSS 接收机，然后对 H5 手簿进行如下操作：打开“工程之星”软件，依次点击“配置”→“仪器连接”选项，点击“扫描”按钮，即可搜索附近的蓝牙设备，选中要连接的设备，点击“连接”选项即可实现蓝牙连接，如图 7-17～图 7-19 所示。

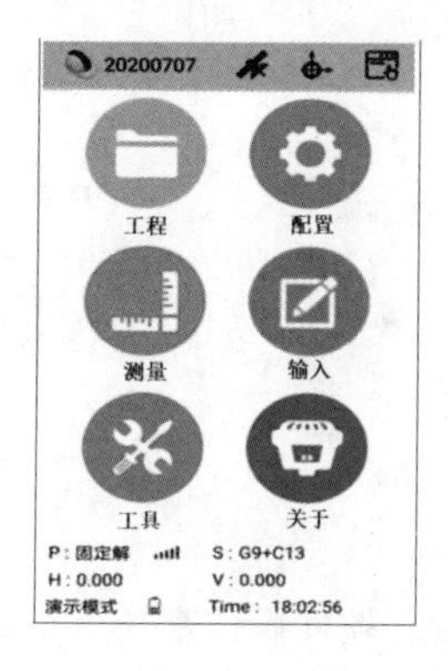

图 7-17　“工程之星”软件主界面

图 7-18　蓝牙扫描

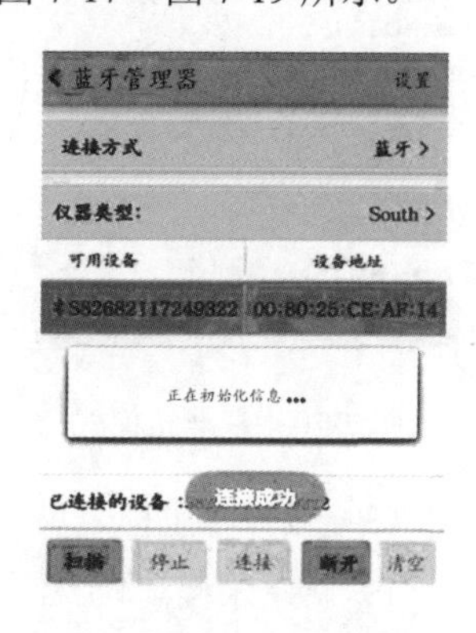

图 7-19　蓝牙连接成功

（2）设置基准站和移动站

仪器架设完成后，将两台 GNSS 接收机分别设置成基准站模式和移动站模式。

1）基准站设置。第一次启动基准站时，需要对启动参数进行设置，设置步骤：依次点击“配置”→“仪器”→“设置”→“基准站设置”选项，默认将主机工作模式切换为基准站模式，如图 7-20 所示。

差分格式：一般都使用国际通用的 RTCM（Radio Technical Commission for Maritime services，国际海运事业无线电技术委员会）32 差分格式。

发射间隔：选择 1s 发射一次差分数据。

基站启动坐标：基站架设在已知控制点时，可以直接输入该已知控制点坐标作为基站启动坐标（建议输入经度坐标、纬度坐标作为已知控制点坐标启动，若已知控制点输入地方坐标或平面坐标启动，则必须先在“工程之星”软件中完成参数设置并应用，再输入地方坐标或平面坐标启动）；基站架设在未知点时，可以点击“外部获取”按钮，然后点击“获取定位”选项来直接读取基站坐标作为基站启动坐标，如图 7-21 所示。

天线高：有直高、斜高、杆高、测片高四个选项，并对应输入天线高度。

截止角：建议选择默认值（10）[单位为（°）]。

PDOP：位置精度因子，一般设置为 4。

数据链：内置电台。

数据链设置：通道设置，1～16 通道选其一；功率挡位有“HIGH”和“LOW”两种；空中波特率有“9600”和“19200”两种，建议选用“9600”；协议为 Farlik（基站与移动站一致）。

以上设置完成后，点击“启动”按钮即可发射信号。

2）移动站设置。对移动站进行设置以便达到固定解状态，依次点击“配置”→“仪器设置”→“移动站设置”选项，将主机工作模式切换为移动站模式。移动站数据链设置和基准站一致，如图 7-22 所示。设置完毕，移动站达到固定解后，即可在 H5 手簿上看到高精度的坐标。

图 7-20　基准站模式

图 7-21　基站启动坐标

图 7-22　电台设置

（3）设置“工程之星”软件

1）新建工程。“工程之星”软件是以工程文件形式运行的，所有软件操作都在某个定义的工程下完成。新建工程方法：依次点击“工程”→“新建工程”选项（图 7-23），弹出如图 7-24 所示对话框，输入工程名称，点击“确定”按钮，系统自动跳转到坐标系统设置界面，如图 7-25 所示，可根据实际情况设置坐标系统、目标椭球、投影参数等。

图 7-23　“新建工程”选项

图 7-24　输入工程名称

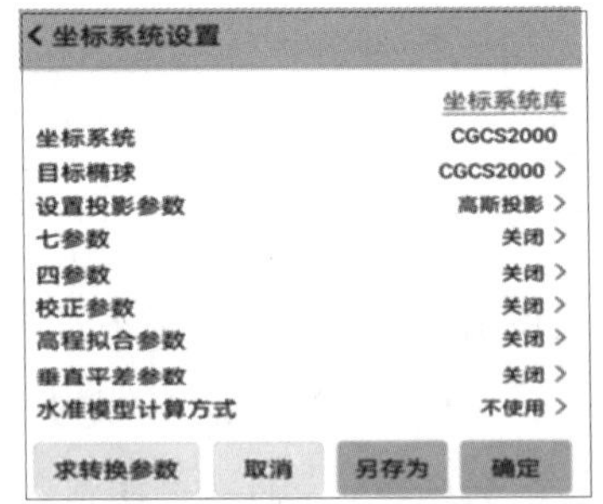

图 7-25　坐标系统设置界面

2）工程设置。依次点击“配置”→“工程设置”选项（图 7-26），进行工程设置。在如图 7-27 所示界面，可以进行天线高、存储类型、限制参数和系统的设置。在如图 7-28 所示界面，可以进行坐标转换方法、高程拟合方法、水平超限阈值和高程超限阈值的设置。一般情况下，限制参数和系统设置使用系统默认数值。

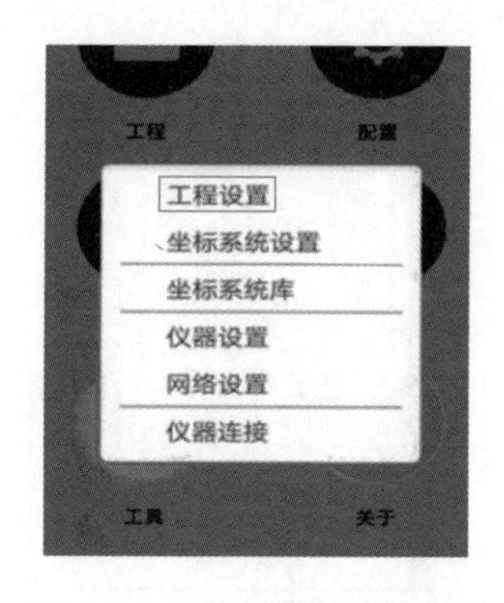

图 7-26　“工程设置”选项

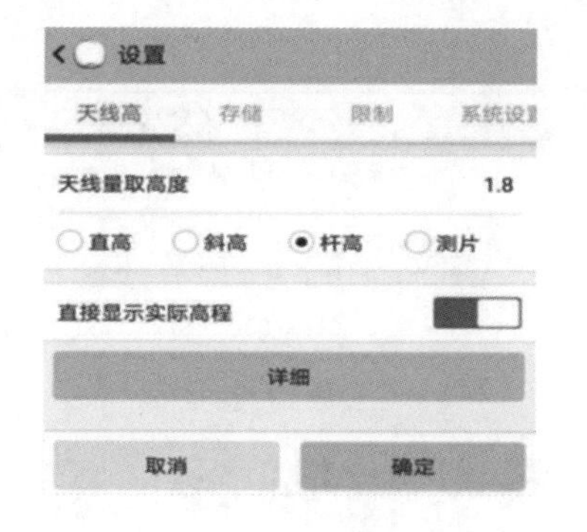

图 7-27　工程设置（一）

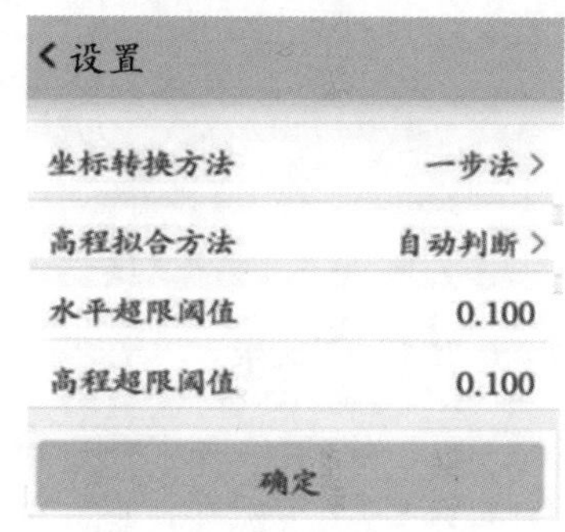

图 7-28　工程设置（二）

3）转换参数的求解。若已知四参数及高程拟合参数，或已知七参数及高程拟合参数，则可直接输入坐标系中使用，无须求转换参数，如图 7-25 所示。

只有地方坐标时，须求转换参数，即将 CGCS2000（2000 国家大地坐标系）坐标转换到地方坐标。求转换参数主要是计算四参数或七参数和高程拟合参数，可以方便直观地编辑、查看、调用参与计算四参数和高程拟合参数的控制点。高程拟合时，如果使用三个点的高程进行计算，那么高程拟合参数类型为加权平均。四参数和七参数操作方法类似，下面介绍四参数法操作方法。

依次点击“输入”→“求转换参数”选项（图 7-29），在弹出的界面中点击“设置”按钮，将“坐标转换方法”设置为“一步法”（图 7-28），点击“确定”按钮，即可进行四参数的设置，如图 7-30 和图 7-31 所示。

图 7-29　“求转换参数”选项

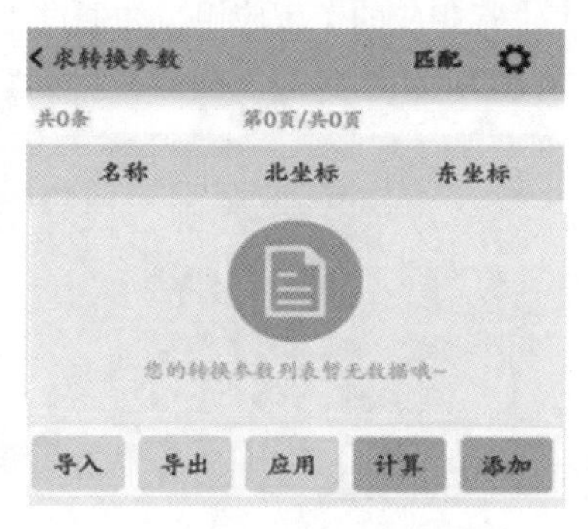

图 7-30　求转换参数

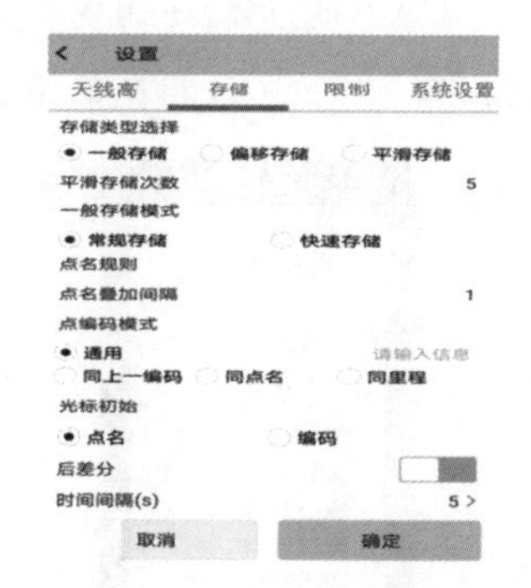

图 7-31　一步法坐标转换

在如图 7-30 所示界面点击“添加”按钮，输入已知平面坐标，如图 7-32 所示，“大地坐标”选项下有“定位获取”“点库获取”两个子选项，输入完成后，点击“确定”按钮，这样就添加完成第一个坐标 Pt1。用同样方法添加第二个坐标 Pt2，如图 7-33 所示。如果输入有误，那么可以点击“Pt1”或“Pt2”进行修改或删除。所有坐标添加完成后，依次点击“计算”→“应用”按钮，如图 7-34 所示，将计算参数应用到当前工程。

<增加坐标
平面坐标 更多获取方式>
点名 Pt1
北坐标 2564765.354
东坐标 440300.859
高程 50.286
大地坐标 更多获取方式>
点名 请输入信息
纬度 +023.105365786740
经度 +113.250091756560
椭球高 50.267
是否使用 高程 平面
确定

<求转换参数 匹配

共2条 第1页/共1页 多选

名称	北坐标	东坐标
Pt1	2564765.354	440300.859
Pt2	2564765.353	440300.855

导入 导出 应用 计算 添加

图 7-32　增加坐标　　　图 7-33　添加的两个坐标　　　图 7-34　转换参数计算结果

4）校正向导。由于 GNSS 接收机输出的是 CGCS2000 坐标，而且 RTK 基准站的输入坐标也只与 CGCS2000 坐标匹配，因此大多数 GNSS 接收机使用转化参数时把基准站架设在已知控制点基站架上，以直接或间接输入 CGCS2000 坐标方式启动基准站。为避免每次都需要用控制器与基准站连接后启动基准站的操作，可使用校正向导选择基准站使其架设在任意点上自动启动，以提高使用的灵活性。

校正向导在打开转换参数的基础上进行，即在求得转换参数而基站有开关机操作，或是工作区域转换参数可输入时进行。校正向导产生的参数实际上是使用一个公共点计算两个不同坐标的“三参数”，在软件里称为校正参数。校正向导可在已知控制点基站架上或未知点基站架上。可输入已知点坐标直接校正，或先采点再校正。

（4）工程应用

转换参数设置完成之后，可进行相应的工程应用，如通过“测量”菜单进行点测量或点放样操作（原理方法将在单元 13 介绍），如图 7-35～图 7-37 所示。

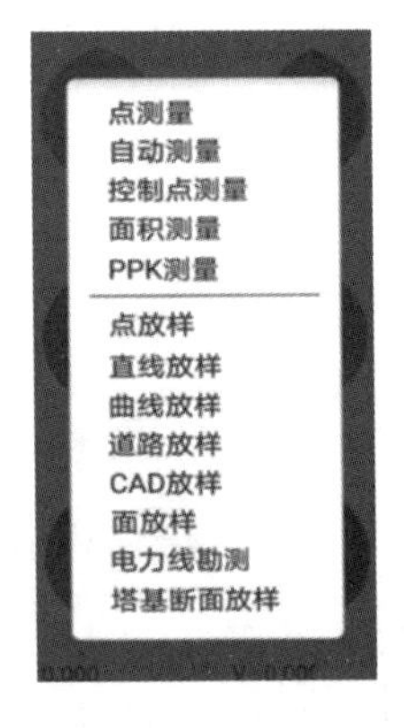

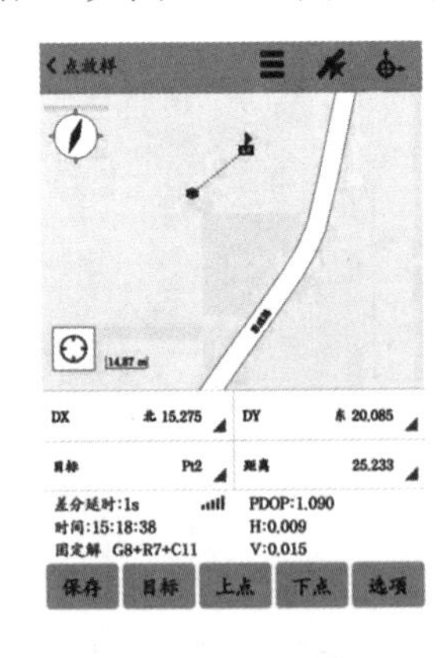

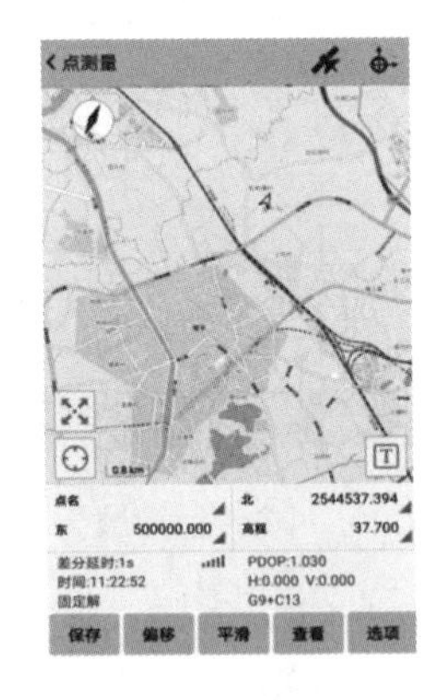

图 7-35　测量菜单　　　图 7-36　点测量　　　图 7-37　点放样

7.4.3　网络 RTK

网络 RTK 是基于 Internet 技术、无线通信技术接收多个 GNSS 基准站播发改正数的技术。20 世纪 90 年代中期以来，随着网络 RTK 技术的问世，一个地区所有测绘工作逐渐发展为一个有机整体。

1. 网络 RTK 原理

网络 RTK 原理：在一定区域内，建立三个或三个以上连续运行的基准站，对该地区构成网络覆盖；用光缆将这些基准站与控制中心相连，各基准站把各自的卫星观测数据发送到控制中心统一进行处理，以获得各站高精度坐标和区域内各点的差分改正数据；通过 Internet 或移动通信的 GPRS（general packet radio service，通用分组无线业务）、CDMA（code division multiple access，码分多址）方式将差分改正数据实时发送到移动站用户接收机，从而得到理想的定位结果。

差分改正数据计算技术包括美国天宝（Trimble）导航有限公司的虚拟参考站（virtual reference station，VRS）技术和瑞士徕卡公司的区域改正参数（flchen-korrektur-parameter，FKP）技术。其中 VRS 技术较为成熟，下面重点介绍网络 RTK 应用的 VRS 技术。

2. VRS 技术

（1）VRS 系统的构成

VRS 系统集 GNSS、Internet、移动通信和计算机网络管理技术于一身。VRS 系统由基准站子系统、数据传输子系统、监控中心子系统、数据发播子系统和用户子系统五部分构成，如图 7-38 所示。

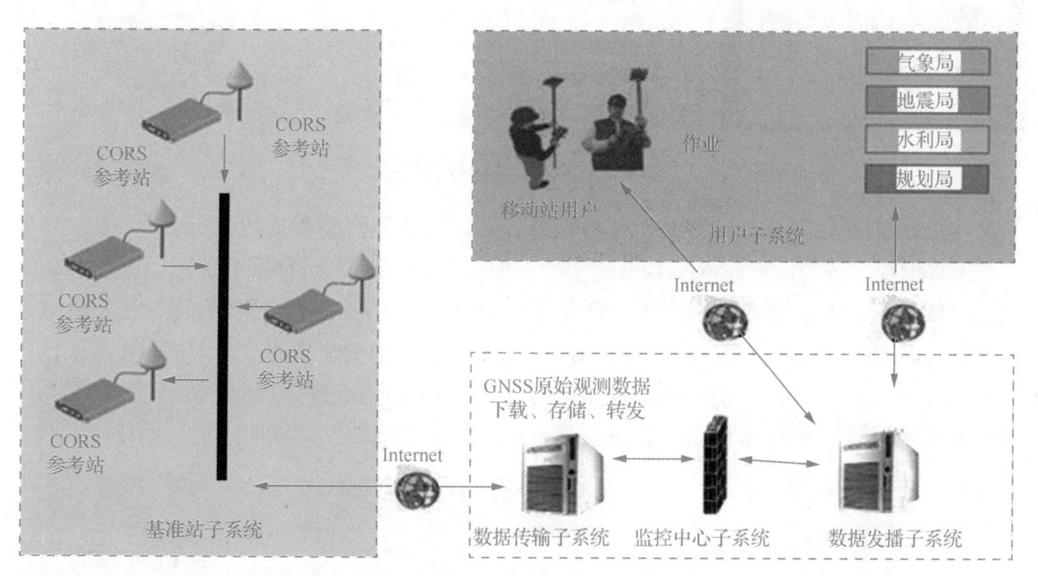

图 7-38　VRS 系统组成与数据流程

（2）VRS 的工作原理

一个 VRS 网络由三个以上的固定基准站组成，站与站之间的距离可达 70km。固定基准站实时采集 GNSS 卫星观测数据并传送给 GNSS 网络监控中心。固定基准站存储有长时间的观测数据，点位精度很高。固定基准站与监控中心之间可通过光缆、ISDN 或普通电话线相连，固定基准站可将数据实时传递到监控中心。

作为整个系统核心的监控中心接收来自固定基准站的所有数据，也接收从移动站发来的概略坐标。监控中心根据用户位置，自动选择一组最佳固定站数据，整体改正 GNSS 轨道误差以及电离层、对流层和大气折射引起的误差，将经过改正后高精度 RTCM 差分信号通过无线网络

[TD-SCDMA(time division-synchronous code division multiple access，时分同步码分多址)、CDMA、GPRS] 发送给用户。

RTCM 差分信号的效果相当于在移动站旁边生成一个虚拟的参考基站，解决了 RTK 作业距离上的限制问题，保证了用户信号的精度。由此可见，VRS 系统实际上是一种多基站技术，在处理上联合了多个固定基准站的数据。

3. 网络 RTK 实例介绍

下面以创享 GNSS 接收机为例介绍 VRS 技术的使用方法。

依次点击“配置”→“仪器设置”→“移动站设置”选项，将主机工作模式切换为移动站模式，同时将数据链更改为接收机移动网络，如图 7-39 所示。

1）智能连接设置模式：无须设置数据链参数，自动智能连接，如图 7-40 和图 7-41 所示。

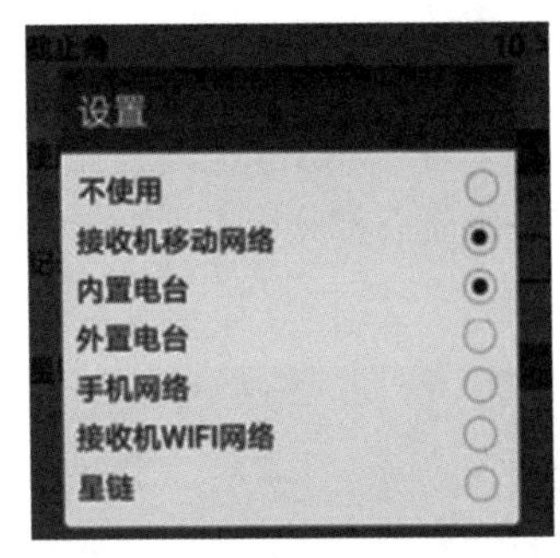

图 7-39　接收机移动网络

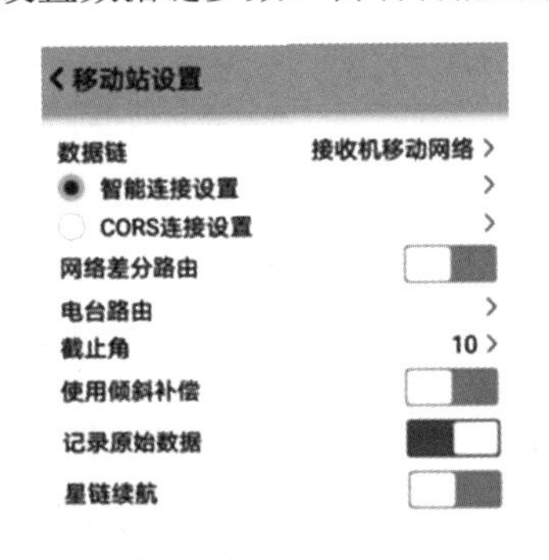

图 7-40　数据链设置

图 7-41　智能连接设置

2）CORS 连接设置模式：传统常规数据链设置，设置界面如图 7-42 所示。

点击“增加”按钮，新建网络数据链参数，如图 7-43 所示。选择服务器后，可以手动输入 IP 地址、Port（端口）、账户和密码等，也可以自动刷新接入点。将设置参数保存在主机中，一次设置即可，之后可直接使用。获取所有接入点以后，选择需要使用的接入点，点击“确定”按钮，再点击“连接”按钮，网络连接界面如图 7-44 所示。如果连接卡顿在“SIM 卡检查”环节，则考虑主机是否装有 SIM 卡或是否正确安装，显示“登录成功”则说明主机与网络连接成功。

图 7-42　传统常规数据链设置

图 7-43　网络设置

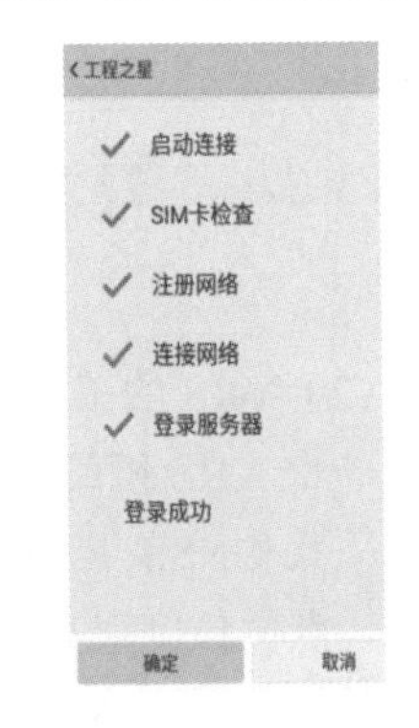

图 7-44　网络连接界面

网络连接完成之后，就可以使用移动站接收机进行点位测量、点放样等。之后在同一网络环境下使用时，直接打开主机，使用 H5 手簿连接即可，不需要进行任何调试。

7.5 GNSS 数据采集辅助工作

GNSS 外业观测与常规测量中的外业观测有很大的不同，除安置接收机天线（对中、整平、定向、量取仪器高），设置接收机的参数（截止高度角、采样间隔），以及开、关机的操作需要作业人员完成外，其他观测过程都是由接收机自动完成的，作业人员无须干预。尽管如此，GNSS 外业观测的完成仍然要求作业人员完成必要的数据采集辅助工作。

7.5.1　基本技术规定

GNSS 控制网观测的基本技术要求见表 7-1。高等级 GNSS 测量的观测时段应尽可能日、夜均匀分布（各级 GNSS 测量定位精度规定见单元 9），同时应记录各项气象元素和天气状况。三级以下 GNSS 测量可不观测气象元素而仅记录天气状况。

表 7-1　GNSS 控制网观测的基本技术要求

项目	级别				
	二等	三等	四等	一级	二级
卫星截止高度角/（°）	≥15	≥15	≥15	≥15	≥15
有效观测卫星数/个	≥5	≥5	≥4	≥4	≥4
时段长度/min	≥30	≥20	≥15	≥10	≥10
采样间隔/s	10～30	10～30	10～30	5～15	5～15
PDOP	≤6	≤6	≤6	≤8	≤8

注：PDOP（position dilution of precision）表示卫星分布的空间几何强度因子。

7.5.2　准备工作

GNSS 数据采集前，应根据规范及技术设计有关规定，对作业的接收机数量，观测区交通情况和通信条件，以及天气状况等因素拟定作业计划。GNSS 数据采集应做好以下工作。

1）GNSS 接收机的预热和静置。观测前预热和静置的具体要求见 GNSS 接收机操作手册。

2）对中。天线安放在三脚架上，以光学对中器进行对中，对中误差不大于 3mm。

3）定向。安置 GNSS 接收机的天线时，应将天线上的标志指向北方，误差不超过±5°。一般可采用罗盘仪定向。

4）整平。用天线上的圆水准气泡或长水准气泡整平。

5）量取仪器高。用专用的量高设备或钢卷尺在相互 120° 的三处量取天线高，当互差不大于 3mm 时取中数，否则应重新对中整平后再量取。

7.5.3 观测注意事项

1）各个作业组应严格遵守调度命令，按规定时间进行作业。

2）检查 GNSS 接收机电源电缆和天线等，确认连接无误后方可开机。

3）在观测前和作业过程中，作业人员应随时填写测量手簿中的记录项目。

4）GNSS 接收机开始记录数据后，观测人员可用专用功能键和菜单查看相关信息，如接收机观测到的卫星数、卫星编号、卫星的健康状况、电池的电量等。发现有异常情况时，及时记录在测量手簿的备注栏内，并向有关上级汇报。

5）每时段观测前、后各量取一次天线高，两次之差不大于 3mm，并取中数作为最终天线高。

6）在 GNSS 接收机天线 50m 之内不能使用电台，10m 之内不能使用对讲机。

7）进行快速静态定位时，在同一观测单元内，参考站的观测不能中断；参考站和移动站的采样间隔应保持一致且不能改变。

8）经认真检查，所有预定作业项目均已全面完成且符合要求，同时记录和资料完整无误后方可迁站。

特别注意：观测过程中不允许关机后重启 GNSS 接收机，不允许仪器自检，不允许改变截止高度角或采样间隔，不允许改变天线位置，不允许使用按键关闭文件或删除文件。

外业结束后，及时处理数据，检核数据剔除率，复测基线长、同步环闭合差等，不合格时及时进行重测。关于检核的详细内容和方法可参考相关资料。

成果检验无误后，即可进行数据处理。由于数据处理涉及数据量大，一般借助计算机，使用相关软件完成，限于篇幅，这里不展开介绍。

习题 7

1．在 GNSS 卫星信号中，测距码是指________。

A．载波和数据码　　B．*P* 码和数据码

C．*P* 码和 *C*/*A* 码　　D．*C*/*A* 码和数据码

2．GNSS 测量所采用的坐标系是________。

A．WGS-84 大地坐标系　　B．1980 国家大地坐标系

C．高斯坐标系　　D．独立坐标系

3．实际采用 GNSS 进行三维定位时，至少需要同时接收________卫星的信号。

A．两颗　　B．三颗　　C．四颗　　D．五颗

4．在载波相位测量相对定位中，当前普遍采用的观测量线性组合方法有________。

A．单差法和三差法两种　　B．单差法、双差法和三差法三种

C．双差法、三差法和四差法三种　　D．双差法和三差法两种

5．GNSS 由哪几部分组成？各部分的作用是什么？

6．与常规测量相比，GNSS 测量有哪些优点？

7．数据码（导航电文）包含哪些信息？

8．绝对定位和相对定位有何区别？为什么相对定位的精度比绝对定位高？

9．什么是伪距？简述用伪距法进行绝对定位的原理。

10．若要将伪距 D' 转换为真正的几何距离 D，则应考虑哪几项改正？

11．什么是整周未知数 N_0 ？什么是周跳？

12．RTK 系统由哪几部分组成？

13．通常所说的 RTK 定位技术是指________。

A．位置差分定位　　B．伪距差分定位

C．载波相位差分定位　　D．广域差分定位

14．关于基准站的位置选取，下列说法不正确的是________。

A．基准站应选择在地势较高的地方

B．基准站可以架设在成片水域附近

C．基准站上空应尽可能开阔

D．基准站应选在交通便利、易于保存的地方

15．进行 GNSS 求转换参数时，如果只需要坐标，不需要高程，那么应至少选取________点求转换参数。

A．一个　　B．两个　　C．三个　　D．四个

16．相比传统的 RTK，基于 VRS 的 RTK 具有________的优点。

A．精度和可靠性更高　　B．操作更简捷

C．支持建立 GNSS 网络　　D．应用范围更广

17．GNSS 等级观测过程中应特别注意的事项是________。

A．各个作业组应严格遵守调度命令

B．作业人员应随时填写测量手簿

C．参考站和移动站的采样间隔应保持一致

D．观测过程中不允许关机后重启 GNSS 接收机

8 单元 测量误差与平差

学习目标

明确测量误差与精度的概念，熟悉几种函数误差传播率及其应用，掌握测量平均值和条件平差的原理与应用。

8.1 误差与精度

8.1.1 误差的来源与观测条件

理论与实践证明，测量误差不可避免，具体体现在以下两方面：①对某个观测量（可实施观测且具有一定实际量值的观测对象）进行多次观测，各次观测值（从观测对象得到的测量参数）之间存在差异；②观测值与某种理论值（观测量的实际量值，或称已知真值）不相符。

1. 误差来源

仪器、操作和外界环境是引起误差的主要来源，称为误差三来源。

2. 观测条件

误差三来源客观存在，它决定着观测结果质量，通常又把误差三来源称为观测条件。例如，仪器性能优良，工作人员操作熟练，外界环境稳定，这是较好的观测条件；仪器性能较差，工作人员操作生疏，外界环境不稳定，这是较差的观测条件。

3. 观测条件与误差的关系

观测条件与误差的关系密切。一般来说，观测条件好，则误差小；反之误差大。可以认为，若要在观测中获得误差比较小的观测值，则必须有比较好的观测条件。

8.1.2 误差的类型

1. 系统误差

在相同观测条件下进行多次观测，其结果的误差在大小和符号方面表现为常数，或者表现为某种函数关系，这种误差称为系统误差。例如，用测距仪测量某段已知边长，测量值与已知长度的差值 k 是常数，同时测量差值与气温、气压构成一定气象改正关系 ΔD_{tp}，这就是系统误差的表现。

系统误差实际数值的符号有正、负之分，一旦确定不会改变，具有单向性；或者附合于某种函数关系，具有同一性。系统误差的单向性和同一性使其具有累积的后果。因此，系统误差的存在影响观测成果的准确度，使观测值与真值存在偏差。

防止系统误差影响的措施：严格检验仪器工具，查明系统误差的情况，选用合格的仪器工具；根据检验得到的系统误差大小和函数关系，在观测值中进行改正，消除系统误差的影响；在观测中采取正确措施，削弱或抵偿系统误差影响。例如，应用正确观测方法，采用可行的预防措施等。

2. 偶然误差

在相同观测条件下进行多次观测，出现的误差在大小、符号方面没有任何规律性，而在误差量大的误差群中，可以发现误差群具有一定的统计规律性，这种误差称为偶然误差。

3. 粗差

超出正常观测条件所出现的且数值超出某规定范围的误差称为粗差，如观测中出现错误、过失或超限的数值均为粗差。

8.1.3 偶然误差的表达式与特性

1. 表达式

偶然误差的表达式为

$$\varDelta = l - X \tag{8-1}$$

式中，X 是某一观测量的真值；l 是对某一观测量进行观测所得到的观测值；$\varDelta$ 是排除了系统误差，也不存在粗差的偶然误差，故又把 $\varDelta$ 称为真误差。

2. 观测实例

在大地上设置多个固定点，点与点之间构成 358 个三角形，用精良的角度仪器测量全部三角形的内角和，即 $l_i = \alpha_i + \beta_i + \gamma_i$，根据式（8-1），全部的内角和偶然误差 $\varDelta_i$ 为

$$\varDelta_i = (\alpha_i + \beta_i + \gamma_i) - 180^\circ \tag{8-2}$$

式中，180° 是三角形内角和理论真值；i =1, 2, ⋯, 358；α_i、β_i、γ_i 是第 i 个三角形三个内角观测值。

根据式（8-2），计算 $\varDelta_i$，并以数据列表（表 8-1）或直方图（图 8-1）的形式统计分析。

表 8-1 误差 Δ 统计表

误差的区间/（″）	正误差数 n/个	负误差数 n/个	误差总数/个	备注
0.0～0.2	46	45	91	误差范围以 s 为单位
0.2～0.4	40	41	81	
0.4～0.6	33	33	66	
0.6～0.8	23	21	44	
0.8～1.0	16	17	33	
1.0～1.2	13	13	26	
1.2～1.4	6	5	11	
1.4～1.6	4	2	6	
1.6 以上	0	0	0	
合计	181	177	358	

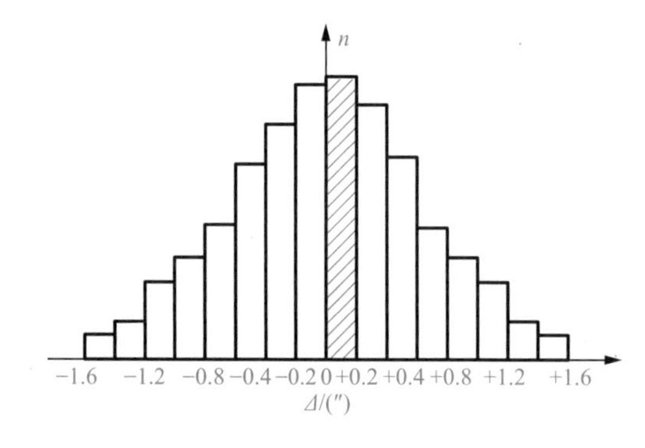

图 8-1 误差直方图

在表 8-1 中，误差 Δ 的区间是用于统计误差 Δ_i 大小范围的。例如，误差 Δ 的区间为 0.0″～0.2″，说明在此范围内统计的正误差 Δ_i 有 46 个，负误差 Δ_i 有 45 个。其他的区间误差数统计以此类推。

直方图是根据列表数据绘图展示的统计分析方法。在图 8-1 中，横轴 Δ 表示误差区间和大小，纵轴 n 表示误差数量。例如，在横轴 0.0″～0.2″ 区间，以纵轴高度表示误差数 n，n=46，绘制一矩形（带斜线），这就是误差数的直方图。其他区间误差数统计以此类推，绘制直方图，最后形成总图如图 8-1 所示。

3．偶然误差的特性

根据表 8-1 和图 8-1，偶然误差具有以下特性。

1）在一定条件下，误差不会超出一定的范围。这一特性称为误差的有界性。在表 8-1 中，大于 1.6″ 的误差不存在，说明这种条件下的误差以 1.6″ 为界。

2）在出现的误差群中，绝对值相同的正误差和负误差出现的机会相同。这一特性称为误差的对称性。由表 8-1 可见，在一定的误差范围内，正误差和负误差出现的次数大致相等。图 8-1 所示的误差直方图也大致反映了以纵轴为中轴左右两侧图形对称的特性。

3）在出现的误差群中，绝对值小误差出现的机会比绝对值大误差出现的机会多。这一特性称为误差的趋向性。这种特性又如瞄准打靶，多数命中靶心，少数偏离靶心，故趋向性又称聚中性。由表 8-1 可知，小于 0.4″ 的误差出现的机会比较多，大于 1.0″ 的误差出现的机会比较少。

4）当观测数量 n 趋近于无穷大时，整个误差群的误差和平均值为 0，即

$$\lim_{n\to\infty}\frac{[\Delta]}{n}=0 \tag{8-3}$$

式中，

$$[\Delta]=\Delta_1+\Delta_2+\cdots+\Delta_n \tag{8-4}$$

称$[\Delta]$为偶然误差的和。根据误差的对称性，式（8-3）中的偶然误差 Δ 具有抵偿性。

5）观测值 l_i、误差 Δ_i 服从正态分布。正态分布又称高斯分布，其数学模型为

$$f(\Delta)=\frac{1}{\sqrt{2\pi}m}\mathrm{e}^{-\frac{(l-a)^2}{2m^2}} \tag{8-5}$$

式中，$\Delta=l-a$ 中的 l 为观测值，a 为观测对象的真值（或称最可靠值）；m 是中误差；e =2.718281828459。

根据式（8-5）可按 Δ 绘制正态分布曲线，如图 8-2 所示。

偶然误差的特性是测量误差理论的基础，是以有效的观测条件获得观测值，并求取最可靠值与评定观测值精度和最可靠值精度的理论依据。

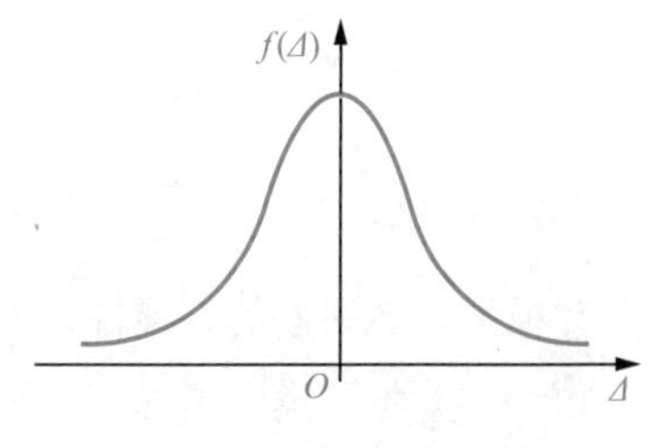

图 8-2　误差正态分布曲线

8.1.4　精度的概念

观测必存在误差，故往往对某一观测量不能以一次观测值定论（特别是有一定要求的观测量）。例如，对一条边进行的一次测量是边长测量的必要观测，但一次观测正确与否难以断定，因此必有多次观测，即在必要观测基础上的多余观测。由于多次观测且观测值之间存在差异，因此存在如何求观测量的最后结果及评价观测误差大小的问题。

评价观测误差大小，即评定精度。根据统计学理论，精度是指一组观测值误差分布的密集或离散的程度。由表 8-1 可见，误差群中绝对值小误差占的比例较大，反映了误差分布比较密集，表明观测精度比较高；如果误差群中绝对值大误差占的比例较大，则反映误差分布比较离散，表明观测精度比较低。由此可见，精度是一组观测结果质量的标志。

由前文可知，观测条件与误差有密切的关系。显然，一组观测值误差分布的密集程度由观测条件所决定，或者说观测精度依赖于观测条件。大量的测量事实表明，若观测条件好，则观测精度高；若观测条件差，则观测精度低；若观测条件相同，则观测精度相同；若观测条件不同，则观测精度不同。由此定义，精度相同的观测称为等精度观测，精度不同的观测称为非等精度观测。

8.1.5　精度的指标

在实际工作中，表示误差分布密集或离散的精度是以确定的数字指标衡量的，主要有以下指标。

1. 中误差

设观测量真值为 X，对其 n 次观测有一组观测值 l_1，l_2，…，l_n，根据式（8-1），可得一组相应的偶然误差 $\Delta_1, \Delta_2, \cdots, \Delta_n$，定义观测值中误差平方为

$$m^2 = \lim_{n\to\infty}\frac{[\varDelta\varDelta]}{n} \tag{8-6}$$

或定义中误差为

$$m = \lim_{n\to\infty}\sqrt{\frac{[\varDelta\varDelta]}{n}} \tag{8-7}$$

式中，n为无穷大，$[\varDelta\varDelta]$称为偶然误差平方和，即

$$[\varDelta\varDelta] = \varDelta_1^2 + \varDelta_2^2 + \cdots + \varDelta_n^2 \tag{8-8}$$

统计学用σ^2代表m^2，称σ、m为中误差。在实际工作中，n是有限的，故式（8-6）为

$$m = \pm\sqrt{\frac{[\varDelta\varDelta]}{n}} \tag{8-9}$$

2. 极限误差

根据偶然误差的有界性，若观测误差超出一定的范围，则说明观测结果不正常。判别不正常情况一般采取极限误差的设定方法。观测过程中的误差最大限值称为极限误差。极限误差或称为容许误差，或称为允许误差，或称为最大误差，用$m_{容}$表示。前面提到的$\Delta h_{容}$、$\Delta\alpha_{容}$都是$m_{容}$的表示形式。$m_{容}$的取值依据为二倍中误差或三倍中误差，即$m_{容}=2m$或$m_{容}=3m$。

大量统计表明，在$\varDelta$误差群中，超出$2m$的$\varDelta$只占5%，超出$3m$的$\varDelta$仅只占0.3%，大量的$\varDelta$在二倍（或三倍）中误差之内。事实证明，在一般的有限次观测中，超出二倍中误差（或超出三倍中误差）的观测值的可能性很小。因此，正常条件下有限次观测中超出$2m$的观测值可认为是含有粗差的不正常观测值。为了防止这种不正常观测值的影响，取$m_{容}=2m$（或$m_{容}=3m$）作为一种限值，对超出$m_{容}$的观测值采取摒弃措施。由此可见，$m_{容}$具有发现和限制粗差、保证观测质量的作用。

3. 相对中误差

相对中误差是用于表示线量（边长）的精度指标，用k表示。例如，设测量边为D，中误差为m_D，则相对中误差为

$$k = \frac{m_D}{D} \tag{8-10}$$

通常k必须化为以1为分子的相对量，则式（8-10）为

$$k = \frac{1}{\frac{D}{m_D}} = 1:\frac{D}{m_D} \tag{8-11}$$

式（8-10）和式（8-11）中的k称为相对中误差。根据式（8-11），中误差相同，所测的距离不同，则相对中误差不同。例如，若$m_1=m_2=6\text{cm}$，$D_1=500\text{m}$，$D_2=100\text{m}$，则$k_1=1:8300$，$k_2=1:1600$。

如果将式（8-11）中的m_D换为两个测量值的较差，如某边长D两个测量值的较差为$\varDelta D$，则这时的k称为相对较差，即

$$k = \frac{\varDelta D}{D} \tag{8-12}$$

或

$$k=\frac{1}{\frac{D}{\Delta D}}=1:\frac{D}{\Delta D} \tag{8-13}$$

式中，D 是测量边长的平均值。

8.2 误差传播律

8.2.1 误差传播律的概念

某种研究对象的观测误差与函数误差的关系式所确定的规律，称为该研究对象的误差传播律。如图 8-3 所示，AB、BC 的长度各为 S_{AB}、S_{BC}，如果测得 AB、BC 的中误差分别为 m_{AB}、m_{BC}，同时已知

$$S_{AC}=S_{AB}+S_{BC} \tag{8-14}$$

那么如何根据这些已知条件求解 AC 的中误差 m_{AC} 呢？

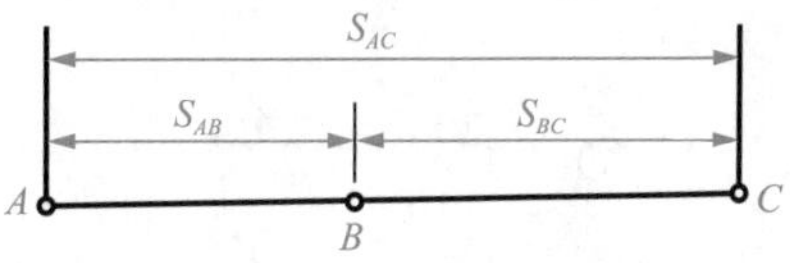

图 8-3　边的测量

式（8-14）表明，AC 边的长度通过测量 AB 边和 BC 边间接得到，S_{AC} 是 S_{AB}、S_{BC} 的函数，那么中误差 m_{AB}、m_{BC} 对函数的误差 m_{AC} 产生什么影响？要解决这个问题，就必须研究 m_{AC} 与 m_{AB}、m_{BC} 的关系，找出中误差 m_{AB}、m_{BC} 与函数误差 m_{AC} 的关系式，这个关系式称为研究对象 AC 边的误差传播律。

8.2.2 研究方法

研究对象不同，表示误差传播律的关系式就不同，但是研究方法基本相同，具体如下。

1）列出函数与观测值的数学关系表达式，即

$$z=f(x_1,x_2,\cdots,x_n) \tag{8-15}$$

式中，x_i 是观测值；z 是 x_i 的函数。

2）写出函数偶然误差与观测值真误差的关系式。

用全微分的形式展开式（8-15），即

$$\mathrm{d}z=\frac{\partial f}{\partial x_1}\mathrm{d}x_1+\frac{\partial f}{\partial x_2}\mathrm{d}x_2+\cdots+\frac{\partial f}{\partial x_n}\mathrm{d}x_n \tag{8-16}$$

用偶然误差 Δx（有限量）代替式（8-16）中的微分量 $\mathrm{d}x$，即

$$\Delta z=\frac{\partial f}{\partial x_1}\Delta x_1+\frac{\partial f}{\partial x_2}\Delta x_2+\cdots+\frac{\partial f}{\partial x_n}\Delta x_n \tag{8-17}$$

在测量实践上，偶然误差是微小量，故上述的代替关系符合数学上的严密性。

3）用中误差形式将式（8-17）转化为误差传播定律，即

$$m_z^2=\left(\frac{\partial f}{\partial x_1}\right)^2 m_{x1}^2+\left(\frac{\partial f}{\partial x_2}\right)^2 m_{x2}^2+\cdots+\left(\frac{\partial f}{\partial x_n}\right)^2 m_{xn}^2 \tag{8-18}$$

式（8-17）转化为式（8-18）的规则：将式（8-17）右边的系数$\dfrac{\partial f}{\partial x}$分别平方；式（8-17）的$\Delta x_i(i=1,2,3,\cdots,n)$项用相应的中误差平方代替。

式（8-18）是观测值中误差影响函数中误差的误差传播律通式。

8.2.3 几种函数形式的误差传播律

1. *和差函数*

和差函数表达式为

$$z = x \pm y \tag{8-19}$$

式（8-19）中的“±”表示x与y的关系可能是“和”或“差”的关系。

根据研究误差传播律的方法，有

$$m_z^2 = m_x^2 + m_y^2 \tag{8-20}$$

例 8.1 如图 8-3 所示，令$z = S_{AC}$，$x = S_{AB}$，$y = S_{BC}$，由前面可知

$$z = x + y \tag{8-21}$$

对式（8-20）全微分，得

$$\mathrm{d}z = \mathrm{d}x + \mathrm{d}y$$

用偶然误差代替上式中的微分量，得

$$\Delta z = \Delta x + \Delta y \tag{8-22}$$

现在证明和差函数误差传播律。根据n次观测得到偶然误差，根据中误差的定义，式（8-22）等号右边对n项Δz取平方和，即

$$[\Delta z \Delta z] = \left[(\Delta x + \Delta y) \times (\Delta x + \Delta y)\right] \tag{8-23}$$

式（8-23）按二项式展开，得

$$[\Delta z \Delta z] = [\Delta x \Delta x] + 2[\Delta x \Delta y] + [\Delta y \Delta y] \tag{8-24}$$

式（8-24）等号两边除以n，得

$$\frac{[\Delta z \Delta z]}{n} = \frac{[\Delta x \Delta x]}{n} + \frac{2[\Delta x \Delta y]}{n} + \frac{[\Delta y \Delta y]}{n} \tag{8-25}$$

根据偶然误差的对称性，Δx、Δy具有对称性，互乘项$\Delta x \Delta y$也具对称性，$\dfrac{[\Delta x \Delta y]}{n}$符合偶然误差具有的抵偿性，则$\dfrac{[\Delta x \Delta y]}{n} = 0$。由此，式（8-25）为

$$\frac{[\Delta z \Delta z]}{n} = \frac{[\Delta x \Delta x]}{n} + \frac{[\Delta y \Delta y]}{n} \tag{8-26}$$

根据中误差定义，$m_z^2 = \dfrac{[\Delta z \Delta z]}{n}$，$m_x^2 = \dfrac{[\Delta x \Delta x]}{n}$，$m_y^2 = \dfrac{[\Delta y \Delta y]}{n}$，则式（8-20）成立。

根据图 8-3，取$m_x = m_{AB}$，$m_y = m_{BC}$，则$m_{AC} = \pm\sqrt{m_{AB}^2 + m_{BC}^2}$。

若$z = x - y$，根据上述的研究方法，得

$$\frac{[\Delta z \Delta z]}{n} = \frac{[\Delta x \Delta x]}{n} - \frac{2[\Delta x \Delta y]}{n} + \frac{[\Delta y \Delta y]}{n}$$

因为$\dfrac{[\Delta x \Delta y]}{n}$符合偶然误差具有的抵偿性，即$\dfrac{[\Delta x \Delta y]}{n} = 0$，所以按上式同样可推证式（8-20）成立。

推论 1：如果 $m_x = m_y = m$，则式（8-20）为

$$m_z = \pm\sqrt{2}m \tag{8-27}$$

2. 倍乘函数

倍乘函数表达式为

$$z = kx \tag{8-28}$$

根据研究误差传播律的方法，中误差的关系式为

$$m_z^2 = k^2 m_x^2 \tag{8-29}$$

例 8.2　由前面可知，视距计算公式为

$$s = 100l \tag{8-30}$$

视距 s 是视距差 l 的函数，l 的中误差为 m_l，根据研究误差传播律的方法，有

$$m_s = 100m_l \tag{8-31}$$

3. 线性函数

线性函数表达式为

$$z = k_1x_1 + k_2x_2 + \cdots + k_nx_n \tag{8-32}$$

根据研究误差传播律的方法，中误差的关系式为

$$m_z^2 = k_1^2m_{x1}^2 + k_2^2m_{x2}^2 + \cdots + k_n^2m_{xn}^2 \tag{8-33}$$

推论 2：如果 $m_{x1} = m_{x2} = \cdots = m_{xn} = m$，$k_1 = k_2 = \cdots = k_n = 1$，则

$$m_z = \pm\sqrt{n}m \tag{8-34}$$

4. 非线性函数

这里用示例说明非线性函数的误差传播律。

例 8.3　设某矩形面积 $s = ab$，矩形长边为 $a \pm m_a$，短边为 $b \pm m_b$。求矩形面积 s 的中误差 m_s。下面利用研究误差传播律的方法进行说明。

1）对函数全微分，把非线性函数转化为线性函数的形式，即 $\mathrm{d}s = b\mathrm{d}a + a\mathrm{d}b$；

2）用偶然误差代替微分量，即 $\Delta s = b\Delta a + a\Delta b$；

3）列出中误差的表示式：$m_s^2 = b^2m_a^2 + a^2m_b^2$。

由此可得，边长误差对面积误差的传播律为

$$m_s = \pm\sqrt{b^2m_a^2 + a^2m_b^2} \tag{8-35}$$

设 $a = b = 100\text{m}$，$m_a = m_b = \pm 0.05\text{m}$，则 $m_s \approx \pm 7.07\text{m}^2$。

例 8.4　如图 8-4 所示，为了获得河宽 s，在△ABC 中测量 d，中误差为 m_d，测量角 α、β，中误差分别为 m_α、m_β。根据正弦定律，s 可表示为

$$s = d\frac{\sin\alpha}{\sin\beta} \tag{8-36}$$

根据误差传播律，s 的误差 m_s 可表示为

$$m_s^2 = s^2\frac{m_d^2}{d^2} + s^2\cot^2\alpha\frac{m_\alpha^2}{\rho^2} + s^2\cot^2\beta\frac{m_\beta^2}{\rho^2} \tag{8-37}$$

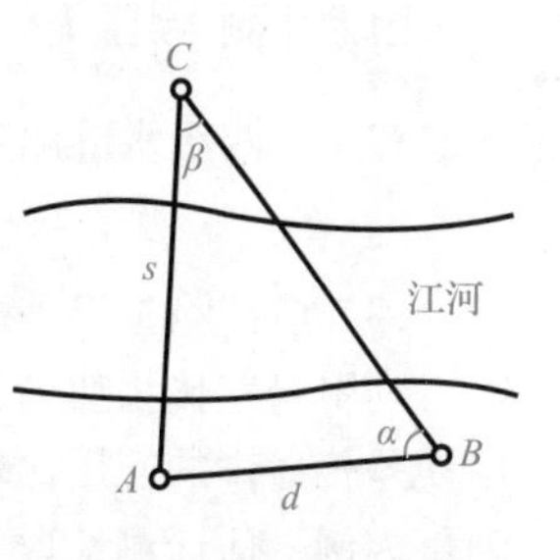

图 8-4　河宽的测量

8.2.4 误差传播律的应用意义

误差传播律的应用意义在于找出某种研究对象的测量误差与函数误差的传播律，为工程建设服务。上述若干示例即为工程应用实例。误差传播律的应用意义具体如下。

（1）计算函数中误差，评定测量结果的精度

计算函数中误差，评定测量结果的精度，其目的是保证为工程建设提供的测量结果具有可靠质量水平。在例 8.4 中，如果在$\triangle ABC$中测得$d=450\mathrm{m}$，中误差$m_d=\pm15\mathrm{mm}$，测量角$\alpha=55^\circ$，$\beta=40^\circ$，中误差$m_\alpha=\pm5''$，$m_\beta=\pm4''$。按式（8-37）可求得m_s。其中 s 按式（8-36）求得，$s\approx573.468\mathrm{m}$。$m_s$按式（8-37）求得，$m_s\approx\pm25.2\mathrm{mm}$。$\dfrac{m_d}{d}=1:30000$，$\dfrac{m_s}{s}=1:26000$，说明 s 的精度较 d 的精度有所下降。

（2）结合极限误差的实际要求，为有关测量限差提出理论依据

例 8.5 四等水准测量往测、返测较差限差$\Delta h_{容}\leqslant\pm20\sqrt{L}$（mm）（详见单元 9 表 9-3）的来由说明如下。

如图 8-5 所示，点 A 至点 B 的观测高差$\sum h$为

$$\sum h=h_1+h_2+\cdots+h_n \tag{8-38}$$

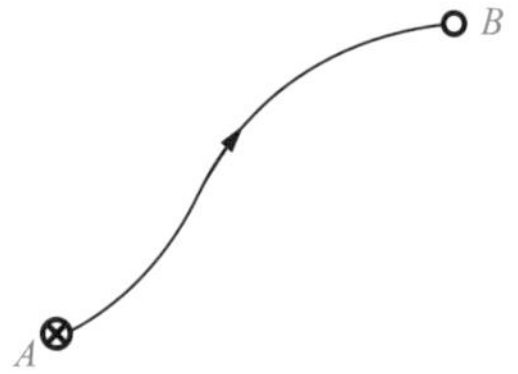

图 8-5 水准路线测量

测站高差 $h_1,h_2,\cdots,h_n$ 是等精度观测，用$m_{站}$表示各测站观测中误差，根据式（8-34），有

$$m_{\sum h}=\pm\sqrt{n}m_{站} \tag{8-39}$$

式中，n 是测站数。

设$n=\dfrac{L}{s}$，L 是水准路线长，s 是一测站的长度。若 L、s 均以 km 为单位，则$n_0=\dfrac{1}{s}$是 1km 的测站数，1km 的观测高差中误差$u_0=\sqrt{n_0}m_{站}=\sqrt{\dfrac{1}{s}}m_{站}$。显然，$L$ 的高差中误差为

$$m_{\sum h}=\pm\sqrt{\frac{L}{s}}m_{站}=\pm\sqrt{\frac{1}{s}}m_{站}\sqrt{L}=\pm u_0\sqrt{L} \tag{8-40}$$

式中，$u_0=\sqrt{\dfrac{1}{s}}m_{站}$是水准路线 A 至 B 单程 1km 测量中误差。

在四级水准测量中，设u是 1km 往测、返测高差的中误差，并规定$u=\pm5\mathrm{mm}$，则单程高差中误差为$u_0=\sqrt{2}\times u=5\sqrt{2}\mathrm{mm}$，故式（8-40）为

$$m_{\sum h}=\pm u\sqrt{L}=\pm\sqrt{2}\times5\times\sqrt{L} \tag{8-41}$$

因为往测、返测较差中误差为$m_\Delta=\pm\sqrt{m_{\sum h_1}^2+m_{\sum h_2}^2}=\pm\sqrt{2}m_{\sum h}=\pm10\sqrt{L}$。所以，根据极限中误差意义，四级水准测量往测、返测较差限差为

$$\Delta h_{容}=2m_\Delta=\pm20\sqrt{L}\ （\mathrm{mm}） \tag{8-42}$$

（3）估计测量误差影响程度

利用误差传播律估计测量误差影响程度，可为测量及工程设计提供误差预测参数。这类利用误差传播律的应用比较多，研究对象广泛，研究的数学模型千差万别。这里以光电三角高程测量为例，估计测量误差对高等级高程测量的影响。

根据式（4-29），光电三角高程测量公式为

$$h_{AB} = D_{AB} \times \sin\left(\alpha_A + \frac{1-k}{2R}\rho D_{\text{km}}\right) + i_A - l_B \tag{8-43}$$

对式（8-43）全微分，得

$$\mathrm{d}h_{AB} = \mathrm{d}D_{AB}\sin\alpha_A + D_{AB}\cos\alpha_A\frac{\mathrm{d}\alpha_A}{\rho} - D_{AB}\cos\alpha_A\frac{\mathrm{d}k}{2R}D_{\text{km}} + \mathrm{d}i_A - \mathrm{d}l_B$$

根据误差传播律，h_{AB} 的误差平方 m_h^2 为

$$m_h^2 = \sin^2(\alpha)m_D^2 + \left[\frac{D}{\rho}\cos(\alpha)\right]^2 m_\alpha^2 + \left[10^6\cos(\alpha)\frac{D_{\text{km}}^2}{2R}\right]^2 m_k^2 + m_i^2 + m_l^2$$

例 8.6　设①$=\sin(\alpha)m_D$，②$=\left[\frac{D}{\rho}\cos(\alpha)\right]m_\alpha$，③$=\left[10^6\cos(\alpha)\frac{D_{\text{km}}^2}{2R}\right]m_k$，④$=m_i$，⑤$=m_l$。根据如表 8-2 所示预测数据，代入数据，估计 m_h 的情况，并将结果列于表 8-2 中。

表 8-2　光电三角高程测量误差估计

预测数据	$\alpha = 5^\circ$	$D = 500\text{m}$	$m_D = \pm 5\text{mm}$	$m_\alpha = \pm 2''$		$m_k = 0.04$；$m_i = m_l = 1\text{mm}$
误差估计	①=0.44mm	②=4.83mm	③=0.78mm	④=1mm	⑤=1mm	$m_h = \pm 5.11\text{mm}$

根据例 8.6，当 $D = 500\text{m}$ 时，对应光电三角高程测量的高差总误差为 $\pm 5.11\text{mm}$，这说明光电三角高程测量可用于高等级高程测量。中间法光电三角高程测量的误差预测情况比上述光电三角高程测量会更优，读者可自行分析。

例 8.7　在例 8.3 中，$m_a = m_b = \pm 0.05\text{m}$，计算面积误差 $m_s \approx \pm 7.07\text{m}^2$。若采用精度更高的距离测量，如 $m_a = m_b = \pm 0.005\text{m}$，则 $m_s \approx \pm 0.707\text{m}^2$。这说明高距离测量精度可减少面积误差。

8.3 平均值原理与方法

8.3.1 算术平均值

1. 算术平均值的概念

对某个观测量进行 n 次等精度观测，其观测值之和的平均值称为算术平均值，简称均值。其中这个观测量真值为 X，观测值是 l_1，l_2，…，l_n，算术平均值为

$$x = \frac{l_1 + l_2 + \cdots + l_n}{n} \tag{8-44}$$

即

$$x = \frac{[l]}{n} \tag{8-45}$$

算术平均值具有偶然误差的特性，因为由式（8-1）可知

$$[\Delta]=[l]-nX \tag{8-46}$$

式（8-46）等号两边除以n，取极限，根据偶然误差的抵偿性，$\lim\frac{[\Delta]}{n}=0$，则$\lim\frac{[l]}{n}-X=0$，故

$$X=\lim_{n\to\infty}\frac{[l]}{n} \tag{8-47}$$

由此可见，当观测数量n无限大时，算术平均值的极限是观测量的真值。但一般来说，n有限，故由式（8-45）得到的是接近真值的算术平均值x，称为最可靠值，又称最或然值。

2. 算术平均值的精度

（1）观测值中误差

测量实践中往往无法知道真值，偶然误差Δ也无法得到，因此无法利用式（8-9）计算观测值中误差。观测值中误差按贝塞尔公式计算，即

$$m=\pm\sqrt{\frac{[vv]}{n-1}} \tag{8-48}$$

（2）算术平均值中误差

算术平均值表达式（8-44）是线性函数，其中$1/n$相当于常数K。设观测值l_i的中误差为m，则算术平均值中误差为

$$m_x^2=\left(\frac{1}{n}\right)^2\left(m_1^2+m_2^2+\cdots+m_n^2\right)=\left(\frac{1}{n}\right)^2\times n\times(m^2+m^2+\cdots+m^2)=\frac{1}{n}m^2 \tag{8-49}$$

将式（8-48）代入式（8-49），则算术平均值中误差为

$$m_x=\pm\frac{m}{\sqrt{n}}=\pm\sqrt{\frac{[vv]}{n(n-1)}} \tag{8-50}$$

3. 算例

表8-3提供6测回观测角度平均值计算实例，步骤为（1），（2），…，（7）。

表8-3　6测回观测角度平均值及精度评定

测回n	角度观测值/（°　′　″） （1）	$v=x-l$ /（″） （3）	vv （4）	计算结果
1	75　32　13	2.5	6.25	（2）算术平均值：$x=\frac{[l]}{n}=75°32'15.5''$
2	75　32　18	−2.5	6.25	
3	75　32　15	0.5	0.25	（5）观测值中误差：$m\approx\pm1.9''$
4	75　32　17	−1.5	2.25	
5	75　32　16	−0.5	0.25	（6）算术平均值中误差：$m_x\approx\pm0.8''$
6	75　32　14	1.5	2.25	
（2）$x=75°32'15.5''$		$[v]=0$	$[vv]=17.5$	（7）最后结果：$75°32'15.5''\pm0.8''$

式（8-48）的说明如下。

1）v称为最或然误差，或称偏差，或称改正数，满足

$$v_i=x-l_i \tag{8-51}$$

v 具有和为 0 的特性，即

$$[v]=0 \tag{8-52}$$

根据式（8-51），有

$$[v]=nx-[l] \tag{8-53}$$

将式（8-45）代入式（8-53），得式（8-52）。式（8-52）可用于检验计算结果正确与否，见表 8-3。

2）$[vv]$称为最或然误差平方和，即

$$[vv]=v_1^2+v_2^2+\cdots+v_n^2 \tag{8-54}$$

8.3.2　加权平均值

1. 加权平均值原理

在实际测量工作中，经常出现非等精度观测结果，如表 8-4 所示，两组同一观测对象的非等精度观测结果 L_1、L_2，因为 $m_1 \neq m_2$，所以不能采用 $\frac{L_1+L_2}{2}$ 的方法求解，但可用下述两种方法求解。

（1）简单平均值的求法

简单平均值的求解公式为

$$x=\frac{\sum l'+\sum l''}{n_1+n_2}=\frac{l_1'+l_2'+l_1''+l_2''+l_3''}{5} \tag{8-55}$$

（2）加权平均值的求法

1）权的定义式为

$$p_i=\frac{u^2}{m_i^2} \tag{8-56}$$

根据表 8-4 中 m_i 的计算式，有

$$p_i=\frac{u^2}{m_i^2}=\frac{u^2}{\left(\frac{1}{\sqrt{n_i}}m_0\right)^2}=n_i\frac{u^2}{m_0^2} \tag{8-57}$$

式中，p_i 是观测结果，即新观测值 L_i 的权；u 是一个具有中误差性质的参数。

表 8-4　精度不同的观测结果

组	观测数	观测值	观测中误差	观测结果	平均值中误差
1	$n_1=2$	l_1'，l_2'	m_0	$L_1=\frac{\sum l'}{n_1}=\frac{l_1'+l_2'}{2}$	$m_1^2=\frac{m_0^2}{n_1}=\frac{m_0^2}{2}$
2	$n_2=3$	l_1''，l_2''，l_3''	m_0	$L_2=\frac{\sum l''}{n_2}=\frac{l_1''+l_2''+l_3''}{3}$	$m_2^2=\frac{m_0^2}{n_2}=\frac{m_0^2}{3}$

第 1 组观测值 L_1 的权是 p_1，将 n_1 代入式（8-57），得 $p_1=\frac{2u^2}{m_0^2}$。同理，第 2 组观测值 L_2 的权 $p_2=\frac{3u^2}{m_0^2}$。

2）组成加权平均值求解公式为

$$x = \frac{p_1L_1 + p_2L_2}{p_1 + p_2} \tag{8-58}$$

将表 8-4 中的 L_1、L_2 及 p_1、p_2 表达式代入式（8-58），可得与式（8-55）相同的结果。

3）加权平均值原理通式。根据式（8-58），设有 n 个权为 p_i 的观测值 L_i，则加权平均值的通式为

$$x = \frac{p_1L_1 + p_2L_2 + \cdots + p_nL_n}{p_1 + p_2 + \cdots + p_n} = \frac{[pL]}{[p]} \tag{8-59}$$

式中，

$$[pL] = p_1L_1 + p_2L_2 + \cdots + p_nL_n \tag{8-60}$$

$$[p] = p_1 + p_2 + \cdots + p_n \tag{8-61}$$

2. 加权平均值中误差

式（8-59）可表示为

$$x = \frac{p_1}{[p]}L_1 + \frac{p_2}{[p]}L_2 + \cdots + \frac{p_n}{[p]}L_n \tag{8-62}$$

根据线性函数误差传播律，加权平均值中误差 M_x 的关系式为

$$M_x^2 = \left(\frac{p_1}{[p]}\right)^2 m_1^2 + \left(\frac{p_2}{[p]}\right)^2 m_2^2 + \cdots + \left(\frac{p_n}{[p]}\right)^2 m_n^2 \tag{8-63}$$

根据权的定义式，即式（8-56），有

$$m_i^2 = \frac{u^2}{p_i} \tag{8-64}$$

把式（8-64）代入式（8-63），经整理，得

$$M_x = \pm u\sqrt{\frac{1}{[p]}} \tag{8-65}$$

3. 单位权中误差

（1）观测值权的相对关系

观测值权的相对关系：不论 u 取何值，观测值权之间相对关系不变。如表 8-5 所示，m 小，对应精度高，权 p 大，说明 p_iL_i 的分量大，同时说明 p_1、p_2 的相对关系 p_1∶p_2=2∶3 不变。

表 8-5　观测值权的相对关系

观测值	中误差	权的相对确定值				m_i	精度	权 p_i	p_iL_i 的分量
L_1	$m_1^2 = \frac{m_0^2}{2}$	p_1	1	$\frac{2}{3}$	2	大	低	小	小
L_2	$m_2^2 = \frac{m_0^2}{3}$	p_2	$\frac{3}{2}$	1	3	小	高	大	大
u^2 的取值			m_1^2	m_2^2	m_0^2				

（2）单位权中误差的获得方法

数值上等于 1 的权称为单位权。对应于权为 1 的中误差称为单位权中误差。单位权中误差的获得方法如下。

1）可以根据选定的 m_i 确定。如表 8-5 所示，若 $u = m_1$，则 p_1=1，称 m_1 为单位权中误差；若 $u = m_2$，则 p_2=1，称 m_2 为单位权中误差。

2）可以根据需要虚拟。如表 8-5 所示，若 $u = m_0$，则 p_1=2，p_2=3；若 m_0 不存在，则没有具体的单位权和单位权观测值。

3）根据偶然误差 Δ 或最或然误差 v 计算，其结果是 u，即单位权中误差。

① 根据偶然误差 Δ 计算单位权中误差 u 的方法如下。

设观测值 L_1，L_2，…，L_n 的权是 p_1，p_2，…，p_n，偶然误差是 $\Delta_1, \Delta_2, \cdots, \Delta_n$。又设 $L_i' = \sqrt{P_i} L_i$ 为对 L_i 变换的观测值，根据误差传播律，则相应的偶然误差为

$$\Delta_i' = \sqrt{p_i} \Delta_i \tag{8-66}$$

相对应的中误差为 $m_i'^2 = p_i m_i^2$，L_i' 的权为

$$p_i' = \frac{u^2}{m_i'^2} = \frac{u^2}{p_i m_i^2} = \frac{1}{p_i} \times \frac{u^2}{m_i^2} = \frac{1}{p_i} \times p_i = 1$$

由此可见，L_i' 是一批权等于 1 的单位权观测值，即等精度观测值，Δ_i' 是单位权等于 1 的观测值偶然误差。因此，根据式（8-9），可以利用偶然误差计算中误差的定义式计算单位权中误差，即

$$u = \pm\sqrt{\frac{[\Delta'\Delta']}{n}} = \pm\sqrt{\frac{\Delta_1'^2 + \Delta_2'^2 + \cdots + \Delta_n'^2}{n}} \tag{8-67}$$

将式（8-66）代入式（8-67），得

$$u = \pm\sqrt{\frac{[p\Delta\Delta]}{n}} \tag{8-68}$$

式（8-68）为偶然误差计算单位权中误差公式。

② 根据最或然误差 v 计算单位权中误差的方法如下。

根据式（8-68）及贝塞尔公式的要求，可证计算公式为

$$u = \pm\sqrt{\frac{[pvv]}{n-1}} \tag{8-69}$$

式中，

$$v_i = x - L_i \tag{8-70}$$

4. 几种常用的定权方法

（1）同精度算术平均值的权

根据式（8-57），令 $\frac{u^2}{m_0^2} = C$（任意常数），则平均值 L_i 的权为

$$p_i = nC \tag{8-71}$$

结论：同精度算术平均值的权随观测次数 n 的增大而增大。

（2）水准测量的权

根据式（8-39），若取 c 个测站的高差中误差为单位权中误差，则 $u = \sqrt{c} m_{站}$。因此，一条水准路线观测高差 $\sum h$ 的权为

$$p_{\sum h} = \frac{u^2}{m_{\sum h}^2} = \frac{\left(\sqrt{c} m_{站}\right)^2}{\left(\sqrt{n} m_{站}\right)^2} = \frac{c}{n} \tag{8-72}$$

结论：水准路线观测高差的权 p 与测站数 n 成反比，n 越大，误差越大，权越小。

平坦地区水准测量每测站的视距 s 大致相等，1km 的测站数为 $\frac{1}{s}$，故在式（8-40）中，$\sqrt{\frac{1}{s}}m_{站}$ 为 1km 观测高差中误差。现设 $c$km 高差中误差为单位权中误差，即 $u=\sqrt{\frac{c}{s}}m_{站}$，则 L km 观测高差中误差为 $m_{\sum h}=\sqrt{\frac{L}{s}}m_{站}$，水准路线观测高差的权为

$$p_{\sum h}=\frac{u^2}{m_{\sum h}^2}=\frac{\left(\sqrt{\frac{c}{s}}m_{站}\right)^2}{\left(\sqrt{\frac{L}{s}}m_{站}\right)^2}=\frac{c}{L} \tag{8-73}$$

由式（8-73）可见，若 $c=1$，则水准测量观测高差的权为

$$p_{\sum h}=\frac{1}{L} \tag{8-74}$$

结论：在水准测量中，观测高差的权 p 与距离 L 成反比。

由式（8-73）可知，$\frac{u^2}{m_{\sum h}^2}=\frac{c}{L}$，若 $L=1$，则 $m_{\sum h}$ 是 1km 的高差中误差，即

$$m_{1\text{km}}=\frac{u}{\sqrt{c}} \tag{8-75}$$

（3）三角高程测量的权

根据式（4-32），三角高程测量原理上的主项是 $h=D\sin\alpha$，由误差传播律可知，高差中误差 m_h 为

$$m_h^2=m_D^2\sin^2\alpha+(D\cos\alpha)^2m_\alpha^2$$

式中，m_D 是测距误差；m_α 是竖直角误差。一般三角高程测量 $\alpha<5°$，$\sin^2\alpha\approx0$，故上式为

$$m_h^2=(D\cos\alpha)^2m_\alpha^2$$

设 $u=\cos(\alpha)m_\alpha$，又 $\cos\alpha\approx1$，则 $m_h^2=u^2D^2$，故三角高程的权 p_h 为

$$p_h=\frac{u^2}{m_h^2}=\frac{u^2}{u^2D^2}=\frac{1}{D^2} \tag{8-76}$$

5. 算例

在表 8-6 中，点 Q 水准测量高程的计算按表中（1），（2），…，（10）顺序进行。

表 8-6　高程测量计算实例

水准路线名称	起点	起点测量至点 Q 高程 H/m（1）	测站数 n（2）	权 $p=\frac{c}{n}$（c=10）（3）	改正数 $v=X-H$ /mm（7）
L_1	A	48.821	35	0.2857	−35.4
L_2	B	48.753	26	0.3846	32.6
L_3	C	48.795	39	0.2564	−9.4
（4）$[pH]$=45.2096；（5）$[p]$=0.9267；（6）$X=\frac{[pH]}{[P]}=48.7856\text{m}$；					
（8）$[pvv]$=789.4208；（9）$u=\pm19.9\text{mm}$；（10）$M_X=\pm20.7\text{mm}$					

注：贝塞尔公式根据 $\varDelta_i=l_i-X$ 、$v_i=x-l_i$ 及其与 l_i 的关系，以及误差传播律和中误差定义式推证得到。这里不进行推证，可参考相关测量学书籍。

8.4 最小二乘原理

观测量是具有一定量值的观测对象，对它观测的目的在于求得其实际量值。但是，观测量的实际量值在测量开始时是未知的，这时的观测量又称为未知量。可以设想，观测存在的误差必然给未知量的确定带来困扰。例如，在表 8-5 中，以三条不同水准路线测量点 Q 高程，可以得到三个不同的，即存在矛盾的高程测量值。平差就是按照某种准则要求，对存在误差的观测值进行适当的数学处理，消除误差矛盾，以便获得具有一定精度的未知量的最可靠值。

数理统计理论中有一个最大似然原理，测量平差理论中有一个最小二乘原理，二者都属于处理存在误差的观测值（子样）的准则。宏观上，最大似然原理描述问题的似然函数中观测向量的密度函数满足用最小二乘条件解决的最大可能性，最小二乘原理则是从实现最大可能性的偏差平方和最小出发解决问题。尽管两种原理按各自的理论体系解释问题，解决矛盾，但最终得到的结果是一致的。

最小二乘原理基本思想是：根据观测值基本情况，设计权乘以偏差平方之和，即数学模型 $[pvv]$，按 $[pvv]$ 为最小的准则要求解题。下面介绍实现这一思想的步骤。

1. 误差方程及权的设立

式（8-51）就是一个最简单的误差方程，现设

$$\boldsymbol{V}=\begin{bmatrix} v_1 \\ v_2 \\ \vdots \\ v_n \end{bmatrix} \quad \boldsymbol{X}=\begin{bmatrix} x \\ x \\ \vdots \\ x \end{bmatrix} \quad \boldsymbol{L}=\begin{bmatrix} l_1 \\ l_2 \\ \vdots \\ l_n \end{bmatrix} \quad \boldsymbol{P}=\begin{bmatrix} p_1 & 0 & \cdots & 0 \\ 0 & p_2 & \cdots & 0 \\ \vdots & \vdots & & \vdots \\ 0 & 0 & \cdots & p_n \end{bmatrix} \tag{8-77}$$

则误差方程为

$$\boldsymbol{V}=\boldsymbol{X}-\boldsymbol{L},\boldsymbol{P} \tag{8-78}$$

式中，$\boldsymbol{L}$ 是观测值向量；$\boldsymbol{V}$ 是最或然改正数向量；$\boldsymbol{X}$ 是未知数向量；$\boldsymbol{P}$ 是观测值的权向量。

x 可以是直接观测量，也可以是间接观测量，这两种观测量都属于待求的未知数。在观测方程中，x 的个数及所表示的对象根据解题的实际而定。这里涉及的 x 的个数是 1。

2. 数学模型 $\boldsymbol{V}^{\mathrm{T}}\boldsymbol{P}\boldsymbol{V}$

根据式（8-77），建立数学模型为

$$\boldsymbol{V}^{\mathrm{T}}\boldsymbol{P}\boldsymbol{V}=(\boldsymbol{X}-\boldsymbol{L})^{\mathrm{T}}\boldsymbol{P}(\boldsymbol{X}-\boldsymbol{L})$$

用纯量表示，即

$$\boldsymbol{V}^{\mathrm{T}}\boldsymbol{P}\boldsymbol{V}=[pvv]=p_1(x-l_1)^2+p_2(x-l_2)^2+\cdots+p_n(x-l_n)^2 \tag{8-79}$$

3. $[pvv]$ 最小准则

以 $[pvv]$ 为最小，即准则为

$$\boldsymbol{V}^{\mathrm{T}}\boldsymbol{P}\boldsymbol{V}=\min \tag{8-80}$$

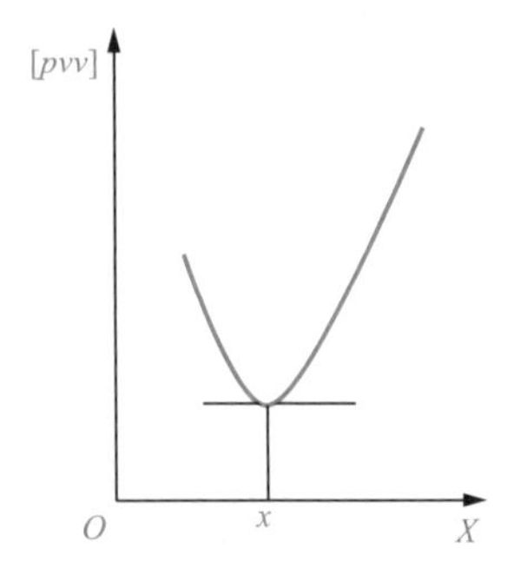

图 8-6　最小准则二次曲线

根据式（8-80）可以导出式（8-79）最可靠值符合误差分布规律的解题方案。

式（8-79）可以理解为一条二次曲线，如图 8-6 所示。[pvv] 最小的位置在曲线的底端，该处的一阶导数为 0，即

$$\frac{\mathrm{d}[pvv]}{\mathrm{d}x}=0 \tag{8-81}$$

按要求展开式（8-81），得

$$2p_1(x-l_1)+2p_2(x-l_2)+\cdots+2p_n(x-l_n)=0$$

上式是一个未知数 x 的一元一次方程，解题方案是

$$x=\frac{p_1l_1+p_2l_2+\cdots+p_nl_n}{p_1+p_2+\cdots+p_n} \tag{8-82}$$

按式（8-60）和式（8-61）的要求整理便可得式（8-82），若式（8-82）中的 $p_i=1$，则式（8-82）便与式（8-44）相同。由此可见，算术平均值及加权平均值是符合最小二乘原理的最可靠值。上述讨论的是对未知量 x 进行 n 次直接观测的平差问题，x 以直接观测值 l_i 按式（8-82）求得，故称这种平差方法为直接平差。

8.5 条件平差原理与方法

除直接平差外，还有间接平差、条件平差及现代平差等。条件表达式，即以满足由某种数学或物理关系确定的整体原则要求而列立的数学表达式，简称条件方程，或称条件式。条件平差是以条件式为出发点，根据 $\boldsymbol{V}^{\mathrm{T}}\boldsymbol{PV}=\min$ 准则，按条件极值要求获得最可靠值的计算方法。

条件平差是工程常见平差方法，本节以图 8-7 所示的某工程水准网为例说明条件平差原理与方法。在图 8-7 中，已知水准点 A、B 高程分别为 H_A、H_B，点 C、点 D 是未知水准点。表 8-7 列有图 8-7 所示水准网的五条水准路线的高差观测值 h_i' 及权 P_i。

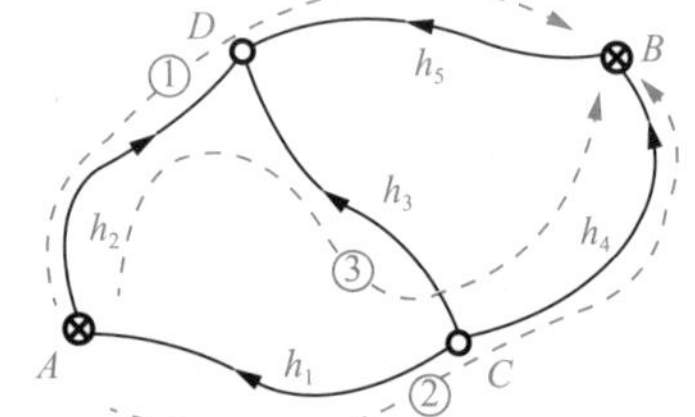

图 8-7　某工程水准网

8.5.1　条件式的列立

如图 8-7 所示，五条水准路线高差 h_i 在点 A、点 B 所确定的整体意义上必须满足 H_B-H_A 的要求，或者说，五个高差值 h_i 构成三条附合水准路线，以 H_A、H_B 的存在作为设立条件的根据，虚线①、②、③的箭头方向计算的高差必须等于 H_B-H_A，即

$$\begin{cases} h_2-h_5=H_B-H_A & \text{(a)} \\ -h_1+h_4=H_B-H_A & \text{(b)} \\ h_2-h_3+h_4=H_B-H_A & \text{(c)} \end{cases} \tag{8-83}$$

式（8-83）称为条件方程，h_i 称为平差值，$i=1, 2, \cdots, 5$。平差值正、负号根据水准路线方向与虚线箭头方向的关系确定，同向者为正，反向者为负。平差值是观测值 h_i' 与最或然误差 v_i 之和，即

$$h_i=h_i'+v_i \tag{8-84}$$

表 8-7　条件式的改正数系数计算实例

条件式	高差改正数系数 **A** 阵 v_1　v_2　v_3　v_4　v_5	闭合差 w
(a) (b) (c)	0　1　0　0　−1 −1　0　0　1　0 0　1　−1　1　0	w_a w_b w_c
h_i' P_i	h_1'　h_2'　h_3'　h_4'　h_5' p_1　p_2　p_3　p_4　p_5	

将式（8-84）代入式（8-83），经整理得，条件式为

$$\begin{cases} v_2 - v_5 + w_a = 0 & \text{(a)} \\ -v_1 + v_4 + w_b = 0 & \text{(b)} \\ v_2 - v_3 + v_4 + w_c = 0 & \text{(c)} \end{cases} \tag{8-85}$$

式中，w_a、w_b、w_c 称为条件式的闭合差，即

$$\begin{cases} w_a = h_2' - h_5' - (H_B - H_A) \\ w_b = -h_1' + h_4' - (H_B - H_A) \\ w_c = h_2' - h_3' + h_4' - (H_B - H_A) \end{cases} \tag{8-86}$$

在实际应用中，条件式（8-85）写为列表形式，如表 8-7 中的三个条件式（a）、（b）、（c），其改正数为 $v_1 \sim v_5$，系数分别列在改正数的名下，改正数不存在时以系数为 0 列出。

为了使问题的叙述和推证具有普遍意义，将上述条件式改为 r 个，改正数 $v_1 \sim v_5$ 下标改为 i，即 v_i（i=1, 2, …, n），改正数系数 0、1、−1 等用相应的 a_i，b_i，…，r_i 表示，闭合差改为 w_a，w_b，…，w_r，列表通式如表 8-8 所示。

表 8-8　条件式通式的改正数系数

条件式	改正数系数 **A** 阵 v_1　v_2　…　v_n	闭合差 w
(a)	a_1　a_2　…　a_n	w_a
(b) ⋮ (r)	b_1　b_2　　b_n ⋮　⋮　…　⋮ r_1　r_2　…　r_n	w_b ⋮ w_r
权 P	p_1　p_2　…　p_n	

条件式用向量与矩阵表示，即

$$\boldsymbol{V} = \begin{bmatrix} v_1 \\ v_2 \\ \vdots \\ v_n \end{bmatrix} \quad \boldsymbol{A} = \begin{bmatrix} a_1 & a_2 & \cdots & a_n \\ b_1 & b_2 & \cdots & b_n \\ \vdots & \vdots & & \vdots \\ r_1 & r_2 & \cdots & r_n \end{bmatrix} \quad \boldsymbol{W} = \begin{bmatrix} w_a \\ w_b \\ \vdots \\ w_r \end{bmatrix} \quad \boldsymbol{P} = \begin{bmatrix} p_1 & 0 & \cdots & 0 \\ 0 & p_2 & \cdots & 0 \\ \vdots & \vdots & & \vdots \\ 0 & 0 & \cdots & p_n \end{bmatrix} \tag{8-87}$$

式中，$\boldsymbol{V}$ 称为改正数向量；$\boldsymbol{A}$ 称为条件式系数阵（或称 $\boldsymbol{A}$ 阵）；$\boldsymbol{W}$ 称为闭合差向量；$\boldsymbol{P}$ 称为观测权阵，条件方程便是

$$\boldsymbol{AV} + \boldsymbol{W} = 0 \tag{8-88}$$

式（8-88）按矩阵展开，其纯量形式为

$$\begin{cases} a_1v_1 + a_2v_2 + \cdots + a_nv_n + w_a = 0 \\ b_1v_1 + b_2v_2 + \cdots + b_nv_n + w_b = 0 \\ \cdots \\ r_1v_1 + r_2v_2 + \cdots + r_nv_n + w_r = 0 \end{cases} \tag{8-89}$$

8.5.2 v_i求解方案的导出

1. 数学模型的构成

由式（8-89）可知，r个条件方程有n个改正数v，因为$r<n$，所以v_i没有唯一解，但总有一组v_i满足$\boldsymbol{V}^{\mathrm{T}}\boldsymbol{PV}=\min$的要求，这一组$v_i$按拉格朗日乘数法则构成的数学模型为

$$\boldsymbol{\Phi} = \boldsymbol{V}^{\mathrm{T}}\boldsymbol{PV} - 2\boldsymbol{K}^{\mathrm{T}}(\boldsymbol{AV}+\boldsymbol{W}) \tag{8-90}$$

式中，$\boldsymbol{K}$称为联系数，或称为拉格朗日乘数，共有r个，即

$$\boldsymbol{K}^{\mathrm{T}} = [k_a, k_b, \cdots, k_r]^{\mathrm{T}} \tag{8-91}$$

2. 一阶导数的推演

$\boldsymbol{\Phi}$对v_i求一阶导数并令其为0，即

$$\frac{\mathrm{d}\boldsymbol{\Phi}}{\mathrm{d}v} = 2\boldsymbol{V}^{\mathrm{T}}\boldsymbol{P} - 2\boldsymbol{K}^{\mathrm{T}}\boldsymbol{A} = 0$$

由上式得

$$\boldsymbol{V} = \boldsymbol{P}^{-1}\boldsymbol{A}^{\mathrm{T}}\boldsymbol{K} \tag{8-92}$$

式（8-92）的纯量形式为

$$v_i = \frac{1}{p_i}(a_ik_a + b_ik_b + \cdots + r_ik_r) \tag{8-93}$$

式（8-93）说明，在得到$\boldsymbol{K}$联系数后，便可求得v_i。

下面说明$\boldsymbol{K}$联系数的获得原理。

将式（8-92）代入式（8-88），得

$$\boldsymbol{AP}^{-1}\boldsymbol{A}^{\mathrm{T}}\boldsymbol{K} + \boldsymbol{W} = 0 \tag{8-94}$$

式中，

$$\boldsymbol{P}^{-1} = \begin{bmatrix} \frac{1}{p_1} & 0 & \cdots & 0 \\ 0 & \frac{1}{p_2} & \cdots & 0 \\ \vdots & \vdots & & \vdots \\ 0 & 0 & \cdots & \frac{1}{p_n} \end{bmatrix} \tag{8-95}$$

式（8-94）可表示为

$$\begin{bmatrix} a_1 & a_2 & \cdots & a_n \\ b_1 & b_2 & \cdots & b_n \\ \vdots & \vdots & & \vdots \\ r_1 & r_2 & \cdots & r_n \end{bmatrix} \begin{bmatrix} \frac{1}{p_1} & 0 & \cdots & 0 \\ 0 & \frac{1}{p_2} & \cdots & 0 \\ \vdots & \vdots & & \vdots \\ 0 & 0 & \cdots & \frac{1}{p_n} \end{bmatrix} \begin{bmatrix} a_1 & b_1 & \cdots & r_1 \\ a_2 & b_2 & \cdots & r_2 \\ \vdots & \vdots & & \vdots \\ a_n & b_n & \cdots & r_n \end{bmatrix} \begin{bmatrix} k_a \\ k_b \\ \vdots \\ k_r \end{bmatrix} + \begin{bmatrix} w_a \\ w_b \\ \vdots \\ w_r \end{bmatrix} = 0 \tag{8-96}$$

展开式（8-96）前面三个括号中的元素，得

$$\begin{bmatrix} \frac{a_1a_1}{p_1}+\frac{a_2a_2}{p_2}+\cdots+\frac{a_na_n}{p_n} & \frac{a_1b_1}{p_1}+\frac{a_2b_2}{p_2}+\cdots+\frac{a_nb_n}{p_n} & \cdots & \frac{a_1r_1}{p_1}+\frac{a_2r_2}{p_2}+\cdots+\frac{a_nr_n}{p_n} \\ \frac{a_1b_1}{p_1}+\frac{a_2b_2}{p_2}+\cdots+\frac{a_nb_n}{p_n} & \frac{b_1b_1}{p_1}+\frac{b_2b_2}{p_2}+\cdots+\frac{b_nb_n}{p_n} & \cdots & \frac{b_1r_1}{p_1}+\frac{b_2r_2}{p_2}+\cdots+\frac{b_nr_n}{p_n} \\ \vdots & \vdots & & \vdots \\ \frac{a_1r_1}{p_1}+\frac{a_2r_2}{p_2}+\cdots+\frac{a_nr_n}{p_n} & \frac{b_1r_1}{p_1}+\frac{b_2r_2}{p_2}+\cdots+\frac{b_nr_n}{p_n} & \cdots & \frac{r_1r_1}{p_1}+\frac{r_2r_2}{p_2}+\cdots+\frac{r_nr_n}{p_n} \end{bmatrix} \begin{bmatrix} k_a \\ k_b \\ \vdots \\ k_r \end{bmatrix} + \begin{bmatrix} w_a \\ w_b \\ \vdots \\ w_r \end{bmatrix} = 0$$

设

$$\left[\frac{aa}{p}\right] = \frac{a_1a_1}{p_1}+\frac{a_2a_2}{p_2}+\cdots+\frac{a_na_n}{p_n}$$

$$\left[\frac{ab}{p}\right] = \frac{a_1b_1}{p_1}+\frac{a_2b_2}{p_2}+\cdots+\frac{a_nb_n}{p_n}$$

$$\vdots$$

$$\left[\frac{rr}{p}\right] = \frac{r_1r_1}{p_1}+\frac{r_2r_2}{p_2}+\cdots+\frac{r_nr_n}{p_n}$$

则展开后的式（8-96）为

$$\begin{bmatrix} \left[\frac{aa}{p}\right] & \left[\frac{ab}{p}\right] & \cdots & \left[\frac{ar}{p}\right] \\ \left[\frac{ab}{p}\right] & \left[\frac{bb}{p}\right] & \cdots & \left[\frac{br}{p}\right] \\ \vdots & \vdots & & \vdots \\ \left[\frac{ar}{p}\right] & \left[\frac{br}{p}\right] & \cdots & \left[\frac{rr}{p}\right] \end{bmatrix} \begin{bmatrix} k_a \\ k_b \\ \vdots \\ k_r \end{bmatrix} + \begin{bmatrix} w_a \\ w_b \\ \vdots \\ w_r \end{bmatrix} = 0 \tag{8-97}$$

令

$$\boldsymbol{N} = \boldsymbol{A}\boldsymbol{P}^{-1}\boldsymbol{A}^{\mathrm{T}} = \begin{bmatrix} \left[\frac{aa}{p}\right] & \left[\frac{ab}{p}\right] & \cdots & \left[\frac{ar}{p}\right] \\ \left[\frac{ab}{p}\right] & \left[\frac{bb}{p}\right] & \cdots & \left[\frac{br}{p}\right] \\ \vdots & \vdots & & \vdots \\ \left[\frac{ar}{p}\right] & \left[\frac{br}{p}\right] & \cdots & \left[\frac{rr}{p}\right] \end{bmatrix} \tag{8-98}$$

称式（8-97）为法方程，称 $\boldsymbol{N}$ 为法方程系数阵（或称 $\boldsymbol{N}$ 阵）。因此，式（8-94）可表示为

$$\boldsymbol{NK} + \boldsymbol{W} = 0 \tag{8-99}$$

这里有 r 个法方程，有 r 个联系数 $\boldsymbol{K}$ ，故 $\boldsymbol{K}$ 可以解出，即

$$\boldsymbol{K}=-\boldsymbol{N}^{-1}\boldsymbol{W} \tag{8-100}$$

式中，$\boldsymbol{N}^{-1}$ 是法方程系数阵 $\boldsymbol{N}$ 的逆阵。

3. 解题步骤

为帮助读者加深理解获得联系数 $\boldsymbol{K}$ 和改正数 v_i 的原理，现以图 8-7 为例说明条件平差步骤，具体如下。

1）根据题目列立条件方程。列出条件方程改正数系数 $\boldsymbol{A}$ 阵，求出条件方程闭合差 $\boldsymbol{W}$ ，计算观测值权 p。条件方程应整理成线性形式，这里将表 8-8 中 $\boldsymbol{A}$ 阵及闭合差 w 以表列形式列在表 8-10（3）栏，权 p 列在表 8-10（4）栏。

2）组成法方程系数阵 $\boldsymbol{N}$ 。根据式（8-98）计算法方程系数 $\boldsymbol{N}$ 阵。将计算结果 $\boldsymbol{N}$ 阵列在表 8-11（5）栏。

3）求法方程系数阵 $\boldsymbol{N}$ 的逆阵 $\boldsymbol{N}^{-1}$ 。$\boldsymbol{N}^{-1}$ 的求解可采用数学上加边求逆方法（见附录 C）。计算求得逆阵 $\boldsymbol{N}^{-1}$ 列在表 8-11（6）栏。

4）求联系数 $\boldsymbol{K}$ 。利用逆阵 $\boldsymbol{N}^{-1}$ 及闭合差 $\boldsymbol{W}$ ，根据式（8-100），解出唯一的一组 $\boldsymbol{K}$ 值，将其抄入表 8-11（7）栏。

5）求改正数向量 $\boldsymbol{V}$ 。将 $\boldsymbol{K}$ 值代入式（8-92），将求得的结果列在表 8-10（8）栏。

6）求平差值。观测值加改正数 v_i 得平差值。如图 8-7 所示，平差值 h_i 是 $h_i'+v_i$ ，将其列在表 8-10（9）栏。

7）求函数值最或然值。在测量条件平差中，函数值的最或然值指的是点位高程、坐标 (x,y) 。求函数值最或然值，即根据题目的要求，利用平差值将相应的参数求出。例如，图 8-7 中的点 C 高程 $H_C=H_A-(h_1'+v_1)$ 。

8.5.3 条件平差的精度评定

（1）求单位权中误差

$$u=\pm\sqrt{\frac{\boldsymbol{V}^{\mathrm{T}}\boldsymbol{PV}}{r}} \tag{8-101}$$

式中，r 是条件式的个数；$\boldsymbol{V}$ 由式（8-92）获得。

（2）求平差值的函数中误差

求平差值的函数中误差时，在遵循误差传播率研究方法的情况下，涉及众多平差值及其权的数学模型，这里不进行推证，只给出具体的计算方法。

1）写出函数式。设

$$Z=f(l_1'+v_1,l_2'+v_2,\cdots,l_n'+v_n)$$

式中，Z 是平差值（$l_i'+v_i$）的函数。对上式全微分并化为改正数的关系式（称为权函数式），即

$$\Delta Z=\boldsymbol{F}^{\mathrm{T}}\boldsymbol{V} \tag{8-102}$$

$$\boldsymbol{F}^{\mathrm{T}}=[f_1\quad f_2\quad \cdots\quad f_n]^{\mathrm{T}} \tag{8-103}$$

式中，$\boldsymbol{F}$ 称为权系数；$\boldsymbol{V}$ 与式（8-87）的 $\boldsymbol{V}$ 相同。

例如，在图 8-7 中，求点 C 高程中误差，设 $H_C=H_A-(h'+v_1)$ ，此式相当于

$$H_C=H_A+f_1(h_1'+v_1)+f_2(h_2'+v_2)+\cdots+f_5(h_5'+v_5)$$

式中，$f_1=-1$ ，$f_2=f_3=f_4=f_5=0$ 。对该式全微分，得权函数式为

$$\Delta Z = -v_1 \tag{8-104}$$

2）组成法方程组。即

$$\boldsymbol{NQ} + \boldsymbol{F}' = 0 \tag{8-105}$$

式中，$\boldsymbol{N}$ 是式（8-98）的法方程系数阵；$\boldsymbol{Q}$ 称为转换数；$\boldsymbol{F}'$ 称为权常数。其中，

$$\boldsymbol{Q} = \begin{bmatrix} q_a \\ q_b \\ \vdots \\ q_r \end{bmatrix} \qquad \boldsymbol{F}' = \begin{bmatrix} f'_a \\ f'_b \\ \vdots \\ f'_r \end{bmatrix} = \begin{bmatrix} \left[\dfrac{af}{p}\right] \\ \left[\dfrac{bf}{p}\right] \\ \vdots \\ \left[\dfrac{rf}{p}\right] \end{bmatrix}^{\mathrm{T}} \tag{8-106}$$

上述转换数 $\boldsymbol{Q}$ 和权常数 $\boldsymbol{F}'$ 各有 r 个元素，其中权常数 $\boldsymbol{F}'$ 按式（8-107）计算，即

$$\begin{cases} f'_a = \left[\dfrac{af}{p}\right] = \dfrac{a_1 f_1}{p_1} + \dfrac{a_2 f_2}{p_2} + \cdots + \dfrac{a_n f_n}{p_n} \\ f'_b = \left[\dfrac{bf}{p}\right] = \dfrac{b_1 f_1}{p_1} + \dfrac{b_2 f_2}{p_2} + \cdots + \dfrac{b_n f_n}{p_n} \\ \cdots\cdots \\ f'_r = \left[\dfrac{rf}{p}\right] = \dfrac{r_1 f_1}{p_1} + \dfrac{r_2 f_2}{p_2} + \cdots + \dfrac{r_n f_n}{p_n} \end{cases} \tag{8-107}$$

3）求转换数 $\boldsymbol{Q}$。

$$\boldsymbol{Q} = -\boldsymbol{N}^{-1}\boldsymbol{F}' \tag{8-108}$$

4）求权倒数。

$$\frac{1}{p_F} = \left[\frac{ff}{p}\right] - \boldsymbol{F}'^{\mathrm{T}}\boldsymbol{N}^{-1}\boldsymbol{F}' = \left[\frac{ff}{p}\right] + \boldsymbol{F}'^{\mathrm{T}}\boldsymbol{Q} \tag{8-109}$$

式中，

$$\left[\frac{ff}{p}\right] = \frac{f_1 f_1}{p_1} + \frac{f_2 f_2}{p_2} + \cdots + \frac{f_n f_n}{p_n} \tag{8-110}$$

5）求 Z 的中误差 M_Z。

$$M_Z = \pm u\sqrt{\frac{1}{p_F}} \tag{8-111}$$

8.5.4　条件平差算例

这里以图 8-7 所示的简单水准网为例，按条件平差，将高差观测值 h'、水准路线长 D 列于表 8-10（1）、（2）栏，表 8-9～表 8-11 中的（1），（2），⋯，（12）表示计算步骤。

8.5.5　一站式条件平差

一站式条件平差根据附录 D 程序设计，仅输入条件式个数 r、观测数 n、条件式系数 $\boldsymbol{A}$ 阵、观测权 $\boldsymbol{P}$、条件式闭合差 $\boldsymbol{W}$ 即可完成条件平差，获得基本计算结果。以图 8-7 和表 8-10 为算例，

表 8-9 高程计算与精度评定

点位高程（10）		单位权中误差（11）	平差值函数中误差（12）
A^* B^* C D	56.374 52.760 50.504 60.149	$[pvv]=1934.79$ $r=3$ $u_{10km}=\pm 25.4$ $u_{1km}=\pm 8.03$	$\frac{ff}{p}=0.35$ $F'^{T}Q=-0.24$ $\frac{1}{P_F}=0.11$ $M_Z=\pm 8.4mm$

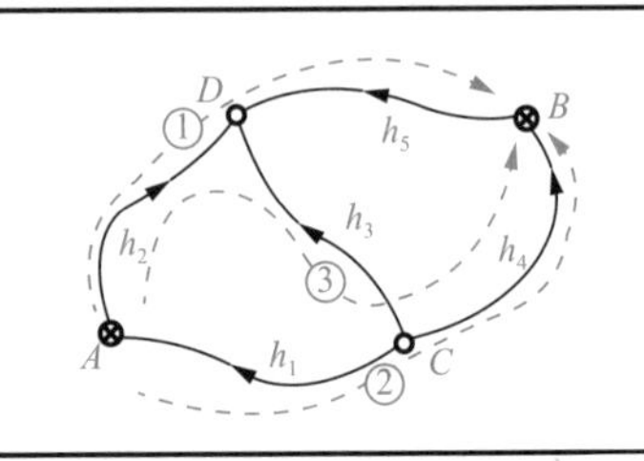

* 该点高程已知。

表 8-10 条件式列立与基本计算

序号	高差观测值 h' /m （1）	水准路线长度 D/km （2）	条件方程 （a）（b）（c） （3）	权 $p_i=\frac{10}{D_i}$ （4）	高差改正数/mm （8）	高差最或然值/m （9）	权系数
1	5.853	3.50	0 −1 0	2.857	16.52	5.870	−1
2	3.782	2.70	1 0 1	3.704	−7.21	3.775	0
3	9.640	4.00	0 0 −1	2.500	4.30	9.644	0
4	2.270	2.50	0 1 1	4.000	−14.49	2.256	0
5	7.384	3.00	−1 0 0	3.333	4.79	7.389	0
	闭合差		12 31 26	$[pvv]=1934.79$			

表 8-11 法方程计算

法方程系数 N （5）	逆方阵系数 N^{-1} （6）	联系数 K （7）	权常数 F' （5′）	转换数 Q （7′）
$\left[\frac{aa}{p}\right]$ $\left[\frac{ab}{p}\right]$ $\left[\frac{ac}{p}\right]$ 0.5700 0 0.2700	2.08054 0.28690 −0.68856	−15.958	0	−0.100
$\left[\frac{ab}{p}\right]$ $\left[\frac{bb}{p}\right]$ $\left[\frac{bc}{p}\right]$ 0.0000 0.6000 0.2500	0.28690 1.91903 −0.60567	−47.185	0.35	−0.672
$\left[\frac{ac}{p}\right]$ $\left[\frac{bc}{p}\right]$ $\left[\frac{cc}{p}\right]$ 0.2700 0.2500 0.9200	−0.68856 −0.60567 1.45362	−10.756	0	0.212

一站式条件平差基本步骤如下。

1）将本书配套的教学资源包中的“1 条件平差、交点、曲线计算”计算程序传入计算机，然后单击“1 程序安装文件”文件夹下的“setup.exe”进行程序安装。安装完毕，将“条件平差”设为快捷方式。

2）准备程序的.txt 文档，即“程序说明”中所述的条件方程数 r、观测值个数 n、条件方程系数 $\boldsymbol{A}$ 阵、观测权 $\boldsymbol{P}$。以图 8-8 为例的备用.txt 文档名称是“条件式系数表”。若为新题目，则在计算机“文档”文件夹下准备程序的.txt 文档，以备调用。

3）单击计算机桌面上的“条件平差”图标，按要求启动程序，调入备用.txt 文档并输入合格的条件闭合差 $\boldsymbol{W}$，完成计算并显示结果（观测值改正数）。

习题 8

1．如何检验测量误差的存在？产生误差的原因是什么？

2．概念：系统误差、偶然误差、粗差。

3．系统误差有哪些特点？如何预防和减少系统误差对测量结果的影响？

4．写出偶然误差的表达式，指出其特性。

5．说明精度与观测条件的关系以及等精度、非等精度的概念。

6．指出中误差、相对误差的定义式，理解极限误差取值二倍中误差的理论根据。

7．$\triangle ABC$ 中，测得$\angle A=30°00'42''\pm3''$，$\angle B=60°10'00''\pm4''$，试计算$\angle C$ 及其中误差 m_C。

8．测得一矩形的两条边分别为 15m 和 20m，中误差分别为±0.012m 和±0.015m，试求该矩形的面积及其中误差。

9．某水准路线上 A、B 两点之间有九个测站，若每个测站的高差中误差均为 3mm，问：

1）A 点至 B 点往测的高差中误差是多少？

2）A 点至 B 点往测、返测的高差平均值中误差是多少？

10．观测某一已知长度的边长，五个观测值的偶然误差分别为 $\varDelta_1=-4\text{mm}$、$\varDelta_2=5\text{mm}$、$\varDelta_3=-9\text{mm}$、$\varDelta_4=3\text{mm}$、$\varDelta_5=7\text{mm}$。求观测中误差 m。

11．试分析表 8-12 中所列误差的所属类型及其消除、减小、改正方法。

表 8-12　误差分析

测量工作	误差名称	误差类型	消除、减小、改正方法
角度测量	对中误差 目标倾斜误差 瞄准误差 读数估读不准 管水准轴不垂直竖轴 视准轴不垂直横轴 照准部偏心差		
水准测量	附合气泡居中不准 水准尺未立直 前、后视距不等 标尺读数估读不准 管水准轴不平行视准轴		

12．观测条件与精度的关系是________。

A．观测条件好，观测误差小，观测精度小。观测条件差，观测误差大，观测精度大。

B．观测条件好，观测误差小，观测精度高。观测条件差，观测误差大，观测精度低。

C．观测条件差，观测误差大，观测精度差。观测条件好，观测误差小，观测精度小。

13．在相同的条件下光电测距两条直线，一条长 150m，另一条长 350m，测距仪的测距精度是 $\pm(10\text{mm}+5\text{mm}D_{\text{km}})$。这两条直线的测量精度是否相同？为什么？

14．表 8-13 列出测量某水平角 5 测回观测值，规范 $\Delta\alpha_{容}=\pm30''$。试检查 5 测回观测值，并选用合格观测值计算水平角平均值。

表 8-13　某水平角 5 测回观测值

序号	各测回观测值/（°　′　″）	合格观测值
1	56　31　42	
2	56　31　15	
3	56　31　48	
4	56　31　38	
5	56　31　40	

15．试根据图 4-51 和式（4-45）分析中间法光电三角高程测量 h_{AB} 的误差情况。

16．测量的算术平均值是________。

A．n 次测量结果之和的平均值

B．n 次等精度测量结果之和的平均值

C．观测量的真值

17．算术平均值中误差根据________计算得到。

A．贝塞尔公式

B．偶然误差 Δ

C．观测值中误差除以测量次数 n 的平方根

18．为防止系统误差影响，应该________。

A．严格检验仪器工具，对观测值进行改正，观测中削弱或抵偿系统误差影响

B．选用合格仪器工具，检验得到系统误差大小和函数关系，应用可行的预防措施等

C．严格检验并选用合格仪器工具，改正观测值，以正确观测方法削弱系统误差影响

19．光电测距按正常测距 5 测回的观测值列于表 8-14 中。按表 8-14 中所列内容计算算术平均值、观测值中误差、算术平均值中误差。

表 8-14　5 测回观测角度算术平均值及精度评定

测回 n	距离观测值 l/m （1）	$v=X-l$ /mm （3）	vv （4）	计算结果
1	546.535			（2）算术平均值： $X=\frac{[l]}{n}=$ （5）观测值中误差： $m=\pm$ （6）算术平均值中误差： $M_x=\pm$ （7）最后结果：
2	546.539			
3	546.541			
4	546.538			
5	546.533			
（2）$x=$		$[v]=$	$[vv]=$	

20．根据表 8-15 中各水准路线长度 D 和高程 H 计算点 Q 的加权平均值及中误差。

表 8-15　3 条水准路线的计算

水准路线名称	起点	起点测至点 Q 高程/H_im （1）	路线长 D_i/km （2）	权 $p_i=\dfrac{c}{D_i}$ （c=10km） （3）	$v_i=X-H_i$/mm （7）
L_1	A	48.421	14.2		
L_2	B	48.350	10.9		
L_3	C	48.392	12.6		

（4）$[pH]$=　　（5）$[p]$=　　（6）$X=\dfrac{[pH]}{[p]}=$　　m　　=±　　mm

（8）$[pvv]$=　　（9）u10km=±　　=±　　mm　　（10）$M_X=\pm u\times$　　（11）u1km=±　　=±　　mm

21．根据各水准路线长度 D 和高差 h'，参考一站式条件平差解题方案，计算点 C 和点 D 的高程，并将结果填入表 8-16～表 8-18 中。

表 8-16　高程计算与精度评定

点位高程（10）		单位权中误差（11）	平差值函数中误差（12）
A^*	56.374	$[pvv]=$	$[ff/p]=$
B^*	52.760	$r=$	$\boldsymbol{F}'^{\mathrm{T}}\boldsymbol{Q}=$
C		$u_{10\mathrm{km}}=$	$\dfrac{1}{p_F}=$
D		$u_{1\mathrm{km}}=$	$M_Z=$

* 该点高程已知。

表 8-17　条件式列立与基本计算

序号	高差观测值 h' /m （1）	水准路线长度 D/km （2）	条件方程 （a）（b）（c） （3）		权 $p_i=\dfrac{10}{D_i}$ （4）	高差改正数/mm （8）	高差最或然值/m （9）	权系数
1	5.853	3.05	0	0	3.279			0
2	3.742	2.74	1	1	3.650			0
3	9.640	3.97	0	−1				0
4	2.270	2.58	0	1				−1
5	7.384	2.97	−1	0	3.367			0
	闭合差		31		$[pvv]$=			

表 8-18　法方程计算

法方程系数 $\boldsymbol{N}$ （5）	逆方阵系数 $\boldsymbol{N}^{-1}$ （6）	联系数 $\boldsymbol{K}$ （7）	权常数 $\boldsymbol{F}'$ （5′）	转换数 $\boldsymbol{Q}$ （7′）

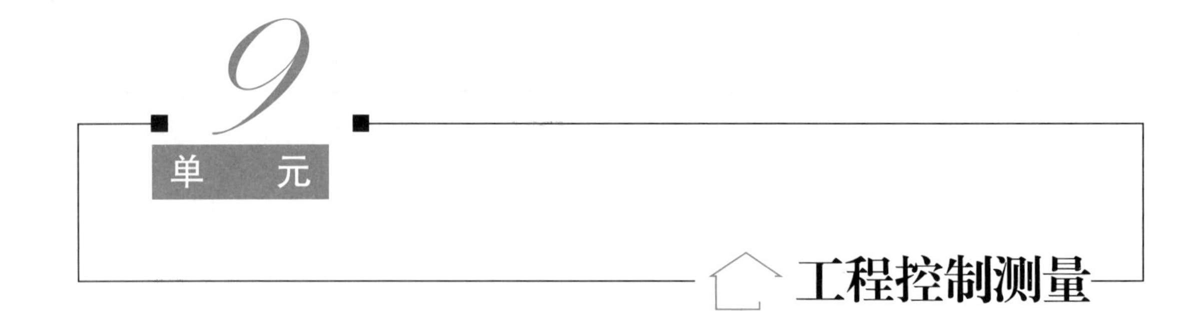

学习目标

掌握一般工程控制测量技术方法及控制点坐标的计算原理和方法，掌握导线测量与计算的原理和方法，掌握全站仪控制测量的原理和方法。

9.1 控制测量技术概况

9.1.1 控制测量的概念

1. 控制测量

建立和测定控制点并获得精确控制点位置参数的测量技术称为控制测量。工程控制测量是工程建设和日常测量的基础，也是限制误差积累和控制工程全局的基准测量。

2. 控制点

具有准确可靠平面坐标参数和高程参数的基准点，称为控制点。例如，大桥、楼房中心线（轴线）位置的确定，道路转弯处的标定，地面特征点位的测定，都必须以固定控制点为依据。

3. 控制测量的工作内容

控制测量的工作内容包括平面控制测量和高程控制测量，这两方面的工作内容通常是独立开展的。平面控制测量用于获得控制点的平面坐标参数，高程控制测量用于获得控制点的高程参数。在较好的技术条件下，这两方面工作相结合可同时获得控制点的平面坐标和高程参数。

4. 控制测量的一般工作规则

控制测量的一般工作规则是“从整体到局部，全局在先；从高级到低级，逐级扩展”。技术条件较好时，控制测量可在整体原则下按等级要求独立进行。

工程建设规模大小不同，技术等级高低不一，工程的控制测量技术要求千差万别。本单元仅从常见工程建设出发介绍工程控制测量基本技术原理和方法。

9.1.2 平面控制测量的实施方法

1. 三角网形测量法

三角网形测量法又分为三角网法、测边网法、边角网法三种。其中，测边网法（全网测边）和边角网法（可实现全网测边和测角）在三角网法基础上发展而来，测边网法是以三角网形全网测边的控制测量方法，边角网法是全网测边、测角的控制测量方法。测边网法、边角网法是精密度较高的控制测量方法。下面主要介绍三角网法。

（1）三角网法的基本思想

1）在大地上布设控制点（或称三角点）构成三角形网形的控制网。

2）测量网中若干条边及全网三角形内角。

3）进行数据处理，求得各控制点平面坐标。

三角网法的基本网形包括国家高等级三角测量所应用网形和工程三角测量所应用网形。

三角测量在国家基本平面控制测量中占有极其重要的地位。我国早期建立的国家基本控制点属于三角测量的重要成果，这些控制点或在全国范围内，或在某一地区采用全面布设形式，从而连成全面网形。图9-1表示某区域内从全局出发布设高等级三角网，如图中实线所示的网形。图9-1中的虚线小网形是在高等级三角网基础上的局部位置扩展布设的低等级三角网。

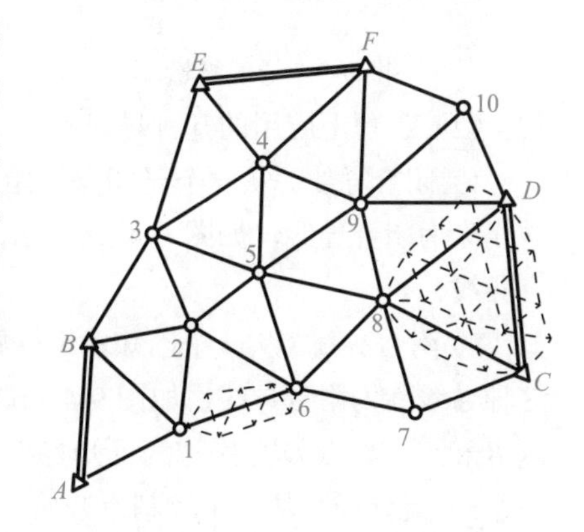

图9-1 三角网形测量法

（2）工程上应用的几种三角网

1）连续三角锁。网的两端各有一条已知边（或各有一对已知点），全部控制点由三角形连续联系起来，如图9-2（a）所示。

2）中点多边形。全部控制点以三角形方式构成中点多边形，如中点六边形［图9-2（b）］。

3）大地四边形。控制点构成四边形且有对角点观测线，如图［9-2（c）］所示。

4）交会测量网形，如图9-2（d）和图9-2（e）所示。

上述基本网形涉及的范围较小，控制点之间距离较小，故有小三角测量之称。

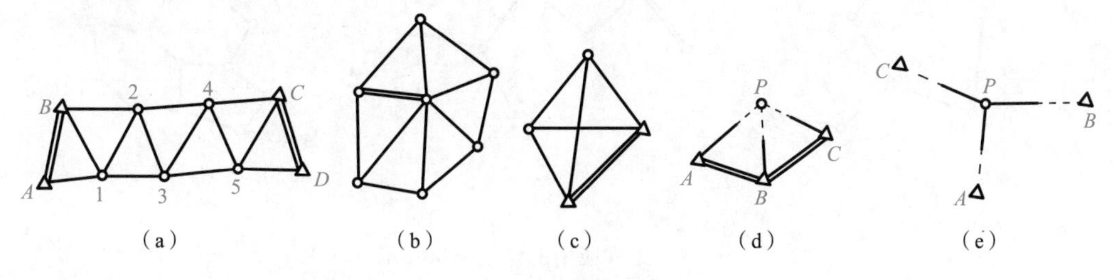

图9-2 三角网法的基本网形

（3）三角测量主要优点

1）观测工作比较简单。以测角为主，测边为辅，甚至只测角不测边。

2）网形涉及的几何条件比较多，利于整体核检。

3）计算结果的点位精度比较均匀。

4）便于增加多余观测，如加测网内光电边等构成边角网以提高网形精度。

2. 导线测量法

（1）导线测量法的基本思想

1）在大地上布设相邻控制点（或称导线点）并连成折线链状，即导线，如图 9-3 所示。

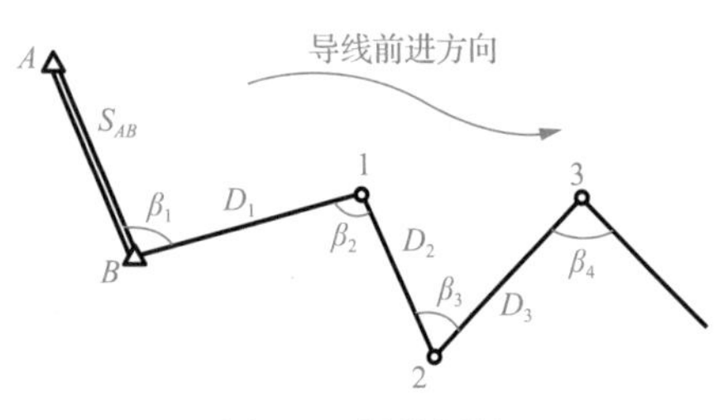

图 9-3 导线测量

2）测量各点之间的边长和角度，如测量边长 D_1、D_2 及角 β_1、β_2 等。

3）计算处理，求各控制点的平面坐标。

导线测量法是一种以测角量边逐点传递确定地面点平面位置的控制测量方法，由此布设的折线状导线比较适用于地带狭窄、地面四周通视比较困难的区域，同时可以满足线性工程建设的需要。

（2）工程上应用的几种导线

1）闭合导线。从一个已知点开始，连续经过若干导线点的折线链最后回到原已知点，这种导线称为闭合导线，如图 9-4（a）所示。图中点 A 是已知点，并与 1、2、3、4 导线点构成闭合导线。

2）附合导线。从一个已知点组开始，连续经过若干导线点的折线链，在另一已知点组结束，这种导线称为附合导线，如图 9-4（b）所示。图中点 A、点 B、点 C、点 D 均是已知点，点 A、点 B 和点 C、点 D 分别称为已知点组，并与 1、2、3、4 导线点构成附合导线。

3）支导线。从一个控制点开始，与另外 1～2 个导线点联系的导线，称为支导线。这种导线既不与原点闭合，也不附合到另一已知点，如图 9-4（a）和图 9-4（b）中点 3 与点 1′、点 2′ 连成的折线。

4）导线网。由若干闭合导线和附合导线构成的网形称为导线网，如图 9-4（c）所示。

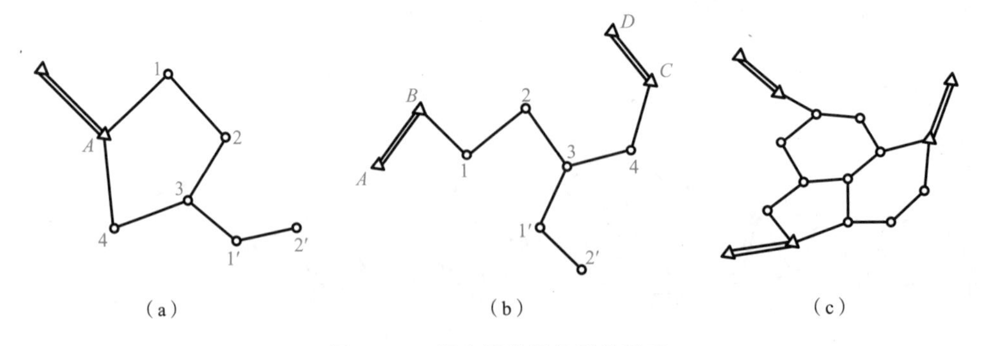

图 9-4 工程应用的导线测量图形

（3）导线测量相关概念

图 9-3 所示导线是某条导线的一部分，点 A、点 B 是已知点，两点构成一个已知点组，点 1、

点 2、点 3 等是导线点。图 9-3 中导线前进方向表示导线测量按点 B→点 1→点 2→点 3 顺序进行；S_{AB} 是已知边，D_1、D_2 等是导线边；β_1 是已知边与导线边的夹角，称为连接角；β_2、β_4 在导线测量前进方向右侧，称为右角；β_3 在导线测量前进方向左侧，称为左角。

（4）导线测量的外业观测工作内容

1）测角。一般用方向法测量水平角。在四级以上的导线测量中，必须按不同测回的要求测量左、右角，左、右角之和与 360° 的差值应在相应的容许限差之内。

2）测距。导线测量法利用光电测距技术测量导线边长，故又有光电导线测量法之称。

3）辅助测量。根据需要进行高程测量和方位角测量。其中，高程测量（水准测量或三角高程测量）用于斜边的平距化算及投影化算。在测量困难地区，必要时应进行方位角测量。

3．GNSS 技术

应用 GNSS 技术的重要先决条件是地球环绕有众多卫星。地面技术人员利用 GNSS 接收机将接收到的卫星信号加以处理，便可获得地面点的位置参数。

9.1.3　平面控制测量的等级与技术要求

国家平面控制测量有一等、二等、三等、四等共四个等级。城市和工程平面控制测量有二等、三等、四等共三个等级，还附有一级、二级、三级以及图根、一般导线的扩展等级。表 9-1、表 9-2 所示为一般工程控制测量有关等级的技术要求。地铁、高速铁路等精密控制测量可参考相关规范。

表 9-1　三角控制测量的主要技术要求

等级	平均边长/km	测角中误差/（″）	测边相对中误差	最弱边相对中误差	仪器测角测回数				三角形最大闭合差/（″）
					0.5″级	1″级	2″级	6″级	
二等	9	1.0	≤1∶250000	≤1∶120000	9	12			3.5
三等	4.5	1.8	≤1∶150000	≤1∶70000	4	6	9		7.0
四等	2.0	2.5	≤1∶100000	≤1∶40000	2	4	6		9.0
一级	1.0	5.0	≤1∶40000	≤1∶20000			2	4	15.0
二级	0.5	10.0	≤1∶20000	≤1∶10000			1	2	30.0

表 9-2　导线控制测量的主要技术要求

等级	导线长度/km	平均边长/km	测角中误差/（″）	测距中误差/mm	测距相对中误差	测回数				角度闭合差/（″）	导线全长相对闭合差
						0.5″级	1″级	2″级	6″级		
三等	14.0	3.0	1.8	20	1∶150000	4	6	10		$3.6\sqrt{n}$	≤1∶55000
四等	9.0	1.5	2.5	18	1∶80000	2	4	6		$5\sqrt{n}$	≤1∶35000
一级	4.0	0.5	5.0	15	1∶30000			2	4	$10\sqrt{n}$	≤1∶15000
二级	2.4	0.25	8.0	15	1∶14000			1	3	$16\sqrt{n}$	≤1∶10000
三级	1.2	0.1	12.0	15	1∶7000			1	2	$24\sqrt{n}$	≤1∶5000

注：n 为导线观测角的个数。

9.1.4 控制测量的基本工作

控制测量的基本工作包括设计选点、建立标志、野外观测、平差计算和技术总结等。

1. 设计选点

设计选点是根据表 9-1 和表 9-2 中的相关技术要求，结合工程实际情况确定控制点位置的前期工作。

（1）基本要求

设计选点开始于室内，完成于野外，定点于实地，其应满足如下基本要求。

1）点位互相通视，便于工作。点与点之间能观察到相应的目标，视线上没有障碍物。同时应注意视线沿线的建筑物与视线有一定的距离，避免旁折光对测量的影响。

2）点位数量足够，分布均匀。点位数量符合测量的要求，满足工程设计和建设的需要。

3）点位土质坚实，便于保存，有利于埋设控制点。应尽量采用原有控制点。

4）周围视野开阔，利于加密。通常把点位选在附近地面制高点上，有利于开阔视野，以及控制点的逐级扩展和加密。

（2）特殊要求

1）导线点的确定。根据导线测量的特点，导线中相邻点应互相通视；点位分布均匀，导线中相邻点位的距离大致相等，在困难地段，相邻点的距离比值宜限制在 1∶3 以内。

2）三角点的确定。根据三角测量的特点，网形中构成三角形的点位应互相通视；点位分布均匀，各点位构成的三角形尽可能形成等边三角形，内角接近 60°。在条件不利的情况下，个别角度应不小于 30° 且不大于 120°，或设法进行特殊处理。

3）注意搜集资料，室内设计与野外踏勘相结合，结合工程实际加强优化设计。

4）尽量使有关点位与国家控制点相关联，以便利用国家统一坐标。

2. 建立标志

在选定的点位埋设固定标石（简称埋石）和建立标架（简称建标）。

（1）埋石

标石是指用混凝土结构制成并有中心标志的特制石块。埋石，即在选定的点位埋设标石。通常情况下，控制点是设在坚固构造物上的中心标志，或是一种打入土地里的带有中心标志的固定桩。图 9-5 所示为一种由混凝土结构制成的标石，标石顶面中心附近注有点位号码、建造单位及时间等。标石应稳定地埋设在冻土线以下的土层里。必要时，应做好点位埋设记录及图示，在点位附近设立指示标志。对重要点位应落实保管措施。

（2）建标

建标，即在已经埋设控制点的位置建立标架或竖立目标，以便寻找目标和进行观测。图 9-6（a）是竖立的一种标杆观测目标，图 9-6（b）是建立的一种寻常标。

3. 野外观测

野外观测主要内容包括测角、量边。野外观测基本工作要求如下。

1）做好仪器工具的检查，掌握仪器的性能。

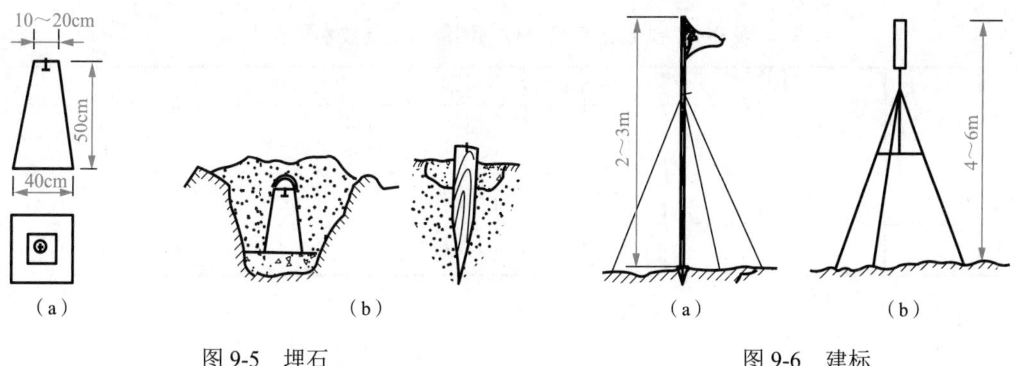

图 9-5　埋石　　　　图 9-6　建标

2）了解现场实际情况，做好观测组织安排，落实技术措施。

3）收集和保管野外观测数据。

4. 平差计算

平差计算的主要任务是求取控制点的点位坐标，其基本工作要求如下。

1）根据控制测量的实施方法和确定的平差原理拟定计算方案。

2）检核野外观测结果及已知数据，化算野外观测数据均是以标石中心为依据的投影平面观测值。

3）计算的过程和结果应尽量用表格的形式表示。

5. 技术总结

技术总结，即对平面控制测量的整个工作按有关技术要求进行必要的说明。对于长期保存的重要测量结果，应详细说明和总结，以便更好地发挥作用。

9.1.5　高程控制测量的技术要求

国家高程控制测量有一等、二等、三等、四等四个等级。城市和工程的高程控制测量等级有二等、三等、四等、五等，另外还有图根扩展等级。水准测量的主要技术要求见表 9-3。光电三角高程控制测量有四等、五等两个等级，其主要技术要求见表 9-4。

表 9-3　水准测量的主要技术要求

<table>
<tr><th rowspan="2">等级</th><th rowspan="2">每千米
高差全中
误差/mm</th><th rowspan="2">路线
长度/km</th><th rowspan="2">水准仪型号</th><th rowspan="2">水准尺</th><th colspan="2">观测次数</th><th colspan="2">往、返较差，附合或
环线闭合差</th></tr>
<tr><th>与已知
点联测</th><th>附合或环线</th><th>平地/mm</th><th>山地/mm</th></tr>
<tr><td>二等</td><td>2</td><td></td><td>DS1、DSZ1</td><td>条码铟瓦、线条铟瓦</td><td rowspan="5">往、返
各一次</td><td>往、返一次</td><td>$4\sqrt{L}$</td><td></td></tr>
<tr><td rowspan="2">三等</td><td rowspan="2">6</td><td rowspan="2">≤50</td><td>DS1、DSZ1</td><td>条码铟瓦、线条铟瓦</td><td>往一次</td><td rowspan="2">$12\sqrt{L}$</td><td rowspan="2">$4\sqrt{n}$</td></tr>
<tr><td>DS3、DSZ3</td><td>条码玻璃钢、双面</td><td>往、返一次</td></tr>
<tr><td>四等</td><td>10</td><td>≤16</td><td>DS3、DSZ3</td><td>条码玻璃钢、双面</td><td>往一次</td><td>$20\sqrt{L}$</td><td>$6\sqrt{n}$</td></tr>
<tr><td>五等</td><td>15</td><td></td><td>DS3、DSZ3</td><td>条码玻璃钢、单面</td><td>往一次</td><td>$30\sqrt{L}$</td><td></td></tr>
</table>

注：L 是以 km 为单位的测段长；n 是测站数。

表 9-4　光电三角高程控制测量的主要技术要求

等级	每千米高差全中误差/mm	边长/km	观测方式	垂直角观测				边长测量		对向观测高差较差/mm	附合或环形闭合差/mm
				仪器	测回数	指标差较差/(″)	垂直角较差/(″)	仪器精度	观测次数		
四等	10	≤1	对向观测	2″级	3	≤7	≤7	10mm 级	往、返一次	$40\sqrt{D}$	$20\sqrt{\sum D}$
五等	15				2	≤10	≤10		往一次	$60\sqrt{D}$	$30\sqrt{\sum D}$

注：D 是以 km 为单位的边长。

9.1.6　高程控制点位的选定及点位标志的建立

前文介绍的水准路线和三角高程导线的基本图形与计算都是高程控制测量的技术，为使这些高程控制点（水准点）更好地服务于工程建设，必须重视点位的选定和建造。

1. 高程控制点位的选定

高程控制点选定的基本要求如下。

1）选定的点位置的土质坚硬，便于保存。土质坚硬有利于水准点长期稳定、高程可靠。水准点可设在基岩或设在重要建筑物的墙基上。

2）水准路线长度适当，便于应用。一般来说，水准路线长度宜为 1～3km，重要工程建设中的水准路线可小于 1km。在不受工程影响的情况下，水准点应尽量靠近工程建设工地。

2. 水准点标志的埋设

水准点实际是一种由混凝土结构制成并设有高程标志的标石，或是埋设在坚固构造物基础（如楼基础墙边）上的金属柱标志。一般来说，高程控制点与平面控制点分别设定，但在工程应用上，高程控制点往往与平面控制点设在同一点位，埋设时应同时顾及二者的基本要求。和平面控制点一样，重要的高程控制点应做好点位埋设记录及图示，在点位附近设立指示标志。

9.2　精密导线计算

9.2.1　精密附合导线的计算原理

如图 9-7 所示，图中点 A、点 B 和点 C、点 D 是两个已知点组，β_1、β_n 是连接角，β_2，β_3，…，β_{n-1} 是导线点的转折角（均为左角），D_1, D_2, …, D_{n-1} 是导线边。下述各式中的 β_i'、D_i' 是各角度、边长的观测值。为了讨论方便，点 B 与点 1、点 C 与点 n 重合分别用 B（1）、C（n）表示。下面以图 9-7 所示附合导线为例说明精密附合导线的条件平差计算原理。

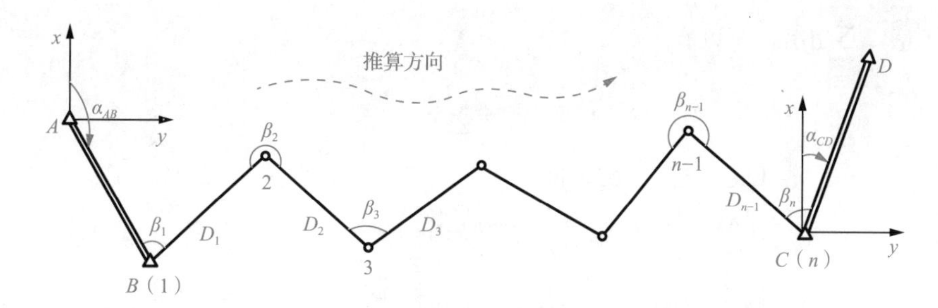

图 9-7　附合导线

1. 条件方程的列立

根据图形必须满足的几何条件，精密附合导线的求解条件有方位角条件、纵坐标 x 条件、横坐标 y 条件。

方位角条件：利用已知方位角 α_{AB} 和角度最可靠值 $\beta_i\,(i=1,\ 2,\ \cdots,\ n)$ 按式（5-25）推算 CD 边的方位角的推算值必须与已知方位角 α_{CD} 相等。

纵坐标 x 条件：利用已知点的纵坐标 x_B 和各导线点的坐标增量最可靠值 $\Delta x_i\,(i=1, 2,\ \cdots,\ n-1)$ 按式（5-27）推算点 C 的 x 坐标的推算值必须与已知点 x_C 相等。

横坐标 y 条件：利用已知点纵坐标 y_B 和各导线点的坐标增量最可靠值 $\Delta y_i\,(i=1, 2,\ \cdots,\ n-1)$ 按式（5-27）推算点 C 的 y 坐标的推算值必须与已知点 y_C 相等。

上述三个条件方程分别为

$$\begin{cases} \alpha_{AB}+n180^\circ+\sum_1^n \beta_i=\alpha_{CD} & \text{(a)} \\ x_B+\sum_1^{n-1}\Delta x_i=x_C & \text{(b)} \\ y_B+\sum_1^{n-1}\Delta y_i=y_C & \text{(c)} \end{cases} \tag{9-1}$$

式（9-1）（a）中的 β_i 是平差值，即 $\beta_i=\beta_i'+v_i$，故式（9-1）（a）整理为

$$v_1+v_2+\cdots+v_n+w_\alpha=0 \tag{9-2}$$

式中，w_α 是方位角闭合差，即

$$w_\alpha=\alpha_{CD}'-\alpha_{CD}=\alpha_{AB}+n180^\circ+\sum_1^n\beta_i'-\alpha_{CD} \tag{9-3}$$

式（9-1）（b）中的 Δx_i 是平差值 α_i、D_i 的函数，$\alpha_i=\alpha_i'+\mathrm{d}\alpha_i$，$D_i=D_i'+\mathrm{d}D_i$，$\Delta x_i$ 可表示为

$$\Delta x_i=D_i\cos\alpha_i$$

式中，$\cos\alpha_i$ 是非线性函数，可引用泰勒级数进行线性化，展开 Δx_i，取前两项，得

$$\Delta x_i=\Delta x_i'+\mathrm{d}\Delta x_i' \tag{9-4}$$

式中，

$$\Delta x_i'=D_i'\cos\alpha_i' \tag{9-5}$$

$$\mathrm{d}\Delta x_i'=\cos\alpha_i'\mathrm{d}D_i-\frac{1}{\rho}D_i'\sin\alpha_i'\mathrm{d}\alpha_i' \tag{9-6}$$

用 v_{D_i} 代替 $\mathrm{d}D_i$，v_{α_i} 代替 $\mathrm{d}\alpha_i'$，同时考虑

$$\alpha_i'=\alpha_{AB}+i180^\circ+\sum_1^i\beta_i' \tag{9-7}$$

因为 $\mathrm{d}\alpha_i' = \sum_1^i \mathrm{d}\beta_i'$，所以有

$$v_{\alpha_i} = \sum_1^i v_i \tag{9-8}$$

按 $i=1, 2, \cdots, n-1$ 展开式（9-6），即

$$\begin{cases} \mathrm{d}\Delta x_1' = \cos\alpha_1' v_{D_1} - \dfrac{1}{\rho} D_1' \sin\alpha_1' v_1 \\ \qquad = \cos\alpha_1' v_{D_1} - \dfrac{1}{\rho}(y_2' - y_1') v_1 \\ \mathrm{d}\Delta x_2' = \cos\alpha_2' v_{D_2} - \dfrac{1}{\rho}(y_3' - y_2')(v_1 + v_2) \\ \qquad \cdots\cdots \\ \mathrm{d}\Delta x_{n-1}' = \cos\alpha_{n-1}' v_{D_{n-1}} - \dfrac{1}{\rho}(y_n' - y_{n-1}')(v_1 + v_2 + \cdots + v_{n-1}) \end{cases} \tag{9-9}$$

将式（9-5）和式（9-9）代入式（9-4），再代入式（9-1）（b），经整理，式（9-1）（b）为

$$-\frac{1}{\rho}(y_n' - y_1')v_1 - \frac{1}{\rho}(y_n' - y_2')v_2 - \cdots - \frac{1}{\rho}(y_n' - y_{n-1}')v_{n-1} + \sum_1^{n-1}\cos\alpha_i' v_{D_i} + w_x = 0$$

式（9-1）（b）最终形式为

$$-\frac{1}{\rho}\sum_1^{n-1}(y_n' - y_i')v_i + \sum_1^{n-1}\cos\alpha_i' v_{D_i} + w_x = 0 \tag{9-10}$$

式中，条件闭合差 w_x 为

$$w_x = x_B + \sum_1^{n-1}\Delta x_i' - x_C \tag{9-11}$$

根据式（9-1）（b）的推导原理和过程，式（9-1）（c）的最终形式为

$$\frac{1}{\rho}\sum_1^{n-1}(x_n' - x_i')v_i + \sum_1^{n-1}\sin\alpha_i' v_{D_i} + w_y = 0 \tag{9-12}$$

式中，条件闭合差 w_y 为

$$w_y = y_B + \sum_1^{n-1}\Delta y_i' - y_C \tag{9-13}$$

$$\Delta y_i' = D_i' \sin\alpha_i' \tag{9-14}$$

考虑到有关参数的单位，精密附合导线的三个条件方程为

$$\begin{cases} \sum_1^n v_i + w_\alpha = 0 & \text{(a)} \\ -\dfrac{100}{\rho}\sum_1^{n-1}(y_n' - y_i')v_i + \sum_1^{n-1}\cos\alpha_i' v_{D_i} + w_x = 0 & \text{(b)} \\ \dfrac{100}{\rho}\sum_1^{n-1}(x_n' - x_i')v_i + \sum_1^{n-1}\sin\alpha_i' v_{D_i} + w_y = 0 & \text{(c)} \end{cases} \tag{9-15}$$

式中，w_α、v_i 的单位为（″）（秒）；$\Delta x_i'$、$\Delta y_i'$ 的单位为 m；v_{D_i}、w_x、w_y 的单位为 cm。

2. 导线观测权的设定原理及其导线计算思路

（1）权的设定原理

根据式（8-56），角度观测的权为

$$p_{\beta_i}=\frac{u^2}{m_{\beta_i}^2} \tag{9-16}$$

边长观测的权为

$$p_{D_i}=\frac{u^2}{m_{D_i}^2} \tag{9-17}$$

角度观测中，统计的 m_β 是在相同观测条件下（同种仪器，两个方向，同一观测水平）取得的，故 $m_\beta^2=m_{\beta_i}^2$，选取 $u=m_\beta$，则根据式（9-16），有

$$p_{\beta_i}=1 \tag{9-18}$$

根据式（3-12），光电测距精度 m_{D_i} 随距离 D 不同而不同。因为角度与距离是不同量纲观测量，观测权设定比较复杂，所以这里以经验 m_β 设定后，观测边的权为

$$p_{D_i}=\frac{m_\beta^2}{m_{D_i}^2} \tag{9-19}$$

式（9-18）和式（9-19）分别为精密导线测量的角、边观测值的定权公式。

（2）平差值的求解

式（9-15）中的平差值是角度 β_i 和边长 D_i。在得到条件方程和设定的权之后，平差值求解的基本计算思路：法方程的组成→联系数的解算→最或然改正数的求解→平差值的计算。具体步骤分别按式（8-99）组成法方程；按式（8-100）计算联系数 $\boldsymbol{K}$；按式（8-92）或式（8-93）计算最或然改正数 v_i 和 v_{D_i}。其中涉及的法方程用三个矩阵表示为

$$\boldsymbol{N}=\begin{bmatrix}\left[\frac{aa}{p}\right] & \left[\frac{ab}{p}\right] & \left[\frac{ac}{p}\right]\\ \left[\frac{ab}{p}\right] & \left[\frac{bb}{p}\right] & \left[\frac{bc}{p}\right]\\ \left[\frac{ac}{p}\right] & \left[\frac{bc}{p}\right] & \left[\frac{cc}{p}\right]\end{bmatrix}\qquad \boldsymbol{K}=\begin{bmatrix}k_a\\ k_b\\ k_c\end{bmatrix}\qquad \boldsymbol{W}=\begin{bmatrix}w_a\\ w_b\\ w_c\end{bmatrix} \tag{9-20}$$

（3）点位坐标的计算

1）计算平差值角度 β_i 及边长 D_i。

2）计算各边的方位角 α_i。

3）计算各导线点之间的坐标增量 Δx_i、Δy_i。

4）计算导线点坐标。

9.2.2　精密附合导线算例

根据式（9-15）和导线观测权的设定原理，现以图 9-8 所示光电附合导线为例，说明精密附合导线计算步骤。表 9-5～表 9-8 是该算例的计算过程。

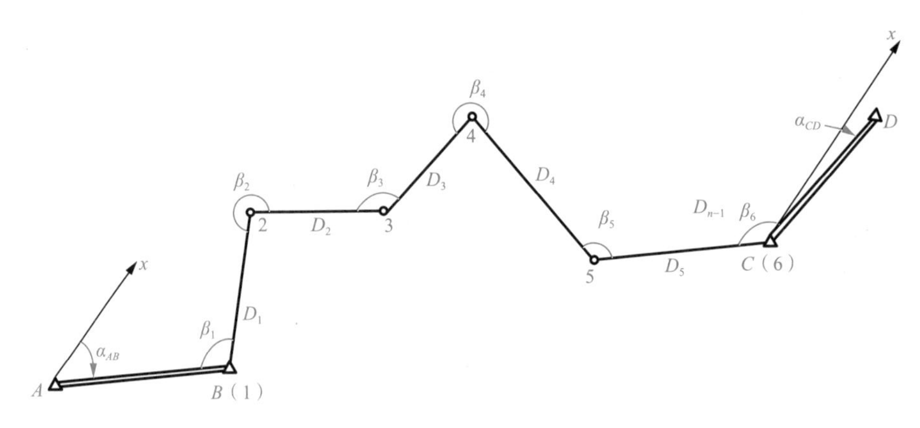

图 9-8 光电附合导线

表 9-5 精密附合导线计算(一)

点名	角度观测值 β' /(° ′ ″)(1)	角度改正数(1)	边名	近似方位角 α_i' /(° ′ ″)(3)	边长观测值 $D_i'(v)$ /m(2)	坐标条件系数计算 $\cos\alpha_i'$(5x)	$\sin\alpha_i'$(5y)
A							
				49 30 13.4*			
B(1)	111 45 27.8	(-0.5)	B(1)-2	341 15 41.2	1628.524(-0.001)	0.9469943	-0.3212503
2	275 16 43.8	(2.2)	2-3	76 32 25.0	1293.480(-0.002)	0.2327617	0.9725338
3	128 49 32.3	(1.5)	3-4	25 21 57.3	229.421(-0.002)	0.9035903	0.4283977
4	274 57 18.2	(2.7)	4-5	120 19 15.5	1511.185(-0.002)	-0.5048436	0.8632108
5	109 10 52.9	(0.5)	5-C(6)	49 30 8.4	1305.743(-0.002)	0.6494171	0.7604324
C(6)	136 36 56.7	(0.9)					
				6 07 5.1			
D							
$m_\beta=3''$	(4)	$\alpha_{CD}=6°07'12.4''^*$ $w_{\alpha_容}=5\sqrt{n}=\pm12.2$ $w_\alpha=-7.3''$			$\sum D'=6968.353\text{m}$	$m_D^2=0.5^2+0.5^2D^2(\text{km})$	

* 数据已知。

表 9-6 精密附合导线计算(二)

点名	边名	近似坐标增量计算 $\Delta x'$ /m(6x)	$\Delta y'$ /m(6y)	近似坐标计算 x' /m(7x)	y' /m(7y)	$-\frac{100}{\rho}\times(y_n-y_i')$(9x)	$\frac{100}{\rho}\times(x_n'-x_i')$(9y)
B(1)				6556.947	4101.735	-1.72539	1.47346
	B(1)-2	1542.203	-523.164				
2				8099.150	3578.571	-1.97902	0.72578
	2-3	301.073	1257.953				

续表

点名	边名	近似坐标增量计算		近似坐标计算		$-\frac{100}{\rho}\times(y_n-y_i')$	$\frac{100}{\rho}\times(x_n'-x_i')$
		$\Delta x'$ /m (6x)	$\Delta y'$ /m (6y)	x' /m (7x)	y' /m (7y)	(9x)	(9y)
3				8400.223	4836.524	−1.36915	0.57981
	3−4	1110.893	526.681				
4				9511.116	5363.205	−1.11381	0.04123
	4−5	−762.912	1304.471				
5				8748.204	6667.676	−0.48138	0.41111
	5−C（6）	847.971	992.929				
C（6）				9596.175	7660.605		
		C（6）已知坐标：9596.083　7660.620 （8）$w_x=9.2(\text{cm})$　$w_y=-1.5(\text{cm})$			$f=\sqrt{w_x^2+w_y^2}\approx 9.32(\text{cm})$ $k=\frac{1}{\frac{\sum D'}{f}}=\frac{1}{74000}$　$k_{容}=\frac{1}{35000}$		

表 9-7　精密附合导线计算（三）

边角号	各条件方程系数（10）			权 p （11）	改正数 v （15）	法方程系数组成 $\boldsymbol{N}$ （12）
	a	b	c			
1	1	−1.7254	1.4735	1	−0.5	6.000000　−6.668800　3.231100
2	1	−1.9790	0.7258	1	2.2	−6.668800　10.447229　−5.005707
3	1	−1.3692	0.5795	1	1.5	3.231100　−5.005707　3.409321
4	1	−1.1138	0.0412	1	2.7	（13）逆矩阵 $\boldsymbol{N}^{-1}$ 运算
5	1	−0.4814	0.4111	1	0.5	0.5741107　0.3567320　−0.0203305
6	1	0	0	1	0.9	0.3567320　0.5444868　0.4613543
1	0	0.9470	−0.3213	9.862	−0.1	−0.0203305　0.4613543　0.9899608
2	0	0.2328	0.9725	13.48	−0.2	（14）$\boldsymbol{K}=-\boldsymbol{N}^{-1}\boldsymbol{W}$ $k_a=0.8786$　$k_b=-1.7132$　$k_c=-2.9079$
3	0	0.9036	0.4284	14.35	−0.2	
4	0	−0.5048	0.8632	10.96	−0.2	
5	0	0.6494	0.7604	13.32	−0.2	
W	−7.3	9.2	−1.5			

表 9-8　精密附合导线计算（四）

点名 i	角度平差值 β_i /（°　′　″）（17）	边名	方位角 α_i /（°　′　″）（18）	边长平差值 D_i/m（19）	导线点坐标计算	
					$x_i(\Delta x)$ /m （20x）	$y_i(\Delta y)$ /m （20y）
A			49　30　13.4			
B（1）	111　45　27.3				6556.947 （1542.200）	4101.735 （−523.167）
		B（1）−2	341　15　40.7	1628.523		
2	275　16　46.0				8099.147 （301.061）	3578.568 （1257.953）
		2−3	76　32　26.7	1293.478		
3	128　49　33.8				8400.208 （1110.883）	4836.521 （526.697）
		3−4	25　22　00.5	1229.419		

续表

点名 i	角度平差值 β_i /(° ′ ″) (17)	边名	方位角 α_i /(° ′ ″) (18)	边长平差值 D_i/m (19)	导线点坐标计算 $x_i(\Delta x)$ /m (20x)	$y_i(\Delta y)$ /m (20y)
4	274 57 20.9				9511.091 (−762.948)	5363.218 (1304.448)
		4-5	120 19 21.4	1511.183		
5	109 10 53.4				8748.143 (847.940)	6667.666 (992.954)
		5-C(6)	49 30 14.8	1305.741		
C(6)	136 36 57.6				9596.083	7660.620
		C-D	6 07 12.4			
D						
$[pvv]=17.81$ (16) $u=\pm 2.44$		已知 $\alpha_{CD}=6°07'12.4''$ (21) 检核 $\Delta\alpha=0$		已知坐标 (22) 检核	9596.083 $\Delta x=0$	7660.620 $\Delta y=0$

1. 抄录观测数据

根据图 9-8，将角度 β_i' 及边长观测值 D_i' 填入表 9-5 的（1）、（2）栏中（栏中括号内的数据是后续计算的角改正数及边改正数）。

2. 列出方位角条件式

1）计算近似方位角 α_i'。根据式（9-7）计算每条边近似方位角 α_i'，填入表 9-5 的（3）栏中。

2）根据式（9-3）计算方位角闭合差 w_α，检核 $w_\alpha \leqslant w_{\alpha容}$，（$w_{\alpha容}=5\sqrt{n}$，见表 9-2）并填入表 9-5 的（4）栏中。

3）列出方位角条件式。方位角条件式为

$$a_1v_1+a_2v_2+a_3v_3+a_4v_4+a_5v_5+w_\alpha=0$$

式中，$a_1=a_2=a_3=a_4=a_5=1$，$w_\alpha=-7.3''$。

表 9-7（10）栏 a 列就是方位角条件式的表列方式。

3. 列立坐标条件式

由式（9-15）可见，坐标条件式的列立必须做很多辅助计算工作，具体如下。

1）计算坐标条件边改正数 v_{D_i} 的系数。按式（9-15）列出边改正数 v_{D_i} 的系数 $\cos\alpha_i'$ 及 $\sin\alpha_i'$，将计算结果分别填入表 9-5 的（5x）、（5y）栏中。

2）根据式（9-5）和式（9-14）计算近似坐标增量 $\Delta x_i'$ 和 $\Delta y_i'$，并将计算结果填入表 9-6 的（6x）、（6y）栏中。

3）计算各导线点近似坐标 x'、y'。计算方法参考式（5-27），以点 B 的已知坐标及上述步骤的参数计算导线点近似坐标 x'、y'，将计算结果填入表 9-6 的（7x）、（7y）栏中。

4）计算坐标条件式闭合差 w_x、w_y。根据式（9-11）和式（9-13），将点 C（6）坐标计算值与点 C 已知值相减便可得 w_x、w_y，然后以 cm 为单位将计算结果填入表 9-6 的（8）栏中。

5）计算坐标条件角度改正数 v_i 的系数。根据式（9-15），两个坐标条件角度改正数系数分别按 $\dfrac{-100}{\rho}(y_n'-y_i')$、$\dfrac{100(x_n'-x_i')}{\rho}(i=1,2,\cdots,n-1)$ 计算，将计算结果填入表 9-6 的（9x）、（9y）栏中。

6）将步骤（1）～（5）中计算得到的坐标条件式系数及其闭合差按相应的边、角号填入表 9-7 的（10）栏的 b 列、c 列中。

4. 条件检验

条件检验，即条件方程闭合差检验。条件检验是测量与平差计算的重要技术工作，属于质量检验，目的在于检验构成条件方程的闭合差是否满足规范标准要求，如表 9-1～表 9-4 所列各类闭合差限值标准。只有闭合差符合标准要求，才能继续计算。例如，上述方位角条件方程闭合差检核 $w_\alpha \leqslant w_{\alpha_容}$ 是精密附合导线条件检验的一项内容。此外，还有坐标条件方程闭合差 w_x、w_y 的检验。

为了检验 w_x、w_y 的可行性，应计算导线全长相对闭合差 k。上述计算的 w_x、w_y 在几何意义上如图 9-9 所示，图中点 C 为已知点，点 C（6）作为按观测值推算的点位，w_x 是两点在 x 方向上的误差，w_y 是两点在 y 方向上的误差。f 是从点 B 沿导线推算点 C 的距离误差（称为导线全长闭合差）。其中

$$f=\sqrt{w_x^2+w_y^2}\text{，}\quad k=\frac{f}{\sum D}=1:\frac{\sum D}{f} \tag{9-21}$$

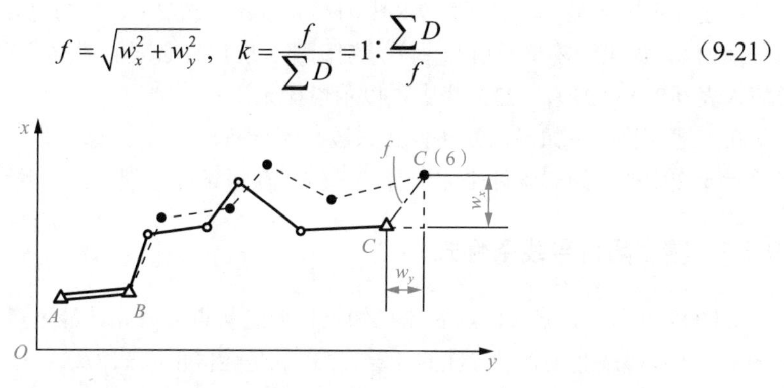

图 9-9　附合导线全长闭合差

表 9-6 中的 $k_容$ 是表 9-2 四等导线控制测量的限差要求，表中同时列出了导线全长相对闭合差 k 的计算与检核公式。式（9-21）中的 $\sum D$ 按表 9-5 的（2）栏中的各边长求得，将结果填在表 9-5（2）栏底行，即 $\sum D'$。

5. 权的设定

精密导线具有边角测量网的特点。本例表 9-5 中的 m_β 是根据角度观测统计的测角中误差。根据式（9-16）和式（9-17），本例角度观测的权为 1。各光电边观测权按式（9-19）计算，$m_{D_i}^2$ 根据具体测距仪精度表达式，即式（3-13）计算，选用单位与 w_x、w_y 相匹配，为 cm^2。设定的权填入表 9-7 的（11）栏中。

6. 法方程式的组成与解算

精密导线计算可采用一站式条件平差方式对法方程式进行处理，具体如下。

1）准备相关计算程序的 txt 文档，建立条件方程数 r、观测值个数 n 和条件方程系数 $\boldsymbol{A}$ 阵、权 p 的数据文件。

2）运行计算程序，调入.txt 文档，计算法方程系数、法方程系数逆阵 $\boldsymbol{N}^{-1}$，将计算结果分别填在表 9-7 的（12）、（13）栏中。

3）逐一输入闭合差，计算联系数 k_a、k_b、k_c，并将结果填在表 9-7 的（14）栏中。

4）计算角度改正数及边长改正数，将角度改正数填在表 9-7 的（15）栏中，并抄填于表 9-5 的（1）栏中相应括号内。边长改正数以 m 为单位抄填于表 9-5 的（2）栏中相应括号内。

5）单位权中误差计算。按式（8-101）计算，式中 $r=3$，将计算结果填入表 9-8 的（16）栏中。

7. 最终结果的计算

1）角度平差值的计算。将 $\beta_i=\beta_i'+v_i$ 的计算结果填入表 9-8 的（17）栏中。

2）方位角计算。与近似方位角计算方法类似，但所用的是平差值 β_i，推算结果填入表 9-8 的（18）栏中。

3）边长平差值的计算。将 $D_i=D_i'+v_{D_i}$ 的计算结果填入表 9-8 的（19）栏中。

4）坐标的计算。计算公式为式（5-27），将计算结果填入表 9-8 的（20x）、（20y）栏中，栏中带括号的数据是坐标增量 Δx_i、Δy_i。

8. 检核计算结果 $\Delta\alpha$、Δx、Δy

在运算正确情况下，根据表 9-8 中的推算值 α、x 及 y，其与已知值的差值 $\Delta\alpha$、Δx、Δy 应分别为 0，如果因凑整而引起微小差别，那么应进行必要的调整，使 $\Delta\alpha=0$，$\Delta x=0$，$\Delta y=0$，并填入表 9-8 的（21）、（22）栏中，以示检核无误。

在上述计算中，如果已知条件式系数、闭合差、权等参数，那么精密附合导线的计算可以参照单元 8 中的一站式条件平差计算的算例，获得条件方程的改正数，加快整个计算流程。

9.2.3 精密闭合导线条件式

如图 9-10 所示，点 A、点 B 是已知点，导线从点 B 开始，经过点 1, 2, …, n 后又回到点 B。在图 9-10 中，虚线箭头表示导线的计算方向，φ 是连接角，β_1，β_2，…，β_n 是导线点的转折角（均为左角），D_1，D_2，…，D_n 是导线边。下述各式中的 β_i'、D_i' 是角度、边长观测值（i=1, 2, …, n）点 B 与点 1 重合用 B（1）表示。

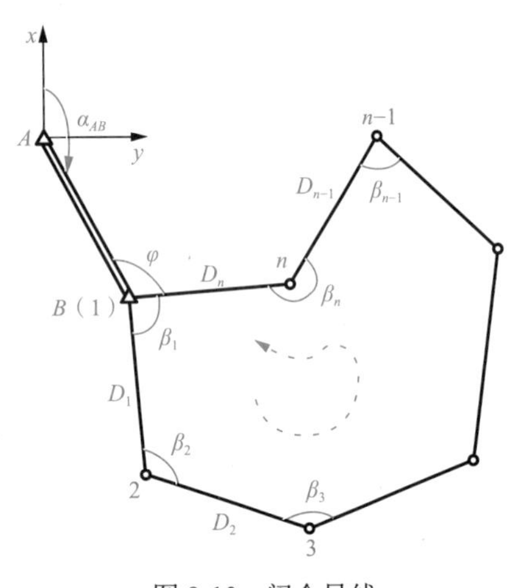

图 9-10 闭合导线

根据条件平差的基本原理及方法，精密闭合导线与精密附合导线的情况基本相同，只是二者的条件式有所区别。根据图 9-10，闭合导线只有一个已知点组，经推证，闭合导线的三个条件是内角和条件、x 坐标增量条件和 y 坐标增量条件，三个条件方程分别为

$$\begin{cases}\sum_1^n \beta_i=(n-2)180° & \text{(a)}\\ \sum_1^n \Delta x_i=0 & \text{(b)}\\ \sum_1^n \Delta y_i=0 & \text{(c)}\end{cases} \tag{9-22}$$

根据附合导线坐标条件的推证方法，闭合导线三个条件方程的最后形式为

$$\begin{cases}\sum_1^n v_i+w_\beta=0 & \text{(a)}\\ -\dfrac{100}{\rho}\sum_1^n (y_B'-y_i')v_i+\sum_1^n \cos\alpha_i' v_{D_i}+w_x=0 & \text{(b)}\\ \dfrac{100}{\rho}\sum_1^n (x_B-x_i')v_i+\sum_1^n \sin\alpha_i' v_{D_i}+w_y=0 & \text{(c)}\end{cases} \tag{9-23}$$

式中，w_β、w_x、w_y 是条件方程的闭合差，分别为

$$\begin{cases} w_\beta = \sum_1^n \beta_i' - (n-2)180° \\ w_x = \sum_1^n \Delta x_i' \\ w_y = \sum_1^n \Delta y_i' \end{cases} \tag{9-24}$$

式中，$\Delta x_i'$、$\Delta y_i'$ 以 m 为单位；w_β、v_i 以（″）（秒）为单位；v_{D_i}、w_x、w_y 以 cm 为单位。

精密闭合导线计算步骤与精密附合导线计算步骤相同，读者可参照精密附合导线算例根据表 9-5～表 9-8 试算，以便熟练掌握计算方法。

9.3 简易导线计算

如图 9-11 所示，点 A、点 B 和点 C、点 D 是两个已知点组，β_1、β_6 是连接角，β_2、β_3、β_4、β_5 是导线点转折角（均为左角），D_1，D_2，…，D_5 是导线边。下述各式中的 β_i'、D_i' 是角度、边长观测值。为了讨论方便，点 B 与点 1、点 C 与点 6 重合分别用 B（1）、C（6）表示。

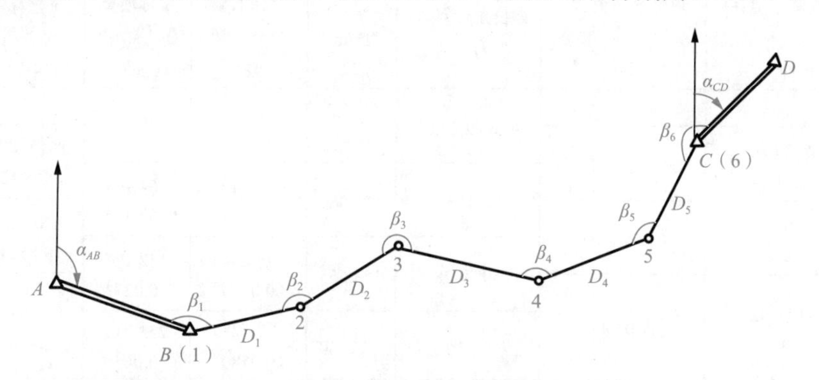

图 9-11　简易附合导线

当要求不高时，简易附合导线可根据导线条件方程，按条件平差分组计算原理推证，计算工作简便。限于篇幅，这里不加推证，仅介绍简易导线计算的条件方程、方法和步骤。

9.3.1　简易附合导线计算

1. 简易附合导线的条件式

简易附合导线计算的条件是方位角条件、纵坐标 x 条件、横坐标 y 条件，其中坐标条件以坐标增量计算值 $\Delta x_i'$、$\Delta y_i'$ 与坐标增量改正数 $v_{\Delta x_i}$、$v_{\Delta y_i}$ 表示的函数形式给出，故对应条件式分别为

$$
\begin{cases}
\alpha_{AB}+n180^{\circ}+\sum_{1}^{n}\beta_i'+\sum_{1}^{n}v_i=\alpha_{CD} & \text{(a)}\\
x_B+\sum_{1}^{n-1}\Delta x_i'+\sum_{1}^{n-1}v_{\Delta x_i}=x_C & \text{(b)}\\
y_B+\sum_{1}^{n-1}\Delta y_i'+\sum_{1}^{n-1}v_{\Delta y_i}=y_C & \text{(c)}
\end{cases}
\tag{9-25}
$$

进一步整理，式（9-25）最终形式为

$$
\begin{cases}
\sum_{1}^{n}v_i+w_{\alpha}=0 & \text{(a)}\\
\sum_{1}^{n-1}v_{\Delta x_i}+w_x=0 & \text{(b)}\\
\sum_{1}^{n-1}v_{\Delta y_i}+w_y=0 & \text{(c)}
\end{cases}
\tag{9-26}
$$

式中，w_{α}、w_x、w_y 分别按式（9-3）、式（9-11）、式（9-13）计算；$\Delta x_i'$、$\Delta y_i'$ 分别按式（9-5）、式（9-14）计算。

2. 计算步骤

简易附合导线计算如表 9-9 所示。

表 9-9 简易附合导线计算

点名	角度观测值 $\beta_i(v)$/（° ′ ″）（1）	角度平差值 β_i/（° ′ ″）（5）	方位角计算 α_i（6）	边长 D_i/m（7）	坐标增量 $\Delta x'(v_{x_i})$/m（9x）	坐标增量 $\Delta y'(v_{y_i})$/m（9y）	x 坐标（Δx）/m（12x）	y 坐标（Δy）/m（12y）
A								
			126 02 22.6*					
B（1）	128 39 30 （5.4）	128 39 35.4					831.092* （45.193）	974.630* （164.969）
			74 41 58	171.062	45.140 （0.053）	164.999 （−0.030）		
2	164 42 24 （6）	164 42 30.0					876.285 （78.251）	1139.599 （132.250）
			59 24 28	153.665	78.204 （0.047）	132.277 （−0.027）		
3	211 09 42 （5）	211 09 47.0					954.536 （−2.450）	1271.849 （253.700）
			90 34 15	253.760	−2.528 （0.078）	253.745 （−0.045）		
4	138 29 36 （6）	138 29 42.0					952.086 （92.152）	1525.549 （106.180）
			49 03 57	140.583	92.109 （0.043）	106.205 （−0.025）		
5	132 43 06 （5）	132 43 11.0					1044.238 （214.177）	1631.729 （6.637）
			1 47 08	214.215	214.111 （0.066）	6.675 （−0.038）		
C（6）	202 22 30 （5.5）	202 22 35.5					1258.416	1638.366
			24 09 43.5*					
（2）$w_{\alpha}=\alpha_{AB}+n180^{\circ}+\sum\beta_i-\alpha_{CD}=-32.9''$ （4）$v_i=-\frac{w_{\alpha}}{n}=\frac{32.9''}{6}=5.5''$ （3）$w_{\alpha_{容}}=73.5$ $k_{容}=\frac{1}{2000}$			（8）$\sum D=933.285$ $f=\sqrt{w_x^2+w_y^2}=0.332(\text{m})$ （10）$w_x=-0.287$ $w_y=0.166$ （11）$k=\frac{1}{\sum\frac{D}{f}}=\frac{1}{2800}$				1258.416* （13） $\Delta x=0$	1638.365* （13） $\Delta y=0$

* 已知数据。

表 9-9 中的（1），（2），…，（13）与下面的计算步骤同步。

（1）方位角条件闭合差的计算与调整

1）将角度观测值、边长观测值抄录到表 9-9 的（1）、（7）栏中。

2）按式（9-3）计算方位角闭合差 w_α，本例 $w_\alpha = -32.9''$，将其填入表 9-9 对应栏内。

3）检核。计算 $w_{\alpha_{容}}\left(w_{\alpha_{容}} = \pm 30\sqrt{n}\right)$，填入表 9-9 对应栏内，同时检核 $w_\alpha \leqslant w_{\alpha_{容}}$。

4）计算角度改正数。在 $w_\alpha \leqslant w_{\alpha_{容}}$ 时，计算角度改正数。角度改正数 v_i 简易计算公式为

$$v_i = -\frac{w_\alpha}{n} \tag{9-27}$$

本例中 $n = 6$，故 $v_i = \dfrac{-32.9''}{6}$，可取 $v_i = 5.5''$。

注意：根据凑整规则，5.5″可凑整为 6″，但本例中六个 v 的总和 36″ 与闭合差 w 不符。本例中“″”（秒）以下的改正数意义不大，处理办法为，各 v 分别调整为 5.4″、6″、5″、6″、5″、5.5″，填入表 9-9 的（1）栏括号内。

5）计算角度平差值 $\beta_i = \beta_i' + v_i$，将结果填入表 9-9 的（5）栏中。

（2）计算方位角

可按式（5-25）或式（9-7）计算，将结果填入表 9-9 的（6）栏中。

（3）坐标条件闭合差的计算与调整

1）计算导线总长 $\sum D$，将结果填入表 9-9 的（8）栏中。

2）按式（9-5）和式（9-14）计算坐标增量，将结果填入表 9-9 的（9x）、（9y）栏中。

3）按式（9-11）和式（9-13）计算 w_x、w_y，将结果填入表 9-9 的（10）栏中。

4）检查导线全长闭合差 f 及计算相对闭合差 k，将结果填入表 9-9（11）栏中。抄录 $k_{容}$ 的规定。

5）计算坐标改正数 v_{x_i}、v_{y_i}。相对闭合差 k 符合要求后，即可计算坐标改正数，计算公式为

$$v_{x_i} = -w_x \frac{D_i}{\sum D},\quad v_{y_i} = -w_y \frac{D_i}{\sum D} \tag{9-28}$$

将计算结果填入表 9-9 的（9x）、（9y）栏括号内。

6）将改正后坐标增量填入表 9-9 的（12x）、（12y）栏括号内。坐标增量计算公式为

$$\Delta x_i = \Delta x_i' + v_{x_i},\quad \Delta y_i = \Delta y_i' + v_{y_i} \tag{9-29}$$

7）计算点位坐标，将结果填入表 9-9 的（12x）、（12y）栏中。检查 Δx、Δy 是否为 0，并将结果填入表 9-9 的（13）栏中。

9.3.2 简易闭合导线计算

如图 9-12 所示，点 A、点 B 是已知点，导线从点 B 开始，经过点 1, 2, …, 4 又回到点 B。φ 是连接角，β_1，β_2，…，β_n 是导线点转折角（均为左角），D_1，D_2，…，D_n 是导线边。下述各式中的 β_i'、D_i' 是角度、边长观测值（i=1, 2, …, n），点 B 与点 1 重合用 B（1）表示。

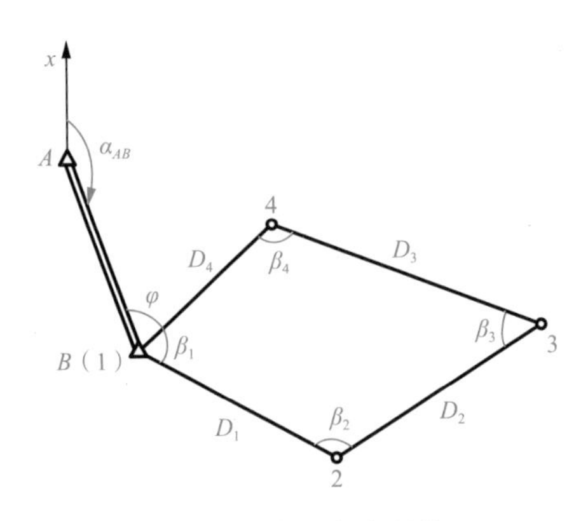

图 9-12 简易闭合导线

1. 简易闭合导线的条件式

简易闭合导线计算的条件有内角和条件、x 坐标增量条件、y 坐标增量条件，其中坐标增量条件以坐标增量计算值 $\Delta x_i'$、$\Delta y_i'$ 与坐标增量改正数 $v_{\Delta x_i}$、$v_{\Delta y_i}$ 表示的函数给出，故对应条件式分别为

$$\begin{cases} \sum_1^n \beta_i' + \sum_1^n v_i = (n-2)180^\circ & \text{(a)} \\ \sum_1^n \Delta x_i' + \sum_1^n v_{\Delta x_i} = 0 & \text{(b)} \\ \sum_1^n \Delta y_i' + \sum_1^n v_{\Delta y_i} = 0 & \text{(c)} \end{cases} \tag{9-30}$$

进一步整理，式（9-30）最终形式为

$$\begin{cases} \sum_1^n v_i + w_\beta = 0 & \text{(a)} \\ \sum_1^n v_{\Delta x_i} + w_x = 0 & \text{(b)} \\ \sum_1^n v_{\Delta y_i} + w_y = 0 & \text{(c)} \end{cases} \tag{9-31}$$

式中，w_β、w_x、w_y 分别按式（9-24）计算；$\Delta x_i'$、$\Delta y_i'$ 分别按式（9-5）、式（9-14）计算。

2. 计算步骤

简易闭合导线的计算步骤与简易附合导线的计算步骤相同，读者可参照简易附合导线算例按表 9-10 所示步骤（1），（2），…，（13）试算，以便熟练掌握计算方法。

必须指出的是，简易导线计算是一种近似计算，计算结果并没有完全消除矛盾。例如，以最后求得的坐标增量反算方位角和边长不可能与表 9-9（或表 9-10）的（6）、（7）栏中的数据相一致。因此，简易导线计算以最后坐标为主要计算结果，并且适用于低等级要求的场合。

表 9-10　简易闭合导线计算

点名	角度观测值 β_i'（v）（1）	角度平差值 β_i（5）	方位角计算 α_i（6）	边长 D_i（7）	坐标增量 $\Delta x'(v_{x_i})$ /m（9x）	坐标增量 $\Delta y'(v_{y_i})$ /m（9y）	x 坐标 (Δx) /m（12x）	y 坐标 (Δy) /m（12y）
A			164　17　06*					
φ	56　30　54		$\alpha(B-4)$					
			40　48　00**					
B（1）	89　36　30 （15）	89　36　45					500.000 （−136.474）	500.000 （160.262）
			130　24　45	210.440	−136.425 （−0.049）	160.228 （0.034）		
2	107　48　30 （15）	107　48　45					363.526 （84.409）	660.262 （136.356）
			58　13　30	160.365	84.446 （−0.037）	136.330 （0.026）		
3	73　00　12 （15）	73　00　27					447.935 （170.440）	796.618 （−194.496）
			311　13　57	258.680	170.500 （−0.060）	−194.538 （0.042）		
4	89　33　48 （15）	89　34　03					618.375 （−118.375）	602.122 （−102.122）
			220　48　00	156.326	−118.338 （−0.037）	−102.147 （0.035）		
B（1）							500.000	500.000
（2）$W_\beta=\sum\beta'-(n-2)180_i=-60''$ （4）$v_i=\dfrac{-60''}{4}=15''$ （3）$w_{\beta_{容}}=60$　$k_{容}=\dfrac{1}{2000}$			（8）$\sum D=785.80$　$f=\sqrt{w_x^2+w_y^2}=0.223(\text{m})$ （10）$w_x=0.183$　$w_y=-0.127$ （11）$k=\dfrac{1}{\dfrac{\sum D}{f}}=\dfrac{1}{3500}$				500.000 （13） $\Delta x=0$	500.000 （13） $\Delta y=0$

* 已知方位角 α_{AB}。

** 已知方位角 α_{B-4}。

9.3.3　支导线与导线网计算

如图 9-13 所示，支导线的角度观测参数有 β_i，边长观测参数有 D_i。支导线计算步骤：计算导线边的方位角→计算导线边的坐标增量→计算支导线点的坐标。支导线的计算表格可参照表 5-2。

注意：支导线观测量少，缺乏检核参数，计算时必须细心，必要时应有往、返观测值计算比较，以保证点位坐标准确可靠。

导线网有如图 9-4（c）和图 9-14 所示形式，其计算仍可采用条件平差原理或间接平差原理，这里不再赘述。

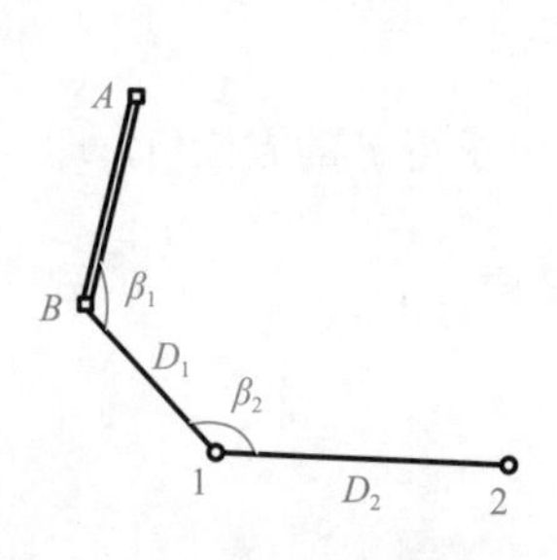

图 9-13　支导线

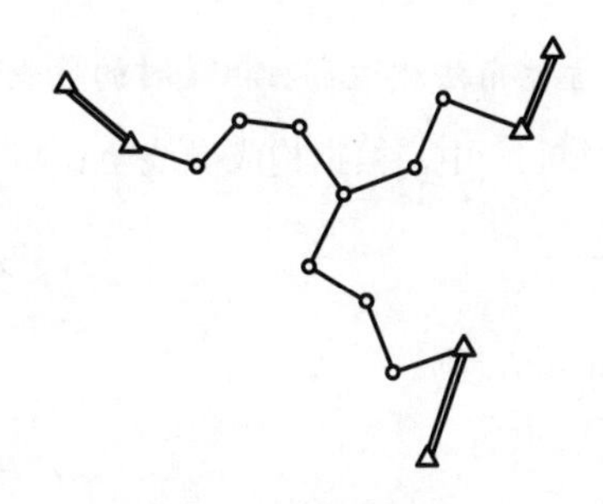

图 9-14　叉丫状导线

9.3.4 导线测量粗差的检查

在导线测量中，若导线全长闭合差 f 超限，则说明存在粗差，必须以一定的方法进行粗差检查，以找到准确的粗差位置进行纠正。

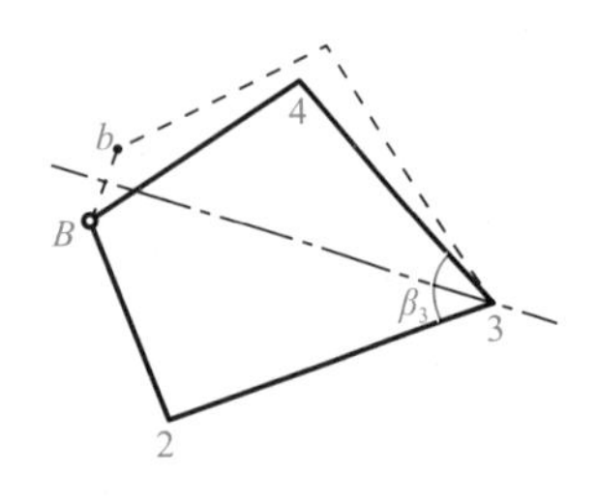

图 9-15 垂直平分线法

1. 测角存在粗差时的检查方法

（1）垂直平分线法

在图 9-15 中，点 3 的角 β_3 存在粗差，由此造成推算点 b 时其没有落在原已知点 B 上，即存在导线全长闭合差 $f=Bb$。可以证明，这时的 Bb 垂直平分线必通过导线点 3。根据这一原理，可利用 f 的垂直平分线寻找存在角度粗差的导线点。只要某导线点在 f 的垂直平分线上（或靠近平分线），就可断定该导线点的角度存在粗差。

（2）坐标往返计算法

在图 9-16 中，点 M、点 N 表示附合导线的已知点，点 A、点 B、点 C 是导线点，点 A 存在测角粗差，点 B、点 C 没有角度粗差，各导线边长度正确。现从点 M、点 N 分别按路线推算导线点的坐标，并将存在的情况列于表 9-11 中，由表可见，只要附合导线沿两端互推的点的坐标结果有一导线点坐标不相等，就可判断该导线点测角存在粗差。

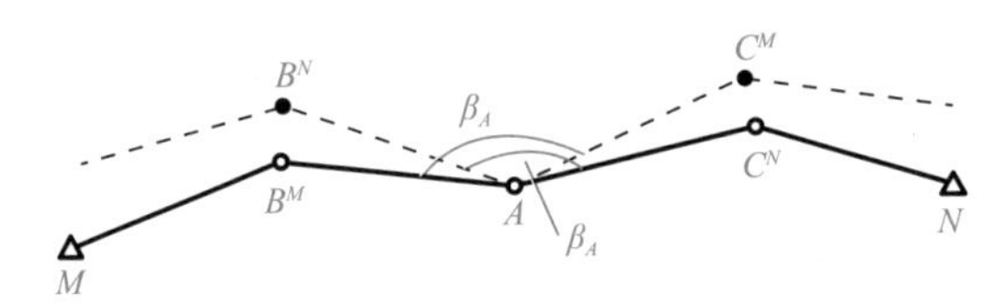

图 9-16 坐标往返计算法

表 9-11 坐标往返计算法

推算路线	推算点 A 的坐标	经点 A 后的路线	推算点 B、点 C 的坐标
$M\to A$ $N\to A$	$x_A^M=x_A^N$ $y_A^M=y_A^N$ $x_A^N=x_A^M$ $y_A^N=y_A^M$	$M\to C$ $N\to B$	$x_C^M\neq x_C^N$ $y_C^M\neq y_C^N$ $x_B^N\neq x_B^M$ $y_B^N\neq y_B^M$
原因	没有方位角粗差		β_A 粗差引起方位角粗差

注：(x_A^M,y_A^M)、(x_B^M,y_B^M)、(x_C^M,y_C^M) 是从点 M 开始的路线推算的点的坐标；(x_A^N,y_A^N)、(x_B^N,y_B^N)、(x_C^N,y_C^N) 是从点 N 开始的路线推算的点的坐标。

2. 方位角法测边存在粗差时的检查方法

在图 9-17 中，根据构成导线全长闭合差 f 的 w_x、w_y，可求得 f 的方位角，即

$$\alpha_f=\arccos\left(\frac{w_x}{f}\right) \tag{9-32}$$

若 $w_y<0$，则

$$\alpha_f=360°-\arccos\left(\frac{w_x}{f}\right) \tag{9-33}$$

可以证明，导线中若有某导线边的方位角与α_f相近，则该导线边的边长存在粗差。由图 9-17 可知，导线全长闭合差 f 与 D_{34} 平行，由于 D_{34} 存在 ΔD 的粗差，因此造成 f 超限。由此可见，利用方位角法可寻找测边粗差的情况。

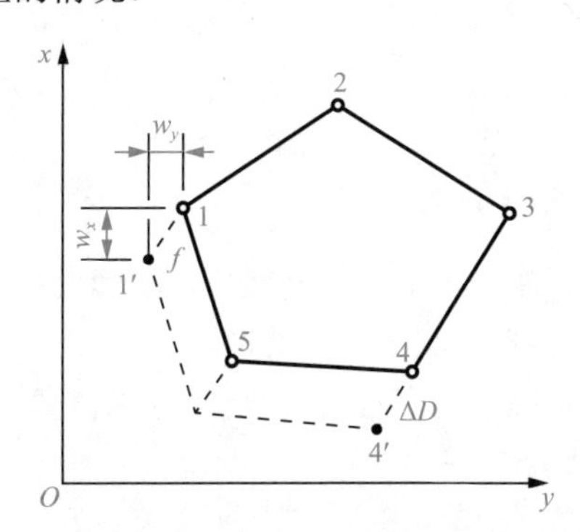

图 9-17　方位角法

以上粗差检查方法适用于导线中只存在个别粗差的场合。寻粗是实践性很强的工作，必须不断总结经验，综合分析，减少盲目性，提高检查的有效性。

9.4 全站仪控制测量

9.4.1　全站仪在控制测量中的应用

1. 工程控制测量的全站测量仪器

光学经纬仪、光电经纬仪、光电测距仪、全站仪及 GNSS 接收机等都是控制测量的重要仪器设备。全站仪具有工程控制全站测量系统，是工程控制测量的主流装备。

2. 全站仪“全”的特色

全站仪应用于工程控制测量技术领域，其“全”有以下三个特点。

1）技术等级涵盖面广。技术等级越高，技术等级涵盖面越广。例如，Ⅰ级全站仪就涵盖了Ⅱ级全站仪技术等级，可应用于低等级的控制测量中。

2）整机适应性强。全站仪整机适应性强主要体现在环境适应性方面，它能够在比较差的工程环境和温度环境中安全、可靠地完成控制测量。

3）整体功能多。全站仪整体功能多的重要表现：硬件配置、软件系统和通信接口比较齐全；测量程序丰富，显示屏展示图文并茂；全站测量技术易于掌握，操作快捷。

3. 全站仪工程控制测量的技术要点

1）做好全站仪器的准备。全站测量技术应用于控制测量时，应全面检查、熟练掌握全站仪及其配套的技术指标、性能、功能，做好全站仪器的准备。

2）明确控制测量场地实际情况和建网要求，分析确定有效的测量措施。

3）根据全站仪“全”的特色和控制测量的实际情况，确定控制网测量的具体方法，做好测量的组织准备和测量参数准备。

9.4.2 精密导线全站仪测量

1. 精密导线全站仪测量的基本设备

全站仪一台，含三脚架、基座、蓄电池、充电器，配套设备（一套）包括气象仪器（通风干湿温度计、空盒气压计）、小钢尺、测伞、报话机。

反射器两台，含三脚架、基座，配套设备（两套）包括气象仪器（通风干湿温度计、空盒气压计）、小钢尺、测伞、报话机。

2. 精密导线全站仪测量方法

精密导线全站仪测量方法有逐一搬站测量法和强制对中设站测量法。

（1）逐一搬站测量法

按一般仪器安置后根据导线控制测量要求完成测站测量任务，然后按原仪器安置方法在新点设定测站和测量。如图 9-18 所示为一条导线的局部，全站仪、反射器分别安置在导线点 1、2、3 上，完成该站的精密导线测量。然后按图 9-19 所示方法，全站仪、反射器依次搬站到相应的导线点 2、3、4，完成新测站的精密导线测量。

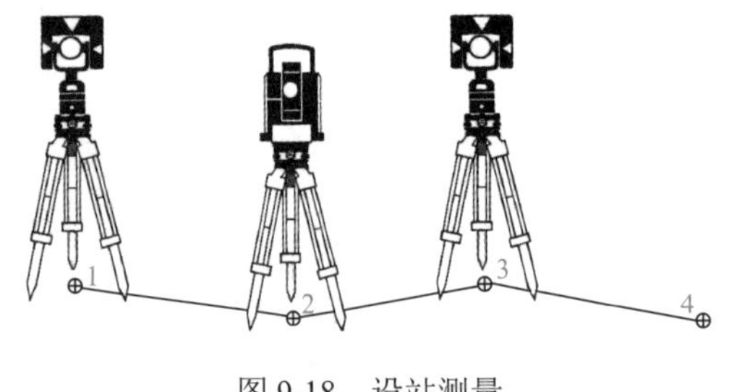

图 9-18 设站测量

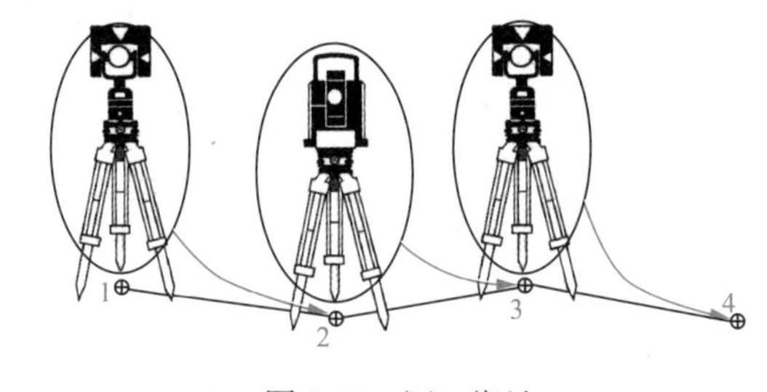

图 9-19 逐一搬站

（2）强制对中设站测量法

强制对中设站测量法简称强制对中测量法，具体操作步骤如下。

1）设站。如图 9-20 所示，导线测量按导线点 1、2、3→4 顺序进行，首先在导线点 1、2、3 设站，在导线点 1、3 设镜站并安置反射器，在导线点 2 设测站并安置全站仪。

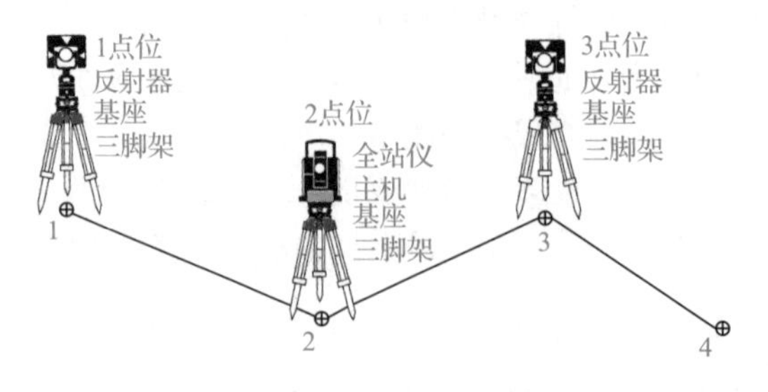

图 9-20 设站与测量

2）测量。全站仪精密导线测量在测站完成距离、水平角、竖直角、仪器高和气象元素（气温、气压）的测量。一般的测量顺序为：测量仪器高→测量气象元素→光电测距→测量气象元素→测量水平角→测量竖直角。镜站根据测站的指令完成反射器高、气象元素的测量。

3）搬站。强制对中，利用原测站、镜站已有的安置状态，扭开其基座锁定杆更换安置全站仪主机或反射器。如图 9-21 所示，在完成测量并检查合格后，后镜站（如导线点 1）整站搬到前镜站（如导线点 4）安置。测站（导线点 2）与原前镜站（导线点 3）分别互换全站仪主机、反射器。搬站完毕，进行新的测量。后续搬站以此类推。

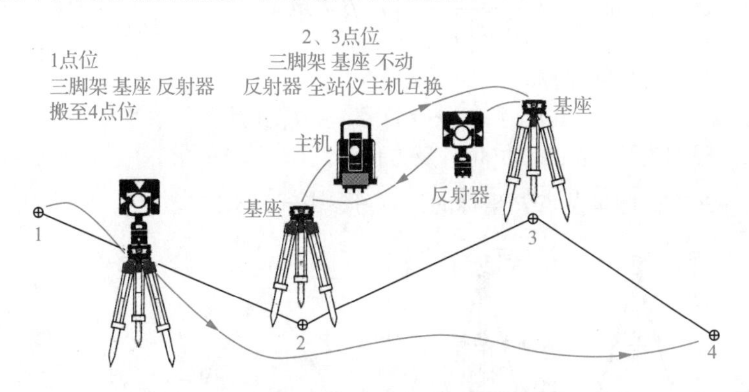

图 9-21　强制对中测量法搬站方法

4）数据初级处理。其中包括数据检查验算，获得导线点之间的平距、高差。

强制对中设站优点：减少仪器站重复安置，避免对中误差的影响，利于快速高精度测量。不论采用何种方法，必须注意仪器搬站安全。

9.4.3　全站仪程式精密测量

全站仪程式精密测量（如悬高测量）是实现多个测量数据快速精密定位的技术，主要实现方法有以下几种。

1. 距离差测量

距离差测量是高精度控制距离测量方法。距离差测量原理：利用光电距离测量的方法，测量同方向点位之间的距离，并以其距离之间的差值抵偿有关误差影响，从而获得高精度的距离值。

如图 9-22 所示，为了获得长度 D_{BC}，在平地上同一方向设三个地面点 A、B、C，在点 A 设全站仪，点 B、点 C 分别先、后设反射器。根据全站仪的光电测距的操作要求，先进行 D_{AC} 测量，后进行 D_{AB} 测量。D_{BC} 为 D_{AC}、D_{AB} 之差，即

$$D_{BC}=D_{AC}-D_{AB} \tag{9-34}$$

平地距离差测量要求：全站仪、反射器尽量同高度；全站仪测距望远镜应保持水平状态，在测量过程中，操作应敏捷快速；必要时应对测量距离 D_{AC}、D_{AB} 进行气象改正。

2. 对边测量

如图 9-23 所示，在点 P 测量边长 D_1、D_2 和角度 γ 的观测值 D_1'、D_2'、γ'。根据余弦定律，点 P 的对边 AB 长的观测值 D_{AB}' 计算公式为

$$D'_{AB}=\sqrt{D_1'^2+D_2'^2-2D_1'D_2'\cos\gamma'} \tag{9-35}$$

3. 测边后方交会

如图 9-24 所示，点 A、点 B 是已知控制点，点 P 是新设的控制点。点 P 的选定有很大的自由度，利于工程应用。D_1、D_2 是以点 P 为测站测量的边长。后方测边交会定点 P 的方法如下。

1）α 、β 的计算。△ABP 三条边已知，根据余弦定律，有

$$\alpha=\arccos^{-1}\left(\frac{D_1^2+D_{AB}^2-D_2^2}{2D_1D_{AB}}\right),\quad \beta=\arccos^{-1}\left(\frac{D_2^2+D_{AB}^2-D_1^2}{2D_2D_{AB}}\right) \tag{9-36}$$

2）边 AP、BP 方位角的计算。

$$\alpha_{AP}=\alpha_{AB}-\alpha,\quad \alpha_{BP}=\alpha_{BA}+\beta \tag{9-37}$$

式中，α_{AB} 、α_{BA} 分别为边 AB 的方位角、反方位角。

3）边 AP、BP 坐标增量及点 P 坐标的计算可参考式（5-27）。

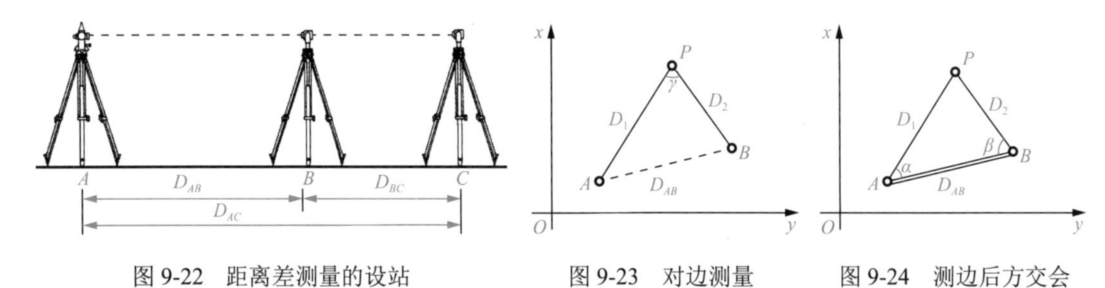

图 9-22　距离差测量的设站　　图 9-23　对边测量　　图 9-24　测边后方交会

4. 测角前方交会

如图 9-25 所示，点 A、点 B 是已知控制点，α 、β 分别是在已知点 A、点 B 测量的水平角，点 P 是前方交会点。测角前方交会法也可用于测定难以到达的点（如避雷针、塔、柱顶等）的坐标。由图 9-25 可见，$\gamma=180-(\alpha+\beta)$，因此 D_1、D_2 可按正弦定律求得，α_{AP} 、α_{BP} 可按式（9-37）求得，这些计算为点 P 坐标的计算提供数据准备。一般来说，点 P 坐标按这种数据准备推证的原理公式计算，即

$$x_P=\frac{x_A\cot\beta+x_B\cot\alpha+y_B-y_A}{\cot\alpha+\cot\beta},\quad y_P=\frac{y_A\cot\beta+y_B\cot\alpha+x_A-x_B}{\cot\alpha+\cot\beta} \tag{9-38}$$

式中，(x_A,y_A) 和 (x_B,y_B) 分别是点 A 和点 B 坐标；(x_P,y_P) 是点 P 坐标。

为了检核点 P 坐标计算正确与否，也可另测 α、β 计算点 P 坐标，即选取一个新的已知点，如点 C（图 9-25），按上述方法观测 α' 、β' ，则计算公式为

$$x'_P=\frac{x_B\cot\beta'+x_C\cot\alpha'+y_C-y_B}{\cot\alpha'+\cot\beta'},\quad y'_P=\frac{y_B\cot\beta'+y_C\cot\alpha'+x_B-x_C}{\cot\alpha'+\cot\beta'} \tag{9-39}$$

检核公式为

$$\delta_x=x_P-x'_P,\quad \delta_y=y_P-y'_P \tag{9-40}$$

$$\Delta D=\sqrt{\delta_x^2+\delta_y^2}\leqslant\Delta D_{容} \tag{9-41}$$

式中，$\Delta D_{容}$ 是相关规定的容许误差。

5. 测角后方交会

如图 9-26 所示，点 A、点 B、点 C 是已知点，α 、β 是在待定点 P 观测的角度。测角后方交会利用点 A、点 B、点 C 三个已知点的坐标及观测角 α 、β 即可计算点 P 的坐标。

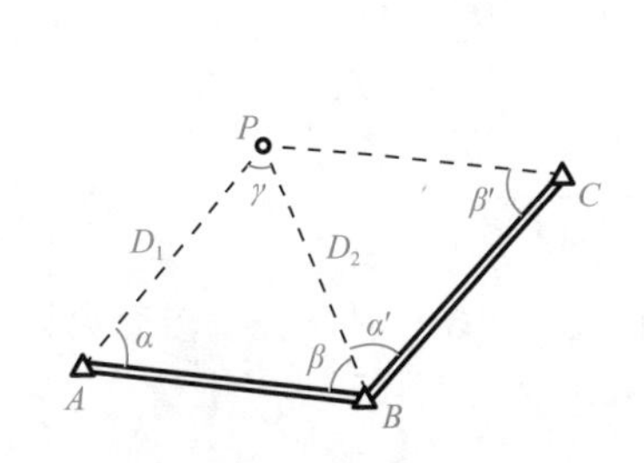

图 9-25　测角前方交会

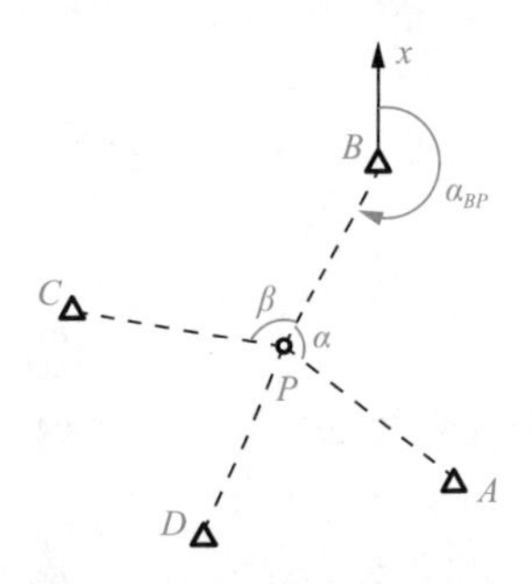

图 9-26　测角后方交会

（1）计算步骤

1）计算点 B 到点 P 的方位角正切值。

$$Q=\tan\alpha_{BP}=\frac{(y_B-y_A)\cot\alpha-(y_C-y_B)\cot\beta-(x_C-x_A)}{(x_B-x_A)\cot\alpha-(x_C-x_B)\cot\beta+(y_C-y_A)} \tag{9-42}$$

式中，(x_A,y_A)、(x_B,y_B)、(x_C,y_C) 分别是点 A、点 B、点 C 的坐标。

2）计算系数 k，计算公式为

$$k=(y_B-y_A)(\cot\alpha-Q)-(x_B-x_A)(1+\cot\alpha Q) \tag{9-43}$$

3）计算坐标增量，计算公式为

$$\Delta x=\frac{k}{1+Q^2}，\quad \Delta y=\Delta xQ \tag{9-44}$$

4）求点 P 坐标 (x_P,y_P)，计算公式为

$$x_P=x_B+\Delta x，\quad y_P=y_B+\Delta y \tag{9-45}$$

（2）注意事项

1）后方交会已知点 A、点 B、点 C 按图 9-26 所示逆时针方向排列定名，并设 $\angle BPA$ 为 α，$\angle CPB$ 为 β。

2）点 P 不能设计选在点 A、点 B、点 C 构成的三角形外接圆上，否则无解。

3）检核点 P 坐标正确与否。可选取一个新的已知点，如图 9-26 中以点 D 代替点 C 构成新后方交会系统计算点 P 新坐标 (x'_P,y'_P)，根据式（9-40）和式（9-41）计算有关检核参数。

6. 边角后方交会

与对边测量相比，图 9-27 所示边角后方交会的点 A、点 B 坐标已知，测量目的是获取点 P 坐标。在获得观测值 D'_1、D'_2、γ' 之后，P 点坐标可按以下方法计算。

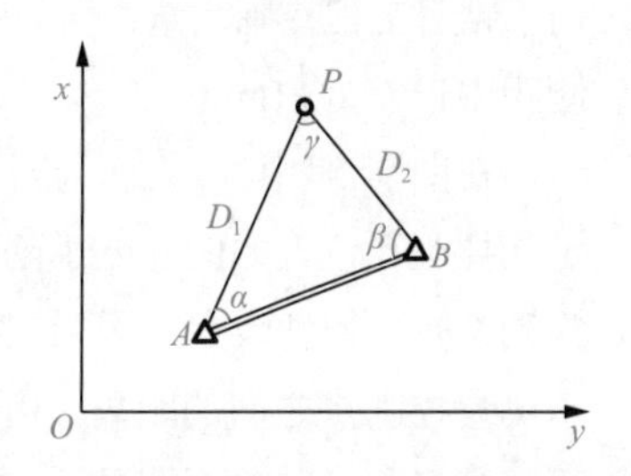

图 9-27　边角后方交会

在图 9-27 中，根据几何原理，边长 D_1、D_2 和角度 γ 与 D_{AB} 的关系为

$$D_{AB}=\sqrt{D_1^2+D_2^2-2D_1D_2\cos\gamma} \tag{9-46}$$

引入 $D_1=D_1'+v_1$，$D_2'=D_2'+v_2$，$\gamma=\gamma'+v_3$，式（9-46）可整理为

$$a_1v_1+a_2v_2+a_3v_3+w_D=0 \tag{9-47}$$

式中，

$$a_1=\frac{D_1'-D_2'\cos\gamma'}{D_{AB}},\quad a_2=\frac{D_2'-D_1'\cos\gamma'}{D_{AB}},\quad a_3=\frac{D_1'D_2'\cos\gamma'}{D_{AB}\rho}$$

$$w_D=D_{AB}'-D_{AB}$$

$$D_{AB}'=\sqrt{D_1'^2+D_2'^2-2D_1'D_2'\cos\gamma'} \tag{9-48}$$

一般测距精度较高，式（9-48）边长 D_1'、D_2' 的改正数可忽略，故边角后方交会计算方法可整理如下。

1）根据式（9-48）计算 AB 长度 D_{AB}'。

2）根据已知点 A、B 坐标计算 D_{AB}，计算 w_D。

3）计算 v_3 和角 γ。

$$v_3=-\frac{w_DD_{AB}}{D_1'D_2'\cos\gamma'}\rho,\quad \gamma=\gamma'+v_3=\gamma'-\frac{w_DD_{AB}}{D_1'D_2'\cos\gamma'}\rho \tag{9-49}$$

4）求 α、β。

$$\alpha=\arcsin\left(\frac{D_2'}{D_{AB}}\sin\gamma\right),\quad \beta=\arcsin\left(\frac{D_1'}{D_{AB}}\sin\gamma\right) \tag{9-50}$$

5）根据式（9-38）求点 P 坐标。

在全站仪边角后方交会中，点 P 的选定有很大的自由度，利于应用，并且精度较高，故又有全站仪自由设站法之称。

9.4.4 全站仪锁形网控制测量

连续三角形锁形网目前仍是工程控制测量主流应用图形。全站仪应用于三角形锁形网控制测量有直接测量和间接测量两种方法。

1）直接测量法，即按上述导线网测量或三角形网控制测量的方法，全站仪、反射器均设在控制点，直接测量控制点之间的角度或距离。

2）间接测量法利用全站仪可自由设站（站点可随仪器站设定）、快速、自动、精密，以及可有效应用对边测量、边角后方交会技术等优势，能够实现三角锁边、角间接测量。这种方法应用于精密工程控制测量，优势突出，以 CPIII等级为高铁轨道提供控制基准，方向中误差为±1.8″，测距中误差为±1mm。

在图 9-28 中，点 A_1、点 A_2、点 B_1、点 B_2 等控制点不设测站，只安置反射器（由连接杆固定在控制孔位，如图 9-29 所示）。全站仪在这种三角形锁形网的控制测量中，以点 C_1、点 C_2 等为测站点，随地设立，无须埋点，方便仪器安置（不对中），可利用对边测量、边角后方交会技术测量控制点之间的距离（由粗实线连成）和角度，形成测边控制网（由细虚线连成）。全站仪可一站多测，获得全网的边、角、高差测量参数，实现边、角、网的精密测量。

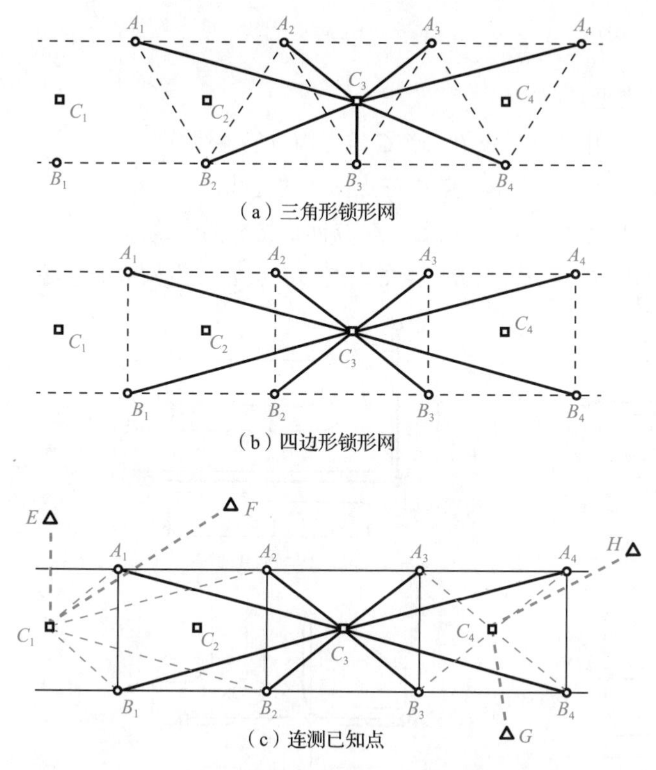

图 9-28　全站仪锁形网控制测量

图 9-29　控制孔位反射器

如图 9-28（c）所示，如果点 C_1、点 C_2 等测站点与点 E、点 F 等已知高级控制点连测，全站仪三角形锁形网直接测量和间接测量交替进行，那么点 C_1、点 C_2 等测站点坐标可得，从而点 A_1、点 A_2、点 B_1、点 B_2 等控制点的坐标在全站测量中随即可得。

9.5 建筑基线与方格控制

9.5.1 建筑基线

1．概念

工程建筑中具有准确长度和对建筑工程产生控制作用的直线段称为工程建筑基线，简称建筑基线。如图 9-30 所示，为了准确测定 a、b、c、d 待建建筑物的拟建点位置，可以按设计要求在待建场地建立工程建筑基线 MN，准确测量 MN 的长度，此时 MN 就是建筑基线。

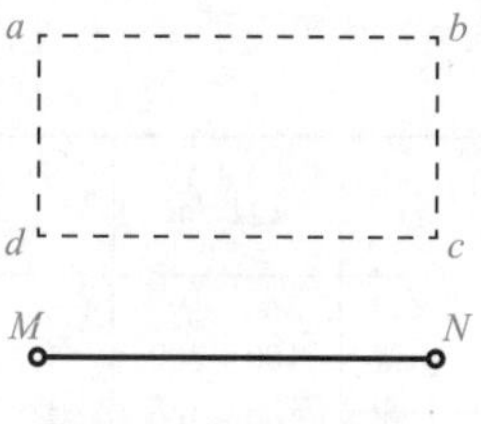

图 9-30　建筑基线

2. 类型

一般来说，建筑基线有以下四种类型。

1）“一”字形基线，如图 9-31（a）中点 A、点 B、点 C 三点构成的连线。

2）“L”形基线，如图 9-31（b）中点 A、点 B、点 C 三点构成的连线。

3）“T”形基线，如图 9-31（c）中点 A、点 B、点 C、点 D 四点构成的连线。

4）“十”字形基线，如图 9-31（d）中点 A、点 B、点 C、点 D、点 E 五点构成的连线。

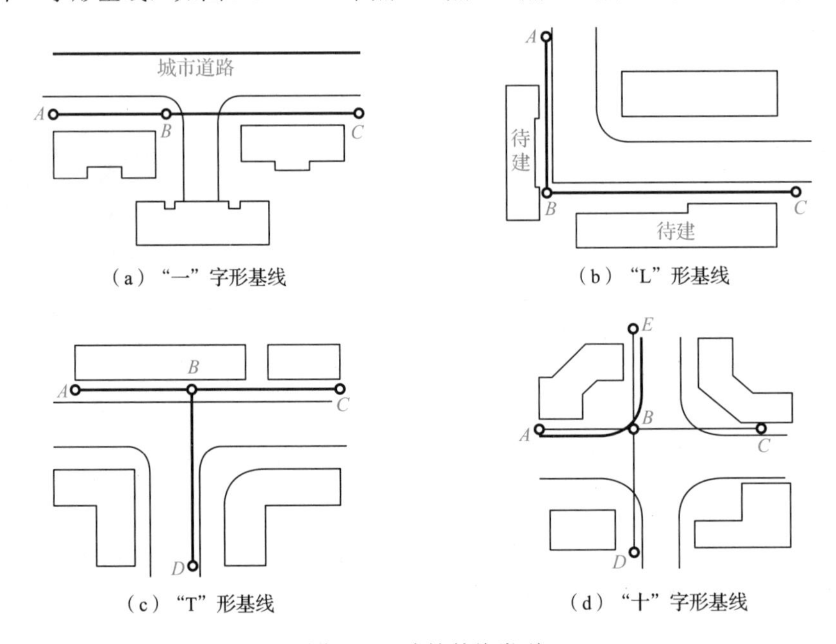

（a）“一”字形基线　（b）“L”形基线

（c）“T”形基线　（d）“十”字形基线

图 9-31　建筑基线类型

3. 特点

1）建筑基线的建立比较灵活，可依附于某些参照物轴线。例如，建筑基线可与道路工程、既有建筑物轴线平行，这类建筑基线又称参考基准线。此外，还可利用划分土地归属边界线设建筑基线。

2）一般建筑基线点应设三个以上，小型建筑工程的建筑基线点可设两个。基线地势应平坦。

3）建筑基线测量技术要求比较高。建筑基线测量技术要求参考表 9-12。建筑基线点位的设立包括设计定点、测量、检核与校正等环节。基线点位应不妨碍交通，便于保存。

表 9-12　建筑基线测量技术要求

等级	边长/m	边长相对中误差	测角中误差	等级	经纬仪	测角中误差	测回	半测回归零差	Δ2C	各测回方向较差
一级 二级	100～300 100～300	1∶30000 1∶20000	5" 8"	1 级	1″级	5″	2	≤6″	9″	≤6″
					2″级	5″	3	≤8″	13″	≤9″
				2 级	2″级	8″	2	≤12″	18″	≤12″

9.5.2　建筑方格网

基于建筑基线形成的方格形网是工程上常见的建筑控制网，简称建筑方格网。如图9-32所示，点*A*、点*O*、点*B*、点*C*、点*D*构成“十”字形建筑基线，点*E*、点*F*、点*G*、点*H*等与之形成建筑方格网。其中*AOB*、*COD*是建筑方格网的主轴线，且$AOB \perp COD$。

与一般控制网相比，建筑方格网的建立思路如下。

（1）根据工程建筑的需要和设计要求建立

设计上预先确立点位的间距及直线间的垂直关系，建筑方格网将根据设计要求测定方格点位。一般的测定要求可参考单元13中有关叙述。

（2）网点按“先主轴点后扩展方格点”的顺序测定

建筑方格网点的测定顺序：测定主轴线*AOB*、*COD*的主轴点位；测定方格点位*E*、*F*、*G*、*H*；测定外框a'、b'、c'、d'、a''、b''、c''、d''、e'、f'、g'、h'的位置；利用外框点位交会1, 2, …, 14等点。

（3）加强建筑方格网直线度和平面垂直度的检验

建筑方格网点位应符合有关的技术要求（表9-12）。

1）方格网直线度。方格网直线度指的是三个点成直线时点位偏离直线的程度，一般以与180°标准值作比较进行衡量。如图9-33所示，为了衡量点*A*、点*O*、点*B*三点的直线度，需要测量$\angle AOB$。设$\varDelta_1 = \angle AOB - 180°$，那么$\varDelta_1$就是点*A*、点*O*、点*B*三点的直线度。建筑方格网要求$\varDelta_1 \leqslant \pm 5''$。如果$\varDelta_1$超出规定值，则应进行调整，调整方法如下。

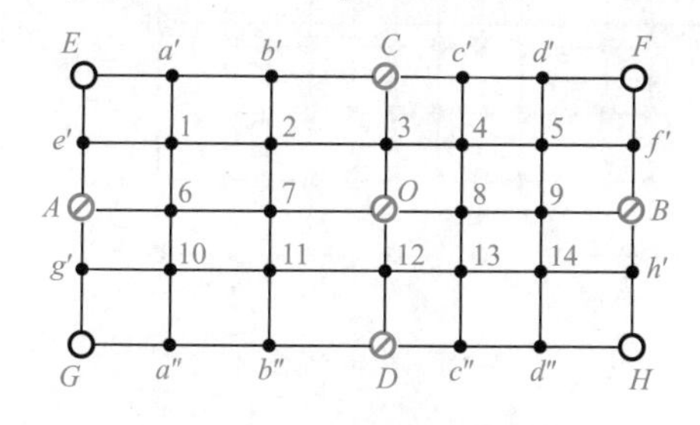

图9-32　建筑方格网

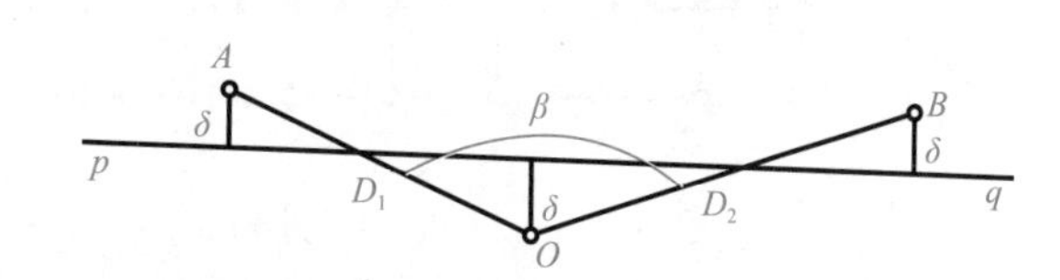

图9-33　方格网直线度

① 计算点位的偏值δ，计算公式为

$$\delta = \frac{0.5 D_1 D_2 \sin\beta}{\sqrt{D_1^2 + D_2^2 - 2D_1 D_2 \cos\beta}} \tag{9-51}$$

② 根据图9-33中的δ，移动点*A*、点*O*、点*B*三点，使其位于直线*pq*上。

2）方格网平面垂直度。方格网平面垂直度指的是平面直线之间构成直角的程度，一般以与90°标准值作比较进行衡量。如图9-34所示，为了衡量直线*AOB*与直线*COD*的平面垂直度，测量$\angle AOC$。设$\varDelta_2 = \angle AOC - 90°$，那么$\varDelta_2$就是直线*AOB*与直线*COD*的垂直度。建筑方格网要求$\varDelta_2 \leqslant \pm 5''$，如果$\varDelta_2$超出规定值，则应进行调整，调整方法如下。

① 计算点位的偏值Δa、Δb，计算公式为

$$\Delta a = AO\sin\varDelta_2,\quad \Delta b = BO\sin\varDelta_2 \tag{9-52}$$

② 根据图9-34中的Δa、Δb，移动点*A*、点*B*，使其位于*mn*方向上。

建筑方格网一般可采用独立坐标系统，必要时应与国家坐标系相关联，并入国家坐标系统。如图 9-35 所示，点 *A*、点 *B* 是以国家等级控制点 *F*、点 *H* 按交会方法得到的，由此得到点 *A*、点 *B* 的国家坐标，据此便可求得整个建筑方格网内点的坐标。

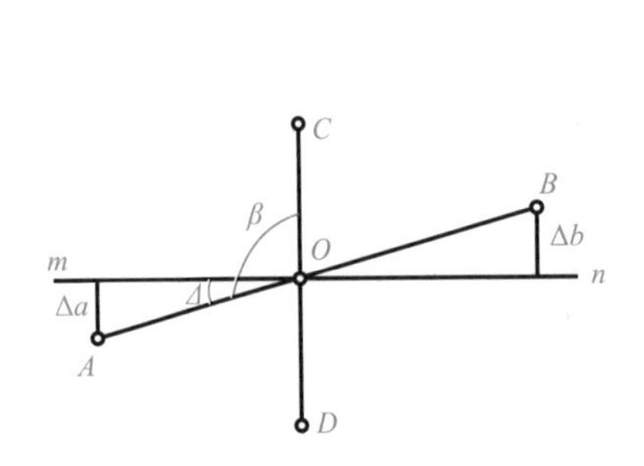

图 9-34　方格网平面垂直度

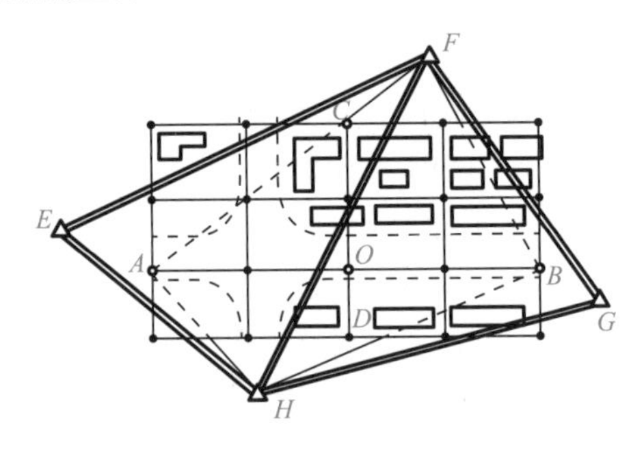

图 9-35　建筑方格网并入国家坐标系统

建筑方格网可用于厂房、大型仓库、车库的平面控制，如图 9-36 所示为建筑方格网用于厂房平面控制。

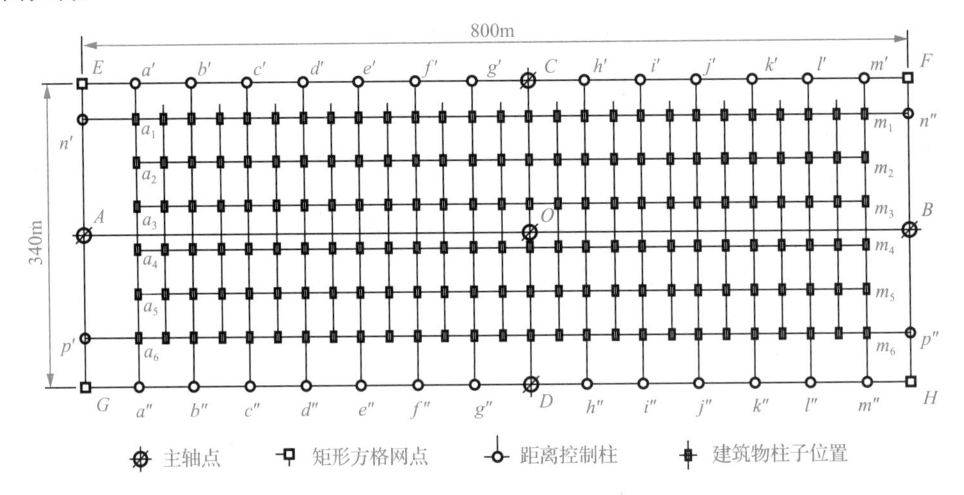

图 9-36　建筑方格网用于厂房平面控制

9.6 GNSS 网形设计

9.6.1　GNSS 控制网的技术设计

GNSS 控制网的技术设计主要包括精度指标的确定和网形设计等。

1. 精度指标的确定

GNSS 控制网所需的 GNSS 接收机按表 9-13 的规定选取。GNSS 测量的精度指标通常是以网中相邻点之间的距离中误差 $u=\pm\sqrt{A^2+(B\cdot D)^2}$ 表示，式中 A、B 的意义类同式（3-12），不低于表 9-14 中的技术要求。国内外知名厂家的 GNSS 接收机基本都采用了以载波相位观测量为依据的实时差分技术。在实际设计中，GNSS 控制网既可以分级布设，也可以越级布设，或者布设同级全面网。

表 9-13　GNSS 接收机的选用

GNSS 等级	接收机类型	仪器标称精度/mm	观测量
二等	多频	$3+1\times10^{-6}$	载波相位
三等	多频或双频	$5+2\times10^{-6}$	载波相位
四等	多频或双频	$5+2\times10^{-6}$	载波相位
一级	双频或单频	$10+5\times10^{-6}$	载波相位
二级	双频或单频	$10+5\times10^{-6}$	载波相位

表 9-14　GNSS 控制网定位精度要求

等级	基线平均长度/km	固定误差 A	比例误差系数 B	约束点间相对中误差	平差后最弱相对中误差
二等	9	≤10	≤2	≤1∶250000	≤1∶120000
三等	4.5	≤10	≤5	≤1∶150000	≤1∶70000
四等	2	≤10	≤10	≤1∶100000	≤1∶40000
一级	1	≤10	≤20	≤1∶40000	≤1∶20000
二级	0.5	≤10	≤40	≤1∶20000	≤1∶10000

2. 网形设计

GNSS 测量图形设计具有较大的灵活性，主要考虑网的用途等用户要求。

GNSS 控制网的基本布网方式根据用途可分为点连式、边连式、网连式和边点混合连接四种。

1）点连式。相邻的同步图形（多台 GNSS 接收机同步观测卫星所获得基线构成的闭合图形，又称同步环）之间仅用一个公共点连接，如图 9-37（a）所示。点连式所构成图形几何强度很弱，一般不单独使用。

2）边连式。相邻同步图形之间由一条公共基线连接，如图 9-37（b）所示。在这种布网方案中，复测的边数较多，网的几何强度较高。非同步图形的观测基线可以组成异步观测环（简称异步环）。异步环常用于检验观测结果的质量。边连式的可靠性优于点连式。

3）网连式。相邻同步图形之间由两个以上的公共点连接，通常要求四台以上的 GNSS 接收机同步观测，几何强度和可靠性更高。这种布网方案一般仅用于较高精度的控制测量。

4）边点混合连接。边点混合连接是指将点连式与边连式有机结合起来组成 GNSS 控制网，如图 9-37（c）所示。边点混合连接在点连式基础上加测四个时段，从而将边连式与点连式有机结合起来。这种布网方案既能保证 GNSS 控制网的几何强度，也能提高 GNSS 控制网的可靠性。

5）低等级 GNSS 测量或碎部测量时，也可采用如图 9-38 所示的星形布设模式。

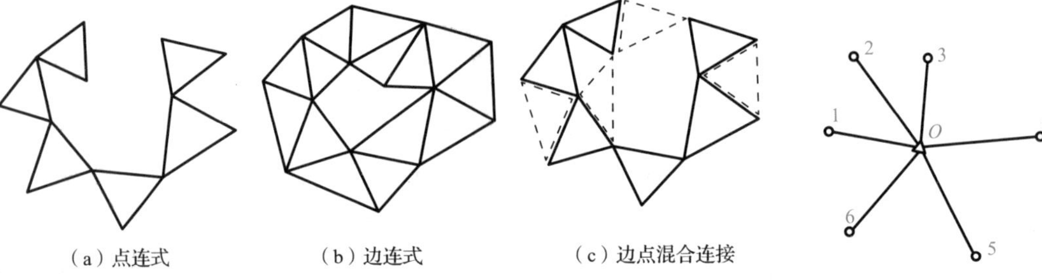

图 9-37　GNSS 控制网网形设计

图 9-38　星形布设

3. GNSS 控制网网形设计注意事项

1）必须由非同步独立观测边构成若干闭合环或附合路线，以构成检核条件，提高网的可靠性。

2）常规测量方法联测或扩展，要求每个控制点应有一个以上的通视方向。

3）为了确定 GNSS 控制网与原有地面控制网之间的坐标转换参数，根据点校正要求选择 GNSS 控制网点与原地面控制网点重合。

9.6.2　选点与建立标志

GNSS 测量选点工作较常规测量简便，在选点与埋石前，应根据工程任务需要收集测区内及测区附近现有的国家平面控制点、水准点及 GNSS 控制网点的资料，以及地形图、交通图、测区总体建设规划及近期发展规划等资料。

GNSS 控制网观测站点位选取与单元 7 RTK 基准站点位选择的要求基本相同。

选定点位后，应根据不同精度等级要求在点位进行埋石。埋石后应绘制点位注记。

习题 9

1. 简述控制点、控制测量的概念，并试述控制测量的工作规则。

2. 控制测量是________。

   A. 限制测量的基准

   B. 工程建设测量的基础

   C. 进行工程测量的技术过程

3. 控制测量的基本工作内容包括________。

   A. 选点、建标、观测、计算和总结

   B. 做好仪器检验，了解控制点情况，明确观测要求

   C. 建点、观测、计算

4．三角测量是________。

A．以测角量边逐点传递确定地面点平面位置的控制测量

B．一种地面点连成三角形的卫星定位技术工作

C．以测角为主，测边为辅，甚至只测角不测边，观测工作比较简单

5．试述工程上应用三角测量法、导线测量法的基本图形。

6．说明导线选点的基本要求和特殊要求。

7．试述精密附合导线基本条件方程的数据准备要求。

8．附合导线的三个求解条件方程中，方位角条件方程是__(1)__，x 坐标条件方程是__(2)__，y 坐标条件方程是__(3)__。

（1）A．$\alpha_{AB}+n180^\circ+\sum_1^{n-1}\beta_i-\alpha_{CD}=0$　　（2）A．$x_A+\sum_1^{n}\Delta x_i-x_C=0$

B．$\alpha_{AB}+n180^\circ-\alpha_{CD}=0$　　B．$x_B+\sum_1^{n}\Delta x_i-x_C=0$

C．$\alpha_{AB}+n180^\circ+\sum_1^{n}\beta_i-\alpha_{CD}=0$　　C．$x_B+\sum_1^{n-1}\Delta x_i-x_C=0$

（3）A．$y_A+\sum_1^{n-1}\Delta y_i-y_C=0$

B．$y_B+\sum_1^{n}\Delta y_i-y_C=0$

C．$y_B+\sum_1^{n-1}\Delta y_i-y_C=0$

9．闭合导线的求解条件有________。

A．内角和条件，x 坐标增量条件，y 坐标增量条件

B．方位角条件，x 坐标条件，y 坐标条件

C．方位角条件，x 坐标增量条件，y 坐标增量条件

10．在进行附合导线的计算时，已知 $w_\alpha=-62.3''$，$w_x=0.287$，$w_y=0.166$，$\sum D=633.285$。规范要求 $k_{容}=1∶2000$，$w_{\alpha_{容}}\left(\pm 40\sqrt{n}, n=6\right)$。$w_\alpha$、$w_x$、$w_y$ 是否满足要求？

11．精密附合导线计算题：观测数据及已知数据如图 9-39 所示，按表 9-5～表 9-8 形式计算。

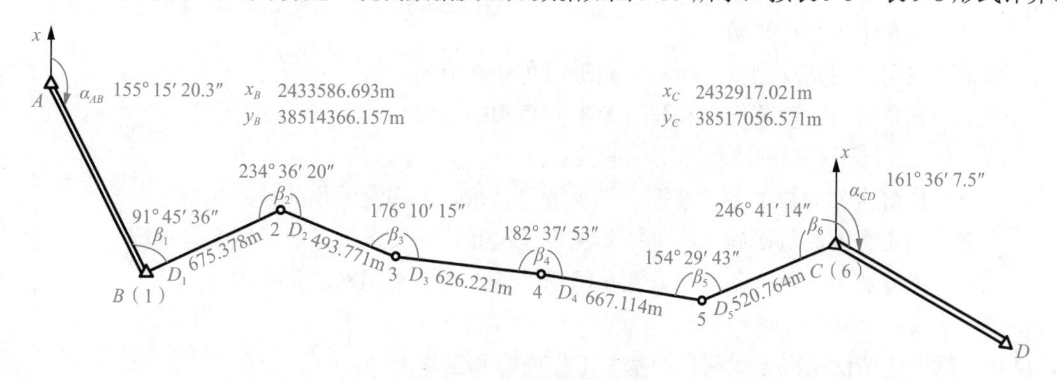

图 9-39　精密附合导线

12．简易闭合导线计算题：观测数据及已知数据如图 9-40 所示，按表 9-10 形式计算。

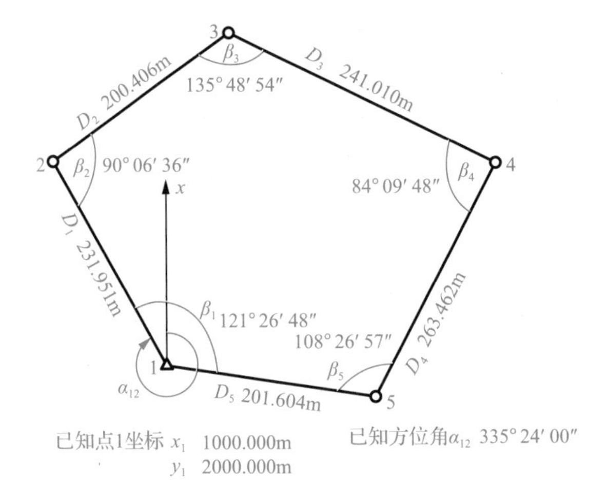

图 9-40　简易闭合导线

13．简易附合导线计算题：观测数据及已知数据如图 9-41 所示，按表 9-9 形式计算。

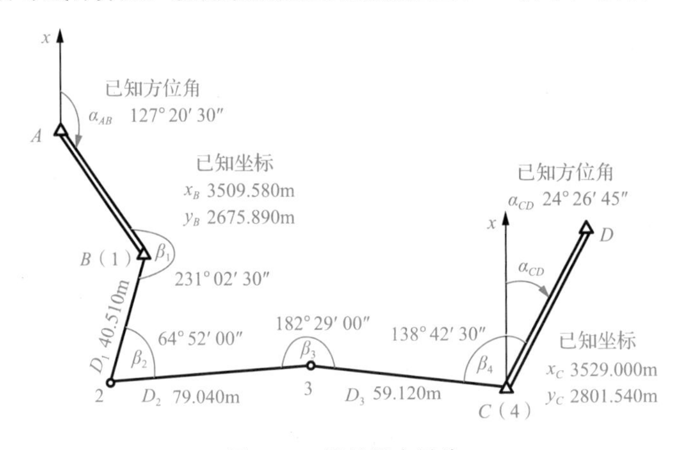

图 9-41　简易附合导线

14．检查导线粗差的方法有哪些？

15．三角形条件闭合差是________。

A．三角形内角改正数之和

B．三角形内角观测值之和与三角形内角和真值的差值

C．三角形内角观测值之和与三角形内角和的差值

16．全站仪在工程控制测量应用中的要点是________。

A．做好全站仪器准备，掌握全站仪测量技术，掌握全站仪的技术指标

B．确定有效测量措施，明确控制测量情况和建网要求，了解场地实际情况

C．做好测量参数准备，做好测量组织准备，确定控制网测量技术方案

17．什么是全站仪强制对中？

18．试述全站仪精密导线测量的基本工作内容和工作顺序。

19．试述距离差测量的步骤。

20．在图 9-42 中，已知控制点 A 坐标（$x_A = 857.322\text{m}$，$y_A = 423.795\text{m}$），控制点 B 坐标（$x_B = 899.604\text{m}$，$y_B = 808.072\text{m}$），观测值 $D_1' = 145.746\text{m}$，$D_2' = 132.347\text{m}$，$\gamma' = 84°25'45.5''$。试计算控制点 P 的坐标。

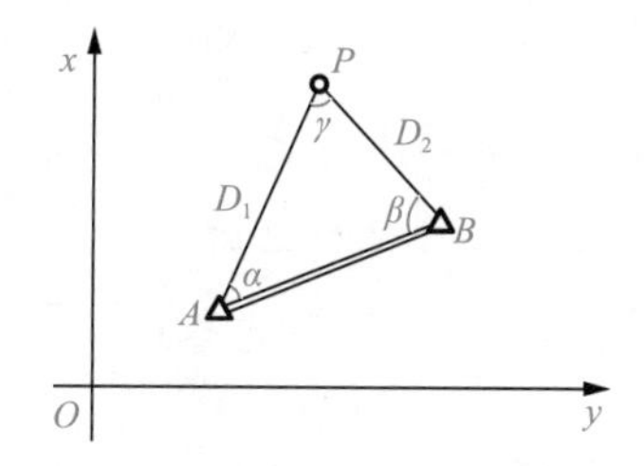

图 9-42　边角后方交会

21．测角前方交会技术的基本过程是________。

A．在待定点上测量角度，选择计算公式，计算待定点的坐标

B．在导线点上测量角度、边长，计算导线点的坐标，检查计算结果

C．在已知点上测量角度，选择计算公式，计算待定点的坐标

22．以下叙述正确的是________。

A．建筑基线是土木工程建筑中具有准确长度直线段

B．建筑基线是对建筑工程产生控制作用的直线段

C．建筑基线是具有准确长度并对建筑工程产生控制作用的直线段

23．以下叙述正确的是________。

A．建筑方格网是一种基于建筑基线形成的方格形建筑控制网

B．建筑方格网是由方格组成的网

C．建筑方格网是由建筑物点位形成的直线段构成的方格网

24．试述建筑方格网的建立思路。

25．方格网垂直度以________为标准进行调整，方格网直线度以________为标准进行调整。

A．180°　90°

B．180°　180°

C．90°　180°

D．90°　90°

26．试述建筑基线、建筑方格网的概念及建筑基线的类型。

27．如何检查建筑方格网的直线度和垂直度？

28．GNSS 控制网的基本布网方式有哪几种？它们各有什么特点？

29．GNSS 测量的精度指标通常是以________表示。

A．角度中误差　　B．点位中误差

C．相对中误差　　D．网中相邻点之间的距离中误差

30．GNSS 控制点位选择应注意哪些事项？

地形测量原理

学习目标

掌握地形图、地理信息等基本概念和地形图图式基本知识，掌握平板测量原理和模拟地形测量基本方法，理解地籍测量、竣工测量、测绘仿真概念。

10.1 地形图与地理信息

10.1.1 地形图的概念

地形图是根据一定的投影法则，使用专门符号，采取综合技术手段将通过测绘获取的地球表面点位与图像缩小在平面的图件；或者是存储在数据库中的地球表面数据模型。地形图是测量定位信息的主要产品。

地图的投影法则是地形图成图的基础。采用正确的投影法则可使投影在平面图形上的点位与地面上的点位一一对应，即满足一定的数学关系，具有等同的量度性质。地形图所表示的地球表面，既有自然形成的河川湖海、高山峻岭、平原丘陵、油气矿藏、稻麦粮田、果园树林等资源，又有人类活动的楼堂馆所、路桥隧井、线渠库池、站台码头等构筑物，更有人气、水文、产业、经济发展状态空间分布情况等。测绘是地形测量的重要技术工作，地形图是测绘的成品。使用专门符号可以直观地表示地球表面的形态与性质。测绘综合是地形图测绘技术技能之一。综合，即进行抽象化的过程使地球表面比较形象地反映在地形图上，形成丰富的地球表面信息（简称地表信息）。

图 10-1 所示为某幅由线条、符号与注记文字等构成的地形图的局部，记载着该区域大量的地表信息，包括居民地、城镇、农田、工厂的分布状态以及山地、平原、道路、河流的现势，同时标记着地表上点与点之间的位置关系、性质和名称等。

各种工程建设采用不同类型的专用地形图。例如，按路线工程建设的具有一定走向和带状宽度测绘的地形图称为带状地形图，简称带状图，带状宽度为 100～300m。专用地形图又称专题地图，是一种根据某种专业技术需要，着重描述某些自然现象和社会现象的地形图。

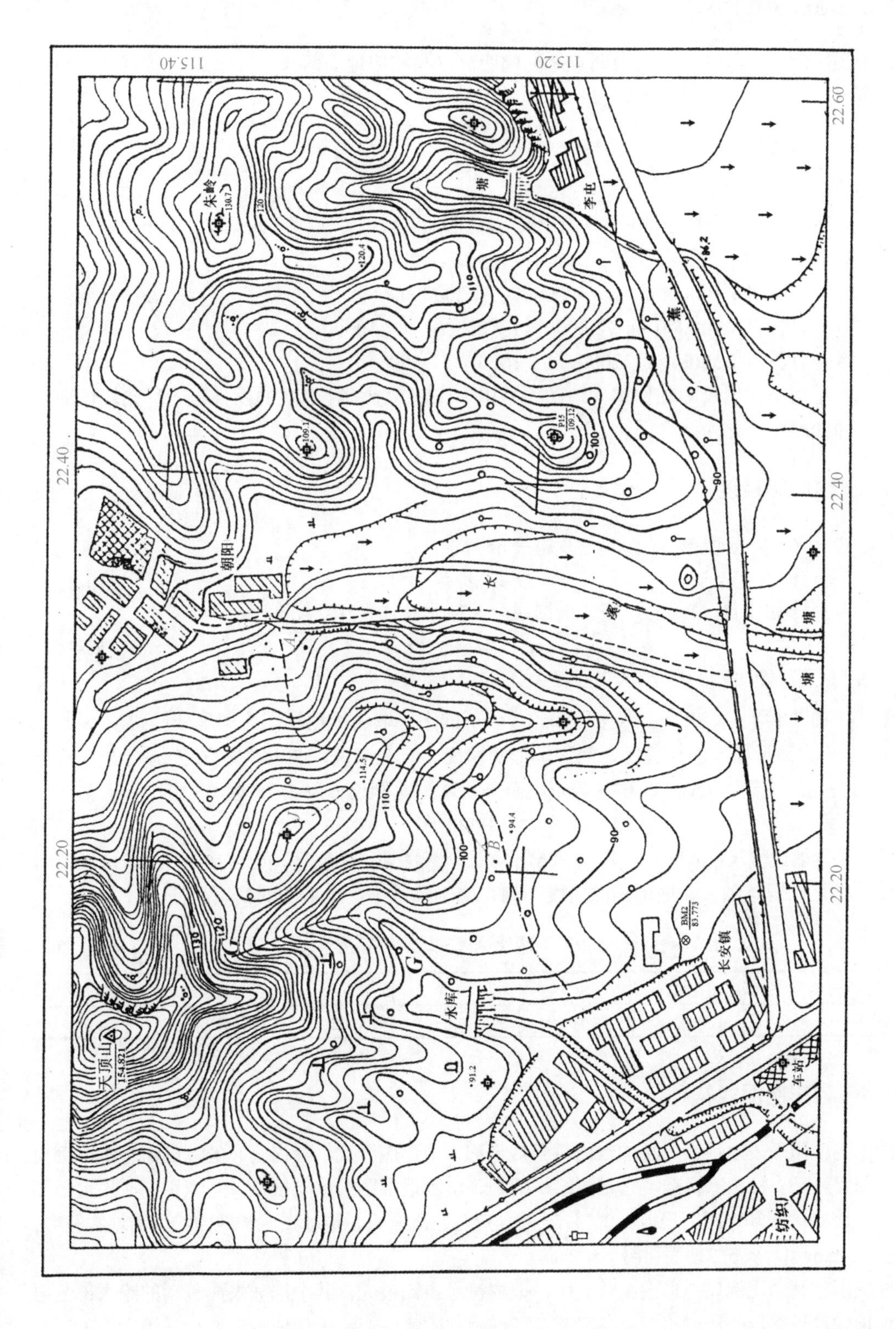

图 10-1　某幅地形图的局部

10.1.2 地形图比例尺

地形图比例尺，即地形图纸上两点之间的距离 d 与相应地面两点实际平面距离 D 的比值，简称比例尺，用 $1:M$ 表示，即 $1:M=d:D$。其中

$$M=\frac{D}{d} \tag{10-1}$$

式中，M 称为比例尺的分母。

比例尺（$1:M$）是把地球表面缩小表示为地形图的依据。比例尺大体可分为小、中、大三种类型。其中

1）小比例尺：1∶1000000，1∶500000，1∶200000。

2）中比例尺：1∶100000，1∶50000，1∶25000，1∶10000。

3）大比例尺：1∶5000，1∶2000，1∶1000，1∶500。

通常把采用小比例尺的图件称为地图。采用中比例尺或大比例尺的图件是一种比较详细描述地球表面的地图，称为地形图。

10.1.3 地形图精度

根据式（10-1），地面两点的距离 D 可表示为

$$D=d\times M \tag{10-2}$$

如果 m_d 是图上的量距误差，那么根据误差传播律及式（10-2），可得

$$m_D=M\times m_d \tag{10-3}$$

式中，m_D 是地形图表示距离 D 的表示误差。

由式（10-3）可见，在 m_d 一定的情况下，m_D 的大小取决于地形图比例尺分母 M，因此表示误差 m_D 称为地形图比例尺精度，简称地形图精度。一般来说，图上量距误差 m_d 等于人眼分辨率（±0.1mm），因此，地形图精度等于人眼分辨率与比例尺分母 M 的乘积，即

$$m_D=0.1\text{mm}\times M \tag{10-4}$$

根据不同的比例尺，按式（10-4）可列出不同比例尺的地形图精度，如表 10-1 所示。从表 10-1 中可以看出，比例尺越大，地形图的精度越高；比例尺越小，地形图的精度越低。

表 10-1　不同比例尺的地形图精度　（单位：m）

比例尺分母 M	200	500	1000	2000	5000	10000
地形图精度 m_D	0.02	0.05	0.1	0.2	0.5	1.0

10.1.4 地形图图式符号

地形图中用于表示地表信息的专门符号规定称为地形图图式。我国公布的《国家基本比例尺地形图图式》是一种国家标准，它是测绘、编制、出版地形图的重要依据，是识别、应用地形图的重要工具。《国家基本比例尺地形图图式》的规定符号既有表示地球资源和地面物体的地物符号，也有表示地面起伏形态的地貌符号。

在《国家基本比例尺地形图图式》中，地物符号占比最大，其中地球表面包括的绝大部分事物可由地物符号表示，如河川湖海、平原丘陵、植被矿藏资源等天然地物以及楼堂馆所、工厂学

校、路桥隧井等人类活动的构造地物。人类活动的构造地物又分为建筑物和构筑物：建筑物指的是楼堂馆所、厂房棚舍等；构筑物指的是路桥隧井、管线道渠等。图 10-2 所示为部分常用的地物符号和地貌符号。

符号	名称	符号	名称	符号	名称	符号	名称
天顶山 154.821	（1）三角点	文	（18）学校		（35）铁路		（52）河流水涯线
Ⅰ16 84.46	（2）导线点		（19）医院		（36）里程碑		（53）河流流向
Ⅲ5 31.804	（3）水准点		（20）路灯		（37）高速公路		（54）河流潮流向
N16 75.21	（4）图根点		（21）一般房屋	G301	（38）等外公路		（55）水闸
	（5）道路中线点		（22）特殊房屋		（39）小路	车渡	（56）渡口
	（6）钻孔		（23）简单房屋		（40）大车路	塘	（57）水塘
	（7）探井	建	（24）在建房屋		（41）内部道路		（58）公路桥
	（8）加油站	破	（25）破坏房屋		（42）通信线		（59）铁路桥
	（9）变电室		（26）棚房		（43）输电线		（60）人行桥
	（10）独立坟		（27）过街天桥		（44）配电线		（61）经济林
	（11）避雷针	厕	（28）厕所		（45）沟渠		（62）经济作物地
	（12）路标		（29）露天体育场		（46）围墙		（63）水稻田
	（13）消防栓		（30）独立树阔叶		（47）铁丝网		（64）灌木林
	（14）水井		（31）独立树果树		（48）加固斜坡		（65）林地
	（15）泉		（32）开采矿井		（49）未加固斜坡		（66）旱地
	（16）山洞		（33）土质陡坡		（50）加固陡坎		（67）盐碱地
	（17）石堆		（34）石质陡崖		（51）未加固陡坎		（68）天然草地

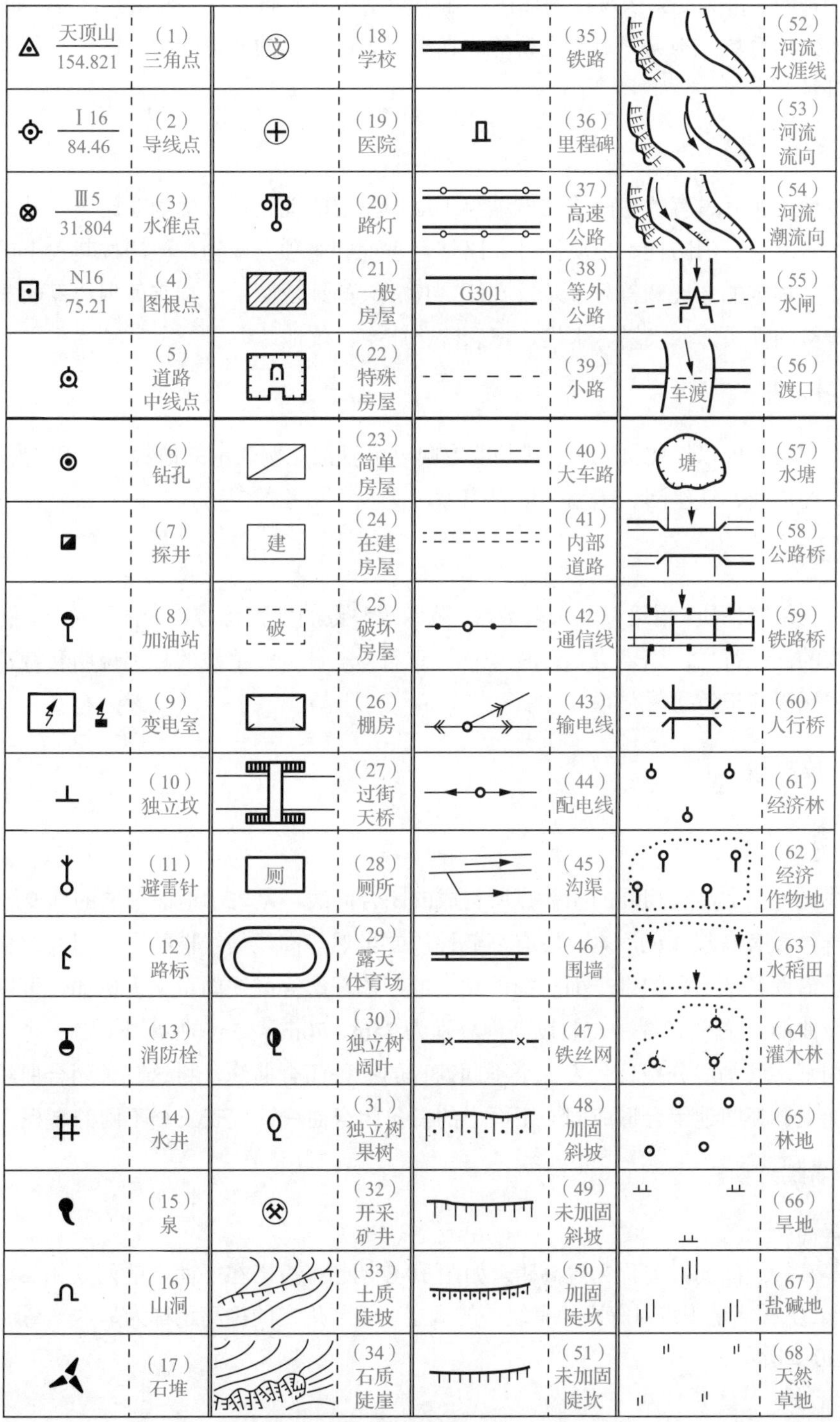

图 10-2　部分常用的地物符号和地貌符号

地物符号有以下四种类型。

1. 比例符号

根据地物的实际大小，按规定的比例尺缩小测绘在图上的符号称为比例符号，如图 10-2 中的房屋、露天体育场、水塘、过街天桥等。在采用大比例尺的地形图中，比例符号是使用比较多的地物符号。

2. 非比例符号

不能按地物实际占有的空间成比例缩绘于地形图上的地物符号称为非比例符号。例如，对于三角点、水准点、消防栓、地质探井、路灯、里程碑等独立地物，无法按其大小在地形图上表示，只能用规定的非比例符号表示。在比例尺较大的地形图中，加有外围边界的非比例符号具有比例符号的性质，如宝塔、水塔、纪念碑、庙宇、坟地等。

3. 线性符号

在宽度方向上难以按比例表示，在长度方向上可以按比例表示的地物符号，称为线性符号，如电力线、通信线、铁丝网、围墙、境界线等。

4. 注记符号

具有说明地物性质、用途以及带有数量、范围等参数的地物符号称为注记符号。例如，“㊫”是表示学校的注记符号，“⊕”是表示医院的注记符号。此外，植被的种类说明和特种地物的高程注记等也属于注记符号。

10.1.5 等高线

1. 概念

等高线是地面上高程相同的相邻点所构成的闭合曲线，是表示地面形态的重要地貌符号。

线性符号没有高程注记，本身没有高低性质。虽然等高线是线性符号，但其本身具有高程意义。可以借助某一高程的水平面与曲面相割的形象理解等高线的意义。例如，可以将山头表面当作一个曲面，在图 10-3 中，假设高程分别为 75m、70m、65m 的 A、B、C 三个水平面与山头的曲面相割，其割线分别是代表三个不同高程的三条闭合曲线，将这三条闭合曲线垂直投影在一个平面上，便随地组合形成同一平面上的三条闭合曲线，代表三个不同的高程。

2. 等高线的参数

（1）等高距

相邻等高线之间的高差称为等高距。如图 10-3 所示，投影在平面上的两条相邻等高线的等高距是 5m。工程测量规范对等高距有统一的规定，这些规定的等高距称为基本等高距，用 h_d 表示，如表 10-2 所示。

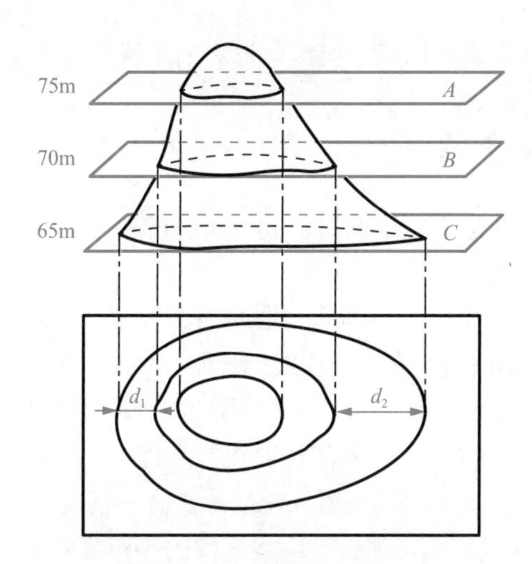

图 10-3　等高线意义的理解

表 10-2　基本等高距 h_d 表　　（单位：m）

地形类别	比例尺			
	1∶500	1∶1000	1∶2000	1∶5000
平坦地	0.5	0.5	1	2
丘陵地	0.5	1	2	5
山地	1	1	2	5
高山地	1	2	2	5

（2）等高线平距

地形图上相邻等高线之间的水平距离称为等高线平距，用 d 表示。等高线位置不同，则平距长短不一。如图 10-3 所示，左边等高线平距 d_1 比右边等高线平距 d_2 小。

（3）等高线坡度

基本等高距 h_d 与等高线平距 d 实际长度的比值表示等高线之间地表的坡度，称为等高线坡度，用 i 表示，即

$$i = \frac{h_d}{dM} \times 100\% \quad (10\text{-}5)$$

式中，d 是等高线平距；M 是地形图比例尺的分母。

3. 等高线的种类

在单幅地形图中，可以有多种表示地貌状态的等高线，具体如下。

（1）首曲线

按地形图的基本等高距绘制的等高线称为首曲线。首曲线的线宽为 0.15mm，是表示地貌形态的主要等高线。

（2）计曲线

计注有整数地面高程的等高线称为计曲线。计曲线的线宽为 0.30mm，是辨认等高线高程的依据。

（3）间曲线

间曲线是一种内插等高线，用线宽为 0.15mm 的虚线表示。间曲线与相邻等高线的等高距

是基本等高距的$\frac{1}{2}$，用于首曲线难以表示出地貌形态的地段。

10.1.6 等高线与地貌的关系

等高线及其随地自然组合是描述地面高低起伏形态的基本地貌符号。等高线及其随地自然组合与地貌存在如下密切关系。

1）如果内闭合曲线的高程$H_{内}$大于外闭合曲线的高程$H_{外}$，即$H_{内} > H_{外}$，那么山头必在闭合曲线的内圈中，而高程低的山脚必在闭合曲线的外圈。根据这种关系，可以观察山头和山脚的地貌分布情况。山脚是山坡与平坦地的分界点，也称为山脚点。相邻山脚点的连线称为山脚线。

2）如果内闭合曲线的高程$H_{内}$小于外闭合曲线的高程$H_{外}$，即$H_{内} < H_{外}$，那么洼地必在闭合曲线的内圈中。根据这种关系，可以观察低洼的地貌分布情况。

3）如果等高线的分布比较密集，那么等高线之间的平距d较短，此地貌坡度比较陡峭。如果等高线的分布比较稀疏，那么等高线之间的平距d较长，此地貌坡度比较平缓。

在一定范围内，如果等高线之间的平距大致相等，则说明这个范围内的地面坡度不变。地面坡度变化点称为变坡点，地面相邻变坡点相连存在的分界线称为变坡线。

4）在等高线的集合处，等高线平距d为0，则说明此地带很陡，且有悬崖、陡坎地貌符号。

5）在等高线弯曲处，如果凸向低处，则说明该弯曲处是山脊点位置，沿各山脊点形成山脊线。山脊线可以指示山脉走向。在等高线弯曲处，如果凸向高处，则说明该弯曲处是山谷点位置，沿各山谷点形成山谷线。山谷线可以指示水流走向。在靠近山顶的等高线弯曲处会有一条指向低处的短线，称为示坡线，它可以指示坡度的走向。

6）如果在地面某处同时有四条相邻等高线，其中有两条同高的等高线，有两条同低的等高线，则说明该处地貌是鞍部。

上述山脊线、山谷线、示坡线、变坡线及山脚线统称地性线。地性线反映地表地貌特征，只能从等高线的组合关系中识别，地形图上通常不绘出地性线。山头、洼地、鞍部等位置也从等高线的组合关系中识别。

此外，用于描述地貌的还有冲沟、陡坡、地裂等符号。

图10-4（a）所示为地势景观图，图10-4（b）所示为地势的等高线地形图，根据等高线与地貌的关系，便可进一步认识图10-4（a）所示的地貌形态。

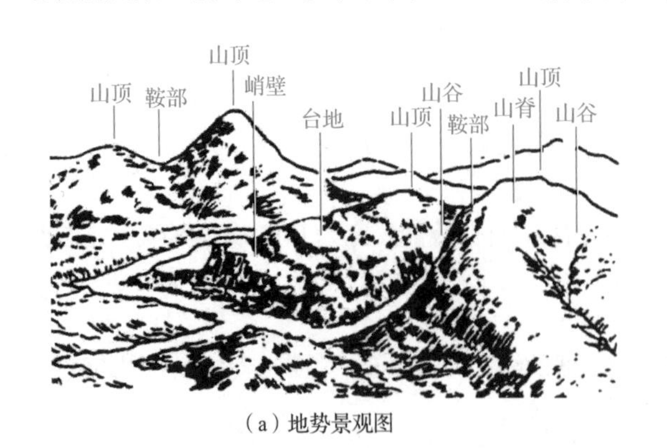

（a）地势景观图

（b）地势的等高线地形图

图10-4　地貌与等高线的关系

10.1.7　地形测量与地理信息

地形测量是根据地面点的测定将表示地球表面形态与大小的一系列图式符号展绘形成地形图的技术。地理中的“地”指的是地球表面，“理”指的是地球表面各种密切关系及其应用与发展态势。显然，地理是研究地球表面各种密切关系及其应用与发展态势的一种称谓。地理信息，即经过测绘形成于密切组合关系且存在应用与发展态势的地表信息。测量定位信息的获取与地球表面图形（地形图）的确定是构成地理信息的前提，地理信息是地形测量的产物。

10.2 地形图测绘

10.2.1　地形图测绘技术

地形图测绘技术主要包括摄影测量和碎部测量。

1. 摄影测量

在单元 1 已概括说明摄影测量与遥感学的概念。就其摄影测绘成图方式来说，摄影测量是以利用摄影的方法获得所摄物体的像片为基础，研究如何确定物体的形状、大小及其空间位置的学科。这门学科主要内容包括航空摄影测量及地面摄影测量。为了测绘大面积的地形图，利用安装在飞机上的摄影机对地面进行摄影，然后将获得的摄影像片进行技术处理并绘制成地形图，这个工作过程称为航空摄影测量。利用安装在地面三脚架上的摄影机，对一些待测地形进行摄影，然后将获得的摄影像片进行技术处理并绘制成地形图，这个工作过程称为地面摄影测量。

近几十年来，摄影测量与遥感技术在“模拟-解析-数字”过程中发展很快。其中，摄影数字测量是我国测绘地形图的主要技术，是获取构成地表信息的重要技术手段，在大面积测绘各种比例尺基本地形图中发挥着重要的作用。近些年来，无人机摄影数字测量技术引人注目，激光扫描数字测量技术在地形测绘成图应用方面有很大进展。限于测量基本技术的内容和篇幅，本书仅在相关单元概述无人机测绘方法，有关摄影与遥感测量等原理与技术可参考相关书籍。

2. 碎部测量

碎部测量是工程地形测绘基本的野外测绘技术。根据平板测图原理，以图根点（控制点）为测站，利用全站测量技术，将测站周围碎部点（或细部点）位置按选用的比例尺测绘于平面图板上的技术，称为碎部测量。碎部测量基本原理和方法是理解和掌握工程现代地形测绘技术的基础。

10.2.2　平板测图原理

平板测图是以相似形理论为依据，以图解法为手段，按比例尺的缩小要求，将地面点测绘到平面图纸上而形成地形图的技术过程。平板测图中的核心仪器设备是平板仪。平板仪是包括贴有图纸的平板、基座、三脚架及照准器的测绘仪器，如图 10-5 所示。照准器是用于瞄准目标的仪器，其中的望远镜与经纬仪的望远镜相同。

图 10-6 是平板仪摆设在测站点 A 的情形，图中点 a 是与地面点 A 相对应的图上点位，点 B、点 C 是其他两个地面点。为了理解平板测图原理，首先观察平板测量地面点的情况。

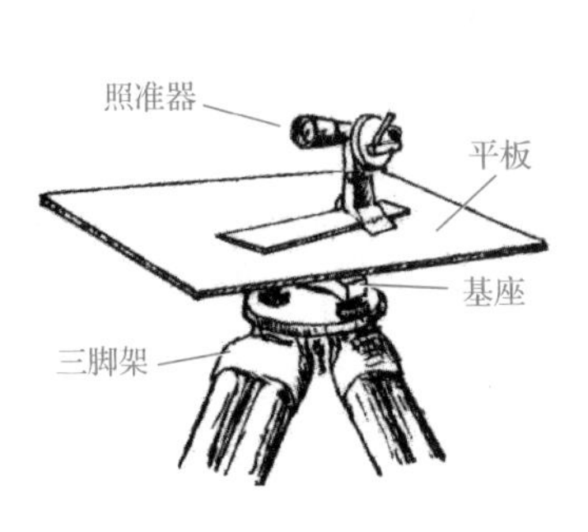

图 10-5　平板仪

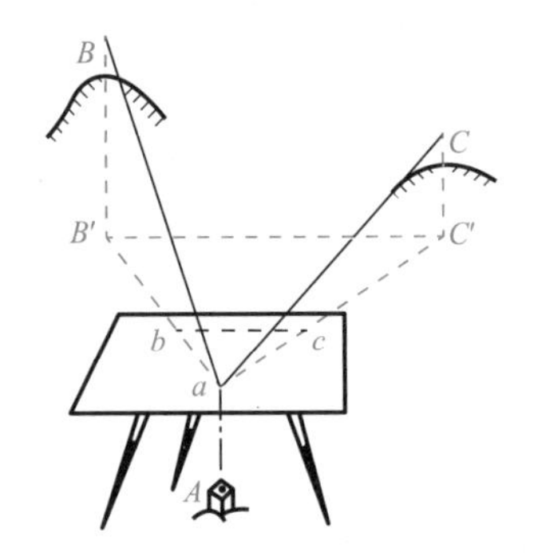

图 10-6　摆设在测站点 A 的平板仪

1）在点 A 设平板仪。图上点 a 与地面点 A 在同一垂线上，地面点 B、点 C 设有目标。

2）瞄准，即在点 a 用瞄准器分别瞄准点 B、点 C，获得视线 aB 、 aC 。假设点 B、点 C 按自身的垂线方向投影到平板所在的平面，则 aB' 、 aC' 就是视线 aB 、 aC 在平面上的投影长度。设

$$ab = \frac{aB'}{M},\quad ac = \frac{aC'}{M} \tag{10-6}$$

3）在图纸上确定点 B、点 C 的位置。设 aB' 、 aC' 为已知，按式（10-6）（式中 M 是比例尺的分母）缩小要求获得 ab、ac 在图上长度，则沿 aB' 、 aC' 方向测量 ab、ac 长度可确定点 b、点 c。

4）分析结果。 $\angle bac = \angle B'aC'$ ，表明图上点 b、点 c 与点 a 在方向上与地面点 B、C、A 的平面位置一致。 $\Delta bac \backsim \Delta B'aC'$ ，表明 AB、AC 的实地水平距离可以利用图上 $a\,b$、$a\,c$ 与 M 的关系求得。

结果表明，图上点位与实地点位存在可量性关系，图上点位能够反映地面点的位置形态。

10.2.3　碎部测量的概念和流程

1．概念

1）图根点。测绘地形图的控制点称为图根控制点，简称图根点。图根点是碎部测量测绘地形图的基准点。图根点的建立与测量参考单元 9 中平面、高程控制测量方法进行，其技术要求见表 10-3～表 10-6。

2）碎部点。碎部点即碎部特征点。碎部点分为地物特征点和地貌特征点。

3）地物点。能够代表地物平面位置，反映地物形状、性质，并且便于测量的地物特殊点，称为地物特征点，简称地物点。例如，地物轮廓线的转折点，包括建筑物墙角、拐角处；道路、河岸转弯处；地物的形象中心，包括路线中心交叉点，电力线的走向中心，流水沟渠中心。

4）地形点。容易体现地貌形态，反映地貌性质，并且便于测量的地貌特殊点位，称为地貌特征点，简称地形点。例如，地面变坡点、山顶、鞍部等。地性线起点、转弯点、终点等是反映地面性质变化的分界特征点。

2．流程

（1）基本技术流程

碎部测量基本技术流程如图 10-7 所示。其中的备资料、踏勘方案拟定、控制测量、地形调

查是前期工作。

表 10-3　图根控制测量的主要技术要求

三角测量	边长	测角中误差	连续三角锁三角形个数	DJ6测回数	三角形最大闭合差	方位角闭合差	备注
	≤1.7S	20″	≤13	1	60″	40″	
RTK	相邻点距离/m	边长相对中误差	起算点等级	移动站到单基准站距离/km	测回数		对天通视困难地区相邻点距离可缩短至表中数据的 $\frac{2}{3}$，边长较差不应大于 20mm
	≥100	≤1∶4000	三级及以上	≤5	≥2		

注：S 是测图的最大视距。

表 10-4　图根导线测量的主要技术要求

导线长度	相对闭合差	边长	测角中误差/（″）		方位角闭合差/（″）		DJ6测回数
			首级控制	加密控制	首级控制	加密控制	
≤αM	≤1∶2000α	≤1.5 倍测图最大视距	20	30	$40\sqrt{n}$	$60\sqrt{n}$	1

注：M 是比例尺分母；α 约为 1。

表 10-5　图根水准测量的主要技术要求

仪器类型	1km 高差中误差/mm	附合路线长度/km	视线长度/m	观测次数		往、返较差，附合或环线闭合差	
				附合或闭合路线	支水准路线	（平地）	（山地）
DS10	±20	≤5	≤100	往测一次	往测、返测各一次	$40\sqrt{L}$	$12\sqrt{n}$

注：L 为往测、返测段附合或环线的水准路线长度（km）；n 为测站数。

表 10-6　图根光电三角高程测量的主要技术要求

每 km 高差全中误差/mm	附合路线长/km	仪器等级	中丝法测回数	指标差较差	垂直角较差	对向观测较差/mm	附合或环线闭合差/mm
20	≤5	6″级	2	25″	25″	$80\sqrt{D}$	$40\sqrt{\sum D}$

注：D 为边长（km）。

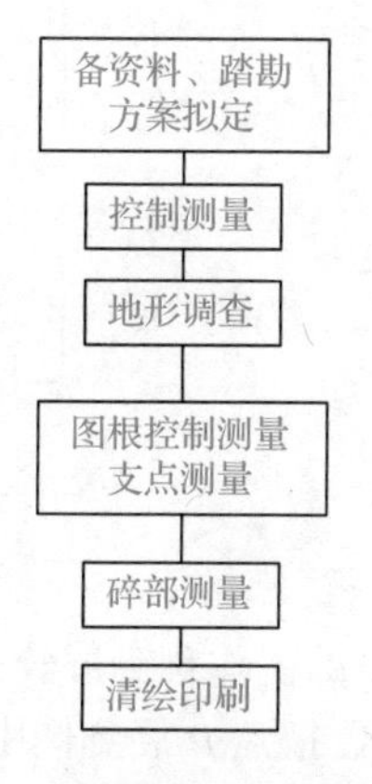

图 10-7　碎部测量基本技术流程

（2）地形图比例尺的选用

不同比例尺地形图在工程建设中有不同的作用。表 10-7 列出了工程建设三个不同阶段可选用的地形图比例尺，在进行碎部测量之前，应根据工程建设需要认真选用。

表 10-7　可选用的地形图比例尺

地形图比例尺	选用目的
1∶5000	可行性研究，总体规划，厂址选取，路线选择，汇水面积计算，初步设计
1∶2000	可行性研究，初步设计，施工设计，城镇详细规划，总图管理
1∶1000	初步设计，施工图设计，建筑物工点设计，如房屋、车站、码头、桥梁、涵洞等的详细设计，总图管理，竣工验收
1∶500	

10.2.4　碎部测量的图板准备

传统的地形图通常是分幅测绘的。图板准备，即按分幅测绘的要求，在平板上贴图纸、画坐标格网、展绘图根点等。

1. 贴图纸

聚酯薄膜图纸如图 10-8 所示，其上通常具有 10cm×10cm 的方格。先在平板上粘贴白色绘图纸，然后把聚酯薄膜图纸用透明胶纸套贴在贴有白色绘图纸的图板上。

2. 画坐标格网

设所在图幅左下角 1 的坐标为(x_1, y_1)，则各分格位的坐标为

$$x_n = x_1 + 0.1M(n-1)\text{，}\quad y_n = y_1 + 0.1M(n-1) \tag{10-7}$$

式中，n 是坐标分格网从起始位开始的分格位数；M 是比例尺分母。坐标值均化为 km 单位注记在分格位附近，如图 10-9 所示。

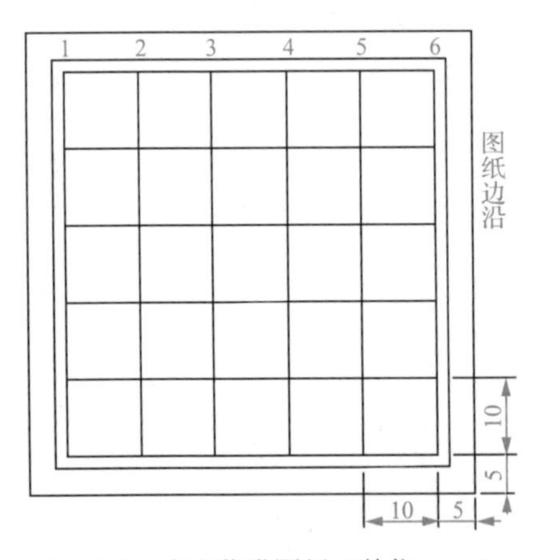

图 10-8　聚酯薄膜图纸（单位：cm）

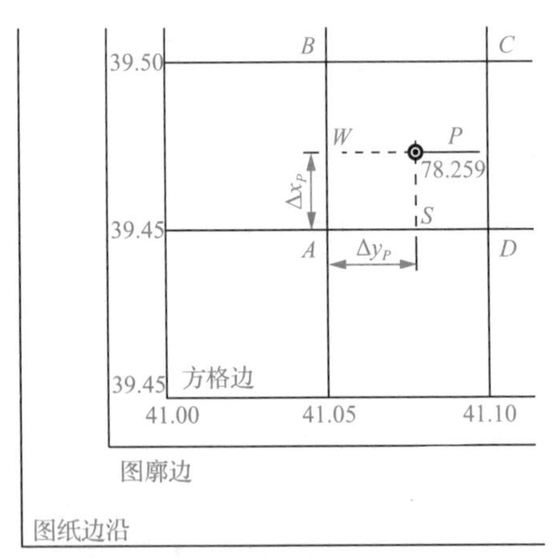

图 10-9　分格位坐标与展点

3. 展绘图根点

把图根点展绘到有方格网的图幅中的工作称为展绘图根点，简称展点。例如，点 P 的位置参数是(x_P, y_P)（坐标）和 H_P（高程），把点 P 展到图中的工作步骤如下。

1）求 Δx 、Δy，计算公式为

$$\Delta x = x_P - x_A\text{，}\quad \Delta y = y_P - y_A \tag{10-8}$$

式中，A 表示点 P 所在方格左下角点，如图 10-9 所示，故(x_A, y_A)是该方格左下角点坐标。

2）在方格中量取 Δx 、Δy ，定点 P，定点较差为 0.2mm。

3）注记点的符号、名称、高程。例如，图 10-9 中的图根点的符号点名为 P，高程 $H_P = 78.259\text{m}$ 。

4）检查。各图根点展绘到图上以后，检查图上点位，确保准确无误。

图板准备工作完成后，即可实现图上图根点与实地图根点的一一对应，保证图板坐标系统与本地坐标系统的对应关系。

10.2.5　正方形（含矩形）分幅的概念

地形图分幅可分为梯形分幅和正方形分幅。梯形分幅可参阅地形测量有关书籍。这里仅介绍大比例尺地形图正方形分幅，主要包括坐标编号和自由编号两种形式。

1. 坐标编号分幅形式

对于坐标编号分幅的图幅长宽相等的正方形或长宽不等的矩形，分幅均以 1∶5000 比例尺为基础，按四种规格逐级扩展。坐标编号分幅形式、长宽尺寸规格见表 10-8。

表 10-8　正方形（含矩形）分幅的规格

规格	形式	比例尺	图幅长×宽/（cm×cm）	实地长×宽/（m×m）	实际面积/（km²）	1km² 图幅数
Ⅰ	正方形	1∶5000	40×40	2000×2000	4	0.25
Ⅱ	正方形 矩形	1∶2000	50×50 40×50	1000×1000 800×1000	1 0.8	1 1.25
Ⅲ	正方形 矩形	1∶1000	50×50 40×50	500×500 400×500	0.25 0.20	4 5
Ⅳ	正方形 矩形	1∶500	50×50 40×50	250×250 200×250	0.0625 0.05	16 20

坐标编号多以图幅西南角的 x 、y 坐标以 km 为单位设置，以 1∶5000 比例尺为基础逐级扩展。如图 10-10 所示，1∶5000 比例尺坐标编号是西南角的坐标 $x-y$ ，其余比例尺坐标编号是 1∶5000 比例尺西南角坐标加“Ⅰ、Ⅱ、Ⅲ、Ⅳ”的级别。例如，1∶2000 比例尺图幅图中有“★”者，其坐标编号为 $x-y-\text{Ⅱ}$；1∶1000 比例尺图幅图中有“★”者，其坐标编号为 $x-y-\text{Ⅱ}-\text{Ⅰ}$ ；1∶500 比例尺图幅图中有“★”者，其坐标编号为 $x-y-\text{Ⅱ}-\text{Ⅰ}-\text{Ⅲ}$。

2. 自由编号分幅形式

自由编号分幅形式，即根据地形测图的区域和实际自行分幅编号，如图 10-11 所示。

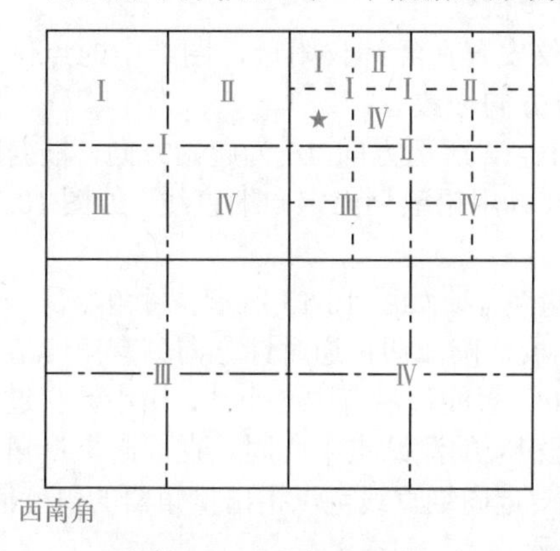

图 10-10　分幅与编号

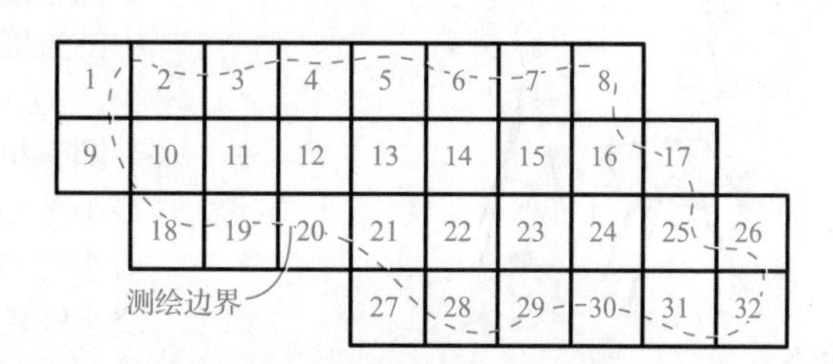

图 10-11　自由分幅与编号

10.3 碎部测量基本方法

本节仅介绍碎部测量一般方法：光学速测法和全站速测法。

10.3.1 光学速测法

光学速测法，或称经纬仪测绘法，是实施碎部测量的传统技术工作。

1. 基本工作内容

1）在图根点上安置经纬仪，即设站，以经纬仪代替平板仪的照准器。

2）测量碎部点水平角β，根据视距原理测量碎部点的平距［应用式（3-48）］和高程［应用式（4-40）］。

3）平板绘图，将碎部点的位置确定在图板上。

测绘地形图的工作人员有观测员、绘图员和立尺员共2～3人。测绘地形图前，应检验主要仪器工具，即经纬仪、标尺和小平板，保证其可靠可用。其中，经纬仪竖直度盘指标差小于1′，视距常数不超过100±0.1m。此外，测绘工具还有小钢尺、大量角器、三棱比例尺、两脚规、直尺、计算器、铅笔、小刀、橡皮等。

2. 设站与立尺

（1）设站

设站，即安置经纬仪，具体步骤如下。

1）在图根点上进行经纬仪对中整平。

2）测量仪器高i，即用小钢尺量取图根点至经纬仪望远镜转动中心的高度，并做好记录。

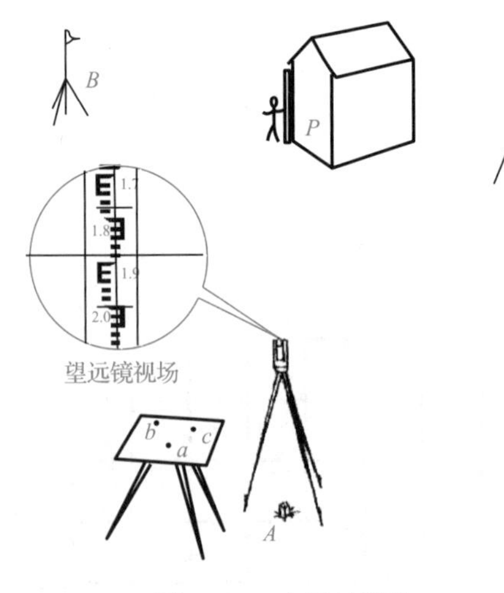

图10-12　光学速测法

3）经纬仪盘左瞄准起始方向，如图10-12所示，选取地面上点B为起始方向瞄准（设有目标）。

4）度盘置零。

（2）安置平板仪

1）平板仪安置在经纬仪附近，图纸中的点位方向与实地点位方向一致。

2）以图10-12所选方向AB为起始方向，根据图上图根展点a、b用铅笔划出定向细直线，如图10-14中的直线ab。

3）安置量角器。如图10-13所示，量角器是一个半圆有机玻璃板，圆弧边按逆时针方向刻有角度值，最小分划为20′；直线边沿有中心小孔，用小针穿过中心小孔与图上相应的测站点中心固定在一起。量角器绕小针转动时，定向细直线可以指出量角器的角度值，如图10-14所示。

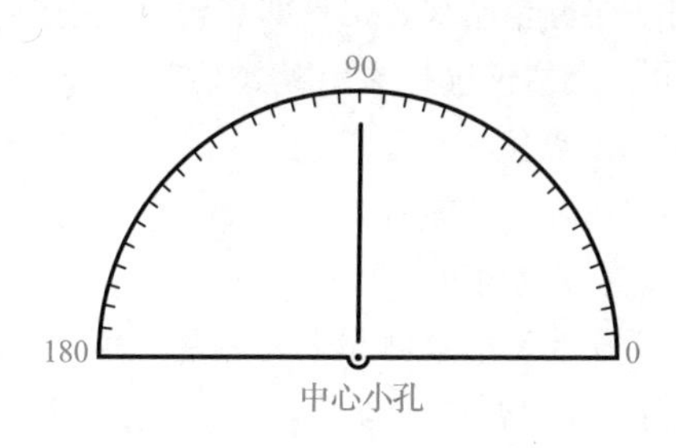

图 10-13　量角器

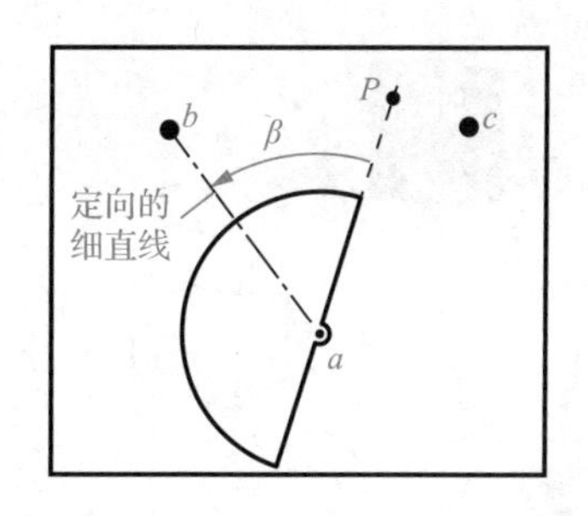

图 10-14　安置量角器与点 P 方位的确定

（3）检查

利用经纬仪测量检查角，如图 10-12 所示，测得地面点 B、A、C 的水平角与图（图 10-14）上量角器标定方向 ac 进行比较，偏差小于 0.3mm。

（4）立尺

立尺员把标尺立在碎部点上，配合测站观测员的测量工作。

3. 点测量

点测量，即将碎部点测定到图板上。以图 10-12 为例，根据表 10-9 所列内容说明一次立尺于点 P 的测量过程。由表 10-9 可知，测定一个碎部点有 4 个步骤。此后，立尺员便开始另一个特征点的立尺。

表 10-9　一次立尺的测量过程

观测步骤	观测员的工作	绘图员的工作	备注
1	观测点 P 的水平角 β	用量角器在图上根据 β 确定点 P 的方向	点 P 立标尺（图 10-12、图 10-14）
2	读取标尺上的 $l_下$、$l_上$	计算视距 d'。 $l=l_下-l_上$	公式：$d'=100l$。 从望远镜视场读取 $l_下$、$l_上$（图 10-12）
3	读取竖直度盘的角度 L	计算垂直角 α 和平距 D。 用两脚规在三棱比例尺取得缩小的长度 s，并用两脚规在点 P 方向上定该点的位置	公式：$\alpha=90°-L$， $D=100l\times\cos^2\alpha$， $s=\dfrac{D}{M}$（M 为比例尺分母）
4	读取标尺 $l_中$	计算点 P 高程，在图上点 P 附近注记点 P 高程	公式：$H=H_A+50l\sin2\alpha+i-l_中$

10.3.2　全站速测法

由光学速测法可知，碎部测量是通过逐步测点，逐点在图上定点实现的。因此，实地点位通过图上定点确定其几何关系，实地的“形”通过图上的“像”直观地展示出来。由于图上已有确定的坐标方格，因此，图上所定点位的坐标关系，或者实地碎部点位的坐标关系就确定了。当然，碎部测量可以直接测量实地点的坐标，然后在图上定点展示，只是以前直接测量点的坐标的方法操作难度太大。如今，全站测量为碎部测量提供了更简捷、更先进的测绘技术，即全站速测法，因而直接测量实地点的坐标的方法成为主流。

全站速测法利用全站测量设备及软件等的技术优势，可实现实地点位坐标的直接测量，具体步骤如下。

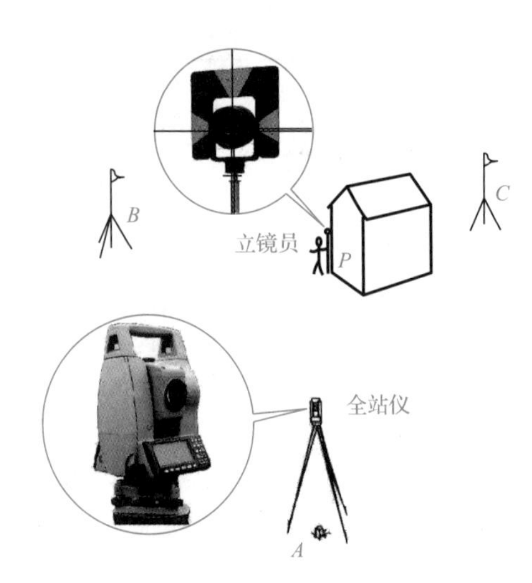

图 10-15　全站速测法

1）在测站安置全站仪，在碎部点设立反射器，如图 10-15 所示。全站仪选择显示模式。

2）测站记录点位名称等信息。

3）全站仪盘左瞄准起始方向，点 B 作为起始方向，全站仪设置方位角 α_{AB}。

4）全站仪瞄准反射器测量获得距离、角度，以及相关的仪器高、反射器高等参数。

5）全站仪计算、显示碎部点的坐标和高程，并存储碎部点测量的全部数据。

以上是全站速测法的一个碎部点立镜、瞄准与碎部测量的工作过程，其他碎部点的测量按上述步骤 2）步至步骤 5）逐点进行。必要时，输出打印坐标方格和碎部点图。

10.3.3　测定碎部点的“测点三注意”

测定碎部点的“测点三注意”具体如下。

1. 加强配合

观测与立镜（或立尺）应有立镜观测计划，观测与立镜应配合得当，利于观测。

2. 讲究方法

一般立镜方法：平坦地段，地物为主，兼顾地貌；起伏地段，地貌为主，兼顾地物；多方兼顾，一点多用。必要时，绘好立镜附近地形草图。

例如，在起伏地段可采用沿等高路线法立镜，由低及高地逐步在山地周围完成立镜工作，图 10-16 所示路线就是按“S”形路线法立镜的，中途地物点的立镜是兼顾而为。

又如，在图 10-17 中，因为电杆位立镜点兼顾了两条路的交叉处和电杆位置，所以这个点可代表两条路的交叉处和电杆的位置。

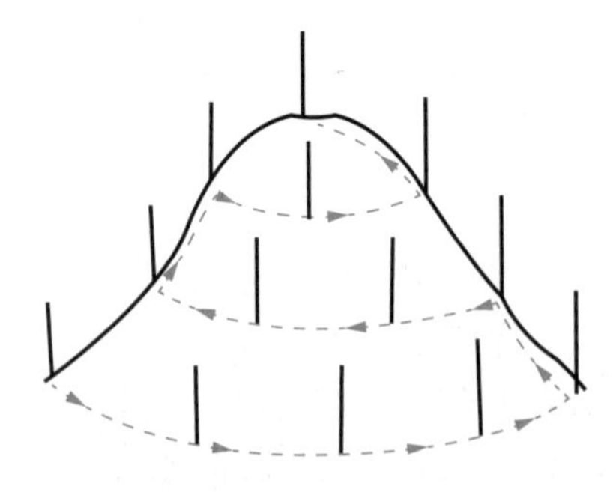

图 10-16　按“S”形路线法立镜

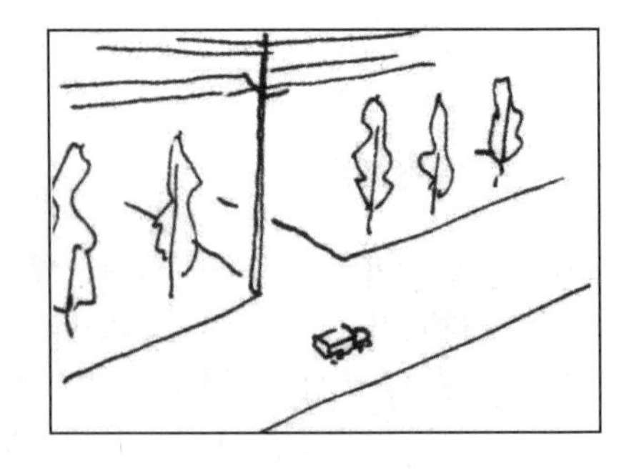

图 10-17　一点多用

3. 布点适当

立镜点的布设应适当。一幅地形图能否如实反映实地情况，与立镜点的密集程度和均匀性密切相关。因此，对地形立镜点的测距长度和立镜点间距有相应技术要求（表 10-10），在测定碎部点时应当满足这些要求。

表 10-10　全站仪测图最大测距长度

比例尺	最大测距长度/m	
	地物点	地形点
1∶500	160	300
1∶1000	300	500
1∶2000	450	700
1∶5000	700	1000

10.3.4　地形图的勾绘

碎部点已测绘在图上后，确定点与点之间联系的工作就是地形图的勾绘。地形图的勾绘主要包括地物的勾绘、等高线的勾绘以及地形图的整饰、检查等工作内容。地形图的勾绘是一项技术性较强的测绘工作，地形图测量技术人员必须掌握地形图图式，具备灵活的绘图运笔手法，同时应掌握地物点、地形点的综合取用技能。

1. 地物的勾绘

地物形状各异，大小参差不齐，勾绘时可采用地物勾绘四法，具体介绍如下。

（1）连点成线，画线成形

按比例尺测绘的规则地物，如民房等建筑物以三个点测量定位，有利于测绘检核和提高精度，比较容易图上成形。如图 10-18 所示，点 a、点 b、点 c 是以测站 P 测绘于图上的三个点，根据民房的矩形特征可绘出 ab、bc 的平行线 ad、cd 交于点 d，连接点 a、点 b、点 c、点 d，从而得到该民房的实际形状。这种利用测绘的三个点 a、b、c 获得图上建筑物实际形状的过程称为三点定形。又如，电力通信线按中心线测量定位，不论是单杆支承线路，还是双杆或金属架支承线路，均以其中心位置连线成形，称为中心成形。

（2）沿点连线，近似成形

连线勾绘要求注意点线综合取舍。例如，村镇大路宽窄不均，可以沿中心点取线，按均宽逐步定路形。又如，水系岸边测点的综合取线在满足精度要求的情况下，可灵活忽略河岸小弯曲部分。

（3）参照测量，逐步成形

在建筑物密集居民地，测站上往往无法看到所有地物轮廓点。此时可采用“参照测量，逐步成形”的方法：参照主要点位，逐步测量地物点的距离，结合地物的结构、形状，根据测量结果，逐步绘图成形。例如，图 10-18 中点 e、点 f、点 g、点 h 可参照上述所定的点 a、c、d，逐步测量得 cd、ah、hg、de，逐步绘得另一建筑物形状。

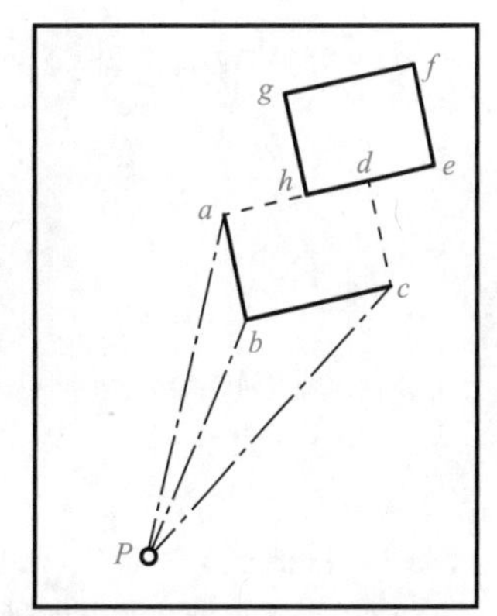

图 10-18　连点成线与参照测量

（4）符号为准，逐点成形

对于用非比例符号表示的地物，根据非比例符号的规定，在图上相应的点位应画上该地物的非比例符号。

2. 等高线的勾绘

等高线的勾绘是勾绘地貌的主要工作，首先在图上地形点之间确定等高线的位置，然后连接图上同高等高线位置的点，勾绘出等高线的线条。勾绘等高线的方法有解析法、目估法等。

（1）解析法

如图 10-19（a）所示，点 p_1、点 p_2 是图上的两个地貌特征点，两点之间的实际地面坡度一定，平距 $d_{12}=24\text{mm}$，高程分别是 $H_1=57.4\text{m}$、$H_2=52.8\text{m}$。地形图基本等高距 $h_d=1\text{m}$。以图 10-19（a）为例，解析法步骤如下。

1）求点 p_1、点 p_2 的高差，$h=H_1-H_2=57.4-52.8=4.6(\text{m})$。

2）求等高线之间的平距，即

$$d=d_{12}\times\frac{\text{基本等高距}h_d}{\text{高差}h}=24\times\frac{1}{4.6}=5.2\ (\text{mm})$$

3）确定点 p_1、点 p_2 之间等高线数目 n。由图 10-19（a）可知，$n=5$，各等高线高程分别是 53m、54m、55m、56m、57m。

4）确定高、低等高线的位置。

高程为 57m 的等高线是高等高线，用 p_{57} 表示其位置，即 $p_{57}=(H_1-57)\times5.2=(57.4-57)\times5.2\approx2.1$（mm）。将高程为 57m 的等高线位置 p_{57} 表示在 $p_1\ p_2$ 方向距点 p_1 为 2.1mm 的位置上。

高程为 53m 的等高线是低等高线，用 p_{53} 表示其位置，即 $p_{53}=(53-H_2)\times5.2=(53-52.8)\times5.2\approx1.0$（mm）。将高程为 53m 的等高线位置 p_{53} 表示在 $p_1\ p_2$ 方向距点 p_2 为 1.0mm 的位置上。

5）利用等分法求等高线位置。在等高线 p_{53}、p_{57} 之间等分得等高线 p_{54}、p_{55}、p_{56} 的位置。

图 10-19（a）所示为按上述步骤确定高程为 53m、54m、55m、56m、57m 五条等高线位置的情形。图 10-19（b）所示为按相同步骤确定的等高线位置，图 10-19（c）所示为按所定的等高线位置勾绘的等高线的线形，由此便绘制出用等高线表示的地貌形态。

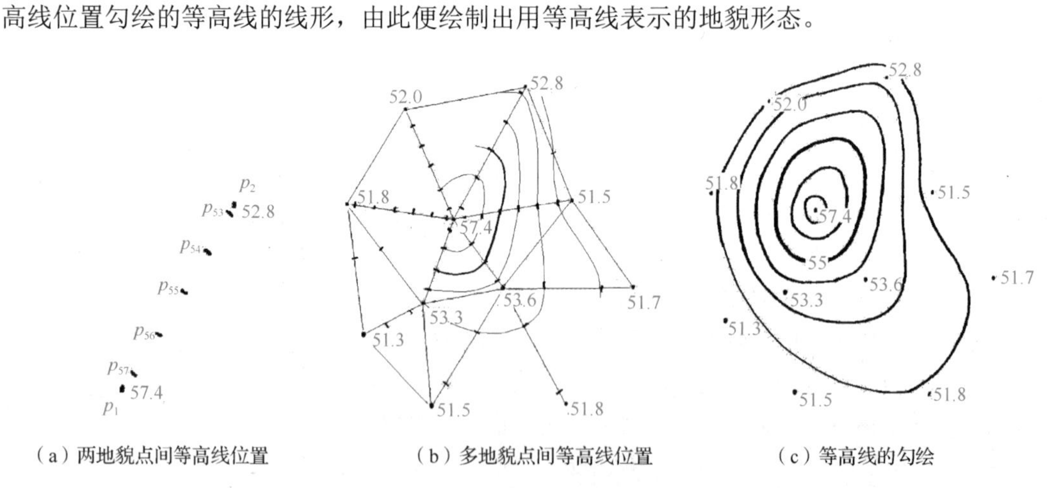

（a）两地貌点间等高线位置　（b）多地貌点间等高线位置　（c）等高线的勾绘

图 10-19　等高线绘制过程

（2）目估法

在实际测绘地形图的野外作业中广泛应用的方法是目估法。该方法以解析法原理为基础，兼顾地性线和实际地貌，目估等高线位置，随手勾绘等高线。

地形测量技术人员应在熟悉解析法的基础上，掌握用目估法勾绘等高线的技巧，平时勤加练习，不断提高运笔技能，逐步加快勾绘速度。

勾绘等高线时应注意，等高线不得相交，不能中断，不宜穿连地物符号。

3．地形图的整饰、检查

（1）地形图的整饰

地形图的整饰，即清查整理描绘地形图，包括以下内容。

1）擦去不合格线条、符号，注记名称、符号及数字应端正。美化等高线，注记曲线高程。

2）按一定密度要求在图上注记地形点、地物点高程，擦去多余地形点、地物点的高程。

3）整理图廓附注。图廓附注包括图名、图幅编号、接图表（单元 11）、三北方向、比例尺、坡度尺以及坐标和高程系统说明等。在图廓相应位置填写测绘单位、测绘技术人员姓名及测绘日期等。

地形图测绘的点、线是地物、地貌位置的标志，必须保持点、线位置准确，同时必须保证点、线的大小规格符合相关要求，如一般的线粗为 0.15mm。切忌以机械、建筑绘图标注物体大小的方法测绘地形图。

（2）地形图的检查

地形图的检查，即整饰地形图的比较检查，包括图幅之间边缘拼接检查。比较检查，即各测绘的图幅与实地比较，同时对图幅之间边缘一致性的拼接进行比较，检查图幅之间线条的连续性。线条连续性不符合误差 $\delta \leqslant 1.5m$（m 是地形图的点位误差）。

如图 10-20（a）所示，从两幅图中得到的左、右边缘图形拼接在一起，可见建筑物及路线等线条错位。若 δ 在允许范围内，则两边缘图形取中描绘为图 10-20（b）所示的情形；否则，两边缘有关点位重测改正。

测绘的地形图整饰、检查合格后，便可交付测绘出版部门编辑印制出版。

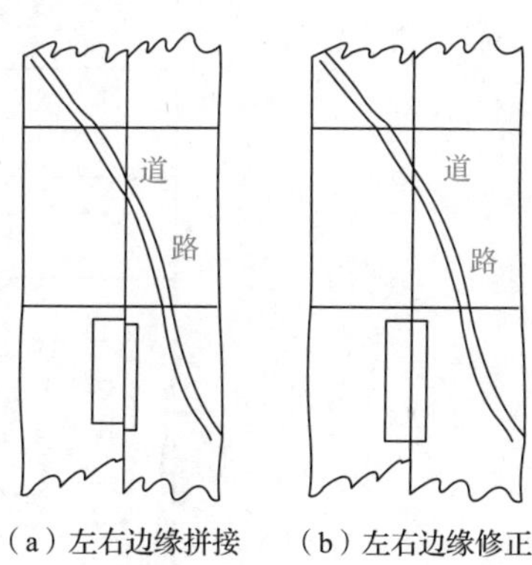

（a）左右边缘拼接　（b）左右边缘修正

图 10-20　边缘图形拼接

10.4 地籍测量、竣工测量

10.4.1　地籍测量

1．概念

籍，隶属关系。地籍，土地（包括房屋产权）隶属关系的一种资料说明。地籍资料说明包括地籍图资料说明和地籍文件资料说明。其中，地籍图资料说明指的是土地及房产的权属、位置、境界、面积等；地籍文件资料说明指的是土地及房产不动产的类别、估价、利用状况等。地籍测量是以地形测绘技术为基础，测绘与调查土地及其附属物权属、位置、数量、质量及利用状况的测绘技术工作。

2. 工作内容

地籍测量的一般工作内容如下。

1）在控制测量的基础上测量地表图形及其覆盖物的几何位置。

2）测定行政区域界线、土地权属界线、界址点坐标及权属范围的面积。

3）权属业主姓名、住址以及拥有的土地编号、土地利用现状、类别、等级等。

4）根据地籍特种需要测绘配套图形。地籍测量一般只测量地形点平面位置，不测量高程。

房地产测量包括用地测量和房产测量。其中，用地测量将应用地籍测量的结果资料，房产测量的图形有时需要包括平面图、正面立图、侧面立图等。

地籍图是地籍测量结果组成部分。地籍图有相应的《地籍图图式》。图 10-21 所示为某地籍图的局部。在图 10-21 中，“$\frac{7}{43}$”中的“7”表示地块号，“43”表示地类号；“402”中的“4”表示房屋的建筑结构，“02”表示房屋层数；“05”表示地籍区号；“12”表示地籍子区号。

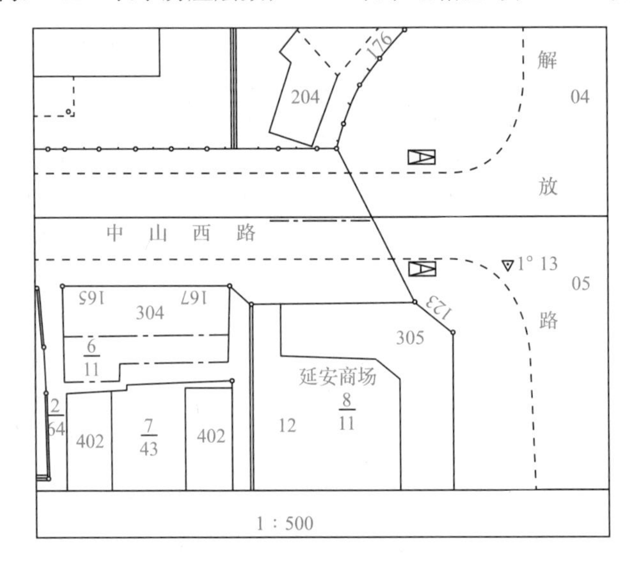

图 10-21　某地籍图的局部

10.4.2　竣工测量

1. 概念

竣工，即工程建设按设计要求施工完毕。竣工测量，即对竣工的建筑物、构筑物实体位置实施的测量技术工作。

工程总图竣工测量是反映建筑工程竣工后建筑物（如屋宇、楼堂、厂房、车间等）或构筑物（如路、桥、井、塔等）及其工程设施（如管、线、栓、闸等）在地面实际位置的测量工作。竣工测量的成果之一——地形图称为竣工地形图。由于竣工地形图往往只反映竣工地物的整体平面位置，故又称工程竣工总平面图，简称竣工图。竣工测量是工程验收的重要技术环节。竣工图是工程验收重要文件之一，也是工程建筑投入运营管理的重要技术图件。

2. 竣工图绘制

竣工图多以现场测绘方法绘制，一般选用的比例尺是 1∶500，野外测绘多采用全站仪测绘法。竣工图也可以在测绘原图上测绘竣工工程，技术上称为补测。竣工图主要以地形图图式绘制，对于特殊设施，应参考工程设计图件。

竣工图可根据工程设计图纸结合室内编绘方法绘制。室内编绘指的是，将竣工原工程设计图纸按比例进行展绘编制。

3. 测绘仿真

未建造竣工，直接在测绘原图设计绘制工程图，技术上称为测绘仿真，或称绘设仿真。测绘仿真是利用测绘原图进行相关设计的方法，可用于验证设计效果。测绘仿真是数字化测绘、测设本能的发展。测绘仿真时应注意位置准确性，即所绘制工程图与原图关系及其变化。工程竣工经验收合格后，测绘仿真工程图可作为实际竣工图。

4. 管线竣工测量

城市道路建设中的绝大多数管线，如电力线、给水排水管道及供气管道等，均埋设在地表下层。在道路竣工测量中，涉及这类设施的竣工测量，必须在土石回填之前完成，地面设有说明管线的点位标志。应在图上注明管线有关点位的坐标和高程，同时注明管线的规格、用途、名称、代号等。

5. 技术要求

竣工图反映竣工实际地物及设施的位置和相互关系，应满足表 10-11 中的要求。路线工程的竣工测量应满足路线测量（单元 14）同等级的技术要求，点位的高程误差、曲线横向误差应在−5～+5cm 以内。

表 10-11 反算距离与实际距离的较差

项目	较差/cm
主要建筑物、构筑物	$7+\frac{S}{2000}$
一般建筑物、构筑物	$10+\frac{S}{2000}$

注：S 是相邻点位的距离（cm）。

习题 10

1. 简述地形图、比例尺、地形图精度的概念。

2．图 10-2 中的图式符号哪些是比例符号？哪些是非比例符号？哪些是线性符号？什么是注记符号？

3．试述平板测量的原理。

4．试述碎部测量的概念。试述碎部点的概念和分类。

5．测绘地形图之前为什么要进行控制测量？

6．试述利用经纬仪测绘法测绘一个碎部点的基本步骤。

7．式（3-48）和式（4-40）中各符号的意义是什么？

8．试述勾绘地物的方法和用解析法勾绘等高线的基本步骤。

9．下述最接近地形图概念的描述是________。

A．由专门符号表示地球表面并缩小在平面的图件

B．根据一定的投影法则表示的图件

C．综合表示的图件

10．地形图比例尺表示图上两点之间距离 d 与__（1）__，用__（2）__表示。

（1）A．地面上两点倾斜距离 D 的比值　　（2）A．$M\left(M=\dfrac{D}{d}\right)$

B．地面上两点高差 h 的比值　　B．$1:M\left(M=\dfrac{d}{D}\right)$

C．地面上两点水平距离 D 的比值　　C．$1:M\left(M=\dfrac{D}{d}\right)$

11．若图 10-1 中的 A、B 两点在地形图上的长度 $d=100\text{mm}$，地形图的比例尺分母 $M=1000$。地形图表示的点 A、点 B 两点的实际水平距离 D 是多少？水平距离 D 的精度 m_D 是多少？

12．判断下列图形的正确性，在括号内用“√”认定。

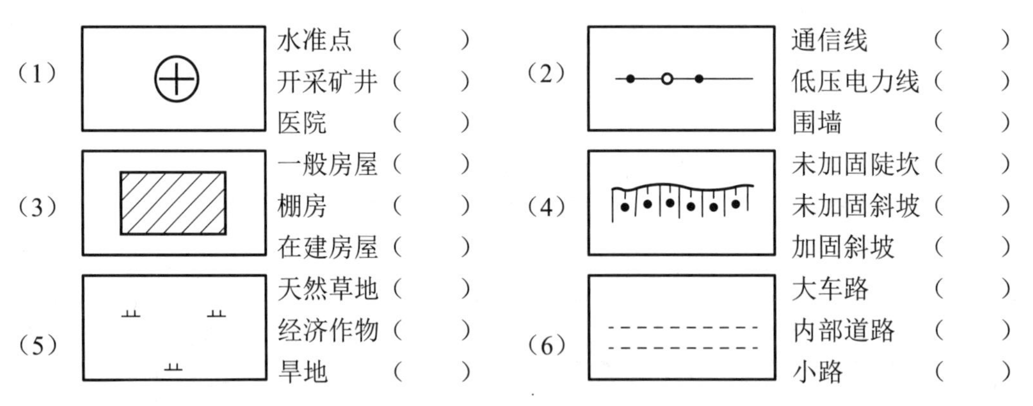

13．碎部测量根据__（1）__，在测站上利用全站测量技术将周围__（2）__测绘到平面图板上。

（1）A．地面点投影原理　　B．相似性原理　　C．平板测图原理

（2）A．地球表面　　B．碎部点　　C．地面

14．地貌特征点是一种__（1）__，简称__（2）__。

（1）A．地貌符号　　B．碎部点　　C．地物点位

（2）A．地性点　　B．地形点　　C．地貌变化点

15．总体而言，经纬仪速测法碎部测量基本工作可简述为________。

A．在碎部点附近摆设仪器，瞄准测量碎部点形状，在图板上绘制碎部点图形

B．在控制点设站，测量碎部点平距和高程，在图板上绘制等高线图形

C．在图根点设站，测量碎部点水平角、平距和高程，在图板上确定碎部点位置和绘制图形

16．试述地籍测量的概念和工作内容。

17．试述竣工图、补测、测绘仿真的概念。

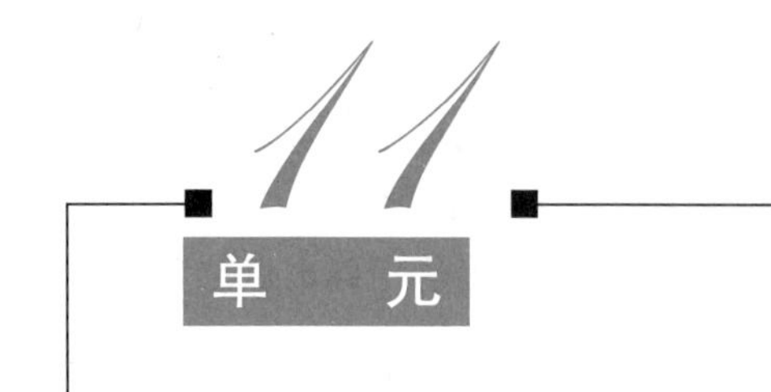

11 单元 地形图应用原理

学习目标

掌握工程地形图应用的基本技术原理、内容和方法，明确地形图阅读的方法要点，掌握在地形图上测定地面点位置和工程线面、土方测算的基本技术。

11.1 地形图的阅读

地形图是工程建设不可缺少的图件。在各种工程（如道路、桥梁、管线、电力工程建设）及工程领域（如城市规划、房产开发等），涉及区域广，工程所需周期长，从工程设计到施工需要大量的地形图。应用地形图是工程建设基本技术之一。

一幅地形图通常包含大量的地表信息，是分析与识别丰富地表内含的重要图件。对于工程应用，地形图的阅读是首要工作。地形图的阅读，即以现行规定的地形图图式符号观察、理解和识别地形图中的地表信息所包含的实际内容及其关系。通过阅读地形图辨别工程的实际位置，同时根据工程的需要，掌握图廓导读附注，判明地形状态和地物分布情况，搜集图中可用的重要点位及设施。

11.1.1 掌握图廓导读附注

图廓导读附注，即附在地形图图廓线外，用以指导查阅地形图的说明。图 11-1 所示为某地形图图廓导读附注。

1. 图名、编号、接图表及比例尺

阅读地形图之前，首先必须了解该幅地形图的图名、编号、接图表及相应的地形图比例尺。

图名是一幅地形图所在区域内比较明显的地形或比较突出的地貌的命名。编号按比例尺所确定的规则设定。图名、编号注记在地形图图廓的上方中部，比例尺注记在图廓的下方，并设有直线的长度比例，如图 11-1（a）和图 11-1（b）所示。

如图 11-1（c）所示，接图表绘制在图廓的左上方，中间斜线框是本图“热电厂”图幅，与之相邻的东、西、南、北各图幅有相应的图名及编号，便于查找。

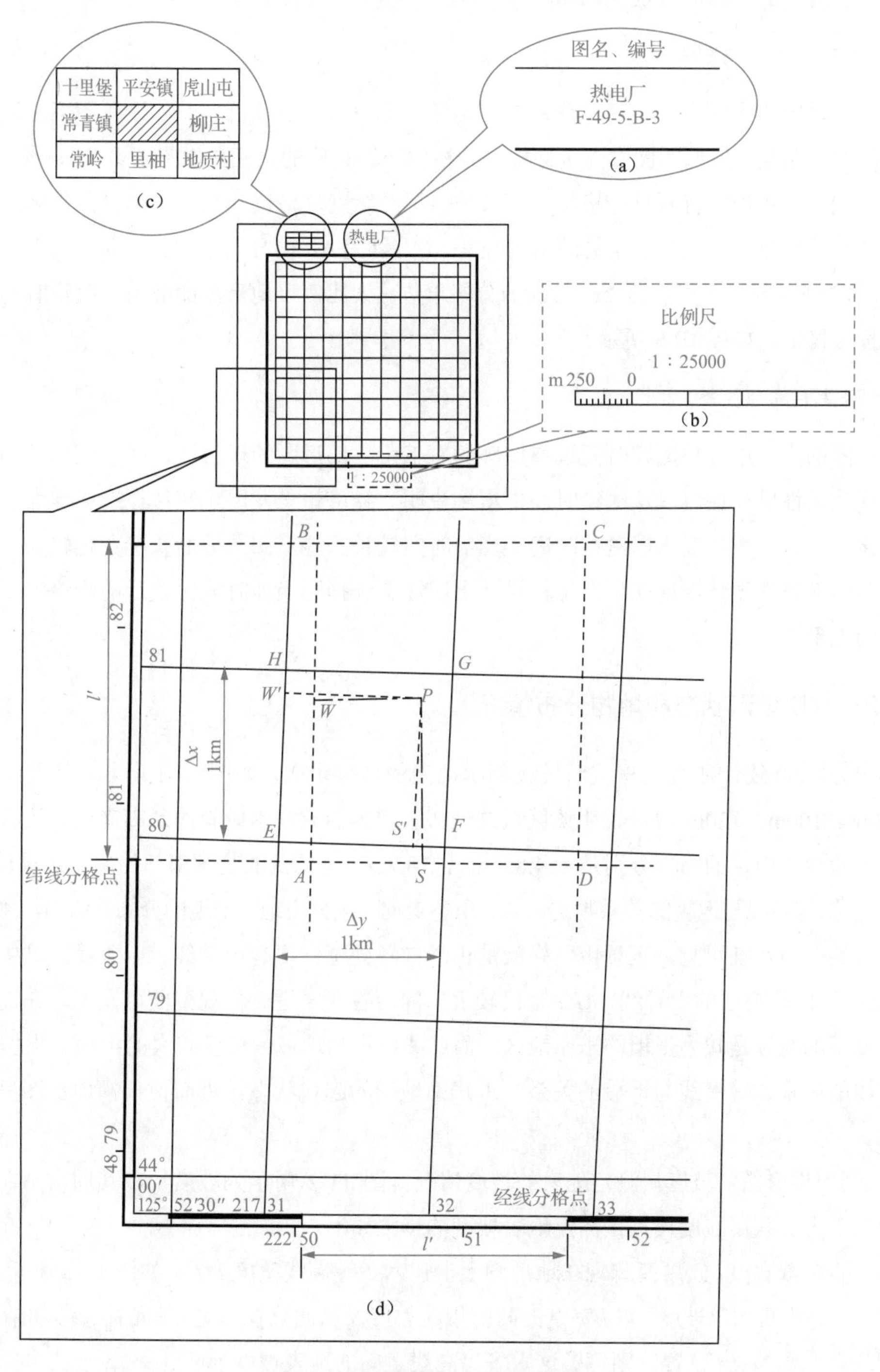

图 11-1　某地形图图廓导读附注

查阅地形图前，必须根据所需的地形图比例尺，按图名及编号向有关方面索取地形图。

例如，设计上要求的地形图精度 $m_D = \pm 0.2\mathrm{m}$ ，根据式（10-3），可得 $M = 2000$ ，那么工程设计应选用的地形图比例尺是 1∶2000。

2．坐标系统、高程系统

地形图采用的坐标系统、高程系统是图廓导读附注的主要项目之一，设在图廓左下角。根据确定的坐标系统，地形图图廓内坐标格网分格位注有相应的坐标，如图 11-1（d）所示。中比例尺地形图图廓线内注有两种分格位，即大地坐标经纬度分格位和高斯平面直角坐标分格位。大地坐标经纬度分格位一般以 1′的间格为经差 ΔL 、纬差 ΔB 的分格单位。高斯平面直角坐标分格位一般以 1km 间格为坐标差 Δx 、 Δy 的分格单位。大比例尺地形图图廓内一般注有高斯平面直角坐标分格位，如图 10-9 所示。

3．测绘单位与测绘时间

地形图的测绘单位与测绘时间设在图廓的右下角。地形图的现势性，即一幅地形图准确体现地形现状的性质往往可以从测绘时间中得到说明。经济建设发展迅速往往造成地面状况在短期内变化很大。一般情况下，测绘时间距当前时间较长的地形图的地面状况变化较大，现势性较差，不能准确体现地形现状。在工程设计上应注意选择距当前时间比较近的测绘时间及现势性较好的地形图。

11.1.2 判明地形状态和地物分布情况

1）根据等高线计曲线高程或示坡线判明地表的坡度走向。如图 10-1 所示，计曲线高程分别有 90m、100m、120m 等，说明该区域的地势表现为由北向南倾斜的北高南低。比较高的天顶山、朱岭两个山顶的高程分别是 154.821m、130.7m，比较低的是图南部的两个水塘。

2）根据等高线与地貌的关系判定山脊、山谷走向，区分山地、平地的分布。例如，由图 10-1 中等高线的分布特征可见，天顶山、朱岭的山顶向各处延伸便有山脊线、山谷线。其中，加画长虚线 *JJ* 是比较突出的山脊线，*GG* 是比较突出的山谷线。进一步观察便可发现，在高程 90m 计曲线以下的地域是较为平坦的平原地区，而此线以上的地域是坡度较大的山地。根据图 10-1 中等高线的高程、等高线与地貌的关系，可辨别地形的起伏状态，进而使一幅地形图呈现立体的形象。

3）利用地形图的坡度尺测定地表的坡度情况。图 11-2 所示为坡度尺，其通常附在地形图图廓线左下方。利用坡度尺直接测定地表坡度的步骤如下。

第一步，取宽度 l 。用两脚规在地形图上卡住六条等高线宽度为 l ，如图 11-3 所示。

第二步，找匹配定坡度。以 l 宽度的两脚规在坡度尺纵向寻找与之相等的位置，如在图 11-2 中找到与之匹配的 *AA*′位置，则可定这六条等高线之间的地表坡度为 9°。

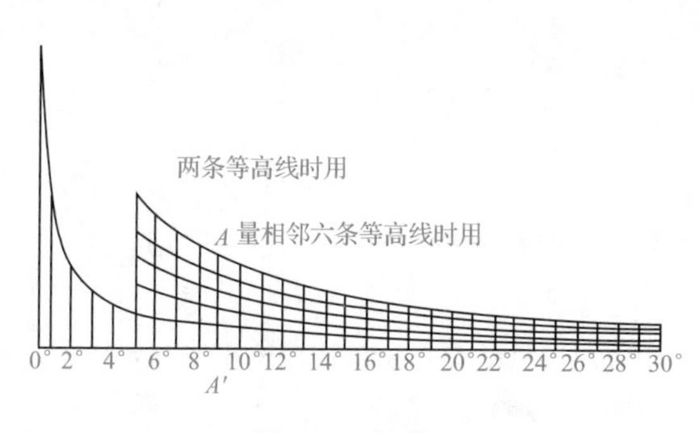

图 11-2　坡度尺

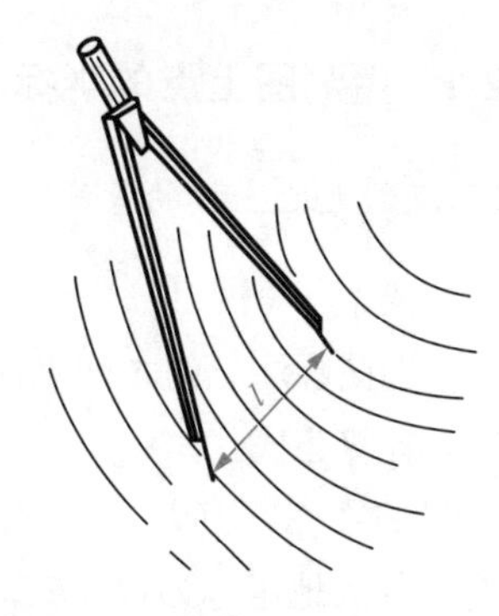

图 11-3　用两脚规卡等高线宽度

4）根据居民点地物的分布判定村镇集市位置和经济概况。从图 10-1 中可见，图中有三个村镇，分布在地势比较平坦的地段，其中长安镇是该地区较大的居民地。各村镇由公路、电力线、通信线相连。长安镇与外界有铁路相连，从长安镇至朝阳村还有过山小路。该地区的交通、邮电比较发达。

5）根据植被的符号综合分析地表的种植情况。如图 10-1 所示，平坦地带以稻田为主，长溪东侧山脚坡地及李屯西南山脚是香蕉园，在长溪西侧山上有一片经济林，天顶山及朱岭是灌木林，山地上的其余地区是林地，在长安镇北侧山坡还有一块坟地。

11.1.3　搜集图中可用的重要点位及设施

1）注意搜集控制点。三角点、导线点、图根点、水准点等控制点的位置在测绘或编绘地形图时都以非比例符号标明在地形图上。这些控制点是工程建设可以利用的基准点。搜集，即一方面利用图上得到的点位名称到供图单位收集控制点的有关资料，另一方面利用已有的控制点资料在图上查找相应的点位置，为控制点的使用做准备。例如，在图 10-1 中，有水准点 BM_2，高程是 81.773m；有天顶山三角点，高程是 154.821m。另外，还应注意搜集地形图重要区域实地变化情况。

2）根据工作需要注意搜集重要的设施和单位。例如，地形图中标明的交通线、车站、码头、桥梁、渡口，以及以特定注记符号表示的天文台、气象台、水文站、变电站，又如政府机关、医院、学校、工厂等。在阅读地形图时，应尽量辨清这些重要的机关、单位、设施，及时收集，以对图中有关区域内的重要设施、单位有比较全面的了解。

11.2　以地形图定点位

以地形图定点位，即利用地形图测定点的位置参数，找出点与点之间存在的关系。以地形图定点位的基本内容：量测图上点的坐标、高程，确定地面点与图上点的对应关系，计算点与点之间的长度、方位、坡度等。

11.2.1 量测图上点的坐标

1. 点的大地坐标的量测

（1）依据

地形图图廓注记的大地坐标经、纬度以及大地坐标分格位经差 ΔL 及纬差 ΔB。

（2）计算公式

如图 11-1（d）所示，其中点 P 处在由点 A、点 B、点 C、点 D 构成的格区内，格区的左下分格点 A 的大地坐标为 (L_A, B_A)，分格位 AD、BC 的经差 ΔL 及分格位 AB、CD 的纬差 ΔB 的标称值一般是 1′。过点 P 分别作 AD、AB 的平行线交 AB、AD 于点 W、点 S，则点 P 的大地坐标计算公式为

$$L_P = L_A + \Delta L_P = L_A + \frac{PW}{AD} \times \Delta L\ ,\quad B_P = B_A + \Delta B_P = B_A + \frac{PS}{AB} \times \Delta B \tag{11-1}$$

（3）量测值

在式（11-1）中 AB、AD、PW、PS 均为图 11-1（d）中的量测值。

（4）算例

在图 11-1（d）中，$L_A = 125°53'$，$B_A = 44°01'$。设从图 11-1（d）中量测 $AB = 55.5\text{mm}$，$AD = 48.4\text{mm}$，$PW = 19.5\text{mm}$，$PS = 29.0\text{mm}$。将量测值代入式（11-1）中，得 $L_P = 125°53'24.2''$，$B_P = 44°01'31.4''$。

2. 点的平面直角坐标的量测

图根点的展点工作程序前文已进行介绍，图上点的平面直角坐标的量测程序与图根点的展点工作程序相反。

（1）依据

地形图图廓注记的平面直角坐标 (x, y) 以及坐标分格位的坐标增量 Δx、Δy。

（2）计算公式

在图 11-1（d）中，点 P 处在由点 E、点 F、点 G、点 H 构成的格区内，格区的左下分格点 E 的平面坐标为 (x_E, y_E)，分格位 EH、FG 的坐标增量 Δx 及分格位 EF、HG 的坐标增量 Δy 的标称值一般在相应的地形图图廓中标明。过点 P 分别作 EF、EH 的平行线交 EH、EF 于点 W'、点 S'，则点 P 的平面坐标计算公式为

$$x_P = x_E + \Delta x_P = x_E + \frac{PS'}{EH}\Delta x,\quad y_P = y_E + \Delta y_P = y_E + \frac{PW'}{EF}\Delta y \tag{11-2}$$

（3）量测值

在式（11-2）中，EF、EH、PW'、PS' 均为图 11-1（d）中的量测值。

（4）算例

在图 11-1（d）中，$x_E = 4880\text{km}$，$y_E = 21731\text{km}$。设从图 11-1（d）中量测 $EF = 30.5\text{mm}$，$EH = 30.0\text{mm}$，$PW' = 24.5\text{mm}$，$PS' = 26.0\text{mm}$。将量测值代入式（11-2）中，可得 $x_P = 4880866.667\text{m}$，$y_P = 21731803.289\text{m}$。

点的坐标值只能精确到地形图比例尺所限定的位数，如表 10-1 所示，所用地形图比例尺是 1∶10000，图上点的坐标值可精确到 m。

3. 中比例尺地形图邻带格网点的平面直角坐标的量测

由单元 1 所介绍的高斯投影几何意义可知，在分带的高斯投影中，各投影带纵坐标轴（x 轴）均平行于该带的中央子午线，如图 11-4（a）所示。但是，由于子午线收敛角的存在，在离开中央子午线的投影带各处，纵坐标轴不平行于该处的子午线。特别是在投影带的相邻处，东西两幅地形图按界子午线拼接时便出现坐标轴线相交、两幅地形图坐标格网的格位值不一致的现象，如图 11-4（b）所示。要解决这种不一致问题，相邻地形图可各自设立补充坐标格网，如图 11-4（b）中西幅地形图的坐标格网向东延伸到东幅地形图形成的虚线坐标格网（称为补充坐标格网）。在这种地形图的附注图廓中，有基本坐标格网（实线）的坐标格位值和补充坐标格网（虚线）的坐标格位值。后者的附注设在图廓线外边缘，如图 11-1（d）中的 x 和 y 的格位值。

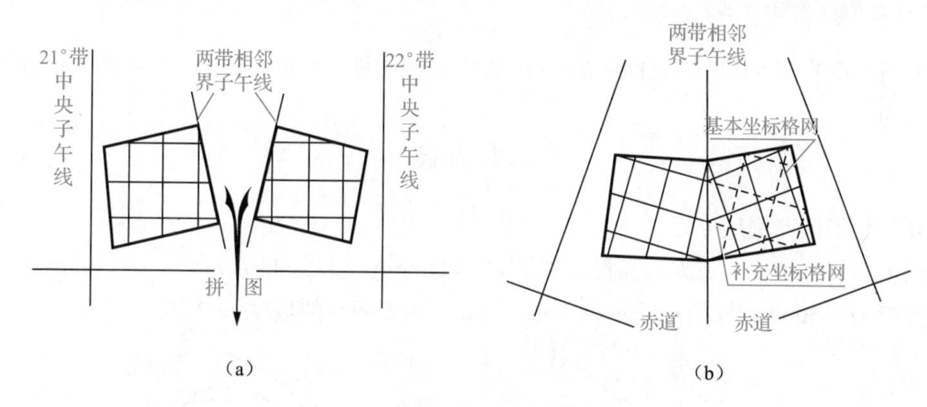

图 11-4　邻带格网点平面直角坐标

在量测点位平面直角坐标时，如果涉及相邻不同投影带地形图的使用问题，那么可能需要利用补充坐标格网量测点的坐标。在这里，量测方法同式（11-2），但所用的坐标格网应是图廓的补充坐标格网。

11.2.2　点之间距离、方位角的测算

1. 点之间距离的测算

图上量测的平面直角坐标按式（5-22）计算图上点与点之间的距离。当地形图变形误差影响可忽略时，可通过直接测量图上点之间的长度，然后乘以地形图的比例尺分母 M 得到点之间的实际长度。

2. 点之间方位角的测算

图上点与点之间的坐标方位角可用图上量测的平面坐标根据式（5-21）和式（5-23）求得，也可以利用量角器直接从图上量得。量测时应注意三北关系。

11.2.3 点位高程的量测及点之间坡度的计算

1. 点位高程的量测

（1）依据

等高线的高程及地形图的基本等高距 h_d。

（2）计算公式

点位高程的计算公式为

$$H_P=H_O+\frac{l}{d}\times h_d \tag{11-3}$$

式中，H_P 是点 P 的高程；H_O 是与点 P 相近的低等高线的高程；d 是过点 P 等高线的平距；l 是点 P 与低等高线的距离。d、l 均由图上量测得到，如图 11-5 所示。

2. 点之间坡度的计算

利用图上点的高程推算点之间的高差 h 及图上点之间的平距 s，可以计算点之间的坡度，计算公式为

$$i=\frac{h}{sM}\times 100\% \tag{11-4}$$

式中，M 是地形图比例尺分母。

在图 11-6 中，点 a 、点 b 的高程分别是 $H_a=114.5\text{m}$ 、 $H_b=110.3\text{m}$ ， $s=31.4\text{mm}$ ，地形图比例尺分母 $M=5000$ 。算得高差 $h=4.2\text{m}$ ，点 a 、点 b 两点的坡度 $i=2.7\%$ 。

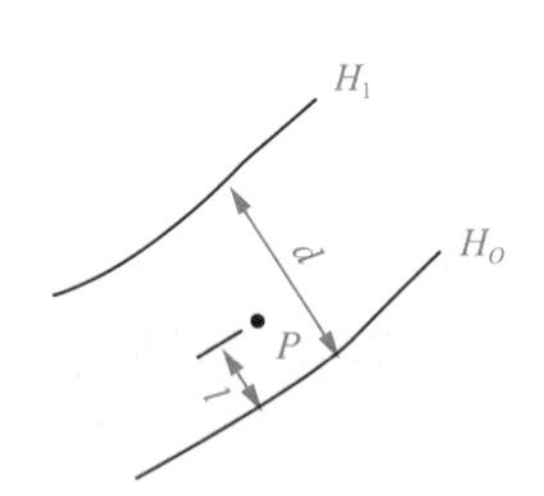

图 11-5 点位高程的量测

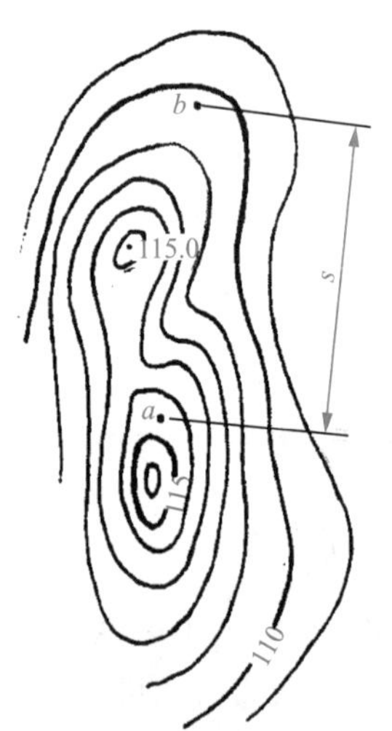

图 11-6 点之间坡度的计算

11.2.4 野外图上定点

野外图上定点，即在野外将用图工作者的位置在地形图上定出来，主要工作内容包括地形图定向和地形图上定点位。

1. 地形图定向

地形图定向，即在野外把地形图的方向与实地方向对应起来，可按以下两种方法进行。

（1）根据地形、地物目估定向

在图上选择两个以上的明显地物特征点，或者选择明显的线形地物，使之在方向上与图上对应的地物符号相吻合。如图 11-7 所示，地形图上的点 P 是野外工作人员所在的位置，实地的特征点有山顶控制点，路边有独立树。定向时，野外工作人员把地形图摆放在本人所在地点（野外工作人员地点）平面上，转动地形图使图上控制点的方向和实地控制点方向一致，同时使图上独立树的方向和实地独立树方向一致。这两种方向的一致可以实现地形图的目估定向。

（2）利用罗盘仪定向

一般来说，中比例尺地形图下方图廓边附有三北方向线图，注有磁偏角和子午线收敛角数值。地形图坐标格网上、下边缘格位附近注有磁子午线方向线，如图 11-8 中的 PP'。将地形图放在某一相同地物特征点附近平面上，使罗盘仪［图 5-12（b）］的边缘与 PP' 附合，转动地形图使图纸上 PP' 与罗盘仪磁针北端指向平行，此时地形图的方向与实地方向一致。

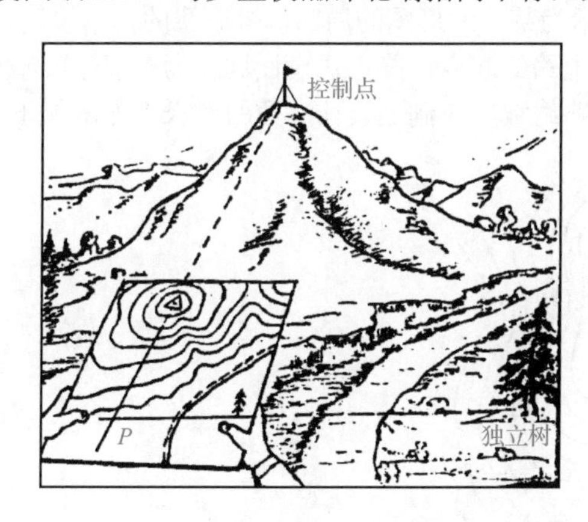

图 11-7　根据地形、地物目估定向

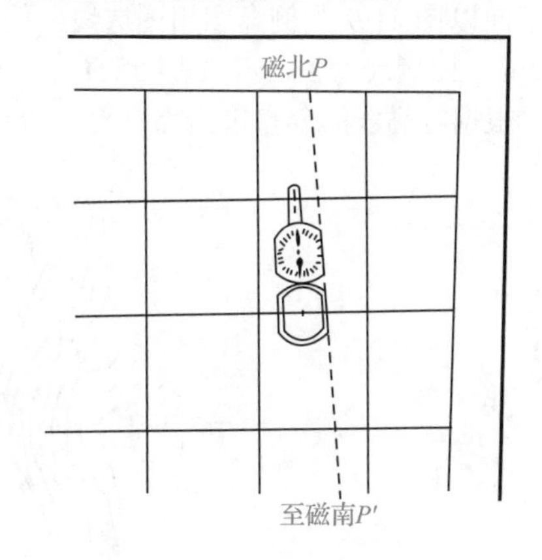

图 11-8　利用罗盘仪定向

2. 地形图上定点位

在完成地形图定向后，野外工作人员可以根据野外实践经验和已有的附近地形地物关系判定本人在图上的位置，具体方法如下。

（1）直尺交会法

在地形图定向的基础上，野外工作人员在站立处分别用直尺对准图上特征点与实地特征点，画直线使两点交会，这样就可在图上定出野外工作人员的位置。如图 11-7 所示，用直尺沿图上控制点与山顶控制点画直线，沿图上独立树与实地独立树画直线，这两条直线相交于图上点 P，由此即可确定野外工作人员在图上的位置。

（2）方位角交会法

根据磁方位角的测定方法，野外工作人员可以在实地测定站立位置至地形地物特征点之间的磁方位角。如图 11-7 所示，可以测定野外工作人员站立处至山顶控制点之间的磁方位角 A_1，同时测定站立处至独立树之间的磁方位角 A_2，利用 A_1、A_2 可以在图上相应特征点上绘制其磁反方位角的方向线，所得交会点即野外工作人员在图上的位置。

11.3 工程线面的地形图测算

工程线面的地形图测算，即利用地形图进行工程选线、工程断面测算、面积区域的确定与测算等工作。

11.3.1 用图选线

用图选线，即根据设计的坡度在地形图上选线，这是各种线性工程（如管道工程、电力线安装工程、道路工程）经常涉及的工作内容。在道路的线形设计中，要求在地形起伏的地区找出一条符合某种设计坡度要求的路线。一般地，利用地形图开始选线称为图上选线。

下面以图 11-9 为例介绍用图选线。图 11-9 所示为某一地形图的局部，等高线的基本等高距 $h_d = 2\text{m}$，比例尺为 1∶M，图中点 A、点 B 分别为道路的起点、终点，设计坡度为 i。图上选线要求：根据等高线的分布选出点 A 至点 B 的路线，路线坡度应满足设计参数的要求。方法如下。

图 11-9　用图选线

1）求选线平距 l，即求相对于 h_d 且符合坡度 i 的选线平距 l。根据式（10-5），符合坡度 i 的平距 l 为

$$l = \frac{h_d}{iM} \times 100\% \tag{11-5}$$

本例中，$h_d = 2\text{m}$，$M = 5000$，$i = 5\%$，则 l =8mm。

2）绘制等高线交点。首先以起点 A（高程为 100m）为圆心，以 l 为半径画弧交于等高线（高程为 102m）的点 1、点 1′；然后分别以点 1、点 1′为圆心，以 l 为半径画弧交于等高线（高程为 104m）的点 2、点 2′；以此类推，直至点 B 附近。

3）分别连接各交点形成两条上山的路线，即点 A→1→2→…→B 及点 A→1′→2′→…→B。

这是根据坡度的设计要求在图上选取路线的基本方法。最后从两条路线中选取一条，涉及道路长短、地形条件、道路设计施工的难度、效益等因素，属于规划论证的范畴。

11.3.2　用图绘断面图

用图绘断面图，即沿地形图上某一既定方向的竖直切割面展绘地形剖面图，直观地体现该方向地貌的起伏形态。如图 11-10 所示，沿 *AB* 方向展绘断面图，方法如下。

（a）在地形图上画直线

（b）绘制直线方向的断面图

图 11-10　用图绘断面图

1）如图 11-10（a）所示，沿 *AB* 方向在地形图上画一直线，标出直线与地形图等高线相交点的编号，如 1、2……，量取各交点至点 *A* 的水平距离及其高程。

2）在另一张方格纸上画纵、横轴坐标线［图 11-10（b）］。一般横轴的长度是所画直线实际长度的 $\frac{1}{M}$，纵轴长度是等高线高程的 $\frac{10}{M}$（或 $\frac{20}{M}$）。*M* 是地形图比例尺分母。

3）在横轴线注上直线与等高线的交点位置，并沿交点位置纵轴方向注上交点的高程位置，如图 11-10（b）中的小黑点。

4）用光滑曲线均匀连接各小黑点，便构成沿 *AB* 方向的地形断面图。

为了更明显地体现地貌的起伏形态，绘制断面图时，纵、横坐标轴应按不同的比例设置。一般来说，纵坐标轴与高程的比例是横坐标轴与直线 *AB* 比例的 10 倍。如图 11-10（b）所示，横坐标轴与直线 *AB* 的比例是 1∶2000，纵坐标轴与高程的比例是 1∶200。

11.3.3　用图确定汇水范围

经过山谷的道路有跨谷桥梁或涵洞。如图 11-11 所示，设计的道路要跨越一道山谷，为此需要在山谷上设计一座桥梁。在设计桥梁的过程中，桥下水流量是重要参数。由图 11-11 可见，道路的北面是高山包围的山谷，通过桥下的水流是雨水自上而下汇集而来的。由此可见，桥下水流的大小与雨水的大小有关，同时与雨水自上而下的汇集范围有关。

雨水汇集范围，即雨水自上而下聚集水量的范围。利用地形图确定汇水范围的主要方法如下。

1）在图上作设计的道路（或桥涵）中心线与山脊线（分水线）的交点 *A*、*B*。

2）在向上的方向沿山脊及山顶点划分范围线（如图 11-11 中的虚线），该范围线及道路中心线 *AB* 所包围的区域就是雨水汇集范围。图 11-11 中的箭头表示雨水落地后的流向。

图 11-12 所示为蓄水塘雨水汇集范围测算图，蓄水汇集范围的测算与上述雨水汇集范围测算方法相同，图中的 AB 是水库大坝方向。

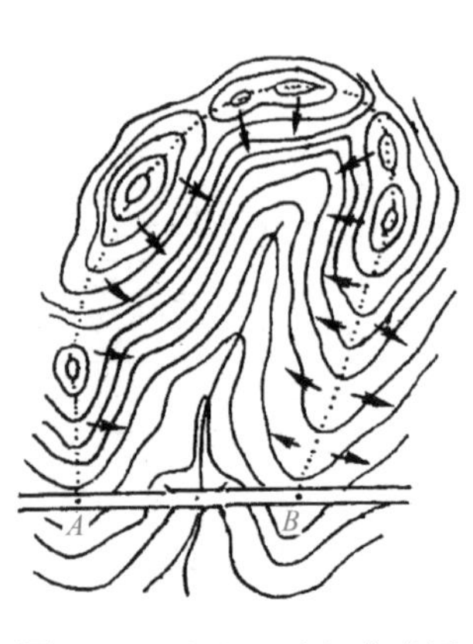

图 11-11　山谷雨水汇集范围

图 11-12　蓄水塘雨水汇集范围测算图

11.3.4　用图测算工程用地面积

1. 几何法

几何法，即在用地范围内采用几何原理，按照某种几何图形进行面积测算。几何法测算面积是常见的方法，比较具有代表性的有方格测算法、三角形测算法、梯形测算法等。

（1）方格测算法

方格测算法需要一个透明方格板。如图 11-13 所示，用一个设计好的透明方格板套在已圈用地范围的地形图上，便可根据所圈范围内的方格数测算用地面积，即

$$S=(n+n')\times A\times M^2 \tag{11-6}$$

式中，S 是用地范围的实际面积；n 是所圈范围内的完整方格数；n'是所圈范围内的不完整方格数折算的完整方格数；A 是透明方格板的方格面积；M 是地形图比例尺分母。

（2）三角形测算法

三角形测算法是几何法中较简单的方法。如图 11-14 所示，地形图上一个多边形区域可以分割成若干个三角形，根据三角形底边（a_i）乘高（h_i）的 $\frac{1}{2}$ 得面积原理便可测算整个多边形区域的面积，即

$$S=0.5\sum_{1}^{n}a_i h_i M^2 \tag{11-7}$$

（3）梯形测算法

梯形测算法需要一个透明平行线板。如图 11-15 所示，用一个设计好的透明平行线板套在已圈用地范围的地形图上，便可根据所圈范围内的平行线间构成的梯形测算用地面积，即

$$S=\left[\left(h_1+h\right)\frac{d_1}{2}+h\sum_{2}^{n}d_i+\left(h+h_{n+1}\right)\frac{d_{n+1}}{2}\right]M^2 \tag{11-8}$$

式中，h 是平行线之间的宽度；d_i 是所圈范围内平行线的长度；h_1 是第 1 平行线之上的弓形高；h_{n+1} 是第 n+1 平行线之下的弓形高；M 是地形图比例尺分母。

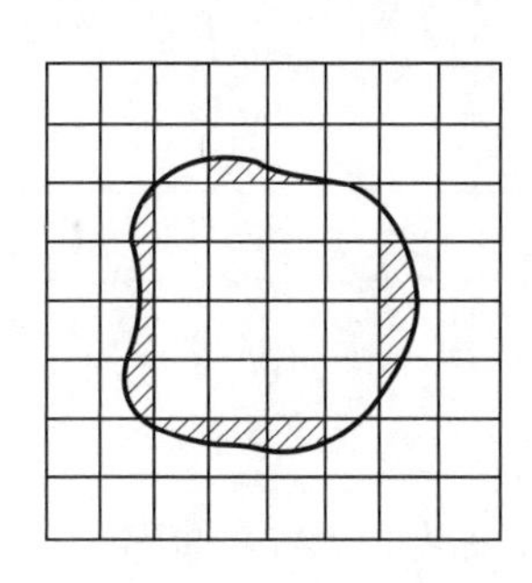

图 11-13　方格测算法

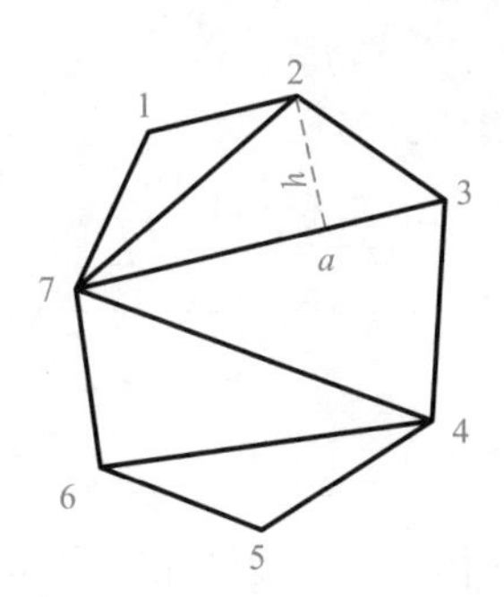

图 11-14　三角形测算法

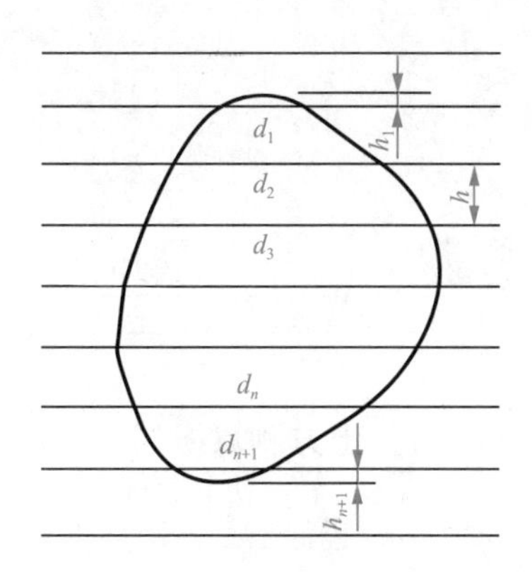

图 11-15　梯形测算法

图 11-15 中的两个弓形当作三角形计算。

2. 求积仪法

求积仪是以数学积分计算面积原理做成的求面积仪器。利用求积仪测算地形图面积的方法称为求积仪法。求积仪分为机械求积仪和电子求积仪，下面对电子求积仪进行简单介绍。

电子求积仪（图 11-16）由极轴、极轮、键盘、显示窗、描迹臂、描迹窗等构件组成。描迹窗中间小点是求积仪的描迹针，描迹针沿面积范围边运行可得到面积并在显示窗显示。电子求积仪的使用非常方便，读者可以参考相关说明书，这里不再介绍。

3. 解析法

解析法利用边界点坐标测算面积，基本思想如下。

1）量测边界点坐标。如图 11-17 所示，按图上量测点坐标的方法获得地形图用地边界点 1, 2, …, n 的坐标。

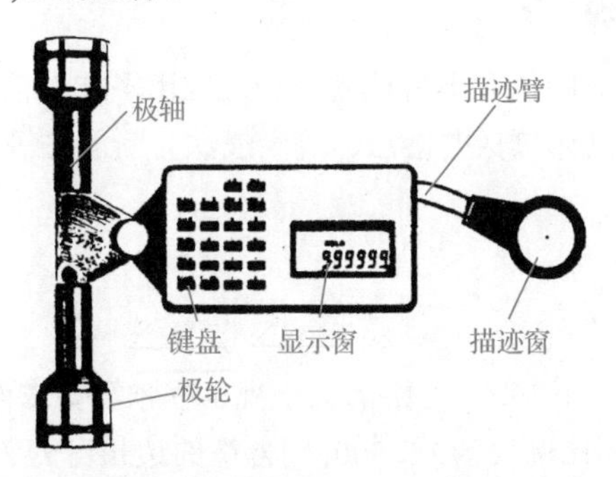

图 11-16　电子求积仪构成

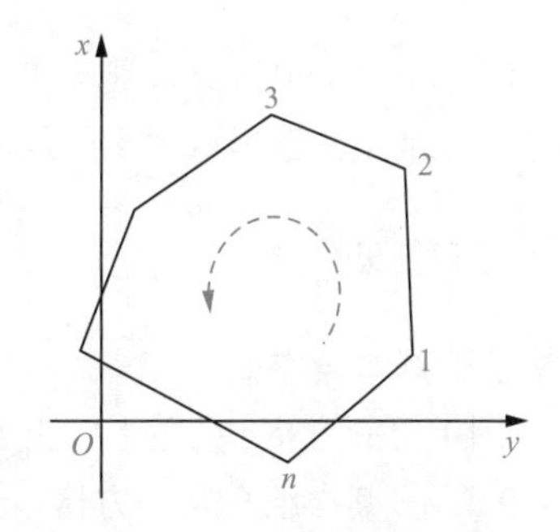

图 11-17　解析法测算面积

2）按式（11-9）计算边界点围成的区域面积。

$$S = \frac{1}{2}\sum_{1}^{n} x_i (y_{i-1} - y_{i+1}) \tag{11-9}$$

式中，i=1, 2, …, n，是用地范围边界点，按逆时针顺序排注；x_i、y_i 是边界点图上坐标。

应用式（11-9）时应注意：当 $i-1=0$ 时，$y_{i-1}=y_n$；当 $i+1>n$ 时，$y_{i+1}=y_1$。

式（11-9）中的 (x_i, y_i) 边界点坐标可以由全站仪实地测量得到，所得面积是实测面积，这是因为全站仪具有实测面积的功能。

11.4 以地形图测算工程土方

11.4.1 土方测算概述

土方，也称土石方，实质是指土石体积，一般以 m^3 为单位。$1m^3$ 称为一土方，简称一方。工程建设包括平整土地。平整土地工程包括挖土方和填土方两项工作。测算土方量也包括挖土方量和填土方量两种测算内容。例如，路线建设过山开挖路堑或土石填洼等都属于平整土地工程。土方测算是预计工程量大小的重要环节。

土方测算的基本思想：立方体底面积 S 与其高度 H 相乘，即

$$V = SH$$

式中，V 是土方，H 是立方体高度［图 11-18（a）］或高度 h_i 的平均值［图 11-18（b）和图 11-18（c）］。

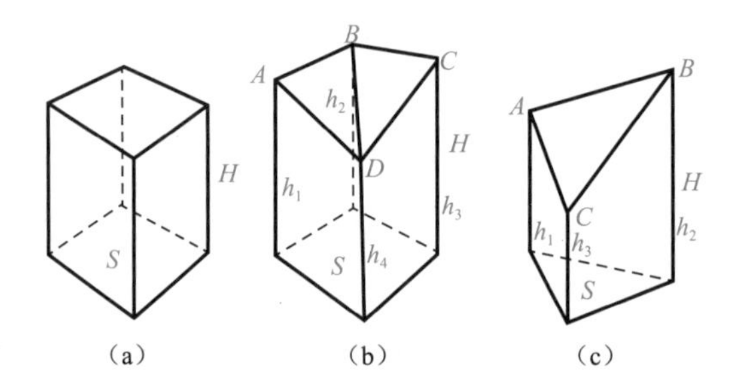

图 11-18　土方测算思想

土方测算可以实地测算，测算工程量较大。地形图包含丰富地貌信息及应用多样性信息，用图测算土方是预计工程量大小的经济可行方法，具体包括方格法、等高线法、断面法等。

11.4.2 方格法

方格法的基本操作如下。

1）在图上绘制方格。在图上的土方测算范围内绘小方格。方格的大小视工程预算要求而定。如图 11-19 所示，其中绘有九个方格。若采用的地形图比例尺为 1∶500，则方格的边长可为 20mm 左右。

2）绘制填挖分界线，确定土方测算平面的设计高程。填挖分界线，即不填不挖的高程等高线，其高程值称为土方测算平面设计高程。设计高程也可利用方格点高程平均值 H_m。

$$H_m = \frac{\sum H_{角} + \sum H_{边} \times 2 + \sum H_{拐} \times 3 + \sum H_{中} \times 4}{4n} \qquad (11\text{-}10)$$

如图 11-20 所示，式（11-10）中的 $H_{角}$ 表示角点 1、4、12 等点的高程，$H_{边}$ 表示边点 2、3、5 等点的高程，$H_{拐}$ 表示拐点 10 的高程，$H_{中}$ 表示中点 6、7 的高程，n 是方格数。

根据式（11-10），可得图 11-19 中的 $H_m = 33.17\text{m}$，由此绘制虚线于图中为填挖分界线。

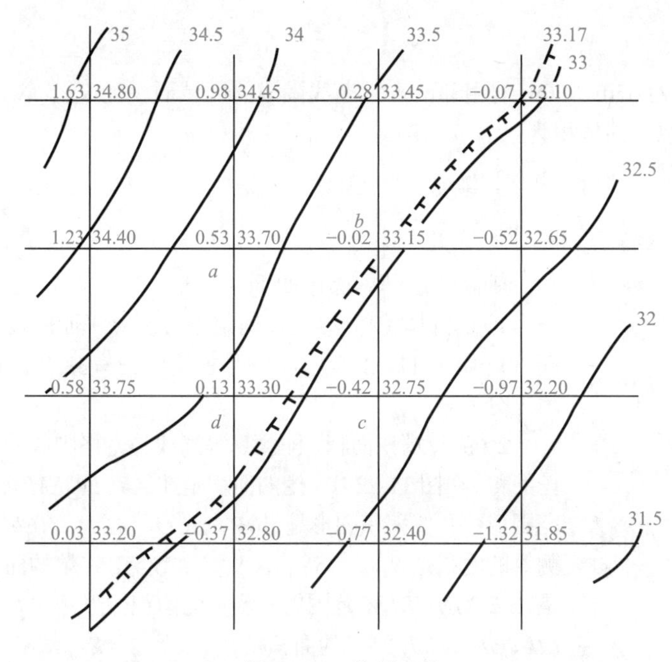

图 11-19　绘制方格

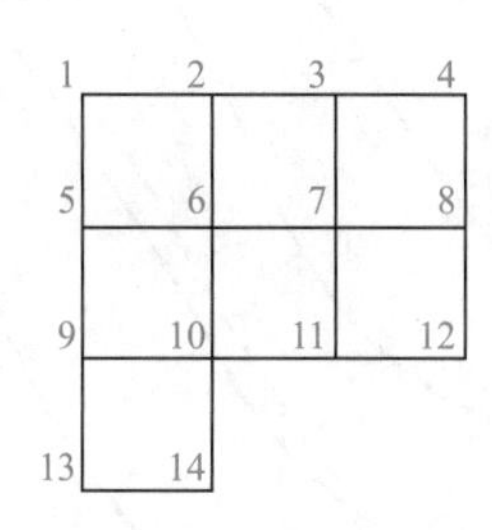

图 11-20　方格分格点

3）计算填挖高差。填挖高差，即平整高差 h_i，其计算公式为

$$h_i = H_i - H_m \tag{11-11}$$

式中，H_i 是方格点的地面高程。

将根据式（11-11）计算得出的结果 h_i 填写在方格点的左上方。h_i 为正，表示挖土方的高度；h_i 为负，表示填土方的高度。

4）计算填挖土方。

h_i 均为正的方格（面积 $S_{方}$），计算挖土方量，即

$$V_{挖} = \frac{1}{4}\sum h_i \times S_{方} \tag{11-12}$$

h_i 均为负的方格（面积 $S_{方}$），计算填土方量，即

$$V_{填} = \frac{1}{4}\sum h_i \times S_{方} \tag{11-13}$$

h_i 有正有负的方格，填挖土方应分开计算，如将图 11-19 中的方格 *abcd* 表示在图 11-21 中，填挖土方分别计算。

$$V_{挖} = \frac{1}{4}(0.53 + 0 + 0 + 0.13) \times S_{上}$$

$$V_{填} = \frac{1}{4}(0 - 0.02 - 0.42 + 0) \times S_{下}$$

式中，0 是填挖分界线；$S_{上}$ 是方格内填挖分界线上方面积，$S_{下}$ 是方格内填挖分界线下方面积。

5）计算总填挖土方。计算过程可获得总填挖土方，即 $V_{总挖} = \sum V_{挖}$，$V_{总填} = \sum V_{填}$。一般来说，上述计算应基本实现 $V_{总挖} = V_{总填}$。

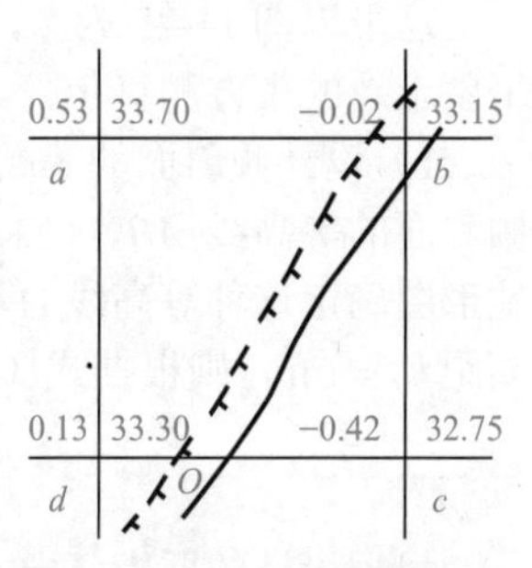

图 11-21　h_i 有正有负的方格

11.4.3 等高线法

如图 10-3 所示，若高程分别为 65m、70m 的相邻两条等高线围成的区域面积为 S_{65}、S_{70}，则两条等高线围成的平面构成的墩台的体积为

$$V=\frac{S_{65}+S_{70}}{2}h \tag{11-14}$$

式中，h 是相邻两条等高线之间高差。

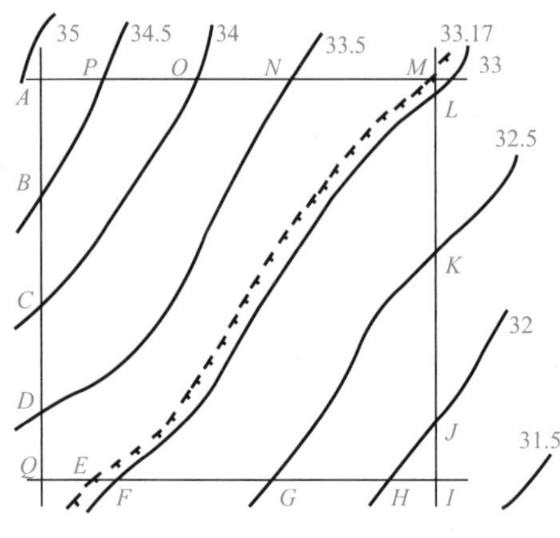

图 11-22 等高线法测算土方

等高线法基本操作如下。

1）绘制填挖分界线，确定土方测算平面的设计高程。如图 11-22 所示，按要求绘出 $H=33.17\text{m}$ 的填挖分界线。

2）测算填挖面积，即测算等高线与方格围成的填挖面积。在图 11-22 中，挖的面积是在 *ABCDQEMNOP* 范围内，测算面积图形是 *ABP*、*ACO*、*ADN*、*AEM*，测算的面积是 S_{ABP}、S_{ACO}、S_{ADN}、S_{AQEM}；填的面积是在 *EFGHIJKLM* 范围内，测算的面积图形是 *EIM*、*FIL*、*GIK*、*HIJ*，测算的面积是 S_{EIM}、S_{FIL}、S_{GIK}、S_{HIJ}。

3）计算填挖土方。根据式（11-14）的基本思路，计算图 11-22 中各等高线之间的填挖土方。例如，在图形 *AEM* 和 *ADN* 之间的挖土方量为

$$V_{挖}=\frac{1}{2}(S_{AEM}+S_{ADN})h$$

在图形 *EIM* 和 *FIL* 之间的填土方量为

$$V_{填}=\frac{1}{2}(S_{EIM}+S_{FIL})h$$

根据上述两式便可计算总填挖土方 $V_{总挖}$ 和 $V_{总填}$。

11.4.4 断面法

由图 11-10 可见，按 *AB* 方向展绘的断面图形象地反映了 *AB* 方向地形断面形态。由此可见，根据这种形态可以测算该断面面积 S_{AB}。同理，沿 *EF* 方向展绘的断面图也可以测算对应断面的面积 S_{EF}。若断面 *EF* 与 *AB* 的距离为 *L*，则两个断面间的土方量根据式（11-14）计算，此时用 *L* 代替 *h*。

断面法具体操作如下。

这里以图 11-23 为例，在场地 *ACDB* 平整一个倾斜平面，从 *AB* 向 *CD* 倾斜的坡度为 -2%。平整土地的土方测算步骤如下。

1）设计倾斜面的等高线。如图 11-24 所示，*ACDB* 是设计的一个坡度为 i 的倾斜面，通过倾斜面的等高线 *AB*、*CD*、*EF*、*GH* 是直线形的等高线。设计倾斜面的等高线，即按所采用的地形图确定这种等高线的基本等高距 h_d 和平距 d。在图 11-23 中，设比例尺为 1∶1000，基本等高距 $h_d=1\text{m}$，则根据式（10-5），平距 d 为

$$d=\frac{h_d}{iM}=\frac{1}{0.02\times1000}=0.05\ （\text{m}）$$

根据设计的要求，定 *AB* 方向的高程为 33m，在图上按 d=0.05m 的间隔定出 32m、31m、30m 的倾斜面的等高线，并绘制于图上。

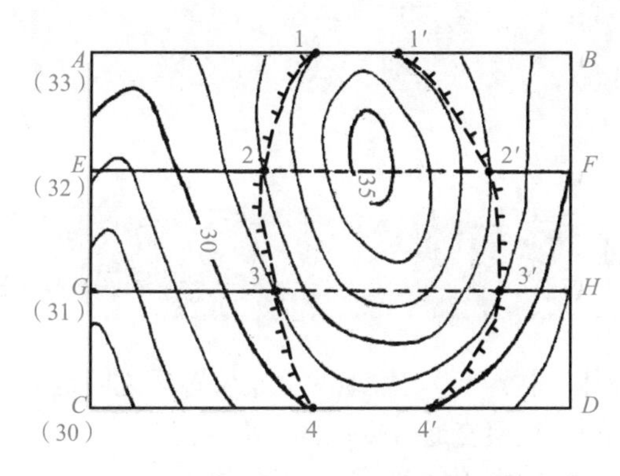

图 11-23　平整倾斜平面的土方测算

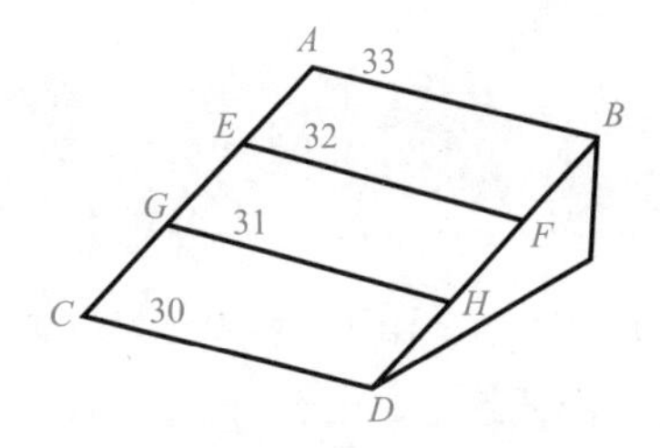

图 11-24　设计倾斜面的等高线

2）绘制填挖分界线。根据同高程的性质，设计的等高线与地面等高线必相交，如图 11-23 中的小黑点 1、2、3、4 等就是相交的点。连接这些小黑点就是平整倾斜面的填挖分界线，用虚线表示。图中虚线包围的是所要挖的区域，其余的是所要填的区域。

3）绘制断面与测算断面面积。绘制断面图时，应确定断面方向及断面之间的间距。平整土地的目的若是平地，则断面的方向尽量与地形等高线互相垂直；平整土地的目的若是倾斜面，则断面的方向尽量与设计的倾斜面等高线平行。断面的间距视地形复杂程度而定，取 20～50m。这里采用比例尺与 $d=0.05\text{m}$ 相匹配的间距，即 50m，同时沿设计的等高线方向绘制断面。如图 11-25 所示，绘制出 32m、31m 两个方向的断面。

测算断面面积主要是测算断面的填挖面积。图 11-25 中设计的等高线以上的断面是挖断面，低于设计的等高线且高出地形表面的断面（斜线部分）是填断面。测算断面面积按图上面积测算方法。

4）计算土方量。根据式（11-14）的思路，可按测算的断面面积及断面间距计算填挖土方量，将计算结果列于表 11-1 中。

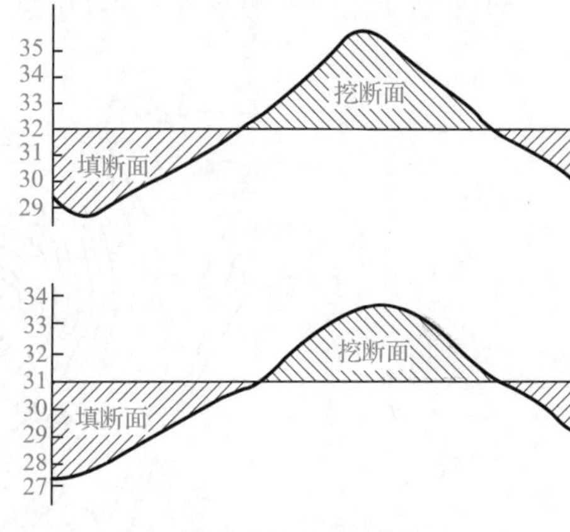

图 11-25　绘制断面

表 11-1　土方计算表

倾斜面等高线方向的断面号	断面面积/m²		平均面积/m²		间距/m	土方量/m³	
	挖	填	挖	填		挖	填
33m	4.0	43.8					
			13.75	46.30	50	688	2315
32m	23.5	48.8					
			28.10	54.25	50	1405	2712
31m	32.7	59.7					
			29.05	66.45	50	1452	3322
30m	25.4	73.2					
Σ						3545	8349

▌[注解]

两个断面之间土方量的精确计算可参考式（16-13）。

习题 11

1．阅读图 10-1，指出植被（灌木林、经济林、林地等）、坟地的分布位置，说明地形起伏形态（高低趋向、山脊山谷走向、坡度平陡分布），观察交通、供电的方向。

2．试确定图 10-1 中东侧李屯山塘附近区域的汇水范围。

3．根据图 11-26 所示地形图，完成以下任务。

1）用虚线绘制出山脊线、山脚线的位置，并用文字指明。

2）写出地形图的基本等高距 h_d。

3）说明公路左下侧种植地的名称。

4）在图上用“×”标明鞍部位置。

5）在图上用“→”标明平面控制点、水准点的位置。

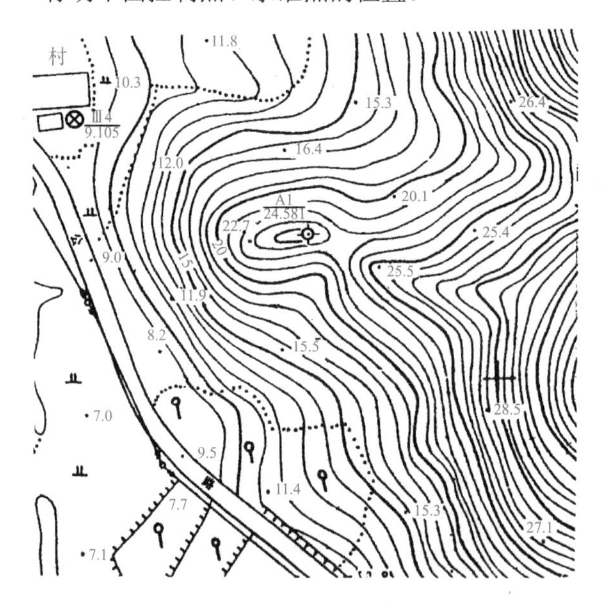

图 11-26　地形图局部的阅读

4．图上定点位涉及的内容有________。

A．点的距离、高差、坐标、倾角、高程、水平角

B．点的坐标、高差、距离、坡度、高程、方位角

C．点的坐标、高差、距离、倾角、高程、方位角

5．设图 10-1 的比例尺为 1∶2000，试量测图上点 A、点 B 两点的坐标、高程，AB 的实际水平距离，点 A、点 B 两点连线的坡度。

6．用图选线方法中首先要明确________。

A．地形图比例尺 1∶M

B．选线的用途，选线的地点

C．计算选线平距 l 的公式和选线坡度

7．根据表 11-2 中点的坐标，按 1∶200 的比例将这些点展绘在 x、y 坐标系中，利用解析法计算各点所围成封闭图形的实际面积。

表 11-2　点的坐标

点名	x/m	y/m	点名	x/m	y/m
4L	+5.9	−7.8	5R	+4.4	4.9
3L	+7.0	−8.3	2R	+3.2	6.2
$P_{左}$	7.7	−13.1	$P_{右}$	3.0	9.4
1L	−0.2	−7.5	1R	0.2	7.5
L1	−0.5	−7.5	R1	−0.1	7.5
L2	−0.5	−7.0	R2	−0.1	7.0
L3	−0.2	−7.0	R3	0.2	7.0
面积					

8．地形图方格法测算土方的基本步骤是________。

A．绘制方格→计算设计高程→计算填挖高差→计算填挖土方→计算总填挖土方

B．绘制方格→绘制填挖分界线→计算填挖高差→计算总填挖土方

C．绘制方格→绘制填挖分界线→计算填挖高差→计算填挖土方→计算总填挖土方

9．利用地形图判明地形状态，主要应________。

A．判明坡度走向，区分山地、平地分布，判别村镇集市位置，分析地表种植情况

B．注意搜集控制点，以及重要的设施和单位

C．明确图名、编号、接图表、比例尺、坐标系统、高程系统、测绘单位与测绘时间

10．用解析法测算图上某一范围土地面积，__（1）__，__（2）__。

（1）A．图上计算边界点坐标

B．量取边界点图上坐标并乘以地形图比例尺分母得边界点实际坐标

C．图上量测、计算边界点实际坐标

（2）A．根据相应的计算公式计算边界点范围内的土地表面面积

B．以边界点实际坐标代入相应的公式计算边界点范围内的土地面积

C．以边界点坐标代入相应的公式计算并乘以地形图比例尺分母平方得到测算面积

11．根据图 11-23 和图 11-25，试述用断面法计算倾斜面挖土方量的步骤。

单元12 大比例尺数字地形图

学习目标

熟悉大比例尺地形图数字测绘技术原理与方法，掌握利用 CASS10.1 测绘软件进行内外业一体化数字测图——草图法的原理和操作方法，初步掌握数字地形图的应用方法，熟悉无人机航测基本方式。

12.1 地形图数字测量原理

12.1.1 数字测量概述

由地形测绘技术原理（单元 10）可知，测绘大比例尺地形图是根据碎部测量技术模拟实际地球表面形态的过程，这种模拟技术过程又称模拟测图。例如，若要获得如图 10-1 所示图件，则模拟测图基本技术要素必须包含以下几方面。

1）测量得到的碎部点位置参数，即水平角、平距、高程。

2）确定地物、地貌性质的符号说明。

3）测量人员测绘地形图的综合取舍技能。

模拟测图得到的图件称为可感知的模拟地形图，又称图解地图或实地图。虽然模拟测图得到的图件包含数字组成的数据，但模拟测图并不是数字化技术。

根据计算机科学，数字化是电子计算机的基本属性。在电子计算机的 CPU（central processing unit，中央处理器）的基本加法运算器中，采用简单的数字“0”“1”及其加法运算与存储，由此构成电子计算机完整的运算指令、功能指令及记忆判断系统。电子计算机的数字化基本属性是当代数字化应用的基础，也是数字测量的基本前提。

数字测量的基本特征沿袭电子计算机数字化属性。具体来说，模拟测图的碎部点测量参数（角度、距离、高程），确定地物、地貌性质的符号说明，测量人员绘图的综合取舍技能，都沿袭电子计算机数字化属性，最终转化为用“0”“1”表示的数字形式的数据。

地形图数字测量的基本构成如下。

1）测量结果的数字化机能，如全站仪必备数字化机能。

2）地面点特征的数字化形式。为了实现测量对象数据的共享，地面点特征的数字化形式由相应的权威机构颁布后在测量时应用。

3）测绘技术机能的数字化指令。测量计算机软件是这类技能数字化指令的集合。

4）测量结果、特征形式、机能指令的数据库。

12.1.2　数字测图作业模式

目前，获取数字地形图的数字测图作业模式大致可分为以下三类。

1）由具有数字化机能的全站测量仪器（全站仪、激光扫描测量仪等）、电子手簿（或计算机）、计算机和数字测图软件构成的内外业一体化数字测图作业模式。

2）由 GNSS RTK 装置、计算机和数字成图软件构成的 GNSS 数字测图作业模式。

3）由航片（航空摄影地面影像、激光雷达）或卫片（卫星地面影像）和解析测图仪、计算机（或数字摄影测量系统）组成的数字摄影测图作业模式。

此外，还可以对模拟地形图进行数字化（利用扫描仪或数字化仪）获取数字地形图。

12.1.3　地形图数字测量的基本系统

地形图数字测量是测绘技术与计算机技术有机结合的现代测绘技术，其基本系统如图 12-1 所示。

1. 数据采集系统

数据采集系统利用图 12-1 中多种测量与数据采集技术，实现测量结果的数字化和地面点特征的数字化。或者说，测量得到的参数，即地物、地貌的点位特征，由“0”“1”转换形成各种参数、指令存放在记录器中，由此便完成了测量参数，即地物、地貌的数据采集。

2. 数字地表模型的建立系统

数字地表模型是一个由地面点三维坐标参数通过地形图绘图软件形成在计算机数据库中的虚拟地形图，如同人眼看到物体以后在脑海里形成的形象。启动运行测绘软件，计算机处理采集的数据，便可建立数字地表模型。图 12-1 中的计算机数据库是地形图数字测量基本系统的核心，地形绘图过程交给计算机模拟完成，前提条件是获得技术机能的数字化指令，即实现数字地表模型的软件与计算机的有机结合。

3. 地形图的输出系统

地形图绘图软件的驱动，即计算机绘图仪，完成地

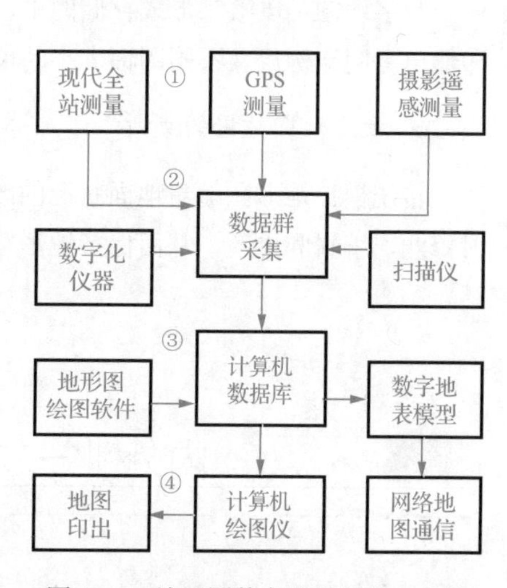

图 12-1　地形图数字测量的基本系统

形图的输出。数字测图把虚拟地形图转化为可展示、感知的实地形图：一方面，可通过显示设备显示数字地表模型转换而来的虚地形图形态；另一方面，经过机助制图的工序可印出实物地形图。

12.1.4 数字测图的特点

1. 测量精度高

传统光学测距相对误差大，数字测图相对误差较小。例如，采用光电测距时，测距相对误差小于$\frac{1}{40000}$，地形点到测站距离长，几百米的测量误差均为1cm左右。数字地图的重要地物点相对于临近控制点的位置精度小于5cm。

2. 定点准确

数字测图方法采用计算机自动展点，几乎没有定点误差。图根点加密和地形测图可以同时进行，方便可靠。

3. 图幅连接自由

数字测图方法不受图幅限制，作业可以按照河流、道路和自然分界划分，方便施测与接边。

4. 出图种类多，一图多用

现代数字测图与制图软件等有机结合，可将地物、地貌要素数据按类分层存储。例如，可将地物按照控制点、建筑物、行政边界、地籍边界、道路、管线、水系及植被等类别分层存储。因此，数字测图不仅可以获得一般地形图，而且可以根据需要，分层输出各种专题地图，实现一图多用。

5. 便于比例尺的选择

数字地图是以数字形式存储的1∶1的地图，可以根据用户的需要，在一定比例尺范围内打印输出不同比例尺及不同图幅大小的地图。

6. 便于地图数据的更新

传统模拟地形图随着地面状况的改变会失去现势性。数字地形图可根据电子文档的特点及时修测、编辑和更新，从而保持地形图的现势性。

12.2 内外业一体化数字测图

内外业指的是传统地形图测绘按先外业、后内业进行的作业。外业实现野外碎部测图，内业实现室内绘制地形图。现代内外业一体化数字测图在外业中可以完成一般内外业的地形图测绘工作。内外业一体化数字测图必须在所应用计算机中装备技术成熟的数字测图软件。数字化测图软件大多是在 AutoCAD 平台上开发的，可以充分应用 AutoCAD 的图形编辑功能。不同软件的图形数据和地形编码一般不能相互兼容，只能在一台计算机上使用。

本节介绍全站仪与数字化测图软件 CASS 10.1 结合的数字测图一体化过程。

12.2.1　CASS 10.1 的计算机软硬件要求

CASS 10.1 的硬件环境建议为 AMD Athlon 64 或英特尔奔腾 4 以上，内存大于或等于 2GB，硬盘留有 1.5GB 可用磁盘空间用于安装，显示器分辨率为 1024 像素×768 像素，且带真彩功能。CASS 10.1 软件环境支持 32 位系统或 64 位系统的 Microsoft Windows 10、Microsoft Windows 8/8.1、Windows 7、Windows Vista（SP1）、Windows XP，浏览器支持 Windows Internet Explorer 7.0 或更高版本，支持 AutoCAD 2010～2018 平台。

12.2.2　CASS 10.1 的安装和启动

CASS 10.1 包装盒内有程序光盘一张，说明书一本，软件狗一个。

安装 CASS 10.1 前，必须安装 AutoCAD。CASS 10.1 的安装应该在安装完成 AutoCAD 并运行一次 AutoCAD 后进行。打开 CASS 10.1 文件夹，找到 CASS 10.1 安装程序，选择以管理员身份运行，启动 CASS 10.1 安装向导，进入安装界面，选择合适的安装路径进行安装，之后安装软件狗驱动程序。

12.2.3　CASS 10.1 的操作界面

CASS 10.1 的操作界面如图 12-2 所示。CASS 10.1 与 AutoCAD 的操作界面及基本操作是相同的，二者的区别在于下拉菜单及屏幕菜单的内容不同。图 12-2 所示操作界面为图形窗口，其中的图形是示例地形图。CASS 10.1 操作界面中各功能区的功能如下。

1）CASS 下拉菜单栏：提供测绘的主要功能，如等高线、地物编辑等测绘功能。

2）屏幕菜单栏：提供各种类别地物、地貌符号，是测绘操作应用较多的功能区。

3）CASS 属性面板：显示地物的图层、属性等信息。

4）CAD 工具栏：提供各种 AutoCAD 命令、测绘快捷功能。

5）命令栏：用户可以通过命令栏输入各种命令，并反馈命令结果。

图 12-2 所示界面的中间部分为绘图区，用户可以通过图形窗口执行 CASS 10.1 和 AutoCAD 的全部命令，并进行绘图，计算机的数据库自动实时联动更新。

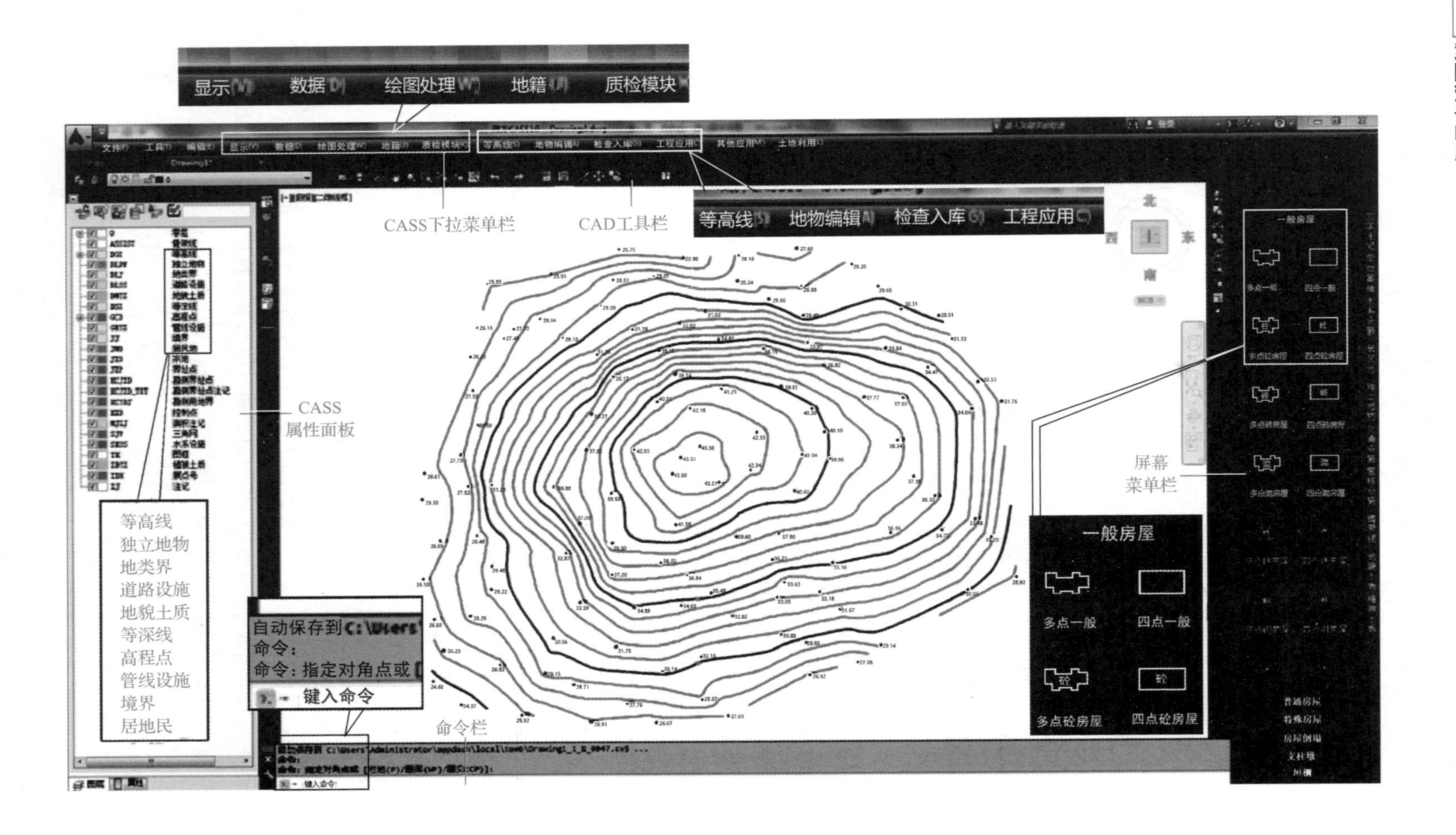

图 12-2　CASS 10.1 的操作界面

12.2.4　全站仪草图法数字测图的组织

全站仪数字测图的方法有草图法、编码法和电子平板法等。此外，GNSS 测图法也可用于碎部测量。限于篇幅，这里仅介绍全站仪草图法数字测图，即在单元 10 介绍的全站速测法基础上发展的具体实施方法。

1. 人员组织与分工

如图 12-3 所示，全站仪草图法最少需要观测员、立镜员、领图员各一人，同时可配一位内业制图员。

观测员负责操作全站仪，观测并记录观测数据。当全站仪无内存或磁卡时，必须加配电子手簿，此时观测员还负责操作电子手簿并记录观测数据。

领图员负责指挥立镜员，现场勾绘草图。要求领图员熟悉测量图式，可以保证草图的简洁、正确。

观测员观测中应注意检查起始方向，并注意与领图员对点号（一般每测十个点就对一次点号）。

勾绘草图的草图纸应有固定格式，每张草图纸应包含日期、测站、后视、近似北方向、测量员、绘图员等信息。草图纸应清楚记录测点与测站的隶属关系。草图绘制应简单清楚，密集地物或复杂地物均可单独绘制草图。草图绘制直接影响成图速度和质量，必须做好本项工作。

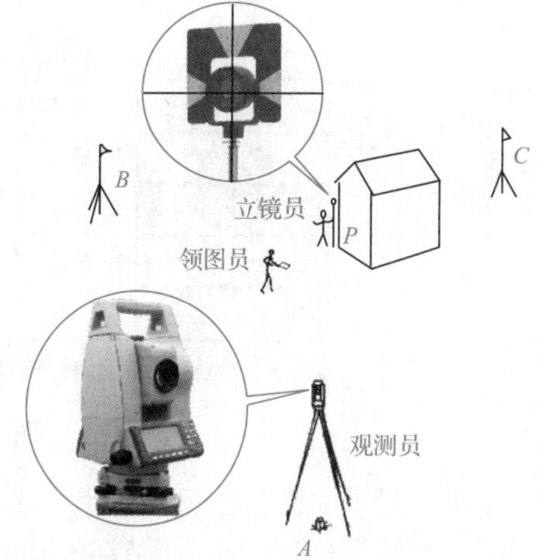

图 12-3　全站仪草图法人员组织

立镜员现场徒步立反射器。立镜员立点符合“测点三注意”（见本书 10.3 节）。立镜员应与领图员协调听取指挥。

草图法通常需要室外测量人员和制图员明确分工，领图员只负责绘制草图，制图员得到草图和坐标文件即可连线成图。无专业制图员时，通常由领图员负责内业制图任务。

2. 数据采集设备

数据采集设备，即全站仪，大多带内存或 SD（secure digital，安全数字）卡，可直接记录观测数据。

12.2.5　全站仪草图法数字测图的作业流程

全站仪草图法数字测图的作业流程除图形输出外，还包括全站仪野外数据采集、数据通信、编辑成图、整饰与分幅。

1. 全站仪野外数据采集

在测站上安置全站仪，量取仪器高，将测站点和后视点的点名及三维坐标、仪器高、反射镜高输入全站仪。观测员操作全站仪照准后视（起始方向），进行定向并测量后视点坐标，与已知坐标相符时即可进行碎部测量。

立镜员与领图员配合，将反射镜立于待测碎部点，观测员操作全站仪观测至反射镜的水平方向、天顶距和斜距，全站仪自动计算所测碎部点(x,y,H)三维坐标，并自动记录在全站仪的文件载体中。领图员同时勾绘现场地物属性关系草图，并记录所测点号。

2. 数据通信

数据通信，即全站仪与计算机二者之间进行数据传输，形成观测坐标文件。现在一般使用U盘或SD卡进行数据传输，其操作步骤如下。

1）在全站仪的USB口插入U盘。

2）如图12-4所示，在项目菜单中选择“导出”选项。

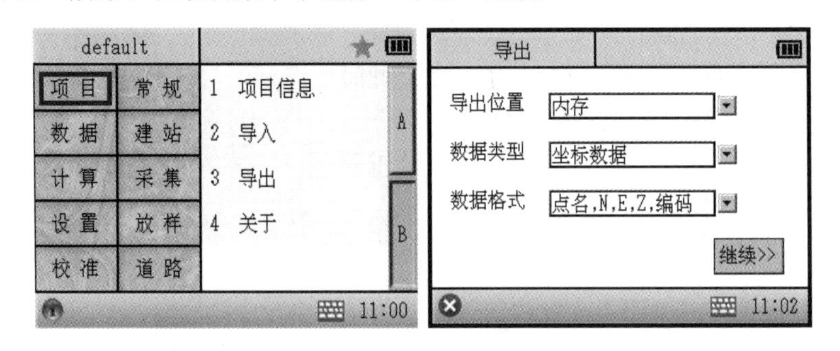

图12-4 全站仪数据传输

3）“导出位置”选择“SD卡”或“U盘”，“数据类型”“数据格式”根据实际需要选择，点击“继续”按钮，即可将数据传输到SD卡或U盘中。从SD卡或U盘将数据输入全站仪的操作类似。

3. 编辑成图

草图法根据不同作业方式，可分为点号定位法、坐标定位法和编码引导法等。其中，应用较多的是点号定位法，采用该方法进行内业编辑成图的流程如下。

（1）定显示区

定显示区，即根据输入坐标数据文件的数据量定义屏幕显示区域，以保证所有点可见。

首先移动鼠标指针至“绘图处理”（图12-2）并单击，系统弹出如图12-5所示菜单。

然后移动鼠标指标至“定显示区”并单击，系统弹出如图12-6所示对话框。

在“文件名”文本框中输入碎部点坐标数据文件名，找到从全站仪下载数据的存放路径，选取要进行成图的坐标数据，单击“打开”按钮，这时命令栏会显示该坐标文件中的最大坐标和最小坐标。

（2）改变当前图形比例尺

执行“绘图处理”菜单中的“改变当前图形比例尺”命令，按测图要求输入当前图形比例尺1∶500。

（3）展点

展点，即将坐标文件全部点的平面位置在绘图窗口展出，并标注各点点号。执行“绘图处理”菜单中的“展野外测点点号”命令，系统弹出如图12-6所示对话框，选中需要展点的坐标文件YMSJ.DAT，执行展点操作，将点位展绘在绘图窗口，不注记点的高程。

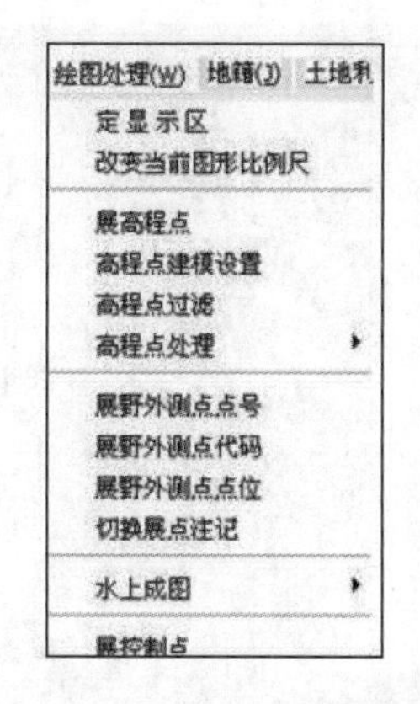

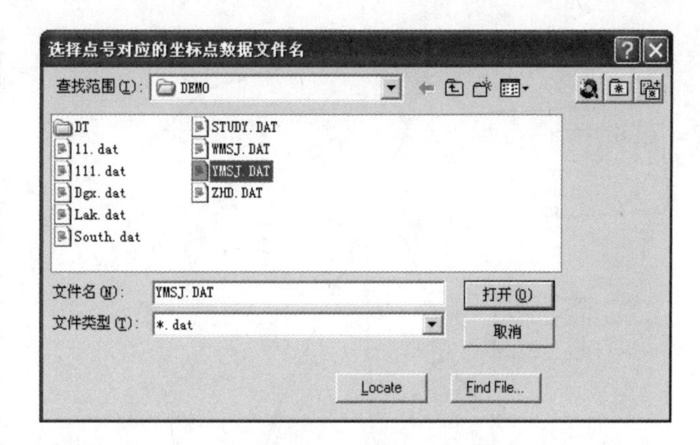

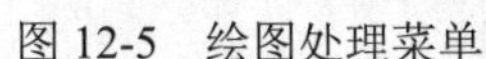

图 12-5 绘图处理菜单

图 12-6 “选择点号对应的坐标点数据文件名”对话框

（4）连线成图

根据野外作业时绘制的草图，在屏幕菜单栏（图 12-2）中选择地形图图式符号，在屏幕中将所有地物绘制出来。系统的地形图图式符号按照图层划分。例如，表示测量控制点的符号位于“定位基础”层，表示独立地物的符号位于“独立地物”层，表示植被的符号位于“植被土质”层。

1）将鼠标指针移至屏幕菜单栏（图 12-2），定位图标并右击，在弹出的快捷菜单中执行“点号定位”命令，系统弹出如图 12-6 所示对话框，输入点号对应的坐标数据文件名 YMSJ.DAT，这时命令栏提示：

读点完成！共读入 60 点

2）根据外业草图，选择相应的地图图式符号，在绘图窗口将平面图绘制出来。

如图 12-7 所示，33 号、34 号、35 号点连成一间简单房屋。移动鼠标指针至屏幕菜单栏（图 12-2）“居民地”处并单击，系统弹出如图 12-8 所示对话框。再移动鼠标指针至“四点一般房屋”图标处并单击，这时命令栏提示：

1．已知三点/2．已知两点及宽度/3．已知两点及对面一点/4．已知四点<1>

说明：“已知三点”是指测量矩形房子时测量三个点；“已知两点及宽度”是指测量矩形房子时测量两个点及房子的一条边；“已知两点及对面一点”是指测量矩形房子时测量两个点和对面边上的一个点（非拐角点）；“已知四点”是指测量矩形房子时测量四个角点。

鼠标定点点 P/<点号>

说明：“鼠标定点点 P”是指根据实际情况在屏幕上指定一个点；“点号”是指绘地物符号定位点的点号（与草图的点号对应），这里使用“点号”。

输入“34”，按 Enter 键，这时命令栏提示：

鼠标定点点 P/<点号>

输入“33”，按 Enter 键，这时命令栏提示：

鼠标定点点 P/<点号>

输入“35”，按 Enter 键。

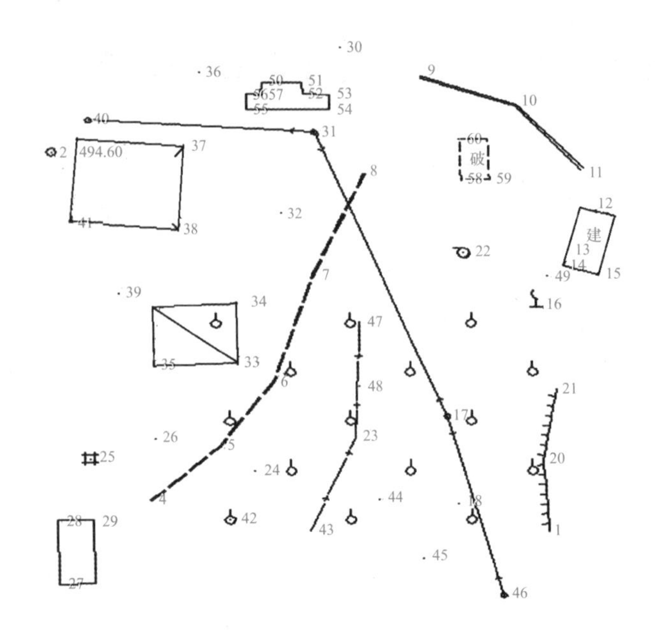

图 12-7 外业作业草图

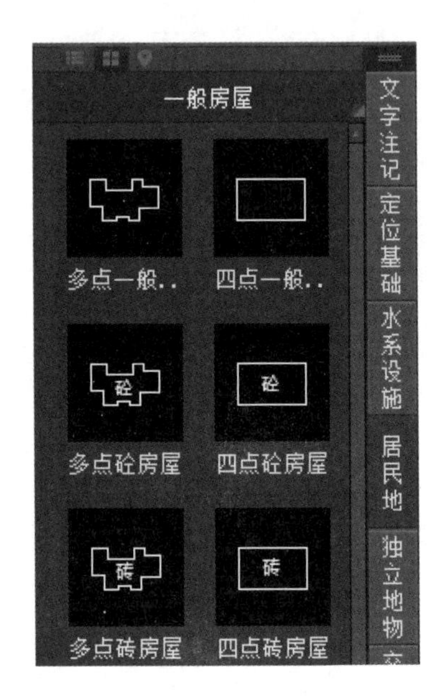

图 12-8 “居民地”图层中的一般房屋

这样，即将 33 号、34 号、35 号点连成一间简单房屋。

注意：绘制房子时，点号必须顺时针或逆时针输入，如上述点号应按 34、33、35 或 35、33、34 顺序输入，否则绘制的房子不符合要求。

重复上述操作，将 37 号、38 号、41 号点绘制成四点棚房；60 号、58 号、59 号点绘制成四点破坏房子；12 号、14 号、15 号点绘制成四点建筑中房屋；50 号、52 号、51 号、53 号、54 号、55 号、56 号、57 号点绘制成多点一般房屋；27 号、28 号、29 号点绘制成四点房屋。

利用上述方法，在“居民地/垣栅”层找到“依比例围墙”图标，将 9 号、10 号、11 号点绘制成依比例围墙；在“居民地/垣栅”层找到“篱笆”图标，将 47 号、48 号、23 号、43 号点绘成篱笆。操作完成后得到如图 12-9 所示平面图。

根据外业草图，将所有地物连线成图。完成连线成图操作后，如果需要注记点高程，那么可执行“绘图处理”菜单中的“展高程点”命令，在系统弹出的“展高程点的坐标文件”对话框中，选中与前面展点相同的坐标文件即可。

连线成图是地物勾绘四法的部分内容，其他内容可在编辑成图应用中加深掌握，这里不再详细介绍。

（5）绘制等高线

计算机软件的等高线处理沿用了图 10-19 的基本思路：获得图上点位，点位之间构成相邻三角形，各三角边按解析法确定等高线的位置，连接图上同高等高线位，勾绘出等高线的线条。根据这种思路，CASS 10.1 的等高线处理步骤如下。

1）建立三角网。在等高线下拉菜单中选择“建立三角网”命令，根据命令提示，三角网可以由“数据文件”或“图面高程点”生成。这里生成的三角网如图 12-10 所示。

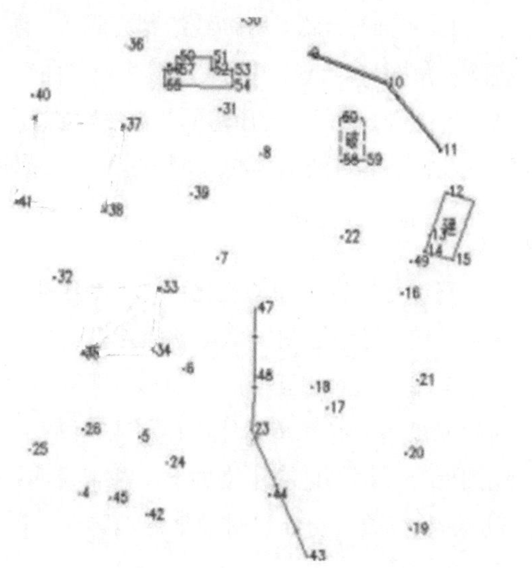

图 12-9　用“居民地”图层绘制的平面图

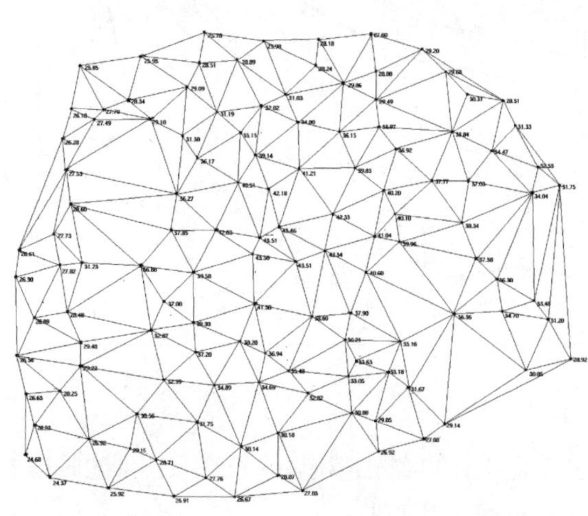

图 12-10　用 DGX.DAT 数据建立的三角网

2）完善图面三角网。在一般情况下，受地形条件的限制，外业采集的碎部点自动构成的数字地面模型与实际地貌不一致，很难一次生成理想的等高线，此时可以通过修改图面三角网完善局部不合理的地方。修改图面三角网的方法有加入地性线、删除三角形、过滤三角形、增加三角形、三角形内插点、删三角形顶点、重组三角形等。

注意：完善三角网后应随即进行“三角网存盘”操作，否则修改无效。

3）绘制等高线。执行“等高线”→“绘制等高线”命令，在弹出的对话框中输入等高距，选择拟合方式，即可自动生成等高线，如图 12-11 所示。

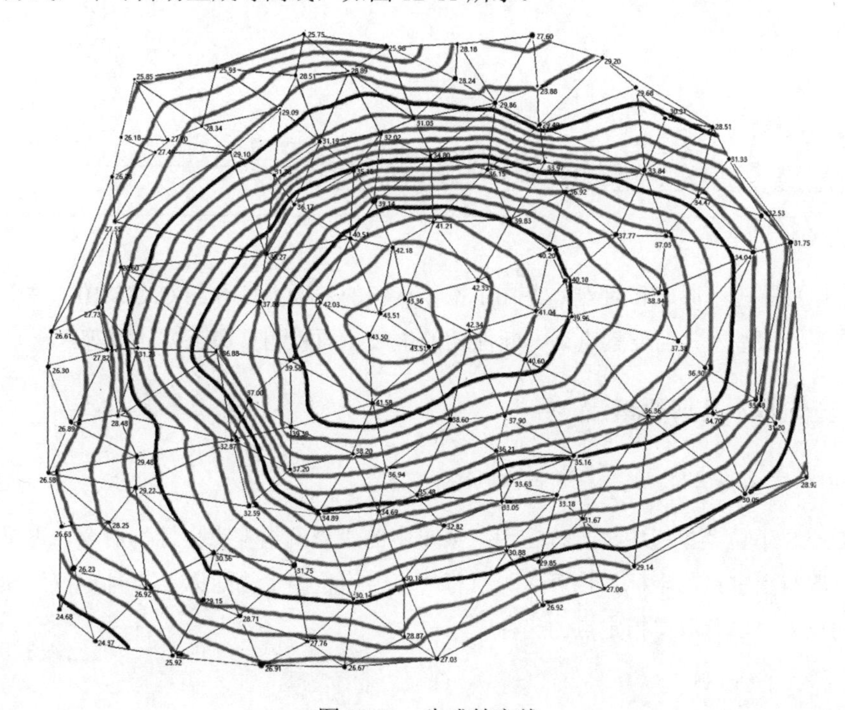

图 12-11　生成等高线

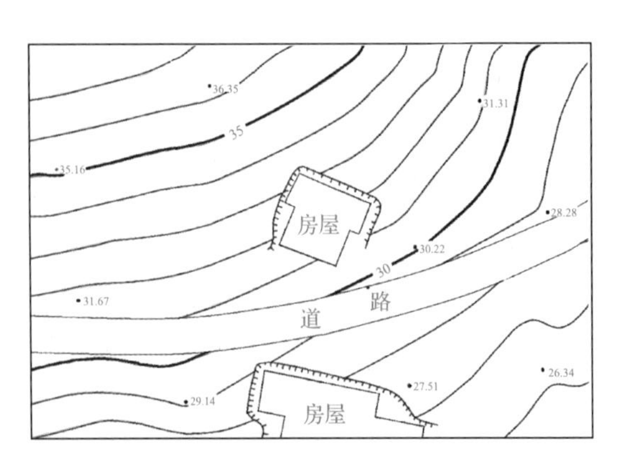

图 12-12　等高线修饰

4）修饰等高线。等高线绘制完成后，需要删除三角网，注记等高线（一般注记计曲线），修剪等高线。高程注记压盖的等高线需要消隐，穿过地物的等高线需要断开，如图 12-12 所示。

4. 整饰与分幅

整饰是编辑成图的优化：利用计算机图形编辑系统，对地形图屏幕显示和人机交互图形进行编辑，消除相互矛盾的地形、地物，检查漏测或错测情况并及时外业补测或重测；纠正地图上有关地物地貌不当的文字注记说明；根据实测坐标和实地情况，人机交互图形随时增加或删除、修改、更新过时的地形地物等，以保证地形图的现势性。

CASS 10.1 图形编辑提供“编辑”“地物编辑”两种下拉菜单，便于实现整饰。“编辑”下拉菜单是由 AutoCAD 提供的，包括图元编辑、删除、断开、延伸、修剪、移动、旋转、比例缩放、复制、偏移复制等命令；“地物编辑”是由 CASS 提供的，包括线型换向、植被填充、土质填充、批量删剪、批量缩放、窗口内的图形存盘、多边形内图形存盘等命令。

现代数字测绘往往不分幅，而是成片区域性测图。因此，图形分幅和图幅整饰是地形图编辑与整饰不可缺少的工作。CASS 10.1 提供明确的操作方向和步骤，各幅地形图保持如图 11-1 所示的标准形式。

12.3 数字地形图的基本应用

本节在地形图应用原理和对 CASS 10.1 操作认识的基础上，介绍 CASS 10.1 关于数字地形图的基本应用，即基本几何要素查询、断面图的生成、面积测算和土方计算等。

12.3.1 查询基本几何要素

1. 查询指定点的坐标

执行 CASS 下拉菜单栏中“工程应用”菜单中的“查询指定点坐标”命令，再单击要查询的点，即可取得指定点的坐标。也可以先执行“点号定位”命令进入“点号定位”模式，再输入要查询的点号，以此取得指定点的坐标。

2. 查询两点的距离及方位

执行“工程应用”菜单（图 12-2）中的“查询两点距离及方位”命令，再分别单击所要查询的两点，即可获取两点的距离及方位。也可以先执行“点号定位”命令进入“点号定位”模式，再输入两点的点号，以此获取两点的距离及方位。CASS 10.1 显示的坐标为实地坐标，显示的两点间的距离为实地距离。

3. 查询线长

执行“工程应用”菜单中的“查询线长”命令，再单击图上曲线，即可获得线长信息。

4. 查询实体面积

单击待查询实体的边界线即可获得其面积。需要注意的是，实体边界线应是闭合的。

5. 计算表面积

可根据“坐标文件”“图上高程点”“三角网”计算表面积。执行“工程应用”→“计算表面积”→“根据坐标文件”命令，生成不规则三角形格网，以此得到不规则地貌表面积计算结果。

12.3.2　绘制断面图

断面图可根据已知坐标、里程文件、等高线等生成。

1. 根据已知坐标生成断面图

坐标文件指野外观测含高程点的文件。根据该文件生成断面图的方法如下。

1）用复合线［CAD（computer aided design，计算机辅助设计）技术中多条直线段的连接线］绘制断面线，执行“工程应用”→“绘断面图”→“根据已知坐标”命令，选择断面线，单击上步所绘断面线。

2）系统弹出“断面线上取值”对话框，如图 12-13 所示。在“选择已知坐标获取方式”栏下，若选中“由数据文件生成”单选按钮，则在“坐标数据文件名”栏中选择高程点数据文件；若选中“由图面高程点生成”单选按钮，则在图上选取高程点的前提是图面存在高程点，否则无法根据已知坐标生成断面图。

采样点间距：复合线上两顶点间距若大于此间距，则每隔此间距内插一个点。默认设置为 20m。

起始里程：系统默认起始里程为 0。

其他选项按系统默认或根据情况设置。

3）单击“确定”按钮，系统弹出“绘制纵断面图”对话框，如图 12-14 所示。在该对话框中输入相关参数。

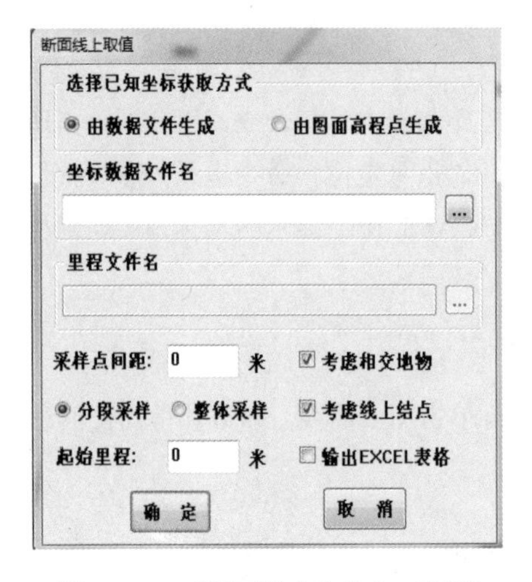

图 12-13 “断面线上取值”对话框

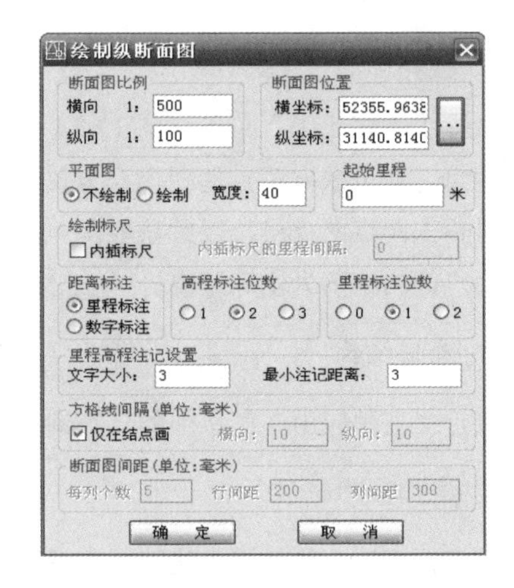

图 12-14 “绘制纵断面图”对话框

断面图比例：横向比例默认为 1∶500，纵向比例默认为 1∶100。

断面图位置：可以手动输入，也可以在图面拾取。

选择是否绘制平面图、内插标尺以及使用哪种距离标注。

此外，一些关于注记的参数也需要进行设置。

单击“确定”按钮，系统弹出所选断面线的断面图，如图 12-15 所示。

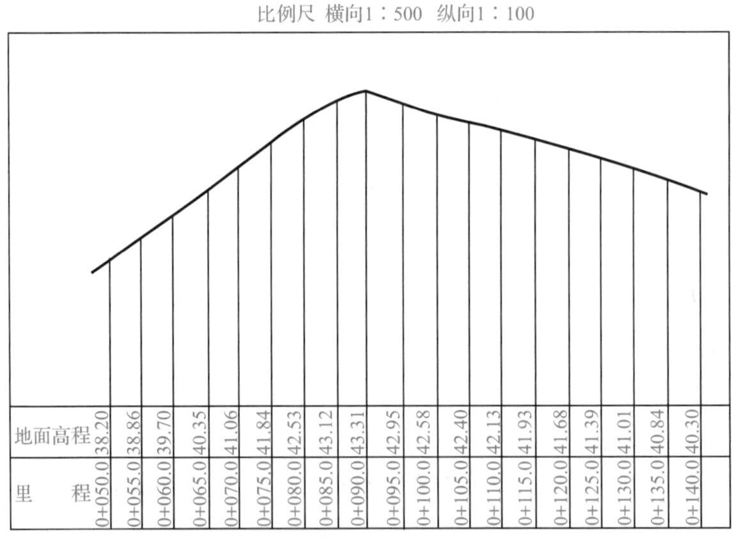

图 12-15 纵断面图

2. 根据里程文件生成断面图

一个里程文件可包含多个断面信息，也就是说，根据里程文件可一次生成多个断面图。里程文件中的一个断面信息允许包含该断面不同时期的断面数据，这样在生成断面时就可以同时生成实际断面线和设计断面线。

3．根据等高线生成断面图

如图 12-16 所示，如果图面存在等高线，那么可根据断面线 *AB* 与等高线的交点生成纵断面图。执行“工程应用”→“绘断面图”→“根据等高线”命令，命令栏提示“请选取断面线：＜选择要绘制断面图的断面线＞”，同时系统弹出绘制纵断面图的对话框，具体操作同根据坐标文件生成断面图。绘制纵断面图示例如图 12-17 所示。

图 12-16　获取断面线与等高线交点

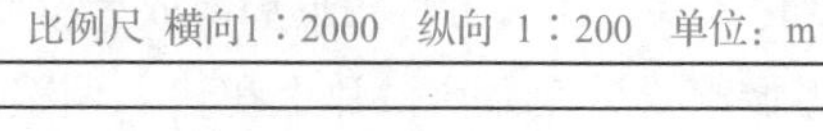

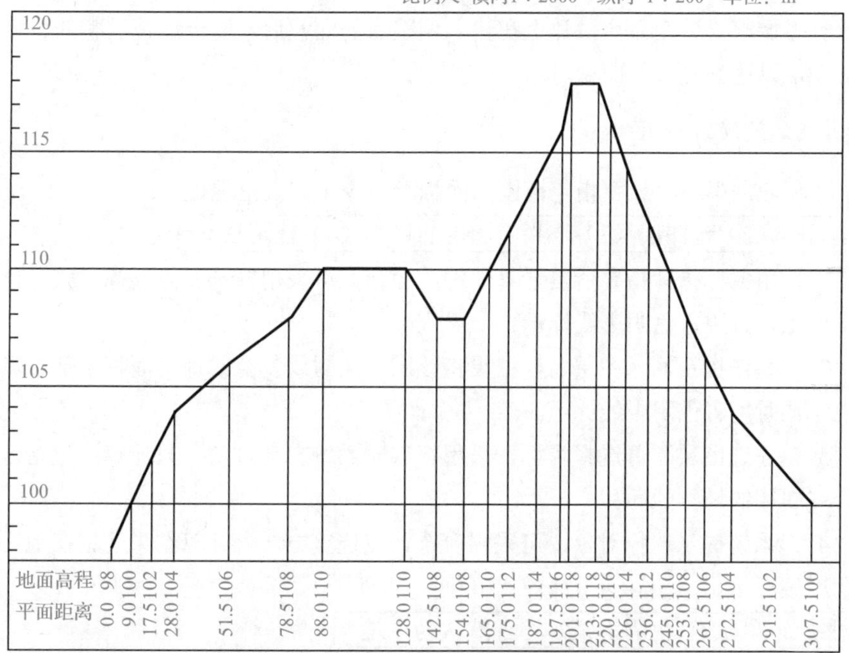

图 12-17　绘制纵断面图示例

12.3.3　面积测算

1．长度调整

选择复合线或直线，程序自动计算所选线的长度，并将其调整到指定的长度。

执行“工程应用”→“线条长度调整”命令，依次出现提示：

请选择想要调整的线条

起始线段长××.×××米，终止线段长××.××米

请输入要调整到的长度（米）；输入目标长度

需调整（1）起点（2）终点<2>；默认为终点。

根据以上提示按 Enter 键或执行右键“确定”命令，完成线长度的调整。

2. 面积调整

如图 12-18 所示，在面积调整菜单中，通过调整封闭复合线的一点或一边，将该复合线所围成区域面积调整为所要求的目标面积。要求复合线是未经拟合的。

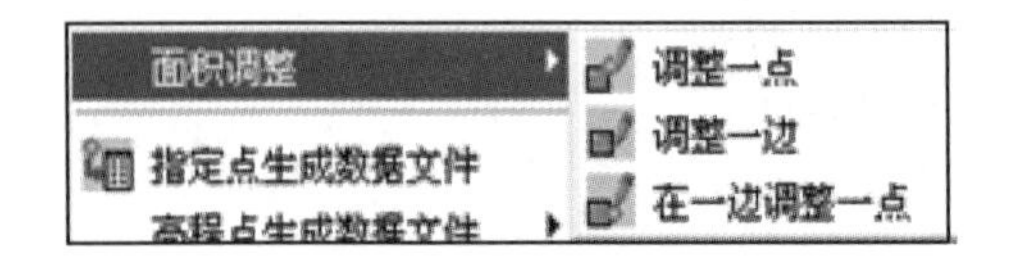

图 12-18　面积调整菜单

如果执行“调整一点”命令，那么在选择面积单位后，复合线被调整的顶点将随鼠标指针移动而移动，整个复合线形状也随之变化，同时可看到显示屏右下角实时显示变化的复合线面积，待该面积达到所要求数值后，单击确定被调整点的位置。如果面积数值变化太快，那么可将图形局部放大再使用此功能。

如果执行“调整一边”命令，那么在输入调整后的面积后，复合线被调整的边将会平行向内或向外移动，以达到要求的面积。

3. 计算指定范围的面积

执行“工程应用”→“计算指定范围的面积”命令，依次出现提示：

（1）选目标（2）选图层（3）选指定图层的目标（4）建筑物<1>

输入“1”：用鼠标指针指定所需计算地物的面积，可采用窗选、点选等方式，计算结果注记在地物重心上，且用青色阴影线标示。

输入“2”：系统提示输入图层名，结果将该图层的封闭复合线地物面积全部计算出，并注记在重心上，同时用青色阴影线标示。

输入“3”：先选图层，再选择目标，采用窗选时系统自动过滤，只计算注记指定图层被选中的以复合线封闭的地物的面积。

输入“4”：系统提示选择对象，可采用窗选、点选等方式，计算结果注记在地物重心上，且用青色阴影线标示。

是否对统计区域加青色阴影线? <Y> 默认为“是”

总面积 = ×××××.×× 平方米

4. 统计指定区域的面积

统计指定区域的面积功能可将上述注记在图上的面积累加起来。执行“工程应用”→“统计指定区域的面积”命令，依次出现提示：

面积统计—可用窗口（W.C）/多边形窗口（WP.CP）/…等方式选择已计算面积的区域

选择对象：选择面积文字注记：<拖动鼠标拉一个窗口即可>

总面积=×××××.××平方米

5. 计算指定点所围成的面积

执行“工程应用”→“指定点所围成的面积”，依次出现提示：

输入点

单击指定计算区域的第一个点，命令栏将一直提示输入下一点，直到执行右键“确定”命令或按 Enter 键确认指定区域封闭（结束点和起始点并不是同一点，系统将自动封闭结束点和起始点）。

指定点所围成的面积 = ×××××.×× 平方米

12.3.4　土方计算

CASS 10.1 提供了土方量计算方法：三角网法、断面法、方格网法和等高线法等。这里利用三角网法进行土方计算，其基本思想如图 11-18（c）所示。

图 11-18（c）中的点 A、点 B、点 C 是碎部测量三角网中三角形碎部点，碎部测量的众多碎部点可生成 DTM（digital terrain models，数字地面模型），该模型测定碎部点坐标 (X,Y,Z) 和设计高程，通过生成三角网来计算每一个三棱柱的填挖土方量，最后累加得到指定范围内总的填挖土方量，并绘制出填挖方分界线。

三角网法土方计算有四种途径：根据坐标文件、根据图上高程点、根据图上三角网、计算两期间土方。根据坐标文件和根据图上高程点包含重新建立三角网的过程。根据图上三角网直接采用图上已有的三角形，不再重建三角网。计算两期间土方根据开挖前后两次测量数据分别生成三角网来计算填挖土方量。这四种途径相似度较高，这里详细介绍根据坐标文件计算填挖土方量的方法。

用复合线画出所要计算土方的区域，该区域一定要闭合，但是尽量不要拟合。因为拟合过的曲线在进行土方计算时会出现折线迭代，影响计算结果精度。

执行“工程应用”→“三角网法土方计算”→“根据坐标文件”命令，命令栏显示：

选择计算区域边界线

单击所画的闭合复合线，输入高程点数据，系统弹出如图 12-19 所示对话框。该对话框中对应选项的含义如下。

区域面积：复合线所围成的多边形的水平投影面积。

平场标高：设计的工程场地的高程。

边界采样间隔：边界插值间隔，默认为 20m。

导出 excel 路径设置：选择导出 Excel 数据的路径，输出每个三角形的填挖土方量计算表格。

边坡设置：选中“处理边坡”复选框后，坡度设置功能变为可选状态，选中放坡的方式（向上或向下是指平场高程相对于实际地面高程的高低，若平场高程高于地面高程，则设置为向下放坡，反之为向上放坡），然后输入坡度值。

设置好计算参数，显示屏显示填挖方的对话框，命令栏提示：

挖方量= ××××立方米，填方量=××××立方米

同时图上绘出所分析的三角网、填挖方的分界线（黑色线条）。

关闭填挖土方的对话框后，系统提示：

请指定表格左下角位置：<直接回车不绘表格>

在图上适当位置单击，CASS 10.1 在该处绘出一个表格，包含平场面积、最大高程、最小高程、平场标高、填方量、挖方量和图形，如图 12-20 所示。

图 12-19 “DTM 土方计算参数设置”对话框

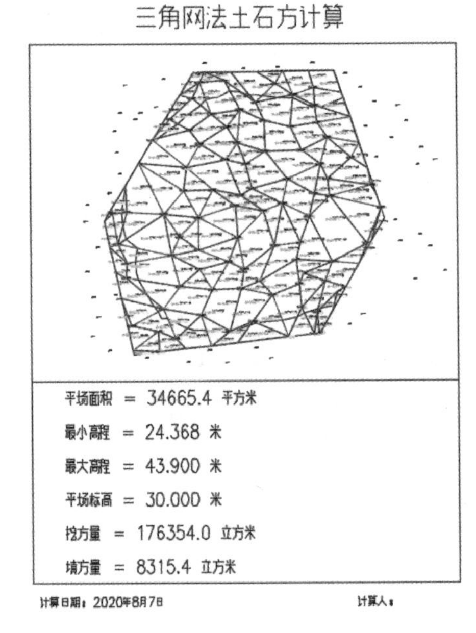

图 12-20 填挖土方量计算结果表格

12.4 概述无人机测绘地形图

12.4.1 无人机航空摄影测量系统

无人机航空摄影测量系统主要由飞行平台、飞行控制系统、影像传感器等组成。

视频：旋翼无人机安装与使用

1. 飞行平台

飞行平台指的是无人机，根据外形结构可划分为固定翼无人机（图 12-21）、无人直升机、多旋翼无人机（图 12-22）。

多旋翼无人机又可分为自转多旋翼无人机和多旋翼倾转定翼无人机（图 12-23）。

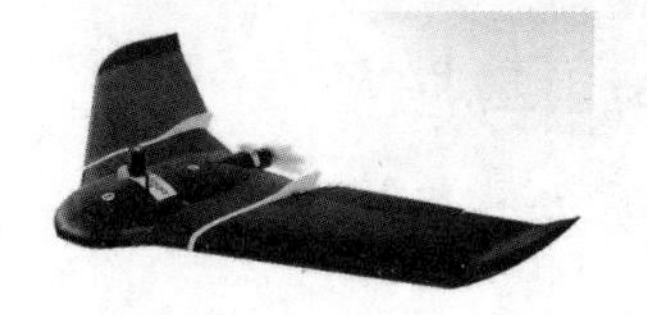

图 12-21　固定翼无人机

图 12-22　多旋翼无人机

图 12-23　多旋翼倾转定翼无人机

自转多旋翼无人机由旋翼自转提供升力，由螺旋桨提供前进动力。自转多旋翼无人机在起飞前通过传动装置将旋翼预先驱动，通过离合器切断传动链路后起飞。断开离合器后，自转多旋翼无人机依靠前方气流吹动而处于自转状态。自转多旋翼无人机在发动机失控时，依然可以依靠自转实现安全着陆。自转多旋翼无人机具有结构简单、操纵简单等优点，同时具有良好的低速性和安全性。

多旋翼倾转定翼无人机采用了倾转定翼机构，可最大化利用气动效率，在以巡航模式飞行时，即使其中一个电动机发生故障，无人机也能继续飞行。

2. 飞行控制系统

飞行控制系统包括机载自主控制系统和地面人工控制系统。地面操作人员通过地面人工控制系统控制无人机的发射和回收。无人机升空到达预先设定的高度后，通过机载自主控制系统进行自主驾驶，在飞行过程中，可以自由切换自主和人工操作两种模式。

（1）机载自主控制系统

机载自主控制系统装载于无人机，包括任务载荷、飞行控制器和舵机。

任务载荷包括 GNSS 接收机、风速传感器、高度传感器、红外姿态传感器等，负责高度、经度、纬度、速度、平衡姿态等信息的采集。

飞行控制器负责对传感器采集到的信息进行处理，并将其转化成相应的电压信号指令传递给舵机。

舵机负责按照飞行控制器传送的指令带动舵面或节气门发生相应变化而改变无人机飞行姿态。

（2）地面人工控制系统

利用地面人工控制系统，地面操作人员能够有效地对无人机和任务载荷进行控制。该系统主要功能包括任务规划、飞行航迹显示、测控参数显示、图像显示、任务载荷管理、系统监控、数据记录和通信指挥。

地面人工控制系统一般配置在测控系统的地面控制站中。地面控制站主要由计算机、信号接收设备、无人机遥控器组成，负责对接收到的无人机的各种参数进行分析处理，并在需要时对无人机航迹进行修改，在特殊情况下通过无人机遥控器（图 12-24）手动遥控无人机。

3. 影像传感器

影像传感器主要指搭载在无人机上的各种传感器设备，包括量测型相机、倾斜摄影测量相机（图 12-25）、红外热像仪等。

图 12-24　无人机遥控器

图 12-25　倾斜摄影测量相机

倾斜摄影测量相机采用的倾斜摄影技术（图 12-26）是国际测绘领域近些年发展起来的一项高新技术，它打破了以往正射影像（图 12-27）只从垂直角度拍摄的局限性，通过在同一无人机上搭载多台传感器，可同时从不同的角度采集影像，将用户引入符合人眼视觉的真实直观世界。

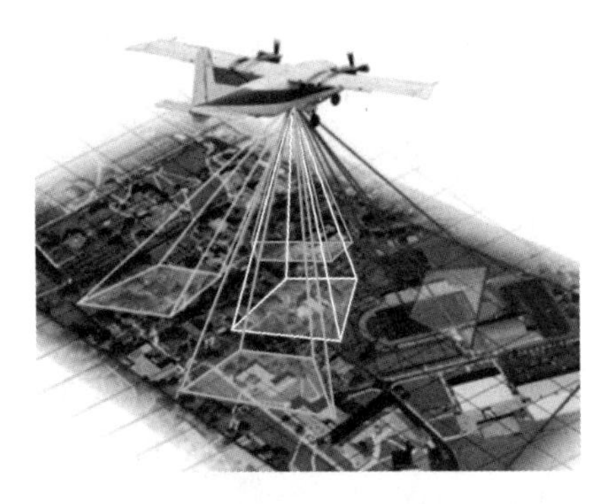

图 12-26　倾斜摄影 5 镜头获取影像

图 12-27　单镜头获取正射影像

倾斜摄影技术具有以下特点。

1）反映地物周边真实情况。倾斜影像能让用户从多个角度观察地物，更加真实地反映地物的实际情况。

2）倾斜影像可实现单张影像量测。通过应用配套软件，倾斜摄影技术可直接基于成果影像进行包括高度、长度、面积、角度、坡度等的量测，扩展了应用范围。

3）可采集建筑物侧面纹理。针对各种三维数字城市应用，基于航空摄影大规模成图的特点，采用从倾斜影像批量提取及贴纹理的方式，能够有效降低城市三维建模成本。

4）数据量小，易于网络发布。相比应用三维 GIS（geographic information systems，地理信息系统）技术需要配套庞大的三维数据资源，应用倾斜摄影技术获取的影像的数据量要小得多，其影像的数据格式可采用成熟的技术快速进行网络发布，实现共享应用。

倾斜摄影技术的突出优势：结合 LiDAR（light detection and ranging，光探测和测距）技术可提供三维影像（每个像素均具有三维坐标）的特点，可以直接定位、量测距离、面积等。

12.4.2　倾斜摄影作业流程

倾斜摄影作业流程如图 12-28 所示。

1. 倾斜影像采集

倾斜摄影技术主要用于获取地物多方位（尤其是侧面）且可供用户多角度浏览、实时量测的信息。

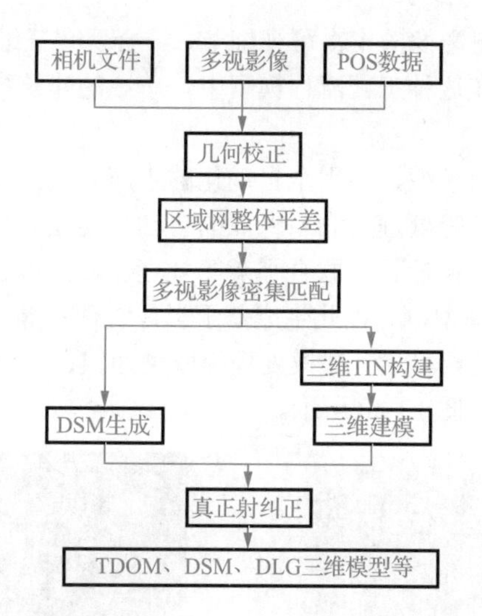

POS：position and orientation system，定位定姿系统；DSM：digital surface model，数字地表模型；
TIN：triangulated irregular network，不规则三角网；TDOM：true digital orthophoto map，真正射影像；
DLG：digital line graphic，数字线划地图。

图 12-28　倾斜摄影作业流程

（1）倾斜摄影系统构成

倾斜摄影系统主要由小型飞机（或无人机）、机组成员、专业航飞人员（或地面指挥人员）和仪器设备构成。仪器设备主要包括传感器（多头相机、GNSS 定位装置获取曝光瞬间三个线元素 x、y、z）和姿态定位系统（记录相机曝光瞬间姿态三个角元素 φ、ω、κ）。

（2）倾斜摄影航线设计

倾斜摄影航线设计采用专用航线设计软件，软件中配置的相对航高、地面分辨率及物理像元尺寸满足三角比例关系。航线设计一般采取 30%的旁向重叠度，66%的航向重叠度。目前生产自动化模型的旁向重叠度、航向重叠度均须达到 66%。航线设计软件会生成一个包含无人机的航线坐标及各个相机的曝光点坐标的飞行计划文件。在无人机的实际飞行中，各个相机根据对应的曝光点坐标自动进行曝光拍摄。

2. 倾斜影像数据加工

影像采集完成后，需进行数据加工，基本流程如下。

1）影像质量检查，补飞不合格区域，使获取的影像质量满足要求。

2）匀光匀色处理。对飞行过程中存在时间和空间差异的影像色偏进行匀光匀色处理。

3）几何校正、同名点匹配、区域网联合平差，最后将平差后的数据（三个坐标信息及三个方向角信息）赋予每个倾斜影像，使之具有在虚拟三维空间中的位置和姿态数据。

至此，倾斜影像即可进行实时量测，每个倾斜影像上的每个像素对应真实坐标。

3. 倾斜模型生产

倾斜摄影获取的倾斜影像经过影像加工处理，通过专用测绘软件可以生产倾斜摄影模型，模型有两种：一种是单体对象化模型；另一种是非单体化的模型。

单体对象化模型利用倾斜影像的丰富可视细节，结合现有三维线框模型（或白模型），通过纹理映射，生产三维模型。在这种工艺流程模型中，单独的建筑物可以删除、修改或替换，其纹理也可以修改。

非单体化的模型简称倾斜模型，采用全自动化的生产方式，模型生产周期短、成本低，获得倾斜影像后，经过匀光匀色等处理，利用专业的自动化建模软件生产三维模型。这种工艺流程一般会经过多视角影像的几何校正、联合平差等处理流程，可运算生成基于影像的超高密度点云。点云可用于构建 TIN 模型，并以此生成基于影像纹理的高分辨率倾斜摄影三维模型，因此点云也具备倾斜影像的测绘级精度。建模处理提取中间数据（点云）效果图如图 12-29 所示。倾斜摄影构建真实三维模型如图 12-30 所示。

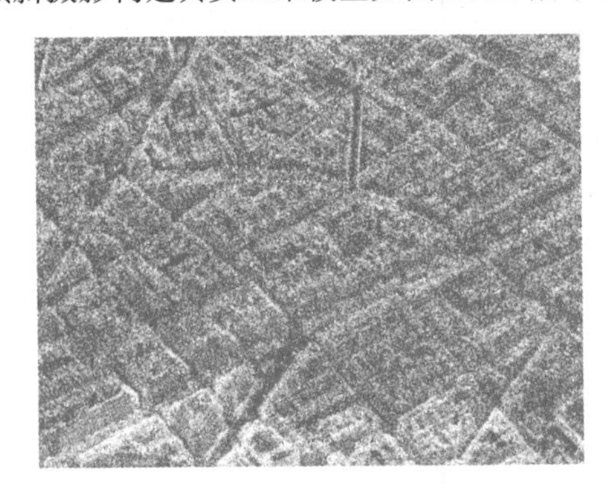

图 12-29　建模处理提取中间数据效果图

图 12-30　倾斜摄影构建真实三维模型

无论是单体对象化模型，还是非单体化的模型，它们在如今的 GIS 应用领域都发挥了巨大的作用，真实的空间地理基础数据为 GIS 行业提供了更为广阔的应用前景。

12.4.3　倾斜摄影的数字线划图生产

以倾斜摄影三维数据模型进行数据生成的软件可以实现高精度的大比例尺地形数据的矢量采集。根据影像所见即所得的定位地物要素的三维信息，采集同时赋予要素的国标编码，矢量结果可以多种数据格式导出并应用。矢量结果可以辅助国土信息进行不动产登记，二维、三维地籍规划等。倾斜摄影的数字线划图生产流程如图 12-31 所示。

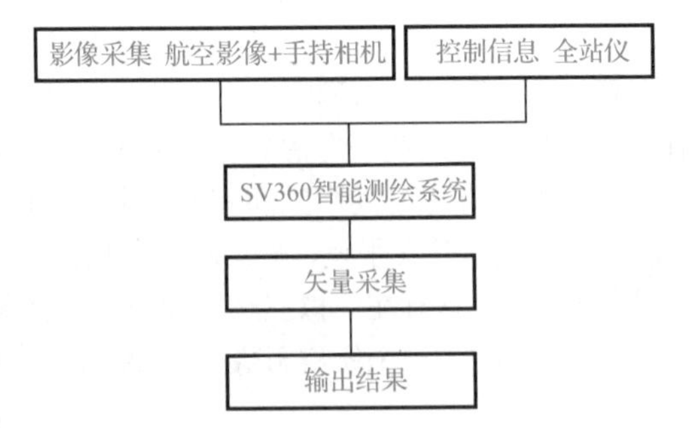

图 12-31　倾斜摄影的数字线划图生产流程

1. 二维矢量提取

用规定的符号提取地物、地貌的平面位置和高程位置，获取矢量图。

（1）线状地物提取

打开矢量测图图层管理器，在该管理器界面左侧对话框选择或搜索出对应的 CASS 编码，然后双击或执行右键菜单中的“编辑”命令，使矢量测图图层处于编辑状态。

（2）点状地物提取

以井盖为例，打开矢量测图图层管理器，在该管理器界面左侧对话框选择或者搜索出对应的 CASS 编码，使矢量测图图层处于编辑状态。

2. 等高线数据提取

SV360 智能测绘系统提供自动绘制等高线工具，首先确定要绘制等高线的区域，然后利用该功能设定阈值，系统会自动检索并生成高程点（图 12-32），也可在 CASS 直接生成等高线（图 12-33）。

3. 屋檐改正

传统的屋檐纠正需要通过外业调绘获得结果，而在 DP-Modeler（武汉天际航信息科技股份有限公司自主研发的一款自动化建模软件）中，在进行矢量采集的同时直接根据倾斜影像进行屋檐改正，大大减少了外业的工作量，如图 12-34 所示。

图 12-32　提取高程点

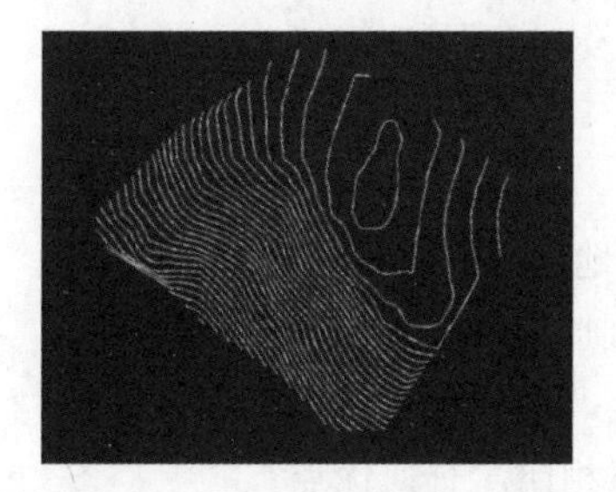

图 12-33　等高线生成

图 12-34　屋檐改正

4. 多角度检查

1）选择矢量线上所有的点，打开垂直辅助线。

2）用左边相机视图，切换四周倾斜影像，观察辅助线与立面相交线是否重合，如图 12-35 所示。

图 12-35　多角度检查

5. 矢量导出

全要素矢量提取完毕之后，在矢量测图图层管理器中选择将矢量导出。矢量导出有三种格式：第一种是.dxf 格式，不带属性输出；第二种是.cas 格式，带属性输出，线状物、点状物都可以用这种格式导出；第三种是.dat 格式，一般用于等高线的高程点导出。将导出之后的矢量文件在 CASS 中打开，可以直接成图。

习题 12

1．数字测量涉及________。

A．测量结果的数字化、地面点特征数字化、测绘机能数字化及其数据库

B．测量结果、地面点特征、测绘机能的数字化及其数据库

C．整个地形图数字测量基本系统的数字化过程

2．地形图数字测量的基本系统有________。

A．数据采集系统，数字地表模型的建立系统，地形图的输出系统

B．现场测量数据系统，测绘软件，地形图的绘制系统

C．计算机系统，测绘软件，地形图的绘制系统

3．内外业一体化数字测图方法与传统白纸测图方法相比，有何优点？

4．全站仪数字测图具有________的特点。

A．测量兼顾记录存储数据，“测点三注意”，参照草图勾绘成图

B．测量精度高，逐幅测绘，分层测量，缩小打印

C．连幅测绘，测点精度高，数据分类存储，1∶1 比例测绘

5．地面数字测图方法有________。

A．电子平板法　　B．扫描数字化　　C．草图法　　D．手扶跟踪数字化

6．根据图 12-2，CASS 属性面板的功能是________。

A．从下拉菜单获取属性命令

B．显示图层、属性等信息

C．输入各种命令

7．草图法数字测图一般需要四个人，他们分别负责什么工作？

8．草测法“点号定位”编辑成图流程为________。

A．定显示区→展测点号→连线成图→绘制等高线

B．建三角网→完善三角网→绘制等高线→修饰等高线

C．全站仪野外测量→数据通信→编辑成图→整饰与分幅

9．试写出在 CASS 10.1 上进行地形图的下列应用所使用的命令。

1）测量图上点的坐标。

2）测量图上两点之间的实地距离。

3）绘制断面图。

4）测量图上某边线内的面积。

10．使用 CASS 10.1 进行挖填土方量计算时，对计算边界有什么要求？

11．使用 CASS 10.1 绘制断面图时，一般水平轴的“距离比例”设置成________，垂直轴的“标高比例”设置成________比较合适。

12．无人机航空摄影测量系统的组成部分包括________。

A．飞行平台，飞行控制系统，影像传感器

B．飞行平台，地面人工控制系统，摄像机

C．固定翼无人机，多旋翼无人机，多旋翼倾转定翼无人机

13．试述倾斜摄影技术的优点。

14．试述基于倾斜摄影技术的数字线划图生产流程。

施工测量定位

学习目标

明确施工测量的目的及相应的基本要求，掌握施工测量的直接定位元素的放样技术，掌握地面点平面位置的放样技术，明确激光在施工测量中的定向原理和方法。

13.1 概　述

13.1.1 施工测量与工程测设

1. 施工测量与工程测设的定位概念

工程建设中的设计图纸主要用点位及其相互关系表示建筑物、构筑物的形状和大小。建筑物、构筑物的设计完成之后，按设计图纸及相应的技术要求进行施工。施工测量定位是工程施工之前以测量学测设本能为特征的重要工程定位技术。施工测量定位简称施工测量，又称工程测设。施工测量以控制点为基础，将设计图纸上的点位测定到实地并表示出来。施工测量在工程上又称施工放样，简称放样。测定或放样在实地的点称为施工点，或称放样点。

工程测设是工程地面点定位的重要测量技术，具有局部地域的性质，若扩展到投放命中全球目标等应用，则工程测设具有广域性质。

2. 放样的基本思想

和测绘的基本技术过程一样，放样地面点的直接定位元素是角度、距离、高差，间接定位元素是点位坐标和高程。

从地面点定位的基本工作要求出发，放样的基本思想如下。

1）在放样之前，检验设计图上有关的定位元素。

2）必要时，对定位元素进行必要的处理。

3）在实地将拟定的地面点测设出来，并在地面上设立点标志。

4）检查放样点的准确性、可靠性。

由于建设工程存在多样性，地面环境存在复杂性，在放样的过程中，必须因地制宜，采取灵活可靠的技术措施。

13.1.2 施工测量的精度

施工测量的精度主要取决于建筑物、构筑物的本身要求。建筑物、构筑物的本身要求不同，施工测量的精度必有差异。

一般来说，钢结构工程的施工测量精度高于混凝土结构工程的施工测量精度；装配式工程的施工测量精度高于现场浇灌式工程的施工测量精度。

在道路桥梁工程中，高速公路的施工测量精度高于普通公路的施工测量精度；特大桥梁的施工测量精度高于普通桥梁的施工测量精度；长隧道工程的施工测量精度高于短隧道工程的施工测量精度，等等。

施工测量的精度最终体现在施工点的精度上。施工测量应从工程的设计与施工的精度需要出发，确定与之相匹配的测量技术相应的精度等级，确定满足精度要求的测量装备和施工测量方案，使实地放样点的精度满足施工的要求。

13.1.3 施工控制测量

与测量定位技术过程中的工作相仿，施工测量仍然遵循单元 1 提出的“等级、整体、控制、检验”四项工作原则。施工测量的整体原则兼顾工程的全局性和技术要求的完整性。施工控制测量作为施工测量的工作基础，必须从整体出发，尽量实现多用性和有效性。

多用性，即施工控制测量的建立应满足工程设计及其施工测量与管理所确定的要求，尽量避免重复控制测量。有效性，即施工控制测量所建立的控制点点位无损可靠，便于应用，点位参数准确，符合应用需要。

随着现代化建设的不断发展，要求工程建设实现高速度、高精度、高质量，做好施工控制测量这一工程基础的前期工作，是高速度、高精度、高质量的重要保证之一。

13.1.4 施工测量的工作要求

（1）紧密结合施工的连续进程

施工要进行，测量是先导。紧密结合施工的需要，测量技术人员必须做好以下准备工作。

1）熟悉设计图纸，了解有关的设计思路。

2）检查图纸，核实图纸的有关数据，做好施工测量的数据准备。

3）了解施工工作计划和安排，协调测量与施工的关系，落实施工测量工艺。

（2）熟悉现场实际

施工测量人员熟悉现场实际是做好施工测量的基本条件。要做到这一点，必须做好以下准备工作。

1）核查或检测有关的控制点，确认点位准确可靠。

2）查清工地范围的地形地物状态。

3）熟悉施工的进展状况。

4）熟悉施工环境，避免施工对测量可能产生的影响，及时准确地完成施工测量工作。

（3）加强测量标志的管理、保护，注意受损测量标志的恢复

测量标志包括控制点和放样点。其中，控制点是施工测量的基础，放样点是施工的依据。由于施工具有复杂性和多样性，可能造成测量标志受损或丢失，因此测量过程中应加强对测量标志的管理、保护，及时恢复受损的测量标志。这是做好施工测量的必要工作要求。

13.2 直接定位元素的放样

直接定位元素角度、距离、高差的放样即角度放样、距离放样、高差放样。

13.2.1 角度放样

图 13-1 所示为点位角度关系设计图，图中的点 A、点 B 为已知点，AB 是已知方向，AP 是设计的方向线，已知$\angle BAP$ 设计值为 β。在实地存在相应的已知点 A、点 B，AB 是已知方向。实地没有 AP 方向。角度放样就是利用测量技术手段把设计的 AP 方向按设计的$\angle BAP$ 已知值测设到实地中。

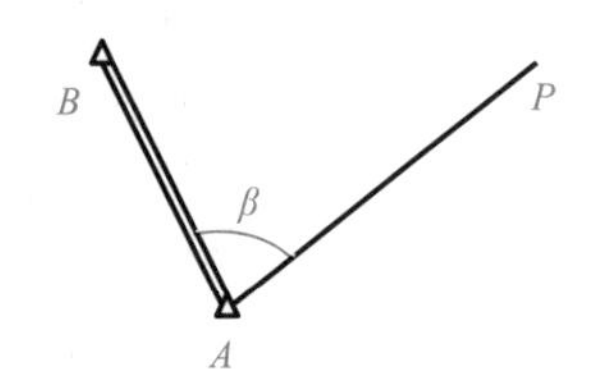

图 13-1　点位角度关系设计图

1. 一般角度放样

根据图 13-1，角度放样的一般方法如下。

1）如图 13-2 所示，在实地已知点 A 安置全站仪或经纬仪，选定已知方向 AB，以盘左瞄准点 B 目标，同时从全站仪或经纬仪读数显示窗读取方向值 β_0。一般，β_0 配置在 0° 附近，或者配置为 0°。

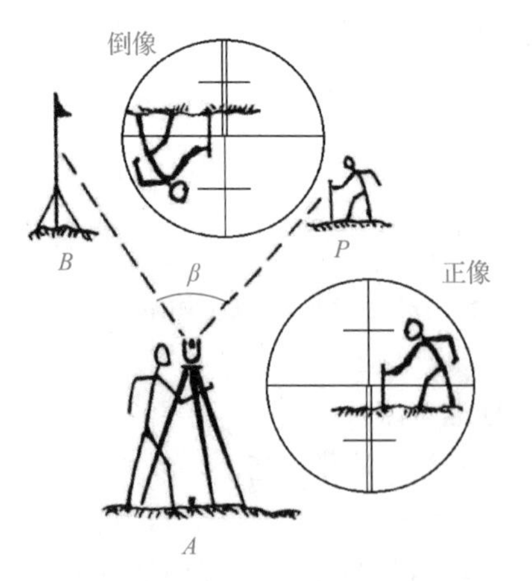

图 13-2　拨角定向

2）拨角定向。拨角，即顺时针转动全站仪照准部，使读数显示窗水平方向为 $\beta_0+\beta$。拨角可分为粗拨和精拨。粗拨是指使望远镜视准轴大致指向 AP 既定方向。精拨是指在粗拨后，调节微动旋钮，使之精确为 $\beta_0+\beta$。

3）测设指挥者按望远镜视准轴指定的方向的地面上设立标志。如图 13-2 所示，从望远镜视场内可见定点人员的落点动作，此时指挥落点位置应在望远镜十字丝纵丝上（落点的确定动作由测设指挥者与定点人员约定）。通常在地面落点位置钉上木桩（木桩移动到望远镜十字丝纵丝方向上），在木桩的顶面标出 AP 的精确方向。

2. 方向法角度放样

1）按一般角度放样基本步骤完成待定方向 AP 标志点 P 的设置，此时点 P 用点 P' 表示，如图 13-3 所示。

2）全站仪以盘右位置逆时针转动照准部，瞄准点 B 目标，获得盘右观测值 $\beta_0+180°$。

3）按一般角度放样步骤 2）使望远镜视准轴以 $\beta_0+180°+\beta$ 指向 AP 方向，同时按指定的方向在实地标出 AP 方向的标志 P''。注意粗拨后用微动旋钮精拨，使之精确为 $\beta_0+180°+\beta$。

4）取点 P'、点 P'' 平均位置，即点 P 为 AP 方向的准确标志，如图 13-3 所示。

通常工程上用全站仪（或经纬仪）进行角度放样，采用方向法角度放样可以抵消仪器水平度盘偏心差的影响，提高角度放样的精确度。

3. 改化法

1）多测回观测 β'。一般角度放样和方向法角度放样指定 AP 方向后，再利用经纬仪对 $\angle BAP$ 进行多测回观测，获得多测回平均值 β'。

2）计算 $\Delta\beta$，即

$$\Delta\beta=\beta'-\beta \tag{13-1}$$

式中，β'是多测回角度观测平均值；β 是设计拟定的角度值。

3）概量 AP 的长度 d，求指定方向 P 的改正距 e（图 13-4），即

$$e=\frac{\Delta\beta}{\rho}d \tag{13-2}$$

式中，$\rho=206265''$。

4）按改正距 e 移动点 P 到点 P_o，确定 AP 的精确方向为 AP_o。

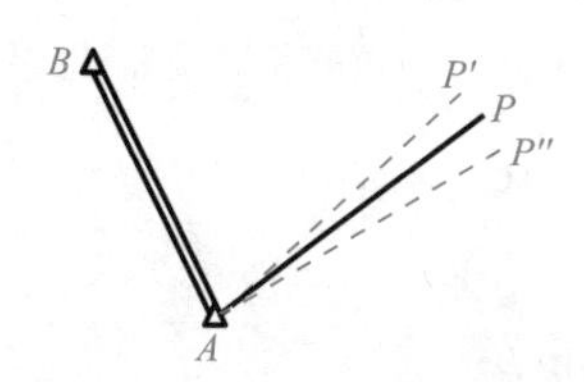

图 13-3　方向法角度放样

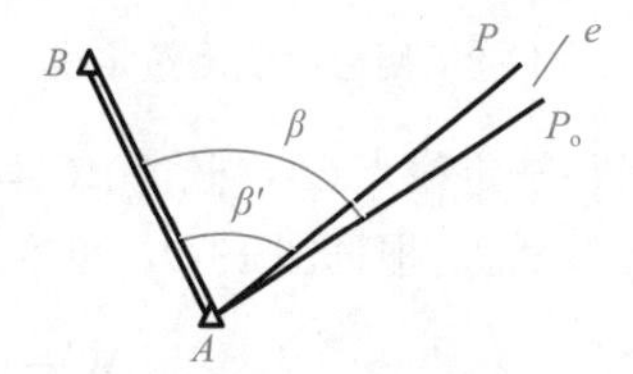

图 13-4　改化法角度放样

4. 直线定线

直线定线，即把一定分段距离的点位确定在既定直线方向上的工作。直线定线也称角度为 0 的角度放样。

（1）目测法

目测法以“二端为准，概量定点”为原则进行定线。

如图 13-5 所示，点 A、点 B 是平地上的两点，在点 A、点 B 立标杆；指挥者立点 B 标杆后瞄点 A 标杆；定点人员从点 A 估量分段距离 AC 至点 C，根据指挥确定点 C 位置立在 AB 视线上。

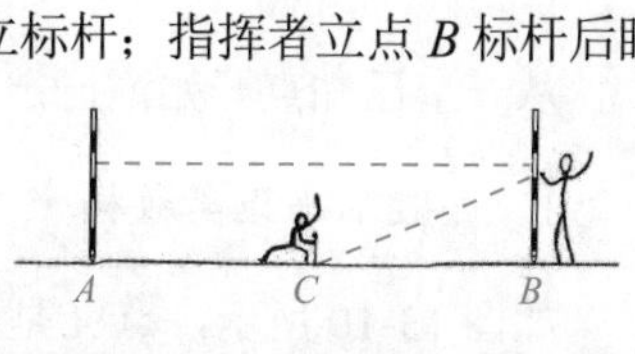

图 13-5　在平地用两点目测法定线

（2）经纬仪（全站仪）法

经纬仪（全站仪）法具体又分为纵丝法和分中法。

1）纵丝法：以经纬仪望远镜十字丝“纵丝为准，概量定点”。具体方法如图 13-6 所示，在直线一端点 A 安置经纬仪，经纬仪望远镜精确瞄准另一端目标点 C，此时照准部在水平方向上不得转动；沿 AC 方向概量 AB；纵转望远镜（正像）瞄到点 B 附近，指挥点 B 相关工作人员的测钎移动十字丝纵丝影像上定在线 AB 上，如图 13-7 所示。

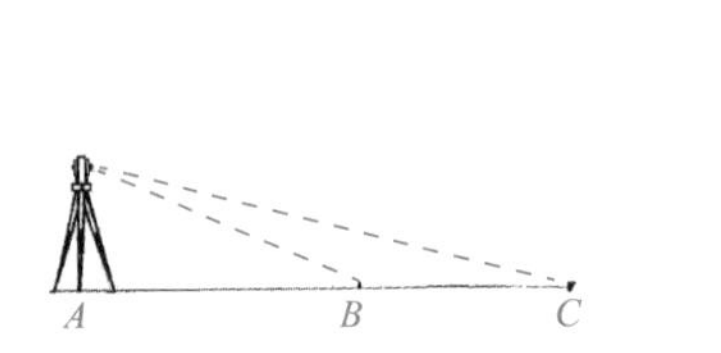

图 13-6　用纵丝法测量定线

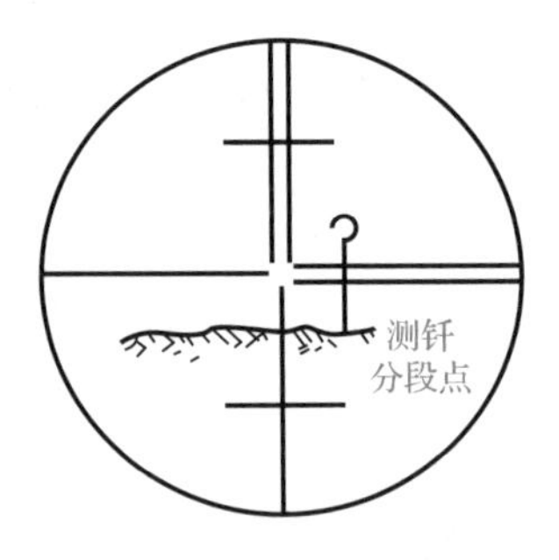

图 13-7　纵丝影像定点

2）分中法：以经纬仪望远镜“盘左盘右，平均取中”。如图 13-8 所示，点 A、点 B、点 C 在同一直线上，要求将点 D 定在线 BC 上。具体方法：在点 C 安置经纬仪，盘左瞄准目标 A；纵转望远镜在概量位置点 D 设定线点 D'；盘右瞄准目标点 A，纵转望远镜在概量位置点 D 附近设定线点 D''；取点 D'、D'' 平均位置点 D 作为最后定线点。

（3）调整精确定线法

如图 13-9 所示，将点 C 定在 AB 方向上，具体方法如下。

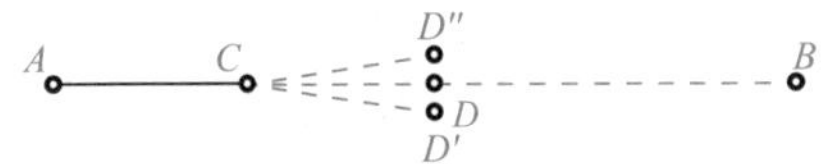

图 13-8　用分中法测量定线

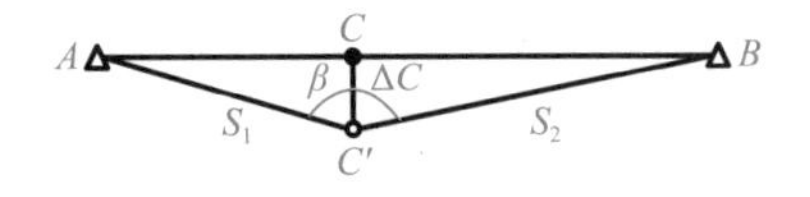

图 13-9　用调整精确定线法定线

1）目估法定线点 C'。概量 $AC' = S_1$，$BC' = S_2$。测得 $\angle AC'B = \beta$。

2）计算 ΔC，根据图 13-9，可推证

$$\Delta C = \frac{S_1 S_2}{\sqrt{S_1^2 + S_2^2 - 2S_1 S_2 \cos\beta}} \sin\beta \tag{13-3}$$

根据式（13-3），可计算点 C' 至点 C 的调整长度 ΔC。

3）根据 ΔC 将点 C' 移动至点 C，则点 C 就在 AB 方向上。

如果 $S_1 = S_2 = S$，$\cos\beta \approx \cos 180^\circ = -1$，则式（13-3）为

$$\Delta C = \frac{S}{2} \sin\beta \tag{13-4}$$

13.2.2　距离放样

从一个已知点开始沿已定的方向，按拟定的直线长度确定待定点的位置，称为距离放样。

1. 一般水平距离放样

如图 13-10 所示，点 A 是已知点，点 P 是 AB 方向待定点，设计拟定平距 $AP = D$，实地点 P 未知。钢尺可用于短距离放样。一般水平距离放样方法如下。

1）在实地沿 AB 方向以钢尺长度 D 定点 P。以钢尺的 0 点对准点 A，拉紧钢尺（所需力为 100N 左右），在长度 D 处的地面上定点 P 位置。

2）检验测量，即用钢尺测量 AP 的长度，检验放样点位的正确性。如果测量结果不符合拟定的 D 值，那么应调整点 P。

2. 倾斜地面距离放样

在图 13-11 中，S 是设计平距，但实际地面点 A 至点 B 之间存在高差 h。设 AB 的放样平距等于 S，则实地测设长度为 l_P，即

$$l_P = \sqrt{S^2 + h^2} \tag{13-5}$$

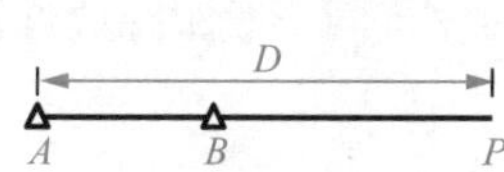

图 13-10　一般水平距离放样

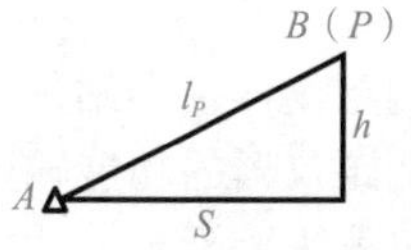

图 13-11　倾斜地面距离放样

倾斜地面距离放样具体方法如下。

1）根据式（13-5）求 l_P。

2）根据 l_P 沿 AB 方向测量点 P。此时得到的点 P 就是点 B，AB 平距长度等于 S。

3. 光电测距一般跟踪放样

光电测距一般跟踪放样是较为常用的方法，具体步骤如下。

1）准备。在点 A 安置测距仪（或全站仪），测量仪器高 i，安置反射器使其与测距仪同高，如图 13-12 所示。反射器立在 AB 方向点 P 概略位置（图 13-12 P' 处）上，反射面对准测距仪。

2）跟踪测距。测距仪瞄准反射器，启动跟踪测距功能，观察距离显示值 d'，比较 d' 与设计拟定值 d 的差别，指挥相关工作人员将反射器沿 AB 方向前、后移动。当 $d' < d$ 时，反射器向后移动，反之向前移动。

3）精确测距。当 d' 比较接近 d 值时，停止反射器的移动，终止跟踪测距功能，同时启动正常测距功能，进行精密光电测距，记下测距的精确值 d''。

4）调整反射器所在点位。由于精确值 d'' 与设计值 d 有微小差值 $\Delta d = d'' - d$，故必须调整反射器所在点位以消除微小差值。可用小钢尺测量 Δd，使反射器所在点位沿 AB 方向移动（移动距离为 Δd），确定精确的点位。必要时，应在最后点位上安置反射器重新精确测距，检核所定点位的准确性。

4. 光电测距精密跟踪放样

根据光电测距结果处理原理，光电测距的平距公式为

$$s = (D + k + qD_{\text{km}})\cos(\alpha + 14.1'' D_{\text{km}}) \tag{13-6}$$

式中，D 是光电测距值；k 是加常数；q 是乘常数；α 是放样点与已知点之间的垂直角。

现把光电测距平距 s 当作拟定设计的距离，根据式（13-6），测距仪放样长度为 D。为了保证设计平距 s 的正常测设，测距仪放样长度 D 必须按式（13-7）计算。

$$D = \frac{s}{\cos(\alpha + 14.1'' D_{\text{km}})} - (k + qD_{\text{km}}) \tag{13-7}$$

由式（13-7）可知，光电测距精密跟踪放样与光电测距一般跟踪测距放样方法一样，但前者的放样长度 D 是斜距（图 13-13），因此放样工作应结合测距仪器功能，实际步骤如下。

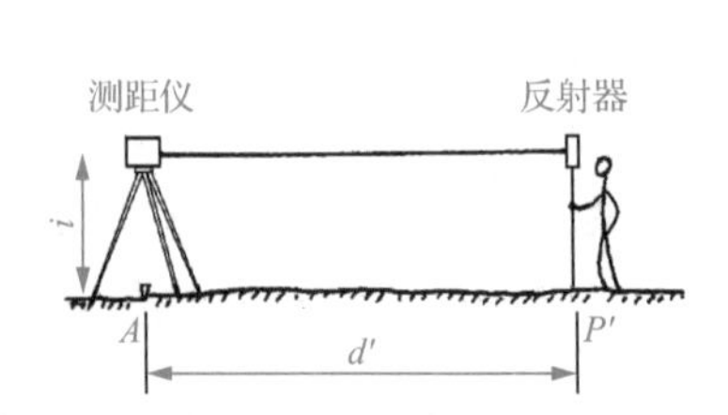

图 13-12　光电测距一般跟踪放样

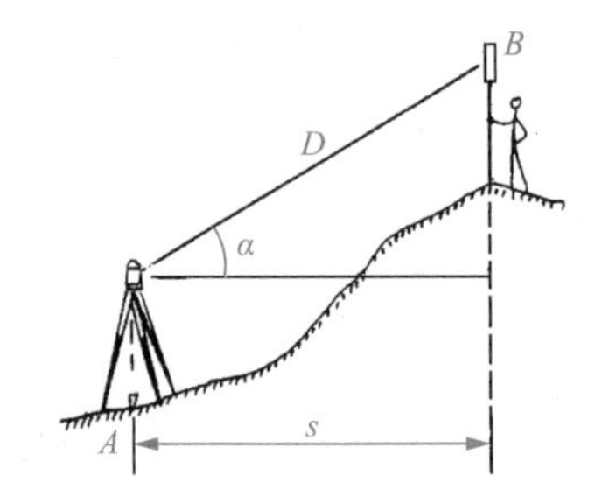

图 13-13　光电测距倾斜地面跟踪放样

1）安置测距仪器（半站仪、全站仪）、反射器。反射器的安置同一般跟踪放样。

2）根据测距仪器的功能输入加常数 k、乘常数 q。

3）选择仪器平距显示方式，如可以选择“平高”显示方式。

4）启动跟踪测距功能，观察平距显示值，检核它与设计值 s 的差值。

5）指挥相关工作人员前、后移动反射器，直至平距显示值等于设计值 s。

13.2.3　高差放样

利用相关测量技术将拟定的点位测设在设计高差为 h 的位置上的工作过程称为高差放样。如图 13-14 所示，点 A 是已知点，高程为 H_A，点 B 是待定点位，点 A、点 B 的高差为 h。高差放样可以将点 B 测设到与点 A 高差为 h 的位置上。

1. 水准测量法高差放样

如图 13-14 所示，在点 A、点 B 之间水准测得的观测高差 $h = a - b$ 。a 是摆站后得到的后视读数，使点 B 与已知点 A 的高差满足已知值 h，则前视读数 b 必须满足

$$b = a - h \tag{13-8}$$

水准测量法高差放样的步骤如下。

1）根据图 13-14 安置水准仪，观测点 A 的标尺获得后视读数 a 。

2）根据式（13-8）计算前视读数 b。

3）水准仪观测前视尺，指挥相关工作人员调整标尺的高度，使标尺上的前视读数等于上述计算值 b。

4）沿前视尺底面标画横线称为标高线。沿标高线向下画一个三角形，如图 13-15 所示。标高线表示点 B 位置，并且点 B 与点 A 的高差等于 h。

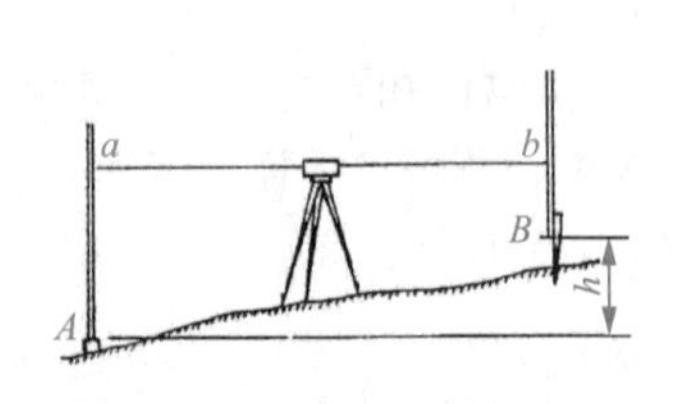

图 13-14　水准测量法高差放样

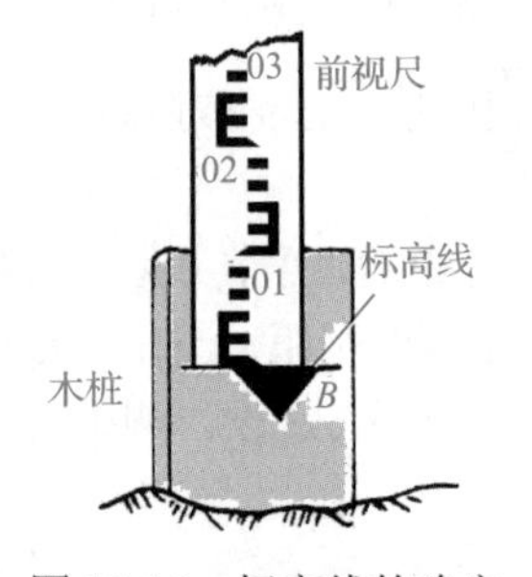

图 13-15　标高线的确定

2. 水准测量法大高差放样

图 13-16 所示为已知点 A 与待测点 B 存在高差 h 较大的情况，一般可以采用两个测站（或两台水准仪）加悬挂钢尺的方法进行大高差放样，具体步骤如下。

1）水准仪在 1 处观测后视读数 a_1 及前视读数 b_1。

2）水准仪在 2 处观测后视读数 a_2。

3）计算前视读数 b_2。在图 13-16 中，若把悬挂的钢尺当作标尺，则点 A、点 B 的高差 h 为

$$h = a_1 - b_1 + a_2 - b_2 \tag{13-9}$$

式中，h 是设计的已知大高差，故前视读数 b_2 为

$$b_2 = a_1 - b_1 + a_2 - h \tag{13-10}$$

4）水准仪在 2 处观测前视尺，指挥相关工作人员升、降标尺，使标尺前视读数符合式（13-10）结果。

5）沿前视尺的底面标出点 B 的位置。此时，点 B 与点 A 的大高差必然等于 h。

当高差 h 很大且精密度要求高时，应注意 $-b_1 + a_2$ 相关的钢尺改正（详见附录 F）。

3. 全站仪进行高差放样

（1）安置仪器

将测量仪器安置于测站，反射器安置于点 B 处附近，量取仪器高 i 及反射器高 l。

（2）计算放样高差

在图 13-17 中，点 A、点 B 的设计高差为 h，由式（4-29）可知，高差 h 为

$$h = D_{AB}\sin(\alpha + 14.1'' D_{\text{km}}) + i - l \tag{13-11}$$

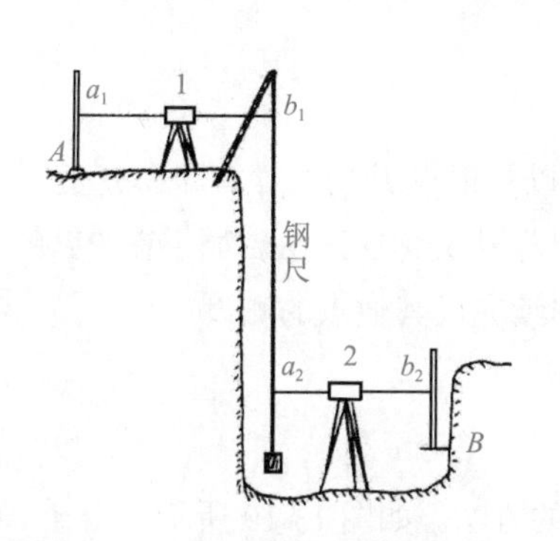

图 13-16 水准测量法大高差放样

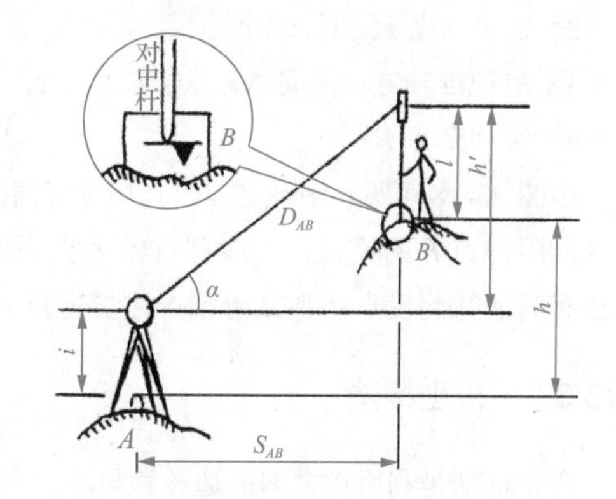

图 13-17 全站仪高差放样

根据图 13-17 和式（13-11），D_{AB} 已测，高差 h 根据实际仪器高 i、反射器高 l 和垂直角 α 通过计算获得。

（3）放样准备

1）根据全站仪功能，将仪器高 i、反射器高 l，加常数 k、乘常数 q 存入仪器的存储器。

2）选择仪器显示高差和镜站高程的方式。

（4）高差放样

1）开机并启动测距功能，观察显示高差和镜站高程。

2）启动跟踪测量功能，观察显示高差和镜站高程。

3）指挥相关工作人员升、降反射器，当显示高差和镜站高程满足设计要求时，设立反射器杆底三角形标志（图 13-15），至此高差放样结束。

13.3 地面点平面位置的放样

13.3.1 直角坐标法

直角坐标法是利用点位之间坐标增量及其直角关系进行点位放样的方法。如图 13-18 所示，点 A、点 B 是已知点，点 P 是设计的待定点，利用直角坐标法放样点 P 的具体步骤如下。

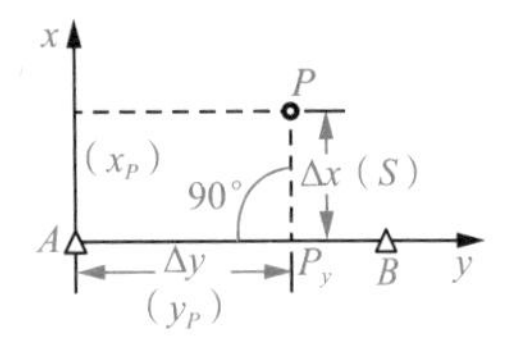

图 13-18　直角坐标法

（1）建立实地直角坐标系

设点 A 为坐标系原点，AB 为 y 轴，x 轴是过点 A 与 AB 垂直的直线。

（2）根据设计确定点在坐标系中的坐标

如图 13-18 所示，待定点 P 与点 A 的坐标增量 Δx 、Δy 在坐标系中便是 x_P、 y_P。

（3）放样点 P

1）沿 AB 测量 Δy 得 P_y。

2）在 P_y 安置经纬仪或全站仪，瞄准点 A 并拨角 90°。

3）沿视准轴方向测量 Δx 得点 P 的位置。

4）实地定点 P。

由图 13-18 可见，利用点 P 与 AB 的垂直距离 S 可以实现点 P 的放样，即在 P_y 处按垂直距离 S 测距得点 P 的位置，一般称点 P 为支距点。直角坐标法又称支距法。如果在 P_yP 的延长方向还有其他待测设点，那么可根据测量得点 P 位方法继续完成其他点的测设。

13.3.2 极坐标法

极坐标法是利用点之间的边长和角度关系进行放样的方法。如图 13-19 所示，点 A、点 B 是已知点，点 P 是设计的待定点。已知 AP 的水平距离 S 和角度 $\angle BAP=\beta$ 。利用极坐标法放样点 P 的具体步骤如下。

1）在点 A 安置经纬仪或全站仪，根据角度放样在实地标定 AP 方向线上骑马桩 P_1、 P_2，其中 $AP_1<S<AP_2$。

2）沿 AP_1、 AP_2 方向测量 $AP=S$ ，实地定点 P 的位置。

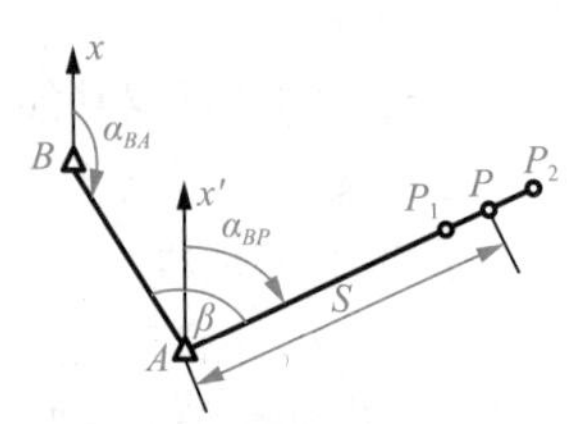

图 13-19　极坐标法

极坐标法在工程上又称偏角法。在极坐标法放样中，利用全站仪或半站仪可实现快速定位。

极坐标法的放样参数可利用设计的点的坐标换算得到。如图 13-19 所示，利用点 A、点 B、点 P 的坐标，根据式（5-21）和式（5-23）

可求得方位角α_{AP}、α_{BA}和边长S_{AP}，同时可求得夹角β，即

$$\beta = \alpha_{AP} - \alpha_{AB}$$

如果$\alpha_{AP} < \alpha_{AB}$，那么上式中应加上360°。

13.3.3　角度交会法

角度交会法是利用点与点之间的角度关系进行点的放样的方法。如图 13-20 所示，点 A、点 B 是已知点，点 P 是待定点，图中的α、β是设计上可以得到的已知角度。利用角度交会法放样点 P 的具体步骤如下。

1）在点 A 安置经纬仪或全站仪，以 AB 为起始方向，以$360° - \alpha$拨角放样 AP 方向，定骑马桩 A_1、A_2。

2）在点 B 安置经纬仪或全站仪，以 BA 为起始方向，以β拨角放样 BP 方向，定骑马桩 B_1、B_2。

3）利用 A_1A_2、B_1B_2 相交于点 P，实地设点 P 标志。

距离交会法（图 13-21）是分别以点 A、点 B 为圆心，以 S_1、S_2 为半径画弧线 A_1A_2、B_1B_2 相交于点 P，并实地设点 P。

此外，还有角边交会法（图 13-22），根据图 13-22 自行理解，这里不再详细介绍。

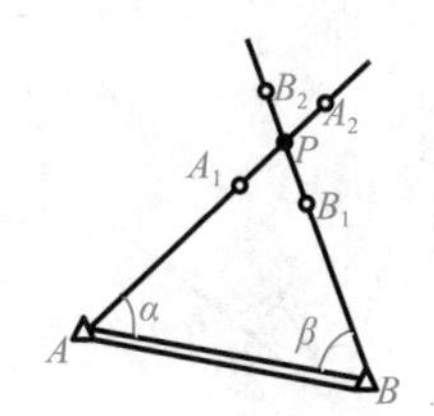

图 13-20　角度交会法

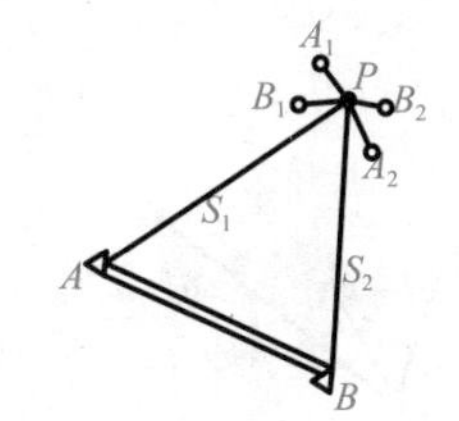

图 13-21　距离交会法

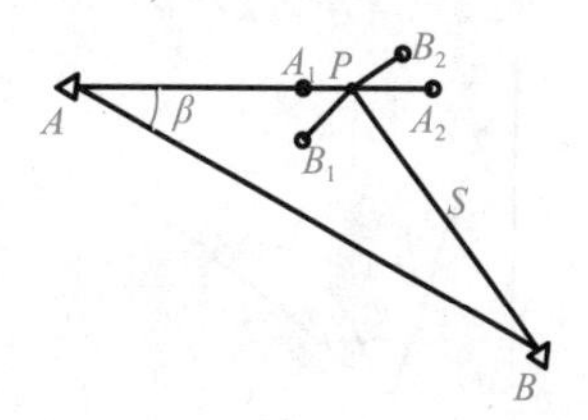

图 13-22　角边交会法

13.3.4　全站坐标法

全站坐标法是利用点的设计坐标以全站测量技术进行点放样的方法。全站坐标法的放样技术要点：利用全站测量技术，测量初估点位，把直接得到的点坐标与设计点的坐标比较，二者相等则定初估点位为测设的点位。GNSS 接收机具有全站坐标法测设功能，如创享 GNSS 接收机，可参考单元 7 的相关内容。

利用全站仪进行地面点的全站坐标测设的技术有直角坐标增量测设技术、极坐标增量测设技术和偏距测设技术等。

1. 直角坐标增量测设技术

如图 13-23 所示，在测站点 A 设全站仪，B 是起始方向，点 P 是待测的设计点（实地未知）。

1）测设前，将点 A、点 B、点 P 坐标等参数输入全站仪。测设开始，反射器初立点 P' 位置。

2）测设时，全站仪瞄准反射器测量，并根据测量的水平角 β' 和平距 D' 计算 P' 点坐标 (x'_P, y'_P)。同时与点 P 设计坐标 (x_P, y_P) 进行比较，显示坐标增量 Δx 、 Δy 。

3）全站仪根据 Δx 、 Δy 指挥相关工作人员移动反射器，并连续跟踪测量，直至 $\Delta x=0$ 、 $\Delta y=0$ 。此时，反射器所在点就是设计的实际点 P。

4）在地面上标出点 P 的标志。

2. 极坐标增量测设技术

在测设原理上，极坐标增量测设技术只是把直角坐标中的坐标增量 Δx 、 Δy 转化为极坐标增量 $\Delta\beta$ 、 Δs （图 13-24），其中

$$\Delta\beta = \beta' - \beta \text{，} \quad \Delta s = D' - D$$

测设的过程中使增量 $\Delta\beta=0$ 、 $\Delta s=0$ ，最后在地面上标出点 P 的标志。

3. 偏距测设技术

在测设原理上，偏距测设技术只是把极坐标增量 $\Delta\beta$ 、 Δs 转化为偏距 Δl 、 ΔD （图 13-25），其中，

$$\Delta l = D' \tan\Delta\beta \text{，} \quad \Delta D = \frac{D'}{\cos\Delta\beta} - D$$

测设的过程中使增量 $\Delta l=0$ 、 $\Delta D=0$ ，最后在地面上标出点 P 的标志。

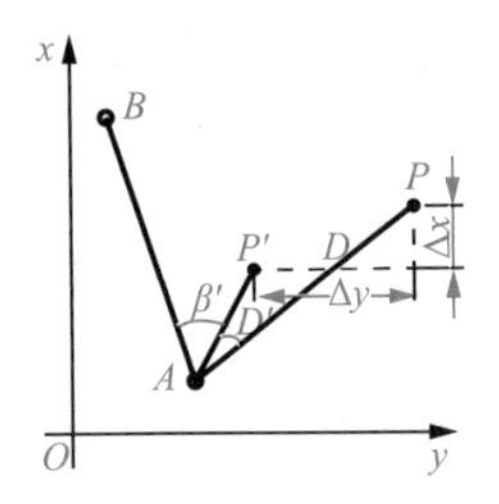

图 13-23　直角坐标增量测设

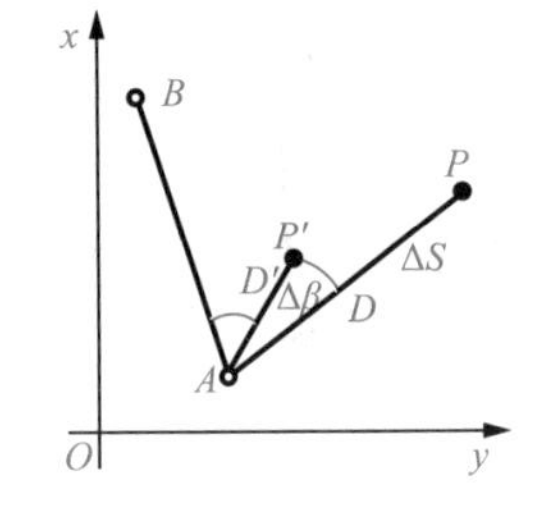

图 13-24　极坐标增量测设

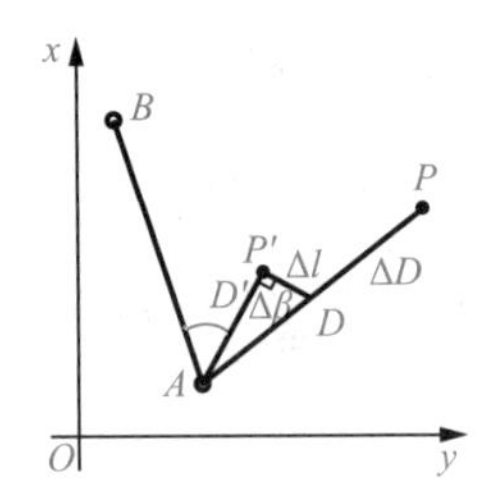

图 13-25　偏距测设

13.3.5　全站自由设站测设

如图 13-26 所示，根据 9.4 节对边测量、边角后方交会等原理的介绍，全站仪可自由设站点 P 来测量已知点 A、点 B，并可获得点 P 坐标。由此便可得到点 P 与测设点 T、点 U、点 W、点 V 的关系参数，并在点 P 测设待建的点 T、点 U、点 W、点 V。全站自由设站测设方法可因地制宜，适用于各种工程环境。

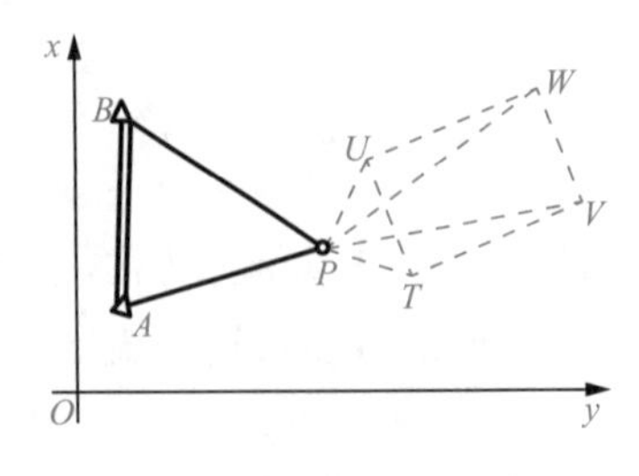

图 13-26　自由设站测设

13.4 激光定向定位原理与方法

13.4.1 激光定向定位原理

激光是一种高亮度、高单色、高方向性光源，发射光束是一条很精细的光线。应用于定向定位的光源器件有气体激光器、半导体激光器等。

激光定向定位原理：将红色激光束引入望远镜，使之在十字丝交点处沿视准轴的方向射出，精细红色激光束成为视准轴的标志，实现视准轴定向定位的直接可见性。

图 13-27 所示为氦-氖（He-Ne）气体激光器原理图，该激光器两侧设有谐振反射镜的玻璃管，内装氦-氖气体。在激光电源的激励下，气体氦、氖经历吸收能量、电离、自发激励、振荡受激发射的过程，最终射出一束波长为 632.8nm 的精细红色激光束。图 13-28 所示为氦-氖气体激光电源供电原理图。氦-氖气体激光器需要很高的激发电压（4000V 以上），发射的激光束射程一般可达数千米。图 13-29 所示为氦-氖气体激光器与望远镜的结合形式。

半导体激光器是一种以一般干电池供电激励发射红色激光的光源器件。图 13-30 所示为激光目镜（红外激光）与望远镜的结合形式。

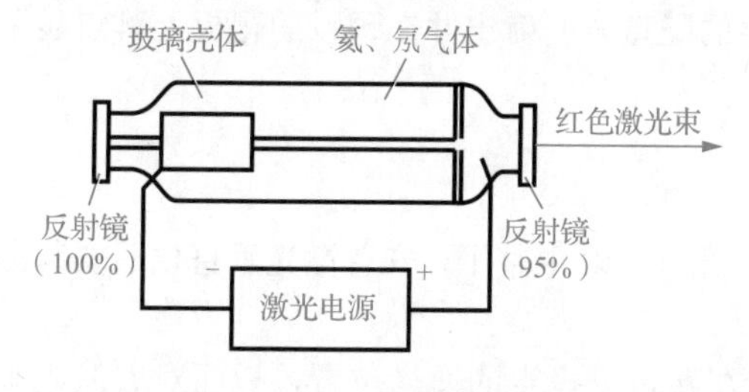

图 13-27　氦-氖气体激光器原理图

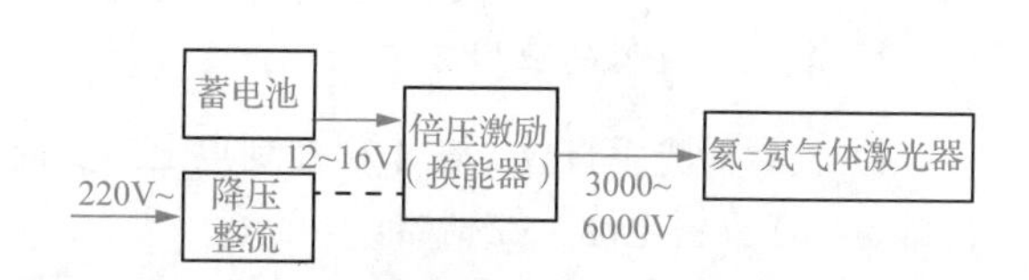

图 13-28　氦-氖气体激光器电源供电原理图

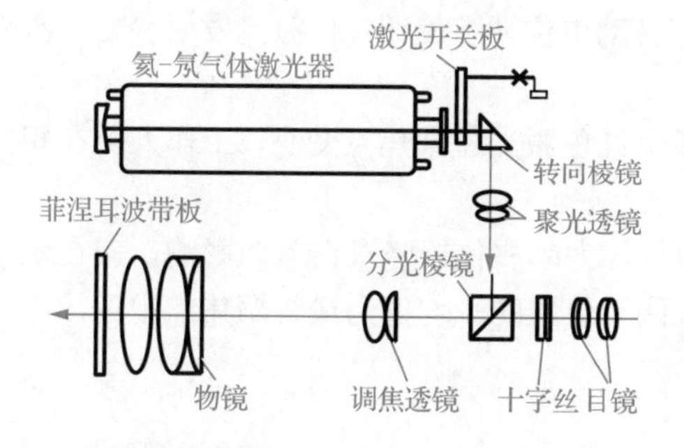

图 13-29　氦-氖气体激光器与望远镜结合形式

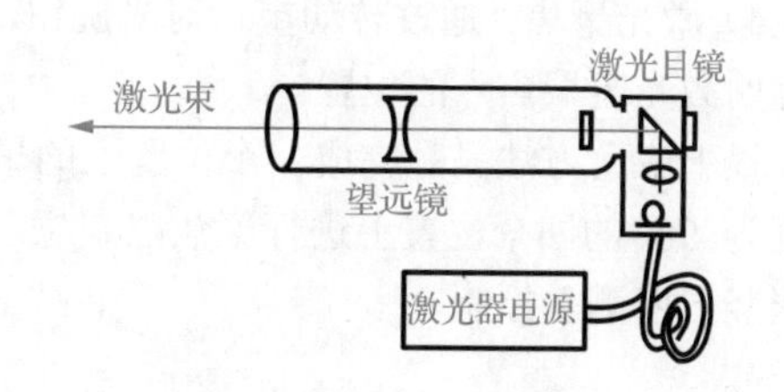

图 13-30　激光目镜与望远镜结合形式

测量仪器根据与激光器的结合形式可分为激光垂直仪、激光全站仪、激光水准仪、激光经纬仪、激光对中器等。

13.4.2 激光垂直仪

1. 激光垂直仪与附件

图 13-31 所示为附有激光方向线的激光垂直仪，又称激光天顶仪，主要由投点部、基座、控制器、蓄电池等组成。

投点部的光学构件一般有目镜、内调焦镜、五角棱镜、物镜等。如果采用激光目镜，引入激光，那么视准轴将是一条可见的激光光束。

图 13-32 所示为激光垂直仪投点部的激光出射光路图。激光垂直仪的激光目镜是点光源，发出的红色激光束经五角棱镜转角 90° 后竖直向上。

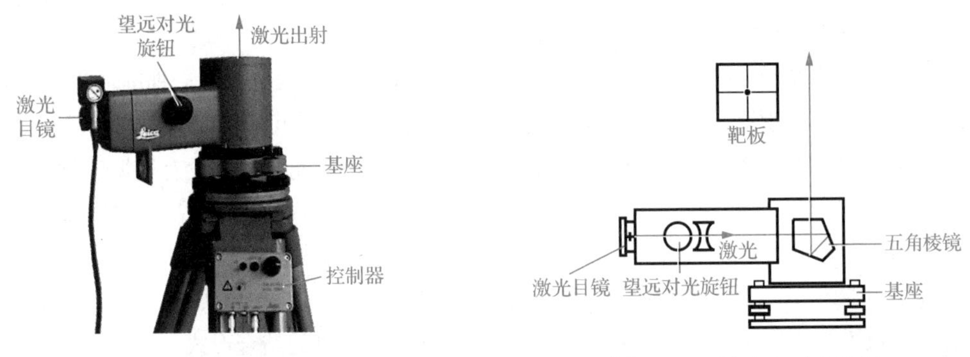

图 13-31 激光垂直仪

图 13-32 激光出射光路图

激光垂直仪投点部的望远对光旋钮可用于调整看清目标，也可用于调整激光聚焦使落点精细。靶板设在适当投点的位置，激光束按仪器给定的竖直方向射出并在预设的靶板上落点显示激光点位，从而获得施工的标准位置。

2. 激光垂直仪的应用方法

1）安置激光垂直仪。在工程控制点上，安置三角架，对中整平，安置激光垂直仪后安装激光目镜，连接蓄电池、控制器。

2）安置靶板。靶板是一种透明板，水平固定在建筑物投点的适当位置，板面对着激光垂直仪。

3）打开控制器的电源，并打开激光，必要时应转动电位调节旋钮，使激光发射稳定。激光发射稳定后，靶板上出现红色激光斑。

4）激光聚焦。通过转动望远对光旋钮，使靶板上红色激光斑聚焦点变小，工作人员在靶板上标明激光斑聚焦点的位置。

以上应用方法只是完成一个位置上的聚焦点定位。为削弱仪器竖直误差的影响，应在水平面互为 90° 的四个位置上进行聚焦点定位，最后取四个位置的平均值为最终聚焦点定位，完成一次竖直度测量控制。

13.4.3 激光全站仪的一般应用方法

图 13-33 所示为 NTS-340R 型激光全站仪，它与同类全站仪的基本应用方法相同，但在激光定向定位方面的应用不同。激光全站仪作为激光垂直仪，可用于垂直定向，一般应用方法如下。

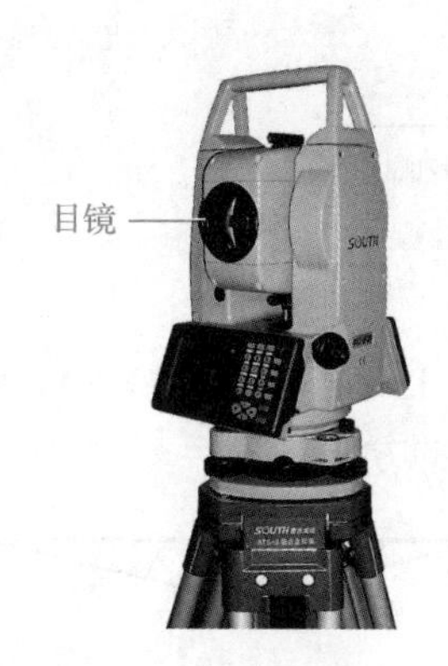

图 13-33　NTS-340R 型激光全站仪

1）准备。安置激光全站仪，在激光全站仪垂直方向上安置靶板。

2）瞄准。盘左纵转望远镜直至显示窗显示竖直角度盘为 90°。打开激光，激光从望远镜射出。

3）落点。转动望远对光旋钮，使激光落点聚焦，根据激光在靶板上的落点定点。

4）转向落点。水平转动激光全站仪照准部 90°，根据激光在靶板上的落点定点。按此法再连续三次转向落点。

5）取平均。取以上四点平均位置为最终垂直定向的位置。

应用时应防止激光直射眼睛，同时应防止激光电源（尤其是高压电源）短路和触电。其他激光仪器的应用不再详细介绍，应用时可参考有关说明书。

习题 13

1．试述用全站仪（或经纬仪）按一般方法进行角度放样的基本步骤。

2．试述用全站仪（或经纬仪）按方向法进行角度放样的基本步骤。

3．说明一般光电测距跟踪距离放样的步骤。

4．试述全站仪高差放样的方法。

5．施工测量基本思想为________。

A．明确定位元素，处理定位元素，测定点位标志

B．检查定位元素，对定位元素进行处理，将拟定点位测定到实地

C．注意环境结合实际，技术措施灵活可靠

6．施工测量的精度最终体现在__（1）__，因此应根据__（2）__进行施工测量。

（1）A．测量仪器的精确度　　（2）A．工程设计和施工的精度要求

B．施工点位的精度　　B．控制点的精度

C．测量规范的精度要求　　C．地形和环境

7．一般角度放样在操作上首先应________。

A．安置经纬仪，瞄准已知方向，将水平度盘配置为 0°

B．计算度盘读数 $\beta_0+\beta$，观察在显示窗能否得到 $\beta_0+\beta$

C．准备木桩，在木桩的顶面标出方向线

8．方向法角度放样可以消除________。

A．经纬仪安置对中误差的影响

B．水平度盘刻划误差的影响

C．水平度盘偏心差的影响

9．按已知方向精确定向，如图 13-34 所示，$S=30\text{m}$，$\beta=180°20'36''$。根据式（13-3）计算定向改正 ΔC，并说明改正点位的方法。

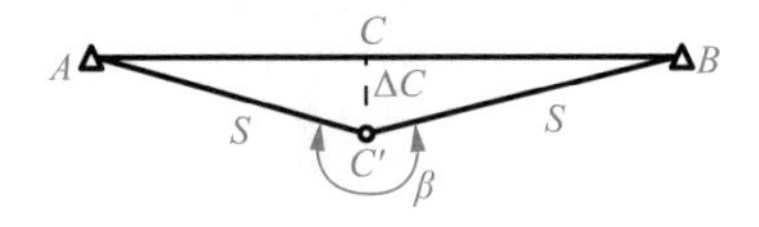

图 13-34　按已知方向精确定向

10．根据式（13-7），已知 $S=100\text{m}$，测距仪器的加常数 $k=3\text{cm}$，乘常数 $q=160\text{mm/km}$。根据光电测距精密跟踪放样的实际方法，在放样结束时，仪器显示的平距应为________才可说明放样符合要求。

A．99.954m　　　　B．100m　　　　C．100.046m

11．水准测量法高差放样的设计高差 $h=-1.500\text{m}$，设站观测后视尺 $a=0.657\text{m}$，高差放样的 b 的计算值为 2.157m。试画出高差测设的图形。

12．如图 13-35 所示，点 B 的设计高差 $h=13.6\text{m}$（相对于点 A），按两个测站大高差放样，中间悬挂一把钢尺，$a_1=1.530\text{m}$，$b_1=0.380\text{m}$，$a_2=13.480\text{m}$。试计算 b_2。

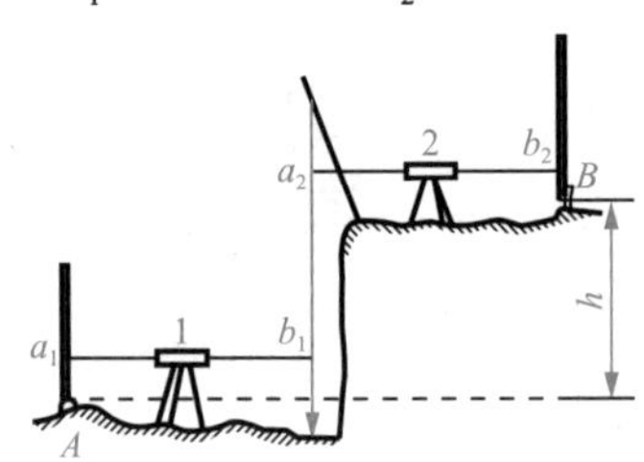

图 13-35　两个测站大高差放样

13．如图 13-36 所示，已知点 A、点 B 和待测设点 P 的坐标分别为

$$x_A=2250.346\text{m},\quad y_A=4520.671\text{m}$$
$$x_B=2786.386\text{m},\quad y_B=4472.145\text{m}$$
$$x_P=2285.834\text{m},\quad y_P=4780.617\text{m}$$

试利用极坐标法计算放样的 β、S_{AP}。

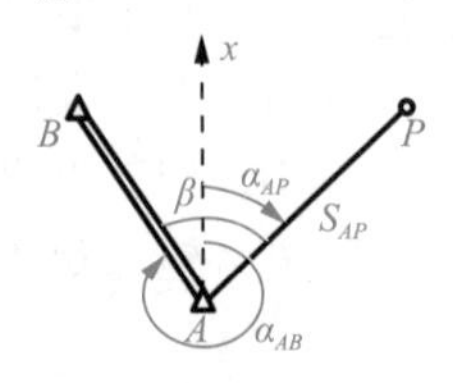

图 13-36　极坐标法放样

14．激光定向定位的原理是________。

A．将激光线引入望远镜，沿视准轴方向射出，实现视准轴直接可见性

B．红色激光束射出望远镜，实现视准轴可见性

C．红色激光束射入望远镜，沿目标方向射出，实现视准轴直接可见性

15．全站仪激光定向定位的一般方法有＿（1）＿，＿（2）＿，＿（3）＿。

（1）A．安置仪器，检查仪器状态

B．安置仪器，启动仪器

C．开激光

（2）A．瞄准目标，启动仪器

B．瞄准目标，使激光射出

C．瞄准目标，启动仪器，使激光射出

（3）A．激光落点定点

B．转动望远对光旋钮，使激光聚焦落点定点

C．按激光定点

16．根据图 13-36，极坐标法放样的 β 、S_{AP} 的步骤是________。

A．点 A 安置经纬仪，视准轴平行 x 轴，转照准部 β，测量 S_{AP} 定点 P

B．点 A 安置经纬仪，瞄准点 B，转照准部 β，测量 S_{AP} 定点 P

C．点 B 安置经纬仪，瞄准点 A，转照准部 β，测量 S_{AP} 定点 P

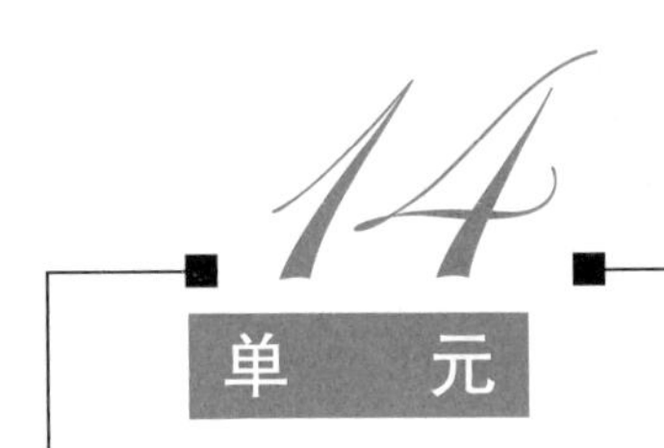

14 单元 路线中线测量

学习目标

掌握路线中线测量定位的基本技术方法，掌握中线直线、圆曲线、缓和曲线及缓圆组合的基本数学模型和定位参数计算原理与方法，了解缓和复曲线弧长原理，掌握切线支距法、偏角法等路线点位计算方法。

14.1 路 线 测 量

14.1.1 路线测量概述

在线性工程（如铁路、公路、输电线、索道、供水、供气、输油等）建设中所进行的测量，称为线路工程测量，简称线路测量，其基本技术内容如下。

1）根据规划设计要求选用中、小比例尺地形图，确定规划线路的走向及相应大概点位。

2）根据图上设计，实地标出线性工程基本走向，沿基本走向进行必要的控制测量。

3）结合线性工程需要，沿基本走向测绘带状图、工点地形图和多种平面图。测绘带状地形图比例尺有 1∶1000、1∶2000、1∶5000。测绘工点地形图比例尺有 1∶200、1∶500。

4）根据规划设计的线路，将线路中线的点位测定到实地中。

5）测量线性工程基本走向地面点位高程，绘制纵断面图，根据需要测绘横断面图。线路纵断面图水平方向比例尺可选用 1∶1000、1∶2000、1∶5000 或 1∶10000，垂直方向比例尺比水平方向大十倍。线路横断面图水平、垂直方向比例尺相同，即 1∶100 或 1∶200。

地形图比例尺的选用可参考表 10-7，也可按线性工程要求和有关工程测量标准选用。

6）根据线性工程的详细设计进行施工测量。

为了区别于一般线路测量技术，这里把公路、铁路、大型供水渠道的工程测量技术称为路线测量。路线测量贯穿于路线工程从规划、勘测设计、施工到营运管理的各阶段，是与工程建设紧密结合的专业测量技术。本单元以公路工程为基础，重点介绍路线中线测量技术原理与方法，同时适当介绍其他线性工程测量方法。

14.1.2　路线测量的基本过程

1. 规划选线

规划选线的一般工作内容：图上选线、实地考察、方案论证。

（1）图上选线

根据主管部门提出的某一交通路线（或某一交通网络）建设基本思想，在中比例尺（1∶50000～1∶5000）地形图上选取路线方案。

一幅现势性较好的地形图可以较好地反映公路线走向的地形状态，提供较多的地质、水文、植被、居民点、现有交通网络、管线网络及经济建设等现状。图上选线可以实现在现有资料基础上初步确定多种交通路线的走向，估计路线距离，桥梁、涵洞的座数和隧道长度，以及车站位置，测算各种图上选线方案的建设投资费用等。

（2）实地考察

根据图上选线的多种方案，进行野外实地视察、踏勘、调查，收集路线沿途实际情况，进一步掌握公路沿线实际资料。其中注意搜集有关控制点，了解沿途的工程地质情况，查清规划路线所经过的新建筑物、交通交叉、管线位置，了解有关土石建筑材料情况。

地形图现势性往往跟不上经济建设的速度，实际地形与地形图有可能存在差异。因此，实地考察获得的实际资料是初始图上选线设计的重要补充资料。

（3）方案论证

根据图上选线和实地考察的全部资料，结合主管部门的意见，进行方案论证，确定规划路线的基本方案。

2. 勘测设计

勘测设计是路线勘测与设计的整个技术过程，有二阶段和一阶段两种形式，下面介绍二阶段勘测设计。

二阶段勘测设计的基本内容：初测与定测。

（1）初测

初测即在所定的规划路线上进行控制测量和测绘带状地形图，为交通路线工程提供完整的控制基准及详细的地形资料。

1）控制测量：平面控制测量和高程控制测量。中比例尺地形图上已经给出交通规划路线，实地也已经给出规划路线的基本走向。控制测量在实地相应的规划路线上进行。

平面控制测量：通常是导线测量，也可以是三角测量或 GNSS 测量。导线测量布设控制点之间的距离一般为 50～500m。导线两端（两端间隔小于 30km）应与国家控制点联测。未能与国家控制点联测的导线测量，导线两端测量真方位角。角度测量按两半测回观测。

导线测量的技术要求取决于导线总长所确定的技术等级，同时应满足表 14-1 中的要求。

表 14-1　路线导线测量的技术要求

导线长度/km	边长/m	仪器等级	测回数	测角中误差	测距相对中误差	联测检核	
						方位角闭合差	相对闭合差
≤30	400～600	2″级	1	12″	$\leqslant \frac{1}{2000}$	$24''\sqrt{n}$	$\leqslant \frac{1}{2000}$
		6″级		20″		$40''\sqrt{n}$	

高程控制测量：在规划路线沿线及桥梁、隧道工程规划地段进行高程控制测量，为交通路线勘测设计建立满足要求的高程控制点，提供准确可靠的高程值。

2）测绘带状地形图。在平面控制和高程控制基础上，沿规划中线进行地形图测绘，按一般测绘技术要求测绘大比例尺带状地形图，带状宽度为 100～300m。注意测绘各种管线和原有的路桥与规划路线的关系，加测穿越规划路线的管线悬空高或负高。规划公路沿线的桥梁隧道应测绘大比例尺工点地形图。

大比例尺带状地形图是路线中线设计最重要的基础图件。利用带状地形图的路线中线设计，技术上又称路线平面设计，简称纸上设计。纸上设计主要内容：在带状地形图上确定路线中线直线段及交点位置，标明路线中线直线段连接曲线段的图形和有关参数。

图 14-1 所示为带状地形图上的两幅连续道路定线设计图，图上连贯首尾的粗实线是定线设计的公路中线。在图 14-1 中，K_1、K_2 等是导线点，BM_1、BM_2 是水准点，JD_1、JD_2 等是定线设计的公路直线段交点。图 14-1 中方格线的注有参数是方格点平面直角坐标。例如，N2876200 表示 x 坐标，E38638600 表示 y 坐标。

（2）定测

定测的主要内容如下。

1）将纸上定线设计的公路中线（直线段及曲线段）测定到实地。

2）测量路线纵、横断面。为路线竖向设计、路基路面设计提供详细的高程资料。

纸上定线设计、竖向设计和路基路面设计是伴随着初测和定测的二阶段技术过程实现的，故称为二阶段设计。一般的公路、铁路、大桥及隧道采用二阶段设计。修建任务紧急、方案明确、工程简易的低等级公路可采用一阶段设计。一阶段设计一般是一次提供公路施工的整套设计方案，作为与之相配合的勘测工作是一次定测，即上述的初测、定测的连续性测量过程。

3. 路线工程的施工放样

根据设计的图纸及有关数据，放样公路的边桩、边坡、路面及其他有关点位，保证交通路线工程建设的顺利进行。

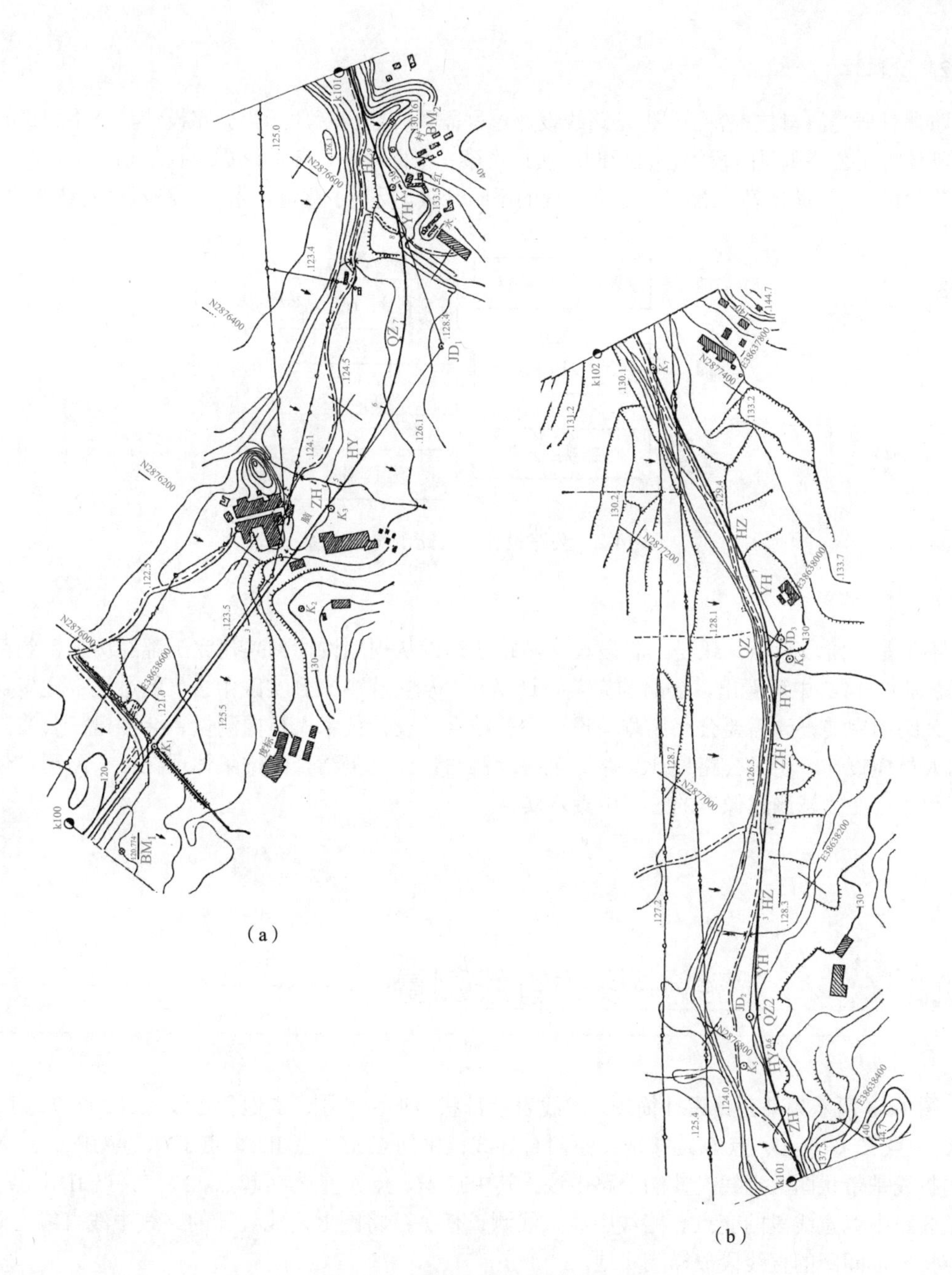

图 14-1 带状地形图与路线设计

14.1.3 路线测量的基本特点

1. 全线性

路线测量技术工作贯穿于整个交通路线工程的性质称为全线性。例如，公路工程测量开始于公路全局，从规划到施工的过程，深入公路路面施工具体点位，公路工程建设过程时时处处离不开测量技术工作。

2. 阶段性

阶段性既是测量技术特点，也是路线设计过程需要。图 14-2 所示为公路设计与公路测量的关系，既体现了公路测量阶段性，也反映了实地考察、平面设计、竖向路面设计与初测、定测、放样各阶段的呼应。阶段性包含测量定位过程的不断升级，反映了测量技术与公路建设的结合效率。

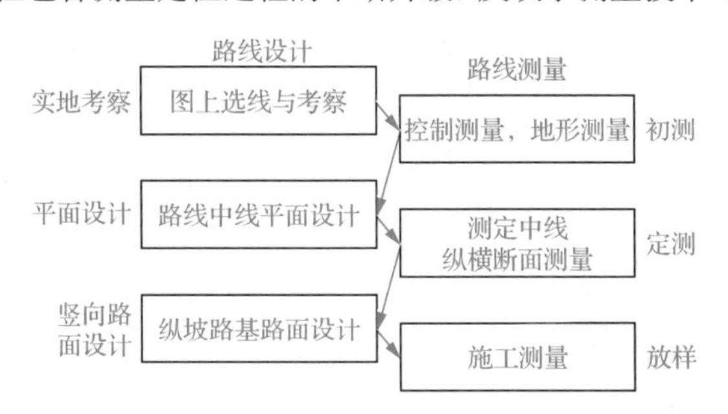

图 14-2　公路设计与公路测量的关系

3. 渐近性

不论是一阶段设计，还是二阶段设计，路线建设从规划设计到兴建完工都经历从粗到精的过程。从图 14-2 中可看出，公路的完美设计是在“从实践中来到实践中去”的过程中逐步实现的。公路的完美设计需要公路勘测与设计完美结合，设计技术人员懂测量、会测量；公路测量技术人员懂设计，明了公路设计思路。公路勘测与设计完美结合的结果体现在：公路测量使公路工程建设在“越测越像”的过程中逐步实现。

14.2 路线中线的直线测量

图 14-3 所示为某公路设计简图，虚线表示带状地形图范围；实地各导线点 A、点 B、点 K_1、点 K_2～点 K_8、点 C、点 D 连接成一条附合导线；中间点 M、点 JD_1、点 JD_2、点 JD_3、点 N 连成的折线是带状图上定线设计的公路中线，其中点 M、点 N 是公路起点、终点，点 JD_1、点 JD_2 等是公路中线直线段的交点。路线中线直线测量任务：将图上定线设计的路线中线直线方向、交点按一定间距的直线段放样到实地。

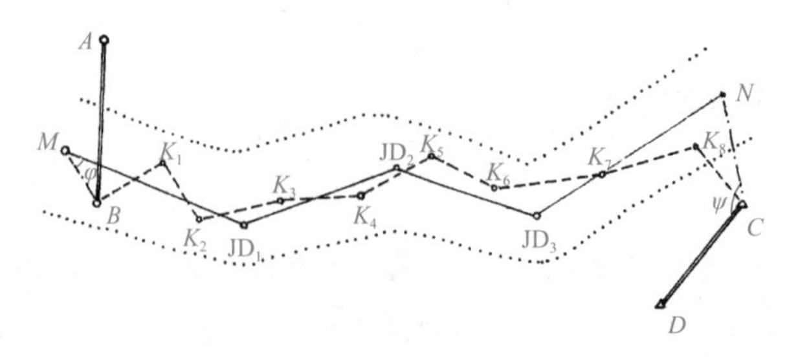

图 14-3　某公路设计简图

14.2.1　中线直线段的一般放样

1. 获取点位参数与放样

中线直线段的一般放样需要先获取点位参数，再进行点位放样。解析法和图解法是获取点位参数的常用方法。

（1）解析法获取测设参数与放样

解析法是利用点位坐标计算获取测设参数的方法。如图 14-4 所示（图 14-3 的局部），点 M 、点 JD_1 是平坦地段直线段上的两个点，将点 M 、点 JD_1 放样到实地中，便可得到点 M 到点 JD_1 的中线直线段，具体方法为：①根据设计点 M 、点 JD_1 坐标计算相对于点 B、点 K_2 的距离、角度，即 S_1、 β_1 及 S_2、 β_2；②分别在点 B 、点 K_2 安置仪器，极坐标法放样点 M 、点 JD_1，实地设立点 M 、点 JD_1 的标志。

极坐标法连续点参数与放样的方法如下。

如图 14-5 所示，点 A 、点 B 是导线点，点 M 至点 JD_1 是公路的中线，i 是待放样的中线点。极坐标法是利用控制点视野开阔的条件进行放样的，方法如下。

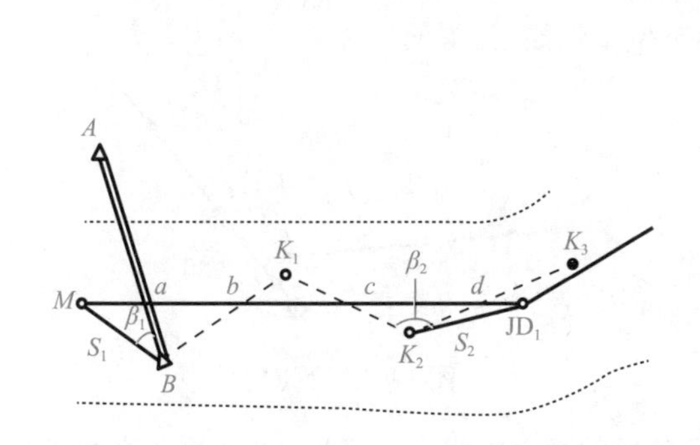

图 14-4　公路图上设计简图局部

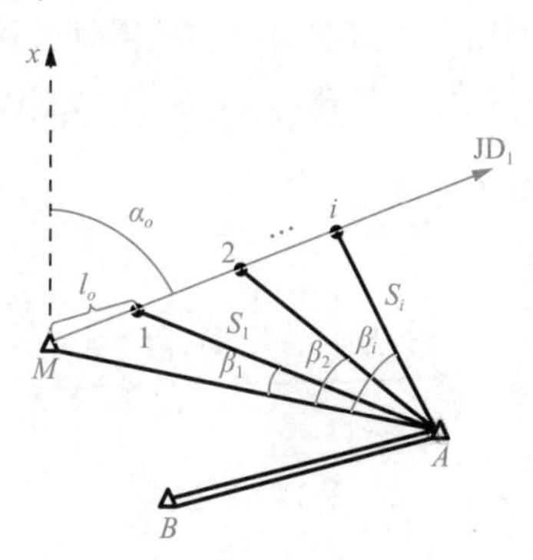

图 14-5　极坐标法确定中线点

1）计算点 i 的坐标，即

$$x_i=x_M+l_o i\cos\alpha_o,\quad y_i=y_M+l_o i\sin\alpha_o \tag{14-1}$$

式中，x_M 、y_M 是点 M 的坐标；l_o 是中线点间的整桩间距；α_o 是中线方位角；$i=1, 2, \cdots, n$。

2）设定测站点 A 的起始方向 AM ，利用点 A 、点 M 、点 i 的坐标进行坐标反算的办法求点 A 至点 i 的距离 S_i 及 β_i 。

3）按极坐标法放样 i 点中线点。如果规划路线中有的中线点（包括起点、终点、交点等）已在野外踏勘确定，那么在控制测量时应准确测量这些中线点的坐标和高程，并在带状地形图中按中线控制点标示出来。

（2）图解法获取测设参数与放样

图解法是从图上量取测设参数的方法，具体步骤如下。

1）从带状地形图上量取公路设计的中线点测设参数。

2）按极坐标法放样并实地确定中线点位。例如，从图 14-5 中量取点 i 的测设参数 S_i 及 β_i ，然后按极坐标法测设点 i 。

2. 测设检查

由于放样误差等的影响，中线直线段放样的中线点位存在一定误差，可采取穿线与比较的方法检查校正。

穿线检查是一种传统方法。图解误差等会造成测设点位不在同一直线上，如图 14-6 所示，具体办法如下。

1）穿线，即在适中点 A 安置仪器（经纬仪或全站仪），瞄准另一中线目标点 B，各中线点 1、2 等与仪器视准轴的位置关系如图 14-6 所示。

2）检查，即检查各中线点与视准轴线的距离。

3）调整。首先调整仪器视准轴线，视场中各中线点与视准轴线的距离大致相等；其次调整实地的中线点，使之落在视准轴线上。

用比较方法检查校正。在测设过程中对测设在实地的点进行测量，比较测量点的参数与设计点的参数的差异（参考 14.2.4 小节的表 14-2）。

3. 交点定位

利用上述方法可在实地得到公路中线的直线段。在交点未定时，可以延长直线段得到实地的交点位置，如在图 14-7 中，交点 JD_1 的具体定位步骤如下。

图 14-6　穿线　　　　图 14-7　交点定位

1）设图 14-7 中的点 A 、点 B 是直线段调整后的两个中线点，延长 AB 在另一直线段方向附近设骑马桩 B_1 、 B_2 。

2）设图 14-7 中点 C 、点 D 是另一直线段调整后的两个中线点，延长 CD 在 AB 直线段方向附近设骑马桩 C_1 、 C_2 。

3）利用 B_1B_2 与 C_1C_2 连线交会定点 JD_1 并设立交点桩位。

14.2.2 方向转点的确定

方向转点，即中线直线段过长或直线段通视受阻时用于传递直线方向的中线点。

1. 长直线段方向转点的确定

长直线段方向转点的确定方法有两种：导致交叉法和导致支距法。

（1）导线交叉法

如图 14-4 所示，可利用导线边与中线直线的交叉点 a 、点 b 、点 c 、点 d 确定直线的方向，交叉点就是方向转点。交叉点的确定方法如下。

1）利用两直线相交原理求交叉点的坐标，计算相关导线点到交叉点的距离。

2）沿导线边放样导线点至交叉点的距离得实地中线点，并设立中线点的桩位。

3）计算交叉点（路线中线点）的里程。

图 14-8 所示为两直线相交求交叉点坐标的原理。设

$$AZ+L=0 \tag{14-2}$$

根据两直线相交的原理和式（14-2），有

$$A=\begin{bmatrix} -\dfrac{y_2-y_1}{x_2-x_1} & 1 \\ -\dfrac{y_4-y_3}{x_4-x_3} & 1 \end{bmatrix} \quad Z=\begin{bmatrix} x \\ y \end{bmatrix} \quad L=-\begin{bmatrix} y_1-\dfrac{y_2-y_1}{x_2-x_1}x_1 \\ y_3-\dfrac{y_4-y_3}{x_4-x_3}x_3 \end{bmatrix} \tag{14-3}$$

式中，x_1、y_1、x_2、y_2、x_3、y_3、x_4、y_4 分别是图 14-8 中点 1、点 2、点 3、点 4 的坐标；x、y 是交叉点 p 的坐标。其中点 1、点 2 是中线已知点，点 3、点 4 是导线点。

根据式（14-2），交叉点 p 的坐标是

$$Z=-A^{-1}L \tag{14-4}$$

根据式（14-2）、式（14-4）可分别求出图 14-4 中交叉点 a、点 b、点 c、点 d 的坐标。

（2）导线支距法

图 14-9 所示为直线 12 与导线 34 的垂线 3p 正交的图形，支距点 p 的求解与放样方法如下。

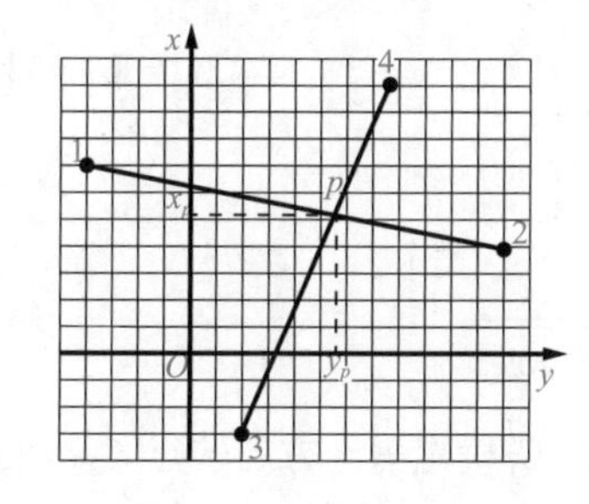

图 14-8　导线交叉法

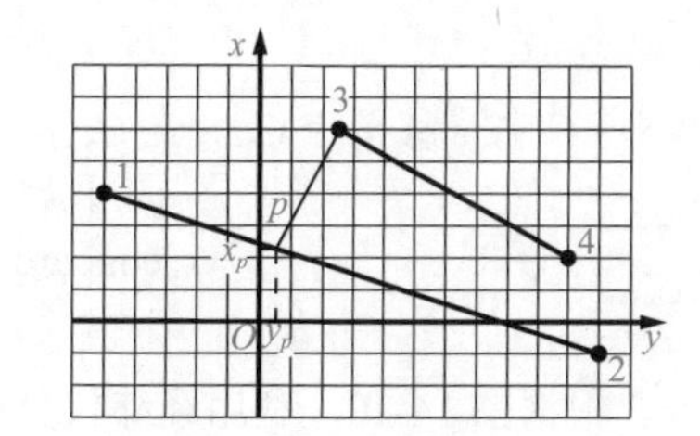

图 14-9　导线支距法

1）根据导线垂直线与中线相交原理，求支距点 p 的坐标并计算垂直线与点 p 的距离。

2）沿导线点的垂直线放样导线点至点 p 的距离得实地中线点，并设立中线点的桩位。

3）计算支距点（路线中线点）的里程。

导线垂直线与中线支距点的坐标求解方法如下。

设

$$AZ+L=0 \tag{14-5}$$

根据直线的垂直线与另一直线相交的原理和式（14-5），有

$$A=\begin{bmatrix} -\dfrac{y_2-y_1}{x_2-x_1} & 1 \\ \dfrac{x_4-x_3}{y_4-y_3} & 1 \end{bmatrix} \quad Z=\begin{bmatrix} x \\ y \end{bmatrix} \quad L=-\begin{bmatrix} y_1-\dfrac{y_2-y_1}{x_2-x_1}x_1 \\ y_3+\dfrac{x_4-x_3}{y_4-y_3}x_3 \end{bmatrix} \tag{14-6}$$

式中，x_1、y_1、x_2、y_2、x_3、y_3、x_4、y_4 分别是图 14-9 中点 1、点 2、点 3、点 4 的坐标；x、y 是相交点 p 的坐标；点 1、点 2 是中线已知点；点 3、点 4 是导线点。据式（14-5），支距点 p 的坐标仍是式（14-4）。点 p 坐标的具体计算方法可参考 8.5.5 小节相关内容。

2. 直线段通视受阻时方向转点的确定

在重丘地段，中线点受地貌影响不能直接通视。如图 14-10 所示，两个中线点 A 、点 B 均在两座山的低洼地带，点 A 、点 B 无法通视。解决的办法是在山顶上设立方向转点 C_1 、点 C_2 ，用于传递点 A 、点 B 的直线方向。

（1）内定点

在点 A 、点 B 之间定方向转点 C_1 ，可用图 13-9 所示方法放样得到。

（2）外定点

在点 A 、点 B 的延长线上定方向转点 C_2 ，如图 14-11 所示，具体步骤如下。

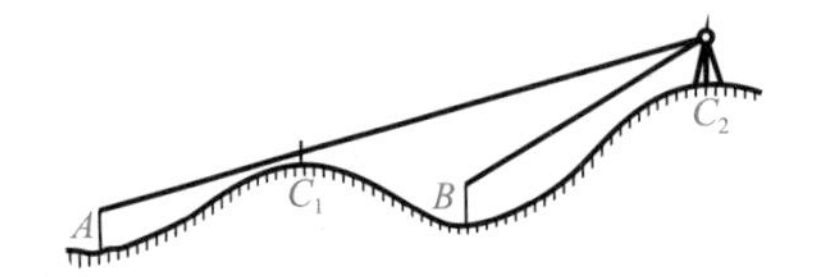

图 14-10　直线段通视受阻确定方向转点图

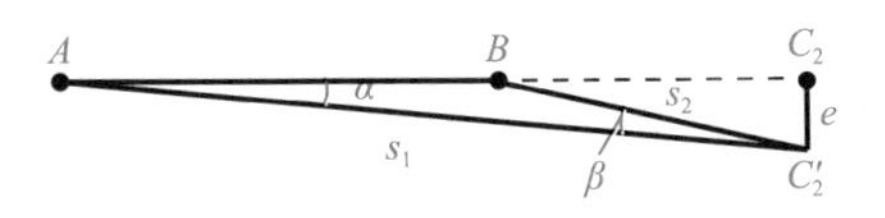

图 14-11　延长线定方向转点 C_2

1）目估设点 C_2' ，观测边长 s_1 、 s_2 及角度 β 。

2）根据由图中的几何关系推证的公式，计算图中偏距 e ，即

$$e = \frac{s_1 s_2 \sin\beta}{\sqrt{s_1^2 + s_2^2 - 2s_1 s_2 \cos\beta}} \tag{14-7}$$

3）将点 C_2' 按 e 移至点 C_2 。点 C_2 至点 A 的距离 s 为

$$s = s_1 \cos\left[\arcsin\left(\frac{s_2 \sin\beta}{\sqrt{s_1^2 + s_2^2 - 2s_1 s_2 \cos\beta}}\right)\right] \tag{14-8}$$

另外，根据图 14-10，利用经纬仪分中法可在方向转点 C_1 确定另一方向转点 C_2。在确定方向转点时，存在极限误差（或称容许误差）Δe：距离 $s = 100\text{m}$ 时，$\Delta e < \pm 5\text{mm}$；距离 $s = 400\text{m}$ 时，$\Delta e < \pm 20\text{mm}$ 。

14.2.3　转角的测量

在路线的直线交点处，直线由中线的原方向转向另一方向，转向后的直线与原方向直线的夹角称为转角。在图 14-12 中，α_1 是直线 AB 在交点（JD_1）处转为直线 BC 的转角，α_2 是直线 BC 在交点（JD_2）处转为直线 CD 的转角。

转角可分为左转角和右转角。若 α 在原方向直线的右侧，则称 α 为右转角；若 α 在原方向直线的左侧，则称 α 为左转角。如果将图 14-12 中的中线连同交点构成一条导线，则测量该导线的右角 β_i 可间接获得转角 α_i 。当 $\beta_i < 180^\circ$ 时，$\alpha_i = 180^\circ - \beta_i$ 为右转角；当 $\beta_i > 180^\circ$ 时， $\alpha_i = \beta_i - 180^\circ$ 为左转角。

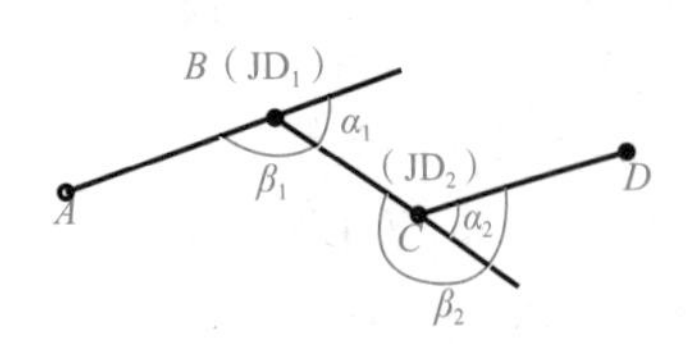

图 14-12　转角的测量

在图 14-3 中，测出 $\angle MBA$、$\angle DCN$、φ 、ψ ，并在各交点处测得 β，则点 A、点 B、点 M、点 JD_1、点 JD_2、点 JD_3、点 N、点 C、点 D 构成一个新的附合导线，该导线称为定测导线。定测导线的技术要求见表 14-1。

14.2.4　中线桩的设置

1．中线桩的概念

里程表示路线中线上点位沿交通路线到起点的水平距离。里程桩，即埋设在路线中线点上注有里程的桩位标志。里程桩设在路线中线上，又称中线桩。

图 14-13 所示为中线桩基本形式。中线桩上所注的里程又称为桩号，以千米数和千米以下的米数相加表示。如图 14-13（c）所示，k100+560.56 表示里程为 100560.56m，其中 k100 表示 100km。上述以图解法、解析法测设的中线点上都必须设立标明里程（桩号）的中线桩。

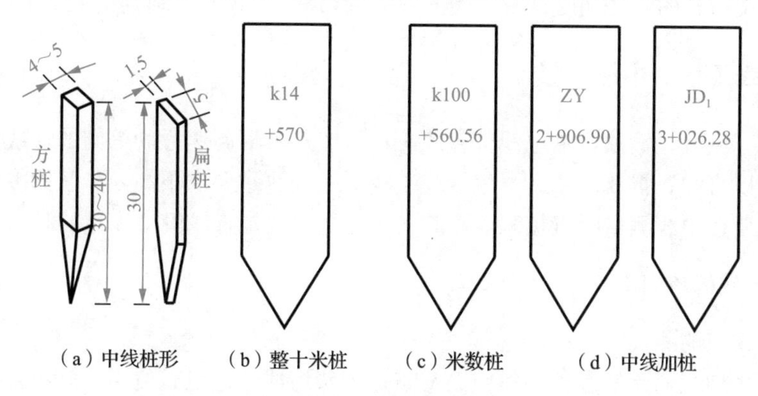

（a）中线桩形　（b）整十米桩　（c）米数桩　（d）中线加桩

图 14-13　中线桩基本形式

2．设立中线桩的基本要求

1）决定路线中线直线方向的点（如起点、终点、交点、方向转点、直线段中线点）上必须设立相应的中线桩。

2）按规定在路线中线设立间距为 l_o（称为整桩间距）的中线整桩。中线整桩间距 l_o 有整千米、整百米、整十米等形式。整十米间距分为 10m、20m、40m、50m 等，在平坦地段按 40m、50m 设置，在起伏地带按 10m、20m 设置。整桩的里程注计到米位，如图 14-13（b）所示。中线整桩应根据已定的整桩间距定里程、放样定点、设里程桩。

3）根据路线中线地形特征点和路线中线特殊点设立附加的中线桩，即设立中线加桩。加桩里程应精确注计到厘米位，如图 14-13（c）和图 14-13（d）所示。

根据地形特征点设立的中线加桩称为地形加桩，如中线上坡度变换点、河岸、陡坎以及建筑物外围边界处设立的中线加桩。中线加桩可以在中线整桩测设基础上根据地形按定点、测量、定里程、设中线桩的顺序进行。

4）中线桩测量设置应符合要求。表 14-2 所示为公路中线桩测量限差要求。

表 14-2　公路中线桩测量限差要求

直线			曲线			
路线名称	纵向误差/m	横向误差/m	纵向闭合差/m		横向闭合差/m	
			平地	山地	平地	山地
一级及以上公路	$\frac{S}{2000}+0.10$	0.10	$\frac{1}{2000}$	$\frac{1}{1000}$	0.10	0.10
二级及以下公路	$\frac{S}{1000}+0.10$	0.15	$\frac{1}{1000}$	$\frac{1}{500}$	0.10	0.15

注：S 是中线桩位测量的长度。

5）重要桩位应加固防损，注意加设控制桩。例如，千米桩、百米桩、方向转点桩、交点桩等重要中线桩应加固防损（防腐、防丢失），必要时应对有关桩位设立指示桩、控制桩。如图 14-7 所示，在交点桩至骑马桩 B_2、C_2 的方向上设立控制桩 B'、C'。桩位加固，即在桩柱周围用水泥加固。

此外，平行线法和延长线法可用于控制桩的设立。平行线法，即在平行中线并超出路线设计宽度的位置设立桩位。延长线法，即在交点附近中线延长线上设立桩位，如图 14-7 中的点 B'、点 C'。在交通路线施工的过程中，可能使中线桩丢失（或不易寻找），在有指示桩、控制桩的情况下便可利用放样的方法随时恢复丢失的中线桩。路线沿线的控制点也可用于中线桩的恢复。

14.2.5 管线工程的中线测量

给水排水、供气、输油、输电线等管线工程不涉及车辆高速行驶等问题，线型用地比较狭窄，工程线多以直线、折线表示。一般管线工程对控制测量要求不高，带状图多以平面测量形式并视工程需要在中线测量时直接测绘，其中线测量主要是直线段中线桩的测定。

1. 管道中线桩的测定

（1）管道主点的测设

管道主点类似交通路线起点、终点、交点，即管道线的起点、终点、转折点。测设的方法一般可分为图解法和解析法。

1）图解法。如图 14-14 所示，点 a、点 b、点 c、点 d、点 e 是供水管道中线点的设计点，线路测量的目的是将这些点测定到实地。图解法步骤：首先在图上量取设计点 a、点 b、点 c、点 d、点 e 与相应的建筑物点 1、点 2、点 3、点 4、点 5 的关系参数，如点之间的距离等；其次在实地以建筑物的点 1、点 2、点 3、点 4、点 5 分别测设设计点 a、点 b、点 c、点 d、点 e。

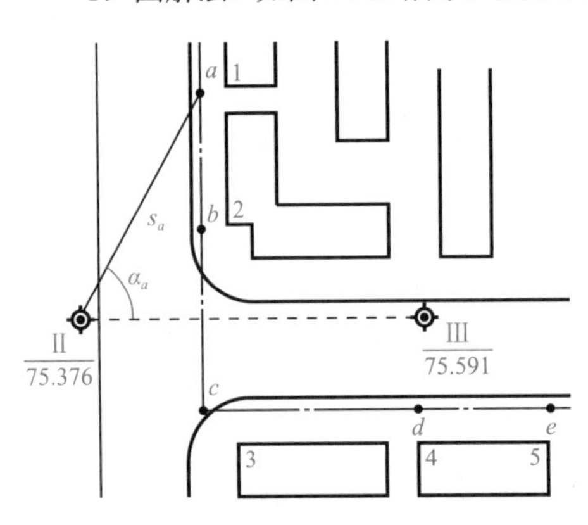

图 14-14 管道中线桩的测定

2）解析法。如图 14-14 所示，点 a、点 b、点 c、点 d、点 e 是供水管道中线点的设计点，点Ⅱ、点Ⅲ是控制点。解析法步骤：首先根据设计点 a、点 b、点 c、点 d、点 e 的图上坐标和控制点Ⅱ、点Ⅲ的坐标，求取测设参数 s_i、α_i；其次在实地控制点按测设参数测设设计点 a、点 b、点 c、点 d、点 e。

（2）管道中线桩的测设

与测定公路中线桩一样，管道中线应按一定间距测定中线桩，其中线整桩间距有 10m、20m、50m 等规格，加桩视地物地貌情况而定。中线桩间距可以用视距法测量。

2. 输电线中线桩的测定

输电线的线路测量分为选择路径方案测量和现场定位测量两个阶段。

（1）选择路径方案测量

主要利用中、小比例尺地形图选择路径方案，经过比较和现场勘查，选定输电线路径走向并定点，根据输电工程的需要测绘大比例尺带状地形图及相应的工点地形图。一般来说，300～

500kV 的输电线路径左、右各 50m 应测量平面图，左、右各 30m 内的地物应测量准确的平面位置和高程。强、弱输电线相近或交叉地段应测量交叉角度及相应的位置图。输电线大跨度地段应测绘平面图和塔位地形图。输电线经过的电厂、变电站及拥挤地段应测绘大比例尺地形图。

（2）现场定位测量

根据选定的输电线路径方案，测定输电线起点、终点、转折点的位置，在选定的输电线路径上测定直线桩、转角桩、杆塔位桩。直线桩之间的距离一般为 400m 以内，桩位埋设永久性的标桩，并分别按顺序编号。现场桩位距离测量相对误差在 1∶2000 以内即可，直线段的点位直线度小于1′。

14.3 圆曲线参数及其测设

14.3.1　圆曲线主点与测设

圆曲线是普通路线中线从一个直线方向转向另一个直线方向的基本曲线。如图 14-15 所示，公路从直线方向 ZD_1-JD 转向直线方向 JD-ZD_2，中间必须经过一段半径为 R 的圆曲线。这段圆曲线的起点 ZY（直圆点）、中点 QZ（曲中点）、终点 YZ（圆直点）称为圆曲线主点。曲线点位的专业名称见表 14-3。

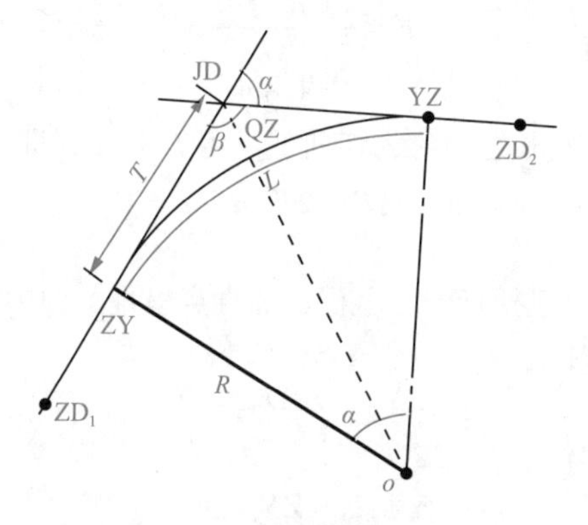

图 14-15　圆曲线与主点

表 14-3　曲线点位专业名称

点位名称	汉语拼音缩写及全称	英文简写及全称
交点 方向转点 公切点	JD (JiaoDian) ZD (ZhuanDian) GQ (GongQie)	IP (intersect point) TP (trans point) CP (common point)
圆曲线直圆点（起点） 曲中点（中点） 圆直点（终点）	ZY (ZhiYuan) QZ (QuZhong) YZ (YuanZhi)	BC (beginning of cycle) MC (middle point of curve) EC (end of cycle)

续表

点位名称	汉语拼音缩写及全称	英文简写及全称
缓和曲线直缓点（起点）	ZH (ZhiHuan)	TS (trans point of spiral)
缓圆点	HY (HuanYuan)	SC (spiral cycle)
曲中点（中点）	QZ (QuZhong)	MC (middle point of curve)
圆缓点	YH (YuanHuan)	CS (cycle spiral)
缓直点（终点）	HZ (HuanZhi)	ST (spiral trans)

1. 圆曲线主点参数

圆曲线主点参数主要包括已知参数、特征参数和里程参数。

（1）主点已知参数

圆曲线主点已知参数主要包括转角 α 及圆曲线的设计半径 R。其中，R 是根据地形状况及车辆运行要求设计的参数。此外，还有曲线整桩间距 l_o 及交点 JD 里程 $JD_{里程}$。

（2）主点特征参数

圆曲线主点特征参数主要包括切线长、曲线长、外矢距、切曲差。

1）切线长。圆曲线起点（ZY）或终点（YZ）至交点 JD 的长度就是圆曲线的切线长，用 T 表示。由图 14-15 可见，圆曲线对应的圆心角就是路线中线的转角 α 。切线长 T 可表示为

$$T = R\tan\left(\frac{\alpha}{2}\right) \tag{14-9}$$

2）曲线长。圆曲线起点（ZY）至终点（YZ）的弧长就是圆曲线的曲线长，用 L 表示，即

$$L = R\alpha\frac{\pi}{180^\circ} \tag{14-10}$$

3）外矢距。交点至圆曲线中点的距离称为外矢距，用 E 表示，即

$$E = \frac{R}{\cos\left(\frac{\alpha}{2}\right)} - R \tag{14-11}$$

4）切曲差。切线长与曲线长之差称为切曲差，用 D 表示，即

$$D = 2T - L \tag{14-12}$$

（3）主点里程参数

圆曲线主点里程参数主要包括直圆点里程、圆直点里程、曲中点里程。

1）直圆点（ZY）里程为

$$ZY_{里程} = JD_{里程} - T \tag{14-13}$$

2）圆直点（YZ）里程为

$$YZ_{里程} = ZY_{里程} + L \tag{14-14}$$

3）曲中点（QZ）里程为

$$QZ_{里程} = YZ_{里程} - \frac{L}{2} \tag{14-15}$$

4）检核计算，即

$$JD_{里程} = QZ_{里程} + \frac{D}{2} \tag{14-16}$$

2. 圆曲线主点的测设方法

圆曲线主点的测设方法如下。

1）如图 14-15 所示，在交点 JD 设全站仪（或经纬仪）瞄准中线点 ZD_2，沿视准轴方向测量切线长 T，在实地定点 YZ。

2）全站仪拨角$\dfrac{\beta}{2}$，沿视准轴测量外矢距 E，在实地定点 QZ。

3）全站仪再拨角$\dfrac{\beta}{2}$，沿视准轴测量切线长 T，在实地定点 ZY。

4）以上各点均设置相应的中线桩。

14.3.2　圆曲线的详细参数与测设

圆曲线的详细参数，即圆曲线点的坐标，有直角坐标和极坐标两种表示方法。

1. 直角坐标表示法

直角坐标表示法在工程上常称为切线支距法，圆曲线详细参数的计算步骤如下。

1）建立曲线直角坐标系。根据图 14-16 建立曲线直角坐标系，其中圆曲线切点 ZY 是坐标系原点，点 ZY 至点 JD 切线为 x 轴，过点 ZY 至圆心的垂直方向为 y 轴。

2）求圆曲线任一点 i 的坐标。图 14-16 中圆曲线上任一点 i 的坐标为

$$x_i = R\sin\varphi_i\text{，}\quad y_i = R - R\cos\varphi_i \tag{14-17}$$

式中，i =1, 2, …, n。φ_i 可根据式（14-18）求得，即

$$\varphi_i = \frac{l_i 180^\circ}{R\pi} \tag{14-18}$$

式中，l_i 是圆曲线中线点 i 与点 ZY 的弧长，并且 l_i 符合式（14-19）；φ_i 是 l_i 对应的圆心角。

3）求圆曲线中线点 i 的里程，即

$$l_{i里程} = \text{ZY}_{里程} + l_i\text{，}\quad l_i = l_A + l_o \times (i-1) \tag{14-19}$$

式中，l_o 是曲线中线整桩间距。l_A 是过点 ZY 后第一个中线整桩点至点 ZY 的弧长，即

$$l_A = l_o\left[\text{int}\left(\frac{\text{ZY}_{里程}}{l_o}\right)+1\right] - \text{ZY}_{里程} \tag{14-20}$$

式中，int 是计算机的取整函数。曲线中线整桩间距 l_o 的取值应根据圆曲线半径确定：一般 l_o 取 20m；当 30m<R<60m 时，l_o 取 10m；当 R<30m 时，l_o 取 5m；当 R>800m 时，可以取 l_o 为 40m。

2. 极坐标表示法

极坐标表示法又称偏角法。如图 14-17 所示，圆曲线任一点 i 的参数可以表示为

$$\theta_i = \frac{\varphi_i}{2}\text{，}\quad c_i = 2R\sin\theta_i \tag{14-21}$$

式中，θ_i 称为偏角；φ_i、R 满足式（14-18）。

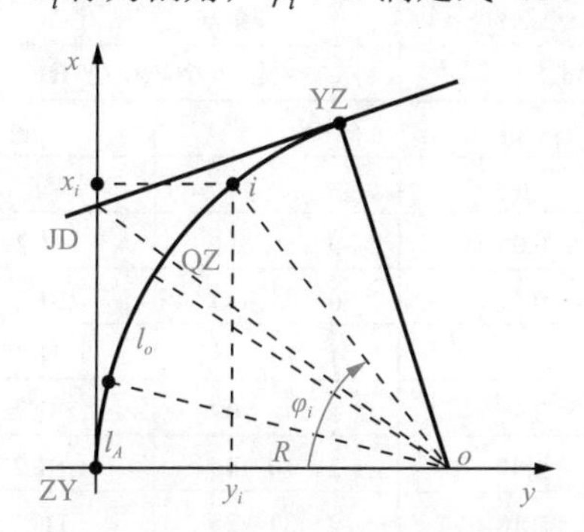

图 14-16　圆曲线直角坐标表示法

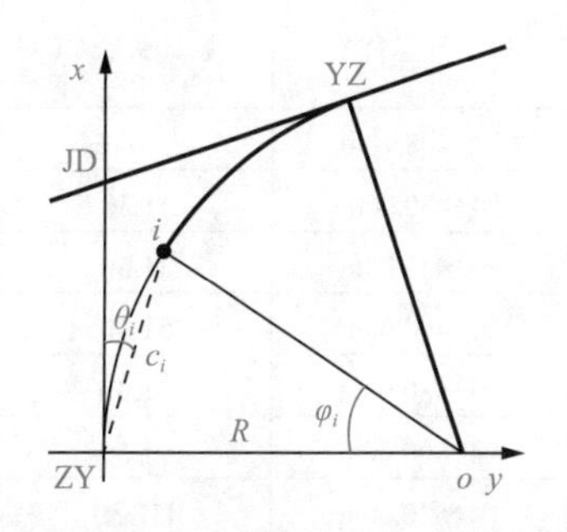

图 14-17　圆曲线极坐标表示法

3. 测设的方法

根据圆曲线点的坐标，圆曲线点位测设方法可分为直角坐标法和极坐标法。

（1）直角坐标法

直角坐标法又称切线支距法，具体步骤如下。

1）沿 x 轴按 x_i 测量，定各 x_i 的点位。

2）在各 x_i 处沿 x 轴的垂直方向测量 y_i，并定点 i 的位置。

3）设置点 i 中线桩。

4）检核。一般来说，圆曲线分别从点 ZY、点 YZ 向点 QZ 进行详细测设，检核是对接近点 QZ 的测设桩位至点 QZ 的实际距离与计算距离进行比较，比较结果应符合表 14-2 中的相关要求。

（2）极坐标法

极坐标法又称偏角法。这种方法以点 ZY（或点 YZ）为测站点，以切线方向为起始方向。该方法的测设参数是根据圆弧上的点至点 ZY（或点 YZ）的弦长 c_i 及弦长方向与起始方向的夹角 θ_i，如图 14-17 所示。

1）根据式（14-21）计算圆曲线上点 i 的偏角测设参数 θ_i、c_i。

2）测设点 i 中线桩的方法同极坐标法。

3）设置点 i 中线桩。

4）检核，方法同切线支距法。

14.3.3 圆曲线详细参数的算例

转角 $\alpha = 10°49'$，圆曲线半径 $R = 1200\text{m}$，$\text{JD}_{里程} = k4 + 522.31(\text{m})$，$l_o = 20\text{m}$，计算结果见表 14-4。表 14-4 中列出了圆曲线主点参数和详细测设的点位参数，其中详细测设的点位参数按图 14-16 从点 ZY 沿圆曲线向点 QZ 计算。

表 14-4 圆曲线主点参数和详细测设参数计算表

已知参数	转角 $\alpha = 10°49'$	设计半径 $R = 1200\text{m}$
	交点里程 $\text{JD}_{里程} = \text{k}4 + 522.31$（m）	整桩间距 $l_o = 20\text{m}$
特征参数	切线长 $T = 113.61\text{m}$	弧长 $L = 226.54\text{m}$
	外矢距 $E = 5.37\text{m}$	切曲差 $D = 0.68\text{m}$
主点里程	ZY 点里程为 k4+408.70（m）	点 YZ 里程为 k4+635.24（m）
	QZ 点里程为 k4+521.97（m）	点 JD 里程为 k4+522.31（m）（验算）

详细测设参数			切线支距法　原点 ZY		偏角法　测站点 ZY	
点名	桩号（里程）	累计弧长/m	x 轴为 ZY-JD		起始方向为 ZY-JD	
			x/m	y/m	θ/（°　′　″）	c_i/m
ZY	k4+408.70m	0	0	0	0	0
1	k4+420.00m	11.30	11.30	0.05	0　16　11	11.29
2	k4+440.00m	31.30	31.30	0.41	0　44　49	31.29
3	k4+460.00m	51.30	51.28	1.10	1　13　28	51.29
4	k4+480.00m	71.30	71.26	2.18	1　42　07	71.28
5	k4+500.00m	91.30	91.21	3.47	2　10　46	91.27
6	k4+520.00m	111.30	111.14	5.16	2　39　25	111.25
QZ	k4+521.97m	113.27	113.10	5.34	2　42　15	113.22

续表

详细测设参数			切线支距法　原点 ZY		偏角法　测站点 ZY	
			x 轴为 ZY-JD		起始方向为 ZY-JD	
点名	桩号（里程）	累计弧长/m	x/m	y/m	θ/（°　′　″）	c_i/m
7	k4+540.00m	131.30	131.04	7.18	3　08　04	131.23
8	k4+560.00m	151.30	150.90	9.53	3　36　43	151.19
9	k4+580.00m	171.30	170.72	12.21	4　05　22	171.15
10	k4+600.00m	191.30	190.49	15.22	4　34　00	191.09
11	k4+620.00m	211.30	210.21	18.56	5　02　39	211.02
YZ	k4+635.24m	226.54	225.20	21.32	5　24　30	226.20

14.3.4　虚交圆曲线主点的解析法测设思路

虚交是指路线中线交点在实地无法得到的情形。例如，路线中线交点落入河流中（图 14-18）；公路在山腰处转弯，路线中线交点悬在空中（图 14-19），路线中线障碍物无法排除；等等，在这些情况下，交点均无法直接得到。另外，路线转弯曲线切线太长，测取交点工作量太大，没有意义，也属于虚交。路线中线出现虚交时，圆曲线主点的确定是测设圆曲线的关键，可采用几何法，如基线法、导线法、弦线法等，可参考相关书籍。这里介绍解析法的基本思路。

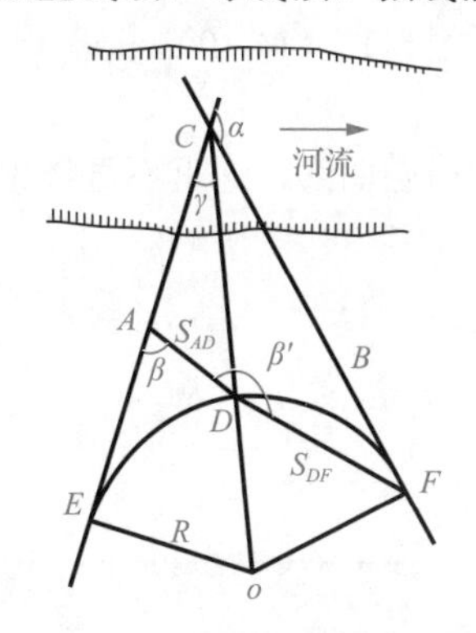

图 14-18　路线中线交点在河中

图 14-19　路线中线交点悬在空中

1）根据图 14-18，路线直线测量可以得到直线段 CE、FC 的方位角和若干直线上点（如点 E、点 A、点 B 等）的坐标，由此可求直线相交点 C 的坐标及角 α、角 γ（$\gamma = 90° - 0.5\alpha$）。

2）根据点 C、点 E 的坐标，可得 CE、CF 的长度和角 γ，进而求得圆半径 R（$R = CE \times \tan\gamma$）。

3）在点 A 以 AE 为起始方向，按 β 及 S_{AD} 测设点 D（即 QZ），其中

$$S_{AD} = \sqrt{S_{AC}^2 + S_{CD}^2 - 2S_{AC}S_{CD}\cos\gamma}\ ,\quad \beta = 180° - \angle CAD = 180° - \arcsin\left(\frac{S_{CD}}{S_{AD}}\sin\gamma\right)$$

式中，S_{CD} 是外矢距。

4）根据上述确定点 D 的相似几何关系，可以得到主点 F 的测设参数 β' 和 S_{DF}，并可测设主点 F。

5）根据表 14-4 中相关内容计算圆曲线其他参数，可以详细测设。

14.3.5　复曲线主点特征参数及其测设

复曲线由两个半径为 R_1、R_2（$R_1 > R_2$）的圆曲线构成，如图 14-20 所示。半径为 R_1 的圆曲线称为主曲线，半径为 R_2 的圆曲线称为副曲线。在图 14-20 中，复曲线的主点是 ZY_1、QZ_1、Y_1Y_2、QZ_2、YZ_2。

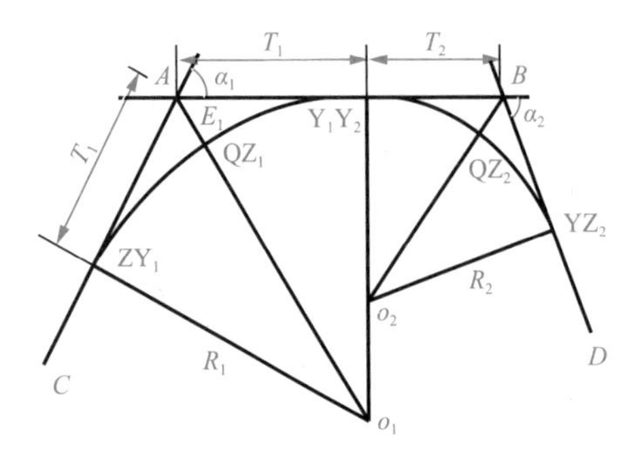

图 14-20　复曲线

1）沿公路中线直线段定点 A、点 B，测量基数 AB 的长度，测量转角 α_1、α_2。

2）根据 α_1、R_1 计算主曲线的特征参数 T_1、L_1、E_1、D_1［根据式（14-9）～式（14-12）］及副曲线的特征参数 T_2，其中

$$T_1 = R_1 \tan\left(\frac{\alpha_1}{2}\right),\quad T_2 = AB - T_1 \qquad (14\text{-}22)$$

3）测设主曲线的主点 ZY_1、QZ_1、Y_1Y_2。

4）根据 α_2、T_2 反求 R_2，即

$$R_2 = \frac{T_2}{\tan\left(\frac{\alpha_2}{2}\right)} \qquad (14\text{-}23)$$

5）根据 α_2、R_2 计算副曲线的特征参数 L_2、E_2、D_2［根据式（14-10）～式（14-12）］。

6）测设副曲线的主点 QZ_2、YZ_2。

有关复曲线主点的里程计算、详细参数计算等内容可参考圆曲线，这里不再赘述。

14.4　缓圆曲线定位参数

14.4.1　缓圆曲线的概念

曲率半径从某一个值连续匀变为另一个值的曲线称为缓和曲线。具有曲率半径匀变几何特征的缓和曲线是以一定运行速度的车辆前轮逐渐转向的行驶轨迹，是高等级路线中线设计的重要线型。缓圆曲线是由缓和曲线段、圆曲线段与直线段密切组合形成的曲线，又称缓圆组合曲线。路线直线段转向的标准曲线型如图 14-21 所示。缓圆曲线是高等级路线中线直线段转向的常规线型。

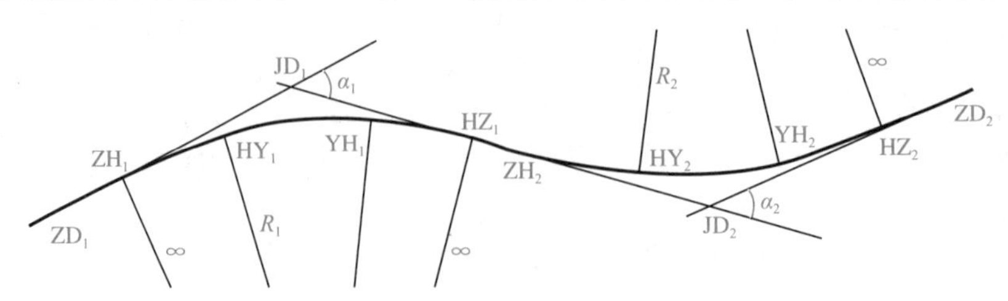

图 14-21　路线直线段转向的标准曲线型

在图 14-21 中，HY_1-YH_1 是半径为 R_1 的圆曲线，ZD_1-ZH_1、HZ_1-ZH_2 是直线段。在直线段与圆曲线段之间插入的线段 ZH_1-HY_1、线段 YH_1-HZ_1 是缓和曲线。其中，缓和曲线 ZH_1-HY_1 的曲率半径由∞向 R_1 匀变，缓和曲线 YH_1-HZ_1 的曲率半径由 R_1 向∞匀变。

14.4.2　缓圆曲线已知参数和特征参数

1. 已知参数

路线中线常规型缓圆曲线如图 14-22 所示，它由直线段 ZD_1A 、缓和曲线段 AC 、圆曲线段 CD 、缓和曲线段 DB 、直线段 BZD_2 构成，其已知参数如下。

（1）转角 α

利用测量技术手段取得。

（2）圆曲线半径 R

根据地形及车辆运行技术要求设计的参数。

（3）缓和曲线长度 l_s

按设计要求确定的参数。公路缓和曲线长度见表 14-5。

表 14-5　公路缓和曲线长度

一般公路	公路等级	一级		二级		三级		四级	
	地形状况	平地	重丘	平地	重丘	平地	重丘	平地	重丘
	l_s /m	85	50	70	35	50	25	35	20
高速公路	速度/（km/s）	120		100		80		60	
	l_s /m	100		85		70		50	

此外，缓圆曲线已知参数还有曲线整桩间距 l_o 及交点 JD 的里程 $JD_{里程}$。

2. 特征参数与表达式

为方便说明，预先建立直角坐标系，点 ZH 是坐标系原点，点 ZH 至点 JD 为 x 轴，过点 ZH 作 x 轴的垂线为 y 轴，形成一个直角坐标系，如图 14-22 所示。

（1）缓和曲线参数

取图 14-22 的局部，缓和曲线段 ZH-HY 如图 14-23 所示。回旋曲线是我国应用缓和曲线的常用线型，根据一般曲线曲率半径表达特征，回旋曲线曲率半径表达式为

$$\rho = \frac{c}{l} \tag{14-24}$$

式中，l 是自点 ZH 至点 P 的缓和曲线长度；ρ 是点 P 处缓和曲线半径；c 是缓和曲线参数，

$$c = \rho l \tag{14-25}$$

根据图 14-23，当 $l = l_s$ 时，缓和曲线曲率半径 $\rho = R$，即点 HY 处存在

$$R = \frac{c}{l_s} \tag{14-26}$$

根据式（14-26），缓和曲线参数 c 为

$$c = R\,l_s \tag{14-27}$$

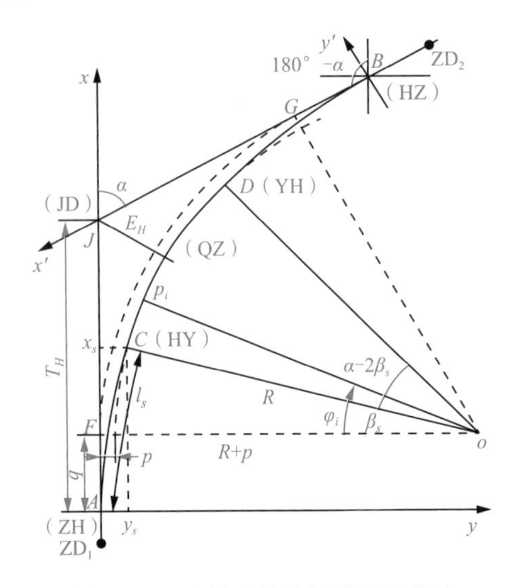

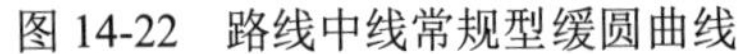
图 14-22　路线中线常规型缓圆曲线

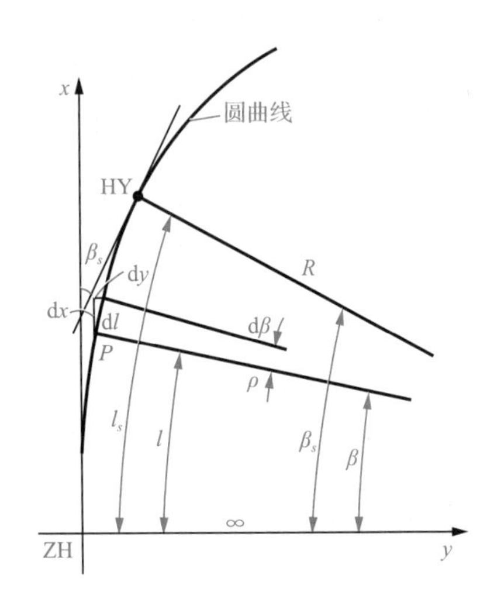

图 14-23　缓和曲线及其特征参数

（2）切线角

过缓和曲线上点 P 的切线与缓和曲线点 ZH 切线的夹角，称为切线角，用 β 表示。设点 P 附近存在 $\mathrm{d}l$ 对应的 $\mathrm{d}\beta$ 为

$$\mathrm{d}\beta=\frac{\mathrm{d}l}{\rho} \tag{14-28}$$

将式（14-27）代入式（14-24），然后将式（14-24）代入式（14-28），整理得

$$\mathrm{d}\beta=\frac{l\mathrm{d}l}{Rl_s} \tag{14-29}$$

对式（14-29）进行积分可得切线角表达式为

$$\beta=\frac{l^2}{2Rl_s}\text{（弧度）}\quad 或\quad \beta=\frac{l^2 90^\circ}{Rl_s\pi}\text{（角度）} \tag{14-30}$$

当 $l=l_s$ 时，切线角表达式为

$$\beta_s=\frac{l_s}{2R}\text{（弧度）}\quad 或\quad \beta_s=\frac{l_s 90^\circ}{R\pi}\text{（角度）} \tag{14-31}$$

（3）缓和曲线点 HY 的坐标

在图 14-23 中，过点 ZH 的切线作为 x 轴，过点 ZH 作 x 轴的垂线方向为 y 轴，形成缓和曲线直角坐标系。点 P 处相对于 $\mathrm{d}l$ 变化引起点 P 的坐标变化，即

$$\mathrm{d}x=\mathrm{d}l\cos\beta,\quad \mathrm{d}y=\mathrm{d}l\sin\beta \tag{14-32}$$

式（14-32）根据幂级数展开式，得

$$\begin{aligned}\cos\beta&=1-\frac{\beta^2}{2}+\frac{\beta^4}{4!}-\frac{\beta^6}{6!}+\cdots\\ \sin\beta&=\beta-\frac{\beta^3}{3!}+\frac{\beta^5}{5!}-\frac{\beta^7}{7!}+\cdots\end{aligned} \tag{14-33}$$

将式（14-30）弧度式代入式（14-33），然后代入式（14-32），并对 $\mathrm{d}x$、$\mathrm{d}y$ 积分，得

$$x=l-\frac{l^5}{40R^2l_s^2}+\frac{l^9}{3456R^4l_s^4}-\frac{l^{13}}{599040R^6l_s^6}+\frac{l^{17}}{175472640R^8l_s^8}-\frac{l^{21}}{78033715200R^{10}l_s^{10}}$$

$$y=\frac{l^3}{6Rl_s}-\frac{l^7}{336R^3l_s^3}+\frac{l^{11}}{42240R^5l_s^5}-\frac{l^{15}}{9676800R^7l_s^7}+\frac{l^{19}}{3530096640R^9l_s^9}-\frac{l^{23}}{1880240947200R^{11}l_s^{11}}$$

舍去上式第四项以后各项，得

$$x=l-\frac{l^5}{40R^2l_s^2}+\frac{l^9}{3456R^4l_s^4}，\quad y=\frac{l^3}{6Rl_s}-\frac{l^7}{336R^3l_s^3}+\frac{l^{11}}{42240R^5l_s^5} \tag{14-34}$$

当 $l=l_s$ 时，缓和曲线点 HY 的坐标为

$$x_s=l_s-\frac{l_s^3}{40R^2}+\frac{l_s^5}{3456R^4}-\frac{l_s^7}{599040R^6}+\frac{l_s^9}{175472640R^8}-\frac{l_s^{11}}{78033715200R^{10}}$$

$$y_s=\frac{l_s^2}{6R}-\frac{l_s^4}{336R^3}+\frac{l_s^6}{42240R^5}-\frac{l_s^8}{9676800R^7}+\frac{l_s^{10}}{3530096640R^9}-\frac{l_s^{12}}{1880240947200R^{11}}$$

舍去上式第四项以后各项，得

$$x_s=l_s-\frac{l_s^3}{40R^2}+\frac{l_s^5}{3456R^4}，\quad y_s=\frac{l_s^2}{6R}-\frac{l_s^4}{336R^3}+\frac{l_s^6}{42240R^5} \tag{14-35}$$

（4）圆曲线偏移的内移值 p 与切线增值 q

在图 14-22 中，如果在路线中线转弯处只设计圆曲线，那么路线中线的点 F、点 G 分别是圆曲线（虚线）的点 ZY、点 YZ。在这种情况下，车辆沿直线段 AF 运行后在点 F 处转入圆曲线（虚线）。实际上，车辆在进入圆曲线之前，必须经过一段缓和曲线才能转入圆曲线，这时的线型必须有相应的变化，即在不改变原交点 JD 和直线方向的情况下，使圆曲线圆心 o 向内偏移，即形成图 14-22 中实线线型。偏移后圆曲线的内移距离值称为内移值 p；偏移后的圆曲线原有切线长 FJ 增长为 AJ，称为切线增值 q。内移值 p 和切线增值 q 统称为偏移参数。

上述偏移实现缓和曲线段 AC、DB 的插入和圆曲线的缩短（原弧长 FG 缩短为 HY-YH 的弧长），其结果是以密切组合结构形成路线缓圆曲线。密切组合结构的特点：参与的组合线段（如直线与缓和曲线、圆曲线与缓和曲线、缓和曲线与缓和曲线等线段）在密切组合点（简称密切点，如点 ZH、点 HY 等）的曲率半径数值相等、径向一致。缓圆曲线密切点、密切组合定位符合高等级路线汽车运行规律的结构特点。若切点（如图 14-20 中的 ZY_1、Y_1Y_2）没有密切点、密切组合定位结构特点，则其一般可用于普通路线。

在图 14-22 中，设圆曲线内移后仍取半径 R，β_s 是点 HY 处的切线角，内移值 p 为

$$p=y_s+R\cos\beta_s-R \tag{14-36}$$

根据式（14-31），将式（14-36）中的 $\cos\beta_s$ 化为 β_s 展开式，内移值 p 与缓和曲线弧长 l_s 的精密关系是

$$p=\frac{l_s^2}{24R}-\frac{l_s^4}{2688R^3}+\frac{l_s^6}{506880R^5}-\frac{l_s^8}{154828800R^7}+\frac{l_s^{10}}{70601932800R^9} \tag{14-37}$$

式（14-37）略去高次项，得

$$p=\frac{l_s^2}{24R}-\frac{l_s^4}{2688R^3} \tag{14-38}$$

切线增值 q 为

$$q=x_s-R\sin\beta_s \tag{14-39}$$

根据式（14-37）的推导，切线增值 q 与缓和曲线弧长 l 的精密关系式为

$$q=\frac{l_s}{2}-\frac{l_s^3}{240R^2}+\frac{l_s^5}{34560R^4}-\frac{l_s^7}{8386560R^6}+\frac{l_s^9}{3158507520R^8} \tag{14-40}$$

式（14-40）略去高次项，得

$$q = \frac{l_s}{2} - \frac{l_s^3}{240R^2} \tag{14-41}$$

由于式(14-41)等号右侧第二项实际值很小，故切线增值 q 相当于缓和曲线段 AC 长度 l_s 的 $\frac{1}{2}$。

14.4.3 常规型缓圆曲线主点参数与测设

图 14-22 所示常规型缓圆曲线中有两段缓和曲线和一段圆曲线，曲线主点有点 ZH、点 HY、点 QZ、点 YH、点 HZ。常规型缓圆曲线主点参数主要有已知参数、特征参数和里程参数。

1. 主点已知参数

常规型缓圆曲线主点已知参数包括转角 α 、圆曲线设计半径 R、缓和曲线长 l_s 、曲线整桩间距 l_o 、交点 JD 里程 $\mathrm{JD}_{里程}$。

2. 主点特征参数

根据图 14-22，常规型缓圆曲线主点特征参数包括切线长、曲线长、外矢距和切曲差。

1）切线长，用 T_H 表示，即

$$T_H = (R+p)\tan\left(\frac{\alpha}{2}\right) + q \tag{14-42}$$

2）曲线长，用 L_H 表示，即

$$L_H = R(\alpha - 2\beta_s)\frac{\pi}{180°} + 2l_s \tag{14-43}$$

3）外矢距，用 E_H 表示，即

$$E_H = \frac{(R+p)}{\cos\left(\frac{\alpha}{2}\right)} - R \tag{14-44}$$

4）切曲差，用 D_H 表示，即

$$D_H = 2T_H - L_H \tag{14-45}$$

3. 主点里程参数

1）点 ZH 里程，用 $\mathrm{ZH}_{里程}$ 表示，即

$$\mathrm{ZH}_{里程} = \mathrm{JD}_{里程} - T_H \tag{14-46}$$

2）点 HY 里程，用 $\mathrm{HY}_{里程}$ 表示，即

$$\mathrm{HY}_{里程} = \mathrm{ZH}_{里程} + l_s \tag{14-47}$$

3）点 YH 里程，用 $\mathrm{YH}_{里程}$ 表示，即

$$\mathrm{YH}_{里程} = \mathrm{HY}_{里程} + L_H - 2l_s \tag{14-48}$$

4）点 HZ 里程，用 $\mathrm{HZ}_{里程}$ 表示，即

$$\mathrm{HZ}_{里程} = \mathrm{YH}_{里程} + l_s \tag{14-49}$$

5）点 QZ 里程，用 $\mathrm{QZ}_{里程}$ 表示，即

$$\mathrm{QZ}_{里程} = \mathrm{HZ}_{里程} - \frac{L_H}{2} \tag{14-50}$$

6）检核计算，即

$$\mathrm{JD}_{里程}=\mathrm{QZ}_{里程}+\frac{D_H}{2} \tag{14-51}$$

4. 主点的测设

（1）点 ZH、点 HZ、点 QZ 的测设

1）根据图 14-22，在全站仪点 JD 设测站瞄准 ZD_2，沿视准轴方向按 T_H 测设定点 HZ。

2）全站仪拨角 $\frac{180^\circ-\alpha}{2}$，沿视准轴方向按 E_H 测设定点 QZ。

3）全站仪再拨角 $\frac{180^\circ-\alpha}{2}$，沿视准轴方向按 T_H 测设定点 ZH。

（2）点 HY、点 YH 的测设

已知式（14-35）表示点 HY 的坐标，故点 HY 可采用切线支距法进行放样，即以点 ZH 为密切点，以 ZH-JD 为切线建立直角坐标系，以此坐标系放样点 HY。同理，点 YH 以点 HZ 为密切点，以 HZ-JD 为切线建立直角坐标系进行放样。一般来说，点 HY、点 YH 的测设可在详细测设中完成。

上述主点放样后，分别设立相应的中线桩。

14.4.4　常规型缓圆曲线的详细参数与测设

根据图 14-22，常规型缓圆曲线的详细参数可用直角坐标表示法和极坐标表示法进行表示。

1. 直角坐标表示法

根据图 14-22 列出曲线各段点在直角坐标系的参数计算公式。

（1）点 ZH 的坐标

根据图 14-22，点 ZH（A）是原点，故 $x_{\mathrm{ZH}}=0$，$y_{\mathrm{ZH}}=0$。

（2）缓和曲线段 ZH-HY 上点的坐标

缓和曲线段上 i 点的坐标按式（14-34）计算，即

$$x_i=l_i-\frac{l_i^5}{40R^2l_s^2}+\frac{l_i^9}{3456R^4l_s^4},\qquad y_i=\frac{l_i^3}{6Rl_s}-\frac{l_i^7}{336R^3l_s^3}+\frac{l_i^{11}}{42240R^5l_s^5} \tag{14-52}$$

其中，

$$l_i=l_A+l_o(i-1) \tag{14-53}$$

式中，$i=1, 2, \cdots, n$；l_o 是整桩间距；l_A 是过点 ZH 后第一个整桩至点 ZH 的弧长，即

$$l_A=l_o\left[\mathrm{int}\left(\frac{\mathrm{ZH}_{里程}}{l_o}\right)+1\right]-\mathrm{ZH}_{里程},\quad l_{i里程}=\mathrm{ZH}_{里程}+l_i \tag{14-54}$$

（3）点 HY 的坐标

按式（14-35）计算，即

$$x_{\mathrm{HY}}=l_s-\frac{l_s^3}{40R^2}+\frac{l_s^5}{3456R^4},\quad y_{\mathrm{HY}}=\frac{l_s^2}{6R}-\frac{l_s^4}{336R^3}+\frac{l_s^6}{42240R^5} \tag{14-55}$$

（4）圆曲线段 HY-YH 上点的坐标

$$x_i=q+R\sin\varphi_i,\quad y_i=p+R-R\cos\varphi_i \tag{14-56}$$

其中，

$$\varphi_i = \left[\frac{l_s}{2} + l_{YA} + l_o(i-1)\right]\frac{180°}{R\pi} \tag{14-57}$$

式中，$i=1, 2, \cdots, n$；l_s 是缓和曲线长度；l_{YA} 是过点 HY 后圆曲线上第一个整桩至点 HY 的弧长，即

$$l_{YA} = l_o\left[\text{int}\left(\frac{\text{HY}_{里程}}{l_o}\right)+1\right] - \text{HY}_{里程}，\quad l_{i里程} = \text{HY}_{里程} + l_{YA} + l_o(i-1) \tag{14-58}$$

（5）圆曲线上点 QZ 的坐标表达式

$$x_{\text{QZ}} = q + R\sin\left(\frac{\alpha}{2}\right)，\quad y_{\text{QZ}} = p + R - R\cos\left(\frac{\alpha}{2}\right) \tag{14-59}$$

（6）点 YH 的坐标表达式

$$x_{\text{YH}} = q + R\sin(\alpha - \beta_s)，\quad y_{\text{YH}} = p + R - R\cos(\alpha - \beta_s) \tag{14-60}$$

（7）缓和曲线段 YH-HZ 上点的坐标

考虑到应用式（14-30）β 的推导方向，缓和曲线段 YH-HZ 上点的坐标可采用以点 HZ 为起点的推算方式。在图 14-22 中，以点 HZ 为原点建立 X′BY′直角坐标系推算缓和曲线上的点位坐标，然后变换为 XAY 直角坐标系的坐标，应经历坐标平移和旋转（180°$-\alpha$）的过程。根据这一思路推证得缓和曲线段 YH-HZ 上点位坐标的表达式为

$$\begin{bmatrix} x_i \\ y_i \end{bmatrix} = \begin{bmatrix} x_{\text{HZ}} \\ y_{\text{HZ}} \end{bmatrix} - \begin{bmatrix} \cos\alpha & -\sin\alpha \\ \sin\alpha & \cos\alpha \end{bmatrix} \begin{bmatrix} x_i' \\ y_i' \end{bmatrix} \tag{14-61}$$

其中，

$$x_i' = l_i - \frac{l_i^5}{40R^2 l_s^2} + \frac{l_i^9}{3456R^4 l_s^4}，\quad y_i' = -\left(\frac{l_i^3}{6Rl_s} - \frac{l_i^7}{336R^3 l_s^3} + \frac{l_i^{11}}{42240R^5 l_s^5}\right) \tag{14-62}$$

式中，l_i 是缓和曲线上点 i 到点 HZ 的弧长，即

$$l_i = l_B + l_o(i-1) \tag{14-63}$$

式中，l_B 是点 HZ 前的第一个整桩至点 HZ 的弧长，即

$$l_B = \text{HZ}_{里程} - l_o\left[\text{int}\left(\frac{\text{HZ}_{里程}}{l_o}\right)\right]，\quad l_{i里程} = \text{YH}_{里程} + l_s - l_i \tag{14-64}$$

（8）点 HZ 的坐标

$$x_{\text{HZ}} = T_H\cos\alpha + T_H，\quad y_{\text{HZ}} = T_H\sin\alpha \tag{14-65}$$

2. 极坐标表示法

极坐标表示法也称偏角法，所需的参数有曲线的弦长 C 和偏角 δ，这两个参数可以利用切线支距法的参数换算得到。如图 14-24 所示，设点 p_i 是曲线上一点，坐标为(x_i, y_i)，现以点 ZH 为测站，以点 JD 为基准方向放样曲线上的点 p，则所需点的参数为

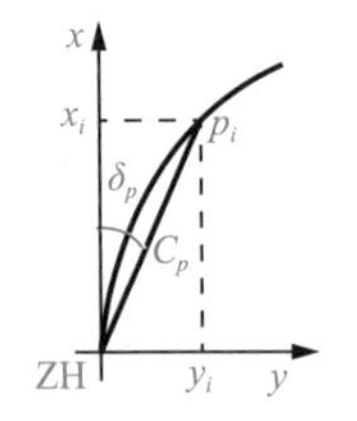

图 14-24　极坐标表示法

$$C_p = \sqrt{x_i^2 + y_i^2}，\quad \delta_p = \arctan\left(\frac{y_i}{x_i}\right) \tag{14-66}$$

由式（14-66）可见，偏角法常规型缓圆曲线点的测设参数的计算步骤为：按切线支距法的相应公式计算曲线上的点的坐标及点位里程；按式（14-66）计算点的参数 C_p 和 δ_p 。

3. 测设方法

在一般方法上，缓和曲线详细测设如同圆曲线测设，分别从点 ZH、点 HZ 向点 QZ 详细测

设。在测设前，将按点 ZH、点 HZ 这两个原点的不同坐标系统计算两套测设参数。检核则是对接近点 QZ 的测设桩位至点 QZ 的实际距离值与计算值进行比较，并使之符合表 14-2 的要求。

必须说明的是，不仅是缓和曲线，以上本单元所述的直线点的测定、圆曲线和缓和曲线的测设，它们所采用的偏角法、直角坐标法都属于传统方法。在现代技术条件下，应用传统技术原理获得的线形点的参数，完全适用于全站速测法、GNSS-RTK 法测设交通路线建设的各种线型点位。

14.4.5　常规型缓圆曲线主点参数和详细测设参数的算例

常规型缓圆曲线主点参数和详细测设参数计算见表 14-6。

表 14-6　常规型缓圆曲线主点参数和详细测设参数计算表（图 14-22）

已知参数	圆半径为 1200m	转角为 10°49′	缓和曲线长为 100m		交点里程为 4522.31m	整桩间距为 20m
特征参数	切线角 $\beta=2°23'14''$		内移值 $p=0.347$m		切线增值 $q=49.998$m	
	切线长为 163.640m		曲线长为 326.543m		外矢距为 5.714m	切曲差为 0.738m
主点里程	ZH里程 4358.669m	HY里程 4458.669m	QZ里程 4521.940m	YH里程 4585.212m	HZ里程 4685.212m	JD里程 4522.310m
详细测设参数			切线支距法原点为 ZH x 轴为 ZH-JD		偏角法 测站点为 ZH 起始方向为 ZH-JD	
点名	里程	弧长/m	x/m	y/m	δ/（°　′　″）	c/m
ZH（1）	k4+358.669m	0	0	0	0	0
2	k4+360.000m	1.330	1.330	0.000	0　00　00	1.330
3	k4+380.000m	21.330	21.330	0.013	0　02　10	21.330
4	k4+400.000m	41.330	41.330	0.098	0　08　09	41.330
5	k4+420.000m	61.330	61.329	0.320	0　17　57	61.330
6	k4+440.000m	81.330	81.324	0.747	0　31　34	81.330
HY（7）	k4+458.669m	100.000	99.982	1.388	0　47　44	99.992
8	k4+460.000m	101.330	101.313	1.444	0　49　01	101.324
9	k4+480.000m	121.330	121.287	2.466	1　09　54	121.312
10	k4+500.000m	141.330	141.241	3.821	1　32　58	141.293
11	k4+520.000m	161.330	161.169	5.507	1　57　26	161.263
QZ（12）	k4+521.940m	163.271	163.102	5.689	1　59　51	163.201
13	k4+540.000m	181.330	181.067	7.526	2　22　49	181.223
14	k4+560.000m	201.330	200.928	9.876	2　48　50	201.171
15	k4+580.000m	221.330	220.747	12.557	3　15　20	221.104
YH（16）	k4+585.212m	226.543	225.906	13.310	3　22　19	226.297
17	k4+600.000m	241.330	240.521	15.563	3　42　08	241.024
18	k4+620.000m	261.330	260.249	18.850	4　08　34	260.931
19	k4+640.000m	281.330	279.941	22.351	4　33　53	281.330
20	k4+660.000m	301.330	299.605	26.000	4　57　35	301.330
21	k4+680.000m	321.330	319.254	29.731	5　19　14	320.635
HZ（22）	k4+685.212m	326.543	324.374	30.710	5　24　30	325.824

14.5 缓和曲线弧长方程与缓圆组合

14.4 节介绍的常规型缓圆曲线定位的主要特点是两条缓和曲线段的弧长 l 已知，定位参数计算及其应用比较规范标准。现代交通路线大多是非常规型缓圆曲线，尤其在立交互通道路工程中，曲线的线型结构多样，其中曲线的组合形式复杂多变，缓和曲线的长短依实际地形和路线等级各不相同，缓和曲线弧长往往未知。虽然缓和曲线的特征参数表达式早已被提出，但缓和曲线弧长方程问题并没有解决。如何在复杂多变的情况下获取缓和曲线弧长和实现缓圆组合，是人们讨论较多的曲线定位问题。本节将对该问题的研究成果与读者分享。

14.5.1 缓和曲线弧长方程与弧长求解

1. 缓和曲线弧长方程

对式（14-37）进行适当处理，推出缓和曲线弧长方程，即

$$\frac{l^2}{24R}-\frac{l^4}{2688R^3}+\frac{l^6}{506880R^5}-\frac{l^8}{154828800R^7}+\frac{l^{10}}{70601932800R^9}-p=0 \qquad (14\text{-}67)$$

式中，p 为圆曲线上距直线（或 x 轴）最近的点 d 与直线的距离，称为圆弧距，如图 14-25 所示。

设 $l_o=l^2$，将其代入弧长方程式（14-67），此时式（14-67）变为

$$Al_o+Bl_o^2+Cl_o^3+Dl_o^4+El_o^5-p=0 \qquad (14\text{-}68)$$

式中，$A=\dfrac{1}{24R}$，$B=\dfrac{-1}{2688R^3}$，$C=\dfrac{1}{506880R^5}$，$D=\dfrac{-1}{154828800R^7}$，$E=\dfrac{1}{70601932800R^9}$。

2. 缓和曲线弧长求解

式（14-68）是一个高次方程。一般来说，在路线工程中，圆弧距 p、圆曲线半径 R 已知，缓和曲线弧长可以参考附录 B 中求 γ（子午收敛角）的方法，弧长方程按迭代法求解，具体步骤如下。

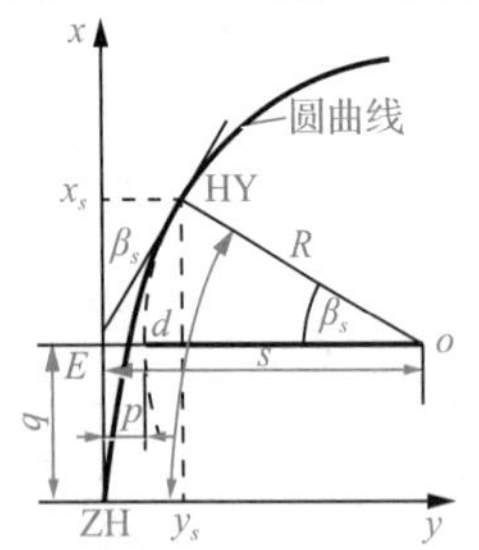

图 14-25 缓和曲线弧长与圆弧距

1）求 l_o 的初始值，即

$$l_o=\frac{p}{A} \qquad (14\text{-}69)$$

2）求 $\mathrm{d}p$、$l_o(i+1)$。将 l_o、p 及系数 A、B、C、D、E 代入式（14-68），得

$$\mathrm{d}p=Al_o+Bl_o^2+Cl_o^3+Dl_o^4+El_o^5-p \qquad (14\text{-}70)$$

且

$$l_o(i+1)=l_o(i)-\frac{\mathrm{d}p}{A} \qquad (14\text{-}71)$$

3）设定限制误差 Q（如设 Q=0.000000005）。

4）若 $dp \geqslant Q$，则再按式（14-70）、式（14-71）计算 dp 、 $l_o(i+1)$（i 是重复次数）。

5）若 $dp \leqslant Q$，则通过计算 $\sqrt{l_o(i+1)}$ 得缓和曲线弧长 l 。

图 14-22 中的 p 与图 14-25 中的 p 位置相同，但意义不同。图 14-22 中的 p 是缓和曲线长度 l 存在而引起圆曲线的内移值，是待求参数。图 14-25 与式（14-68）中的 p 是圆曲线与直线客观存在的距离，是可得的已知参数，是出现缓和曲线的原因，称为圆弧距。根据图 14-25，圆弧距即圆半径径向的圆弧点 d 与其在 x 轴的垂足 E 的距离。因此只要设计圆半径 R 已知，圆心 o 的位置可知，并找到圆心 o 至直线 ZHx 的距离 s ，根据圆弧距 $p = s - R$ ，即可按式（14-67）计算缓和曲线弧长 l 。

缓和曲线弧长方程的确立和圆弧距概念的提出，颠倒了传统缓和曲线长度 l 与 p 的关系。将非常规型缓圆曲线中的圆弧距 p 变成随处可得的已知参数，圆弧距对应缓和曲线弧长，缓和曲线弧长此时具有唯一解。

3. 一站式弧长计算

这里利用 8.5.5 小节已安装的“曲线计算”软件进行计算。缓和曲线弧长一站式计算方法：单击桌面上的“4 缓和曲线计算”图标，单击“缓和曲线计算.exe”栏，按要求输入 R、p 值后单击“计算”按钮，软件将自动完成计算，显示计算结果（弧长 l）。

14.5.2 非对称缓圆曲线定位

交通路线设计的非常规型缓圆曲线有非对称缓圆曲线（图 14-26）、C 型缓圆曲线（图 14-28）、S 型缓圆曲线（图 14-29）、凸型缓圆曲线（图 14-30）等。

非常规型缓圆曲线定位采用缓和曲线弧长定位的方法，即以缓和曲线弧长方程式（14-67）为基础，进行“先有圆弧距 p，后有缓和曲线弧长 l”的缓圆组合定位。基本思路：首先，根据设计半径 R ，按圆弧距 p_i 实际参数求解缓和曲线弧长 l_i；其次，根据非常规型缓圆曲线的缓圆组合曲线类型实际确定主点；最后，计算详细曲线定位参数。

1. 非对称缓圆曲线的定位步骤

图 14-22 所示为缓和曲线与圆曲线、直线组合的对称缓圆曲线，图中点 QZ 在 $\angle GJF$ 平分线上，圆曲线两侧缓和曲线弧长相等。与图 14-22 相比，图 14-26 所示为缓和曲线与圆曲线、直线组合的非对称缓圆曲线，不需要角平分线，两侧缓和曲线弧长不相等，其定位步骤如下。

（1）从已知条件中寻找圆弧距 p

图 14-26 中一般的已知条件：直线 MJD 、JDN 各有一个点坐标和坐标方位角，圆曲线半径 R 及 o 点坐标，故可按以下方法进行定位。

1）根据点 o 与直线 MJD 、JDN 的垂直关系，求取点 o 到直线 MJD 、JDN 的距离 s_1、 s_2 。

2）根据点 o 与直线 MJD 、JDN 的垂直关系，求取点 E 、点 F 坐标，并对点 E 、点 F 进行定位。

3）获取圆弧距 p_1、 p_2。 $p_1 = s_1 - R$， $p_2 = s_2 - R$ 。

（2）求 l_1、l_2

按弧长基础方程式（14-67）求解缓和曲线弧长精确值 l_1、l_2。

（3）定位主点（点 A、点 B、点 C、点 D）

1）按式（14-41）求偏移值 q_1、q_2，以点 E、点 F 为基准点，根据偏移值 q_1、q_2 对点 A、点 B 进行定位。

2）按式（14-35）求点 C 坐标，定位点 C。

3）求 CD 弧长 l_{CD}。弧长 l_{CD} 计算公式为

$$l_{CD}=\frac{\alpha}{180^\circ}\pi R-0.5(l_1+l_2) \tag{14-72}$$

式中，$\alpha=\alpha_{MJD}-\alpha_{JDN}$；$\alpha_{MJD}$、$\alpha_{JDN}$ 分别为直线 MJD、JDN 的坐标方位角。

4）求点 D 坐标（略），并对点 D 进行定位。

5）整条非对称圆缓曲线的详细点的坐标计算参考图 14-27。

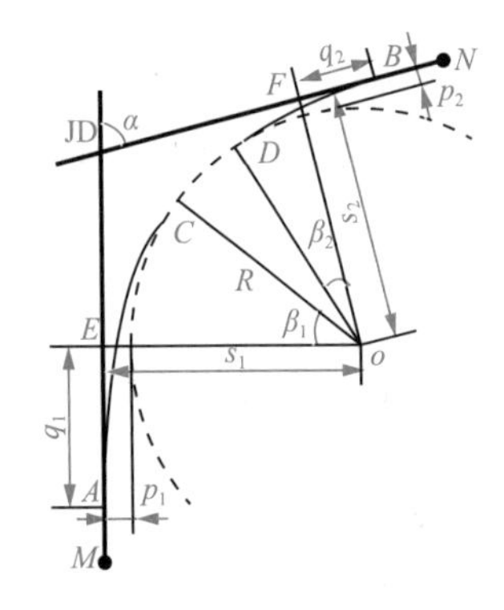

图 14-26　非对称缓圆曲线

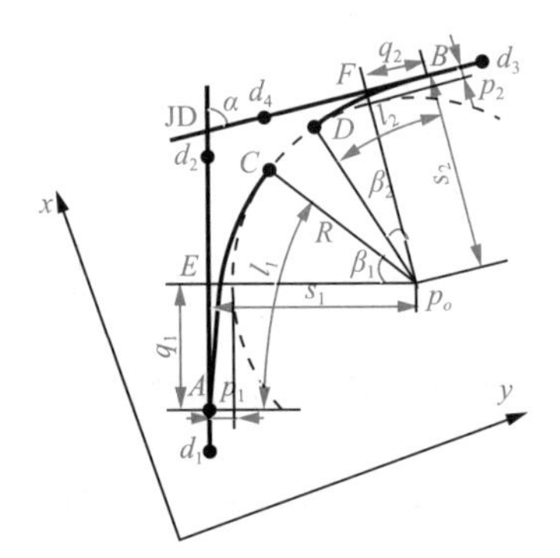

图 14-27　非对称缓圆曲线算例

2. 算例

以图 14-27 为例，详细参数计算见表 14-7 和表 14-8。

表 14-7　非对称缓圆曲线组合基本结构参数　（单位：m）

点的坐标	点名	x	y	里程		
	已知 d_1	100	385	1000		
	已知 d_2	1020	1550			
	已知 p_o	377	1065			
垂足	E	537.1328	938.5432	1705.3334		
起点	A	494.0421	883.9772	1635.8045		
缓和曲线弧长 l_1	设计半径 R	圆弧距 p_1	点距 s	q_1	圆曲线弧长 l_{CD}	
139.6218	200	4.04373	204.0437	69.5288	279.6160	
点的坐标	点名	已知 d_3	已知 d_4	已知 p_o	垂足 F	起点 B
	x	−300	410	377	425.3625	376.8341
	y	1440	1265	1065	1261.2135	1273.1747
缓和曲线弧长 l_2	设计半径 R	圆弧距 p_2	点距 s	q_2		
100.1700	200	2.085765	202.0858	49.9807		

表 14-8　非对称缓圆曲线组合部分详细点位坐标　（单位：m）

点号	x	y	里程	点号	x	y	里程
1（A）	494.0421	883.9772	1635.8045	29	467.8598	1124.7708	1900
2	469.6419	887.2701	1640	30	564.6339	1134.2352	1910
⋮	⋮	⋮	⋮	⋮	⋮	⋮	⋮
15	565.1138	997.0765	1770	44	475.9078	1238.8311	2050
16（C）	566.8866	1002.2060	1775.4273	45（D）	471.4934	1241.2697	2055.0433
17	568.2725	1006.5635	1780	46	467.0968	1243.5581	2060
⋮	⋮	⋮	⋮	⋮	⋮	⋮	⋮
27	572.8734	1105.4181	1880	55	381.8961	1271.9258	2150
28	570.6085	1115.1571	1890	56（B）	376.8341	1273.1747	2155.2138

14.5.3　C 型缓圆曲线的定位

C 型缓圆曲线如图 14-28 所示，图中直线 mn 是一条隐形直线，其上方是两个半径不同的圆曲线。图 14-28 中的 C 型缓圆曲线有圆曲线 GA、缓和曲线 AC、缓和曲线 CB、圆曲线 BH。C 型缓圆曲线是以点 A、点 C、点 B 为连续点，在两个圆曲线中插入弧长为 l_1（AC）、l_2（CB）的同向缓和曲线。点 C 处的曲率半径为∞。

在定位 C 型缓圆曲线的过程中，计算得到缓和曲线弧长且定位后，得到的两个定位圆心与两个圆曲线圆心 o_1、o_2 的实际位置一致。但最初获得的圆曲线圆心 o_1、o_2 不一定符合实际要求，故 C 型缓圆曲线定位的基本方法应结合计算结果对圆心 o_1、o_2 进行适当的调整。

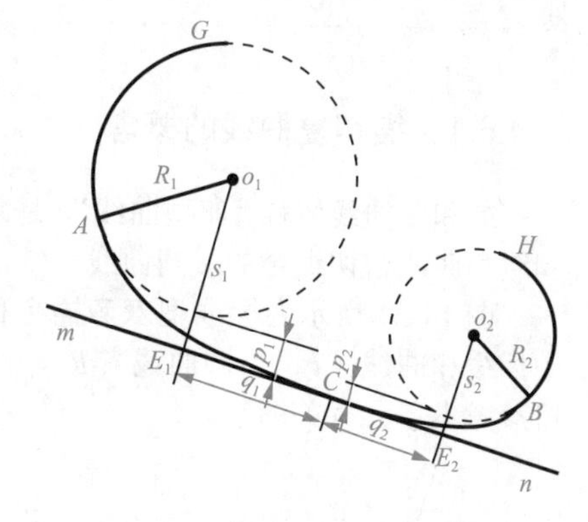

图 14-28　C 型缓圆曲线

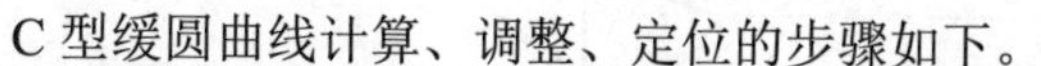

C 型缓圆曲线计算、调整、定位的步骤如下。

1）根据圆心至隐形直线 mn 的距离 s_1、s_2 获得圆弧距 p_1、p_2。

2）根据缓和曲线弧长方程式（14-68）及其迭代法，直接计算缓和曲线弧长 l_1（AC）、l_2（CB）。

3）根据圆心 o_1 坐标和圆心 o_1 与直线 mn 的垂直关系，求点 E_1 坐标，获得点 E_1 在直线 mn 的位置。

4）根据圆心 o_2 坐标和圆心 o_2 与直线 mn 的垂直关系，求点 E_2 坐标，获得点 E_2 在直线 mn 的位置。

5）按式（14-41）求偏移参数 q_1、q_2，以点 E_1 按 q_1 定主点 C 的位置，接着按 q_2 定主点 E_2' 的位置。比较点 E_2' 与主点 E_2 的位置差别，以主点 E_2' 的位置为主。

6）以点 C 为原点，以直线 mn 的 m 方向为 x 轴建立平面直角坐标系，按式（14-35）求点 A 的坐标，定主点 A 的位置。按式（14-35）求点 B 的坐标（点 B 的 x 坐标应反号），定主点 B 的位置。

7）C 型缓圆曲线的详细计算可参考非对称缓圆曲线，这里不再赘述。S 型缓圆曲线（图 14-29）、凸型缓圆曲线（图 14-30，密切点 C 处曲率半径 R）的定位可参考 C 型缓圆曲线、非对称缓圆曲线，这里不再赘述。

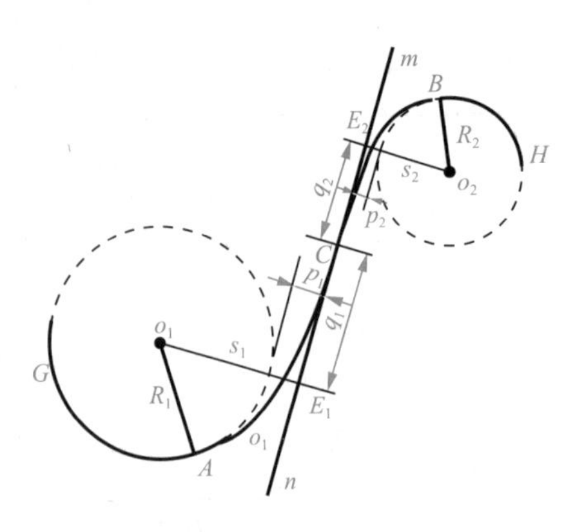

图 14-29　S 型缓圆曲线

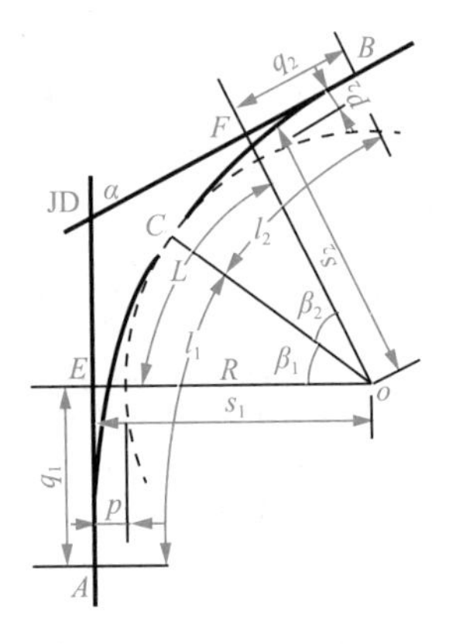

图 14-30　凸型缓圆曲线

14.6 缓和复曲线的弧长

14.6.1　缓和复曲线的概念

缓和复曲线俗称“卵型曲线”，是复曲线中插入缓和曲线后的一种有两个曲率半径的圆曲线和缓和曲线密切组合的缓圆曲线。

图 14-31 所示为标准型双旁插缓和复曲线，含左旁插缓和曲线（l_{s1}）、圆曲线（R_1、l_{y1}）、中插缓和曲线（l_{s3}）、圆曲线（R_2、l_{y2}）、右旁插缓和曲线（l_{s2}）。图 14-31 中的其他几何符号可参考本单元有关图示。

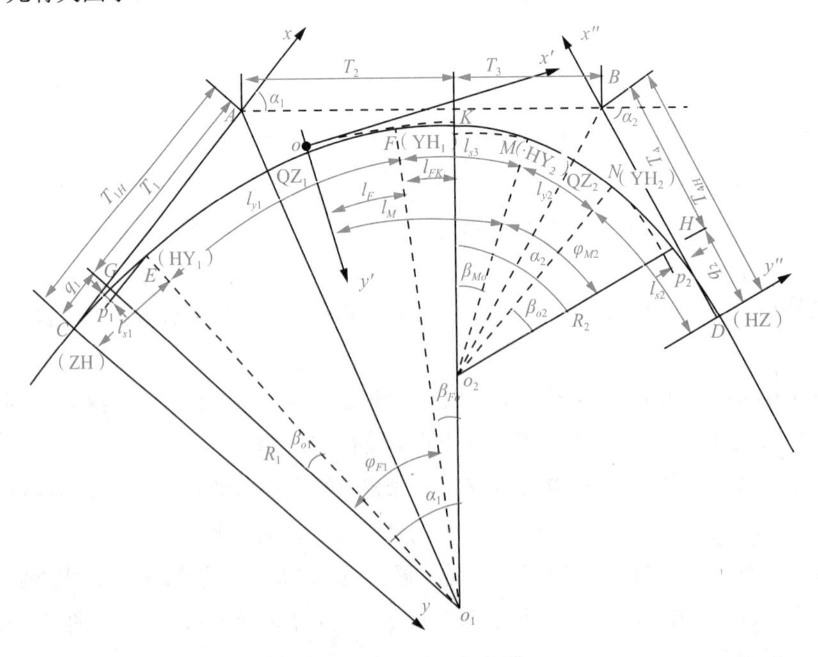

图 14-31　缓和复曲线

图 14-32 所示为在图 14-31 中的 $x'oy'$ 坐标系表示的中插缓和曲线（l_{s3}）。

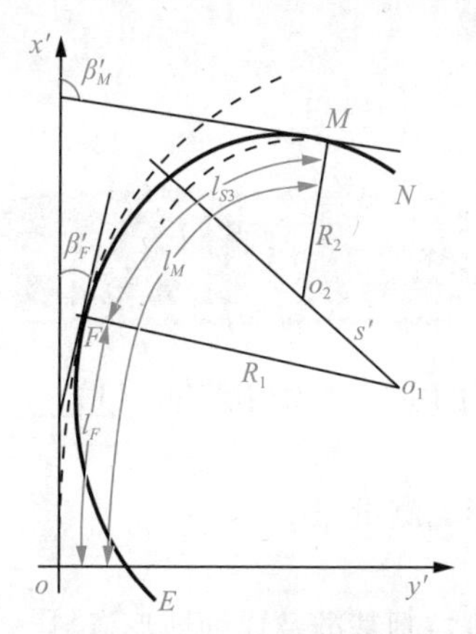

图 14-32　中插缓和曲线

14.6.2　中插缓和曲线弧长

1. 中插缓和曲线弧长数学模型

在图 14-31 中，中插缓和曲线弧长有l_{s3}、l_F、l_M，是缓和复曲线的关键参数，在路线曲线工程的设计、测量与检验中具有特别重要的意义。中间缓和曲线弧长l_{s3}、l_F、l_M的关系为

$$l_{s3} = l_M - l_F \tag{14-73}$$

式中，l_F是缓和曲线从曲率半径$\rho = \infty$处点o至曲率半径$\rho = R_1$处点F的曲线弧长；l_M是缓和曲线从$\rho = \infty$处点o至$\rho = R_2$处点M的曲线弧长。根据式（14-27），有

$$R_1 l_F = R_2 l_M\text{，}\ l_F = \frac{R_2 l_M}{R_1} \tag{14-74}$$

由式（14-73）、式（14-74）可见，若曲率半径R_1、R_2已知，则可以利用l_M求取l_F、l_{s3}，故求解弧长l_M是各中插缓和曲线弧长求解的关键。

在对缓和复曲线定位的研究过程中，经推导，中插缓和曲线l_M的弧长方程数学模型可表示为

$$k_1 w + k_2 w^2 + k_3 w^3 + k_4 w^4 + k_5 w^5 + k_6 w^6 + k_7 w^7 + k_8 w^8 + K = 0 \tag{14-75}$$

式中，w是决定弧长l_M的间接未知数；K称为圆弧参数，即

$$w = l_M^2\text{，}\ K = (R_1 - R_2)^2 - s^2 \tag{14-76}$$

上述弧长方程式（14-75）中的系数k_1、k_2、k_3、k_4、k_5、k_6、k_7、k_8与缓和曲线曲率半径R_1、R_2存在明确的关系，具体见附录 E。弧长l_M的求解方法可参考缓和曲线弧长的求解。式（14-76）中的s称为圆心o_1与圆心o_2的圆心距，圆弧参数$K > 0$。

2. 一站式弧长计算

这里利用 8.5.5 小节已安装的“曲线计算”软件进行计算。中插缓和曲线弧长一站式计算方法：单击桌面上的“4 缓和曲线计算”图标，单击“缓和曲线计算.exe”栏，按要求输入 R_1、R_2、s 值后单击“计算”按钮，软件将自动完成计算，并显示计算结果（弧长l_M、l_F、l_{s3}）。

缓和复曲线的结构比较复杂，涉及参数较多，限于篇幅，这里不展开介绍，读者可参考相关资料进行了解。

习题 14

1．路线勘测设计的“初测”的主要技术内容有__(1)__，目的是__(2)__。

(1) A．初步中线放样

B．控制测量和带状地形图测量

C．初步路线施工测量

(2) A．为路线工程提供完整控制基准及详细地形资料

B．将公路中线放样于实地

C．提供详细高程资料

2．路线勘测设计的“定测”的主要技术内容有________。

A．方案论证，确定规划路线的基本方案

B．在带状地形图上确定路线中线直线段及交点位置

C．路线中线测量（直线段及曲线放样），路线的纵、横断面测量

3．路线工程测量具有哪些特点？

4．中线直线测量的基本任务包括________。

A．将设计的导线点、水准点设置在实地

B．测量公路附合导线的起点、终点、转折点

C．将设计的公路中线起点、终点、直线中线点、交点放样到实地中

5．图 14-33 所示为中线直线测量得到的地面线型，测得 $\beta_1=136°$，$\beta_2=115°$，$\beta_3=252°$。求转角 α_1、α_2、α_3。

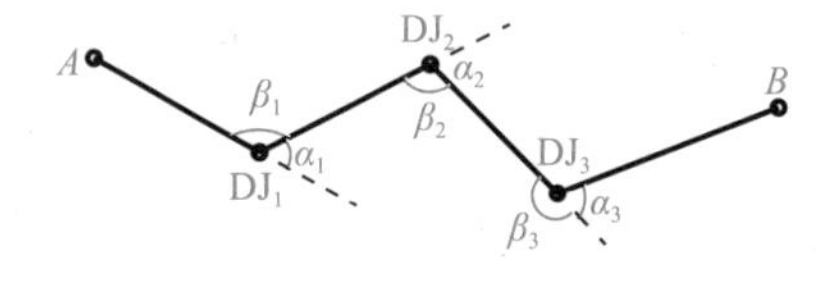

图 14-33　中线直线测量得到的地面线型

6．中线直线段的一般放样在方法上可理解为________。

A．放样中线点，交点定位，测量转角，设置中线桩

B．计算中线点坐标，极坐标法放样中线点，设置中线桩

C．获取测设参数，测设中线点，穿线调整，交点定位

7．写出下列中线桩桩号所代表的里程：①k15+40，②k45+110，③k12+115.34。

8．圆曲线的主点是________。

A．圆心、交点、直线方向

B．点 ZY、点 QZ、点 YZ

C．T、L、E、D

9．已知圆曲线曲率半径 $R = 30\text{m}$，转角 $\alpha = 60^\circ$，整桩间距 $l_o = 10\text{m}$，$\text{JD}_{里程} = \text{k}1 + 142.50\text{m}$，试列表计算主点特征参数、主点里程参数以及切线支距法、偏角法详细测设的点的参数。

10．计算圆曲线的主点需要哪些已知参数？决定圆曲线主点的特征参数是什么？

11．用于计算圆曲线的 T、L、E、D 属于________。

A．圆曲线的详细测设参数

B．点的极坐标参数

C．主点特征参数

12．什么是缓和曲线？在圆曲线与直线之间插入缓和曲线涉及哪些缓和曲线特征参数？

13．含有缓圆曲线的标准曲线型是一种由________构成的曲线。

A．直线、圆曲线、缓和曲线

B．缓和曲线、圆曲线

C．缓和曲线、圆曲线、缓和曲线

14．缓圆曲线标准曲线型的主点特征参数有________。

A．切线长、曲线长、外矢距和切曲差

B．缓和曲线长 l_s、切线长、曲线长、外矢距和切曲差

C．切线角 β_s、切线长、曲线长、外矢距和切曲差

15．缓圆曲线主点测设基本流程是________。

A．在圆心设经纬仪，按点 HZ、点 QZ、点 ZH 的顺序测设点位

B．在点 JD 设经纬仪，按点 HZ、点 QZ、点 ZH 的顺序测设点位

C．在点 JD 设经纬仪，按点 ZH、点 QZ、点 HZ 的顺序测设点位

16．下列“①②③④⑤⑥⑦”中，缓圆曲线所在标准曲线型的主点参数和详细测设参数计算流程是________。

① 确定已知参数；②计算曲线点的坐标参数；③计算特征参数；④计算主点里程参数；⑤计算主点特征参数；⑥计算曲线点位里程、弧长参数；⑦计算曲线点的极坐标参数。

A．①→②→③→④→⑤→⑥→⑦

B．①→③→⑤→④→⑥→②→⑦

C．②→①→③→⑤→④→⑥→⑦

17．已知圆曲线曲率半径 $R = 1100\text{m}$，转角 $\alpha = 11^\circ 35'$，$l_s = 80\text{m}$，整桩间距 $l_o = 20\text{m}$，$\text{JD}_{里程} = \text{k}56 + 510.57\text{m}$，试列表计算带缓圆曲线后的主点特征参数、主点里程参数以及切线支距法、偏角法详细测设的点的参数。

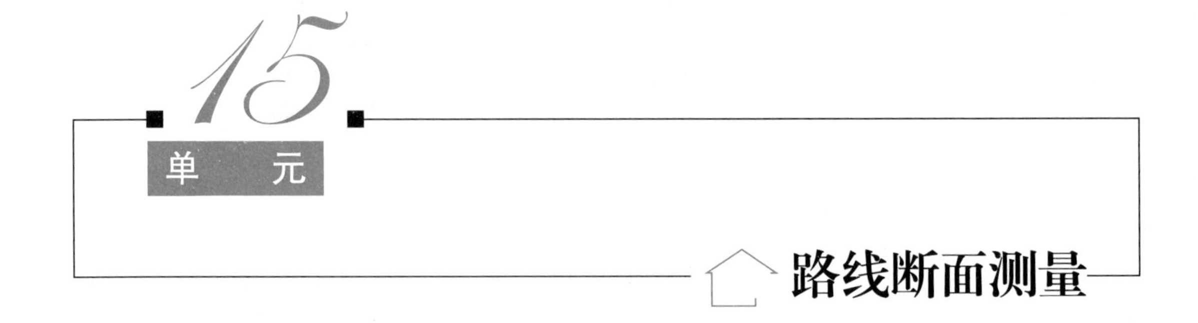

15 单元 路线断面测量

学习目标

明确路线断面测量是路线中线测量之后的重要技术工作，掌握纵断面测量技术和横断面测量技术以及相应的绘图技术。

15.1 概 述

15.1.1 概念

路线中线放样之后，公路的基本走向已经在实地形成，但路线设计还缺乏路线中线沿线详细地表高低、平斜等实际情形。虽然用于一般纸上定线的地形图件可以体现路线中线沿线的地形情况，并且利用这种图件可以得到某些点的坐标和高程，进而了解中线沿线的地貌的高低、平斜概况。但是用于纸上定线的地形图精度存在某些局限性，在其中得到的点位精度往往不能满足路线设计的要求；其次，由于经济建设发展等人为因素的影响，地貌现状往往也是变化的，一般图件不可能及时反映这种发展的变化；再者，道路建设所需的中线沿线点的参数必须符合公路工程设计的规格要求，现有的一般图纸不可能提供符合路线工程设计规格要求的参数。因此，在中线放样测量之后，必须及时对中线沿线地貌状况进行直接的详细测量，这种测量就是路线断面测量。

路线断面测量包括纵断面测量和横断面测量。

由单元 11 和单元 12 相关内容可知，图上获得某一方向的点的距离和高程，利用绘制断面图的方法可以反映该方向上地面起伏的状况。与此相仿，纵断面测量，即沿路线中线方向的中线桩位直接测量地面高程。同时，以断面图件的形式表示中线方向断面地形的起伏状况，这种图件就是纵断面图。横断面测量是在路线中线的垂直方向上直接测量地面变坡点的距离和高程，同时以断面图件（横断面图）的形式表示中线横向地面地形的起伏状况。

路线断面测量是交通路线工程测量的重要技术工作。有关一般线性工程的断面测量技术要求可参考相应行业的技术规程，由于这些技术规程易于理解和掌握，因此这里不另行介绍。

15.1.2　高程控制测量

高程控制测量是路线断面测量的基础，它在技术上又称为基平测量，其基本要求如下。

1）按“先控制”原则进行路线沿线高程控制测量。

2）明确高程控制测量的等级要求。一般路线勘测按五级高程控制的技术要求实施，高等级路线勘测按五级以上的技术要求实施。

3）认真埋设高程控制点（水准点）。按一般要求埋设水准点时，还应注意：水准点埋设位置应靠近路线中线，同时不受路线施工的影响；水准点埋设间隔，山区为 0.5～1.0km，平坦地区为 1.0～2.0km；必要时，水准点可与导线点同点。

4）高程控制测量可采用水准测量法，也可采用光电三角高程测量等方法。

5）观测路线应与国家高程控制点联系，并尽量构成附合水准路线或附合高程导线。

6）基本高程控制应有统一高程系统。路线高程系统应尽可能与国家高程系统统一。若水准点处于不同高程系统，则应及时换算为同一高程系统的高程参数。

15.2　路线纵断面测量

15.2.1　路线纵断面测量任务

路线纵断面测量的首要任务是路线中线桩地面高程测量，其次是纵断面图的绘制。路线中线桩地面高程测量又称中平测量。中平测量可以采用水准测量法、光电三角高程测量法、GNSS 方法等。

15.2.2　水准测量法中平测量

1. 高差起伏不大的平坦地面中平测量技术要点

1）高差起伏不大的平坦地面中平测量采用扇形法。扇形法，即在前、后视之间插入中视的水准测量法。如图 15-1 所示，中间直线为公路中线，线上分位点注记数字表示里程（桩号）。图 15-1 中Ⅰ测站以水准点 BM_1 为后视点，以高程转点 ZD_1 为前视点。该测站射向里程的五条虚线是插入的视线，称为中视。图 15-1 中多条视线形成扇形结构，这种测站观测法称为扇形法。同理，在Ⅱ测站以后的各连续测站均以此法观测。

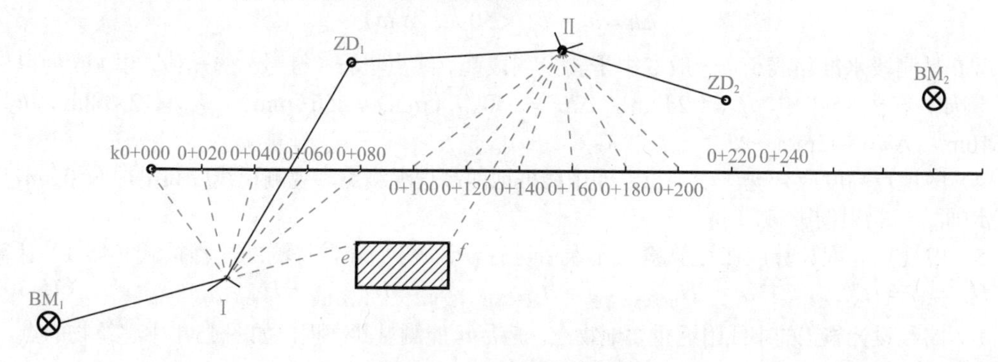

图 15-1　扇形法中平测量

扇形法中平测量的观测记录见表 15-1。中平测量的一测站前、后视距最长可达 150m，中视距可适当放长。在观测中，每尺一次读数时，前、后视读数到 mm，中视读数到 cm。

表 15-1　扇形法中平测量的观测记录

测站	测点	水准尺读数			视线高程/m	地面高程/m	备注
		后视 $a_{后}$	中视 $b_{中}$	前视 $b_{前}$			
I	BM_1	2.191			514.505	512.314	水准点
	k0+000		1.62			512.88	
	k0+020		1.90			512.60	
	k0+040		0.62			513.88	
	k0+060		2.03			512.48	
	k0+080		0.90			513.60	
	DZ_1			1.006		513.499	
	e		0.54			513.96	建筑物墙角
II	DZ_1	3.161			516.661	513.499	
	k0+100		0.50			516.16	
	f		2.76			513.90	建筑物墙角
	k0+120		0.52			516.14	
	k0+140		0.82			515.84	
	k0+160		1.20			515.46	
	k0+180		1.01			515.65	
	k0+200		1.42			515.24	
	DZ_2			1.521		515.140	
⋮	⋮	⋮	⋮	⋮	⋮	⋮	
N	k1+240		2.32			523.06	H_{BM2}=524.824
	BM_2			0.606		524.782	
高差比较	$h_{水}=H_{BM_2}-H_{BM_1}=12.510\text{(m)}$；$h_{测}=12.468\text{m}$；测段水准路线长 $L=1.24\text{km}$；$\Delta h_{容}=50\sqrt{L}=\pm 56\text{(mm)}$；$\Delta h=-42\text{mm}$						

2）立尺时，必须使尺面保持垂直。在水准点、导线点立尺，标尺立在点位顶面。在中线桩，标尺立于中线桩边的地面上。在高程转点，标尺立在尺垫球面上，尺垫必须稳定可靠。

3）中平测量应在两个已知水准点之间进行。中平测量所形成的测段构成附合水准路线。中平测量测段高差与两水准点高差比较，比较结果符合有关的要求 $\Delta h_{容}$。

设中平测量的测段高差为 $h_{测}$，两个水准点高差为 $h_{水}$，比较结果为

$$\Delta h = h_{测} - h_{水} < 50\sqrt{L}\text{(mm)}$$

式中，L 是测段水准路线长，一般取中平测量测段起、终点里程（桩号）的差值，以 km 为单位。

例如，在表 15-1 中，$L=1.24\text{km}$，$\Delta h_{容}=\pm 50\sqrt{L}\text{(mm)}\approx \pm 56\text{(mm)}$，$h_{测}=12.468\text{m}$，$h_{水}=12.510\text{m}$，$\Delta h=-42\text{mm}<\Delta h_{容}$。

4）中视点高度应合理。中视点，即中线桩地面高程观测点，观测视线应高出地面 0.3m，以避免地面大气折射的影响。

5）中视点高程计算应在计算检核无误后进行，计算至 cm，每测站高程按式（15-1）计算。

$$H_{视线高程}=H_{后视点高程}+a_{后}，\quad H_{中桩地面高程}=H_{视线高程}-b_{中}，\quad H_{转点高程}=H_{视线高程}-b_{前} \qquad (15\text{-}1)$$

6）路线设计施工的中线附近重要地物点，应尽可能测量其高程，如图 15-1 中建筑物的点 e、点 f。

2. 高差起伏大的地面中平测量技术要点

1）高差起伏大的地面中平测量采用直接法。直接法，即在前、后视及多中视连测的水准测量法。在图 15-2 中，从高程转点 ZD_{15} 至高程转点 ZD_{17} 是高差起伏大的中线地形剖面。在测站Ⅰ，有一个后视点（点 ZD_{15}），两个前视点（点 ZD_A、点 ZD_{16}）。在测站Ⅱ，有一个后视点（点 ZD_A）及中线桩号为 k1+400 的中视点，一个前视点（点 ZD_B）及中线桩号为 k1+460 的中视点。根据这种设站情形，各有关视点标尺读数可在同一视线上，以便直接观测。

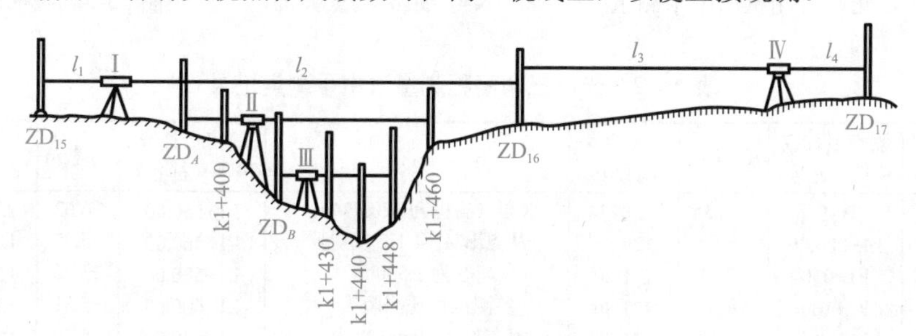

图 15-2　直接法中平测量

2）直接法的测站前、后视距应尽量相等。若互差比较大，则相邻测站应注意视线长互补，以便抵消可能出现的误差影响。例如，图 15-2 中Ⅰ测站的 l_1、l_2 及Ⅳ测站的 l_3、l_4，采取互补措施使 $l_1 \approx l_4$、$l_2 \approx l_3$。

其他技术要点同上述平坦地面中平测量技术要点，这里不再赘述。

15.2.3　光电三角高程测量法中平测量

根据式（4-29），利用光电三角高程测量法可得到地面点 P（图 15-3）的高程 H_P 为

$$H_P = H_A + h_{AP} = H_A + D\sin(\alpha + 14''.1D_{\text{km}}) + i - l_P \tag{15-2}$$

式中，H_A 为测站点的高程；D 为光电测距边长；α 为全站仪观测的垂直角；i 为测站的仪器高度；l_P 为观测垂直角时反射器中心的高度。

如图 15-3 所示，以 NTS-340 全站仪为例，光电三角高程测量法进行公路中平测量的技术要点如下。

1）中平测量在高程控制测量的基础上进行，并遵循“先定中线桩，后中平测量”的顺序。

2）选择公路中线沿线制高点（一般导线控制点也在制高点位置）为测站，测站高程已知，测站与公路中线桩位基本通视。

3）在测站安置全站仪，测站与镜站应配备无线电通信装置。

4）测站应做好测量的准备工作。测量仪器高，确定反射器的高度。观测气象元素，预置全站仪的测量改正数（即 $k + qD_{\text{km}}$，其中 k 为加常数，q 为乘常数）及高程计算的已知参数（即测站高程 H_A、仪器高 i 及反射器高 l_P）。选好 NTS-340 全站仪的距离测量界面“高差”（VD）的格式显示方式，如图 15-4 所示。反射器立于中线桩附近地面上，将中线桩里程告知测站，若发现通视有困难，则可考虑提升反射器高度，同时把提升高度通知测站。

5）瞄准反射器中心，进行距离、角度的一次测量。依次点击“测量”按钮，完成角度、距离的测量，全站仪自动显示、记录观测的数据。点击显示窗底部“距离”栏，显示“高差”（VD），如图 15-4 所示。点击显示窗底部“坐标”栏，显示“高程”（Z），如图 15-5 所示。

6）中平测量仍在两个高程控制点（水准点）之间进行。为保证观测质量，减少误差影响，中平测量的光电边长宜限制在 1km 以内。光电三角高程测量法进行中平测量的记录见表 15-2。

7）中平测量和中线测量可联合在全站测量的过程中进行。

图 15-3　光电三角高程测量法中平测量

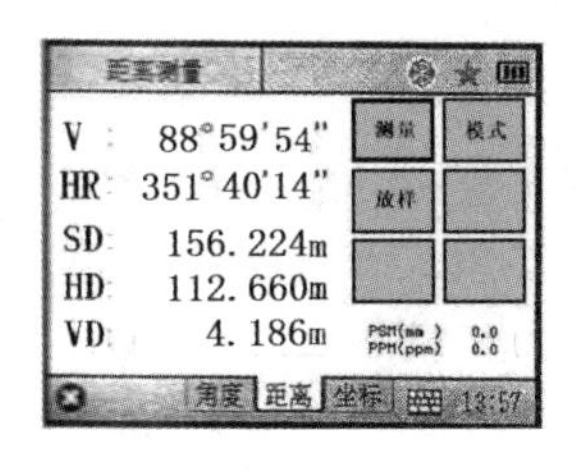

图 15-4　距离测量界面

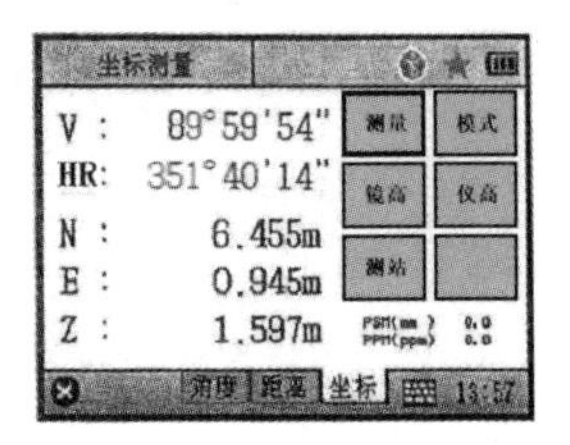

图 15-5　坐标测量界面

表 15-2　光电三角高程测量法中平测量记录

测站	测点名称或里程（桩号）	高差/m	测点高程/m	备注	测点名称或里程（桩号）	高差/m	测点高程/m	备注
K2	BM_1	-9.735	120.774	水准点高程为 120.774m；	k1+550.00	-6.02	124.49	
（导线点）	k1+000.00	-9.68	120.83	从点 BM_1 至 K2 反射器	k1+560.00	-5.99	124.56	
仪器高 1.483m，	k1+050	-9.31	121.20	高度为 1.500m；	k1+580.00	-5.72	124.79	
点位高程为	k1+100	-8.65	121.86	各测点均观测两次，	k1+600.00	-5.51	125.00	
130.526m	k1+108.33	-9.18	121.33	互差在 ±30mm 以内；	k1+620.00	-5.49	125.02	
	k1+124.83	-9.24	121.27	$h_{BM_1-BM_2}=9.385m$；	k1+640.00	-5.25	125.26	
	k1+127.21	-7.51	123.00	$\Delta h_{容}=50\sqrt{L}=\pm 50mm$；	k1+660.00	-5.12	125.39	
	k1+134.01	-7.51	123.00	$L=1.00km$；	k1+680.00	-4.89	125.62	
	k1+136.73	-8.98	121.53	$\Delta h=20mm$；	k1+680.27	-4.91	125.60	点 QZ
	k1+150.00	-8.91	121.60	BM_2 反射器高度为 2.5m；	k1+700.00	-4.74	125.77	
	k1+200.00	-8.68	121.93	水准点 BM_2 高程为 130.161m	K1+720.00	-4.92	125.59	
	k1+250.00	-8.11	122.40		k1+740.00	-4.42	126.09	
	k1+300.00	-7.71	122.80		k1+760.00	-3.52	126.99	
	k1+302.72	-7.64	122.87		k1+780.00	-2.19	128.32	
	k1+322.79	-8.31	123.20		k1+786.88	-0.84	129.67	
	k1+327.21	-5.95	124.53		k1+800.00	-1.34	129.17	
	k1+337.41	-4.24	126.27		k1+818.74	-1.74	128.77	
	k1+350.00	-3.85	126.66		k1+820.00	-1.76	128.75	
点 *A*	k1+358.50	-3.41	127.10		k1+822.59	-1.72	128.79	点 YH
	k1+387.76	-6.44	124.07		k1+840.00	-1.52	128.99	
	k1+395.59	-5.51	125.00		k1+860.00	-1.33	129.18	
	k1+400.00	-5.58	124.93		k1+880.00	-1.09	129.42	
	k1+406.78	-6.78	123.73		k1+892.59	-1.03	129.48	点 HZ
	k1+446.10	-7.05	123.46		k1+893.70	-0.94	129.57	
	k1+450.00	-7.35	123.16		k1+900.00	-1.51	129.00	
	k1+466.10	-7.74	122.77		k1+926.58	-4.11	126.40	
	k1+467.95	-7.74	122.77	点 ZH	k1+950.00	-4.19	126.32	
	k1+480.00	-7.65	122.86		k2+000.00	-3.18	127.33	
	k1+500.00	-7.28	123.23		BM_2	0.676	130.151	
	k1+520.00	-6.65	123.86					
	k1+537.95	-6.19	124.32	点 HY				
	k1+539.18	-6.11	124.40					
	k1+540.00	-6.10	124.41					

15.2.4　纵断面图的绘制

纵断面图的绘制是纵断面测量的重要工作。纵断面图是路线勘测的重要成果，也是路线设计中极其重要的基础图件。绘制纵断面图的基本方法如下。

1．设立窗口

纵断面图包含两个窗口，图窗口和注析窗口，如图 15-6 所示。

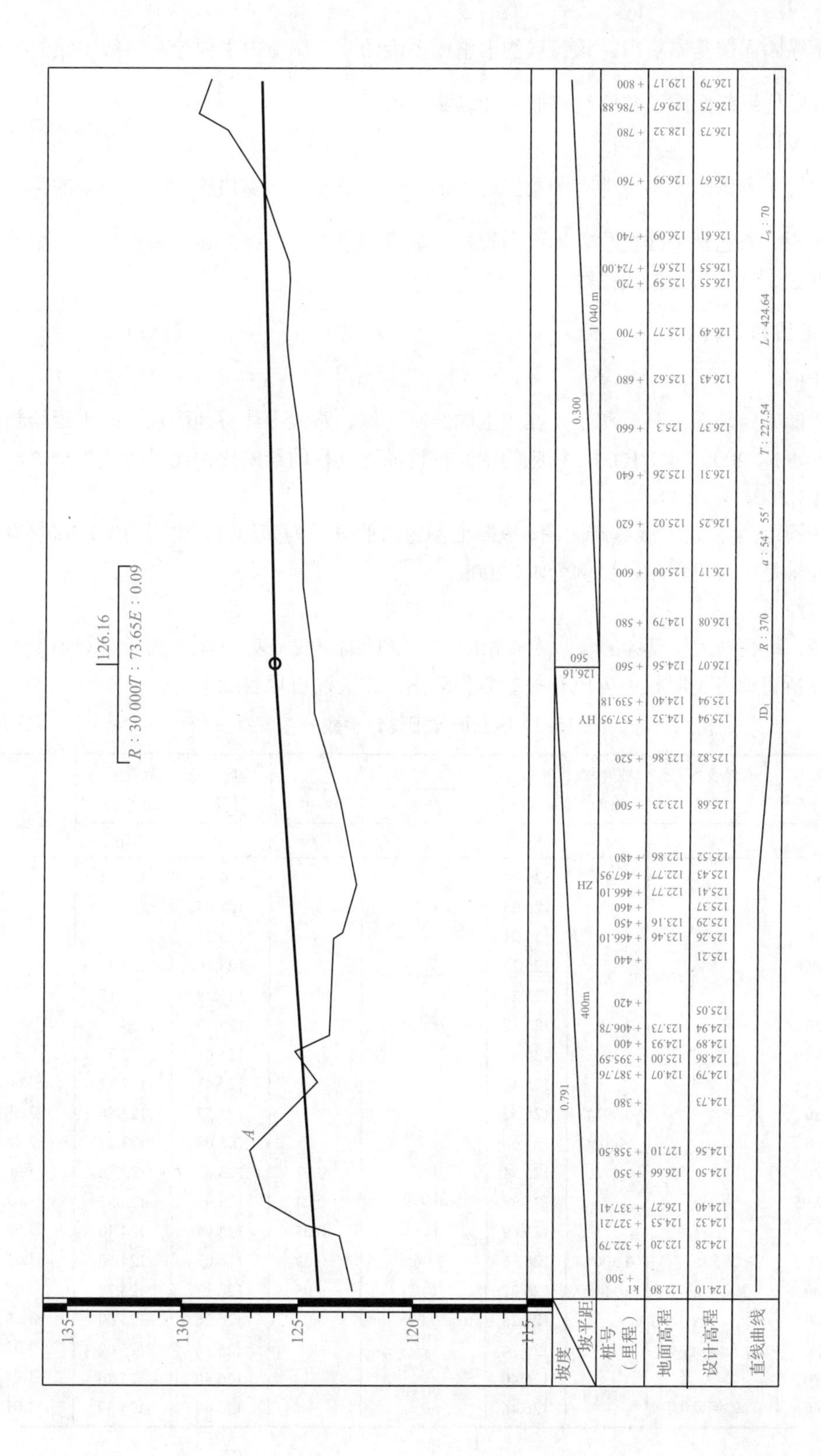

图 15-6　某公路中线纵断面图

（1）图窗口

图窗口是纵断面图基本窗口。该窗口约占整幅图纸的$\frac{3}{5}$，图窗内主要绘有路线中线的纵向实际地面线（实地纵断面图）和路线路面设计纵断面图。

（2）注析窗口

注析窗口用于列出勘测与设计有关数据、图形资料的说明。该窗口约占整幅图纸的$\frac{2}{5}$，其中设立的说明栏一般包括中线桩栏、地面高程栏、坡度与平距栏、路面设计高程栏、土壤地质栏、填挖高度栏、直线与平曲线栏等。

2. 纵断面图的绘制步骤

（1）定比例

定比例，即确定地面点高程和平距在图上的绘制比例。路线中线桩地面点之间平距绘制比例有 1∶5000、1∶2000、1∶1000，相应的中线桩地面点高程的绘制比例比平距放大十倍，即为1∶500、1∶200、1∶100。

图 15-6 所示为某公路中线纵断面图，纵断面图窗口的纵轴为高程轴，比例为1∶200；纵断面图窗口的横轴是中线里程轴，比例为1∶2000。

（2）内容注析

一般来说，路线测量与设计的参数应有相应的表格详细记载（表 15-3），为了直观地反映这些参数，在注析窗口各说明栏中列出有关参数和略图，相关注析项目如下。

表 15-3　纵断面详细设计参数

序号	桩号（里程）	直线与平曲线	坡度与平距	初设计高程/m	竖曲线		改后设计高程/m	测量地面高程/m	填挖高度/m
					参数	改正			
1	2	3	4	5	6	7	9	10	
1	k1+406.78			124.94			124.94	123.73	−1.21
2	k1+420			125.05			125.05		
3	k1+440			125.21			125.21		
4	k1+446.10			125.26			125.26	123.46	−1.80
5	k1+450			125.29			125.29	123.16	−2.23
6	k1+460			125.37			125.37		
7	k1+466.10			125.41			125.41	122.77	−2.64
8	k1+467.95	点 ZH		125.43			125.43	122.77	−2.66
9	k1+480		0.791%	125.52			125.52	122.86	−2.68
10	k1+500		440m	125.68			125.68	123.23	−2.45
11	k1+520			125.84	R：	−0.02	125.82	123.86	−1.96
12	k1+537.95	点 HY		125.98	30000	−0.04	125.94	124.32	−1.62
13	k1+539.18	$\alpha=$		125.99	T：	−0.05	125.94	124.40	−1.54
14	k1+560	54°55′	0.300%	126.16	73.65	−0.09	126.07	124.56	−1.51
15	k1+580	$R=370$m	1040m	126.22	E：	−0.05	126.17	124.79	−1.38
16	k1+600	T：227.54		126.28	0.09	−0.02	126.26	125.00	−1.26
17	k1+620	L：424.64		126.34			126.34	125.02	−1.32
18	k1+640			126.40			126.40	125.26	−1.04
19	k1+660	$L_s=70.0$		126.46			126.40	125.39	−1.01

1）中线桩与里程。绘制纵断面图，首先把中线桩的位置按里程及其比例确定在图窗口的横轴上，在中线桩与里程说明栏的相应位置注明里程。考虑到图的局限性和图示的清晰美观要求，注析栏仅按相应比例所定的位置标出千米桩和百米桩的里程（桩号），如图 15-6 中的 k1 表示里程为 1km 的中线桩，后续的数字大部分表示百米桩的里程和十米桩的里程。

2）地面高程。中平测量得到的中线桩地面高程是与里程（桩号）成对的参数，按要求填写在与里程桩号相应的位置。明显高低地面点应按实际距离、高程以相应比例展绘和注析。

3）坡度与平距。坡度 i 是路线路面的坡度，也是路线设计的基本设计参数，它是根据中平测量的结果及设计车速提出的路线设计参数。坡度与平距栏按路段平距长度成比例画一斜线，斜线上方注明坡度，下方注明平距（或称坡长）。

4）设计高程。设计高程是根据路段设计坡度及竖曲线等计算得到的高程参数，即

$$H_{设} = H_o + D \times i \tag{15-3}$$

式中，$H_{设}$ 为所在里程桩的路面设计高程；H_o 为中线初定的点的地面设计高程；D 为里程桩到初设定点的平距；i 为路面设计坡度。

5）直线与平曲线。直线与平曲线栏以示意图的形式表示路线直线、曲线和交叉的情况。其中直线段表示路线的直线状况；凹凸状线表示路线曲线的转向，凸向上方表示路线曲线右转，凹向下方表示路线曲线左转。在凹凸状线附近注有交点名称、曲线的半径 R、切线长 T、外矢距 E 及缓和曲线长 L_s 等。

6）其他，如填挖高度、地质土壤等。

上述中线桩与里程、地面高程的项目是中平测量的重要成果，其余各项目是涉及路线设计技术的说明。

（3）绘制纵断面图

1）展点。展点，即根据地面点里程及地面高程，按比例在图窗口内确定地面点位置。例如，表 15-2 中的点 A，其里程是 k1+358.50，图上按 1∶2000 的比例把 358.5m 缩小；其高程是 127.10m，图上把 127.10m 减去 115m（图标最低高程）按 1∶200 比例缩小。里程与高程按图纸（图 15-6）的横轴和纵轴的相应位置在毫米格中确定点 A。其余地面点位置按此法确定。

2）纵断面图的展绘。根据里程的顺序连结图窗口所展的点，形成折线形的地面线（图 15-6 中的细折线）便是路线中线的纵断面图形。

3）设计的路面纵断面图的展绘。展绘方法和上述中线纵断面图的展绘方法一致，展绘的设计路面纵断面图，即设计路面地面线，该地面线是一条平滑的粗线。

4）竖曲线与参数的备注。竖曲线是路线在沿中线竖直方向上表示车辆从一个路面坡度向另一个路面坡度变化时的运行曲线。竖曲线和平面圆曲线一样，有曲率半径 R、切线长 T 和外矢距 E 等参数。例如，图 15-6 中曲率半径为 $R = 30000$m 的线段是向上（凸向）弯曲的竖曲线。

在上述绘制工作中，路线中线地面纵断面图的绘制是首要工作，其他绘制与说明事项是次要工作。整个绘制工作可用人工的方法，也可用机助制图的方法。机助制图方法应用计算机、机助绘图仪及相应的绘图软件按自动化的要求完成。

[注解]

管道工程的纵断面图：该管道工程中线测量之后进行的纵断面测量和绘制纵断面图，其基本技术方法和上述纵断面图的绘制相同。在绘制纵断面图的过程中，绘制的管道设计图与路线工程图的主要区别在于管道埋设在地下，如图 15-7 所示。

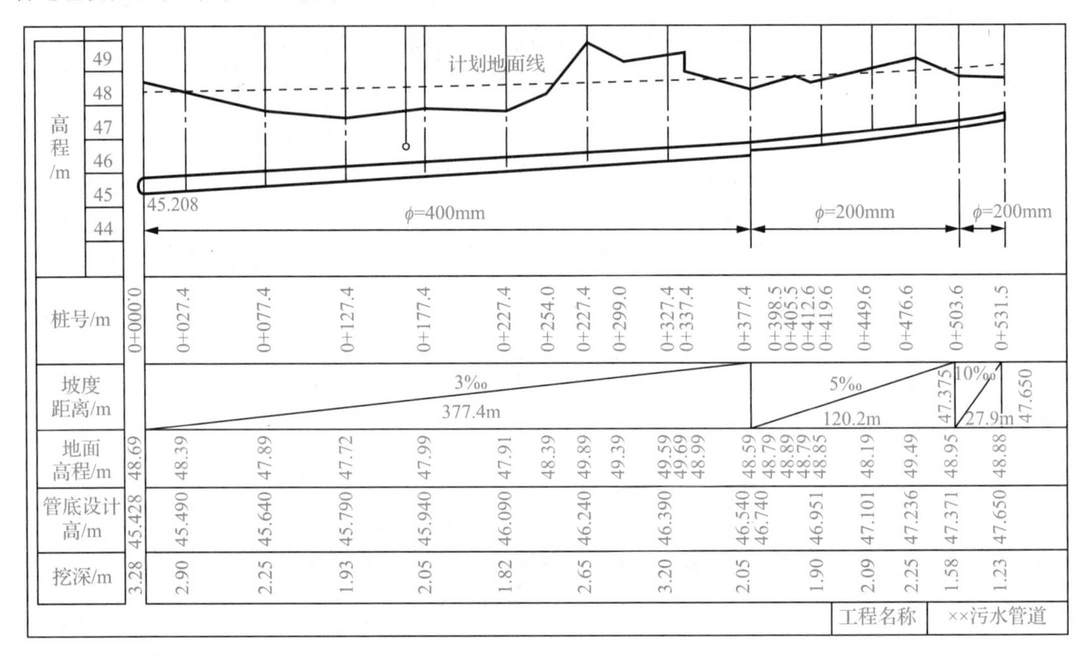

图 15-7　管道工程的纵断面图

15.3 路线横断面测量

15.3.1　横断面测量的基本工作

1）在路线中线的中线桩位上确定与中线垂直的方向（横向）。

2）沿横向测定中线地面变坡点与中线桩的水平距离及相对于中线桩的地面高差。

3）按所测定的水平距离和高差展绘横断面图形。

15.3.2　横向的确定

中线直线段的横向，即与中线互相垂直的方向，可用方向架或圆盘测定。方向架如图 15-8 所示，图中瞄准木杆 $ab \perp cd$，ef 是指标杆，支承十字架的木杆高约 1.2m。

1. 路线直线段横向的确定

将方向架支杆插在中线桩的地面上，瞄准木杆 ab 方向与中线重合，即木杆 cd 方向所指的便是中线的横向，如图 15-9 所示。

2. 在圆曲线段确定横向

圆曲线中线横向是中线上指向圆曲线圆心的方向，确定的方法如下。

1）在点 ZY 立方向架，瞄准木杆 ab 指向交点 JD，这时瞄准木杆 cd 方向指向圆心，即点 ZY 的横向。松开指标杆 ef 制动钮，指向圆曲线点 P_1，如图 15-10 所示。

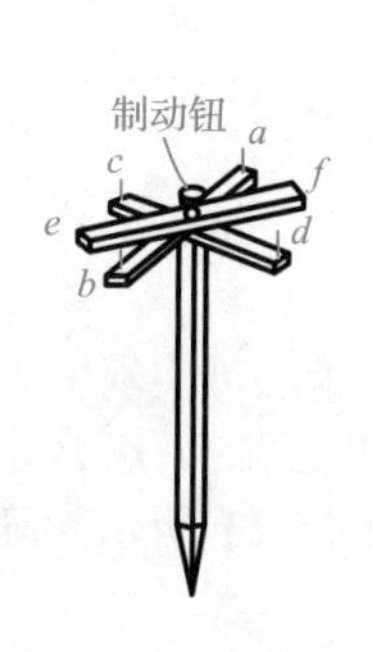

图 15-8 方向架

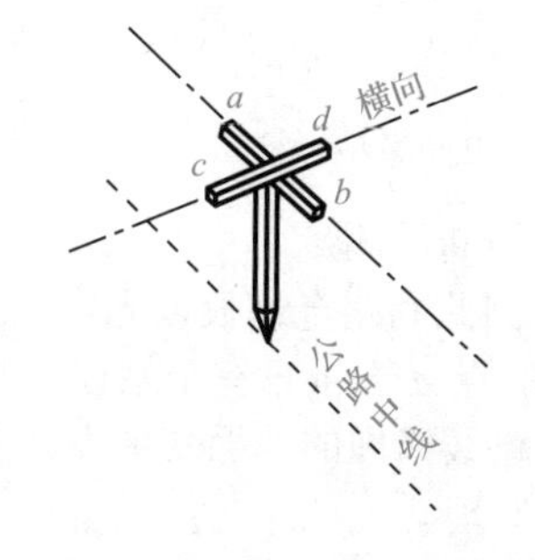

图 15-9 路线直线段定横向

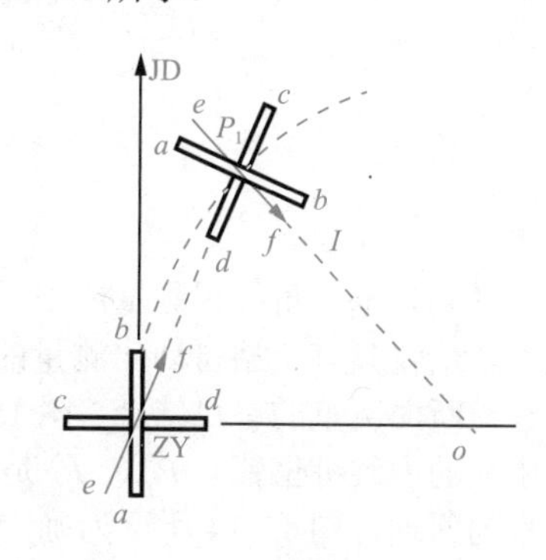

图 15-10 圆曲线段定横向

2）保持指标杆 ef 与瞄准杆 ab 的角度不变，把方向架安置在点 P_1，转动整个方向架使瞄准杆 cd 瞄准点 ZY，这时指标杆 ef 所指方向 P_1I 便是圆曲线在点 P_1 上的横向。如图 15-10 所示，实地定点 I 为点 P_1 的横向标志。

3）按上述两步骤在点 P_2、点 P_3……确定圆曲线的横向。

3. 在缓和曲线段确定横向

根据图 15-11，设点 E、点 F 是缓和曲线上的两个点，缓和曲线在点 F 处的横向为 Fo，横向 Fo 的确定方法如下。

1）计算。按式（14-30）求点 F 处的切线角 β_F。根据点 E、点 F 的坐标，按式（5-21）求 EF 的方位角 α_{EF}。求点 F 处的缓和曲线弦切角 δ，即

$$\delta = \beta_F - \alpha_{EF} \tag{15-4}$$

2）测设。在点 F 处设站（安置经纬仪或 360° 圆盘）瞄准点 E。拨角（$\delta + 270°$），得点 F 处的横向 FI。如图 15-11 所示，实地定点 I 为点 F 的横向标志。

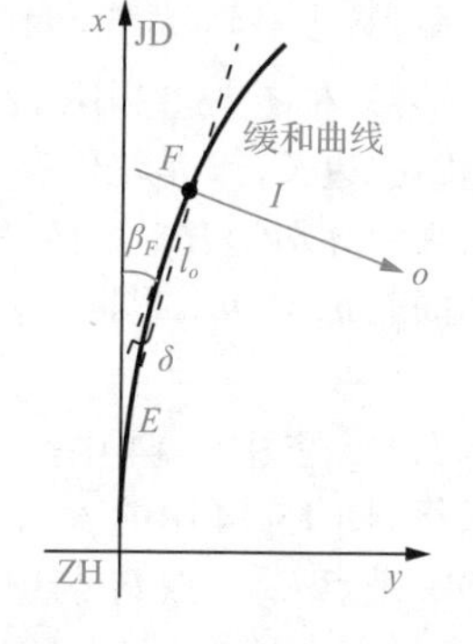

图 15-11 缓和曲线段定横向

15.3.3 横断面测量

横断面测量是确定路线中线横向地面变坡点与中线桩的水平距离与高差的测量工作。横断面测量方法有以下几种。

（1）一般水准测量法和经纬仪光学速测法

利用这些方法测量平距与高差的原理在 4.2 节和 6.1 节已经进行过介绍，这里不再赘述。

（2）简易标杆法

简易标杆法利用标杆上红白相隔刻划配合测定地面变坡点之间的平距和高差，如图 15-12 所示。

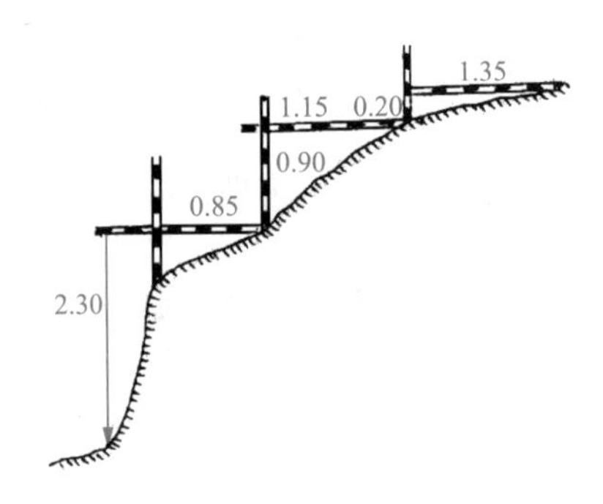

图 15-12 简易标杆法

（3）光电三角高程测量法中平测量与横断面测量

全站仪具有全站自动化测量的功能，因此利用全站仪以光电三角高程测量法可实现中平测量与横断面测量的有机结合。图 15-13 中的点 A 表示设有全站仪的测站（高程已知），点 P 是路线中线的中线桩位置，$P_{左}$、$P_{右}$ 是过点 P 路线横向的地面变坡点。其中，图 15-13 所示为确定高程的原理，图 15-14 所示为确定平距的原理。

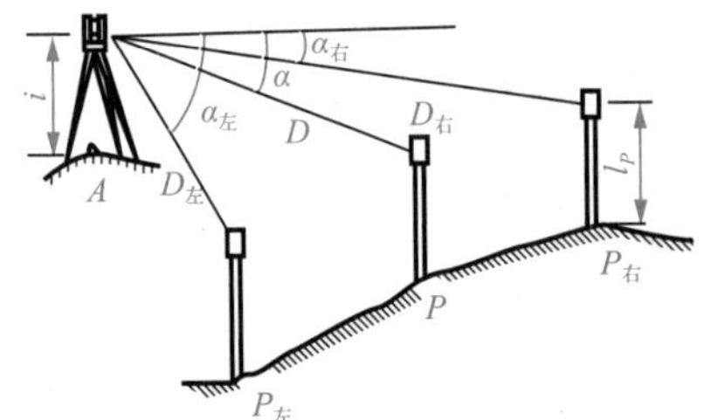

图 15-13 光电三角高程测量法定高程

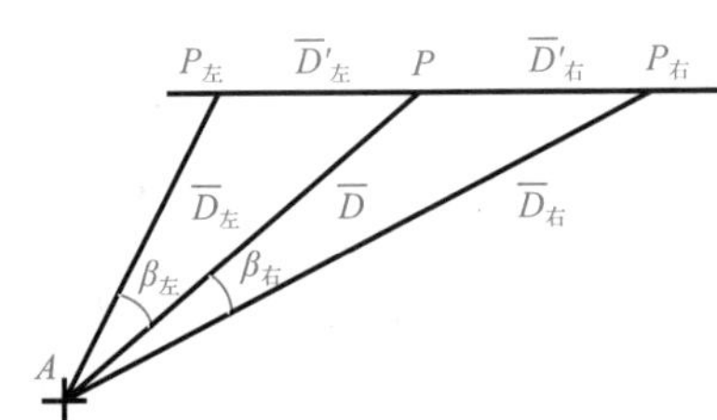

图 15-14 确定平距的原理

1）在图 15-13 中，$\alpha_{左}$、α、$\alpha_{右}$ 是全站仪观测各反射器的垂直角，$D_{左}$、D、$D_{右}$ 是光电测距的边长，i 是仪器高，l_P 是反射器高。根据三角高程测量原理，点 $P_{左}$、点 P、点 $P_{右}$ 的反射器高程分别为 $H_{左}$、H_P、$H_{右}$，因此可利用 $H_{左}$、H_P、$H_{右}$ 求得点 $P_{左}$、点 $P_{右}$ 相对于中线点 P 的高差 $h_{左}$、$h_{右}$，即

$$h_{左} = H_{左} - H_P \text{，} \quad h_{右} = H_{右} - H_P \tag{15-5}$$

2）在图 15-14 中，$\overline{D}_{左}$、$\overline{D}$、$\overline{D}_{右}$ 是点 A 至点 $P_{左}$、点 P、点 $P_{右}$ 的平距，可按式（3-29）求得。图 15-14 中的 $\beta_{左}$、$\beta_{右}$ 是全站仪观测的水平夹角，由全站仪测量的水平方向值求得。$\overline{D'}_{左}$、$\overline{D'}_{右}$ 是点 $P_{左}$、点 $P_{右}$ 与中线桩 P 的平距，可按对边测量原理式（9-46）求得，即

$$\overline{D'}_{左} = \sqrt{\overline{D}_{左}^2 + \overline{D}^2 - 2\overline{D}_{左}\overline{D}\cos\beta_{左}} \text{，} \quad \overline{D'}_{右} = \sqrt{\overline{D}^2 + \overline{D}_{右}^2 - 2\overline{D}\overline{D}_{右}\cos\beta_{右}} \tag{15-6}$$

15.3.4 横断面测量的有关限差要求

一般公路横断面测量限差要求见表 15-4。

表 15-4 一般公路横断面测量限差要求

路线名称	距离/m	高差/m
一级及以上公路	$\frac{l}{100}+0.1$	$\frac{h}{100}+\frac{l}{200}+0.1$
二级及以下公路	$\frac{l}{50}+0.1$	$\frac{h}{50}+\frac{l}{100}+0.1$

注：l 是测点至路线中线桩的水平距离（m），h 是测点与路线中线桩的高差（m）。

15.3.5　横断面图的绘制

一般的横断面测量结果应列成表，如表 15-5 所示。

表 15-5　横断面测量结果表

序号	左侧：高差，平距	中线桩与里程	右侧：高差，平距
1	–0.83、14.04；+0.23、10.22；+1.12、5.31	k1+327.21	–0.91、4.14；–1.24、10.36；–1.40、15.22
2	–0.01、13.35；–0.44、10.47；+0.25、5.42	k1+337.41	–0.23、2.16；–0.92、5.21；–1.87、8.85；–2.38、16.23
3	+3.01、14.02；+2.08、8.31；+1.02、7.81	k1+350.00	–0.41、4.93；–1.70、6.20；–1.98、10.81
4	+2.57、13.87；+2.22、9.20；+1.05、8.22	k1+358.50	–0.62、6.33；–1.88、11.77；–2.44、12.20；–2.38、15.80
5	+2.35、14.35；+2.05、11.76；+0.81、11.03	k1+387.76	–0.20、2.25；–0.87、8.00；–1.25、13.37；–1.42、14.05
6	+0.60、12.35；+0.44、8.23；–0.67、3.78	k1+395.59	–0.35、5.23；–1.30、9.57；–2.12、15.65
7	+1.22、12.32；+1.12、8.74；–0.25、4.67	k1+400.00	–0.22、7.52；–1.20、10.70；–1.45、15.41
8	+1.63、12.00；+1.25、6.34；+0.42、3.25	k1+406.78	+0.66、5.02；+2.03、7.89；+1.80、13.21；+0.24、16.37
9	+0.57、11.76；+0.41、4.13	k1+446.10	–0.63、3.89；–0.67、13.76

横断面图的绘制方法如下。

1）定比例，即定平距、高差的图上比例，一般取比例为 1∶200。

2）绘图。根据平距、高差按比例分别在横向和纵向两个轴向展出地面点的位置，连接展点后所得连线便得到横断面图形，如图 15-15 中的细线（粗线是设计路面横断面）。

横断面图可随手现场绘制，也可利用测量获得的数据以机助制图的方法实现。

横断面图的设计粗线表示不同的应用工程。例如，图 15-15 中的设计粗线是设计路面横断面，图 15-16 中的设计粗线是管道工程开挖的设计横断面。

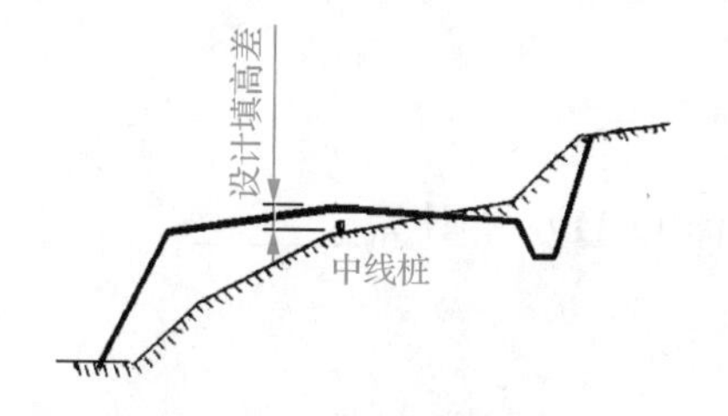

图 15-15　横断面图的绘制

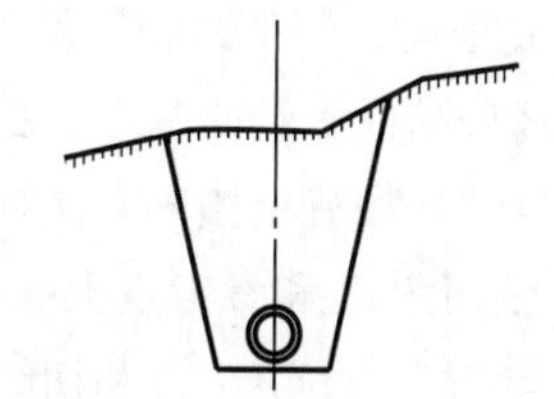

图 15-16　管道工程横断面

习题 15

1．什么是基平测量？什么是中平测量？基平测量有哪些技术要求？

2．下述说法正确的是________。

A．路线断面测量应在路线中线测量之后进行

B．路线断面测量应在路线基平测量中进行

C．路线断面测量应在路线勘察设计之前完成

3．试述断面测量的基本任务。

4．路线断面测量包括________。

A．纵断面测量和纵断面图的绘制

B．横断面测量和横断面图的绘制

C．纵断面测量和横断面测量

5．举例说明平坦地段水准法中平测量计算中线点地面高程的方法。

6．光电三角高程测量法中平测量的步骤为________。

A．选择测站，测站准备，启动光电三角高程测量，记录中线桩地面高程

B．选择测站，测站准备，记录中线桩地面高程

C．选择测站，测站准备，启动光电三角高程测量，记录中线桩里程和地面高程

7．绘纵断面图中＿（1）＿是中平测量的重要成果，＿（2）＿是设计的技术说明。

（1）A．中线桩与里程、平距与坡度、填挖高度

B．设计高程、地面高程、坡度与平距

C．中线桩与里程、地面高程

（2）A．设计高程、坡度与平距、地面高程

B．中线桩与里程、地面高程

C．设计高程、填挖高度、坡度与平距

8．试述纵断面图的主要绘制步骤。

9．参考图 15-6，按表 15-2 绘制 k1+000 至 k1+400 的纵断面图。

10．横断面测量的基本内容可概括为________。

A．定方向、全站测量、绘断面图

B．全站测量、绘断面图

C．定横向、测平距和高差、绘横断面图

11．试述横断面测量的基本步骤。

12．缓和曲线段确定横向有两项重要计算工作（图 15-11），即计算________。

A．弦切角 δ_F 和参考点坐标

B．参考点方位角 α_{EF} 和切线角 β_F

C．切线角 β_F 和参考点坐标

13．说明缓和曲线横向的确定方法。

14．根据表 15-1 测站Ⅰ，水准测量法中平测量的观测计算基本过程是________。

A．观测水准点 BM_1 标尺读数 $a_{后}$，计算视线高程 $H_{视线高程}$。观测中视读数 $b_{中}$，计算中线桩地面高程 $H_{中线桩地面高程}$。观测前视尺读数 $b_{前}$，计算转点高程 $H_{转点高程}$

B．观测中视读数 $b_{中}$，计算中线桩地面高程 $H_{中线桩地面高程}$。观测水准点 BM_1 标尺读数 $a_{后}$，计算视线高程 $H_{视线高程}$。观测前视尺读数 $b_{前}$，计算转点高程 $H_{转点高程}$

C．观测水准点 BM_1 标尺读数 $a_{后}$，计算视线高程 $H_{视线高程}$。观测中视读数 $b_{中}$，计算中线桩地面高程 $H_{中线桩地面高程}$

15．按表 15-5 序号 1 对应的数据绘制横断面图。

16．下述说法正确的是________。

A．光电三角高程测量法中平测量在两个高程控制点之间进行

B．只有水准法中平测量在两个高程控制点之间进行

C．中平测量应在两个高程控制点之间进行

17．在纵断面图中，________。

A．设计路面是一条平滑的细线

B．地面线是一条折线形细线

C．地面线是一条平滑细线

单元 16 常规工程测量

学习目标

熟悉路面、桥梁、建筑、隧道等常规工程建设的测量基本特点与要求，掌握常规工程测量基本内容与方法。

16.1 公路施工测量

16.1.1 路基路面设计的基本参数

路基路面设计在断面测量的基础上进行，其设计参数包括路面宽度 b 、排水沟宽度 s 、填挖高度 h 、边坡率 m 、路面超高 $\varDelta$ 等。这里以公路工程为例介绍边坡率 m 、路面超高 $\varDelta$ 的概念。

1. 边坡率

公路路基路面设计涉及填挖成形的路基边坡坡度，如图 16-1 和图 16-2 所示，AD 是地面，BC 是设计路面，h 是设计的填高度，AB 、CD 是路基边坡。根据坡度的概念及式（10-5），坡度 i_{AB} 为

$$i_{AB}=\frac{h}{l}100\ (\%) \tag{16-1}$$

式中，l 是边坡 AB 在水平面的投影长度。取 $i_{AB}=\dfrac{100}{m}$ ，代入式（16-1），得

$$m=\frac{l}{h} \tag{16-2}$$

或

$$1:m=h:l \tag{16-3}$$

式中，m 为边坡率，又称斜率或陡度，常用 $1:m$ 表示。

由式（16-3）可见，$h=1\text{m}$ ，则 $l=m$ ，即高差 $h=1\text{m}$ 时，边坡水平长度 l 在数值上等于边坡率 m 。如图 16-3 所示，AB 的边坡率为 $1:0.5$，$h=1\text{m}$ ，则 $l=0.5\text{m}$ 。边坡率越小，边坡水平长度越短，边坡越陡。

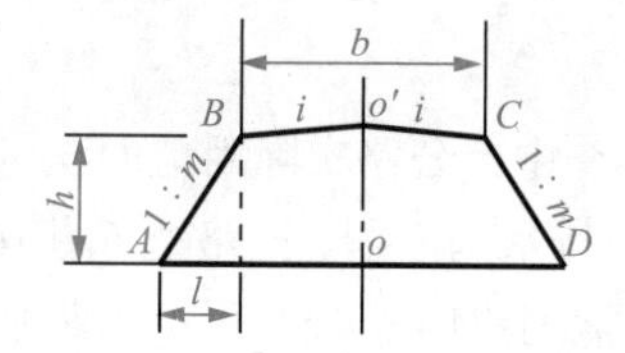

图 16-1 公路路基路面设计

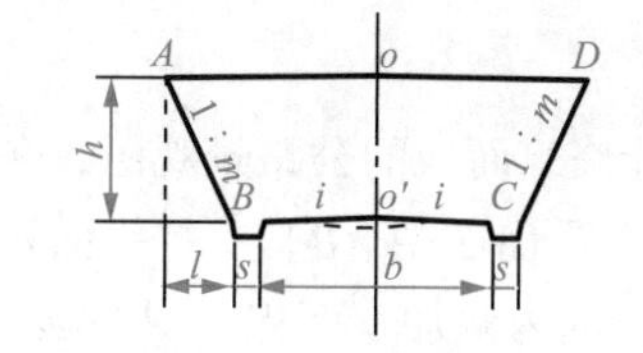

图 16-2 挖路面设计

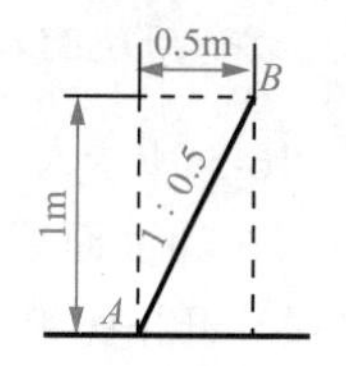

图 16-3 边坡率

2. 路面超高

在图 16-1 中，点 o 是中线地面位置，点 o' 是中线设计路面位置，点 B 、点 C 是公路中线两侧的路面边界点。根据路基路面设计要求，在公路直线段边沿，点 B 、点 C 处于同一高度，路面横断面沿 BC 两侧略有倾斜形成双向横坡面，如图 16-4（a）中的阴影部分。但是汽车在曲线路段行驶时，由于曲线运行离心力的存在，汽车在这种路面上运行的稳定性将受到影响。为了保证汽车在曲线路段运行安全，在公路曲线半径小于表 16-1 中规定值的情况下，路基路面设计曲线段的路面边沿点 B 、点 C 连线在曲线半径方向上形成倾角为 α 的横坡面，如图 16-4（b）中的实线图形，这时点 B 、点 C 的高差为

$$2\Delta = b\tan\alpha = bi \tag{16-4}$$

式中，2Δ 为超高；α 为超高角；i 为路面横坡度；b 为路面 BC 的设计宽度。

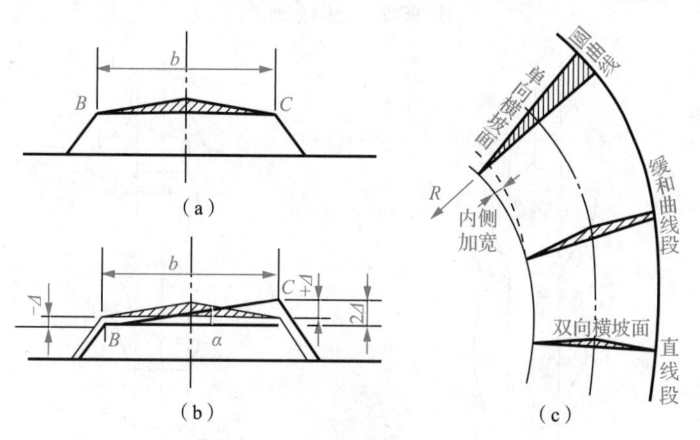

图 16-4 路面超高设计

表 16-1 不设超高的曲线最小半径

公路等级	高速公路				一级		二级		三级		四级	
行车速度/（km/h）	120	100	80	60	100	60	80	40	60	30	40	20
极限最小半径/m	650	400	250	125	400	125	250	60	125	30	60	15
一般最小半径/m	1000	700	400	200	700	200	400	100	200	65	100	30
不设超高最小半径/m	5500	4000	2500	1500	4000	1500	2500	600	1500	350	600	150

由于存在超高，设计上点 B 、点 C 不同高，一般点 B 超高为 $-\Delta$ ，点 C 超高为 $+\Delta$ 。圆曲线路面设计超高为常数，路面倾斜形成单向横坡面，如图 16-4（c）所示。缓和曲线路面超高随着缓和曲线长度不同而变化，路面横坡倾斜由双向横坡面向单向横坡面过渡。

3. 公路用地面积的构成

图 16-5 所示为一段经设计修筑而成的公路景观图。在图 16-5 中，公路实际用地面积包括设计的行车路面面积、填路基（图 16-5 中 *AB* 段）扩张面积、公路排水沟面积、挖路堑（图 16-5 中 *BC* 段）开拓面积及路线转弯的内侧加宽面积［图 16-4（c）］等。图 16-6（a）所示为路基路面设计平面图，公路用地面积包括平面图中由 1, 2, …, 8 及由1′，2′，…，8′所围成的区域的面积，这是根据公路设计确定的基本用地面积。如果在公路建设上考虑景观美化、绿带及路基保护的需要，那么还应在基本用地基础上增加绿带等用地面积。

图 16-5　公路景观图

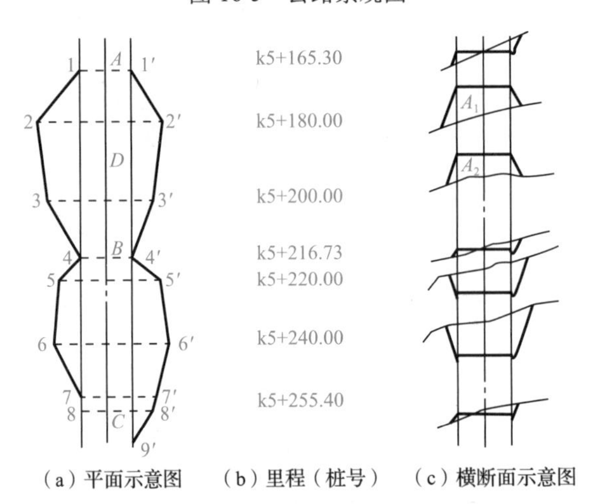

图 16-6　路基路面设计图

城市道路用地包括上述公路用地，同时根据城市规划建设的要求，应包括车行道、人行道、绿带、分车带等部分的面积，如图 16-7 所示。

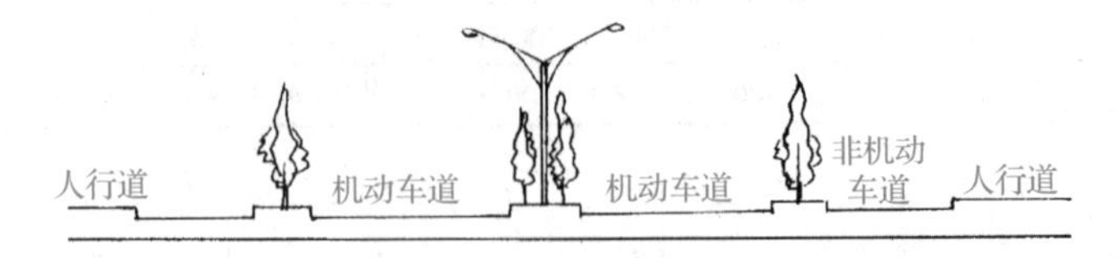

图 16-7　城市道路用地范围

16.1.2　公路工程参数及其测算

公路工程参数，即与服务于公路工程有关的测量技术参数，主要包括公路施工边界点位置、公路用地面积、公路土石方工程量参数、公路界桩位置等。

1. 公路施工边界点位置的测算

（1）对称填高边界点位置的测算

如图 16-1 所示，地面 AD 平坦，BC 是以中线点 o 为参考点对称设计的路面，b 是路面设计宽度，m 是边坡率，h 是填路基高度（简称填高），图中 $l=mh$，对称填高的用地边界点位置，即对应离开中线点的距离 dd 为

$$dd=b+2l=b+2mh \tag{16-5}$$

（2）对称挖低边界点位置的测算

如图 16-2 所示，路面设计地面 AD 平坦，BC 是以中线点 o 为对称点对称设计的路面，s 是排水沟的宽度，h 是挖路堑深度（简称挖低），其他符号同图 16-1。对称挖低的用地边界点位置 dd 为

$$dd=b+2s+2mh \tag{16-6}$$

（3）不规则填挖地段用地边界点位置的测算

如图 16-8 所示，中线点 o 附近是不规则地面，开挖用地边界点相对于中线点 o 为不对称位置。

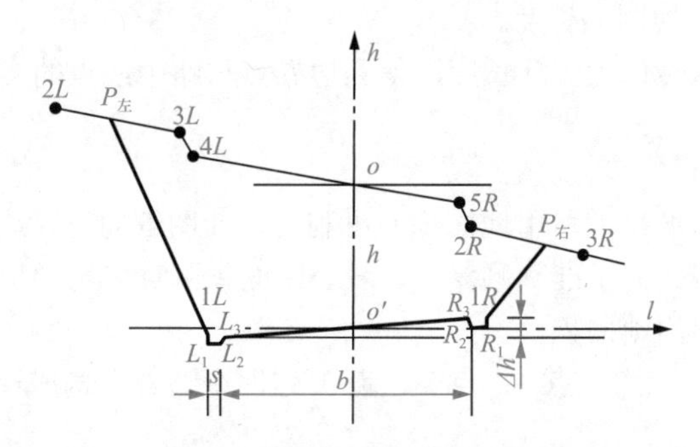

图 16-8　解析法测算边界点位置

1）解析法测算边界点位置，具体方法如下。

建立 h-l 坐标系，如图 16-8 所示，h 轴（高差）在公路中线点 o 的垂线上，l 轴（距离）经过设计路面标高点 o'。

设路面边界点 P 的坐标为 (h,l)，并按式（14-2）求解。据推证，点 P 坐标满足

$$\boldsymbol{AZ}+\boldsymbol{L}=0 \tag{16-7}$$

式中，

$$\boldsymbol{Z}=\begin{bmatrix} h \\ l \end{bmatrix},\quad \boldsymbol{A}=\begin{bmatrix} l_3-l_2 & -h_3+h_2 \\ -m & 1 \end{bmatrix},\quad \boldsymbol{L}=\begin{bmatrix} -h_2l_3+h_3l_2 \\ -l_1+mh_1 \end{bmatrix}$$

求解式（16-7），得

$$\boldsymbol{Z}=-\boldsymbol{A}^{-1}\boldsymbol{L} \tag{16-8}$$

上述公式中的 (h_1,l_1) 是路面边界点 1 的坐标，可从路面设计中得到；(h_2,l_2)、(h_3,l_3) 分别是

地面点 2、点 3 的坐标，均通过横断面测量得到；(h,l) 是设计的填路基（或挖路堑）边界点 P 的待求坐标，其中 l 的绝对值是填（或挖）边界点至公路中线点的距离。

按上述坐标系计算时应注意，在计算填路基右边界点坐标或挖路堑左边界点坐标时，边坡率 m 应取负值。

解析法测算边界点位置的计算结果见表 16-2。

表 16-2　解析法测算边界点位置

里程（桩号）	k1+350.00	设计挖（或填）高差 $h=+4.86$			边坡率 $m=0.7$	
项目	左侧			右侧		
	点号	h/m	l/m	点号	h/m	l/m
横断面测量 地面点坐标 （表 15-5 序号 3）	2L 3L 4L	3.01+4.86 2.08+4.86 1.02+4.86	−14.02 −8.31 −7.81	5R 2R 3R	−0.41+4.86 −1.70+4.86 −1.98+4.86	4.93 6.20 10.81
路边点坐标	1L	超高为−0.23	−7.50	1R	超高为 0.23	7.50
填（或挖）边界点参数	$P_{左}$	7.71	−13.06	$P_{右}$	2.96	9.41
	距离	$P_{左}=13.06$			$P_{右}=9.41$	

2）图解法估计边界点位置，具体方法如下。

由图 16-8 可见，用地边界点 $P_{左}$、点 $P_{右}$ 的位置可利用图解法测算。

以路面设计宽度 b 及边坡率 m 等参数作边坡线，获得边坡线与地面线的交点 P。

量取路中线点至点 P 的图上长度。

按比例尺把图上长度转化为实际长度，得到边界点与路中线点的实际距离。

2. 公路用地面积的测算

公路用地面积（包括城市道路用地面积）可利用设计图纸的设计边界线所围成的图形，按几何法或利用求积仪求得。为了准确测算，一般公路面积测算多用梯形法或解析法。

（1）梯形法测算公路用地面积

如图 16-6（a）所示，点 2、点 3、点 3′、点 2′ 这四个边界点构成梯形，根据梯形面积计算原理，有

$$A_{梯}=0.5D(dd_2+dd_3) \tag{16-9}$$

式中，$A_{梯}$ 为梯形 233′2′ 的面积；dd_2、dd_3 分别为里程边界 22′、33′ 的宽度；D 为里程边界 22′ 与 33′ 的里程差。

（2）解析法测算公路用地面积

按多边形面积计算公式，即式（11-9）计算公路用地面积。此时应先计算公路左、右边界点的坐标，然后按式（11-9）计算公路用地面积。

3. 公路土石方工程量的测算

土石方工程量的大小取决于土石方量的多少，土石方量的测算是土石方工程量测算的首要工作。

（1）路基设计横断面面积的计算

由图 16-6（c）可见，横断面面积涉及设计路面的填挖高度 h、路面宽度 b、排水沟宽度 s、边坡率 m、路面超高 Δ 及地面实际地面线，情况比较复杂。横断面面积的计算应根据不同情况

采取不同的方法。

1）对称的填高横断面面积的计算。如图 16-1 所示，对称的填高横断面面积为

$$A = 0.5[b + (b + 2mh)]h + 0.5^2 ib^2$$
$$= bh + mh^2 + 0.25ib^2 \tag{16-10}$$

2）对称的挖低横断面面积的计算。如图 16-2 所示，对称的挖低横断面面积为

$$A = 0.5[(b + 2s) + (b + 2s + 2mh)]h + 2s\Delta h - 0.25ib^2$$
$$= bh + mh^2 + 2s(h + \Delta h) - 0.25ib^2 \tag{16-11}$$

式中，Δh 是排水沟的深度；i 是横坡度。

3）不规则填挖横断面面积的计算。根据横断面测量结果和路基路面设计参数（h、m、Δ 等），绘制出不规则填挖横断面图，如图 16-8 所示。显然这种不规则填挖横断面图形随着实际情况不同而不同，以图 16-8 为例，横断面面积仍然可利用图中边界线围成的图形，按几何法或利用求积仪求得，也可利用图上各个连接点的坐标按解析法公式（11-9）计算，测算的横断面各点的坐标及面积列于表 16-3 中。

表 16-3　横断面各点的坐标及面积的计算

左侧			右侧		
点名	h/m	l/m	点名	h/m	l/m
$4L$	1.02+4.87	−7.81	$5R$	−0.41+4.86	4.93
$3L$	2.08+4.87	−8.31	$2R$	−1.70+4.86	6.20
$P_{左}$	7.71	−13.06	$P_{右}$	2.96	9.41
$1L$	−0.23	−7.50	$1R$	0.23	7.50
L_1	−0.53	−7.50	R_1	−0.07	7.50
L_2	−0.53	−7.00	R_2	−0.07	7.00
L_3	−0.23	−7.00	R_3	0.23	7.00
面积	117.79m²				

（2）土石方量的测算

公路土石方量的测算采用断面法，即根据路基设计横断面面积及断面之间的距离求取土石方量。如图 16-6 所示，各个填挖横断面面积已知，横断面之间的距离可根据中线桩里程求得，则横断面之间的土石方量 V 为

$$V = 0.5D(A_1 + A_2) \tag{16-12}$$

式中，A_1、A_2 分别为相邻两个横断面的面积；D 为相邻两个横断面的里程差。

比较精确的计算可利用墩台体积计算公式实现，即

$$V = \frac{1}{3}D\left(A_1 + A_2 + \sqrt{A_1 A_2}\right) \tag{16-13}$$

16.1.3　公路界桩的测设

公路界桩的测设包括公路路基的填宽边界点和路堑开挖边界点测设，以及小桥涵位置与高程的测设等。

1. 公路界桩概述

公路界桩包括公路红线界桩和公路工程界桩。

1）公路红线界桩，即公路占用土地分界的用地界桩。公路用地在土地管理中属于公有地籍，界桩应标明公路用地的边界范围，界桩之间连成的线称为红线。在土地管理中称公路用地界桩为红线界桩或红线界址。公路红线界桩确定了公路用地的范围、归属和用途，具有保护公路用地不受侵犯的法律效力。

2）公路工程界桩是根据公路设计要求，标明路基路面、涵洞、挡土墙等边界点、施工点实际位置的界桩，如公路的路基、路面、路带、绿带及涵洞等实际施工位置的界桩。公路工程界桩有时可能在公路用地边界上，这种公路工程界桩兼有公路红线界桩的性质。

2. 公路界桩的测设方法

公路界桩的测设主要包括界桩的平面位置、标高线及坡度线的测设。

1）界桩平面位置往往可用平面上界桩与公路中线的垂直距离表示。如图 16-1 所示，点 A、点 D 是路基路面设计的点，由式（16-5）可知，点 A、点 D 与中线点 o 的垂直距离均为 $\frac{dd}{2}$。另外，在设计图上量距再按比例尺放大可得点 A、点 D 与中线点 o 的垂直距离。利用直接测量法可在实地放样界桩，即沿中线的垂直方向测量得界桩 A、D 的位置。直接测量法比较适用于平坦地带，在其他地形条件下，极坐标法仍然是界桩平面位置的有效放样方法。

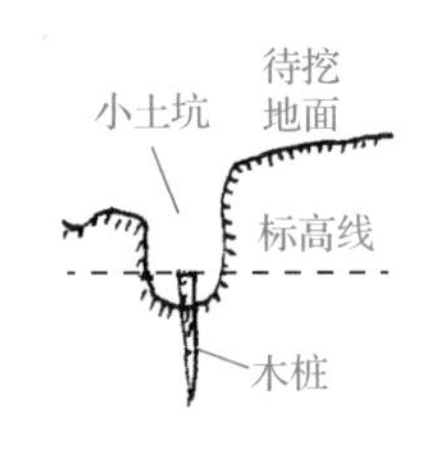

图 16-9　顶面标高线

2）界桩标高线的测设，即路基路面施工高度的测设。利用水准测量等方法将施工高度测设在界桩侧面，绘制出标高线标明路基路面的填挖高度。标高线可用界桩顶面表示，如图 16-9 所示。

3）坡度线的测设是利用坡度板或坡度架实现的。根据边坡率 m，可在点 A 设立坡度板，如图 16-10 所示，坡度板标明挖方的坡度线。根据边坡率 m、填高 h、路面设计宽度 b，可设立填方的坡度架，即利用杆、绳架设立坡度线，如图 16-11 所示，坡度架标明填方的坡度线。在路基比较高时，可采用多层坡度架，随着施工层次的变化，逐层设立坡度架，如图 16-12 所示。

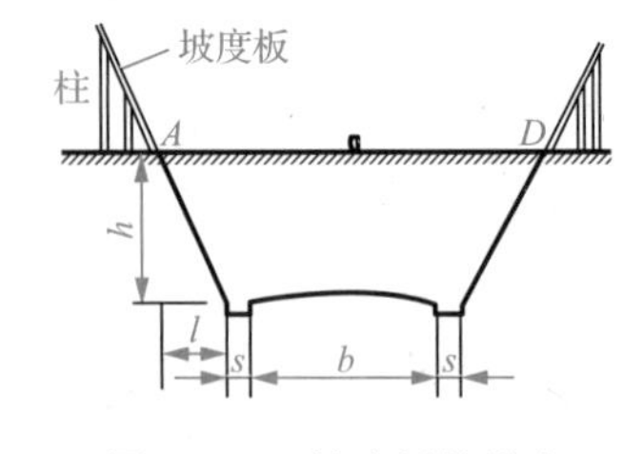

图 16-10　坡度板的设立

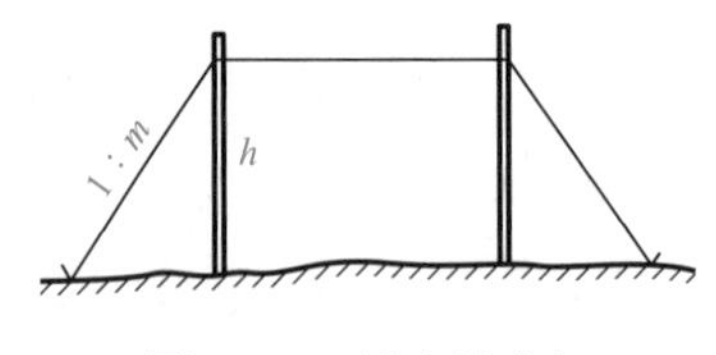

图 16-11　设立坡度架

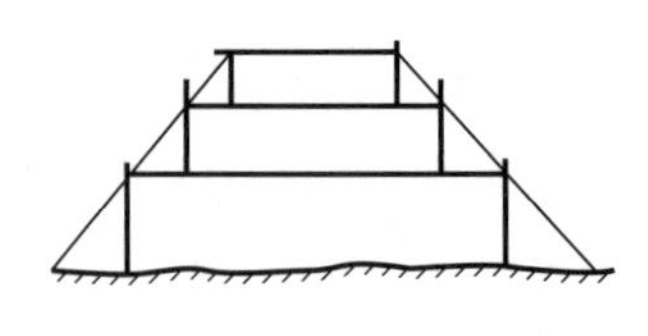

图 16-12　逐层设立坡度架

3. 公路界桩测设的基本要求

1）一般应先测设公路红线界桩，后测设公路工程界桩。在公路规划勘测及初测定测的过程中，公路主管部门应与被征地有关部门协商确认公路红线界桩及红线走向所确定的公路用地范围，办理土地征用手续，此后按公路设计测设公路工程界桩。

2）根据界桩的性质和用途设立标志。公路红线界桩属于混凝土柱型永久性界桩，如图 16-13 所示，要求埋设稳固，长期保存。公路工程界桩若没有兼用红线界桩的用途，则属于实用性施工界桩，用于指示公路修筑位置。

3）伴随公路施工过程及时测设界桩。公路路面等级不同，公路路面结构层次的等级也不相同，公路界桩的测设往往不是一次完成的，而是通过多次测设实现的。对于较高等级的公路，其测设一般包括填挖土方阶段的界桩测设，铺设路基路面阶段各结构层的界桩测设（图 16-14），以及路面各路带、绿带的界桩测设等。这些界桩的测设为不同等级公路施工提供准确的平面位置和标高位置，伴随公路施工的不断深入而完成。

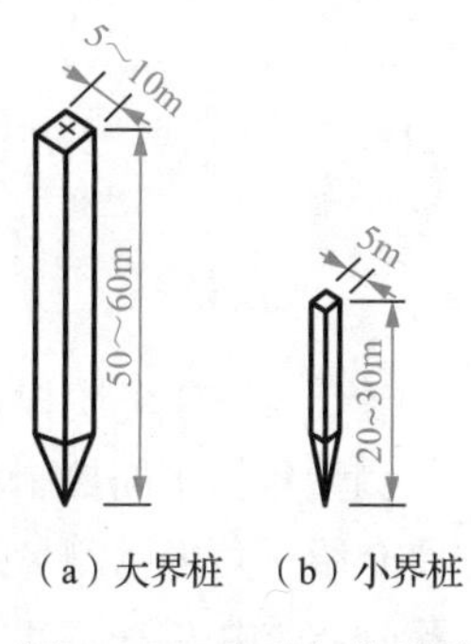

图 16-13　公路红线界桩

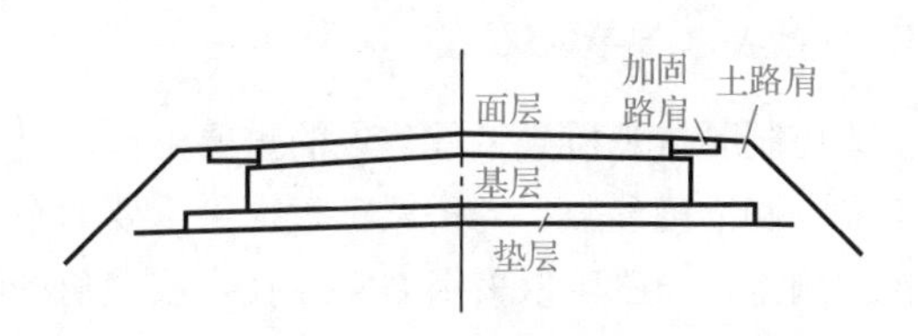

图 16-14　伴随施工多次测设界桩

4）加强公路设施设计点的测设配合，推进整体公路施工测量。除公路界桩外，公路设施设计点还有公路里程桩点、涵洞施工点及其他与公路设施设计有关点。在公路界桩测设中，应加强配合，提高公路施工测量效率。

5）加强公路工程界桩测设后施工过程有关重要点的检测，注意控制点、控制桩的核查、保护。同时应及时恢复公路施工中可能毁坏的中线桩等。

16.2 桥址工程测量

16.2.1　桥梁概述

在路线建设过程中，常见的桥梁有穿越城市街道的高架桥，横直交错的立交桥，跨越河川的特大桥，飞越峡谷的斜拉桥，以及横跨航道的悬索桥。桥梁是交通工程建设的重要设施，特别是在现代化建设中，大桥、特大桥已逐渐成为区域交通建设的时代象征。

桥梁建造包括桥梁选址、桥梁设计到桥梁施工全过程。桥址工程测量全过程的技术工作内容包括控制测量、地形测量、断面测量、施工测量及变形监测等。控制测量、地形测量、断面测量是桥址工程测量的基本内容。桥址工程测量基本内容也适用于码头、渡口、航道等工程。

桥梁有长短、大小之分（表 16-4），桥梁工程建设的难易程度也因桥梁的不同而不同。例如，特大桥往往投资大，桥址设计方案多、工程周期长。桥址工程测量是桥梁工程极为关键的基础性工作，目的是为桥梁工程选址研究及设计提供准确可靠的基准数据和图件。

表 16-4　桥梁类型　（单位：m）

桥梁类型	小桥	中桥	大桥	特大桥
	桥长			
单孔	5～20	20～40	>40	>100
多孔	8～30	30～100	>100	>500

桥梁工程往往处于交通繁杂地带，特别是在河流两岸，大气密度变化无常，测量工作多在环境比较恶劣的情况下进行。测量工作必须因地制宜，采取适当的措施，消除恶劣环境中的测量技术问题。

16.2.2　桥梁控制测量

1. 目的要求与等级规定

桥梁控制测量是桥梁工程建设的重要工作，目的是为桥梁选址、设计及施工各阶段提供统一的基准点和准确参数，为桥梁工程提供重要的基准设施。桥梁控制测量包括平面控制测量和高程控制测量，一般可以采用 GNSS 技术或三角形网技术。本节主要介绍三角形网测量法。

平面控制测量主要采用三角形网测量法，技术上的等级规定见表 16-5。由表 16-5 可见，平面控制测量的等级与桥梁轴线长有密切关系，桥梁中心轴线越长，控制测量的等级越高。对于结构特殊、施工工艺复杂的大桥、特大桥，平面控制测量等级根据需要可采用高出桥梁轴线长所对应的等级规定。高程控制测量采用的等级可参照平面控制测量的等级规定。

表 16-5　桥梁控制测量的等级

等级	桥梁轴线长/m	测角中误差/（″）	轴线长相对中误差	基线起始边相对中误差	三角形闭合差
二级	>5000	±1.0	1∶130000	1∶260000	± 3.5
三级	2000～5000	±1.8	1∶70000	1∶140000	± 7.0
四级	1000～2000	±2.5	1∶40000	1∶80000	± 9.0
五级	500～1000	±5.0	1∶20000	1∶40000	± 15.0
六级	200～500	±10.0	1∶10000	1∶20000	± 30.0
七级	<200	±20.0	1∶5000	1∶10000	± 60.0

2. 平面控制网形结构

桥梁平面控制基本网属于简单三角形结构。如图 16-15 所示，图中点 A 、点 B 表示河岸桥址轴线控制点。如果桥梁包括主桥和引桥，控制网在基本网形基础上应增加控制点，如图 16-16 所示。为了保证桥梁施工需要，在控制基本网中可增设插入点。在图 16-17 中，点 1、点 2、点 3、点 4 等是交会插入点。必要时，插入点可当作基本网形的控制点纳入整个控制网中。

由于地理条件等客观因素的限制，桥梁控制网的网形往往不是最理想的，特别是大桥、特大桥工程控制网，其控制点往往成为整个桥梁区域的基准点，网形有时会是类似直伸型（图 16-18）或三角网形。

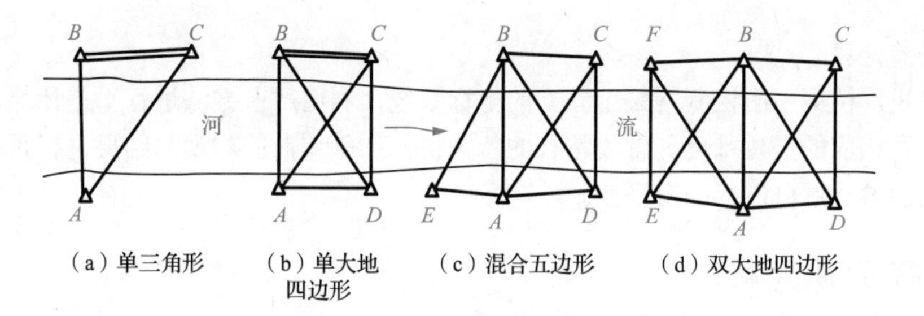

图 16-15　桥梁平面控制基本网形

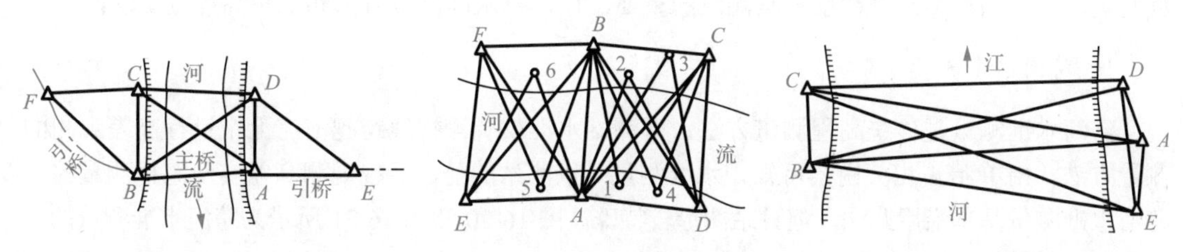

图 16-16　主桥和引桥控制网　　图 16-17　网形中增设插入点　　图 16-18　直伸型控制网

利用 GNSS 技术建立的桥梁工程控制网，其网形多为三角网形，可以与全站测量技术结合形成三角网状结构，如图 16-19 所示。

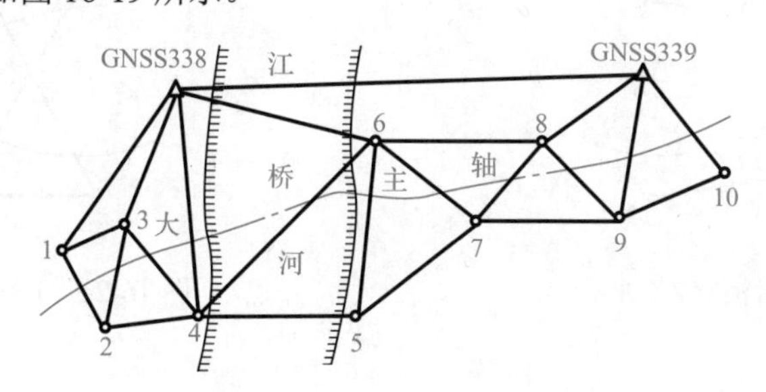

图 16-19　桥址三角形控制网

控制网点是桥梁工程的基准标志，点的选定应考虑控制网的网形，靠近桥址轴线和施工场所，不影响工程施工和交通，占用场地小。点位埋设应着眼于桥梁工程的需要：基本点位，埋设稳固（必要时应埋设在基岩上），应用方便，加强保护；重要点位，若有长期用途，则应有重点长期保存措施。

3. 观测与计算

（1）观测技术

三角形网野外观测的目的是获得控制网观测值。例如，采用全站光电技术的边、角测量，边、角观测量多，有利于边、角观测量的互检，可增强观测结果的可靠性，提高控制网的精度。

（2）测量因地制宜

注意桥梁控制网跨越的河面水蒸气变化的影响。注意控制网的边长不等长，有时甚至各边长相差悬殊（图 16-18）的目标瞄准。尽量提高观测视线高度。选择有利观测时间测量，如日出后 1～2h 或日落前 1～2h 或阴天观测，避免晴天中午观测。角度观测宜采用对光方向法，避免瞄准误差的影响。全站仪边、角分开高精度观测。

（3）平差计算

一般来说，桥梁平面控制网采用独立的坐标系统，利用严密方法进行平差计算，求出各控制点的坐标及相应的点位精度。轴线特长的特大桥，在平差前应对观测结果进行预处理，化算为高斯平面的参数后再进行严密平差。

16.2.3 跨河高程测量

桥址高程控制测量可采用水准测量网和三角高程测量网的严密方法，这里主要介绍跨河高程测量。跨河高程测量是桥址控制测量的重要工作，有水准测量方法和三角高程测量法。

1. 跨河水准测量

跨河水准测量是传统高程测量方法，即测站水准仪观测视线跨越河流上空进行高差观测的测量方法。由单元 4 相关内容可知，水准测量是以测站的前、后视观测高差实现高程测量的。跨河水准测量基本沿用此法，但设站图形较特殊。图 16-20 和图 16-21 所示为跨河水准测量的设站图形，下面以图 16-20 为例进行说明。

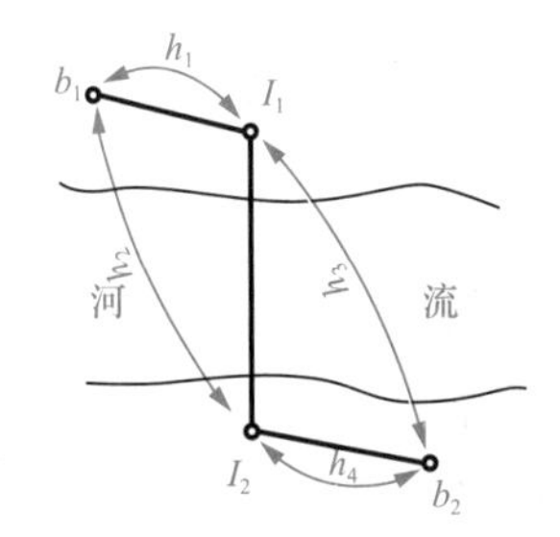

图 16-20　过河“Z”形式

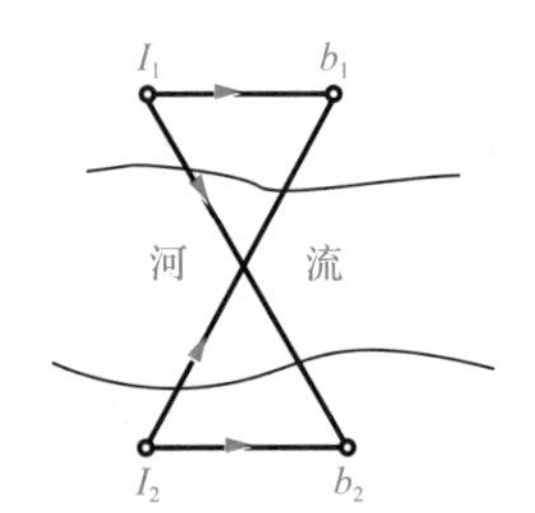

图 16-21　过河“×”形式

（1）设立测站

在图 16-20 中，点 I_1、点 I_2 是仪器、远标尺轮换安置点，点 b_1、点 b_2 是近标尺的立尺点，也是高程控制点，图中各点均设有固定标志。设站要求：$I_1b_1=I_2b_2$，且为 10～20m。

（2）跨河水准测量具体步骤

1）水准测量设站观测点 I_1、点 b_1 的高差，得 h_1。

2）在点 I_1 设站，观测点 b_1 近标尺的读数。

3）瞄准（并调焦）点 I_2 远标尺，用胶布固定调焦旋钮，按望远镜中横丝观测点 I_2 远标尺的读数，得点 b_1、点 I_2 的高差为 h_2。

4）确保调焦旋钮不变动，并搬设测站于点 I_2，将点 b_1 的标尺立于点 I_1，水准仪瞄准点 I_1 远标尺，按步骤 3）读数，并观测点 b_2 标尺读数，得点 I_1、点 b_2 的高差为 h_3。

5）水准仪在点 I_2、点 b_2 之间设站，按步骤 1）测得高差为 h_4。

以上步骤 1）～步骤 3）为上半测回观测，步骤 4）和步骤 5）为下半测回观测。

6）高差计算上半测回计算点 b_1、点 b_2 的高差为 $h_{上}=h_1+h_3$。下半测回计算点 b_1、点 b_2 的高差为 $h_{下}=h_2+h_4$。检核计算 $\Delta h=h_{上}+h_{下}$，$h=\dfrac{h_{上}-h_{下}}{2}$，其中 h 是点 b_1、点 b_2 的高差测量结果。

由于跨河视线较长，跨河水准测量法在对岸标尺上设微动觇板（图 16-22），以微动觇板符合观测中丝的方法（符合观测中丝时，由扶尺员记录指标线在水准尺上的读数），提高长视线观测准确性。跨河水准测量可用于河流宽度不大的场合。

2. 跨河三角高程测量

跨河三角高程测量一般可采用高精度边、角测量的光电三角高程测量：便于定点和调整测线长度或构成三角形网，如图 16-23 所示的网形；便于提升视线高度，避免或减少跨河视线水面水蒸气折射影响；便于直接测量距离、角度等参数，选择最有利时间，有利于实现跨河高程测量高精度；应用快捷方便。

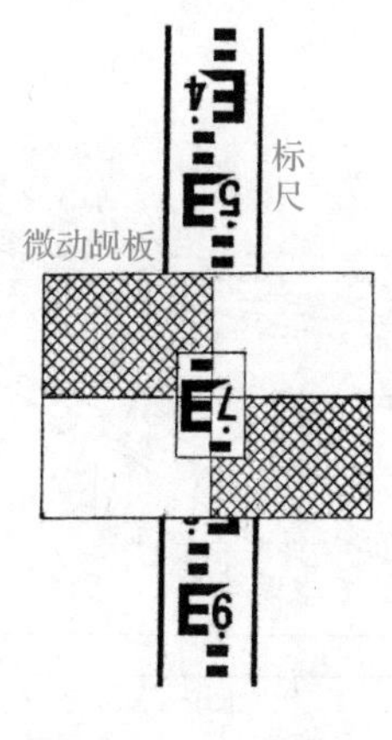

图 16-22　微动觇板

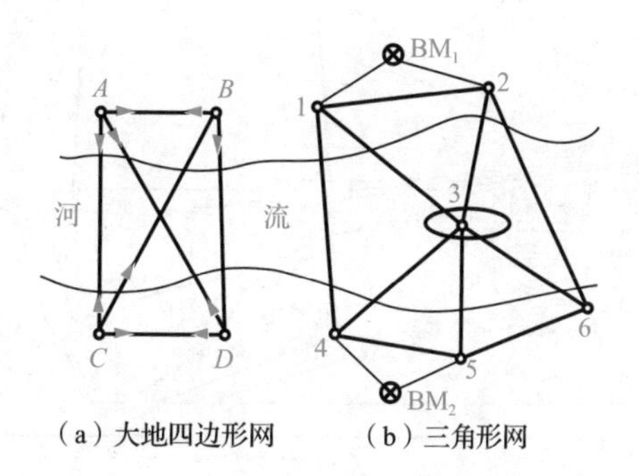

图 16-23　跨河光电三角高程测量

16.2.4　河床地形测量与桥址轴线纵断面测量

桥梁工程的地形测量包括桥址地形图的测量、河床地形测量、桥址轴线纵断面测量。

桥址地形图的测量为桥梁设计提供比例为（1∶2000）～（1∶500）的工点地形图。河床地形测量为桥梁设计提供河道水下地形图。

河床地形测量又称水下地形测量，是测绘、水利、水运、航道、桥梁、河道整治等领域的重要应用。河床地形测量原理是：测定水下地貌点（河床点）的平面坐标、高程，以及水下淤泥深度。如图 16-24 所示，根据船行轨迹，在点 1, 2, …, n 分别测得河道中相应河床点的平面位置及高程，然后绘制出河床的地形图，如图 16-25 所示。

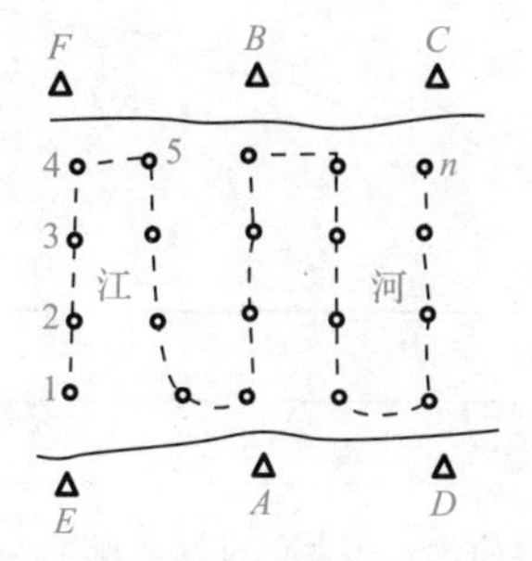

图 16-24　船行轨迹的河床点

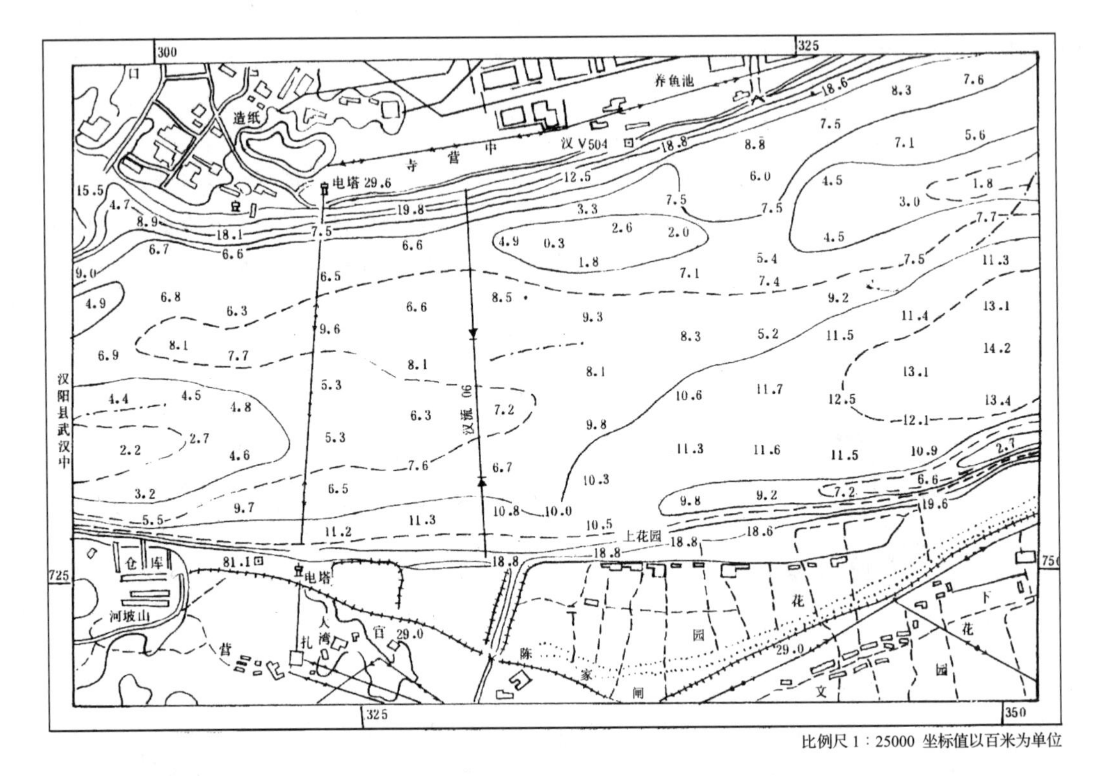

图 16-25 河床地形图

桥址轴线纵断面测量在原理上与河床地形测量相同，不同的是，桥址轴线纵断面测量沿桥址轴线方向测量河床点的平面距离及高程，最后沿桥址轴线方向绘制出桥址轴线纵断面图，如图 16-26 所示。图 16-26 中的高水位线和正常水位线可按实际测量的结果绘制，也可向有关水文站等部门调查获得。

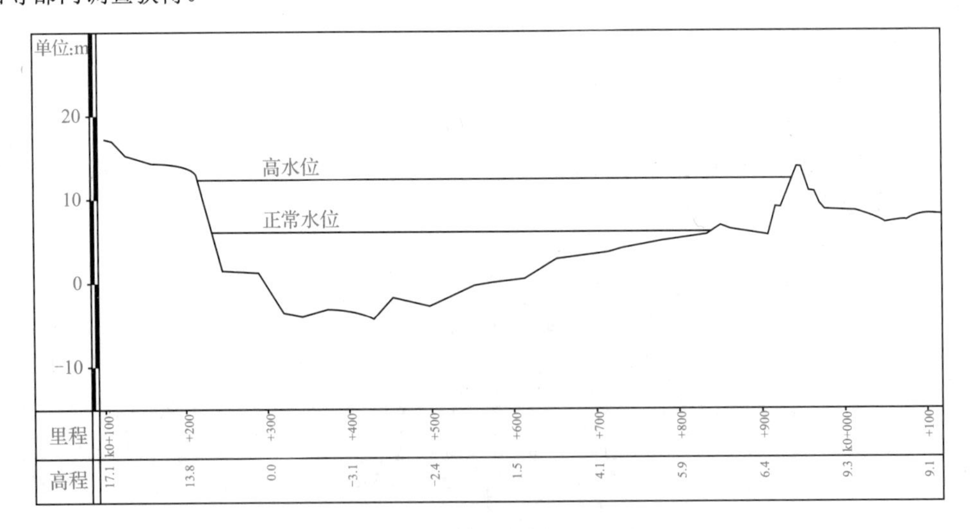

图 16-26 桥址轴线纵断面图

河床地形测量的河床点的平面位置测量可采用经纬仪交会法或极坐标法，有条件的均采用全站测量技术和 GNSS 技术等。河床深度测量属于水深测量技术，可采用铅锤法、回声探测法、激光探测法等实现。

铅锤法属于传统方法，即用一条带有重铅锤的测绳测量的河床水面深度。如图 16-27 所示，重铅锤沉入河底，从测绳注记获得河的深度，进而利用测得的高差 h 推算河床的高程 H 。

回声探测法，即利用测深仪，根据超声波穿过水体介质并在水底表面反射过程中的速度探测水深的方法。设超声波的速度为 V，声波往返时间为 T，则声波探测水深为 $h' = 0.5VT$ 。如图 16-28 所示，已知换能器探头吃水 i 和 h'，可利用控制点高程得到水面高程，进而推算河床的高程 H 。广州南方测绘科技股份有限公司的 SDE-28D 双频测深仪可实现以 200kHz 高频测定河床的高程 H ，同时以 20kHz 低频测量河床淤泥厚度。这类水下地形测量设备不仅可用于桥梁工程，而且可用于港口、航道疏浚与检测等工程。

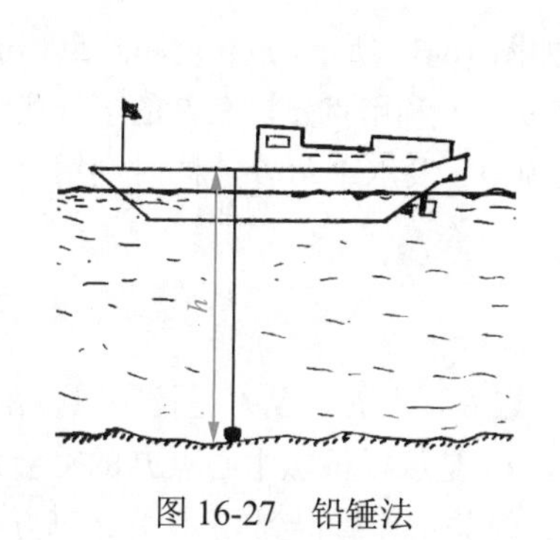

图 16-27　铅锤法

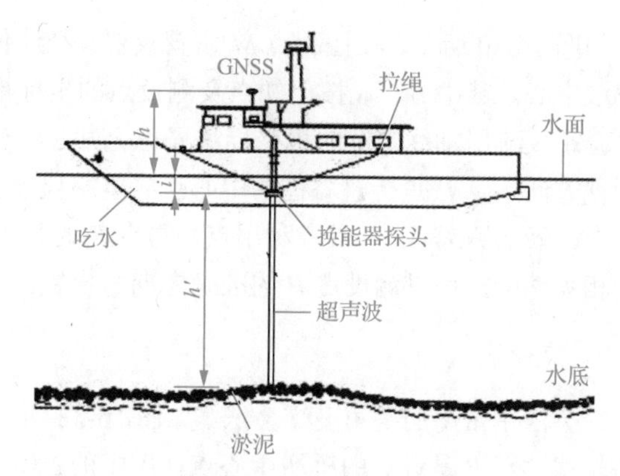

图 16-28　回声探测法

16.3 工程轴线直线定位

16.3.1　工程轴线定位基本方法

在基础工程基坑的开挖、高层建筑柱体和墙体的升高、桥梁墩台的建造、桥梁的架接、塔体的确立等工程建设中，基本的测量技术工作便是所设计的施工体位置中心的测定。施工体位置中心又称轴线点，轴线点的连线称为工程轴线。工程轴线定位有以下基本方法。

1. 直接测量法

直接测量法，即以测量仪器工具直接测量建筑物柱体和墙体的中心位置。如图 16-29 所示，点 A 、点 B 、点 C 是桥轴线 MN 上三个桥墩的设计中心，s_1 、s_2 、s_3 、s_4 是 MN 上各点之间的水平距离。对于这类直线上的点，只需用钢尺或全站仪直接测设就可完成桥梁墩台中心的实地定点。

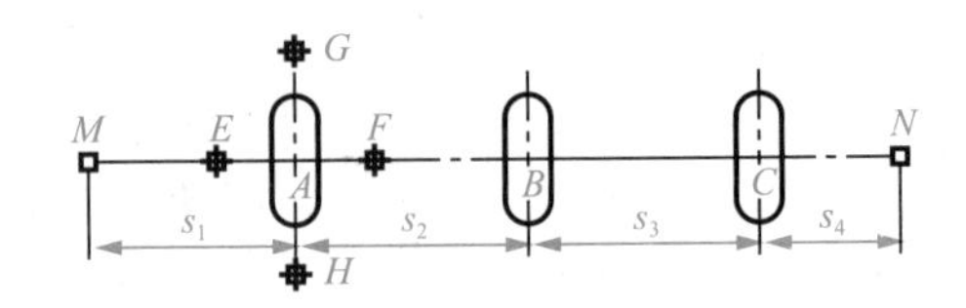

图 16-29　直接测量法

如图 9-36 所示，在大型厂房方格控制网建立的基础上，厂房柱子的中心位置便可利用与控制点的距离直接测量得到。

2. 极坐标法

如图 16-30 所示，在控制点 M 安置仪器（经纬仪、半站仪或全站仪），以角度 β 及边长 s 测设桥墩中心。其中 β 、 s 按已知点及测设点的坐标推算。

全站仪应用轴线定位的极坐标法又称全站三维坐标法。如图 16-31 所示，点 o 是测站点，oP_1 是后视方向，点 P 是待建塔柱的中心点。全站仪设在测站点 o 上，利用点 o 与点 P 的坐标增量 Δx 、 Δy 及高程差 Δh ，或者利用点 o 与点 P 的斜距 D 、天顶距 z 及水平角 β ，同时利用全站仪的相关功能，可以测设点 P 的准确方向与位置。

3. 交会法

交会法中常用的是角度交会法。如图 16-32 所示，点 A 、点 B 、点 E 、点 F 是控制点，AB 是桥轴线，点 P 是设计的桥墩中心点，图中的 α_1 、 α_2 、 C_1 、 C_2 是放样桥墩中心点 P 的交会角（利用点 A 、点 B 、点 E 、点 F 及点 P 的坐标，根据其中的几何关系计算得到）。有关计算方法读者可自行推证。

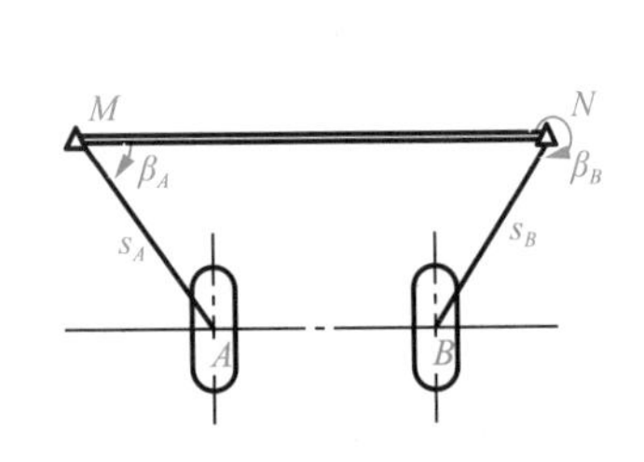

图 16-30　极坐标法

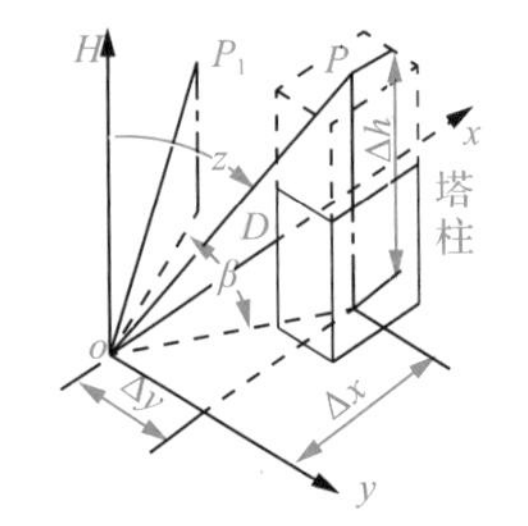

图 16-31　全站三维坐标法

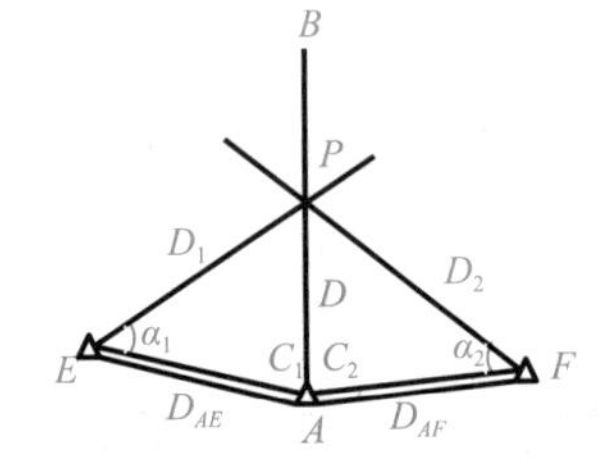

图 16-32　角度交会法

交会法常用于建筑物墙体轴线测设及柱体中心的校正。如图 16-33 所示，两台经纬仪设在 $AA' \perp BB'$ 的点 A 、点 B （控制桩）上，分别瞄准地面点 A' 、点 B' ，然后以测设骑马桩的方法交会得到墙体升高的中心点 o 。如图 16-34 所示，两台经纬仪设在 $AA' \perp BB'$ 的点 A 、点 B 上，各自瞄准地面点 A' 、点 B' 后抬高望远镜的视准轴，指挥调整柱子中心线落在经纬仪的视准轴上，柱子便可垂直竖立起来。

4. 铅直法

不论是建筑物的超高层，还是大桥（特别是斜拉桥、悬索桥）塔柱的大高度，它们对垂直度要求都比较高。垂直度，即升高后轴线偏离中心的程度，用 $e:H$ 表示（ e 为轴线偏离中心距离， H 为建筑物高度），一般 $e:H<1:3000$。通常采用激光铅直法提供高层建筑物或塔柱

垂直施工的方向线，以保证符合垂直度的要求。如图 16-35 所示，激光铅直仪设在适当的位置，根据该仪器的应用方法，在预设的靶板上显示激光点位，从而获得施工的标准位置。

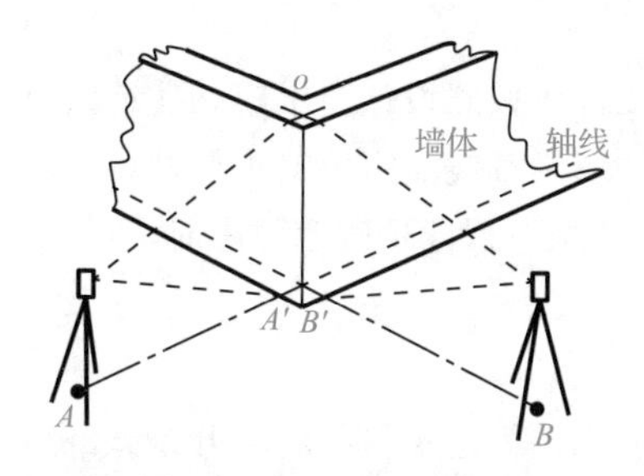

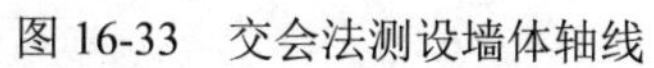

图 16-33　交会法测设墙体轴线

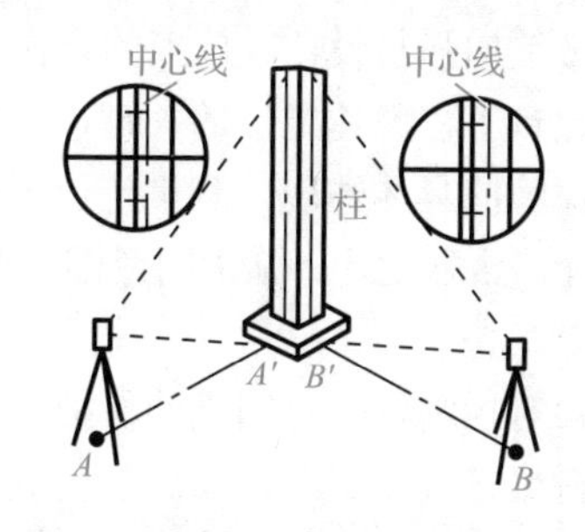

图 16-34　交会法柱体中心校正

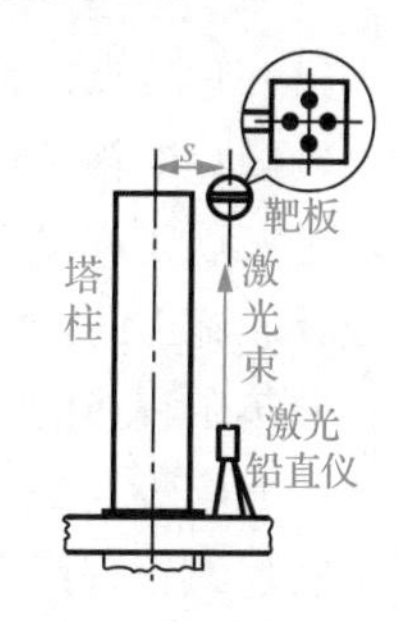

图 16-35　铅直法

垂线法也属于铅直法，只要垂球对准底点中心（或垂线上端对准顶点中心），悬垂的垂线就可以向上（或向下）传递中心点。

铅直法可用于建筑格网的提升。在高层楼房、斜拉桥建筑中，在柱体高 100m 以上，而建筑场地狭窄的情况下，可采用内控铅直法或外控铅直法准确提升定位这类建筑柱体的轴线点。

1）内控铅直法。如图 16-36（a）所示，用基准方格（或方格网）点 A 、点 B 、点 C 、点 D 将楼房柱列 1, 2, …, 36 测定在地面 H_o 上。高层楼房柱列在施工中不断提升，基准方格（或方格网）点 A 、点 B 、点 C 、点 D 必须领先提升。提升方法：激光全站仪或激光天顶仪分别安置在地面 H_o 基准方格点 A 、点 B 、点 C 、点 D 上，垂直向上发射激光，由此在升高的 H_1 面上形成基准方格点 A' 、点 B' 、点 C' 、点 D' ，如图 16-36（b）所示。

2）外控铅直法。如图 16-37（a）所示，在楼房柱列 1, 2, 3, …, 36 外建方格基准控制点 a、点 b、点 c、点 d、点 e、点 f、点 g、点 h，由此交会得基准方格点 A 、点 B 、点 C 、点 D 。提升方法：激光经纬仪或激光天顶仪分别安置在地面 H_o 基准控制点 a、点 b、点 c、点 d、点 e、点 f、点 g、点 h 上，垂直向上发射激光，由此在升高的 H_1 面上交会得基准方格点 A' 、点 B' 、点 C' 、点 D' ，如图 16-37（b）所示。

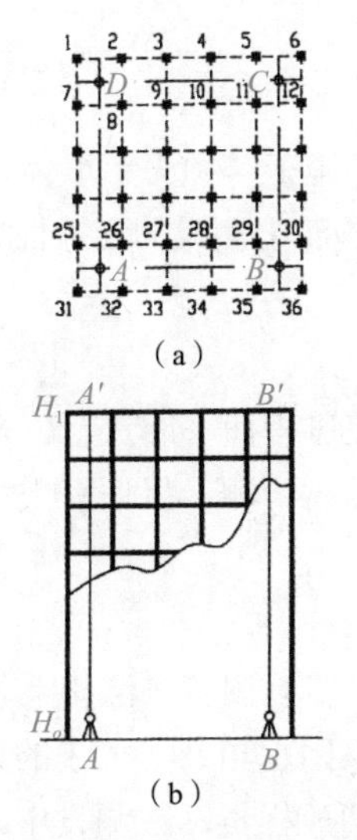

图 16-36　内控铅直法

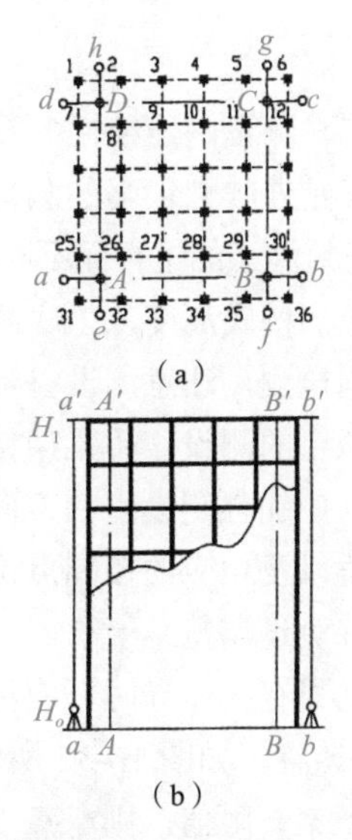

图 16-37　外控铅直法

16.3.2 工程轴线定位基本要求

（1）轴线点定位过程必须加强与设计、施工的合作

轴线点的精确定位是建筑工程整体定位的关键，是建筑工程体按照设计要求成功建造的基础，是实现工程测量定位保障的具体体现。测量定位过程必须明确轴线点定位的重要性，加强与设计、施工的合作，了解、熟悉设计、施工的意图、计划、要求，保证精确定位准时、可靠，保证建筑工程体的正常施工。

（2）增设控制桩，加强对控制桩、控制点的保护

在建筑工程或在陆地桥梁工程（或干涸河床的桥梁工程）中，为避免墩位基坑开挖毁坏中心标志，在测设中心四周轴线方向上必须埋设控制桩、控制点（如图 16-29 中的点 E 、点 F 、点 G 、点 H ），以便基础开挖后利用控制桩恢复桥墩中心位置，满足施工需要。在建筑工程中增设控制桩有利于保存、恢复墙体、柱体的轴线位置。

龙门板设置属于增设控制桩的一种方式。如图 16-38（a）所示，安装于待建房屋地面轴线 $abcd$ 四周的木架称为龙门板，距离地面轴线为 1～2m。龙门板横板上沿是地坪（建筑物首层地面）高度，称为±0 线。±0 线按设计要求以高差测设方法确定。横板上沿的轴线钉，即图 16-38（b）中的 b_1 、 b_2 ，是地面轴线标志。

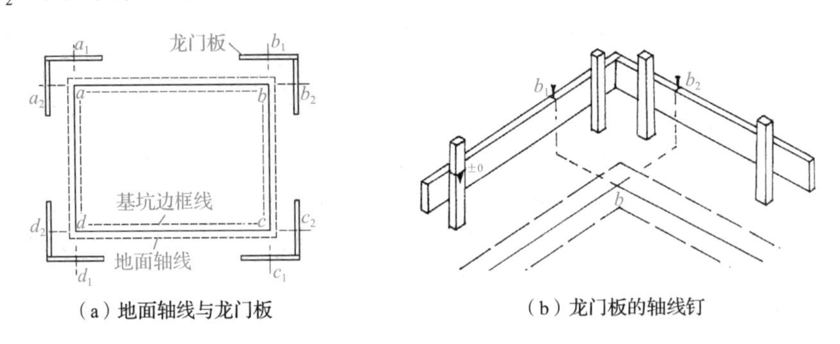

（a）地面轴线与龙门板　　（b）龙门板的轴线钉

图 16-38　龙门板的设置

（3）施工与测设的连续性关系

轴线测设是连续性很强的测量工作。轴线测设开始于基础施工，领先于墙体、柱体的建筑加高，随着建筑施工的进行而不断进行。图 16-39 所示为基础施工与测设的连续性关系，图中的水平桩用于检测槽底高度，垫底高指的是槽底设计的垫高。

（4）加强检测，注意测设参数的验算

桥梁各墩台的测设，桥梁架接和安装点位的测设随着施工过程而不断进行，在一系列连续测设工作中，应加强测设点的方向、距离和高程的准确性验算与检测，保证有关塔柱、墩台、墙体中心点位以及相应的控制点位符合要求。

（5）做好测设调整

当测设结果存在差异时，应尽可能对测设点位进行必要调整，调整方法如下。

1）误差调整。如图 16-32 所示的交会测设结果可能存在图 16-40 中△123 的误差。若三角形的边长小于某一限值，则取点 2 在轴线 AB 的垂足为点 P 的放样点。在测设中，测站与放样点人员互相配合，调整并准确放样点。

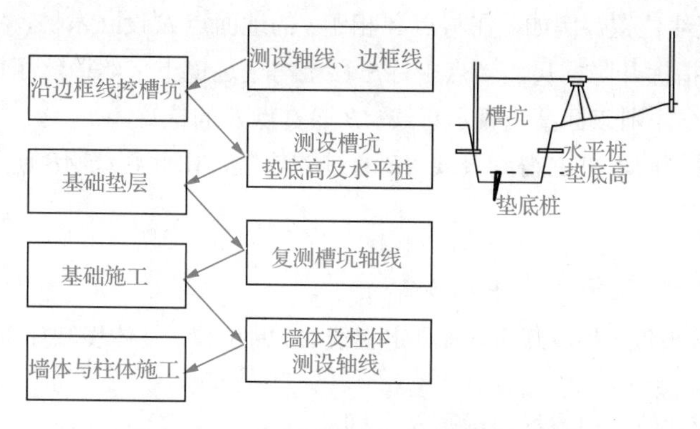

图 16-39　基础施工与测设的连续性关系

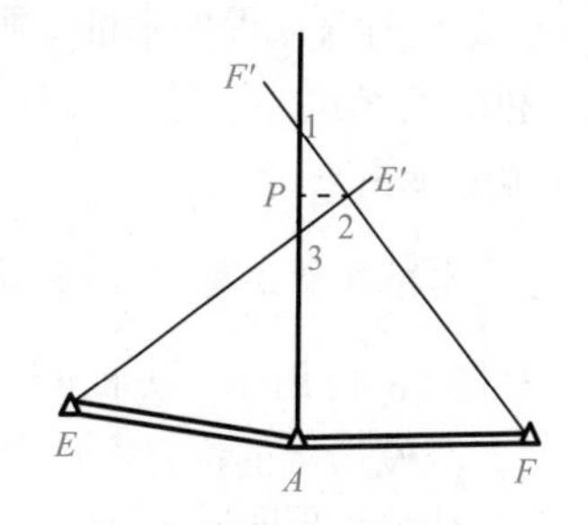

图 16-40　测设调整误差三角形

2）由粗到精。水面桥墩定位难度较大，初始定位准确性比较差，应在定位场地稳定或水上筑岛后重新准确定位，由粗到精地标明桥墩中心位置和轴线方向。

16.3.3　直线的空间定向定位

某些工程设计对直线（如道路中线坡度线、管道中线等）空间位置和方向有明确要求。直线的空间定向定位是根据工程设计要求，利用测量技术手段确定直线端点的位置（平面坐标 (x, y) 和高程 H ）及直线方向的方法，一般有视准轴法、水准测量法、角度法等。

1. 视准轴法标定直线的空间位置

如图 16-41 所示，点 A、点 B 为某线性工程设计的地面点，直线 AB 坡度为 i 、平距为 D_{AB} ，要求按一定的间隔 s 在实地标明直线位置，视准轴法标定该直线空间位置的基本步骤如下。

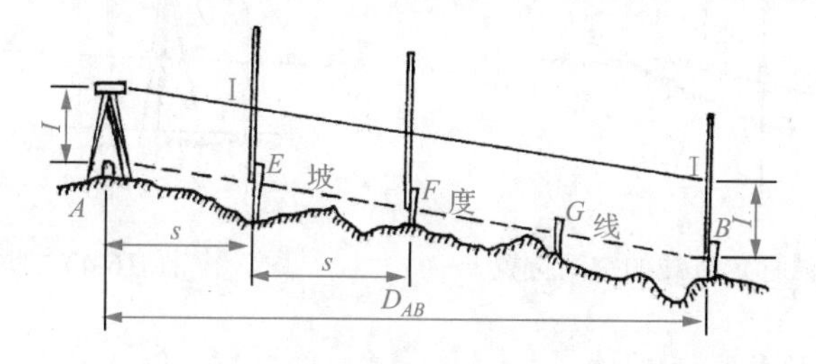

图 16-41　视准轴法标定直线的空间位置

1）根据设计要求以高级控制点测设点 A 的位置，在点 A 设立桩位。

2）计算点 A 、点 B 的高差 h_{AB} 。根据式（16-1），点 A 、点 B 的高差为

$$h_{AB} = \frac{iD_{AB}}{100\%} \tag{16-14}$$

3）高差放样，在实地测设点 B 位置，则点 B 高程为 $H_B=H_A+h_{AB}$ 。如图 16-41 所示，在点 B 处设立木桩标高线表示点 B 高程，则直线 AB 的坡度为 i 。

4）在点 A 安置测量仪器（经纬仪、全站仪或水准仪）。安置仪器应对中整平，量仪器高 I。

5）在点 B 木桩位竖立标尺，在标尺面刻画高度为 I 的标志。

6）在点 A 测量仪器瞄准点 B 标尺面的 I 标志（水准仪以转动微倾螺旋瞄准）。此时测量仪器望远镜视准轴与点 A 、点 B 连线平行，故视准轴是一条坡度为 i 的直线方向线。

7）根据视准轴方向线实地标定直线位置。例如，在与点 A 相距 s 的地面点 E 设立木桩，标尺立在木桩附近，并根据点 A 观测员指挥升降标尺，当点Ⅰ标志移至与望远镜十字丝横丝相切时，在靠近标尺底面的木桩上画标高线，则该标高线表示直线 AB 通过点 E 的位置。

利用点 E 定位法可在点 F 、点 G 等的木桩上得到直线 AB 通过的位置，由此直线 AB 便可在实地表示出来。

2. 水准测量法标定直线的空间位置

如图 16-42 所示，以水准测量法按坡度 i 及距离间隔 s 测定直线 AB 的位置，具体步骤如下。

1）测设点 A 的位置，在点 A 设立桩位。

2）计算距离间隔 s 的高差 h_s 及测站的前视点标尺读数 b_k ，即

$$h_s = \frac{is}{100\%},\quad b_k = a - kh_s \tag{16-15}$$

式中，i 是坡度；a 是水准测站的后视读数；k =1, 2, …, n。

3）按水准测量高差测设方法读取立尺点 k 的标尺读数 b_k ，在标尺零端木桩侧面标定直线 AB 的位置。

水准测量法标定直线空间位置可以平移。工程上为了便于应用，常把直线的空间位置标定在另一位置上，称为直线空间位置的平移。例如，在图 16-43 中，将图 16-42 中标定的直线向上平移 q ，测设时按下式计算前视点的标尺读数 b_k ：

$$b_k = a - kh_s - q \tag{16-16}$$

一般 $q = \pm(1.0\sim1.3)\text{m}$ 。标定的直线（图 16-43 中的 EF）称为腰线。

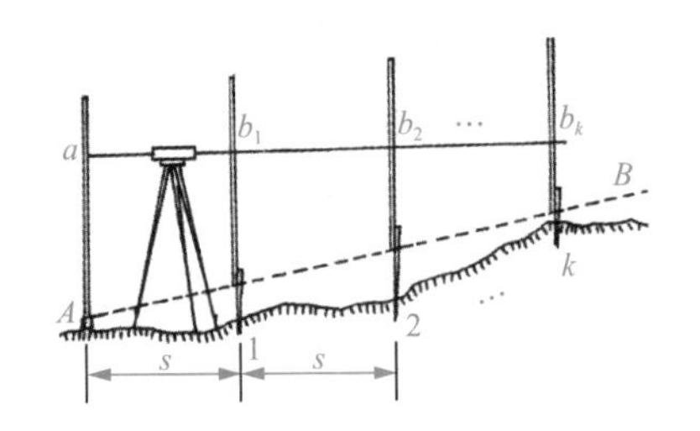

图 16-42　水准测量法标定直线的空间位置

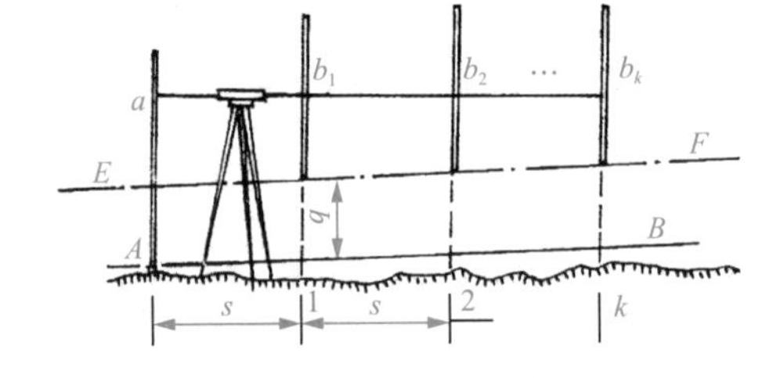

图 16-43　腰线的标定

3. 直线空间位置的参照标定

某些线性工程（如下埋管道中心线）不易直接标定，只能借助某些参照物标定。如图 16-44（a）所示，AB 是管道底部的直线，设计坡度是 i ，图中的点 1，2，…，k 是地面中线桩位置点。根据起算点已知高程、设计坡度及中线桩里程，可以推算中线桩位置的管底直线的高程 h'_k 。为了保证管道底部位置的准确性，必须在中线桩处设立管底位置高程参照物，即管道坡度板，如图 16-44（b）所示。

管道坡度板设有坡度钉，高程 h_k 已知（从附近水准点引测得到），坡度钉到管底的高差（称为下返数）为

$$q_k = h_k - h'_k \tag{16-17}$$

式中，$k = 1,2,\cdots,n$ ，是地面中线桩位置序号。

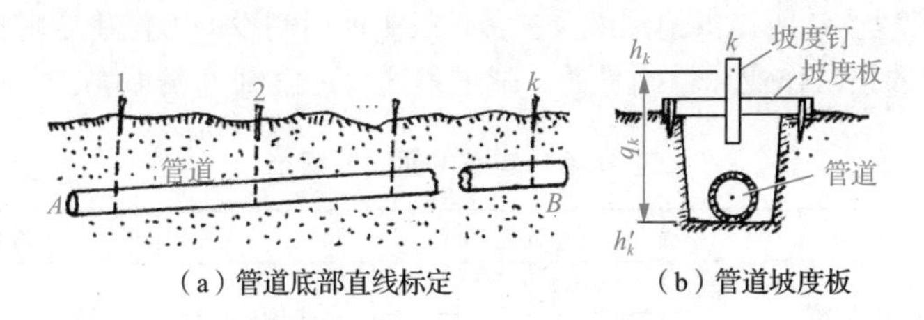

（a）管道底部直线标定　　（b）管道坡度板

图 16-44　管道坡度板的参照标定

根据下返数 q_k，可以得到管道底部的直线位置，同时可检查管道底部开挖深度的质量。

图 15-6 注析窗口中的地面高程与路面设计高程注记在同一个中线桩上，中线桩此时可作为路面坡度线参照点，这就是直线空间位置参照标定法在路面建设中的应用。

4. 角度法标定直线的空间位置

角度法标定直线空间位置的基本思想如下。

1）首先根据直线端点设计坐标 (x, y)、高程（H）得到方位角（或水平角）、垂直角。

2）直线端点设置的测量仪器（经纬仪或全站仪）根据方位角（或水平角）及垂直角提供直线（视准轴）的方向和位置。

16.4 隧道测量

16.4.1 概述

1. 隧道测量的主要内容

隧道属于地下建设工程，是一种穿通群山峻岭、横贯海峡河道、盘绕城市地下的交通结构物。根据工程用途不同，隧道可分为公路隧道、铁路隧道、城市地下铁道、地下水道等。

隧道的挖掘通常从两端洞口开始，即隧道只有两个开挖工作面。如图 16-45 所示，A、B 两处是相对开挖的隧道正洞。如果隧道工程量大，为加快隧道开挖速度，必须根据需要和地形条件设立辅助坑道，增加新的开挖工作面。例如，图 16-45 中的横洞、平行导坑、竖井、斜井等都属于辅助坑道。隧道正洞和辅助坑道都是隧道工程的组成部分。

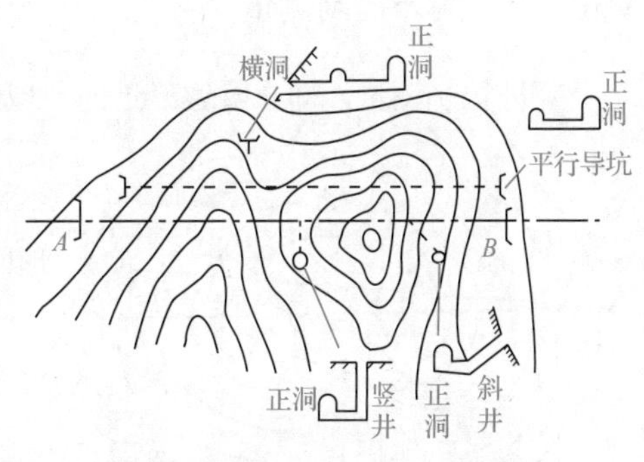

图 16-45　隧道工程

隧道测量技术工作的主要内容如下。

1）在所选定隧道工程范围内布设控制网，进行控制测量，建立精确的基准点、基准方向。

2）提供隧道工程设计所需的带状地形图、隧道洞口工点地形图、纵断面图和横断面图。

3）根据隧道工程设计所提供的图纸及参数，在实地用测设的方法确定隧道开挖与修筑的标志，保证隧道工程的正常作业和精确贯通。隧道贯通误差限制见表 16-6。

表 16-6　隧道贯通误差限制

两开挖洞口间长度 L/km	横向贯通中误差/mm				高程贯通中误差/mm	
	洞外控制测量	洞内控制测量		竖井联系测量	洞外	洞内
		无竖井	有竖井			
L<4	25	45	35	25	25	25
4≤L<8	35	65	55	35		
8≤L<10	50	85	70	50		

4）根据隧道开挖的进展情况，不断在隧道的开挖巷道中建立洞内控制点，进行洞内控制测量，提高测设的可靠性，检测隧道开挖质量和安全状况。

2. 隧道设计阶段的测量工作

以公路工程为例，公路隧道根据长短可分为四种类型（表 16-7）。

表 16-7　公路隧道类型　（单位：m）

公路隧道分级	特长隧道	长隧道	中隧道	短隧道
直线型隧道长度 L	L>3000	1000<L<3000	500<L<1000	L<500
曲线型隧道长度 L	L>1500	500<L<1500	250<L<500	L<250

一般来说，特长隧道、对路线有控制作用的长隧道以及地形、地质情况比较复杂的隧道，在勘测设计上采用二阶段设计方法，隧道测量工作也包括初测和定测两个阶段。

1）初测主要任务：根据隧道选线初步结果，在选定的隧道地域进行控制测量、地形测量、纵断面测量，为地质填图、隧道的深入研究和设计提供点位参数、地形图件及技术说明书。隧道控制测量必须与路线控制测量衔接，为路线与隧道形成系统且一致的整体提供基准保证。按隧道选定方案测量带状地形图，带宽为 200～400m。纵断面图按隧道中线地面走向测量。测量纵断面图的中线桩（包括地形加桩）时，应预先将其测设在隧道中线上（偏差小于±50mm）。

2）定测主要任务：根据批准的初步设计文件确定隧道洞口位置，测定隧道洞口顶的隧道路线，进行洞外控制测量。

16.4.2　洞外控制测量

洞外控制测量，即在隧道经过的地域表面进行平面控制测量。洞外控制测量的方法有中线定向法、导线测量法、三角形网测量法、GNSS 法等。限于篇幅，这里简单介绍中线定向法、导线测量法和三角形网测量法。

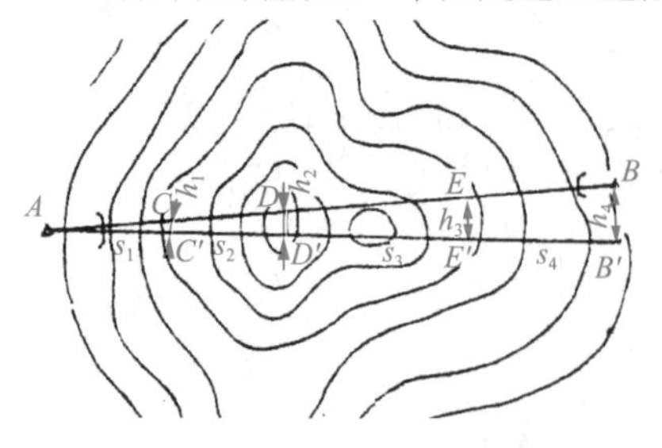

图 16-46　中线定向法

1. 中线定向法

中线定向法是应用于没有地面定位资料情况下确定较短直线隧道中线方向控制点的方法。如图 16-46 所示，点 A、点 B 是公路线互不通视的隧道洞口确定位置，在地面测定可通视方向，将点C、点D、点E确定在直线AB方向上，步骤如下。

1）全站仪在初估方向线上按图 16-46 逐步测定点C'、点D'、点E'的实地位置，然后测定点B'与点B的位置差h_4。

2）根据测定点C'、点D'、点E'的实地位置时得到的长度s_1、s_2、s_3、s_4，按式（16-18）计算h_1、h_2、h_3，计算公式为

$$h_i = \frac{h_4}{s_1 + s_2 + s_3 + s_4} \sum_1^i s_i \tag{16-18}$$

式中，$i=1$、2、3。

3）根据h_1、h_2、h_3实地点C、点D、点E的定位，实地确定AC或BE方向。

另外，还可根据地形在制高点初定点D'，按图 13-9 所示方法获得点D的准确位置。接着按AD、BD方向定点C、点E位置。由图 16-46 可见，实地确定AC或BE方向后，便可沿AB中线开挖隧道。

确定洞外控制点时必须清除地面障碍物，定向的同时测设隧道地面中线桩（包括地形加桩），测量隧道中线的纵断面图。中线定向法比较简单快捷，但定点精度不高，可用于短隧道的洞外控制测量，应用过程中应注意防止隧道开挖爆破作业对地面中线控制点稳定性的影响。

2. 导线测量法与三角形网测量法

导线测量法与三角形网测量法是隧道工程控制测量的常用方法，其原理可参考单元 9 相关内容。导线测量法（图 16-47）与三角形网测量法（图 16-48）进行洞外控制测量时，应考虑相应工程的特殊要求。

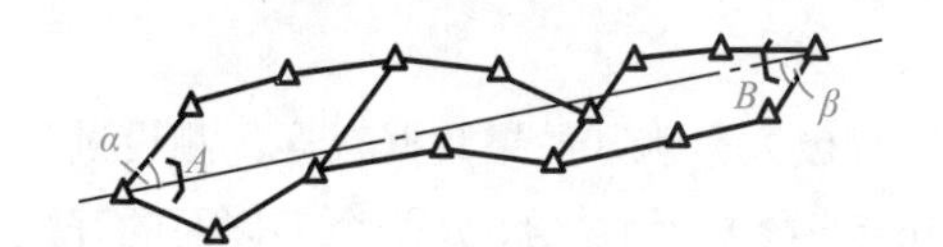

图 16-47　导线测量法

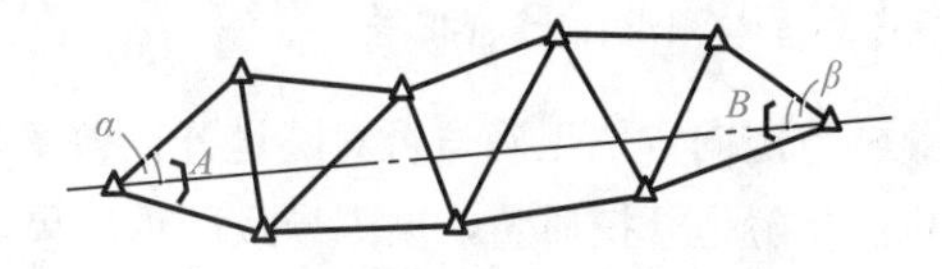

图 16-48　三角形网测量法

1）埋设稳固可靠洞口控制点。隧道洞口控制点又称洞口转点、近井点，是决定隧道走向，并与路线衔接的关键控制点。一般洞口控制点设在洞口的中线上。洞口开挖前，洞口控制点设在洞口中线的填挖分界线处；开挖完毕，在洞口的进口处引测埋设洞口控制点。除设立近井点外，还应在距洞口 200m 处设立中线控制点。隧道群（连续穿通多条山岭的隧道）各洞口进、出口中线处应设立洞口控制点。洞口控制点应埋设有金属柱芯的混凝土柱石或在中线的基岩隐埋金属柱芯。

2）洞口控制点应直接与控制网相连接，或应与原控制网多方向交会，与控制网连接起来。

3）洞外控制网形初定后应有必要优化，保证网形满足隧道贯通的精度要求。导线点应靠近隧道贯通中线布设，导线网形环数取 3～4 为宜（图 16-47）；三角测量控制点布设成连续三角锁网形，三角形个数取 6～7 为宜（图 16-48）。

4）洞外控制测量采用精密可靠的测量技术手段，并采用严密平差方法计算点的坐标及精度（包括横向精度），以减少计算误差的影响。

16.4.3 隧道定向定位的测量检核

隧道施工放样中的进洞定向定位测量工作可以为隧道洞口开挖、巷道开挖提供准确方向及掘进长度。如图 16-46 所示，利用 AC 方向可以在点 A 确定洞口开挖位置。又如图 16-47 和图 16-48 所示，利用测量计算得到的角 α 、角 β ，可采用方向放样法确定洞口及巷道的开挖方向。

隧道定向定位测量是保证隧道按设计施工且准确贯通的重要技术工作。为了保证隧道定向定位测设的准确性和可靠性，必须强调“检核”的原则，为此应采取以下措施。

1．详细阅读设计图纸

测量前必须详细阅读设计图纸，检查验算各种与定向定位有密切关系的数据。

2．深入与熟悉现场

深入与熟悉现场，检查定向定位的点和线的可靠性，复查测设数据与点位对应关系的准确性。如图 16-49 所示，在洞口控制点 A 设置全站仪，那么 AM、AN、AO 三个方向都可作为洞口 B 定向定位起始方向。起始方向不同，确定 AB 方向的角度也不相同。又如图 16-50 所示，横洞是增加隧道 AB 开挖工作面的辅助坑道，为获得横洞中隧道开挖点 F，在洞口控制点 C 及洞内点 E 分别按角度 α 、 β 和边长 s_1 、 s_2 确定直线 AB 上的点 F。

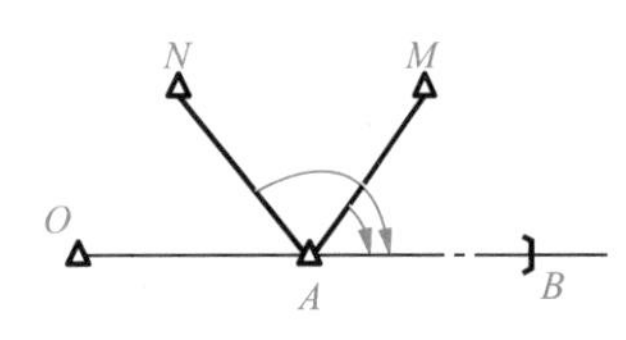

图 16-49　检查定向定位

隧道定向定位不能混淆起始方向与角度、距离的一一对应关系，否则必然定向错误。

3．精心测设，严密把关

隧道定向定位正确与否对隧道开挖效率与安全性有极大影响，如果数据有误，测设过失，轻则影响隧道开挖质量，重则导致严重后果。如图 16-51（a）所示，A、B 两个工作面的开挖结果造成隧道中线不一致。如图 16-51（b）所示，A、B 两个工作面不贯通，即所谓的“穿袖子”。如图 16-51（c）所示，位置估计错误，把贯通点位当作一般位置进行爆破作业，导致工作面 A 出现安全事故。

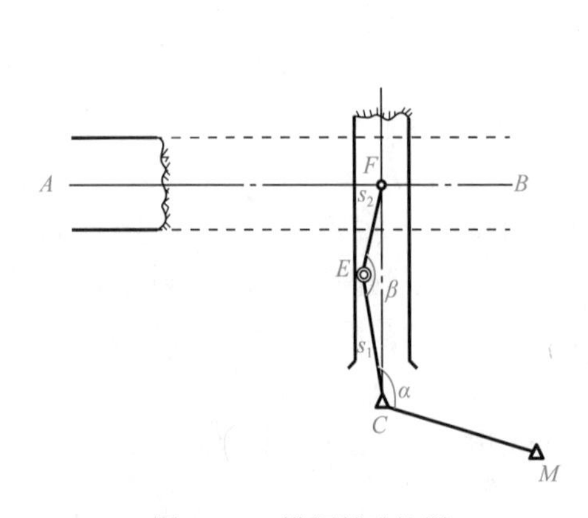

图 16-50　横洞辅助坑道

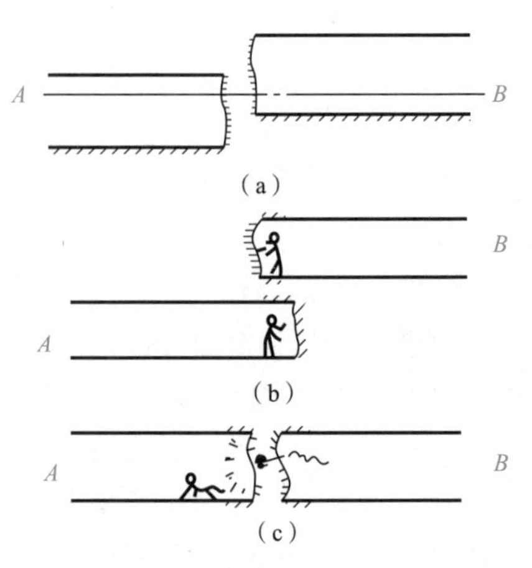

图 16-51　定向定位与开挖安全

16.4.4　隧道开挖的定向定位基本方法

1. 经纬仪（全站仪）法

经纬仪（全站仪）法实质是以极坐标法原理测设隧道中线点的方法。随着隧道的不断开挖与延伸，利用经纬仪（全站仪）拨角在隧道测设中线点位，不断地指示隧道开挖的方向和位置。

隧道中线点包括顶板中线点和地面中线点（图 16-52）。顶板中线点的设立方法：将木桩打入预先在顶板测设并钻好的洞内，顶板中线点就用小铁钉设在木桩上，钉上挂有垂线。隧道地面中线点应埋设在地面 10cm 以下。一般隧道内每隔 5m 左右设立一组中线点。

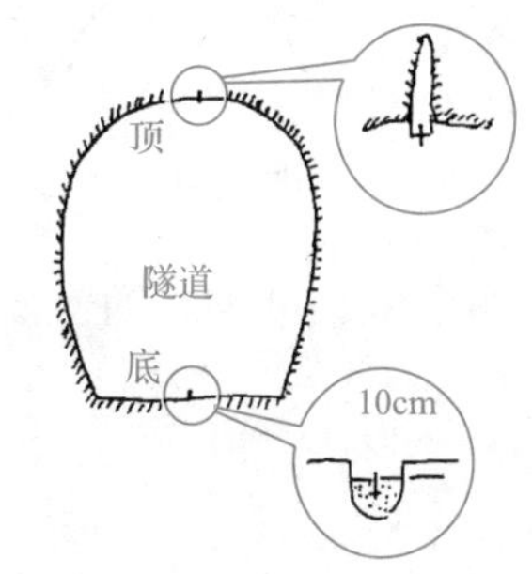

图 16-52　顶板中线点和地面中线点

为避免对隧道掘进工作及交通运输的影响，中线点可设在隧道中线的一侧形成边线，如图 16-53 所示。边线平行于隧道中线，用以代替中线指示隧道的开挖方向。

2. 目测法

如图 16-54 所示，点 A、点 B、点 C 是测量人员利用经纬仪法在隧道顶板设立的一组中线点，各点位的垂线分别挂有垂球，根据三点成线互检原理，工作人员站在巷道点 M 处目测三垂线可确定灯位点 P 方向，测量 MP 的长度，从而可确定点 P 处开挖位置和进尺长度。

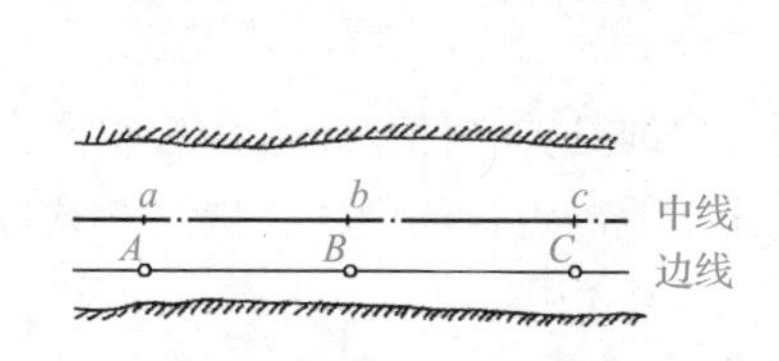

图 16-53　边线平行于隧道中线

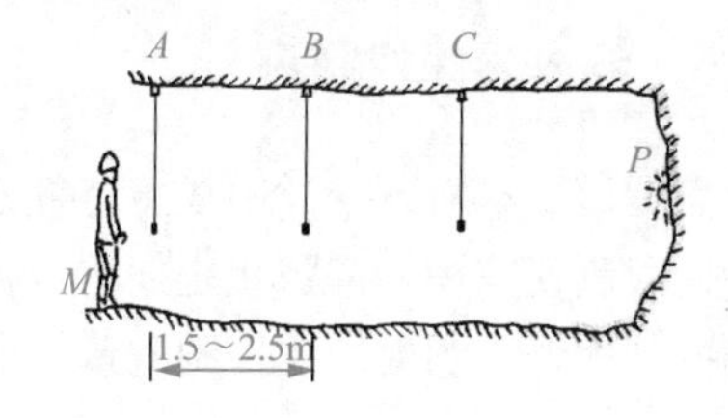

图 16-54　目测法

3. 全站测量法

一般的定向定位方法有全站坐标法、极坐标法、激光准直法等，定向定位应注意避免瞄准误差的影响。在隧道盾构开挖过程中多采用全站自动测量技术。

4. 曲线隧道的定向定位

曲线隧道的定向定位一般采用弦线法。如图 16-55 所示，AB 是一段圆曲线，半径为 R，转角为 α。现以 AP_1 为例说明曲线隧道的测设方法。

1）确定 AP_1 的方向 β_A。

根据隧道的净宽 D 求取 AP_1 的弦线长度 l（图 16-56），即

$$l = 2\sqrt{R^2 - (R - S)^2} \tag{16-19}$$

式中，S 是弓弦高。

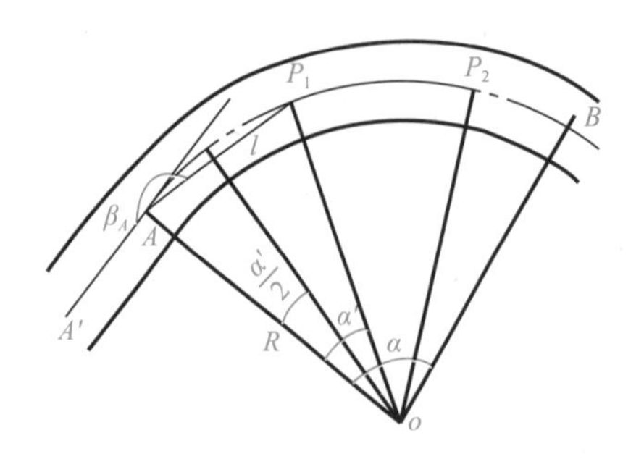

图 16-55 弦线法

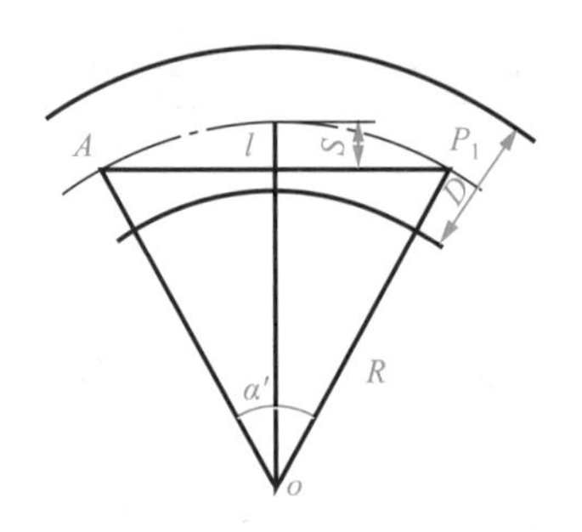

图 16-56 弦线不受隧道内侧影响

由图 16-56 可见，为使弦线 l 不受隧道内侧的影响，必须使 $S<\dfrac{D}{2}$。

求 $\dfrac{\alpha'}{2}$ 和 β_A，即

$$\frac{\alpha'}{2}=\arcsin\left(\frac{l}{2R}\right),\quad \beta_A=180^\circ+\frac{\alpha'}{2} \tag{16-20}$$

式中，α' 是弦线 l 所对应的圆心角。

2）测设。在点 A 安置经纬仪瞄准点 A'，拨角 β_A 给出隧道开挖方向线 AP_1，随时测量开挖隧道长度，直至开挖长度为 l，在隧道设立中线点 P_1。

3）根据点 P_1 测设方法，依次测设 P_1P_2、P_2P_3 等，逐步为隧道开挖定向定位，指示开挖过程。

曲线隧道开挖定向方法有多种弦线法，读者可参考其他隧道测量书籍。

16.4.5 洞内导线控制测量

随着隧道的不断开挖，中线将持续延伸。没有控制的中线延伸必然使角度和边长产生误差积累。为限制误差积累，防止定向定位偏差，避免隧道开挖偏离设计的中线方向，必须进行洞内导线控制测量。洞内导线控制测量一般按图 16-57 所示的形式进行。

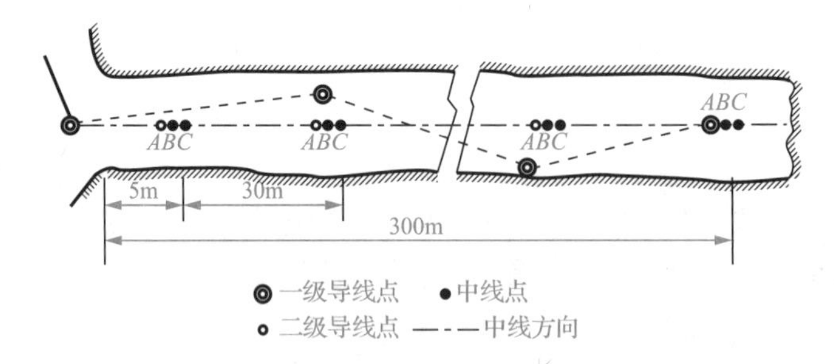

图 16-57 洞内导线控制测量

隧道开挖超过 30m 时应设二级导线点，进行二级导线测量（图 16-57 中的中线点是二级导线点），同时以二级导线测量成果检查原有中线点，指示隧道为隧道开挖建立高级平面控制。一级导线点、二级导线点与一般中线点可以共点。若点是一级导线点，则必须加固且便于保存。

上述测量过程是定向与控制交替结合的过程，控制为定向提供可靠基础，定向开挖为控制的建立提供场地条件。为了提高测量可靠性，导线布设可采取主副导线的布设形式。如图 16-58 所示，图中双圆圈是主导线点，双线是主导线边，单圆圈是副导线点，单线是副导线边。主导

线测角、测边，副导线测角不一定测边。

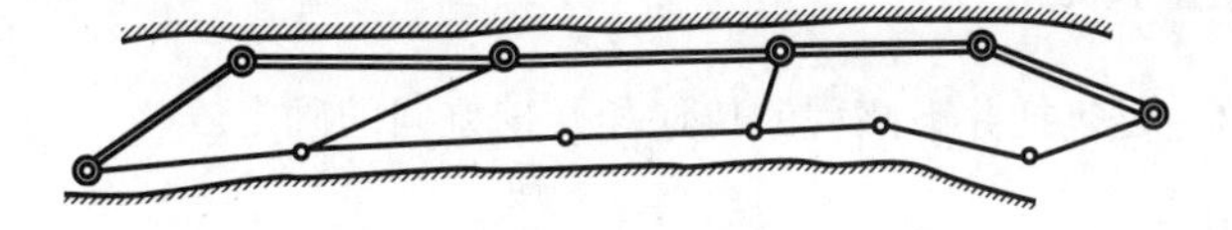

图 16-58　主副导线的布设形式

16.4.6　隧道高程测量

1. 洞外高程控制测量

洞外高程控制测量属于常规高程控制测量。利用水准测量法，当隧道洞口之间的距离比较小时，可按五级水准测量要求施测；当水准路线长度大于 10km 时，应按四等或四等以上水准测量要求施测。不论哪一等级水准测量，隧道洞口均应埋设两个水准点，以备测量过程中的互检。

2. 洞内高程传递的特点

采用水准测量法的洞内高程传递具有以下特点。

1）隧道中线点有顶板中线点和地面中线点之分，立尺形式有正立和倒立之分。如图 16-59 所示，1 测站后视尺倒立在后中线点，前视尺正立在前中线点。

2）立尺的形式不同，便有四种高差的计算公式，即图 16-59 中四个测站高差计算公式分别为

$$h_1=-(a_1+b_1)\text{，}\ h_2=a_2-b_2\text{，}\ h_3=a_3+b_3\text{，}\ h_4=-(a_3-b_3) \qquad (16\text{-}21)$$

式（16-21）表明：正立标尺，标尺读数取正数；倒立标尺，标尺读数取负数。应用数字水准仪进行洞内水准测量遇到倒立标尺时，应了解图 4-37 中“标尺倒置”的意义。

3）测量腰线表示隧道坡度。在隧道开挖过程中，一方面测设洞内中线点高程位置，另一方面按 5～10m 间隔在隧道壁上测设用于表示坡度的高程点。如图 16-60 所示，这些高程点设在距隧道地面 1.3m 左右的隧道壁上，其连线是表示隧道坡度的腰线。

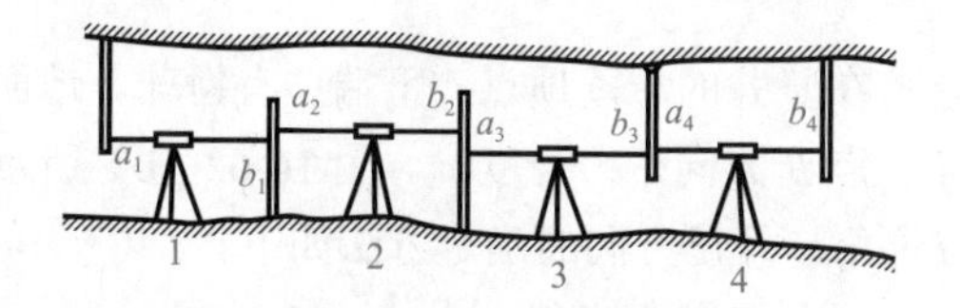

图 16-59　洞内高程传递的特点

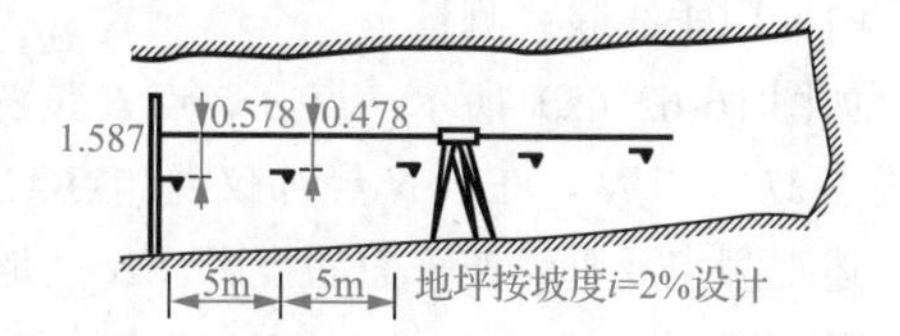

图 16-60　测量腰线表示隧道的坡度

3. 洞内高程控制测量

开挖隧道为高程控制的建立提供了条件。洞内高程控制测量可按一、二级水准测量的要求进行。在隧道开挖至 30～80m 时，应设立二级水准点，进行二级水准测量，检测中线点的高程，精确测定水准点的高程。在隧道开挖超过 300m 时，应设立一级水准点，进行一级水准测量，检测中线点及二级水准点的高程，精确测定一级水准点高程，为后续二级水准测量及隧道开挖提供起算高程。若一级水准测量采取四等水准测量技术标准，则二级水准测量采取五等水准测量技术标准。

16.4.7 竖井的测量传递

竖井的测量传递主要包括井下高程的传递和开挖方向的确定。

1. 井下高程的传递

图16-61表示从地面已知高程点A通过竖井向隧道平巷未知高程点B传递高程的测量过程。这种测量过程与图13-16的测高原理相仿，只需测定点a_1、点b_1、点a_2、点b_2，就可以按式（13-9）求得高差h_{AB}，实现竖井的高程传递。

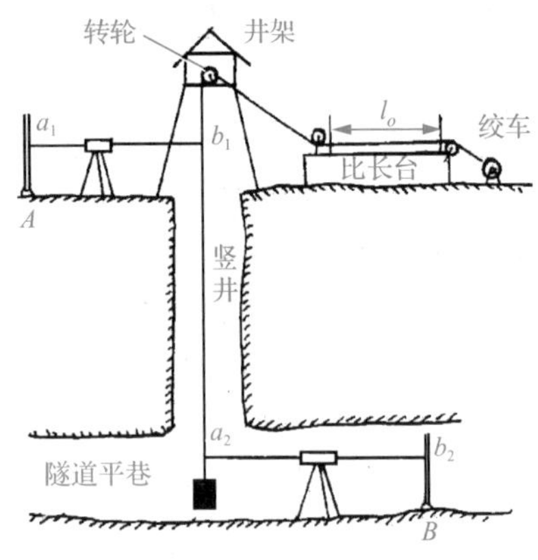

图16-61 井下高程的传递

高程传递采用钢丝法或钢尺法测定点b_1至点a_2的长度。钢丝法如图16-61，钢丝通过绞车、比长台、转轮悬挂在竖井中，下端挂有垂球（10kg以上）。比长台上摆有精密测量长度为l_o的钢尺。测定步骤如下。

1）水准仪分别在地面、竖井瞄准b_1、a_2处设置标志，称b_1a_2为标志段。

2）测定标志段长度。绞车上拉钢丝，使钢丝上的b_1、a_2标志通过比长台，由比长台以钢尺（附录F）测定标志段b_1a_2长度。标志段b_1a_2的长度$l = nl_o + q$，其中l_o是整钢尺长度，q是不足整钢尺的长度。

3）钢丝标志段b_1a_2的长度为l，应进行钢尺的尺长改正、温度改正和钢丝的温度改正（附录F）。其中钢丝的温度改正采用钢尺膨胀系数温度改正的方法实现。温度t是竖井上、下方测得的温度的平均温度。

钢尺法即用钢尺代替钢丝，测定钢尺b_1a_2长度时应考虑b_1a_2的钢尺改正。

2. 开挖方向的确定

开挖方向的确定，即竖井平面联系测量，为竖井的隧道中线提供准确方向。

（1）用垂线联系测量

如图16-62（a）所示，点A、点B是两条钢丝挂在竖井的悬垂顶点，下端挂有锤球。地面上设点M、点N，在点N经纬仪观测点M、点A、点B方向，得角度φ。图16-62（b）所示为上述观测点及垂线在平面的投影，α_{MN}是已知方位角。开挖方向的确定方法如下。

1）在竖井的地面测量△ABN的边长a、b、c，并解三角形求得γ、α、β。

2）根据α_{MN}、角度φ及γ、α、β推算α_{AB}，即

$$\alpha_{AB} = \alpha_{MN} + 360^\circ + \varphi + \beta + \gamma \tag{16-22}$$

3）竖井下方设点P，测量△ABP边长a'、b'、c'，解三角形求得γ'、α'、β'。

4）确定PQ的开挖方向角φ'。开挖方向PQ的设计方位角为α_{PQ}，α_{AB}、γ'、α'、β'已推算得到，根据方位角计算方法，可得

$$\alpha_{PQ} = \alpha_{AB} + 180^\circ + \beta' + \gamma' + \varphi' \tag{16-23}$$

故PQ的开挖方向角φ'可表示为

$$\varphi' = \alpha_{PQ} - \alpha_{AB} - 180^\circ - \beta' - \gamma' \tag{16-24}$$

5）竖井下方点P处设经纬仪，以PB为起始方向，测设角度φ'，得PQ的开挖方向。

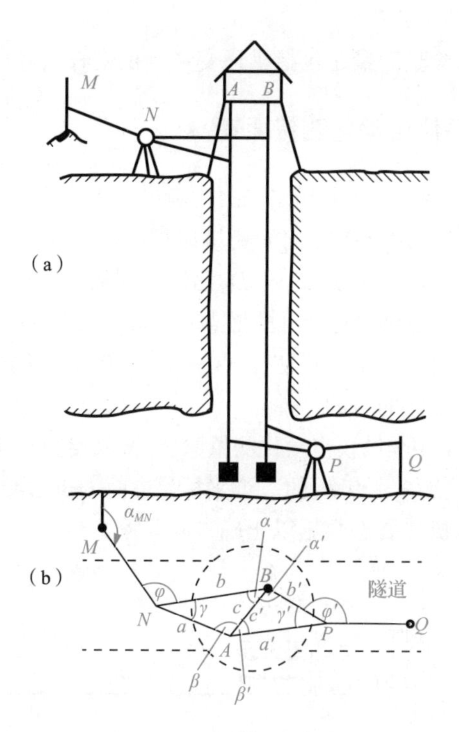

图 16-62　开挖方向的确定

上述测量与计算过程可以将竖井隧道的开挖方位角及点的坐标与地面点联系起来，为竖井开挖定向定位提供可靠数据。

（2）陀螺全站仪（经纬仪）竖井定向

单元 5 已经说明，利用陀螺全站仪可以直接测定地面点某一方向的真方位角 A，同时根据该点坐标可以计算子午线收敛角 γ，按式（5-20）可计算该方向的坐标方位角 α 。如图 16-62 所示，在点 P 安置陀螺全站仪可测定 PQ 坐标方位角 α_{PQ}，以方便对隧道中线精确定向。

16.4.8　隧道开挖过程的检验测量

隧道开挖过程中必须设置多项检验测量技术工作。如图 16-63（a）所示，地下隧道开挖的拱壁、拱顶、底板混凝土施工应及时进行竣工检验测量，在洞内地面点安置经纬仪或全站仪，按图中箭头方向测量边长 s_i 和垂直角 α_i，利用测得的边长 s_i 和垂直角 α_i 展绘成图，如图 16-63（b）所示，称为竣工检验图。竣工检验图主要用于检验隧道工程建设过程中的质量，以便及时纠正不合格施工。

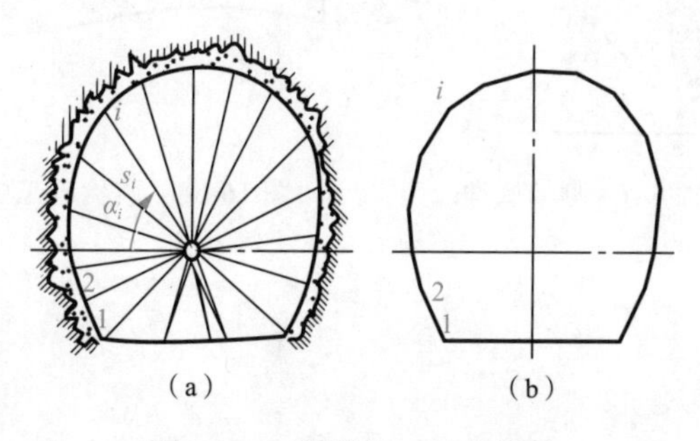

图 16-63　隧道施工检验测量

此外，隧道开挖过程的检验测量还包括拱顶变形、拱壁收敛等，可参考其他相关书籍。

16.4.9 盾构施工中全站仪自动化测量原理

地铁盾构施工如图16-64所示，其中开挖方向的确定是地铁盾构自动化施工的关键。图16-65所示为盾构机中心轴 O_1O_2（隧道开挖方向）测量原理图。在图16-65中，设盾构机上点 P_1、点 P_2、点 P_3 的三维坐标可测知，D_1, D_2, …, D_6 已知，则按空间后方交会原理便可推算出盾尾中心点 O_1 和切盘中心点 O_2 的三维坐标。再根据点 O_1、O_2 的三维坐标计算出盾构机切盘中心的水平偏航、垂直偏航。由此可见，根据点 P_1、点 P_2、点 P_3 的三维坐标可计算出盾构机的扭转角度，从而达到检测盾构机姿态的目的。

图16-66所示为盾构施工中全站仪自动化测量原理。高精度自动全站仪安置在隧道控制点 N，自动连续测量盾构机点 P_1、点 P_2、点 P_3 的三维坐标，进而为点 O_1、点 O_2 三维坐标的解算提供盾构机姿态数据，保证盾构机按姿态数据以正确方向开挖。

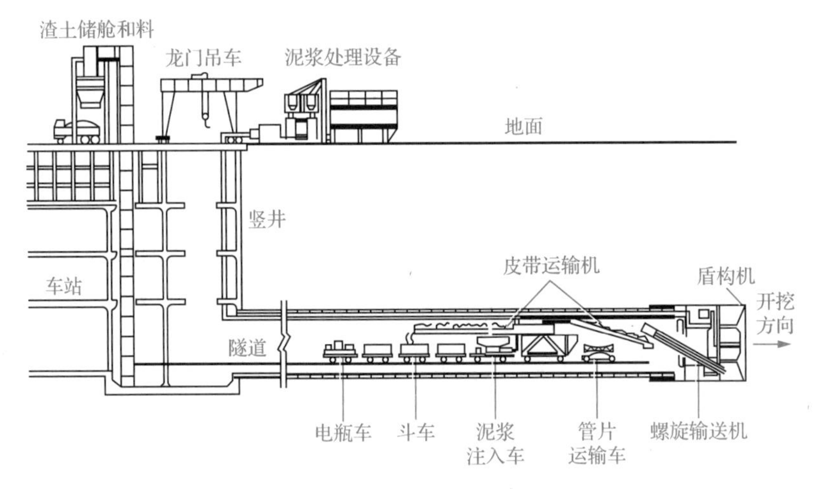

图16-64 地铁盾构施工

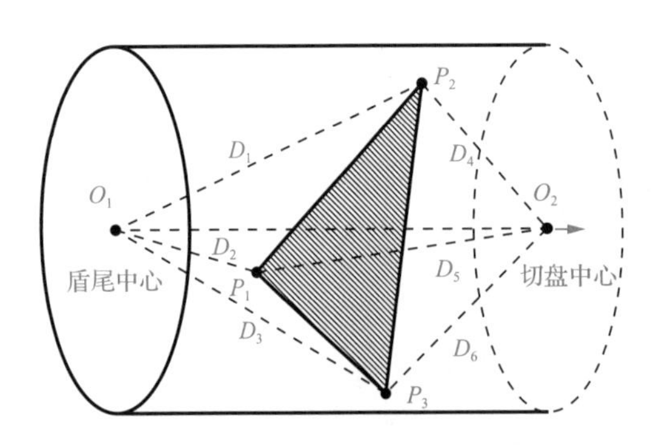

图16-65 盾构机中心轴 O_1O_2 测量原理

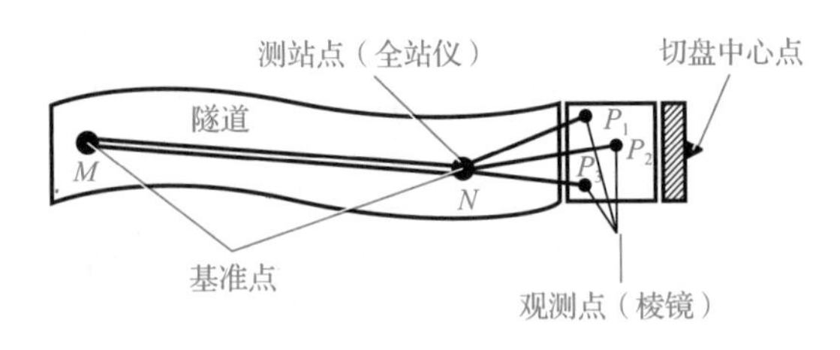

图16-66 盾构施工中全站仪自动化测量原理

习题 16

1．什么是边坡率？什么是超高？

2．路线边界点坐标参数及路基设计横断面面积测算应有________。

A．对称和不对称两种测算类型

B．对称填挖测算和不对称填挖测算两种类型

C．对称填、对称挖、不对称填、不对称挖、不对称填挖五种类型

3．如图 16-6 所示，$A_1 = 57.3\text{m}^2$，$A_2 = 35.3\text{m}^2$，$D = 10\text{m}$。按式（16-12）和式（16-13）计算土石方量。

4．公路界桩测设的基本要求可概括为________。

A．先红线界桩，后工程界桩；按用途设标志；伴随公路施工过程；注意桩的保护恢复

B．先办征地手续，后测设界桩；埋设稳固、长期保存；一桩多次测设；注意桩的核查恢复

C．办征地手续；按用途设立标志；伴随公路施工过程；注意桩的保护恢复

5．桥梁工程测量有哪些技术工作内容？

6．桥梁控制网有哪些基本图形？在观测中应注意哪些技术问题？

7．参考公路纵断面图的绘制方法，试述桥梁轴线纵断面图的绘制方法。

8．桥址工程测量的基本内容是________。

A．控制测量、地形测量、断面测量

B．控制测量、地形测量、断面测量、施工测量及变形测量

C．控制测量、地形测量、断面测量、施工测量

9．河床地形测量方法中，河床深度测量采用________得到。

A．回声探测法　　B．三角高程测量技术　　C．水准测量法

10．龙门板的设置是为了恢复__（1）__，龙门板横板上沿高程应与__（2）__一致。

（1）A．建筑物控制桩的位置　　（2）A．建筑物基坑高度

B．建筑物轴线位置　　B．建筑物所在地面高程

C．建筑物墙体基槽宽度　　C．建筑物±0 线

11．视准轴法标定空间直线位置的前提是________。

A．仪器视准轴的倾角与空间直线的坡度一致

B．在地面确定空间直线端点的位置

C．测定空间直线位置的标志与仪器同高

12．轴线定位基本要求是________。

A．增设控制桩，轴线定位领先，按建筑要求进行，加强检测验算

B．利用控制桩恢复轴线中心，轴线测设开始于基础施工，保证点位符合要求

C．保证施工需要，加强施工与测设的关系，注意测设参数的正确性

13．隧道测量主要有哪些技术工作内容？

14．隧道洞内高程测量有哪些特点？

15．试述竖井测量中以钢尺进行高程传递的方法。

16．如图 16-62 所示，在点 P 陀螺全站仪测定真方位角 $A_{PQ}=72°38'25''$，根据点 P 的坐标求得子午线收敛角 $\gamma=1°30'31''$。试计算 PQ 方向的坐标方位角 α_{PQ}。

17．隧道定向定位的测量检核应________。

A．详细阅读设计图纸，检查验算各种与定向定位有密切关系的数据

B．深入熟悉现场，检查定向定位点线可靠性，复查数据及数据与点位关系的准确性

C．精心测设，严密把关，严防过失

18．水准测量法测量隧道坡度线，已知隧道坡度 $i=0.005$，一测站视距长度 $S=30\text{m}$，后视读数 $a=1.738\text{m}$。设直线向上平移 $q=1.2\text{m}$，则隧道一测站腰线标示的前视读数 b_k 为________m。

A．0.388　　B．1.588　　C．0.788

19．隧道洞口应埋设________水准点，以备测量过程中的互检。

A．三个　　B．一个　　C．两个

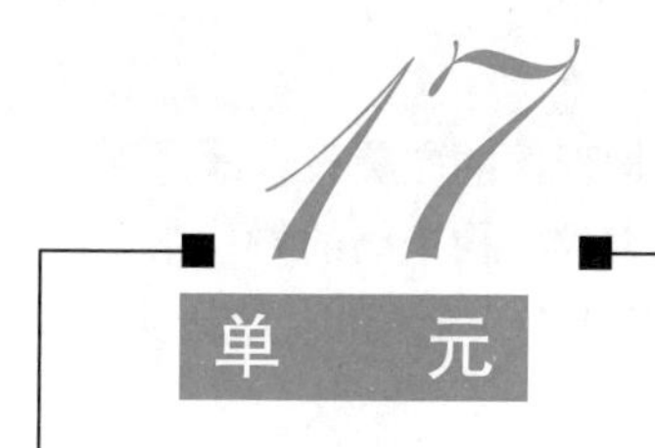

17 单元 变形监测与仪器检验

学习目标

明确工程变形监测在实际生活与工程中的安全保障地位和工程变形监测基本方法，熟悉一般测量仪器检验的基本要求和方法。

17.1 工程变形监测

17.1.1 概述

1. 变形的概念

变形指的是空间物体（如工程建筑物或构筑物）没有维持应有的形状、位置或大小，或是现状产生变化。例如，房屋建筑物、桥墩桥梁下沉、倾斜，墙体开裂，基坑边坡不稳，地表下沉或移动等都属于变形。如果变形得到有效控制，那么这种变形属于安全变形。如果变形超出容许限度且得不到有效控制，那么这种变形属于不安全变形。不安全变形继续发展，轻则影响工程质量，重则造成事故，如地表或山体滑坡、地表下沉、房屋倒塌、桥梁断裂、路堤路堑护坝垮塌等。由不安全变形所引起的事故，甚至会发展成连续性事故，这会对人民的生命财产造成巨大损失。

2. 引起变形的可能因素

引起变形的因素往往是多方面的，根据以往工程建筑物或构筑物等工程变形的情况，引起变形的可能因素有以下几种。

（1）地质条件探查不清或基础发生变化

建筑物地基及其深层能否承受建筑物的巨大压力与其地质条件有着密切的关系。若地质条件探查不清或探查数据有误，则建筑物基础设计与施工会不牢靠。若无限开挖、堆积、震动引起周围地质应力变化、地表变形，则会触动有关建筑基础。基础不牢、地动山摇是引发建筑变形的重要因素。

（2）设计有误

根据建筑物高度静力结构体系，设计师所追求的建筑物整体结构形体的完美设计既是现代建筑美学的特征表现，又是建筑物适应现代社会应用所必需的内部力学结构平衡的最佳结果。不遵守建筑物内部力学结构平衡的整体结构设计的基本要求，必然导致不安全变形。脱离实际、盲目套用图纸、荷载估错等都有可能成为建筑不安全变形的因素。

（3）施工不合理或施工质量不符合要求

地基基础处理不合理，投放的构件、材料质量不符合要求，施工工艺粗糙，测设定位有误，等等，都可能引起变形。施工不当或偷工减料轻则造成建筑物变形开裂，重则造成建筑事故。

（4）营运过程超出设计的规定或环境发生变化等

建筑物或构筑物在投入使用过程中，没有考虑原有的使用要求，盲目应用超动荷载体或超荷动力产生违规振动、冲击，造成建筑物内部力学结构平衡发生变化。不重视营运过程中的变形监测，对不安全变形任其扩展，必将导致安全事故。

（5）自然因素

地表往往不是固定不变的形态，江河水流冲刷、海浪侵袭等皆会引发地表变形，造成事故。

3. 工程变形监测

在工程建设与营运过程中，不论是地基地质条件探查单位、工程设计单位，还是施工承包商及相关建设管理部门，都有经营工程项目的可行能力。但是，工程建造过程或营运过程中的变形，是多种因素的综合影响的结果，建筑变形常常是工程建筑物、构筑物的实际综合质量的反映。特别是工程不安全变形的发展造成的损失已屡见不鲜。由此，人们开始寻求监测建筑物、构筑物的实际综合质量和地表变化的技术手段和措施。

测量定位技术历来是监测工程建设与营运过程中的重要技术，在监察工程安全中称为变形测量（或称变形监测），在国民经济建设中通常是工程安全体系的组成部分，用于及时评定工程综合质量情况，及时发现变形现象及变形趋势，属于防危防灾的有力技术手段，是监察工程安全的重要措施。

变形测量，即对工程有关固定点位或地表变化点位定期进行重复性观测，从中找出各重复性观测的点的参数（x、y、h）及其差异（Δx、Δy、Δh）。利用点的参数差异（Δx、Δy、Δh）分析判断工程的质量、变形的程度及地表变形的趋势。工程有关固定点位变形及地表变形超出容许范围时，必须报警，以便及时采取救护措施，防止不安全变形的发展，纠正变形现象，避免事故或灾害的出现。

现代测量技术具有实时性、真实性、严密性、准确性，具有实现测量定位技术自身可靠性必备的一系列法规保障。不论是评估工程建筑物、构筑物实际综合质量结果，还是监测建筑物、构筑物及地表变形隐患，现代测量技术都是防范、排除事故的重要安全保障。

4. 工程变形测量的基本要求

1）工程的变形测量是一种精密工程测量技术，工程变形测量必须使用精密仪器设备，如精密水准仪、精密全站仪、精密经纬仪，或者采用精密 GNSS 技术等。

2）变形测量必须根据可能变形地段和项目要求进行精密控制测量，建立稳定可靠的控制网点，为变形观测提供基准设施。重要控制网点应设立稳定的变形观测墩台，加强变形观测墩台的管理和保护。

3）变形测量将伴随建筑物、构筑物的建设、营运的全过程，应选择可行的测量技术方法。变形测量过程必须根据工程进度和环境采取正确措施，避免各种不利因素的影响，保证测量结果的精密性、可靠性。

4）工程变形测量属于工程建设项目的一个重要环节，尤其是对重要建筑物、构筑物及其地段区域的变形测量，如大桥、隧道、道路边坡、大坝、高楼、基坑、河堤、河岸等关乎社会安全的重要设施的变形测量，应根据相关要求专门组织实施。

17.1.2　变形测量的一般工作类型

根据工程建筑物、构筑物变形性质，变形测量的工作类型有沉陷观测、倾斜观测、挠度观测、位移观测、裂缝观测等。

1. 沉陷观测及其技术要点

沉陷指的是建筑物、构筑物或地表面下沉、下滑。沉陷观测，即利用精密测量技术对设立的可能变形点位实施定期重复测量，观测其下沉、下滑的程度。沉陷观测技术要点如下。

1）埋设观测标志。观测标志的埋设应根据建筑的实际要求确定。例如，基坑变形观测点应设置在要求的基坑边沿，并且观测点间隔应不大于 20m；工业厂房、高层建筑物的沉陷观测标志应设置在基础桩柱周围，并且应每隔 10～20m 设立一个变形观测点。对于桥墩沉陷观测，在桥墩台基础施工基本完成时，应在桥墩台四周埋设 2～4 个高程观测标志，如图 17-1 所示。点位埋设方式如图 4-13（c）所示。隧道的沉陷观测标志应设在隧道洞内壁、顶或洞外的隧道中线附近地面，一般按断面 10～50m 间隔设点。总之，应根据不同工程要求埋设观测标志。

2）观测点位的高程。在点位埋设稳定之后，便可进行第一次观测，以后各次观测视工程量大小进行。一般来说，大桥桥墩升高 3～5m 就可观测一次。完成施工的沉陷观测，随即进行营运期的沉陷观测。开始于营运期的沉陷观测于施工完成一年内每月进行一次，以后每年进行一次，持续 1～3 年，对于重要的特大桥，还要延长观测年限。对于重要建筑物、构筑物，应有一定的年段变形检测。

3）整理成果表（表 17-1）和展绘变形过程图。如图 17-2 所示，图的上半部分表示时间与加荷的关系曲线，下半部分表示时间与变形的关系曲线。桥墩沉陷变形过程图显示了变形与桥墩升高加荷的关系，同时显示了不同时期桥墩的变形情况。

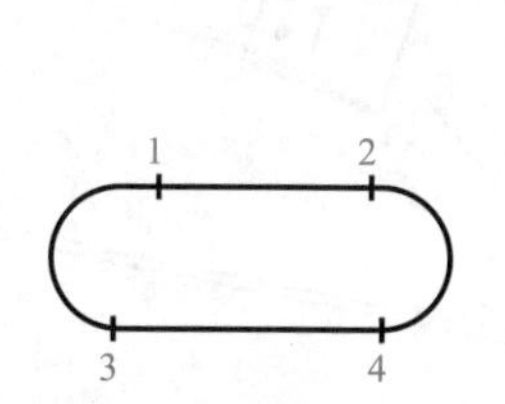

图 17-1　桥墩台埋设标志

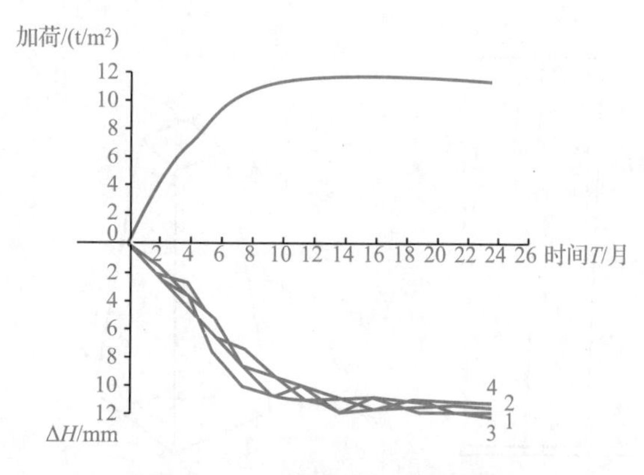

图 17-2　桥墩沉陷变形过程图

表 17-1　沉陷观测成果表

次序	日期	点 1		点 2		点 3		点 4	
		高程/m	下沉量/mm	高程/m	下沉量/mm	高程/m	下沉量/mm	高程/m	下沉量/mm
1		35.128	0	35.116	0	35.124	0	35.129	0
2		35.126	−2	35.115	−1	35.122	−2	35.127	−2
3		35.123	−3	35.113	−2	35.119	−3	35.125	−2
4		35.121	−2	35.110	−3	35.117	−2	35.122	−3
…		…	…	…	…	…	…	…	…

4）沉陷观测的终止。一般来说，若可从沉陷观测成果表和变形过程图中观察到变形量小于规定的量值，则认为构筑物比较稳定，可以终止沉陷观测。

沉陷观测中若涉及建筑物或地面下滑观测，则应在高程测量中附加点的坐标测量，记录下滑的方向和大小。如图 17-3 所示，可采用全站测量监测边坡点的三维坐标，用以监测公路边坡的稳定性。

图 17-3　公路边坡

2. 倾斜观测及其技术要点

倾斜观测用于检查构筑物倾斜变形。如图 17-4 和图 17-5 所示，柱体上、下两个中心点 o_2、o_1 不在同一条垂线上，柱体中心存在偏心距 e，出现倾斜状态。

（1）观测底点标志，求底中心点 o_1 的坐标

在图 17-6 中，设点 A、点 B 为已知点，柱底四个角点 1、2、3、4 为观测点，分别在控制点 A、点 B 设站观测得 α_1、α_2、β_3、β_4。

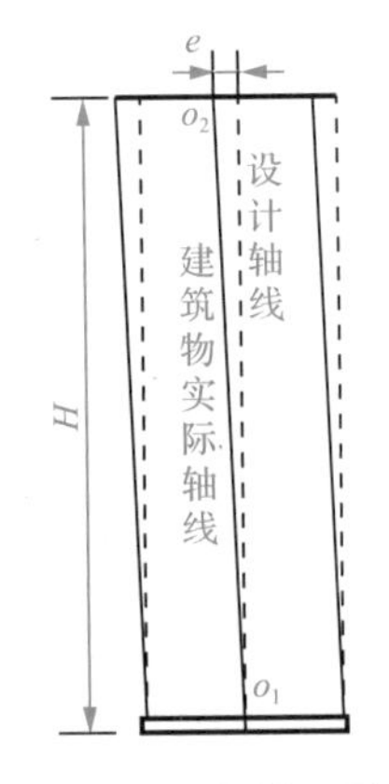

图 17-4　倾斜观测

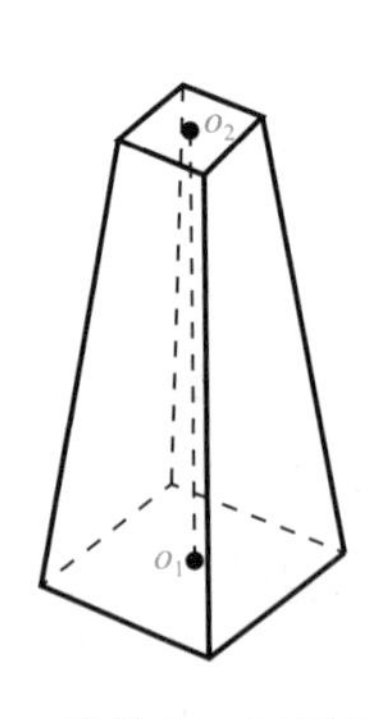

图 17-5　柱体上、下两个中心点

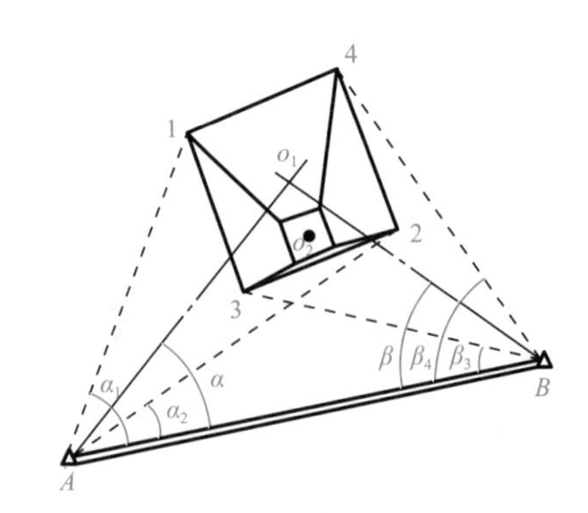

图 17-6　观测底点标志

根据柱体的对称特征，在点 A、点 B 观测点 o_1 的角度分别为

$$\alpha = \frac{\alpha_1 + \alpha_2}{2}, \quad \beta = \frac{\beta_3 + \beta_4}{2} \tag{17-1}$$

根据 α 、 β ，按式（9-38）计算点 o_1 的坐标 (x_1, y_1) 。

（2）观测顶点标志，求顶中心点 o_2 的坐标

根据观测底点标志求底中心点 o_1 的坐标的原理，同样可求得顶中心点 o_2 的坐标 (x_2, y_2) 。

（3）计算倾斜度

计算步骤如下。

1）计算 Δx、Δy，即 $\Delta x = x_1 - x_2$， $\Delta y = y_1 - y_2$ 。

2）计算偏心距 e ，即 $e = \sqrt{\Delta x^2 + \Delta y^2}$ 。

3）计算倾斜度 i ，即 $i = \dfrac{e}{H}$，其中 H 是柱体的高度。

3. 挠度观测及其技术要点

挠度是指桥梁在梁的方向所在竖直面内各不同梁位与高程线的垂距。以图 17-7 为例，挠度观测技术要点如下。

1）沿桥梁 AB 分段，在分段点 A、点 1、点 2、…、点 B 设立高程观测点。

2）测定桥梁端点 A、点 B 的高程 H_A 、 H_B ，计算高差 $h = H_B - H_A$ 。

3）计算分段点 1、点 2、…、点 n 在 AB 高程线上的高程 H_i' ，即

$$H_i' = H_A + \frac{s_i}{s} h \tag{17-2}$$

式中，s 是 AB 的长度； s_i 是分段点 i 到点 A 的长度。

4）测定分段点 1、点 2、点 3、…、点 n 的高程 H_i ，计算各分段点垂距 Δh_i ，即

$$\Delta h_i = H_i' - H_i \tag{17-3}$$

5）展绘挠度观测图，如图 17-8 所示。

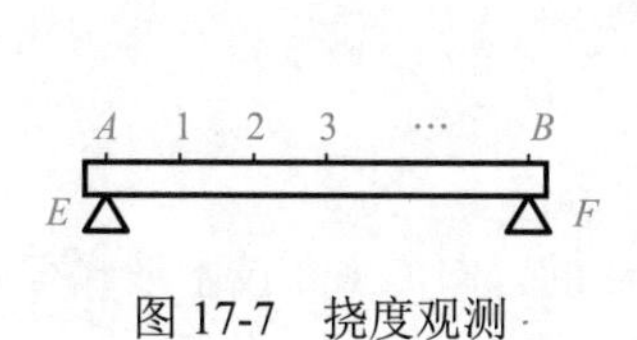

图 17-7　挠度观测

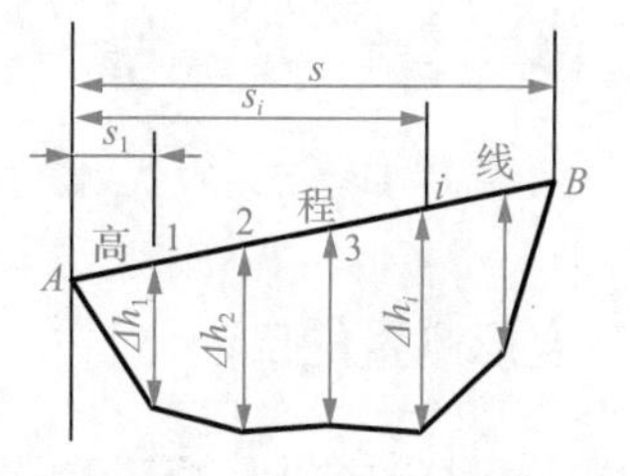

图 17-8　展绘挠度观测图

4. 位移观测

地表（边坡）下滑监测、基坑偏移监测（图 17-9）属于以测量变形点坐标变化监视变形位移的观测技术。图 17-10 所示为基坑周围各柱列点偏移监测过程的某一柱列点的成果图。

图 17-9　全站仪基坑偏移测量

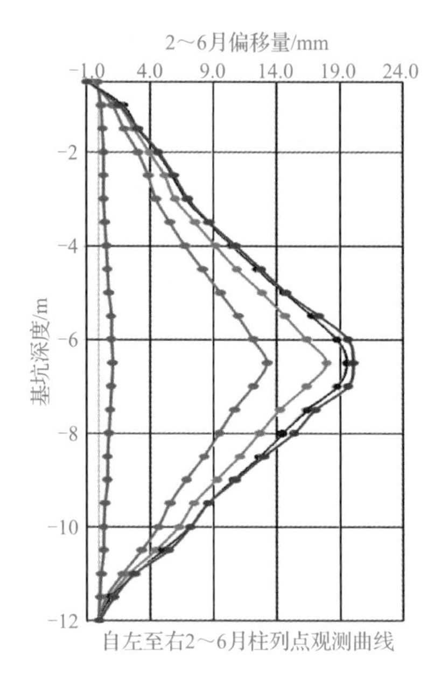

图 17-10　展绘基坑偏移变形过程

隧道检测道壁 *AB*、*CD* 的收敛测量（图 17-11）等也属于位移观测的技术内容。

5. 裂缝观测的技术要点

1）在发生裂缝的两侧设立观测标志，如图 17-12 所示。
2）按时观测标志之间距离 *S* 的变化情况。
3）分析裂缝的宽度变化及变化速度。

图 17-11　隧道收敛测量

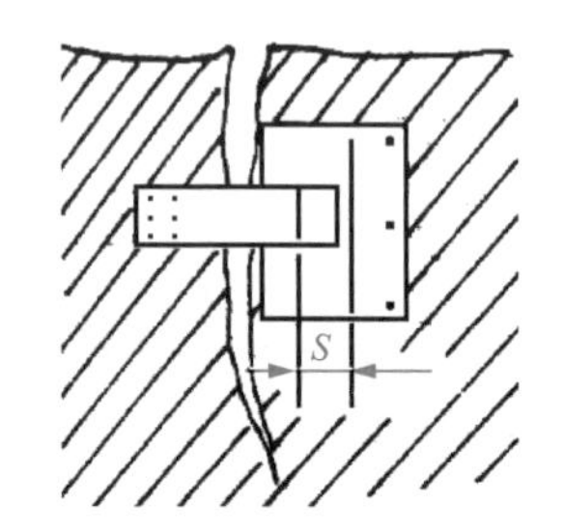

图 17-12　裂缝观测

17.1.3　变形测量的自动化

随着测绘科技的进步，变形测量自动化已成为人们关注的方向，主要技术形式有 GNSS 和 TPS（total positioning system，全站定位系统）两大现代测绘技术的扩展性应用。

1. GNSS 变形测量

由 GNSS 原理可知，利用双频、差分、RTK、网络 RTK 等技术，可大大提高 GNSS 测量点的坐标精度。随着 GNSS 的不断发展和科技研究的深入，GNSS 测量点的坐标精度已可达到亚毫米级（小于 1mm）。GNSS 变形测量自动化的基本思路如下。

1）在建筑物、构筑物设变形点。如图 17-13 所示，水库大坝设立的变形点有点 1、点 2、…、点 n。

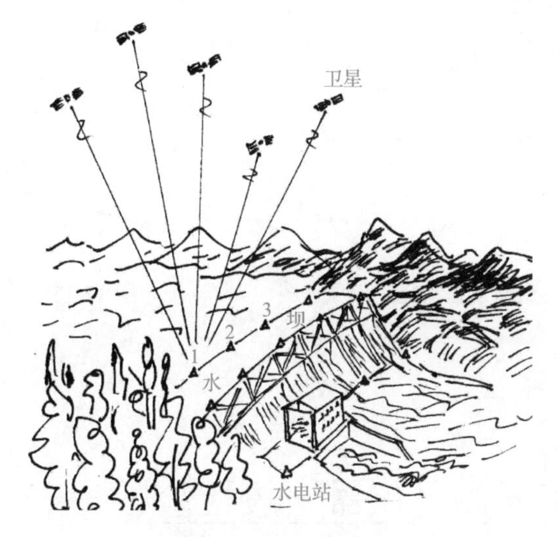

图 17-13　水库大坝设立变形点

2）在变形点安置 GNSS 接收机，条件允许时可在各变形点同时安置 GNSS 接收机。启动 GNSS 接收机接收卫星信号，获取变形点的坐标参数。

3）利用 GNSS 后处理软件对获取的点的坐标参数进行处理，取变形点的最后点位坐标参数。

GNSS 变形测量已经在大江防范洪水灾害和特大桥变形监察等方面发挥了重要作用。

2. TPS 变形测量

TPS 变形测量所采用的仪器设备是精密全站仪及反射器。TPS 变形测量的主要优点：可单机多测点变形测量；可获得三维参数且实时性强；功能多，测量人员劳动强度低。尤其是采用带有自动瞄准与跟踪功能的全站仪时，TPS 变形测量可以实现无人值守和远程控制。

图 17-14 所示为自动全站仪变形测量自动化工作原理图，图中自动全站仪通过接口与计算机相连接，进而与整个网络相连接。全站仪变形测量的智能化、网络化由此形成。变形测量自动化工作原理已经在现代化工程动、静态变形测量中得到成功应用。

全站仪变形自动化测量以可控连续测量特征为基础，可以采用类似前、后方测量的技术方式进行。图 17-14 所示测量技术又称前方测量的技术，即全站仪在基准点上测量变形点 1、点 2、…、点 n，得出变形点的位置。图 17-15 以全站仪自由设站法的技术（后方测量的技术方式），即全站仪在新变形基准点 o 测量原基准点 A 、点 B 、点 C ，测量并得出新变形基准点 o 及观测点 1、点 2、…、点 n 的位置。

3. GNSS 和 TPS 联合变形测量

GNSS 和 TPS 变形测量都需要基准点，GNSS 变形测量基准点是卫星，TPS 变形测量基准点是地面固定点。GNSS 和 TPS 联合变形测量，GNSS 即时测量获得 TPS 地面基准点，TPS 在基准点按前方测量的技术方式进行变形测量。

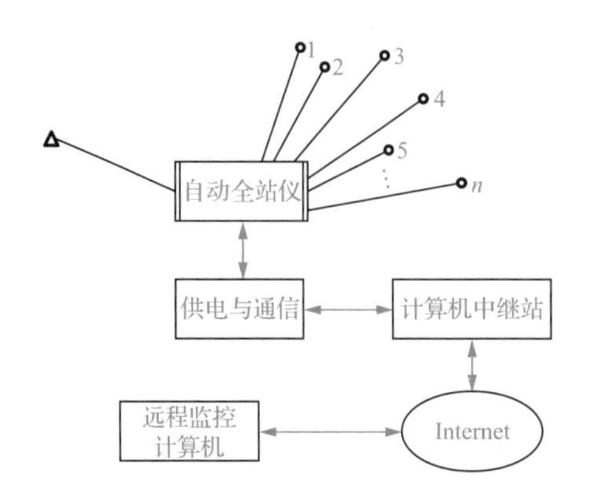

图 17-14　自动全站仪变形测量自动化工作原理图

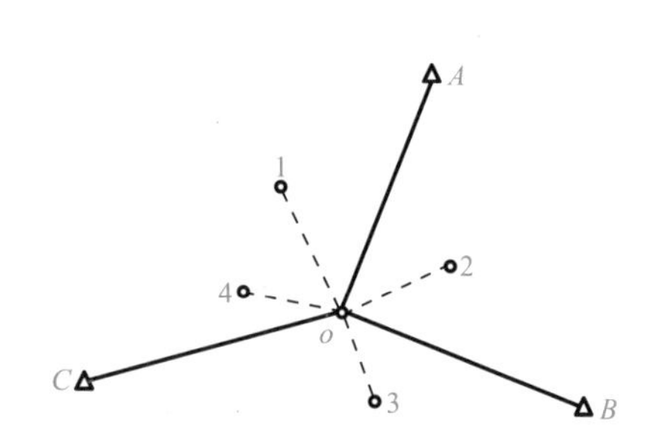

图 17-15　后方测量的技术方式

17.2 工程测量仪器一般检验

17.2.1　概述

测量仪器检验是实行测量检核原则的重要内容，是确认仪器技术性能是否稳定可靠，保证测量技术工作顺利进行的重要步骤。工程测量仪器一般检验基本要求如下。

1）对新购置的测量仪器设备必须进行全面检验，确认新仪器设备的质量完全符合有关标准所规定的技术指标。

2）应用中的测量仪器设备应按照一定的时间段要求，或者按照重要工程的要求进行检验，确认仪器设备的技术性能稳定，符合仪器原有的技术质量指标。

3）经过维修或可能受损的测量仪器应及时进行检验，确认维修后或受损后的技术性能。

当检验测量仪器技术性能不符合要求时，应送有关部门校正处理，不得投入使用。

测量仪器检验工作包括外观检视与技术性能检验。外观检视主要目的是确认操作手感方便，旋钮转动灵活，仪器主配件完整合格等。仪器技术性能检验视仪器的结构不同而异。测量仪器检验有他检和自检两种方式，有条件时可采用自检方式，否则应采用他检方式，即由检验机关或有关单位进行检验。

17.2.2　全站仪（含经纬仪）的轴系检验

1. 管水准器安置正确性的检验

若管水准器安置正确，则管水准轴与全站仪的竖轴互相垂直，可据此对其安置正确性进行检验，具体方法如下。

1）按全站仪安置方法（2.3 节）中的精确整平的前两步使管水准器气泡居中。

2）转动照准部 180° 使管水准轴仍与原来两个脚螺旋的中心连线平行，观察管水准器气泡是否严格居中。如果没有严格居中，设气泡可能偏离中心的距离为l，如图 17-16（a）所示，说明管水准器安置不正确。l超限时应进行校正，校正方法如下。

首先，两手相对转动两个脚螺旋，使管水准气泡向中心移动$\frac{l}{2}$，如图 17-16（b）所示。然后，用校正针插入管水准器的校正孔（图 17-17），扭转校正针带动校正孔升降管水准器的一端，使管水准气泡向中心移动$\frac{l}{2}$，实现管水准气泡的居中，如图 17-16（c）所示。重复上述检验步骤，确认管水准器安置正确。

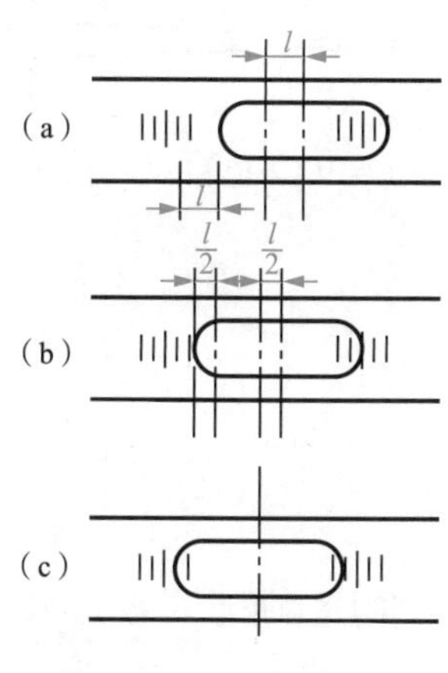

图 17-16　管水准器校正

图 17-17　管水准器的校正孔

2. 十字丝正确位置的检验

十字丝正确位置的检验方法如下。

1）安置全站仪，精确整平，以望远镜十字丝瞄准某一目标点（如图 17-18 中的点A），固定制动旋钮。

2）垂直上下微动望远镜，观察十字丝纵丝与目标点的离合程度。若十字丝纵丝与目标点不分离，则十字丝处于正确位置；否则，说明十字丝纵丝与垂线不平行，应进行校正。

3. c值和i值的检验

c值是式（2-17）中的视准差，i值是式（2-18）中的横轴误差，二者对水平角的影响可通过盘左、盘右观测取平均的方法抵消。在应用上，c值和i值不能太大，可通过检验测定其大小。可通过对现场高点、低点进行测定检验c值和i值，具体方法如下。

1）安置全站仪，确定墙上的高、低点。如图 17-19 所示，仪器距墙 4～8m 即可。高点垂直角与低点垂直角绝对值互差小于 30″。高点、低点构成的水平角为β。

2）按简单方向法观测角β，共观测n测回，计算高点、低点方向的c值，即

$$c_{高}=\frac{1}{2n}\sum_{1}^{n}(L_{高}-R_{高}\pm 180^{\circ})，\quad c_{低}=\frac{1}{2n}\sum_{1}^{n}(L_{低}-R_{低}\pm 180^{\circ})$$

式中，$L_{高}$、$R_{高}$和$L_{低}$、$R_{低}$分别是观测高点、低点的盘左、盘右观测值。

3）按中丝法观测高点、低点垂直角各三测回，计算高点、低点垂直角平均值，即

$$\alpha=\frac{1}{2}(\alpha_{高}+\alpha_{低})$$

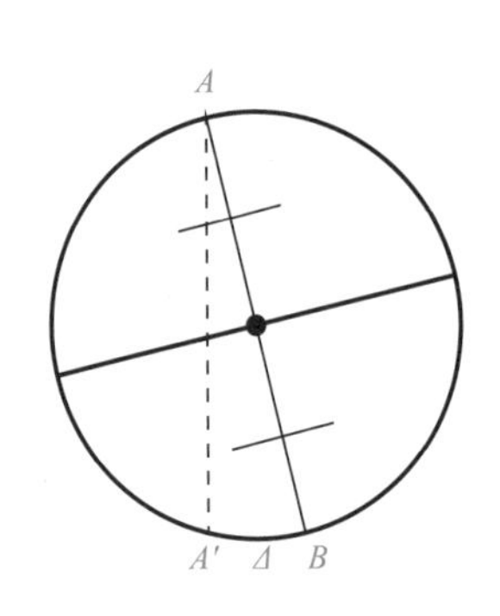

图 17-18 十字丝检验

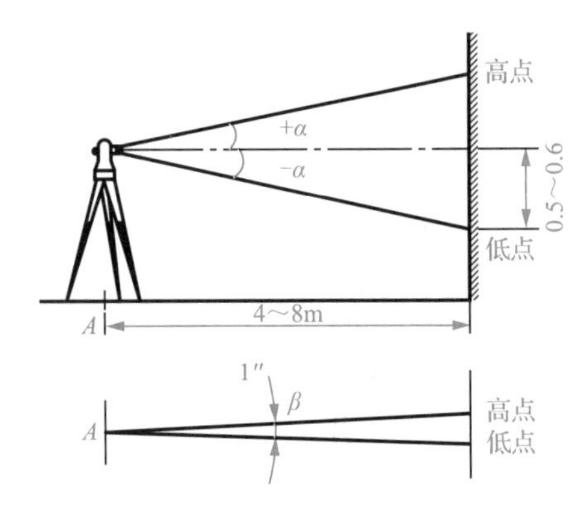

图 17-19 c 值和 i 值的检验

4）计算 i 值。据推证，i 值为

$$i=\frac{1}{2}(c_{高}-c_{低})c\tan\alpha$$

计算检验结果，2″级全站仪 $i<15''$。

4. 指标差的检验

只要对某一目标进行多测回的垂直角观测，即利用观测得到的竖直度盘读数 L、R，按式(2-14)计算，就可得知经纬仪的指标差。

5. 光学对中器对中正确性的检验

光学对中器对中正确性的检验方法如下。

1）按全站仪对中工作步骤精确对中。

2）转动全站仪照准部 180°，在光学对中器的目镜中观察原对中状态是否改变，若不改变，则可认为光学对中器对中正确。必要时应改变仪器高重新检验一次。检验过程中发现光学对中器对中不正确时，应进行校正。

17.2.3 水准仪的轴系检验

1. 圆水准器安置正确性的检验

1）按水准测量基本操作方法做好粗略整平工作，使圆水准气泡严格居中。

2）转动水准仪瞄准部 180°，观察圆水准气泡的居中情况。若没有严格居中，则应进行校正。校正是通过转动圆水准器校正螺钉实现的，具体方法可参考水准仪说明书。

2. 十字丝正确位置的检验

1）水准仪安置完成并粗平后，水平转动瞄准部瞄准其一目标点，固定水平制动旋钮。

2）水平微动水准仪瞄准部，观察十字丝的横丝与目标点的离合情况。若十字丝横丝与目标点不分离，则表示十字丝处于正确位置；否则，说明十字丝横丝与垂线不垂直，应进行校正。

3. 角 i 检验

角 i，即微倾水准仪的管水准轴与望远镜视准轴不平行而存在的夹角，其检验方法如下。

（1）准备

在平坦地面选择长 61.8m 的直线场地Ⅰ、Ⅱ，并三等分，长度 $S=20.6\text{ m}$，中间用木桩定点 A、点 B，如图 17-20 所示。

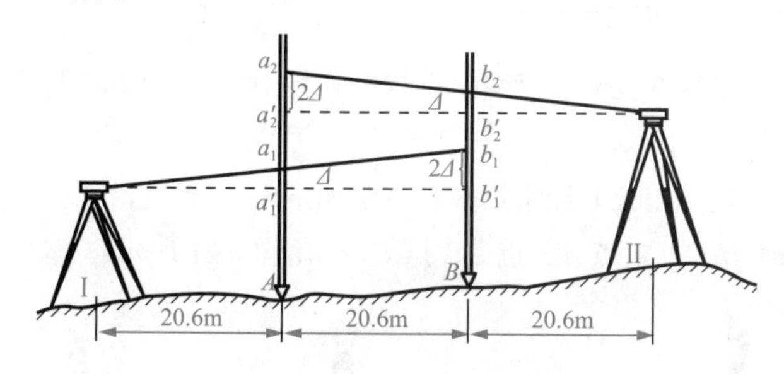

图 17-20　水准仪角 i 的检验

（2）观测

水准仪依次在Ⅰ、Ⅱ设站观测点 A、点 B 上标尺的读数。图 17-20 中的 a_1、b_1、a_2、b_2 表示水准仪视准轴存在角 i 的观测值；a_1'、b_1'、a_2'、b_2' 表示视准轴水平，即不存在角 i 的观测值。

（3）角 i 的计算

设角 i 存在引起水准仪在最近标尺读数误差为 $\varDelta$，则在Ⅰ处得到的观测值计算高差为

$$h_1=a_1'-b_1'=a_1-\varDelta-(b_1-2\varDelta)=a_1-b_1+\varDelta$$

在Ⅱ处得到的观测值计算高差为

$$h_2=a_2'-b_2'=a_2-b_2-\varDelta$$

根据上述两式，可得

$$\varDelta=\frac{1}{2}\left[(a_2-b_2)-(a_1-b_1)\right]$$

则角 i 的计算公式为

$$i=\frac{\varDelta}{s}\rho''=\frac{\varDelta}{20600}\times 206265''\approx 10''\varDelta$$

（4）校正

在Ⅱ处微转微倾螺旋（微倾水准仪），使视准轴对准点 A 标尺的正确数据 a_2'，即

$$a_2'=a_2-2\varDelta=b_2+a_1-b_1$$

然后，用校正针校正符合水准器的校正螺钉，使水准气泡居中。校正后，将望远镜对准点 B 标尺读数 b_2'，b_2' 应与计算值 $b_2-\varDelta$ 一致。i 一般应小于 $20''$。

17.2.4　光电测距仪（含全站仪）的检验

1. 内符合精度的检验

内符合精度的检验是一种相对基准检验，主要检验测距精度，具体方法如下。

1）选取场地 AB（距离为几十米至几百米），在点 A 安置全站仪，在点 B 安置反射器。

2）按一般测距方法测量 AB 的长度，获得 n 次观测值 D_i（$i=1, 2, \cdots, n$）。

3）计算。根据算术平均值原理，检验应计算测距平均值 D 、改正数 v_i 、中误差 m ，即

$$D=\frac{\sum_{1}^{n}D_i}{n},\quad v_i=D-D_i,\quad m=\pm\sqrt{\frac{[vv]}{n-1}}$$

在内符合精度的检验中， m 是检验光电测距仪测距精度的数据指标。

2. 距离差（差分）加常数检验

加常数检验包括相对基准检验和绝对基准检验。绝对基准检验必须有一条已知基线，相对基准检验无须已知基线。

无已知基线的距离差（差分）加常数检验方法如下。

1）选取平坦场地 ABC，定点 A、点 B、点 C，如图 17-21 所示。

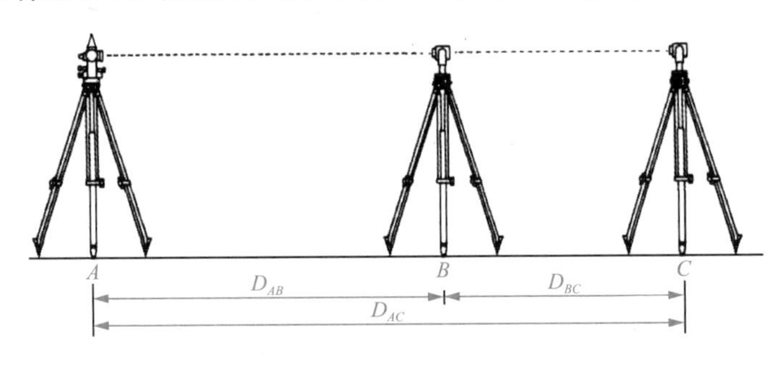

图 17-21 加常数检验

2）观测。在点 A 设全站仪，在点 B、点 C 分别设反射器，全站仪、反射器同高。光电测距测量 AB、AC 的长度，气象改正后的距离分别为 D'_{AB} 、 D'_{AC} 。点 B 设光电测距仪，点 C 设反射器，利用光电测距方法测量 BC 的长度，气象改正后的距离为 D'_{BC} 。

3）计算加常数 k。设加常数为 k，AB 长度为 $D_{AB}=D'_{AB}+k$ ，AC 长度为 $D_{AC}=D'_{AC}+k$ ，BC 长度为 $D_{BC}=D'_{BC}+k$ 。

根据 $D_{BC}=D_{AC}-D_{AB}$ ，距离差（差分）计算加常数公式为

$$k=D'_{AC}-D'_{AB}-D'_{BC}$$

17.2.5 GNSS 接收机的检验内容

1. 一般性检验内容

1）GNSS 接收机及其天线外观是否良好，外层涂漆是否脱落，是否有摩擦挤压造成的伤痕，仪器、天线等设备的型号是否正确。

2）各种零部件及附件、配件等是否齐全、完好，是否与主件相匹配。

3）需要紧固的部件是否有松动和脱落现象。

2. 通电检验内容

1）有关的信号灯工作是否正常。

2）按键及显示系统工作是否正常。

3）仪器自测试的结果是否正常。

4）接收机锁定卫星的时间是否正常，接收的卫星信号强度是否正常，卫星的失锁现象是否正常。

3. 测试检验内容

1）天线或基座的圆水准器和光学对中器工作是否正常。

2）天线高专用测尺是否完好。

3）数据传录设备及专用软件性能是否正常。

在熟悉 GNSS 接收机应用基础上，进一步明确 GNSS 新接收机的一般性检验、通电检验和测试检验要求。限于篇幅，这里不详细介绍 GNSS 新接收机检验技术，读者可参考相关书籍和仪器说明书。

习题 17

1. 什么是建筑变形？什么是变形测量？为什么要进行变形测量？
2. 试述沉陷观测、倾斜观测、挠度观测的技术要点。
3. 试述测量仪器一般检验的基本要求。
4. 试述全站仪轴系检验的主要项目。
5. 如何检验全站仪的光学对中器？
6. 试述水准仪检验的主要项目。
7. 如何检验校正水准仪的角 i？
8. 如何检验全站仪光电测距的加常数？

附　　录

附录 A　测量仪器的安全

A.1　应用中仪器的维护

1. 防护

1）取用仪器，安全责任重大。仪器一旦架设起来，测站就不得离人。

2）熟悉仪器操作部件的应用方法，轻力、均匀扭转仪器上的各旋钮，不得强行扭转。发现旋钮扭转不动时，应查明原因，加以排除。

3）保持仪器光学器件的光学明亮度，不得随意擦洗、触摸光学器件表面。光学器件表面有脏物时，应用毛刷轻拂或用透镜纸轻擦。

4）按正确方法连接部件或拆卸附件，保证电设备极性正确。

5）不得随意扭转校正旋钮，不得扭转紧固的基座固定旋钮。

6）防晒、防雨、防振。一般来说，测量时应用测伞遮阳光、避雨淋。

2. 清理

1）清除尘土、水气。受潮仪器应在室内开箱放置。用毛刷轻拂尘土。可用电吹风机低温吹去尘土、水气。

2）检查仪器各个部件和附件，仪器箱内附件不得丢失，发现问题及时报告、及时处理。

3）仪器箱内的干燥剂应保持有效性，保证防潮作用。

3. 储存

储存环境应明亮、通风、干燥；防止仪器设备受压；定期检查维护；光电测量设备及其配套设施久存不用时，应定期进行通电、充电检查，防止仪器自损。

A.2　仪器的装箱、开箱和安置

1. 装箱

熟悉仪器装箱的位置关系和仪器装箱的固定步骤，适当紧固仪器的各种制动旋钮。仪器装入仪器箱内后，应关闭仪器箱并加扣上锁。取用仪器时，必须确认箱体关闭可靠，背带稳固。

2. 开箱

开箱前，应备有仪器的安放位置。开箱后确认仪器的提取部位，一只手抓住基座，另一只手抓紧照准部（或瞄准部），将仪器牢固安置在预先准备的位置。

3. 安置

仪器安置在三脚架上时，应将仪器放在三角架头上，一只手抓住照准部（或瞄准部），另一只手扭紧中心螺旋，使仪器与三脚架紧密连接。仪器开箱后，仪器箱应合紧放好。

A.3 仪器的搬运

1. 单独车运搬运

单独车运搬运时，必须将仪器放入内衬软垫的套箱内，必要时由专人护送，防止碰撞。

2. 随人同车搬运

随人同车搬运时，必须将仪器放在软垫上，防止振动碰撞。若车行时振动较大，则每台仪器应有专人护抱或背提，防止振动撞击。

3. 观测中的搬站

仪器应装箱搬站，同时确认箱体关闭可靠，背带稳固。若搬站距离短，仪器体积较小、质量较小，仪器可连在三脚架上随三脚架一起搬站。水准仪搬站时，应一只手抱三脚架，另一只手托着水准仪进行。

4. 三脚架搬运

车运或随人同车搬站均应包扎结实，防压防抛摔。

附录B 子午线收敛角的计算

B.1 公式

（1）子午收敛角 γ 的计算公式

$$\gamma = \gamma_1 - \gamma_2 + \gamma_3 \tag{B-1}$$

$$\begin{cases} \gamma_1 = y \times \rho'' \times \dfrac{t_1}{N_1} \\ \gamma_2 = y^3 \times \rho'' \times \dfrac{t_1}{3N_1^3} \times \left(1 + t_1^2 - \eta_1^2 - 2\eta_1^4\right) \\ \gamma_3 = y^5 \times \rho'' \times \dfrac{t_1}{15N_1^5} \times \left(2 + 5t_1^2 + 3t_1^4\right) \end{cases} \tag{B-2}$$

$$t_1 = \tan B_1，\quad N_1 = \frac{a}{\sqrt{1 - e^2 \sin^2 B_1}}，\quad \eta_1 = e' \cos B_1 \tag{B-3}$$

式中，y 是地面点的横坐标，即式（1-5）中的 y'_p。

（2）B_1 的意义

B_1 相当于地面点纵坐标 x 的子午线弧长 X 所对应的大地纬度，B_1 满足下式：

$$X = \frac{A_O B_1}{\rho^\circ} - 0.5\sin(2B_1)\left\{B_O + \sin^2 B_1\left[C_O + \sin^2 B_1(D_O + E_O \sin^2 B_1)\right]\right\} \tag{B-4}$$

（3）相关参数

1）ρ°、ρ''（表 1-1）。

2）a、e、e^2、A_O、B_O、C_O、D_O、E_O，见表 B-1。

表 B-1 子午线收敛角相关参数

名称	克氏（1954）坐标系	IAG-75 坐标系	WGS-80 世界大地坐标系	2000 国家大地坐标系
a	6378245m	6378140m	6378137m	6378137m
e	0.081813334013774	0.08181922145678	0.0818191908356	0.081819191042816
e^2	0.006693421622449	0.00669438499979	0.0066943799890	0.0066943800229
A_O	6367558.49687	6367452.13278	6367449.14582	6367449.14577
B_O	32005.77987	32009.85753	32009.81853	32009.81868
C_O	133.92380	133.96015	133.95988	133.95989
D_O	0.69726	0.69755	0.69755	0.69755
E_O	0.00393	0.00394	0.00394	0.00394

B.2 求解子午线收敛角的步骤

1）将点的横坐标 x 当作 X，此时式（B-4）是以 B_1 为未知数的一元方程。可按迭代法求 B_1，步骤如下。

求 B_1 的近似值，即

$$B_1 = \frac{X}{A_O}\rho^{\circ} \tag{B-5}$$

求 $\mathrm{d}X$ ，即

$$\mathrm{d}X = \frac{A_O B_1}{\rho^{\circ}} - 0.5\sin(2B_1)\left\{B_O + \sin^2 B_1\left[C_O + \sin^2 B_1(D_O + E_O \sin^2 B_1)\right]\right\} - X \tag{B-6}$$

求 B_1 的精确值，即

$$B_1(i+1) = B_1(i) - \frac{\mathrm{d}X}{A_O}\rho^{\circ} \tag{B-7}$$

设定控制值 Q（如设 $Q = 0.000000005$ ），如果 $\mathrm{d}X$ 的绝对值大于 Q ，那么再次求 $\mathrm{d}X$ 、求 B_1 的精确值（ i 为重复次数）。

最后求得 B_1 。

2）求 t_1 、 N_1 、 η_1 。将 B_1 代入式（B-3）便可求得 t_1 、 N_1 、 η_1 。

3）求 γ 。将相关参数 ρ'' 、 t_1 、 N_1 、 η_1 代入式（B-1）和式（B-2）即可求得 γ 。

B.3 计算机迭代法求解子午线收敛角的步骤

1）计算机内装有求解 γ 的计算程序，计算机处于准备状态。

2）启动求解 γ 的程序，按计算机显示的提示输入地面点的坐标 (x, y) 。

3）计算机运行，输出所求 γ 的值（以秒为单位）。

附录C 矩阵加边求逆$\boldsymbol{N}^{n-1}$

C.1 求逆公式

设$n-1$阶矩阵$\boldsymbol{N}_{n-1}$的逆阵为$\boldsymbol{N}_{n-1}^{-1}$（$\boldsymbol{N}_{n-1}$、$\boldsymbol{N}_{n-1}^{-1}$均为方阵）。在此基础上加上第$n$行向量$\boldsymbol{V}_n$，加上第$n$列向量$\boldsymbol{U}_n$及元素$a_{nn}$，即为原方阵的加边。加边后的矩阵$\boldsymbol{N}_n$为

$$\boldsymbol{N}_n=\begin{bmatrix}\boldsymbol{N}_{n-1} & \cdots & \boldsymbol{U}_n\\ \vdots & & \vdots\\ \boldsymbol{V}_n & \cdots & a_{nn}\end{bmatrix}$$

设加边后求得的逆阵为

$$\boldsymbol{N}_n^{-1}=\begin{bmatrix}Q_{n-1} & Q_U\\ Q_V & Q_a\end{bmatrix}$$

式中，Q_{n-1}、Q_U、Q_V、Q_a按下列公式计算，即

$$a_n=a_{nn}-\boldsymbol{V}_n\boldsymbol{N}_{n-1}^{-1}\boldsymbol{U}_n \tag{C-1}$$

$$Q_a=\frac{1}{a_n} \tag{C-2}$$

$$Q_U=\frac{-\boldsymbol{N}_{n-1}^{-1}\boldsymbol{U}_n}{a_n} \tag{C-3}$$

$$Q_V=\frac{-\boldsymbol{V}_n\boldsymbol{N}_{n-1}^{-1}}{a_n} \tag{C-4}$$

$$Q_{n-1}=\boldsymbol{N}_{n-1}^{-1}+\frac{\left(\boldsymbol{N}_{n-1}^{-1}\boldsymbol{U}_n\boldsymbol{V}_n\boldsymbol{N}_{n-1}^{-1}\right)}{a_n} \tag{C-5}$$

C.2 加边求逆的计算格式

为便于加边求逆计算公式的应用，可根据表C-1所示计算格式进行辅助计算及主要计算。

表C-1 加边求逆的计算格式

① $\boldsymbol{N}_{n-1}^{-1}$	② $\boldsymbol{U}_n$	⑤ $-\boldsymbol{N}_{n-1}^{-1}\boldsymbol{U}_n$
③ $\boldsymbol{V}_n$	④ a_{nn}	
⑥ $-\boldsymbol{V}_n\boldsymbol{N}_{n-1}^{-1}$		⑦ a_n

1. 辅助计算

1）①、②→⑤（表示根据表C-1中①、②参数计算⑤的参数，下同）。

2）①、③→⑥。

3）②、④、⑥→⑦。

2. 主要计算

1）⑦→Q_a。

2）⑤、⑦→Q_U。

3）⑥、⑦→ Q_V。

4）①、⑤、⑥、⑦→ Q_{n-1}。

C.3 算例

对于一个高阶矩阵，可以采用从低阶到高阶逐次加边方法进行逐次求逆的过程，实现高阶矩阵的求逆。例

$$\boldsymbol{N}_3=\begin{bmatrix}2&1&4\\1&3&-1\\4&-1&5\end{bmatrix}$$

1）设 $\boldsymbol{N}_1=[2]$，则 $\boldsymbol{N}_1^{-1}=\dfrac{1}{2}$。

2）在 $\boldsymbol{N}_1^{-1}$ 基础上的加边为

$$\boldsymbol{N}_2=\begin{bmatrix}\boldsymbol{N}_1&\boldsymbol{U}_2\\\boldsymbol{V}_2&a_{22}\end{bmatrix}=\begin{bmatrix}2&1\\1&3\end{bmatrix}$$

根据表 C-1 列计算表 C-2，根据表 C-1 完成辅助计算⑤ $=-\boldsymbol{N}_{n-1}^{-1}\boldsymbol{U}_n$，⑥ $=-\boldsymbol{V}_n\boldsymbol{N}_{n-1}^{-1}$，⑦ $=a_n$，将计算结果填入表 C-2 中。

表 C-2　算例计算结果（一）

$\frac{1}{2}$	1	$-\frac{1}{2}$
1	3	
$-\frac{1}{2}$		$\frac{5}{2}$

根据式（C-2）～式（C-5）进行主要计算，得 $Q_a=\dfrac{2}{5}$，$Q_U=-\dfrac{1}{5}$，$Q_V=-\dfrac{1}{5}$，$Q_{n-1}=\dfrac{3}{5}$，即

$$\boldsymbol{N}_2^{-1}=\begin{bmatrix}\dfrac{3}{5}&-\dfrac{1}{5}\\-\dfrac{1}{5}&\dfrac{2}{5}\end{bmatrix}$$

3）在 $\boldsymbol{N}_2^{-1}$ 基础上的加边为

$$\boldsymbol{N}_3=\begin{bmatrix}\boldsymbol{N}_2&\boldsymbol{U}_3\\\boldsymbol{V}_3&a_{33}\end{bmatrix}=\begin{bmatrix}2&1&4\\1&3&-1\\4&-1&5\end{bmatrix}$$

根据表 C-1 列计算表 C-3，根据表 C-1 完成辅助计算⑤ $=-\boldsymbol{N}_{n-1}^{-1}\boldsymbol{U}_n$，⑥ $=-\boldsymbol{V}_n\boldsymbol{N}_{n-1}^{-1}$，⑦ $=a_n$，将计算结果填入表 C-3 中。

表 C-3　算例计算结果（二）

$\frac{3}{5}$　$-\frac{1}{5}$ $-\frac{1}{5}$　$\frac{2}{5}$	4 −1	$-\frac{13}{5}$ $\frac{6}{5}$
4　−1	5	
$-\frac{13}{5}$　$\frac{6}{5}$		$-\frac{33}{5}$

根据式（C-2）～式（C-5）进行主要计算，得

$$Q_a=-\frac{5}{33},\quad Q_U=\begin{bmatrix}\frac{13}{33}\\-\frac{6}{33}\end{bmatrix},\quad Q_V=\begin{bmatrix}\frac{13}{33} & -\frac{6}{33}\end{bmatrix},\quad Q_{n-1}=\begin{bmatrix}-\frac{14}{33} & \frac{9}{33}\\ \frac{9}{33} & \frac{6}{33}\end{bmatrix}$$

由此得 $\boldsymbol{N}_3$ 的逆阵为

$$\boldsymbol{N}_3^{-1}=\begin{bmatrix}-\frac{14}{33} & \frac{9}{33} & \frac{13}{33}\\ \frac{9}{33} & \frac{6}{33} & -\frac{6}{33}\\ \frac{13}{33} & -\frac{6}{33} & -\frac{5}{33}\end{bmatrix}$$

附录D　BASIC程序

1. 条件平差的法方程系数组成程序

```
10 DIM A(r,n),B(r,r),P(n)
20 FOR I=1 TO r
30 FOR J=1 TO n
40 READ A(I,J)
50 NEXT J
60 NEXT I
70 FOR I=1 TO n
80 READ P(I)
90 NEXT I
100 FOR I=1 TO r
110 FOR J=1 TO r
120 FOR K=1 TO n
130 B(I,J)=B(I,J)+A(I,K)×A(J,K)/P(K)
140 NEXT K
145 PRINT USING"###.####"; B(I,J);
150 NEXT J
155 PRINT
160 NEXT I
170 END
180 DATA 条件式系数 A(r,n)，权 P(n)
```

根据式（8-98），程序中A(r,n)是条件式系数，P(n)是权，r是条件式个数，n是观测值个数。DATA语句存放条件式系数和权。

2. 矩阵求逆程序

```
10 INPUT "n=";n
20 DIM A(n,n),B(n,n)
30 FOR I=1 TO n
40 FOR J=1 TO n
50 READ A(I,J)
60 NEXT J
70 NEXT I
80 A(1,1)=1/A(1,1)
90 FOR K=1 TO n−1
100 FOR J=1 TO K
110 B(K+1,J)=0
120 FOR I=1 TO K
130 B(K+1,J)=B(K+1,J)+
    A(K+1,I)×A(I,J)
140 NEXT I
150 NEXT J
160 B(K+1,K+1)=A(K+1,K+1)
170 FOR J=1 TO K
180 B(K+1,K+1)=B(K+1,K+1)
    −B(K+1,J)×A(J,K+1)
190 NEXT J
200 A(K+1,K+1)=1/B(K+1,K+1)
210 FOR I=1 TO K
220 B(K+1,I)=0
230 B(I,K+1)=0
240 FOR J=1 TO K
250 B(K+1,I)=B(K+1,I)−
    A(K+1,J)×A(J,I)
260 B(I,K+1)=B(I,K+1)−
    A(I,J)×A(J,K+1)
270 NEXT J
275 B(K+1,I)=B(K+1,I)×
    A(K+1,K+1)
280 B(I,K+1)=B(I,K+1)×
    A(K+1,K+1)
290 NEXT I
300 FOR I=1 TO K
310 A(K+1,I)=B(K+1,I)
320 A(I,K+1)=B(I,K+1)
330 NEXT I
340 FOR I=1 TO K
350 FOR J=1 TO K
360 B(I,J)=A(I,J)+B(I,K+1)×
    B(K+1,J)/A(K+1,K+1)
370 A(I,J)=B(I,J)
380 NEXT J
390 NEXT I
400 NEXT K
410 FOR I=1 TO n
420 FOR J=1 TO n
430 PRINT USING "###.##
    ###"; A(I,J);
440 NEXT J
450 PRINT
460 NEXT I
470 END
480 DATA 法方程系数 A(I,J)
```

3. 按式（8-100）求联系数 K 程序

```
10 dim q(r,r),w(r),k(r)
20 for i=1 to r
30 for j=1 to r
40 read q(i,j)
50 print using "###.####";q(i,j)
60 next j
70 next i
80 for i=1 to r
90 read w(i)
100 print w(i);
110 next i
120 for i=1 to r
130 for j=1 to r
140 let k(i)=k(i)-q(i,j)×w(j)
150 next j
160 print using "###.####";k(i);
170 next i
180 print
190 end
200 data
```

在该程序中，data 是逆阵 q(r,r)，闭合差为 w(r)。

4. 按式（8-92）求最或然误差 v 程序

```
10 dim a(r,n),p(n),k(r),v(n)
20 for i=1 to r
30 for j=1 to n
40 read a(i,j)
50 print using "###.####";a(i,j)
60 next j
70 next i
80 for i=1 to n
90 read p(i)
100 print using "###.####";p(i);
110 next i
120 print
130 for i=1 to r
140 read k(i)
150 next i
160 for i=1 to n
170 for j=1 to r
180 let v(i)=v(i)+a(j,i)×k(j)/p(i)
190 next j
200 print using "####.##";v(i);
210 next i
220 print
230 end
240 data
```

在该程序中，data 是条件系数 a(r,n)，权是 v(n)，联系数是 k(r)。

附录E　中插缓和曲线l_M的弧长方程

中插缓和曲线l_M的弧长求解是曲线组合定位中长期困扰人们的难题。“基于测地线密切理论的公路缓圆曲线定位研究”解决了这个难题，中插缓和曲线l_M的弧长方程可表示为

$$k_1w+k_2w^2+k_3w^3+k_4w^4+k_5w^5+k_6w^6+k_7w^7+k_8w^8+K=0 \tag{E-1}$$

式中，的w是决定弧长l_M的未知数，K称为圆心常数，即

$$w=l_M^2,\quad K=(R_1-R_2)^2-s^2 \tag{E-2}$$

上述弧长方程式中的系数k_1、k_2、k_3、k_4、k_5、k_6、k_7、k_8与圆曲线半径R_1、R_2存在明确的关系，即

$$k_1=\frac{1}{A^2}\left(1-\frac{2R_2}{R_1}+\frac{R_2^2}{R_1^2}\right)+\frac{2}{E}\left(1-\frac{R_1}{R_2}-\frac{R_2^3}{R_1^3}+\frac{R_2^2}{R_1^2}\right)$$

$$k_2=-\frac{2}{AB}\left(\frac{1}{R_2^2}-\frac{R_2^3}{R_1^5}-\frac{1}{R_1R_2}+\frac{R_2^4}{R_1^6}\right)+\frac{1}{E^2}\left(\frac{1}{R_2^2}-\frac{2R_2}{R_1^3}+\frac{R_2^4}{R_1^6}\right)-\frac{2}{F}\left(\frac{1}{R_2^2}-\frac{R_1}{R_2^3}-\frac{R_2^5}{R_1^7}+\frac{R_2^4}{R_1^6}\right)$$

$$\begin{aligned}k_3=&\frac{2}{AC}\left(\frac{1}{R_2^4}-\frac{R_2^5}{R_1^9}-\frac{1}{R_1R_2^3}+\frac{R_2^6}{R_1^{10}}\right)+\frac{1}{B^2}\left(\frac{1}{R_2^4}-\frac{2R_2}{R_1^5}+\frac{R_2^6}{R_1^{10}}\right)-\frac{2}{EF}\left(\frac{1}{R_2^4}-\frac{R_2^3}{R_1^7}-\frac{1}{R_1^3R_2}+\frac{R_2^6}{R_1^{10}}\right)\\&+\frac{2}{G}\left(\frac{1}{R_2^4}-\frac{R_1}{R_2^5}-\frac{R_2^7}{R_1^{11}}+\frac{R_2^6}{R_1^{10}}\right)\end{aligned}$$

$$\begin{aligned}k_4=&-\frac{2}{AD}\left(\frac{1}{R_2^6}-\frac{R_2^7}{R_1^{13}}-\frac{1}{R_1R_2^5}+\frac{R_2^8}{R_1^{14}}\right)-\frac{2}{BC}\left(\frac{1}{R_2^6}-\frac{R_2^3}{R_1^9}-\frac{1}{R_1^5R_2}+\frac{R_2^8}{R_1^{14}}\right)\\&+\frac{2}{EG}\left(\frac{1}{R_2^6}-\frac{R_2^5}{R_1^{11}}-\frac{1}{R_1^3R_2^3}+\frac{R_2^8}{R_1^{14}}\right)+\frac{1}{F^2}\left(\frac{1}{R_2^6}-\frac{2R_2}{R_1^7}+\frac{R_2^8}{R_1^{14}}\right)-\frac{2}{H}\left(\frac{1}{R_2^6}-\frac{R_1}{R_2^7}-\frac{R_2^9}{R_1^{15}}+\frac{R_2^8}{R_1^{14}}\right)\end{aligned}$$

$$\begin{aligned}k_5=&\frac{2}{BD}\left(\frac{1}{R_2^8}-\frac{R_2^5}{R_1^{13}}-\frac{1}{R_1^5R_2^3}+\frac{R_2^{10}}{R_1^{18}}\right)+\frac{1}{C^2}\left(\frac{1}{R_2^8}-\frac{2R_2}{R_1^9}+\frac{R_2^{10}}{R_1^{18}}\right)-\frac{2}{EH}\left(\frac{1}{R_2^8}-\frac{R_2^7}{R_1^{15}}-\frac{1}{R_1^3R_2^5}+\frac{R_2^{10}}{R_1^{18}}\right)\\&-\frac{2}{FG}\left(\frac{1}{R_2^8}-\frac{R_2^3}{R_1^{11}}-\frac{1}{R_1^7R_2}+\frac{R_2^{10}}{R_1^{18}}\right)\end{aligned}$$

$$k_6=-\frac{2}{CD}\left(\frac{1}{R_2^{10}}-\frac{R_2^3}{R_1^{13}}-\frac{1}{R_1^9R_2}+\frac{R_2^{12}}{R_1^{22}}\right)+\frac{2}{FH}\left(\frac{1}{R_2^{10}}-\frac{R_2^5}{R_1^{15}}-\frac{1}{R_1^7R_2^3}+\frac{R_2^{12}}{R_1^{22}}\right)+\frac{1}{G^2}\left(\frac{1}{R_2^{10}}-\frac{2R_2}{R_1^{11}}+\frac{R_2^{12}}{R_1^{22}}\right)$$

$$k_7=\frac{1}{D^2}\left(\frac{1}{R_2^{12}}-\frac{2R_2}{R_1^{13}}+\frac{R_2^{14}}{R_1^{26}}\right)-\frac{2}{GH}\left(\frac{1}{R_2^{12}}-\frac{R_2^3}{R_1^{15}}-\frac{1}{R_1^{11}R_2}+\frac{R_2^{14}}{R_1^{26}}\right)$$

$$k_8=\frac{1}{H^2}\left(\frac{1}{R_2^{14}}-\frac{2R_2}{R_1^{15}}+\frac{R_2^{16}}{R_1^{30}}\right)$$

中插缓和曲线如图E-1所示。

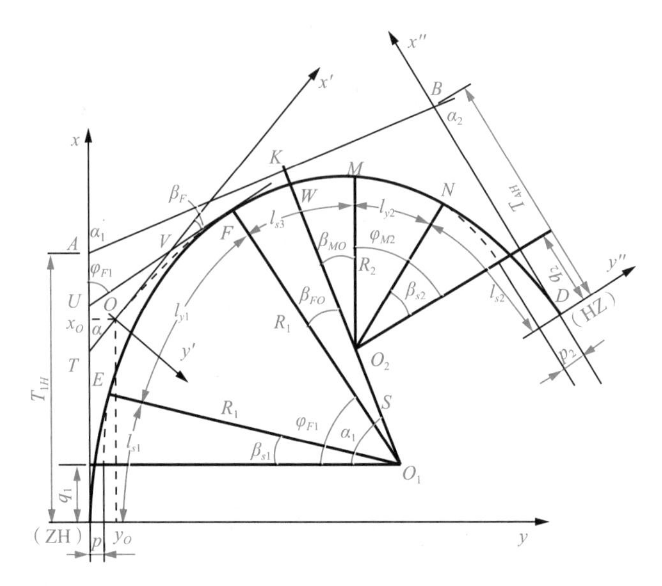

图 E-1　中插缓和曲线

上述参数 A 、B 、C 、D 、E 、F 、G 、H 可从弧长方程推证列立中得到，列于表 E-1 中。

表 E-1　中插缓和曲线 l_M 弧长方程相关参数

参数	A	B	C	D	E	F	G	H
值	2	240	34560	8386560	24	2688	506880	154828800

附录F　钢尺及其尺长方程式

尺子量距工具包括皮尺、钢尺（图 F-1）和铟瓦线尺。皮尺、钢尺是长带形的尺子，整尺长度l_o有 20m、30m、50m 等，带面上有 m、dm、cm、mm 的长度注记。钢尺是传统测量工具，可用于一些特殊环境的短距离测量。

图 F-1　钢尺

一般钢尺测量基本工作如下。

（1）定线

钢尺长度有限，测量长度超过钢尺本身长度时，必须在平坦场地按钢尺长度进行分段（图 F-2）。定线把分段点确定在待量直线上，称为直线定线（见 13.2 节）。

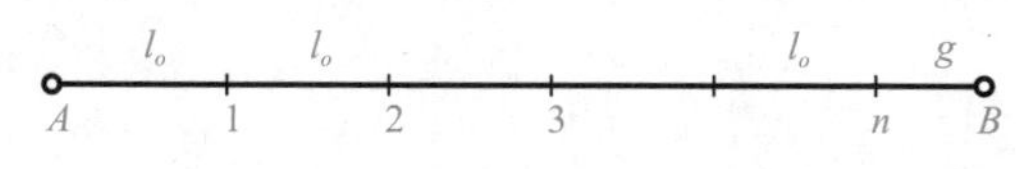

图 F-2　钢尺测量场地

（2）长度测量

按要求利用钢尺逐段测量距离。

（3）计算与检核

按要求对测量结果进行计算和检核。

1）计算往测$D_{往}$、返测$D_{返}$全长，即

$$D_{往}=nl_{o往}+q_{往}，\quad D_{返}=nl_{o返}+q_{返} \tag{F-1}$$

2）检核计算，即

$$\Delta D=D_{往}-D_{返}，\quad D=\frac{D_{往}+D_{返}}{2}，\quad k=\frac{\Delta D}{D}=\frac{1}{\dfrac{D}{\Delta D}} \tag{F-2}$$

在式（F-1）和式（F-2）中，n 是尺段长l_o的整尺段数；ΔD 是往返测较差；k 称为相对较差，一般要求 k 的容许值为$\frac{1}{2000}\sim\frac{1}{1000}$。

3）计算总长平均值 D。当 k 满足要求时，按式（F-2）计算 D 作为总长平均值。

精密钢尺量距的 k 的容许值为$\frac{1}{30000}\sim\frac{1}{10000}$。用于精密量距的工具有钢尺、拉力弹簧秤、温度计等，钢尺在应用之前必须进行检定。经检定钢尺的尺长方程式是

$$l=l_o+\Delta l_o+\alpha(t-t_o)l_o \tag{F-3}$$

式中，l_o为钢尺整尺长；Δl_o为尺长改正数；α为钢尺线膨胀系数，取 0.0000125mm/℃；t为测量时的空气温度，℃；t_o为检定时的温度，一般$t_o = 20℃$；l为测量的实际长度。实例尺长方程式可为

$$l = l'(\mathrm{m}) + 12.5(\mathrm{mm}) + 0.0125(\mathrm{m})(t - 20) \times l'(\mathrm{mm}) \quad \text{(F-4)}$$

式中，l'为尺段钢尺测量值。

一定拉力（如 100N）情况下钢尺自重产生线状下垂形成的曲线称为悬链线。垂曲，即悬链线低点处与两同高端点连线的距离f，如图 F-3 所示。30m 钢尺垂曲f约为 0.267m，钢尺ACB弧长与AB弦长不相等，存在垂曲误差。若以图 F-3 的形式悬空检验钢尺，应用上以悬空拉力形式测量距离，不存在垂曲误差。其他条件下测量距离垂曲误差可达 cm 级。实际以钢尺检验条件测量距离，否则应进行垂曲改正（改正方法可参考其他书籍）。

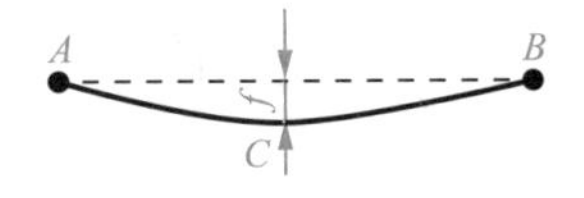

图 F-3　垂曲误差

主要参考文献

陈龙飞，金其坤，1990．工程测量[M]．上海：同济大学出版社．

崔希璋，陶本藻，1980．矩阵在测量平差中应用[M]．北京：测绘出版社．

林文介，2003．测绘工程学[M]．广州：华南理工大学出版社．

宁津生，陈俊勇，李德仁，等，2004．测绘学概论[M]．武汉：武汉大学出版社．

宁津生，王侬，翟翊，2005．测绘高等教育教学改革研究[M]．北京：测绘出版社．

苏瑞祥，聂恒庄，石干元，等，1979．大地测量仪器[M]．北京：测绘出版社．

同济大学大地测量教研室，武汉测绘科技大学控制测量教研室，1988．控制测量学[M]．北京：测绘出版社．

王侬，过静君，2009．现代普通测量学[M]．2 版．北京：清华大学出版社．

吴献文，2019．无人机测绘技术基础[M]．北京：北京交通大学出版社．

武汉大学测绘学院测量平差学科组，2003．误差理论与测量平差基础[M]．武汉：武汉大学出版社．

张坤宜，1991．光电测距[M]．长沙：中南工业大学出版社．

张坤宜，2013．交通土木工程测量[M]．4 版．北京：人民交通出版社．

张坤宜，速云中，李益强，等，2010．测地线密切理论在缓圆曲线的研究[J]．工程勘察，38（9）：5．

赵兴仁，张清华，姚心斋，1991．土建工程概论[M]．北京：测绘出版社．

中华人民共和国住房与城乡建设部，2021．工程测量标准：GB 50026—2020[S]．北京：中国计划出版社．

周忠谟，易杰军，周琪，1997．GPS 卫星测量原理与应用：修订版[M]．北京：测绘出版社．